气候变暖背景下中国南方旱涝变化机理及预测方法研究

主　编：李维京
副主编：封国林　李栋梁　毕训强　陈丽娟　左金清

气象出版社
China Meteorological Press

内容简介

认识气候变暖背景下我国南方旱涝灾害的变化规律和机理既是科学问题，也对防灾减灾意义重大。本书围绕该科学问题，揭示了气候变暖背景下我国南方旱涝灾害时空特征和变化的新事实和新规律，分析了亚洲季风系统格局和水汽循环的变化与南方旱涝的关联，阐明了多因子协同影响南方旱涝的机理，构建了多因子优化组合配置的预测方法和预测策略。全书共分六章，主体内容有：气候变暖背景下中国南方旱涝规律的变化；气候变暖背景下亚洲季风与我国南方旱涝的关系；气候变暖背景下多因子多尺度协同影响南方旱涝的机理；气候变暖背景下我国南方旱涝预测的新理论与新方法研究。

本书适合于气象科学研究工作者、研究生、教师以及气候预测业务人员阅读参考，也可供从事海洋、水文、环境等领域的专业人员参考。

图书在版编目（CIP）数据

气候变暖背景下中国南方旱涝变化机理及预测方法研究 / 李维京主编. -- 北京 : 气象出版社, 2022.6(2023.8重印)
ISBN 978-7-5029-7719-1

Ⅰ. ①气… Ⅱ. ①李… Ⅲ. ①气候变化－研究－中国 ②气候预测－研究－中国 Ⅳ. ①P467

中国版本图书馆CIP数据核字(2022)第092321号

审图号:GS 京(2023)1495 号

Qihou Biannuan Beijing xia Zhongguo Nanfang Hanlao Bianhua Jili ji Yuce Fangfa Yanjiu
气候变暖背景下中国南方旱涝变化机理及预测方法研究

出版发行：气象出版社
地　　址：北京市海淀区中关村南大街 46 号　　　邮政编码：100081
电　　话：010-68407112(总编室)　010-68408042(发行部)
网　　址：http://www.qxcbs.com　　　E-mail：qxcbs@cma.gov.cn
责任编辑：张锐锐　刘瑞婷　　　终　　审：张　斌
责任校对：张硕杰　　　责任技编：赵相宁
封面设计：艺点设计
印　　刷：北京地大彩印有限公司
开　　本：787 mm×1092 mm　1/16　　　印　　张：27.5
字　　数：720 千字
版　　次：2022 年 6 月第 1 版　　　印　　次：2023 年 8 月第 2 次印刷
定　　价：210.00 元

前 言

南方地区是我国社会经济发展最发达的地区，人口密度大，旱涝灾害造成的经济损失相对一般地区更加严重。在气候变暖背景下，中国南方极端旱涝灾害频发、影响范围广、持续时间长，对当地经济发展造成严重的损失，给人民生活造成巨大的影响，而且其负面影响还在逐年加剧。同时，气候变暖导致与旱涝成因相关的科学问题更为复杂，旱涝预测难度加大。面对气候变暖可能导致旱涝灾害增加的基本事实，为了对这些极端旱涝事件做出较为准确的预测，进而为国家防灾减灾措施和减轻极端旱涝灾害影响提供科技支撑，科学技术部于 2013 年 1 月启动了国家重点基础研究发展计划（973 计划）项目“气候变暖背景下我国南方旱涝灾害的变化规律和机理及其影响与对策”（项目编号：2013CB430200）。项目的研究目标是对气候变暖背景下我国南方旱涝灾害形成的机理进行深入研究，提出动力—统计相结合的客观旱涝预测新理论和新方法，提高对我国南方地区旱涝预测水平；评估旱涝灾害可能对南方地区农业、水资源的影响并提出防御与适应对策，为满足国家防灾减灾能力的重大需求和提高气候变暖背景下我国南方旱涝灾害重要科学问题的认识做出贡献。

为满足防灾减灾和应对气候变化的国家需求，项目围绕“气候变暖背景下我国旱涝灾害的变化规律、机理、影响和对策”这一核心任务，重点解决以下关键科学问题：气候变暖背景下我国南方旱涝灾害时空演变规律的变化特征及其与全球变暖的关系；我国南方旱涝灾害对亚洲季风系统格局和水分循环变异的响应；海洋和陆面等下垫面外强迫因子的变异及其影响我国南方旱涝灾害的物理过程和机制；我国南方旱涝动力模式预测的不确定性，以及动力—统计相结合的旱涝客观定量化预测的新理论和新方法；我国南方旱涝灾害对水资源和农业的影响及预估；气候变暖背景下我国南方旱涝气候灾害对粮食、水资源和生态安全的风险评估与对策。项目的主要研究内容包括以下 6 个方面：

① 系统研究 1951 年以来我国南方旱涝灾害的时空结构及其演变特征；对与旱涝灾害关联密切的天气气候事件的多时空尺度特征进行深入分析；研究旱涝客观定量表征方法和指标，揭示气候变暖与旱涝灾害的可能联系。

② 研究气候变暖背景下亚洲季风系统各成员的变异特征，重点揭示东亚热带季风和副热带季风的年代际变化趋势和突变特征；分析气候变暖背景下亚洲夏季风的年际—年代际变化规律及其对季风雨带和我国南方旱涝的影响；深入分析亚洲夏季风进程的年代际差异及其对我国南方旱涝的影响。

③ 系统研究气候变暖背景下我国南方旱涝灾害与海温、积雪、海冰和大气环流等关键因子关系的年代际变异及其影响机理，通过诊断分析、理论研究和数值模拟揭示变暖背景下多因子相互配置和多尺度协同作用对南方旱涝灾害的影响机理，提出旱涝预测的物理概念模型。

④ 分析气候系统模式对大尺度环流特征量的预报能力；研究气候系统模式预报误差的主要来源，分析预报误差的时空分布和演变特征；诊断不同外强迫信号对模式误差的影响，揭示模式误差与外强迫和大尺度环流因子异常之间的联系；研发基于历史资料对模式预报误差进行预报的新理论与新方法，建立我国南方旱涝预测业务系统。

⑤ 在分析南方旱涝时空变化特征的基础上，以西南、华南和长江中下游为案例区，针对各区域下垫面特点和农业对象及其对旱涝时空变化的敏感性，分析在气候变暖背景下南方农业旱涝灾害发生的时空分布与位移特点，研究南方农业旱涝灾害链形成模式与断链减灾机制，建立基于地理信息系统(GIS)的水资源和农业定量评估模型，预估重大旱涝灾害对水资源和农业灾损的影响，提出避、减旱涝灾害的对策。

⑥ 以我国西南、华南和长江中下游地区为典型案例区，研究南方旱涝灾害类型及与之相对应的灾害链，分析旱涝风险的可能出现环节；建立致灾因子在不同尺度预报概率下对承灾体影响的风险评估模式；评估气候变暖背景下我国南方旱涝灾害可能引发的粮食和水资源风险，提出相应的应对策略。

根据项目的总体研究目标、关键科学问题和研究内容，项目设置了如下 6 个课题：

第 1 课题：气候变暖背景下我国南方旱涝灾害规律的变化。承担单位：中国科学院大气物理研究所和国家气候中心；课题组长：毕训强研究员；学术骨干：戴新刚研究员、郭艳君研究员、陈际龙副研究员、周德刚副研究员。

第 2 课题：气候变暖背景下亚洲季风与我国南方旱涝灾害的关系。承担单位：南京信息工程大学和国家气候中心；课题组长：李栋梁教授；学术骨干：何金海教授、李清泉研究员、曾刚教授、司东副研究员。

第 3 课题：气候变暖背景下多因子多尺度相互作用的变化及其对我国南方旱涝灾害的影响机理。承担单位：国家气候中心和中国科学院大气物理研究所；课题组长：李维京研究员；学术骨干：陈丽娟研究员、张祖强副研究员、冯娟副教授、左金清研究员。

第 4 课题：气候变暖背景下我国南方旱涝预测的新理论与新方法研究。承担单位：国家气候中心和扬州大学；课题组长：封国林研究员；学术骨干：郑志海研究员、支蓉研究员、李巧萍研究员、胡经国教授。

第 5 课题：气候变暖背景下我国南方旱涝灾害对水资源与农业的影响。承担单位：中国农业大学、国家气候中心和国家气象中心；课题组长：冯利平教授；学术骨干：宋艳玲研究员、吕厚荃研究员、苏布达研究员、王靖教授。

第 6 课题：气候变暖背景下我国南方旱涝灾害风险评估与对策研究。承担单位：中国气象局兰州干旱气象研究所、中国气象局武汉暴雨研究所和国家气候中心；课题组长：张强研究员；学术骨干：王劲松研究员、周月华研究员、张称意研究员、姚玉璧研究员。

在项目和六个课题的精心组织下，来自全国科研院所、高校和业务部门等 8 个单位 30 位专家为核心的研究骨干，组织了近百名科研人员组成的研究团队，紧密围绕项目研究目标，经过 5 年的合作攻关与辛勤努力，取得了一批有创新性的研究成果。同时，产学研相结合，项目研究成果于 2016 年以来应用于国家级气候预测业务中，并取得了较好的预测效果。本书的初衷是希望通过全面系统地总结将项目取得的主要研究成果，及其在业务应用中的进展，有益于今后我国旱涝灾害预测和防灾减灾能力的提升。

项目的执行期是 2013 年 1 月至 2017 年 8 月，科技部于 2017 年 11 月组织了结题验收，受到了项目验收专家的肯定和高度评价。项目完成之后，第 5 和第 6 课题先后将课题相关研究内容正式出版。为了避免与已经出版内容重复，本书只收集了第 1 至第 4 课题在气候变暖背景下我国南方旱涝灾害的变化规律和机理以及预测方法等方面的研究成果。在此对第 5 和第 6 课题的专家表示歉意。

2017 年项目结题验收之时已形成本书初稿，但由于我个人的原因，书稿几经修改，依然有需改进之处。耽搁数年，今年再次对书稿进行通稿修改和数据更新，并交与出版社，有如释重负之感！真诚感谢参与项目研究的所有专家学者以及他们的研究团队和众多研究生，与他们 5 年多的精诚合作和一次次的学术交流，使我难以忘怀，他们的创新性研究成果是这本书的基础，没有他们的辛勤付出，不可能将成果汇集成本书稿。同时衷心感谢项目专家丁一汇院士、丑纪范院士、黄荣辉院士、李崇银院士、何金海教授、宋连春研究员、吕世华教授和李建平教授等对项目实施过程中的有益建议和指导，使得我们能够顺利完成项目研究任务。陈丽娟研究员和左金清研究员以及我的研究生团队，为项目组织管理和研究计划的执行以及我负责的第 3 课题研究内容做出诸多贡献，在此一并致谢。

为了便于读者在今后的工作中与各位专家联系，给出本书各章节的作者如下：

第 1 章　绪论：李维京、陈丽娟、左金清；

第 2 章　气候变暖背景下中国南方旱涝规律的变化：毕训强、郭艳君、陈际龙、周德刚、戴新刚、王艳姣、孔祥慧、郭恒；

第 3 章　气候变暖背景下亚洲季风与我国南方旱涝的关系：李栋梁、曾刚、李清泉、司东、何金海、李丽平、王欢、伯忠凯、陈旭、张顾炜、孙圣杰、唐慧琴、胡娅敏、孙小婷、张莉萍、徐栋夫、李明聪、蓝柳茹、王颖、戴逸飞、高琳慧；

第 4 章　气候变暖背景下多因子多尺度协同影响南方旱涝的机理：李维京、陈丽娟、左金清、高辉、袁媛、顾薇、刘芸芸、郑菲、张若楠、任宏昌、张浩鑫；

第 5 章　气候变暖背景下我国南方旱涝预测的新理论与新方法研究：杨杰、褚曲城、李淑萍、郑志海、封国林；

第 6 章　总结与展望：李维京、陈丽娟、左金清。

在本书编写、修改、校对和印刷过程中，得到了项目办公室陈丽娟和左金清以及气象出版社张锐锐编辑的大力支持和帮助，为书稿从文字的修改到付梓出版做了大量的工作，特此致谢。

本书从组织撰写到最终成书经历了数年时间，在整个编辑过程中，全体作者共同努力，认真负责，追求完美。尽管如此，书中可能仍然有提升空间，敬请读者和专家批评指正。

李维京[①]
2021 年 8 月 28 日

---

① 国家重点基础研究发展计划（973 计划）项目“气候变暖背景下我国南方旱涝灾害的变化规律和机理及其影响与对策”（2013CB430200）项目首席科学家

目 录

第1章 绪论

中国是世界上气象灾害发生最为频繁和影响严重的国家之一。受亚洲季风气候影响，我国的旱涝分布格局呈现北方易遭旱灾、南方旱涝并发的特征，特别是自 20 世纪 80 年代以来，大范围的旱涝气候灾害频繁发生，给国民经济和人民生命财产造成了重大损失。根据资料统计(图 1.1)，中国 1990—2018 年平均每年气象灾害直接经济损失达 2458.0 亿元，其中 2010 年直接经济损失高达 5097.3 亿元，2016 年次之，达到 4961.4 亿元；平均每年直接经济损失占国内生产总值(GDP)的 1.9%。1990 年以来，中国每年气象灾害直接经济损失总体呈上升趋势。我国南方社会经济发展水平较高、人口密度较大，旱涝灾害对经济的影响更严重。与南方旱涝灾害成因相关的科学问题较多、更为复杂，而以气候变暖为主要特征的全球气候变化则进一步增加了科学问题的复杂性。不断变化的气候可导致极端天气和气候事件在频率、强度、空间范围、持续时间和发生时间上的变化，并能够导致破纪录极端天气气候事件和灾害的发生(IPCC① 第五次评估报告决策者摘要(IPCC，2013)。

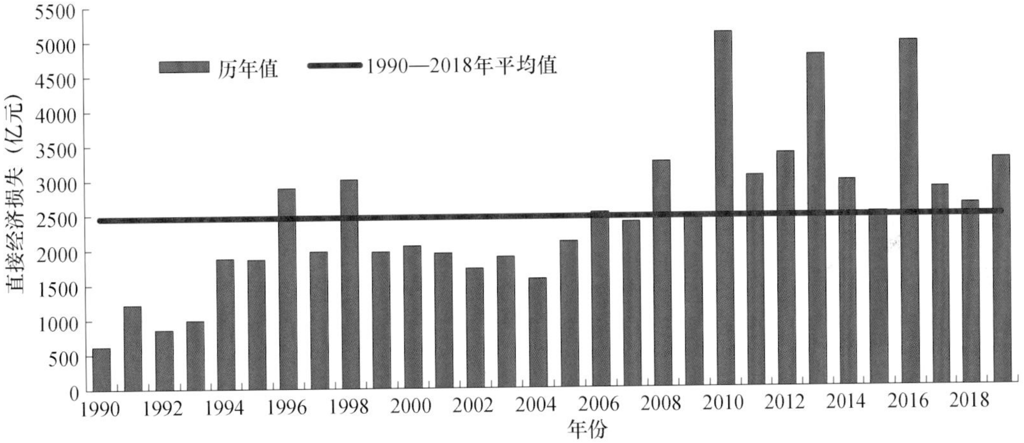

图 1.1　1990—2019 年中国气象灾害直接经济损失

在气候变暖的背景下，自 21 世纪初以来，我国南方旱涝气候灾害中尤以旱灾频发，而且容易形成跨季节的连旱灾害。《IPCC SREX 决策者摘要》(Stocher et al.，2013)报告中指出，与天气和气候灾害有关的经济损失已增加，且存在很大的增长空间和年际变化。要减少这些重大旱涝灾害造成的损失，必须在旱涝气候灾害预测、预警和应急对策等方面加以提高。然而，由于气候预测具有较大的不确定性，年际尺度的预测结果还存在较大的偏差，气候预测水平还不能完全满足国家防灾减灾的要求。同时，我国应对旱涝灾害的传统管理模式在新形势下也不能满足社会经济可持续发展的需求。因此，在全球变暖背景下，旱涝气候灾害事件的预测、风险评估与适应对策问题是我国社会和科学界都极为重视的问题。

① IPCC，政府间气候变化专门委员会。

1.1 研究南方旱涝的意义

1.1.1 国家需求

(1)国家防灾减灾的需求

据第六次全国人口普查数据显示,我国南方地区(江苏、安徽、湖北、重庆、四川、云南、贵州、湖南、江西、广西、广东、福建、浙江、上海、海南;从区域划分,将淮河和秦岭以南定义为我国南方)人口占 31 个省(区、市)常住人口的 50.6%。按常住人口排列,在前三位的南方省有广东省、四川省和江苏省。同时,南方地区也是我国经济发展的重要区域,对我国的国内生产总值(GDP)贡献巨大。2016 年全国 GDP 统计显示,南方各省的 GDP 总量占全国 GDP 总量的 62.3%,GDP 总量前十名中有七省在南方。

在气候变暖的背景下,我国南方干旱和洪涝灾害发生频次都有增加的趋势,其经济损失和社会影响更为突出。2001—2015 年中国南方气象灾害导致农作物受灾面积平均占全国总受灾面积的 42.9%(图 1.2),2011 年已经增加到 57.0%,2013 年达到 55.0%。而 2003—2015 年中国南方区域气象灾害直接经济损失占全国直接经济损失百分率已经达到 61.3%(图 1.3),2008 年直接经济损失占全国的比例高达 80.0%,2011 年为 68.0%。全国受洪涝灾害影响的面积也逐年增加,2010 年全国受涝面积达到 17500 khm^2,其中南方为 12000 khm^2,占全国受涝面积 68.5%;《第三次气候变化国家评估报告》(《第三次气候变化国家评估报告》编写委员会,2015)中关于气候变化的区域影响研究表明:属于我国南方的华中地区"洪涝灾害加剧";华东地区"20 世纪 80 年代以来,洪涝灾害日趋加重,发生频率逐渐增加";西南地区"气候变化引起的干旱、洪涝灾害频次增多,程度加重,山地灾害呈现出点多、面广、规模大、成灾快、发生频率高、延续时间长等特点";而华南地区"珠江三角洲城市群气象灾害加剧,用水安全风险加大"等。特别是 20 世纪 90 年代,长江流域特大洪涝灾害频发,1998 年夏季长江流域出现了 1954 年以来全流域性的特大洪水,导致经济损失逾 2600 亿元,死亡人数超过 3000 人;1999 年长江流域再度发生严重洪涝。除了洪涝灾害,长江流域还受到严重干旱灾害的影响,2001

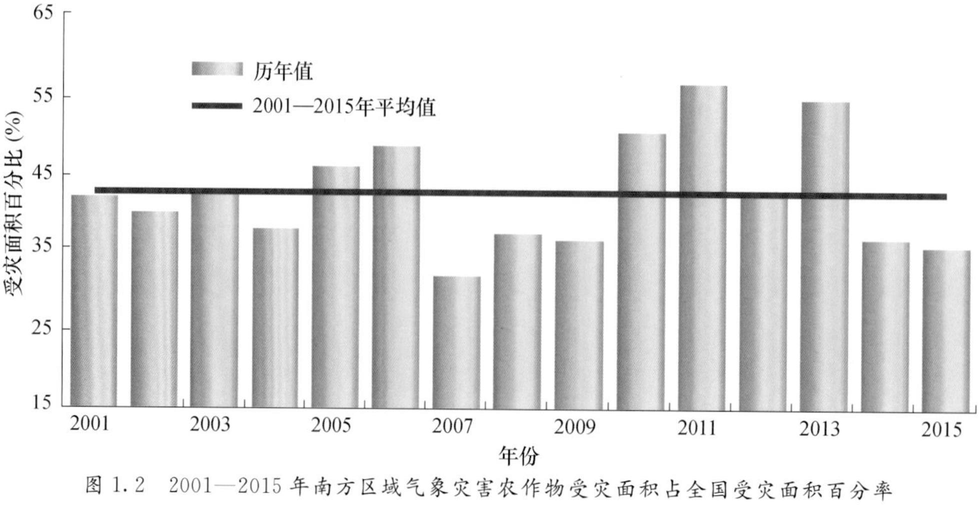

图 1.2 2001—2015 年南方区域气象灾害农作物受灾面积占全国受灾面积百分率

年夏季长江中下游地区梅雨期较常年偏短，降雨量少，致使江河湖泊水位偏低，长江出现了近20 a来的最低水位，干旱使航运和农渔业受到严重影响；2011年冬春季，长江中下游地区降水为近50 a来历史同期最少，无降水日数为1961年以来历史同期最多，受干旱影响范围为近60 a同期最广。2009—2013年云南、贵州、四川三省连续5 a发生干旱（秦大河 等，2015），我国西南地区干旱灾害频发，而且干旱持续时间长，甚至出现了秋冬春连旱的极端气候事件，给农业和人民生活造成了重大危害。

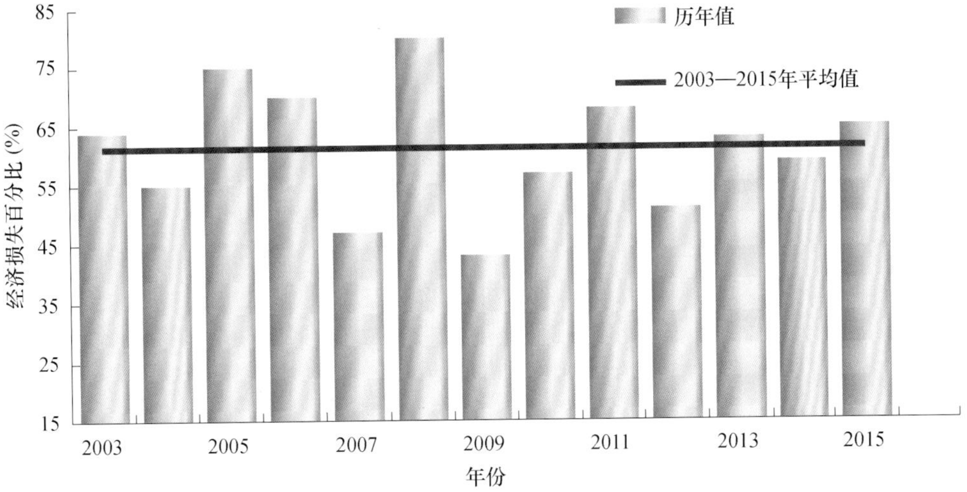

图1.3 2003—2015年南方区域气象灾害直接经济损失占全国直接经济损失百分率

综上所述，在气候变暖背景下我国南方地区频发的旱涝灾害已给当地经济发展造成严重的损失，对我国国民经济和人民生活造成巨大的影响，而且影响还有逐年增加的趋势。面对严峻的形势，若能对这些极端旱涝事件发生的原因有深入的认识并做出较准确的预测，就可以提前采取相应的应对措施，减轻极端旱涝气候灾害所带来的严重后果。由此可见，年际到年代际时间尺度的旱涝气候异常成因及其预测，是保障防灾减灾工作部署和国民经济长远规划迫切需要研究的科学问题。

（2）国家经济社会可持续发展的现实要求

在全球气候变暖的背景下，近年来我国干旱灾害呈现出发生频率增高、持续时间加长、影响范围扩大、因灾损失加重等特点。同时还表现出在我国北方干旱形势依然严峻的情况下，南方湿润地区干旱灾害也频繁发生的特征，导致我国南方水资源日益紧缺。洪涝灾害也是我国南方自然灾害中影响严重的灾害之一，其破坏性和突发性造成了我国南方严重的经济损失，甚至危及人民生命安全。旱涝灾害对粮食、水资源和生态安全造成严重威胁。

现阶段我国传统的防御自然灾害的模式是危机管理，即在灾情出现后才临时组织和动员公共和社会力量投入防灾减灾。这种管理模式在新形势下不能对旱涝应急管理实现机制化和制度化，容易出现“过度”应急或应急“缺失”。但是随着旱涝灾害频发和经济社会发展对防灾减灾需求的提高，客观上要求对旱涝灾害从应急管理转向风险管理，要做到风险管理必须研究风险的特征，对风险程度进行评估，以采取恰当的应对措施。

我国南方地区人口密度大，GDP总量高，两者占全国比重都远超过50%。如何应用高新技术，研究气候变暖背景下南方旱涝灾害致灾因子变异规律，揭示南方旱涝灾害孕灾环境的敏感性、承灾体的暴露度和脆弱性对气候变暖的响应特征，建立有效的旱涝灾害风险评估模型，开展气候变暖背景下南方旱涝灾害对粮食、水资源及生态安全的风险评估，以增进对南方旱涝灾害风险的认识，提出应对风险的对策，增强防灾、抗灾和减灾能力，促进备灾、应对灾害和灾后恢复措施的不断完善，使其越来越受到各级政府的高度重视。上述工作可有效减轻南方旱涝灾害对农业和农村的影响，保障粮食安全、利于农民增收，促进社会和谐和可持续发展，也是我国经济社会可持续发展的现实要求。

(3)提高我国年际—年代际气候预测水平的迫切需求

旱涝趋势气候预测水平提高的前提，归根结底取决于对影响旱涝变化的关键物理过程的认识程度。而多因子多尺度的海陆气相互作用是造成旱涝气候年际—年代际尺度异常的根本原因，对这些基本过程认识的不足必将限制旱涝气候预测水平的提高。虽然我国在年际—年代际时间尺度气候异常成因和预测方法等方面已经进行了大量的工作，取得了一定的进展，但旱涝气候趋势预测的结果仍然不能完全满足国家防灾减灾的需求和经济社会发展的需要。特别是针对我国南方地区而言，在气候变暖的背景下，大气环流、水分循环，以及海洋和陆面等外强迫因子的时空演变都表现出一些新特征，使得旱涝与某些关键影响因子的关系已经发生变化，这些变化加剧了我国南方旱涝预测的难度与不确定性。因此，需要在大气环流和下垫面热力异常特征的监测和诊断基础上，认识我国南方旱涝灾害形成的机理，利用目前先进的动力气候模式，结合其可预报性特征，开展全球变暖背景下动力—统计相结合的客观旱涝预测新理论和新方法的研究，旨在提高旱涝预测准确率和预测水平，更好地为政府防灾减灾决策服务。这既是为国家服务、解决旱涝预测技术瓶颈，也是对当今国际气候预测领域关注的前沿科学问题的探索。

1.1.2 科学意义

IPCC综合报告(Climate Change 2014: Synthesis Report)(IPCC，2014)指出:“不断变化的气候可导致极端天气和气候事件在频率、强度、空间范围、持续时间和发生时间上的变化，并能够导致前所未有的极端天气和气候事件”。这表明，受全球气候变化的影响，包括中国在内的世界各地干旱、强降水、高温酷暑、热带强风暴等气象灾害事件都可能增加。《第三次气候变化国家评估报告》(《第三次气候变化国家评估报告》编写委员会，2015)也指出，近年来中国南方旱涝气候灾害存在加剧的趋势。然而，中国南方旱涝气候灾害的演变规律及其机理迄今尚未认识清楚，在全球变暖背景下又呈现了新的变化和规律，影响中国南方旱涝灾害的关键因子及其关系也发生了新的变化，迫切需要我们重新研究和认识，并重建与完善旱涝灾害发生的物理概念模型和预测方法。因此，开展我国南方旱涝灾害形成机理的研究具有重要的科学意义。

(1)亚洲季风系统的复杂性及其对我国南方旱涝变化的重要意义

我国处于东亚季风区，天气气候深受季风活动的影响，特别是在5—9月的汛期，我国大范围区域性的降水分布、雨带移动及其造成的旱涝灾害在很大程度上受到夏季风系统的控制。由于夏季风的年际变率和季节内变率均较大，经常导致不同区域的干旱、洪涝、酷暑等各种灾害性天气气候事件的发生，特别是夏季风来临的早晚、由南向北推进的快慢及其强弱程度都直接影响到我国汛期旱涝和主要季风雨带的时空分布。由此可见，亚洲季风，特别是东亚季风的变异对我国气候具有十分重要的影响，而我国南方旱涝灾害与亚洲热带季风和东亚副热带季风关系最为密切，所以研究亚洲夏季风变异与我国南方旱涝的关系是当前气候研究领域迫切需要解决的关键科学问题，有利于认清夏季风变化影响我国南方旱涝的机理，也是对认识全球季风系统的重要贡献之一。

目前关于东亚地区气候年际—年代际变率，特别是旱涝灾害年代际变率的机理还不完全清楚。在全球变暖背景下，亚洲季风（包括季风系统不同成员间的关系）的活动规律发生了什么变化？亚洲季风与我国南方旱涝的关系发生了什么变化？亚洲季风系统变异影响我国南方旱涝的物理机制是什么？这些重要科学问题有待研究。

(2)多因子多尺度的海陆气相互作用影响亚洲季风和我国南方旱涝变化的机理

海陆气相互作用是驱动亚洲季风及其水分循环的重要因素，也是造成我国南方旱涝异常的根本原因。很多学者从大气环流以及海洋和陆面因子等方面广泛地研究了我国南方旱涝灾害的变化规律及其形成机理，这些因子涉及大气变率的主要模态、太平洋海温、印度洋海温、欧亚和青藏高原积雪以及北极海冰等。对这些因子的深入研究有利于提高我国南方旱涝预测水平。然而由于影响我国南方旱涝变化的天气气候系统复杂、因子繁多，短期气候预测的准确率一直无法完全满足我国社会经济发展的需要和国家防灾减灾的需求。事实上，南方旱涝异常往往是多个影响因子相互作用的结果，气候因子之间往往存在相互联系，如何区分和判断不同因子对南方旱涝变化的贡献及其多因子间的协同作用，有待深入研究。同时，气候系统的变化往往是多个时间尺度叠加的结果。因此，针对南方旱涝不同的时间尺度变化，分别探索影响其变化的关键因子，认识在不同时间尺度上对应的南方旱涝影响过程和机理，有利于增强对南方旱涝变化的规律与成因的认识和理解。

此外，随着全球变暖，海洋、陆面等因子表现出了一些新的时空演变特征，一些因子与我国南方旱涝的关系发生了变化。例如，季风区最重要的可预报性来源——厄尔尼诺—南方涛动(El Niño-Southern Oscillation, ENSO)出现新的空间分布类型变化（如中部型 ENSO），而这种新类型的 ENSO 事件对我国南方地区旱涝的影响明显不同于传统的东部型 ENSO 事件，其影响具有多样性。研究表明，中部型 ENSO 事件在未来气候变暖情景下将变得更加频繁发生。气候变暖同时也改变了气候平均态，而不同气候平均态条件下，大气环流异常对海洋、陆面等外强迫因子的响应不同。因此，重新认识气候变暖背景下我国南方旱涝灾害对大气环流模态、海洋和陆面因子多时间尺度演变规律以及多因子之间相互作用的响应机制是预测南方旱涝灾害面临的严峻挑战，也是气候预测的前沿科学问题。

(3)统计—动力相结合提高我国南方旱涝预测水平

旱涝预测是大气科学中最为困难的研究领域之一，全球降水的预测技巧主要体现在热带海洋上，而广大热带外地区的预测技巧很低，这是当前国际上普遍存在的难题。尽管我国以汛期气候预测为重点的旱涝预测工作早在 20 世纪 50 年代就已开始，并积累了大量宝贵经验，但是，由于影响我国旱涝灾害的大气环流及外强迫因子极为复杂，受到不同时间尺度和不同因子的独立作用及其相互影响，从而导致我国旱涝灾害发生机理的复杂性和预测的不确定性。所以旱涝预测准确率的提高比较缓慢，目前的预测水平远远不能满足社会经济发展的迫切需求。

在全球变暖背景下，影响我国南方旱涝灾害的预测因子发生了年代际变化，旱涝灾害与影响因子之间的关系也发生了变化。针对这些变化，如何探求与我国南方旱涝灾害有本质联系的影响因子及其相互配置，利用有效的气候预测策略和科学预测方法，做出准确的旱涝预测迫在眉睫。总体来看，动力气候模式预测方法被寄予厚望，但是近 20 a 的实际气候预测经历显示模式预测效果不稳定，还不能完全替代气候统计预测方法，物理统计气候预测方法仍有用武之地。因此,将动力与统计相结合的预测策略越来越得到气象界研究和业务人员的认同。利用历史资料的有用信息对模式预报误差进行预报,即用统计的方法将数值模式中隐藏在预报误差中的有用信息提取出来,以提高短期气候预测准确率,这是有效的研究思路。目前,针对我国不同气候区域的汛期降水预测,建立历史相似预报误差与当前预报误差之间的统计关系模型已经取得了较大进展。我国2014—2020年的气候研究计划曾经指出:"以提升短期气候预测准确率为目的,建立客观的动力与统计相结合的预测业务系统。在对影响我国气候异常重要因子和关键物理过程监测诊断的基础上,发展具有物理基础坚实、影响机理明确的客观统计气候预测系统,改进动力模式与统计相结合的滚动集合气候预测系统,加强利用降尺度技术进行集合预测产品的解释应用能力以及实时提供不同时间尺度的气候预测产品能力,完善现有短期气候预测理论和方法,提高我国气候预测能力"。

因此,在大气环流和下垫面热力异常特征的监测和诊断基础上,认识我国南方旱涝灾害的形成机理,利用目前先进的动力气候模式,开展全球变暖背景下动力—统计相结合的旱涝气候预测理论和方法的研究,旨在提高南方旱涝气候预测准确率和预测水平,是国家急需解决的旱涝预测技术"瓶颈"问题,也是当今国际气候预测的重要科学问题。

(4)评估旱涝气候灾害影响,加强风险管理是防灾减灾的必要选择

在全球变暖背景下,旱涝灾害的致灾因子发生了新的变异,孕灾环境的敏感性增大,承灾体的暴露度和脆弱性增加。需要开展气候变暖背景下南方旱涝的灾害链分析,特别是研究南方旱涝灾害可能引发的粮食、水资源及生态安全风险,以增进对南方旱涝灾害风险的认识,并提出应对风险的对策。尤其是评估南方持续性旱涝灾害和大灾、巨灾的风险、构建有效的评估模型,从而建立旱涝灾害风险预警机制,增强防御旱涝灾害的能力。同时,针对旱涝天气气候过程与农业旱涝过程不同步、区域间灾害脆弱性存在差异的问题,研究气象学意义的旱涝天气气候过程与水资源动态及农业旱涝发生的因果联系、差异性与协同性,探索各类型区域农业对旱涝天气气候过程的敏感性和抗灾能力的评估途径。

1.2 国内外研究现状和发展趋势

1.2.1 国际上的最新进展和发展趋势

20世纪80年代开始,世界气象组织(WMO)和国际科联(ICSU)共同发起组织了世界气候研究计划(WCRP)、国际地圈-生物圈计划(IGBP)和全球环境变化的人类因素国际计划(IHDP)等大型国际研究计划与活动。这些计划的一个核心问题就是全球气候变化,特别是10年—世纪尺度气候变化的物理、化学和生物学过程、机理及其可预测性,气候变化对人类生存环境的影响及其对策。2012年,IPCC在《管理极端事件和灾害风险推进气候变化适应特别报告》中,对全球极端天气与气候事件及其灾害风险进行了评估,明确指出,一些区域的强降水事件在数量上已呈显著的增加(IPCC,2012)。但由于资料的限制,对我国旱涝的变化,未能给出清晰评估结果。特别是我国南方受热带季风和副热带季风相互作用的影响,影响南方旱涝灾害的因子及其关系特别复杂。因此,揭示我国南方在气候变暖背景下的致灾因子变化特征及机理,定量刻画旱涝灾害链各个环节的风险,分析旱涝灾害对我国粮食、水资源与生态安全

的潜在威胁，成为我国气候科学界的重要课题与研究任务。

从统计事实来看，在地表气温气候平均值升高的背景下，极端天气气候事件，如干旱与高温等，发生强度与频率亦将发生明显增加。不仅如此，研究表明，温室效应加剧还会使大气保持水分的能力增强，并使得地表蒸发加剧，这意味着大气中水汽含量可能增长。地面蒸发能力增强，将使干旱更容易发生；同时为了与蒸发过程相平衡，某些地区降水也将增加，易于发生洪涝灾害，造成区域性旱涝加剧。由于气候增暖之后，气候系统中水分循环过程加剧，降水率加强，会引起大气潜热释放增加，影响风暴强度，进而还可能会影响到许多中小尺度天气系统的强度，造成极端天气事件。最新研究证实，20 世纪 60 年代以后，全球中高纬陆地地区极端冷事件（如降温、霜冻）逐渐减少，而极端暖事件（如高温、热浪）发生频率明显增加；20 世纪北半球大陆中高纬度大部分地区降水增加了 5%～10%，近 50 a 暴雨的发生频率增加了 2%～4%；中低纬度地区夏季的极端干旱事件增多；台风和热带气旋的强度显著加强，风暴路径有向极区移动的趋势；与海平面升高有关的极端事件增多。

基于各种温室气体排放情景的综合模拟预估结果表明，21 世纪前 30 a 的增温速率可能达到 0.2 ℃/(10 a)，全球海平面将继续上升，许多极端天气气候事件发生的频率及强度将继续增多。在几乎所有的陆地，出现酷热日数和热浪增多的可能性极大，而寒冷日数和霜冻日数减少；极端降水量等级和频率在许多地区极可能上升，而且极端降水事件的间歇期也将会缩短，受干旱影响的地区可能增加，强台风的数量可能增加。除了全球变暖对极端天气气候事件有直接影响之外，气候系统的年代际自然变化也可能对其有相当大的贡献。20 世纪 90 年代以来，气候系统年代际变率逐渐被人们重视并成为研究热点课题。在 1995 年建立的“气候变率与可预报性研究计划”(CLIVAR)中，明确提出了“年代际—世纪时间尺度气候变化和可预报性”的研究课题。研究表明，东亚夏季风降水存在比较明显的年代际变率，20 世纪 50—60 年代东亚季风偏强，我国华北地区夏季降水偏多，江淮地区偏少；随后 80—90 年代由于东亚夏季风偏弱，华北降水显著减少，多雨带集中于江淮流域及其以南地区；进入 21 世纪以来，东亚夏季风又有增强的趋势，我国长江流域和江南地区降水有减少的特征。而未来东亚夏季风和我国降水主要多雨带的演变趋势如何？特别是我国南方旱涝灾害的年代际变率及其极端天气气候事件的发生规律将发生什么变化？东亚夏季风及其季风雨带年代际模态的形成机理是什么？气候年代际自然变率位相转折或突变对气候极端事件的影响机制是什么？这些问题都亟须深入研究。

在气象防灾减灾体系中，气象灾害风险管理处于体系最末端，承载着如何将气象灾害监测预测结果转化为面对最终用户的防御决策及应对措施的重要任务。气象灾害风险指未来若干时间内可能达到的灾害程度及其发生的可能性和破坏强度。一定区域的灾害风险一般包括三个最重要的因素：灾害的危险性、承灾体以及承灾体的脆弱性。灾害风险研究主要包括灾情监测与识别、确定气象灾害分级和评定标准、建立气象灾害信息系统和评估模式、气象灾害风险评价与对策等。目前国际上主要是美国、日本、欧洲等在自然灾害管理上具有较为先进的技术与方法。20 世纪，美、日两国就已开始针对本国的灾害问题进行立法工作，同时不断引进防灾新技术，修建抗灾工程，研究预防灾害机制。在此基础上，建立和发展了适合各自国情的减灾系统工程，使整个国家抵抗自然灾害的能力大幅度提高，减少了灾害对经济建设的负面影响。美国的主要灾害为飓风、地震、洪水、干旱等，应对灾害的战略主要在于预防，并且重点研究与灾害有关的一系列基础理论问题和社会行为。美国对自然灾害的管理有以下几个特点：①重视对灾害的科学研究，特别是研究灾害发生的动力学机制；②非常重视灾害对自然环境的影响，将减灾和环境保护结合起来；③把人与自然灾害之间的关系放在突出位置，重视人的生命价值；④从制度上、法律上把防灾、减灾作为联邦政府及州政府的一项日常任务确定下来，有十分明确的责任划分；⑤建立全国范围内的灾害网络，包括监测、预报、救灾、通信等，当灾情发生时，各种服务系统自动进入救灾状态。

综上所述，国际上最新研究重点是全球尺度研究极端天气气候事件发生的频率及强度和气候变暖的关系及其影响机理，特别是在旱涝灾害的影响、风险评估、防灾减灾体系的建立和应对战略等方面发展迅速。而对于在全球变暖的背景下，特别针对我国南方关键区域旱涝灾害的发生规律、形成机理、预测理论和方法、造成的影响和风险评估与对策问题，也只能依靠我国科学家自己的努力，借鉴国际上先进的科学思想和研究成果，形成具有我国特色的理论与方法。

1.2.2 国内的研究进展和发展趋势

国家"八五"计划以来，在一大批重大研究项目的支持下，气候领域的学者开展了一系列研究工作。如："我国短期气候预测系统的研究"，2003 年获国家科学技术进步一等奖。"我国重大天气气候灾害的预测理论和预测方法研究"，为我国月、季时间尺度的气候预测奠定了科学基础。还有"我国生存环境演变和北方干旱化趋势研究""青藏高原生态与环境演变研究""我国西部生态环境演变和适应对策研究""全球环境变化对策与支撑技术研究""全球典型干旱半干旱地区年代尺度气候变化机理及其影响研究"等项目，重点研究干旱和半干旱区域气候变化的机理与影响，特别是针对我国北方和西北地区气候变化的事实与成因进行了深入的研究。此外，我国还组织了一批在国际上有重要影响的大型联合科学试验，如在青藏高原和极地开展了科学考察，在黑河、内蒙古草原和青藏高原进行了陆气相互作用试验，还进行了举世瞩目的"青藏高原气象科学试验""南海季风试验""华南暴雨试验"和"淮河流域能量与水分循环试验"等科学试验，为理论研究提供了大量观测数据。近年来开展的"第三次青藏高原科学试验""干旱气象科学研究——我国北方干旱致灾过程及机理"等项目涉及我国大气科学的主要研究领域，并取得了一系列重要成果，为开展我国南方旱涝成因与机理的研究打下了良好的基础。

在气候变化基础研究领域，以国家"十五"攻关项目"全球与中国气候变化的检测和预测"及系列国际合作项目为支撑开展了相关研究，尤其在我国近 50～100 a 基本气候要素变化的观测事实分析方面，建立和完善了不同时间尺度的全国和区域平均地面和高空基本气候要素时间序列。国家气候中心承担了"大气次季节变化规律及其与我国气候异常、持续性高影响异常气象事件的关系""持续性异常气象事件预测业务技术研究"和"我国主要极端天气气候事件及重大气象灾害的监测、预测和应对研究"等项目，对延伸期、月和季节尺度的极端天气气候事件以及持续性异常事件的监测预测进行了重点研究，并对持续性异常天气气候事件发生的时空特征进行统计分析，获得了许多有价值的研究成果，为进一步深入揭示我国南方持续性旱涝灾害事件的发生规律奠定了科学基础、积累了研究经验。

国家气候中心与相关科研单位在国家"九五"计划期间合作开展了我国月/季节预测研究和业务应用工作。建立的月/季节预报试验性业务系统，通过不断吸纳国内外该领域的创新性成果，已经得到了一定的发展，在我国短期气候业务预测业务中发挥了重要作用。近年来，发展并建立了我国新一代短期气候动力模式预测系统，通过统计与动力相结合的策略提高短期气候预测技巧，继承和集成由历史资料改进动力模式季节预测的关键技术研究成果，在国家气候中心业务平台上进行应用试验和检验，为国家防灾减灾提供了重要科技支持。

近年来我国开展的一系列重要研究计划逐步将持续性极端天气气候灾害的监测预测作为研究对象，取得了有目共睹的进展。但是，从当前研究现状看，重点是分析极端事件本身及其统计规律的特征，对其形成机理、持续的成因研究不足，特别是对于干旱灾害的研究重点主要在我国北方地区，而对于我国南方干旱发生机理、灾害损失增加的对策问题研究不多。同时，已有项目重点研究延伸期、月和季节尺度极端事件的监测与预测问题，对我国南方旱涝的年际和年代际时间尺度变化规律和形成机理及其影响与应对策略等方面研究明显不足，尤其是气候变暖和自然变率对我国南方旱涝灾害的影响及机理方面认识有限。此外，目前的气候系统模式对气候变暖背景下旱涝发生规律的模拟与预测仍有较大偏差。在此背景下，科学技术部于 2013 年在国家重点基础研究发展计划(973 计划)中设立项目“气候变暖背景下我国南方旱涝灾害的变化规律和机理及其影响与对策的研究”。项目研究不仅可以推进我国气候变化研究的进展，而且有助于提升我国气候预测水平的提高，具有重要的科学意义和应用价值。

1.3 关键科学问题和主要研究内容

为满足防灾减灾和应对气候变化的国家需求，围绕“气候变暖背景下我国旱涝灾害的变化规律、机理、影响和对策”这一核心科学问题，系统认识近百年来南方旱涝灾害的时空分布特征、年际—年代际变化规律及其与全球变暖的关系，揭示气候变暖背景下亚洲季风系统格局、水分循环、外强迫因子(海温、积雪、海冰等)变异对南方旱涝灾害的影响及其机理；评估气候系统模式对南方旱涝预测的不确定性，发展将预报问题转化为模式预报误差估计问题的研究思路，提出南方旱涝影响因子优化组合配置的预测方法，建立南方旱涝集成预测、预警业务预报平台；综合评价与预估变暖背景下南方旱涝对水资源和农业的影响，揭示可能威胁粮食安全、水资源安全及生态与环境的南方旱涝灾害风险，提出相应的适应对策，为国家防灾减灾和应对气候变化等方面的宏观决策提供科学依据，为提高我国南方旱涝气候灾害预测能力和气候灾害风险管理水平提供科技支撑。重点解决以下 3 个关键科学问题：

① 气候变暖背景下我国南方旱涝灾害时空特征、演变规律发生了什么变化？这种特征变化与气候变暖的关系如何？气候变暖背景下亚洲季风系统格局和水分循环变异特征及其与我国南方旱涝灾害关系的变化特征。

② 揭示气候变暖背景下影响中国南方旱涝的海洋和陆面等下垫面外强迫因子的变化特征，及其与我国南方旱涝灾害关系的变化规律和物理机制；针对影响关系的变化，提出改进我国南方旱涝预测的物理概念模型和预测策略，研发动力—统计相结合的旱涝客观定量化预测的新理论和新方法。

③ 针对气候变暖背景下我国南方旱涝灾害对水资源和农业影响的变化特征，进行水资源和农业影响评估和预估；并提出气候变暖背景下我国南方旱涝气候灾害对粮食和水资源安全的风险评估与对策。

本书主要总结上述前两个关键科学问题所涉及的内容，重点是在气候变暖背景下我国南方旱涝格局发生了什么变化？出现了什么新特征和新的变化规律？其原因及其机理是什么？提出什么新理论和新方法进行南方旱涝的气候预测？

对于上述第③方面涉及的我国南方旱涝灾害对水资源和农业影响及其评估和对策的问题和相关内容，已经由承担项目相关研究课题的专家总结成书出版，所以不再包含在本书稿中。

参考文献

《第三次气候变化国家评估报告》编写委员会，2015. 第三次气候变化国家评估报告[M]. 北京：科学出版社.

秦大河，2015. 中国极端天气气候事件和灾害风险管理与适应国家评估报告[M]. 北京：科学出版社.

IPCC，2012. Managing the risrs of extreme events and disasters to advance climate change adaptation[R]. Cambridge：Cambridge unirersity Press.

IPCC，2013. IPCC SREX 决策者摘要，政府间气候变化专门委员会第五次评估报告第一工作组—气候变化(2013)：自然科学基础 [R/OL]. http://www. ipcc ch/Languanges/Chinese/.

IPCC，2014. Climate Change(2014)：Synthesis Report [R]. Geneva：IPCC：151.

第2章 气候变暖背景下中国南方旱涝规律的变化

基于大量观测事实的研究表明，全球气候变暖已成为不争的事实。IPCC (2013)第五次评估报告(IPCC AR5)指出，1880—2012 年全球平均地表温度升高 0.85 ℃(0.65～1.06 ℃)，20 世纪 80 年代以来，全球气温增暖速率明显加快。近年来，全球地表气温屡创新高。根据世界气象组织发布的 2016 年全球气候报告，2016 年全球平均气温较 1961—1990 年气候平均值偏高 0.83 ℃(0.73～0.93 ℃)，超过 2015 年成为有气象记录以来最暖的一年。2021 年 8 月 IPCC(2021)第六次评估报告(IPCC AR6)指出，全球气候变暖造成热浪和干旱、风暴潮和极端降水等复合型极端灾害事件增加，使得应急应对能力面临冲击和挑战。

在全球气候变暖背景下，20 世纪 80 年代以来，中国南方地区频繁发生大范围干旱和洪涝灾害(李维京 等，2015)，如 1998 年和 1999 年夏季长江流域连续出现特大洪涝灾害；2001 年夏季和 2011 年冬季至次年春季长江中下游地区降水持续偏少，导致大范围长时间干旱。西南地区近十几年干旱灾害尤其频繁：2006 年春末至秋初川渝地区持续高温少雨，导致了 1951 年以来最严重的干旱；2009 年秋季至 2010 年春季，西南地区出现了有气象记录以来最为严重的秋、冬、春季连旱；2009—2011 年，云南和四川南部持续少雨导致干旱发生。上述频繁发生的干旱和洪涝事件造成了严重的经济损失，给人民生活造成巨大的影响，引起社会广泛的关注。

随着全球气候变暖，中国南方地区旱涝灾害的规律发生了哪些变化？本章将对 1960 年以来中国南方地区降水的变化特征、旱涝灾害时空变化以及区域旱涝变化特征进行分析，揭示在全球气候变暖背景下中国南方旱涝变化的基本事实，为深入研究其形成机理和防灾减灾应对措施提供理论基础和参考依据。

2.1 中国南方降水的时空变化特征

降水是表征大气状态的基本气象要素，其降雨量等级、持续时间、强度和影响范围是导致干旱和洪涝灾害的主要因子。因此，全面了解中国南方地区降水的时空变化特征，是揭示气候变暖背景下中国南方旱涝灾害规律及变化的前提和基础。本节从气候平均态、季节、年际和年代际等多时间尺度研究 1961—2016 年中国南方降水的时空变化特征。

2.1.1 中国南方降水的气候态特征

降水数据来自中国气象局国家气象信息中心“中国国家级地面气象站均一化降水数据集”，以 1961—2016 年为研究时段，以降水量、降水日数和降水强度为研究指标，研究区域定义为中国南方的安徽、江苏、上海、浙江、福建、湖北、湖南、江西、广东、广西、四川、重庆、云南、贵州和海南等 15 个省(区、市)，南方区域降水平均采用南方 1173 个气象站降水的算术平均。为了突出全球气候变暖背景下中国南方降水气候态的变化特征，结合 1961 年以来的全球地表气温变化的转折特征，以 1980 年为界，将 1961—2016 年划分为两个时段，分析整个时段(1961—2016 年)中国南方地区降水气候态的空间分布特征，1980 年前后两个时段(1961—1980 年和

1981—2016 年)降水气候态差值场的地理分布,南方区域平均降水在不同时段、不同季节和不同等级降水的气候态特征,以及 1980 年前后两个时段气候态的差值变化。

2.1.1.1　气候变暖背景下中国南方降水气候态空间分布及变化特征

中国南方年降水量气候态(图 2.1a)总体呈东高西低分布,自东南沿海地区向西向北降水逐步递减:长江以南的中东部地区和云南南部为 1200～2000 mm,其中广东和海南局部达到 2200 mm 以上;西南地区大部和长江以北降水量为 800～1200 mm;四川中西大部为 400～800 mm。中国南方年降水日数气候态(图 2.1b)空间分布特征与降水量存在较大差异,降水日数较高的区域位于西南地区东部和南部以及江南中部等地区(>160 d),高值中心位于四川东南部和贵州西部,降水日数达到 200 d 以上,降水日数偏少的区域位于长江以北和西南中西部(<140 d),其余地区降水日数为 140～160 d。降水强度(即降水量和降水日数的比值)气候态(图 2.1c)地理分布特征与降水量类似,自东南向西北逐步递减,降水强度较高的地区位于华南沿海、海南、江南中部、长江以北局部和云南东南部局部地区(>10 mm/d),降水强度较低的地区位于西南地区北部和东部部分地区(<6 mm/d),其余地区降水强度为 6～10 mm/d。

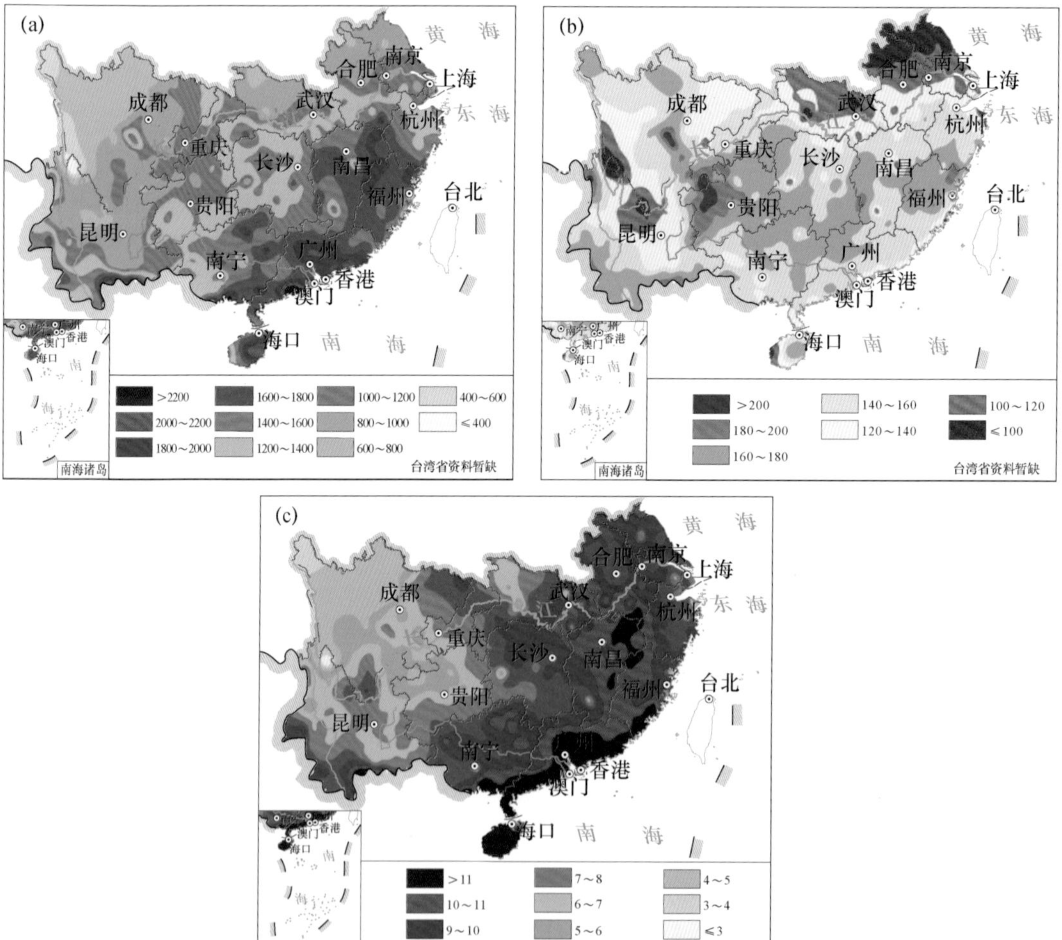

图 2.1　中国南方地区降水量、降水日数和降水强度气候态空间分布(1961—2016 年平均)
(a)降水量(单位:mm);(b)降水日数(单位:d);(c)降水强度(单位:mm/d)

中国南方降水 1981—2016 年平均与 1961—1980 年平均的差值场(图 2.2)显示,降水量、降水日数和降水强度差值场自东向西均呈现"正""负""正"分布,即降水量和降水日数在江南东部和西南地区西部均增加,江南西部至西南地区中东部均减少;降水强度除了在西南东部部分地区有所减弱外,其余南方大部地区均增强。即全球气候变暖背景下,南方地区降水气候态发生了变化,江南东部和华南沿海等地发生洪涝和极端强降水事件的可能性增加,而西南地区中东部和江南西部发生干旱的可能性增加。

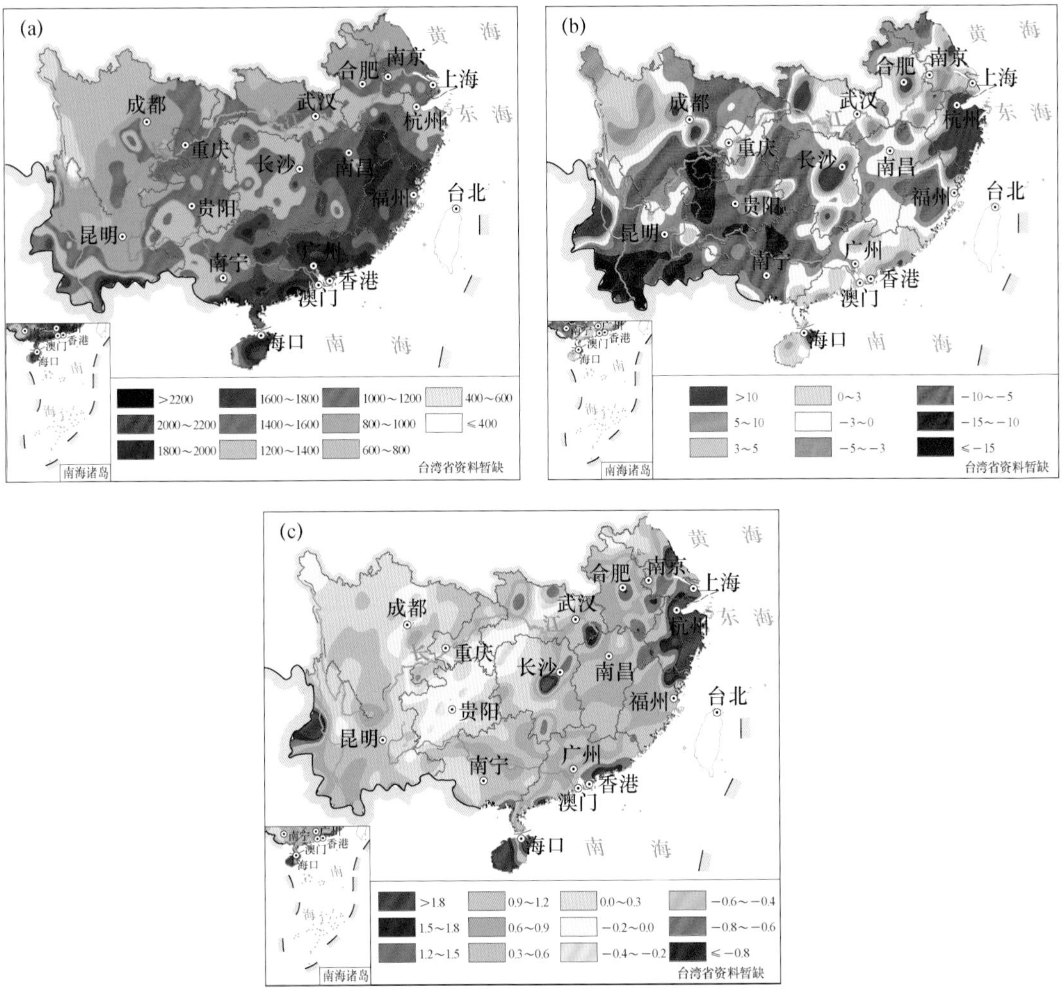

图 2.2 1981—2016 年和 1961—1980 年南方地区降水量、降水日数和降水强度气候态差值空间分布
(a)降水量差值(单位:mm);(b)降水日数差值(单位:d);(c)降水强度差值(单位:mm/d)

2.1.1.2 气候变暖背景下中国南方区域平均降水气候态变化特征

1961—2016 年中国南方区域平均逐年降水量为 1076.4～1596.4 mm。3 个研究时段(1961—2016 年、1961—1980 年和 1981—2016 年)平均降水量分别为 1321.2 mm、1305.9 mm 和 1329.7 mm;1961—2016 年中国南方区域平均逐年降水日数为 131.5～166.0 d,3 个时段平均分别为 148.9 d、152.1 d 和 147.2 d;1961—2016 年中国南方区域平均逐年降水强度为 8.1～10.2 mm/d,3 个时段平均分别为 8.9 mm/d、8.6 mm/d 和 9.1 mm/d。由 1961—1980 年和 1981—2016 年两个时段降水量、降水日数及降水强度的差值分别为 23.7 mm、−5.0 d

和 0.5 mm/d。可见,气候变暖背景下中国南方区域平均降水气候态变化特征表现为降水量增加、降水日数减少和降水强度增强。

表 2.1 三个研究时段不同季节和降水等级南方区域平均降水气候态特征

指标	时段(年)	季节				降水等级			
		春	夏	秋	冬	小雨	中雨	大雨	暴雨
降水量(mm)	1961—2016	369.5	579.0	251.1	121.6	282.4	379.1	348.0	311.7
	1961—1980	373.5	564.9	253.6	113.5	288.2	382.6	344.2	291.0
	1981—2016	367.3	586.9	249.7	126.3	279.1	377.2	350.1	323.2
降水日数(d)	1961—2016	42.7	45.8	32.5	27.9	110.9	23.8	10.1	4.0
	1961—1980	43.6	46.6	34.2	27.8	114.3	24.0	10.0	3.8
	1981—2016	42.2	45.4	31.5	28.0	109.1	23.8	10.2	4.2
降水强度(mm/d)	1961—2016	8.0	12.6	7.4	4.0	2.5	15.9	34.4	77.3
	1961—1980	7.9	12.0	7.0	3.7	2.5	16.0	34.3	76.6
	1981—2016	8.1	12.9	7.6	4.1	2.6	15.9	34.4	77.6

按季节划分:春季 3—5 月,夏季 6—8 月,秋季 9—11 月,冬季 12 月—次年 2 月,来分析 1961—2016 年、1961—1980 年和 1981—2016 年三个时段降水特征。中国南方区域平均春、夏、秋、冬四个季节降水量、降水日数和强度在三个不同时段气候态特征见表 2.1。1981—2016 年平均与 1961—1980 年平均的降水量、降水日数和降水强度差值表明,全球气候变暖背景下,夏、冬季降水量增加,春、秋季下降,且夏季增幅和春季降幅较大(图 2.3a),年降水量气候态的增加主要来自夏季和冬季的贡献。春、夏和秋季降水日数均减少,冬季略有增加(图 2.3b)。因此,年降水日数的减少主要来自秋、春和夏季的贡献,秋季贡献最大。四季降水强度均增加,且夏季增幅最大(图 2.3c)。由此可见,气候变暖背景下中国南方地区平均降水量和降水日数的变化表明,夏、冬降水增加显著,夏季洪涝灾害和春秋季干旱灾害发生的可能性增大,但降水强度在四季均增强,从而使得极端强降水事件发生概率增加。

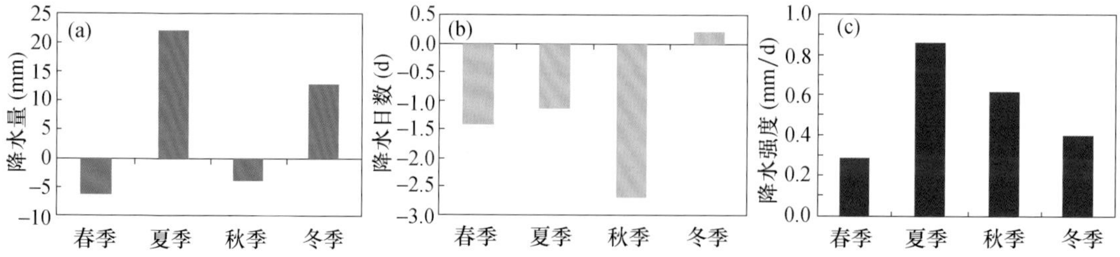

图 2.3 南方区域平均各季降水量、降水日数和降水强度在 1981—2016 年和 1961—1980 年两个时段的气候态差值

(a)降水量;(b)降水日数;(c)降水强度

表 2.1 中还给出按不同降水等级分析的在 3 个研究时段降水量、降水日数和降水强度的气候态特征。根据单站逐日降水量将降水分为小雨、中雨、大雨和暴雨 4 个等级(0.1～9.9 mm为小雨,10.0～24.9 mm 为中雨,25.0～49.9 mm 为大雨,大于等于 50.0 mm 为暴雨)(全国气象防灾减灾标准化技术委员会,2012)。1981—2016 年平均与 1961—1980 年平均

的差值场表明：全球气候变暖背景下，大雨和暴雨级的降水量增加，特别是暴雨级降水量增幅明显，小雨和中雨的降水量减少(图 2.4a)；小雨和中雨降水日数均减少，且小雨日数减少显著，大雨和暴雨日数略有增加(图 2.4b)；除中雨降水强度略有下降外，暴雨、大雨和小雨降水强度均增强，且暴雨强度增幅最显著(图 2.4c)。由此可见，在气候变暖背景下，南方地区降水量的增加和降水强度的增强主要来自暴雨和大雨的贡献，而降水日数的减少则主要来自小雨的贡献。

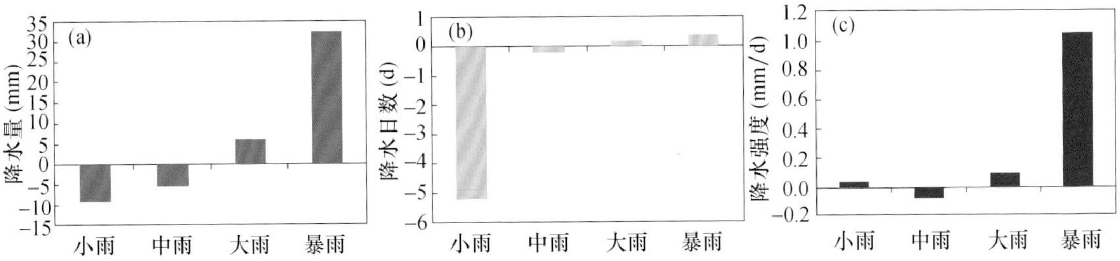

图 2.4 南方区域平均不同降水等级降水量、降水日数和降水强度
在 1981—2016 年和 1961—1980 年两个时段的气候态差值
(a)降水量；(b)降水日数；(c)降水强度

气候变暖背景下，中国南方地区平均年降水量增加，降水日数减少，降水强度增强。根据季节的划分，降水量的增加主要来自夏季和冬季降水的贡献，夏季贡献最大；降水日数的减少来自秋、春和夏三季的贡献，秋季贡献最大；降水强度的增强各季均有贡献，夏季贡献最大。根据降水等级的划分，降水量的增加主要来自暴雨和大雨的贡献(暴雨贡献最大)，降水日数的减少来自小雨和中雨的贡献(小雨贡献最大)。由此可见，气候变暖背景下各季降水气候态变化使夏季洪涝、春秋季干旱和各季节极端强降水事件的发生概率呈增加趋势。

气候变暖背景下，中国南方地区降水气候态空间差异显著，江南东部和西南西部部分地区降水量和降水日数增加，西南地区中东部至江南西部降水量和降水日数减少；降水强度在除西南东部部分外的南方大部地区均增强。即气候变暖背景下，南方地区降水气候态的变化使江南东部和华南沿海地区发生洪涝、西南中东部地区至江南西部发生干旱灾害概率呈增加趋势。

2.1.2 南方降水的年际变化特征

2.1.2.1 南方季节降水年际变化主要模态

受亚洲季风气候的影响，中国全年降水主要集中在夏半年的 4—9 月，气候平均降水由东南向西北方向逐渐减少，降水大值区主要在淮河与秦岭以南的南方大部地区。中国南方旱涝灾害表现出多时间尺度变化的特点，既有季节内和季节变化，也有年际和年代际变化。为了识别我国南方地区各季节降水的年际变率主模态，对 1961—2013 年南方 208 台站的季节降水量的标准化距平序列进行了 EOF(经验正交函数)分解，图 2.5 给出了前三个 EOF 模态的空间分布(李维京 等，2015)。总体而言，南方地区降水变率前 3 种优势模态主要为：长江以南地区降水呈整体偏多或偏少的一致型(图 2.5a，图 2.5c，图 2.5d)，长江中下游流域与华南呈反相变化的南北反相型(图 2.5b，图 2.5e，图 2.5h，图 2.5k)，以及东南与西南呈反相变化的东西反相型(图 2.5g，图 2.5i，图 2.5j，图 2.5l)。其中，一致型是南方地区冬、春、秋三个季节降水变率的第一优势模态，该模态的解释方差在冬季最高(约 32%，图 2.5d)，春季和秋季次之(约 20%～22%，

图 2.5a、图 2.5c)。东西反相型存在于四个季节之中，且除了秋季外，该模态均表现为南方地区降水变率的第三优势模态。中国南方地区夏季降水变率的 EOF 第一模态为南北反相型，第二模态为一致型，第三模态为东西反相型，其解释方差分别为 14.5%、13.8%和 7.8%。

由此可见，中国南方旱涝年际变率有 3 个主要模态：①长江及其以南地区降水呈整体偏多或偏少的一致型；②长江中下游流域与华南呈反相变化的南北反相型；③东南与西南呈反相变化的东西反相型。除夏季外，一致型是南方地区各季节降水变率的第一优势模态。

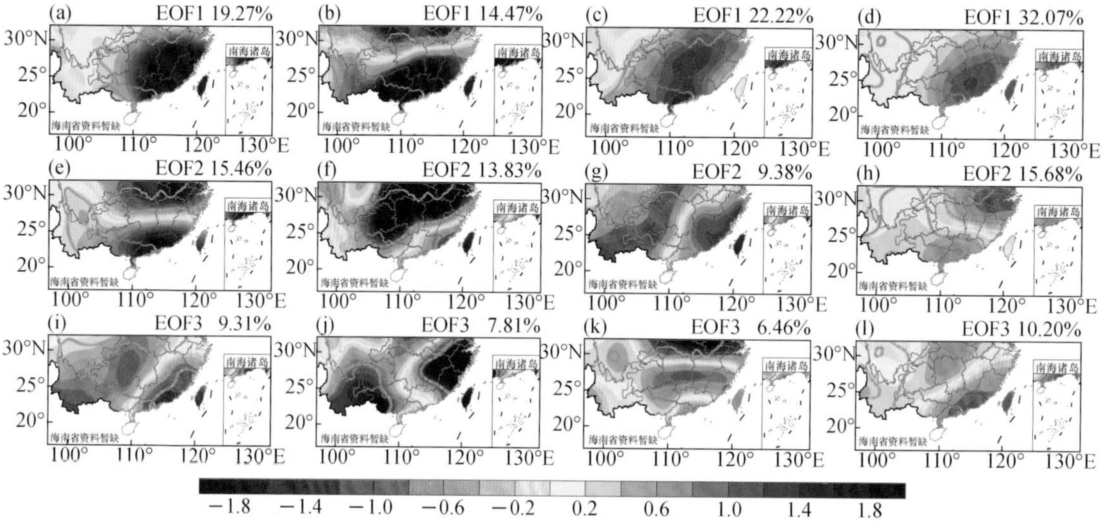

图 2.5 1961—2013 年南方地区各季节标准化降水距平的前 3 个 EOF 模态

(a)，(e)，(i)春季；(b)，(f)，(j)夏季；(c)，(g)，(k)秋季；(d)，(h)，(l)冬季

(从上至下分别为 EOF 第一、二和三主模态。右上角数字表示 EOF 模态的解释方差。等值线包围的区域表示达到 95%显著性水平的区域)

2.1.2.2 不同等级降水(雨强)的年际变化

降水日数和降水强度是反映降水特征的重要指标，它们是受气候变化影响最为敏感的气象要素。不同降水等级的降水日数能体现降水的属性和细节，其变化将影响降水量并可能导致旱涝等气候事件发生强度变化。一些研究(严中伟 等，2000；徐新创，2014；汪卫平 等，2017)显示，过去 60 a 来(1950—2010 年)，中国不同等级降水变化差异明显，其中小雨等级降水量普遍减少，大雨以上等级降水在 20 世纪 80 年代以后强度增大、频数明显上升。这些研究并没有专门针对中国南方进行分析，特别是没有与中国南方的旱涝变化进行关联，为此，这里给出中国南方不同等级降水的年际变化，其中降水强度按照小雨(日降水量<10 mm)、中雨(日降水量为 10～25 mm)、大雨(日降水量为 25～50 mm)和暴雨(日降水量≥50 mm)分为 4 个等级。

中国南方年降水日数空间分布特征显示从四川至福建一带为大值区，并向南向北递减的分布特征，其中降水日数最高的区域位于四川，福建的年降水日数也相对较高。小雨日数的空间分布与总降水日数比较相似；中雨日数较多的区域主要位于江南及华南北部区域，大雨和暴雨日数较多的区域主要位于华南到江南一带，它们总体呈现向西向北递减的空间分布。不同等级降水日数方差的空间分布与降水日数的空间分布基本一致。不同等级降水日数的年内分布在不同区域有一定的差异，长江以北和西南地区夏季的日数较多，冬季较低；江南和华南小

雨日数平均在春季较大(在 3 月最大),中雨、大雨和暴雨的日数在 5—6 月较大。

图 2.6 给出中国南方不同等级降水日数的年际变化。结果显示,区域平均的降水日数总体来看有减少的趋势,在近几年,降水日数有所增加。区域平均的小雨日数呈现明显减少的趋势,而暴雨日数有明显增加的趋势。并且在 21 世纪初之后,大雨和暴雨日数的年际变率增加。从各区域的变化看,小雨日数在各区域均有一致减弱的趋势,特别是在西南地区,在 20 世纪 80 年代中期之后减少的趋势高于其他区域;在长江以北和西南地区大雨日数和暴雨日数的变化趋势不明显,长江以北区域平均的暴雨日数在 21 世纪初之后年际变化减小,在江南地区大雨日数和暴雨日数有明显增加的趋势,在华南也有增加的趋势。华南地区大雨日数的变化总体上与长江以北地区大雨日数存在相反的年际变化。不同等级降水量的变化与降水日数的变化基本一致。

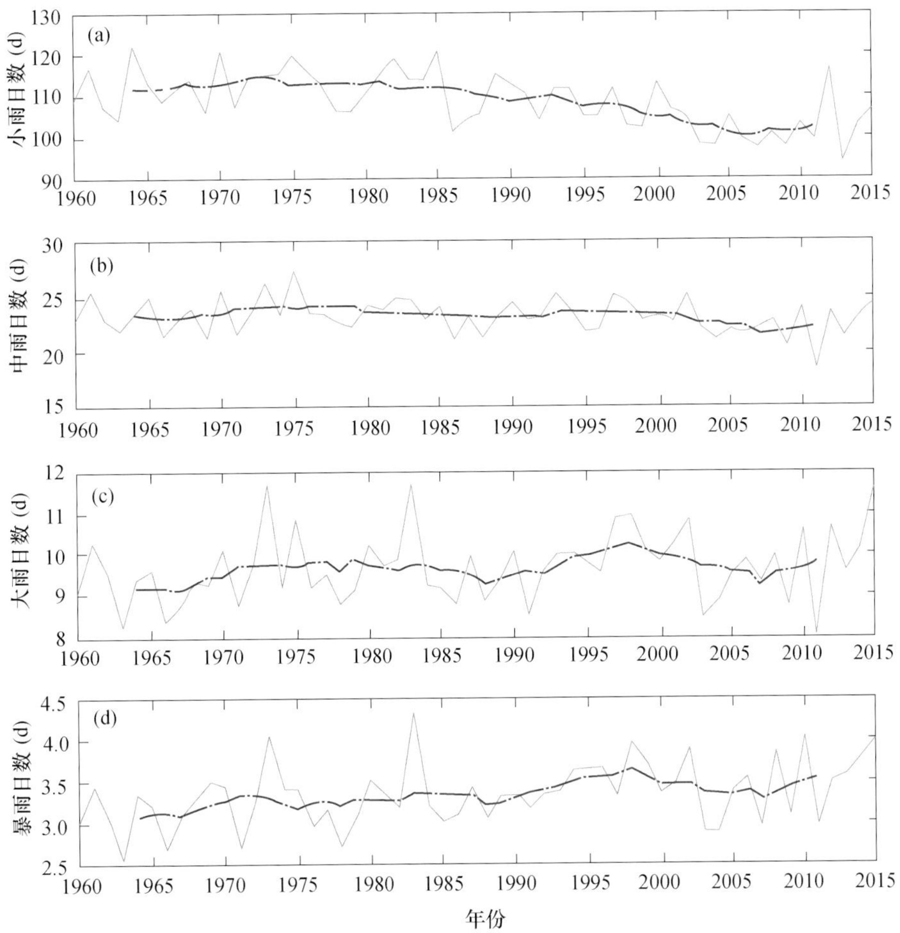

图 2.6 南方地区不同等级降水日数的年际变化

(a)小雨日数;(b)中雨日数;(c)大雨日数;(d)暴雨日数

(图中虚线表示 9 a 滑动平均)

对不同等级降水量占年总降水量的比率,即不同雨强对总降水的贡献率进行进一步统计,结果显示,江南至华南一带,小雨对年总降水量的贡献率相对较低,只有 20%左右,贡献率由东南向西北方向递增。中雨的贡献率在四川西部和云南相对高一些,其他地区差异不大。大雨的贡献率在江南和华南较大，并向西北方向递减。暴雨的贡献率在广东沿海一带略大一些，贡献率高值的空间分布较为零散。不同等级降水对总降水的贡献率的年内变化与降水日数的年内变化相一致。

不同等级降水对年总降水的贡献率年际变化显示(图 2.7)，小雨贡献率有明显下降的趋势；而暴雨的贡献率有增加的趋势。其中，在西南地区，小雨的贡献率在 20 世纪 90 年代中期之后降低，而大雨的贡献率有明显提高；在江南地区，大雨的贡献率有明显增加的趋势，年际变率也在不断增大。贡献率的变化显示了中国南方的雨强在发生变化。如果用年降水量除以年降水日数表示平均降水强度，从区域平均降水强度的年际变化(图 2.8a)可以看出，降水强度有增强的趋势，在 20 世纪 90 年代中以后平均降水强度总体比以前偏强，这与中国南方平均的日最大降水量的年际变化是一致的(图 2.8b)。在区域分布上，平均降水强度较强的区域主要位于江南和华南沿海一带，并且这两个区域降水强度增强的趋势也大于西南和长江以北地区。

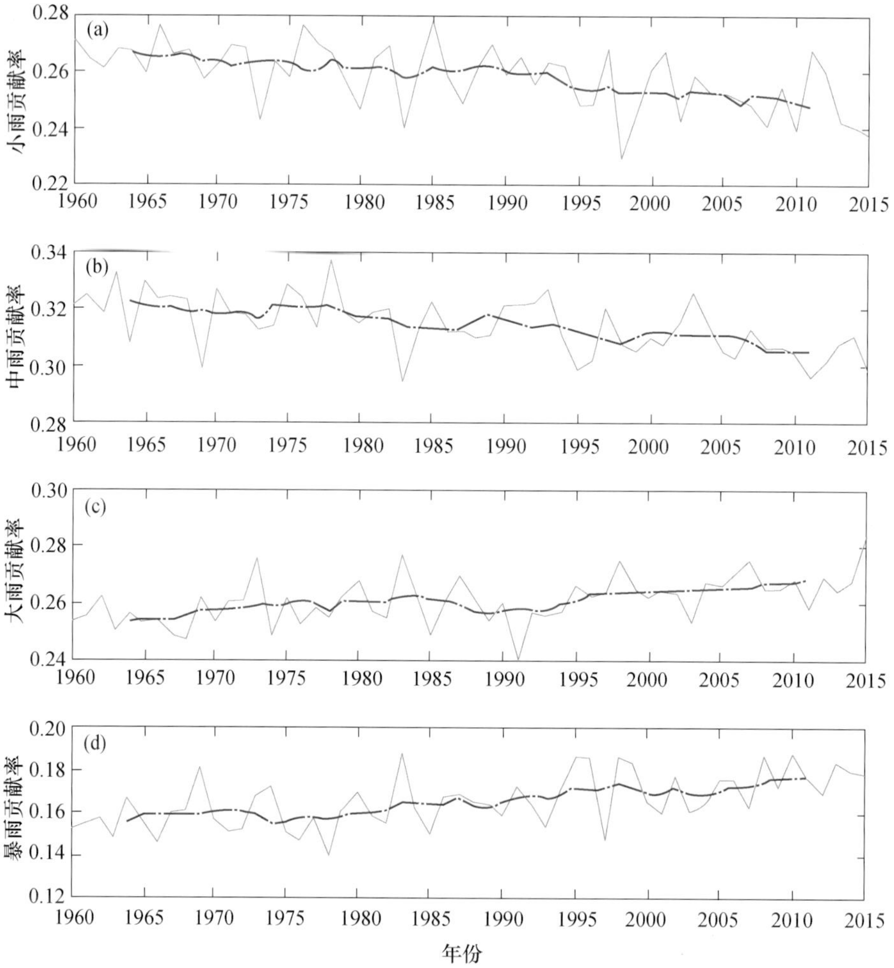

图 2.7　南方地区不同等级降水对年降水量贡献率的年际变化

(a)小雨；(b)中雨；(c)大雨；(d)暴雨

(图中虚线表示 9 a 滑动平均)

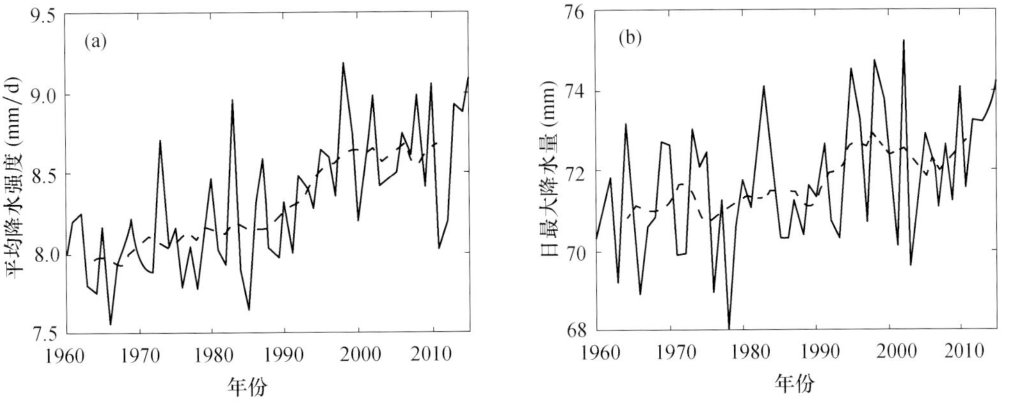

图 2.8 南方区域平均的降水强度(a)和日最大降水量(b)的年际变化
(虚线表示 9 a 滑动平均)

总之，在中国南方，小雨日数为减少趋势，江南和华南地区大雨和暴雨日数有增加趋势，中国南方平均降水强度在增加，小雨对年降水量的贡献率降低，而暴雨的贡献率提高。中国南方降水“小雨变少、暴雨变多”的趋势可能与气溶胶存在密切关联（吴国雄 等，2015），降水强度的这种变化将影响中国南方旱涝气候灾害强度。

2.1.3 南方降水的年代际变化特征

中国南方的降水量总体上在 20 世纪 60 年代和 80 年代偏少，90 年代明显偏多，在 21 世纪初之后又明显偏少。其中，长江以北区域降水总体在 20 世纪 80 年代偏多；江南地区在 20 世纪 70 年代和 90 年代特别是在 90 年代偏多，20 世纪 60 年代偏少，在 21 世纪初之后又明显偏少；西南地区相对江南地区在 20 世纪 60 年代降水是偏多的，降水偏少主要发生在 21 世纪初之后；华南地区的降水偏多主要在 20 世纪 70 年代和 90 年代，在 60 年代降水明显偏少。

2.1.3.1 南方季节降水年代际变化

中国南方降水在各季节的变化与年尺度存在差异。为进一步考察我国南方地区降水随时间的演变特征，根据图 2.5，将南方地区划分为长江中下游流域(107.5°—122.5°E，27°—32°N)、西南(98°—107.5°E，22°—32°N)和华南(107.5°—120°E，20°—27°N)3 个子区域，并计算了各子区域及南方总体的区域平均降水。图 2.9 分别显示了 1951—2013 年四个季节各区域平均降水的标准化距平序列。为了突出降水的年代际变率和长期变化趋势，对所有序列进行了 9 a 滑动平均处理。由图可见，南方总体及各子区域的季节降水量存在着明显的年代际和长期趋势变化。

对于南方总体而言，春季降水在 1970 年代中期之后呈明显减少的趋势(图 2.9a)，在 1950 年代和 1970 年代南方春季降水总体偏多，而在 1960 年代、1990 年代和 2000 年代降水明显偏少，在 1980 年代则呈现为江南降水偏少、华南降水偏多的分布格局。自 1990 年代以来南方夏季降水明显偏多，尤其是在 1990 年代中后期存在一个非常显著的峰值(图 2.9b)，导致南方地区在该时期出现了严重的洪涝灾害，在 1990 年代南方降水整体显著偏多，在 2000 年代雨带主要位于华南地区，而在之前的 1950 年代—1980 年代夏季南方降水整体偏少，特别是 1970 年代—1980 年代夏季南方降水显著偏少。与夏季相反，南方秋季降水在 1980 年代末期之后呈年代际减少趋势(图 2.9c)。从空间分布上看，在 1990 年代—2000 年代南方秋季降水整体偏少，其中，在1990年代降水负值中心主要位于长江中下游流域和华南等地，在2000年代主要位于西南和长江流域。在冬季，南方降水的年代际变化与夏季较为相似，只是前者由负距平转为正距平的时间出现在1980年代末期(图2.9d)，略早于夏季降水的年代际转变时间。

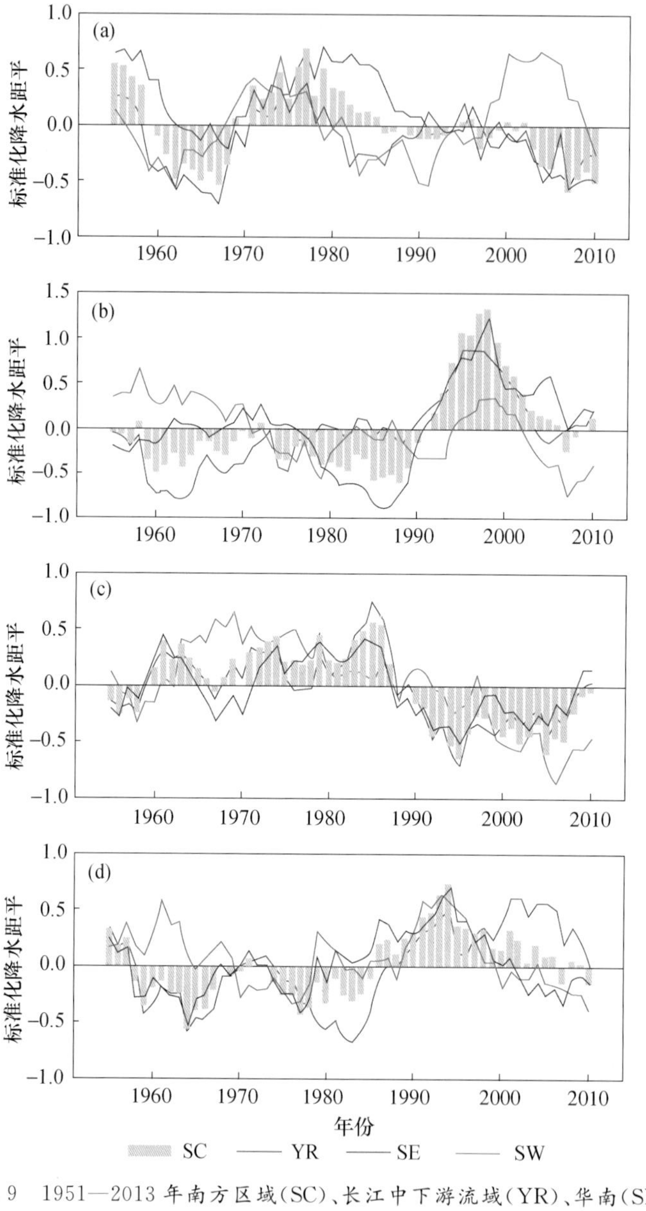

图2.9　1951—2013年南方区域(SC)、长江中下游流域(YR)、华南(SE)和西南(SW)地区9 a滑动平均的标准化降水距平序列

(a)春季;(b)夏季;(c)秋季;(d)冬季

由此可见，南方夏季(图2.9b)和冬季(图2.9d)降水具有相似的年代际变化特征，而秋季(图2.9c)降水的年代际演变几乎与上述两个季节相反。在最近的30 a中，南方各季节降水量发生年代际转折的时间不尽相同：春季和秋季降水分别在2000年代初期和1980年代中后期之后进入干位相，冬季和夏季降水则分别在1980年代中期和1990年代初期之后进入湿位相。自2000年代初期以来，南方夏季和冬季降水逐渐转入中性位相。

同时注意到，南方各季节降水量随时间的演变也存在明显的区域差异。在四个季节之中，华南区域平均降水与南方总降水的年代际变化特征均较为相似(图 2.9)。在冬季,南方总降水自 1990 年代中期以来呈减少趋势,但长江中下游流域平均降水在该时期仍处于年代际偏多的状态(图 2.9d)。在其他季节,长江中下游流域平均降水的年代际变化特征与南方总降水基本一致。然而,西南区域平均降水具有明显不同的年代际变化和长期趋势变化特征。其中,在春季和冬季西南区域平均降水均以年代际振荡变化为主,但两者的位相近乎相反;而在夏季和秋季,西南区域平均降水总体呈减少趋势,尤其是 1970 年代以来西南秋季降水的减少趋势非常明显。从图 2.9a 可以看出,2000 年代西南地区春季的降水增加,与南方其他区域降水呈显著反位相变化特征。从图 2.9 还可以看到,除了春季外,在 2000 年代西南地区其他三个季节降水均明显偏少,这与 2000 年以来西南干旱灾害频发相一致。

综上所述,中国南方夏季降水年代际变化和冬季具有较为一致的变化特点,与秋季降水年代际变化趋势相反。就夏季而言,1978 年以前南方少雨;1978—1992 年长江流域多雨;在 1992—2008 年华南多雨;2009—2013 年雨带北移,华南少雨;2014 年之后华南多雨。同时,中国南方极端旱涝并发,区域性干旱、洪涝事件均呈增多趋势。

2.1.3.2 不同等级降水(雨强)的年代际变化

中国南方年降水日数基本呈现显著下降的趋势,南方区域平均的气候倾向率为−2.5 d/(10 a),通过了 99%的信度检验。年降水日数的减少主要是由于小雨日数的显著减少导致的,其中微量降水日数也呈现显著减少的趋势;中雨日数也有明显减少的趋势;区域平均的大雨日数增加的趋势不显著;暴雨日数在 20 世纪 90 年代较大,总体有明显增加的趋势,区域平均的暴雨日数气候倾向率为 0.085 d/(10 a)。由于中国南方汛期降水分别在 1992 和 2003 年左右发生突变,因此在分析不同等级降水年代际变化时,前期以年代划分,后两个时段根据突变时间进行划分。大雨和暴雨日数的变化在各区域有很大差异,图 2.10显示了长江以北区域、江南、西南和华南地区不同降水等级的降水日数在各年代的变化。在西南、江南和华南地区,大雨和暴雨日数均在 20 世纪 90 年代较大,这与降水量偏多是一致的;而在 21 世纪初之后,中国南方的降水明显偏少,但是江南和华南地区大雨和暴雨的日数并没有随之异常减少,特别是暴雨的日数还高于 20 世纪 90 年代以前的水平。

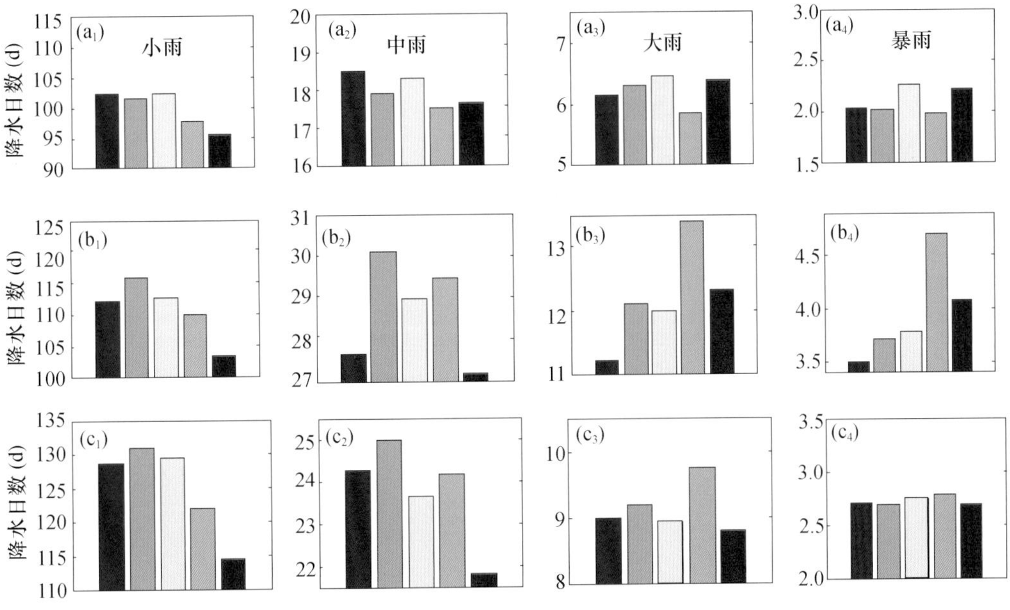

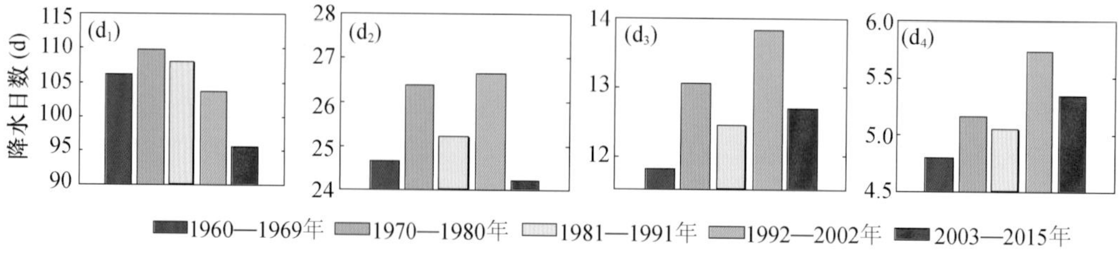

图 2.10　南方各区域不同等级的降水日数的在各时段的变化

($a_1 \sim a_4$)长江以北;($b_1 \sim b_4$)江南;($c_1 \sim c_4$)西南;($d_1 \sim d_4$)华南

(左起第 1 列为小雨,第 2 列为中雨,第 3 列为大雨,第 4 列为暴雨)

随着小雨日数的明显减少,区域平均的小雨对年降水量的贡献率也呈现显著减小的趋势(−0.36% /(10 a)),在 20 世纪 60 年代小雨的贡献率约为 26.6%,在 21 世纪初之后平均为 25%左右。区域平均的中雨贡献率也为显著减少的趋势,为−0.33%/ (10 a);大雨和暴雨的贡献率变化与小雨和中雨的变化正相反,大雨的贡献率从 20 世纪 60 年代的 25.5%上升至 26.7%,平均线性增加趋势为 0.25%/ (10 a),暴雨的贡献率从 20 世纪 60 年代的 15.8%上升至 17.5%,平均线性增加趋势为 0.44%/ (10 a)。从各区域看(图 2.11),江南和华南地区小雨贡献率的变化与区域平均的基本一致;在西南地区小雨贡献率在 20 世纪 80 年代较高;在长江以北区域在 20 世纪 90 年代小雨的贡献率较高,与 60 年代的大小基本相当。值得注意的

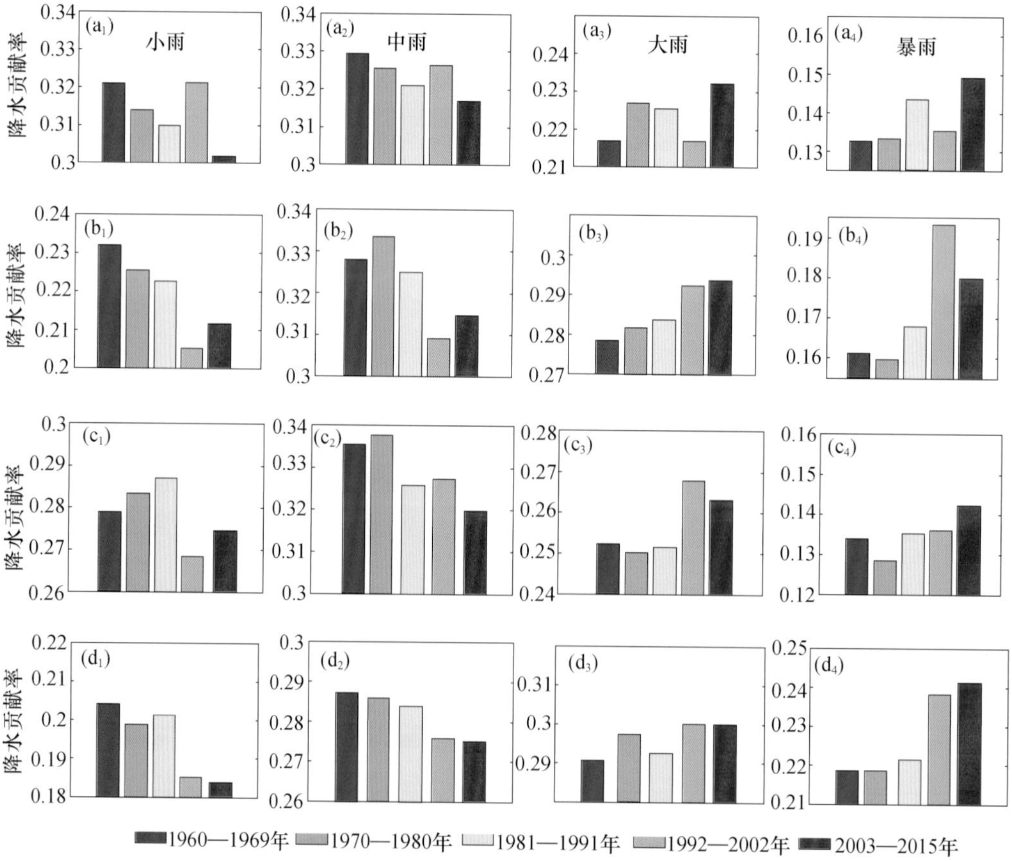

图 2.11　南方各区域不同等级降水对年降水量贡献率在各时段的变化

($a_1 \sim a_4$)长江以北;($b_1 \sim b_4$)江南;($c_1 \sim c_4$)西南;($d_1 \sim d_4$)华南

(左起第 1 列为小雨,第 2 列为中雨,第 3 列为大雨,第 4 列为暴雨)

是，尽管在20世纪90年代长江以南的降水量偏多，大雨和暴雨的日数在20世纪90年代平均最大，但是从贡献率看，除了在江南地区20世纪90年代的暴雨贡献率平均低于21世纪初之后，西南和华南的大雨和暴雨贡献率平均低于21世纪初之后，即21世纪初之后的降水量更多来自于暴雨的贡献。这表明了不同强度的降水对总降水量的贡献发生了年代际变化，水汽收支可能也相应地发生变化，从而影响旱涝灾害的发生。

中国南方大雨和暴雨在每年第一次发生的时间（即起始日期）总体上在提前，而在每年最后一次发生的时间（结束日期）则在后延。因此，大雨和暴雨发生期（结束日期减去起始日期）有增长的趋势（图2.12），其中年内可能发生大雨的时期有明显增加趋势的地区主要位于南方东部，而可能发生暴雨的时期有明显增加的地区主要位于华南。这意味着在东部区域洪涝的季节特征在发生变化，可能有更多的月出现洪涝灾害。

总之，在气候变暖背景下，中国南方不同等级的降水呈现两极分化的特征：以小雨和中雨为主的弱降水日数明显减弱，而以大雨和暴雨为主的强降水频次有增加的趋势；年降水量中，弱降水的贡献率在减弱，暴雨的贡献在增强。

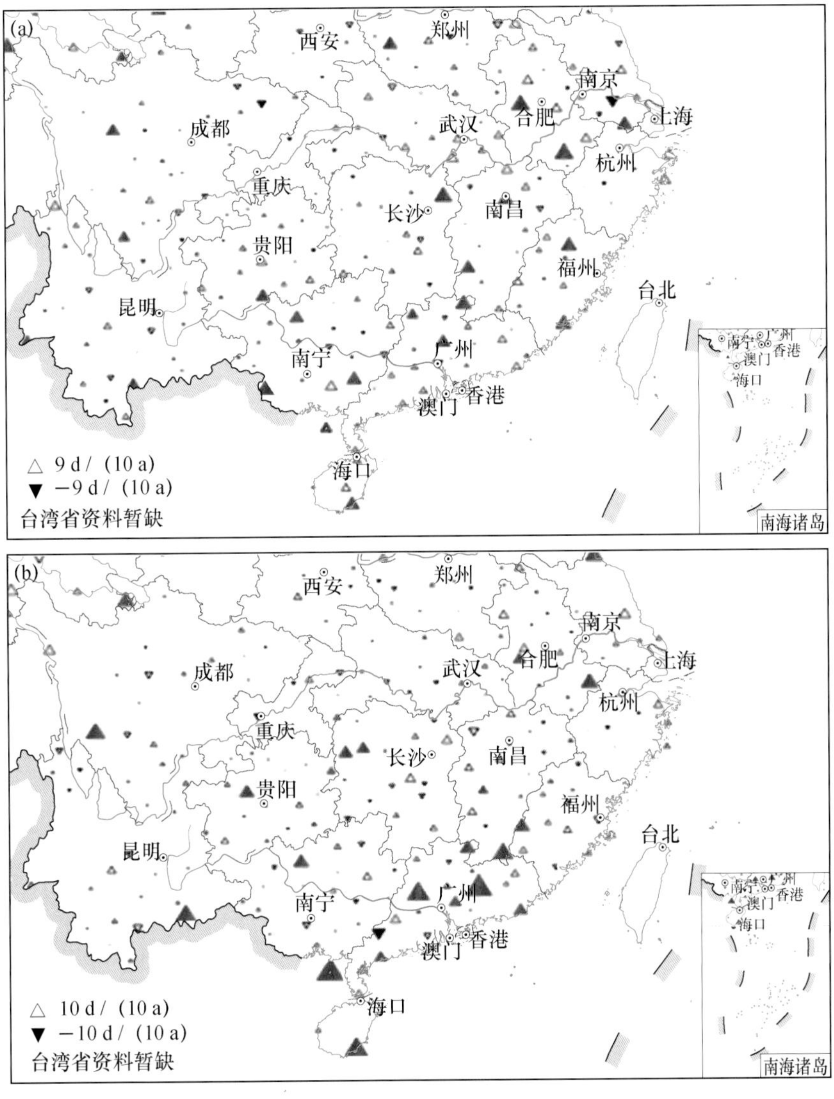

图2.12 南方大雨(a)和暴雨(b)发生期（即结束日期减去起始日期）的变化趋势分布

2.2 中国南方旱涝的变化特征

2.2.1 中国南方旱涝的格局与转型

2.2.1.1 中国南方汛期的降水和暴雨

中国南方汛期(5—8 月)降水具有明显的年际和年代际变化特征。全球变暖背景下,随着极端天气事件(暴雨、台风等)的频发,与中国南方汛期降水相关的干旱和洪涝等气候灾害发生频次都有增加的趋势,表现出旱涝并存和旱涝急转等新特征(李维京 等, 2015),同时南方旱涝格局发生多次年代际转型。

(1)中国南方夏季旱涝格局的演变与转型

已有研究表明,与中国东部夏季降水异常分布相关的旱涝格局在 1970 年代末和 1990 年代末发生明显的年代际变化(黄荣辉 等, 2011)。而聚焦南方区域(95°—123°E, 18°—35°N)站点的进一步研究发现,中国南方夏季降水异常分布相关的旱涝格局也发生多次年代际突变。

对 1962—2013 年我国南方站点的夏季降水变化(已作 9 a 滑动处理)进行 Lepage 和 MTT 突变检验。由图 2.13 可知,夏季降水变化存在显著突变的站点主要分布在 3 个时间节点(1979 年、1993 年、2003 年),由此确定南方夏季旱涝的年代际突变转型节点是 1970 年代末、1990 年代初和 2000 年代初,其中后两个突变转型节点更为显著。

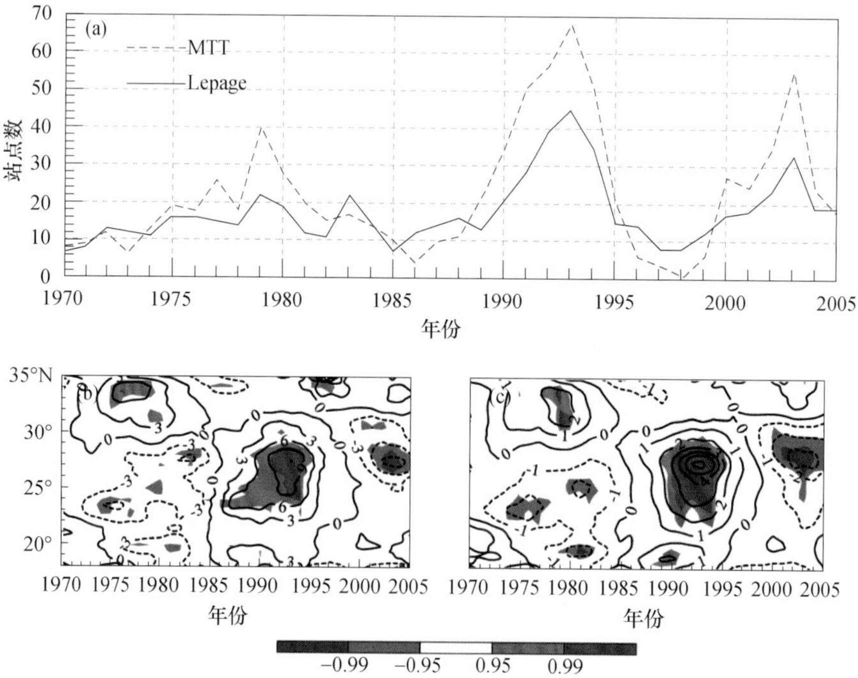

图 2.13 南方站点夏季降水年代际变化的突变检验

(a)降水变化通过 95%显著突变检验的站点数;(b)Lepage 检验;(c)MTT 检验

此外，针对南方区域站点降水指数(SPI)的聚类分析(图 2.14)可知，南方夏季降水的突变转型有很强区域性，长江以北地区降水以 1970 年代末的突变最明显，江南降水和西南降水以 1990 年代初和 2000 年代初的突变最明显，华南降水以 1970 年代末和 1990 年代初的突变最明显。总体而言，1990 年代初到 2000 年代初是近 50 a 来南方夏季降水和雨涝最集中的时段。

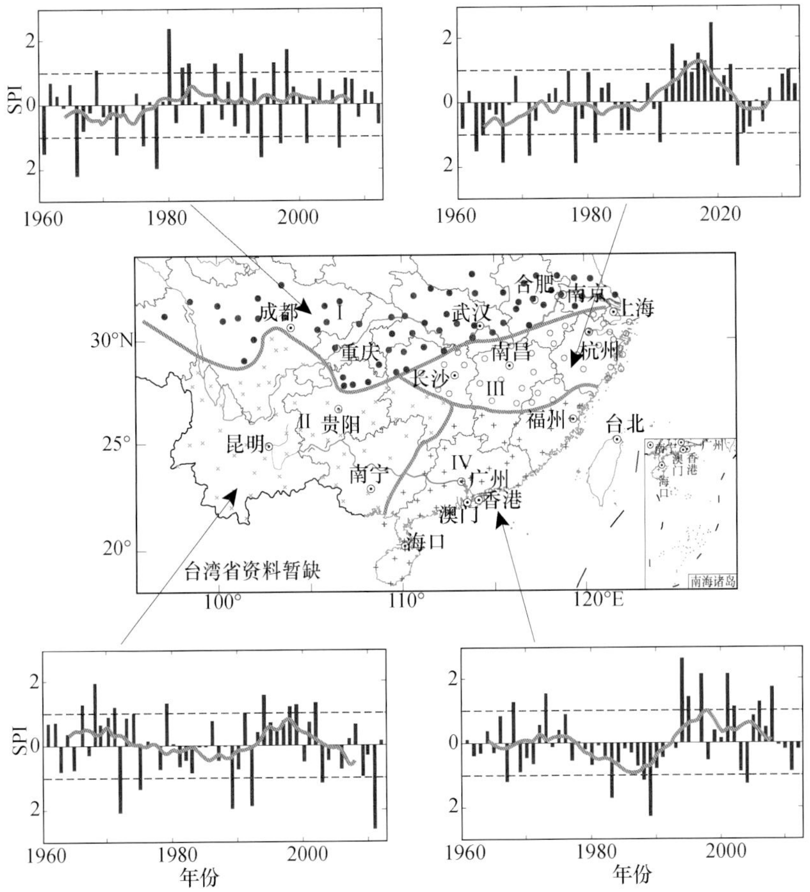

图 2.14 K-means 聚类方法划分的我国南方不同子区域的夏季降水指数(SPI)变化

(Ⅰ，长江以北；Ⅱ，西南；Ⅲ，华南；Ⅳ，江南)

在此基础上，对 1958—2013 年中国南方站点夏季降水进行 EOF 分析。前两个模态共占 30%以上的方差，是代表中国南方夏季降水变异特征的主导模态。如图 2.15，第一模态(EOF1)的空间分布呈现“偶极型”，即长江淮河流域与华南地区的降水异常信号反相；第二模态(EOF2)的空间分布主要呈现全区一致型，即长江中下游、江南和西南地区的降水异常信号同相。以 3 个时间突变节点(1979 年、1993 年、2003 年)为界，结合时间系数可见中国南方夏季旱涝格局发生 3 次年代际转型。在 1958—1978 年，第 1 模态代表长江淮河流域的降水偏少和华南地区的降水偏多，第 2 模态代表长江中下游和江南地区的降水偏少，两个主导模态共同促使中国南方夏季旱涝格局从南到北的“＋ －”经向偶极型分布，即江淮流域和江南地区偏旱，而华南地区偏涝；在 1979—1992 年，第 1 模态与 1958—1978 年的空间分布反相，长江淮河流域和华南地区的降水偏少，第 2 模态代表长江中下游和江南地区的降水偏多，两主导模态共同促使中国南方夏季旱涝格局从南到北的“－ ＋”经向偶极型分布，即江淮流域和江南地区偏涝，而华南地区偏旱；在1993—2002年，第1模态代表长江淮河流域的降水偏少和华南地区的降水偏多，第2模态空间分布与1992年之前反相，时间系数明显偏大，代表长江中下游和江南地区的降水显著偏多，两主导模态共同促使中国南方夏季旱涝格局的全区一致型分布，即华南、江南和长江流域的整体偏涝；在2003—2013年，第1模态和第2模态的表现均不显著，主要呈现第3模态的特征，中国南方夏季旱涝格局呈现三极子型分布，即华南和淮河流域偏涝，而长江流域偏旱。正是由于降水变异的主导模态（即EOF1和EOF2）在南方大部区域的同相叠加，致使1993—2002年南方大部区域夏季降水严重偏多，洪涝灾害频繁发生。由此可见，中国南方夏季旱涝格局的年代际转型与上述两个主导模态的年代际变化与调整密切相关。

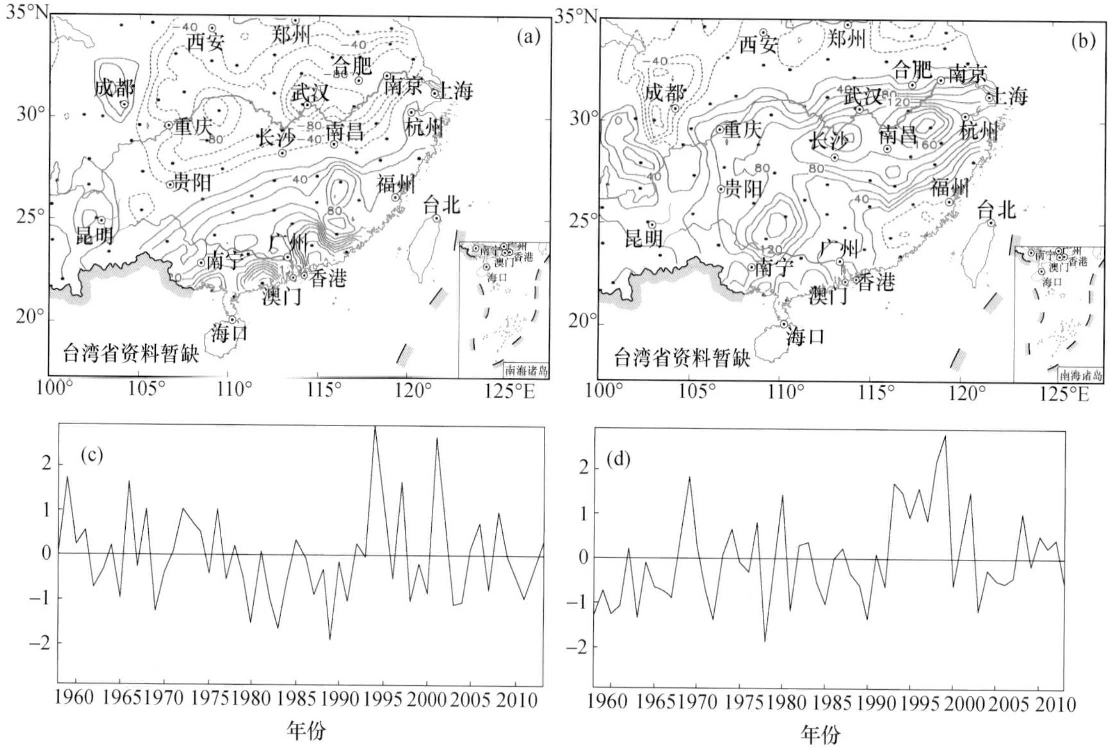

图2.15　南方夏季降水EOF分析的两个空间模态（a. 方差为16.4%；b. 方差为13.8%）及其时间系数（c，d）

（2）中国汛期暴雨的年代际跃变及对旱涝转型的贡献

暴雨是降水的极端形式，是中国汛期（5—8月）降水的重要类型，与南方洪涝灾害有更紧密的联系。陈栋等（2016）利用1960—2011年中国地面测站的逐日降水资料探讨了汛期暴雨分布的年代际跃变转型特征。基于暴雨频数（图2.16）和暴雨占比的分析结果表明：中国汛期暴雨分布在1970年代末和1990年代初经历两次反相的经向"三极子"跃变。中国汛期暴雨在20世纪70年代末发生跃变，同相信号分布在华南、江淮和华北3个纬带上，呈现经向"三极子"型，即江南和华南地区暴雨减少（—）、江淮流域和四川盆地暴雨增加（+）、黄淮和华北地区暴雨减少（—），其中华东南、长江中下游、川东北、华北东部的跃变较为显著。中国汛期暴雨分布在20世纪90年代初的跃变与70年代末的跃变大致反相对应，仍呈现经向"三极子"型，即江南和华南地区暴雨增加（+）、江淮流域和四川盆地暴雨减少（—）、黄淮和华北地区暴雨增加

(+)，其中华南北部、华东南、川东南、黄淮西部的跃变较为显著。由此可见，中国东部夏季暴雨分别在20世纪70年代末和90年代初经历了两次反相的年代际跃变。此外，夏季暴雨频数和暴雨占比在去除长期线性趋势后的年代际跃变(图略)与之前类同，仍呈现经向“三极子”型，但两次的跃变信号完全反相对应。因此，中国东部夏季暴雨在20世纪70年代末和90年代初的跃变可能是年代际气候自然变率的一种表现，并与20～30 a周期的气候振荡(Ding et al.，2008)存在某些关联。

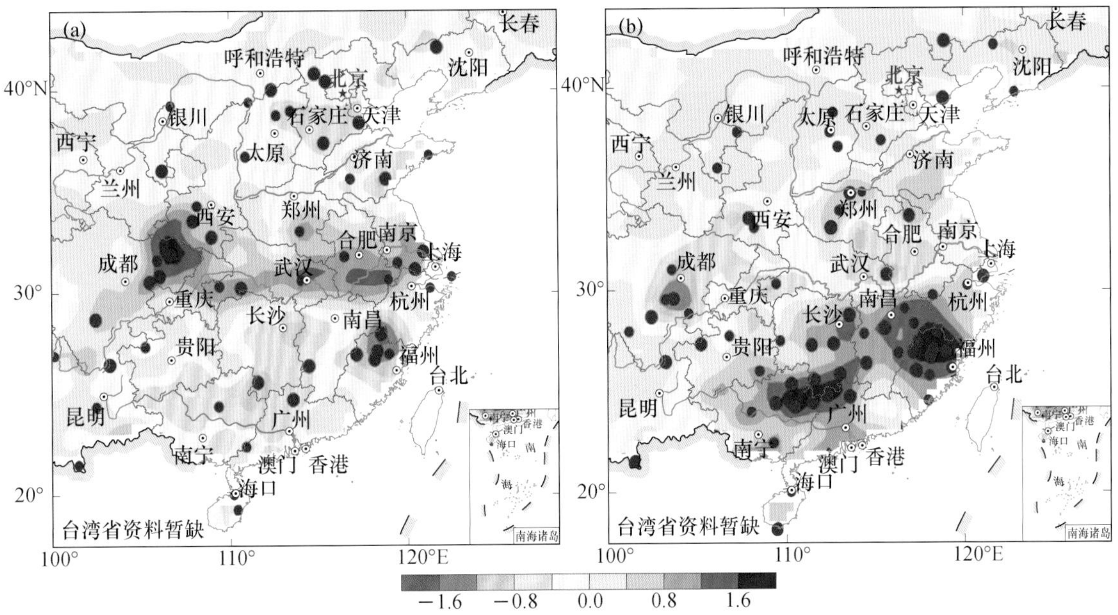

图 2.16 汛期暴雨频数(阴影)在1970年代末前后时段(a)以及1990年代初前后时段(b)的均值差异

(红色大圆点和小圆点分别代表均值差异通过95%和90%置信水平的观测站点)

上述分析表明，中国东部汛期暴雨的年代际跃变以20世纪70年代末和90年代初的经向“三极子”反转为主要特征。图2.17给出了中国东部(100°—127°E)夏季暴雨频数和占比异常的9 a滑动平均的纬度—时间剖面。从图2.17所示的纬向平均结果来看，中国东部夏季暴雨频数与暴雨占比的年代际演变大致类似。1960—1978年呈现华南地区暴雨偏多(+)、江淮流域暴雨偏少(−)和华北地区暴雨偏多(+)的经向“三极子”异常分布；之后的1979—1992年，南方地区暴雨偏少(−)、江淮流域暴雨偏多(+)和华北地区暴雨偏少(−)，呈现反位相的“三极子”异常分布；至1993—2011年，南方暴雨显著偏多(+)、华北暴雨持续偏少(−)，逐渐呈现“偶极子”异常分布，并导致近20 a中国汛期“南涝北旱”的整体格局。

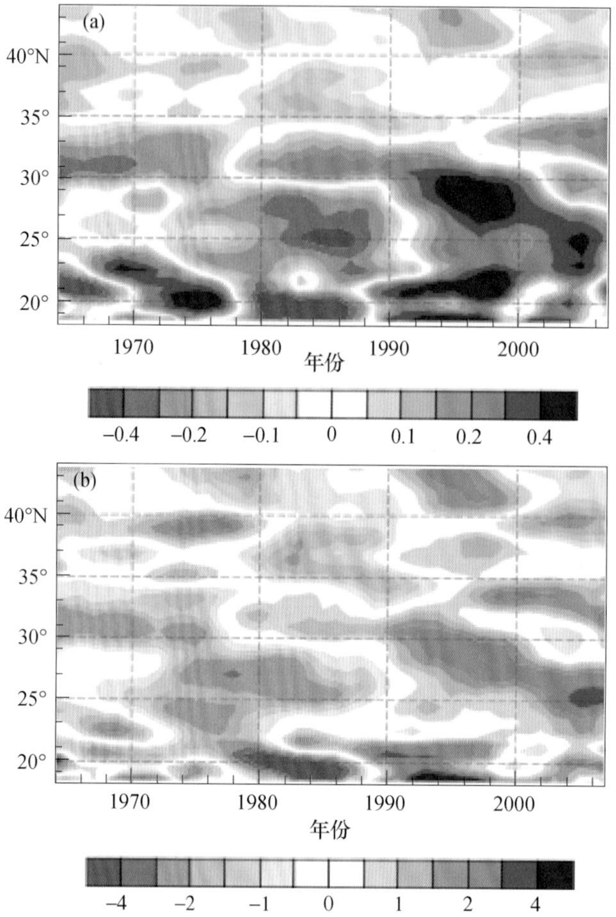

图 2.17　中国东部(100°—127°E)汛期暴雨频数(a)和占比(b)异常(9 a 滑动处理)的纬度—时间剖面

聚焦大南方区域(98°—123°E,20°—34°N),更新扩充 21 世纪近 10 a 的台站降水资料分析表明(图 2.18),南方汛期暴雨频数 21 世纪初再次反转,由偏多转为偏少。由此可见,汛期暴雨事件的年代际演变对南方旱涝格局的突变转型有重大贡献。然而,次季节尺度的最近区分研究(图 2.18)发现,1970 年代末的转型主要呈现在 5—6 月,而 1990 年代初和 2000 年代初的转型主要反映在 7—8 月。可以预见,5—6 月与 7—8 月中国南方汛期暴雨事件和旱涝格局的年代际演变特征存在较大差异。

2.2.1.2　中国南方干旱的时空变化特征

选取中国南方的台站降水资料,基于标准化降水指数(SPI)分析了中国南方干旱的变化。中国南方区域平均的年 SPI 指数显示(图 2.19a),在 21 世纪初之后,中国南方的干旱发生频次明显增加,在近几年,SPI 指数又变为正距平,转向涝。从各季节看,春季(图 2.19b)的 SPI 指数在 20 世纪 70 年代至 80 年代较高,在 90 年代之后偏低,特别是在 21 世纪初之后,较为偏旱;夏季(图 2.19c)主要表现为在 20 世纪 90 年代偏涝;秋季(图 2.19d)的 SPI 指数在 20 世纪 90 年代后呈现负距平即偏旱,特别是在 21 世纪初之后,干旱的程度增加;冬季(图 2.19e)SPI 指数总体在 20 世纪 60 年代至 80 年代中为负距平,干旱频发。

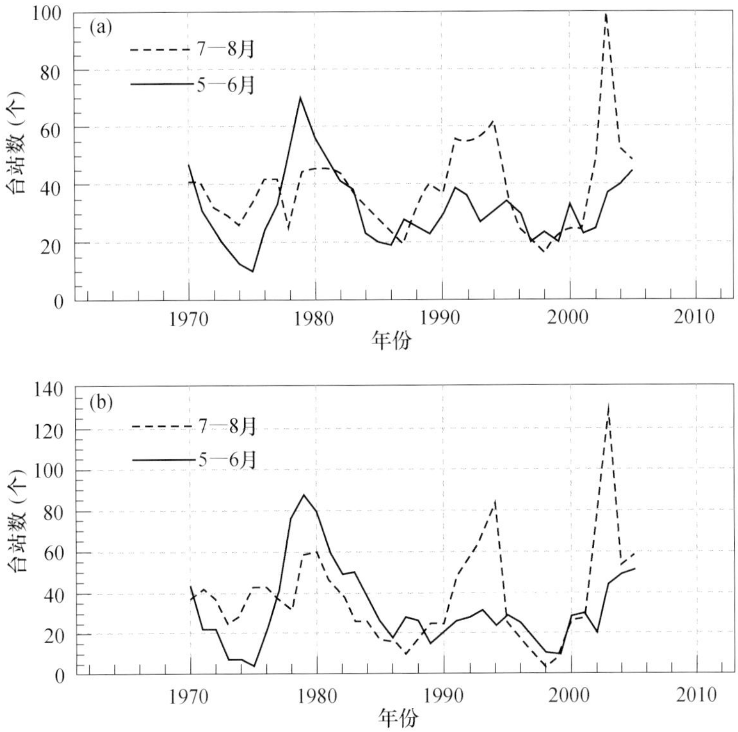

图 2.18　南方区域汛期暴雨频数的跃变检验

(a)Lepage 检验；(b)MTT 检验

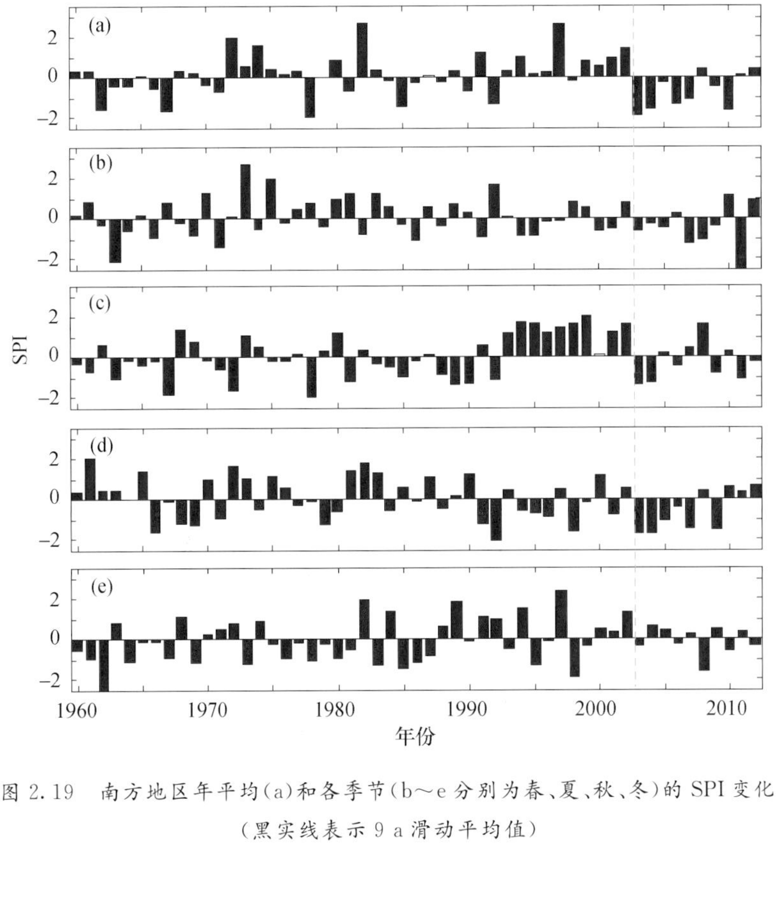

图 2.19　南方地区年平均(a)和各季节(b～e 分别为春、夏、秋、冬)的 SPI 变化

(黑实线表示 9 a 滑动平均值)

从各区域的SPI变化看(图略),在长江以北区域,总体呈现较强的年际变化特征,秋季的SPI指数在20世纪90年代之后偏低,干旱频发,而冬季的变化与秋季相反。在西南地区,21世纪初之后SPI指数为明显的负距平,干旱频发,主要表现为夏季和秋季特别是秋季的SPI指数偏低(在2009年秋季发生严重干旱),春季的SPI指数在2010s前后开始转为负距平,冬季干旱的发生主要表现为年际变化,在21世纪初之后,只是在2008年冬、2009年冬和2012年冬发生明显干旱。江南地区年SPI指数显示在20世纪60年代和21世纪初之后干旱频发,21世纪初之后的干旱多发生在春季,特别是2011年春季的大旱;在夏季,除了在20世纪90年代明显偏涝,在20世纪60年代和21世纪初干旱频发;秋季的SPI指数在20世纪90年代以前,主要表现为年际变化,之后SPI指数偏低,干旱频发;冬季的变化与秋季基本相反,在20世纪60年代干旱相对频发。华南地区总体上是在20世纪60年代干旱频发,其中夏季在20世纪70年代末至90年代初偏旱,干旱频发,秋季干旱主要发生在20世纪60年代中后期、1990s初和21世纪初3个时期,冬季的干旱主要发生在20世纪90年代以前。如果选用SPEI指数(蒸发利用Penman公式计算)分析,也有和上述一致的结论。

统计了中国南方各个气象台站不同强度干旱发生的情况,各年代的站次比显示出明显的年代际变化。在20世纪60年代,不同强度干旱发生的站次比较高,此后总体偏低;在21世纪初之后,不同强度干旱发生的站次比又偏高,且高于20世纪60年代的平均值,特别是强干旱和极端干旱发生的站次比增加。图2.20给出了中国南方各个区域的干旱发生站次比,其中,

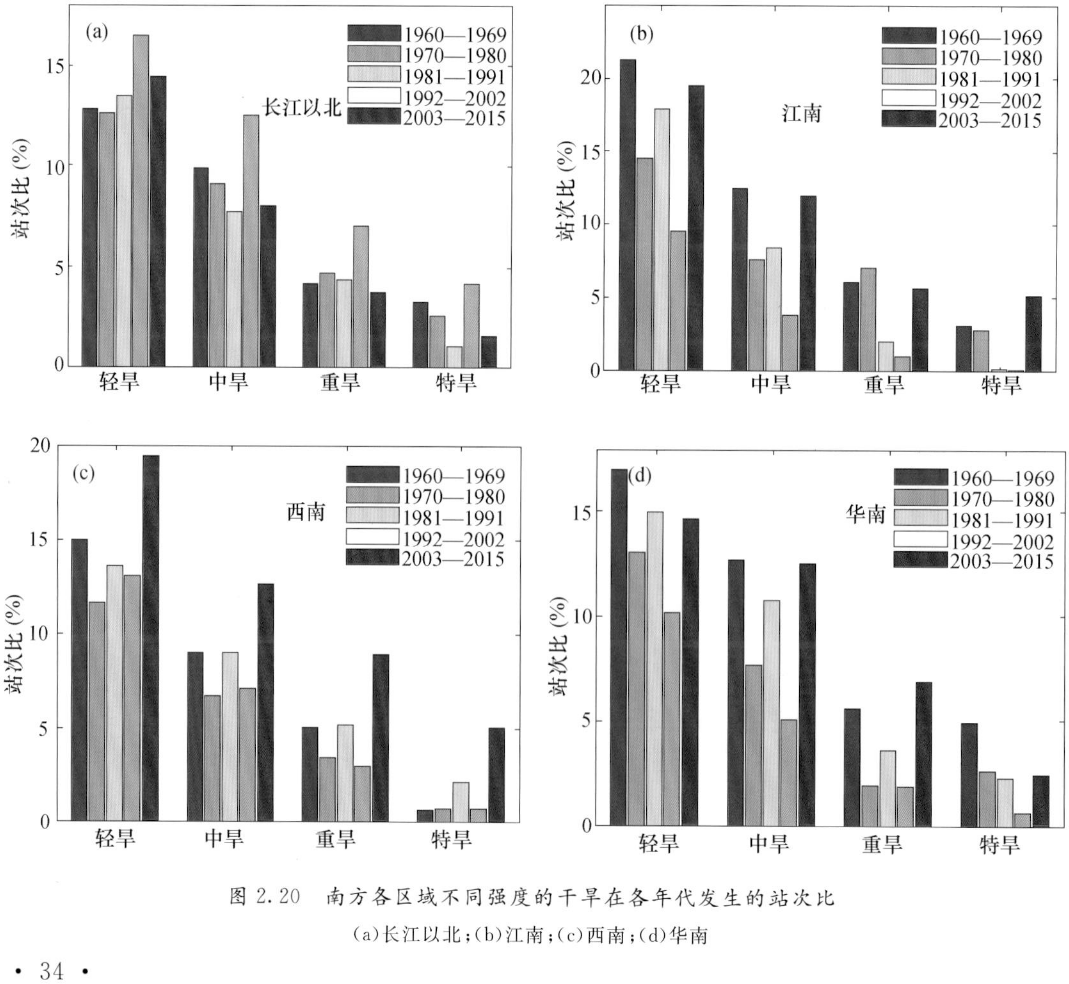

图2.20 南方各区域不同强度的干旱在各年代发生的站次比

(a)长江以北;(b)江南;(c)西南;(d)华南

在长江以北区域，在20世纪90年代干旱的站次比高于其他年代，主要发生在春季和秋季；在西南地区，在21世纪初之后干旱发生的频次高于其他年代，特别是强干旱和极端干旱的频次远高于其他年代，从季节看主要是夏季和秋季；在江南和华南地区，20世纪60年代干旱发生的站次比较高，在21世纪初之后，江南发生极端干旱的站次比要强于20世纪60年代(特别是在春季)，而在华南地区只是强干旱的站次比要强于20世纪60年代，极端干旱的站次比仍然低于20世纪60年代。这表明，自21世纪初之后，中国南方不仅干旱发生的频率相对增加，而且干旱的强度在增加，强干旱和极端干旱发生的概率也明显增加。

对中国南方各台站年平均的SPI变化做Lepage检测($n=9$)，结果显示，在21世纪初，中国南方的中等强度以上(SPI<−1)的干旱发生了一次明显的转变，通过了95%的信度检验，发生干旱的频次比以前明显增加，发生明显转变的台站主要位于在长江以南的大部分区域(图2.21)。其中，春季干旱的变化在21世纪初之后，主要发生在贵州、湖南至长江中下游一带，干旱频次增加；夏季干旱的变化发生在21世纪初前后，主要出现在西南地区和福建浙江一带干旱加重；秋季干旱的变化，一个是发生在20世纪90年代初，东部区域(包括华南、江南及淮河流域)中等强度以上的干旱比以前有明显的增加，另一个是发生在21世纪初，在西南地区的干旱频率有明显增加。

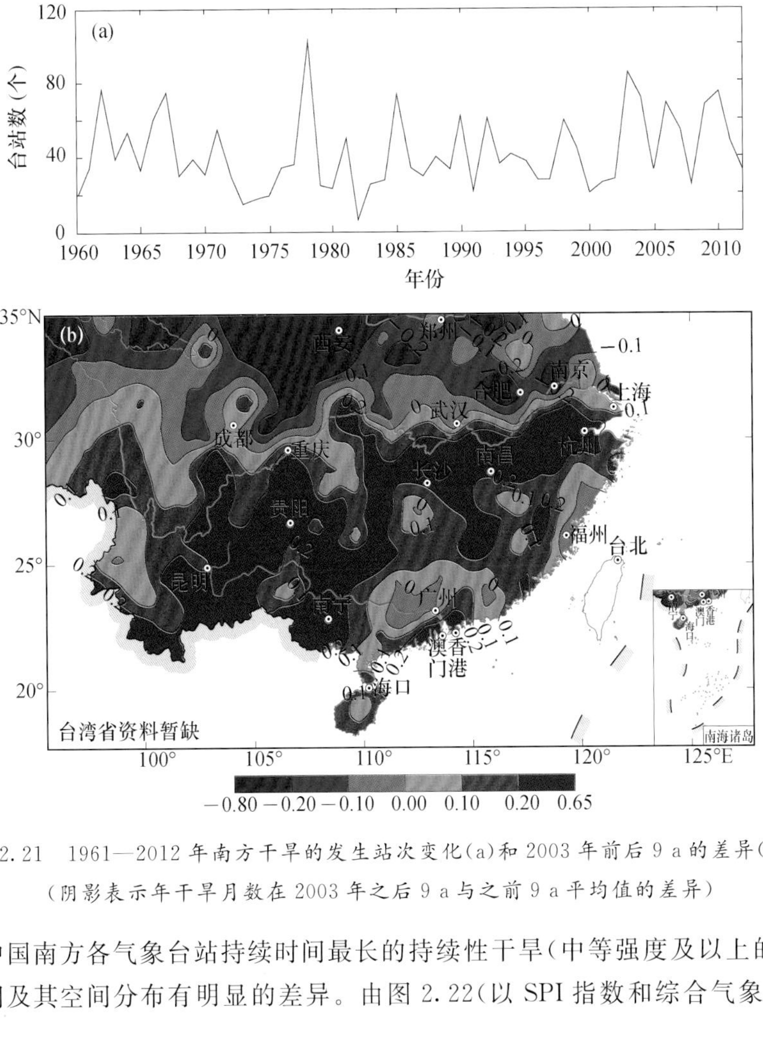

图2.21 1961—2012年南方干旱的发生站次变化(a)和2003年前后9 a的差异(b)

(阴影表示年干旱月数在2003年之后9 a与之前9 a平均值的差异)

统计了中国南方各气象台站持续时间最长的持续性干旱(中等强度及以上的干旱)，该干旱出现的时间及其空间分布有明显的差异。由图2.22(以SPI指数和综合气象干旱CI指数为例)可见，在沿海地区持续时间最长的干旱主要发生在 20 世纪 60 年代，在长江以北和华南的部分区域则发生在 20 世纪 90 年代，在长江中游至湖南、贵州、云南持续时间最长的干旱则多发生在 21 世纪初之后。

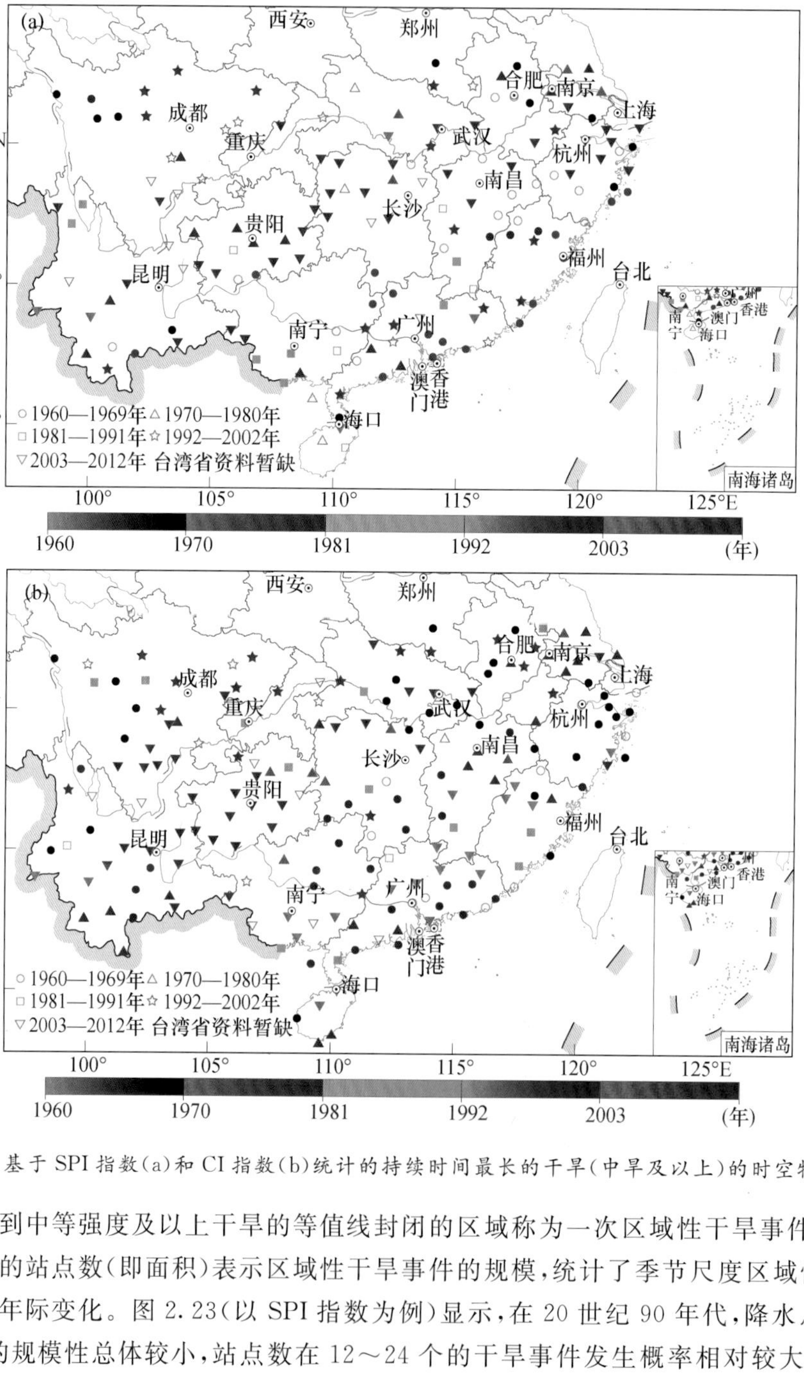

图 2.22 基于 SPI 指数(a)和 CI 指数(b)统计的持续时间最长的干旱(中旱及以上)的时空特征

如果将达到中等强度及以上干旱的等值线封闭的区域称为一次区域性干旱事件，用每次干旱事件包含的站点数(即面积)表示区域性干旱事件的规模，统计了季节尺度区域性干旱事件发生规模的年际变化。图 2.23(以 SPI 指数为例)显示，在 20 世纪 90 年代，降水总体偏多时，干旱事件的规模性总体较小，站点数在 12～24 个的干旱事件发生概率相对较大；而在 21 世纪初之后，包含 50 个站点以上的区域干旱事件发生概率明显增加。统计显示，21 世纪初之后，其中容易发生大规模干旱事件的区域主要位于中西部的湖南、贵州、云南等地，这与李韵婕等(2014)的研究是一致的。21 世纪初之后的变化与 20 世纪 60 年代在沿海地区发生的大规模干旱事件有很大差异。

因此，在气候变暖背景下，中国南方的干旱变化主要表现为在 21 世纪初之后中国长江以南干旱发生频率明显增加，特别是西南地区夏季和秋季干旱频发，甚至出现季节性连旱，以及长江中下游的春旱；我国南方干旱的强度呈增加趋势，大规模区域性干旱事件多发。

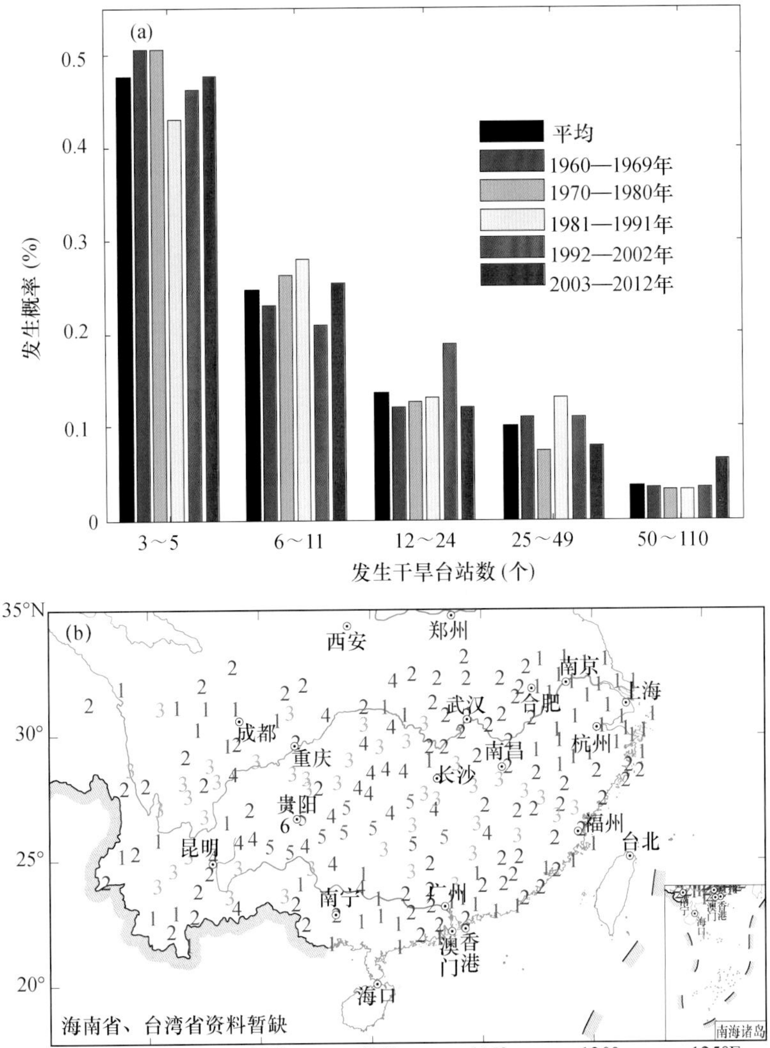

图 2.23　南方区域性干旱事件在各年代的规模(a)及在 21 世纪初之后发生大规模干旱事件(50 台站以上同时发生干旱)的站次统计(b)(单位：次)

2.2.2　中国南方区域性极端旱涝事件

在全球变暖背景下，中国南方极端旱涝灾害事件频发。全面认识中国南方极端旱涝事件时空变化特征，对于科学做好旱涝灾害防控工作具有重要意义。本节主要利用 Ren 等(2012)提出的区域性极端事件识别方法，分析了近 50 多年来中国南方区域性极端旱涝事件时空变化特征。

2.2.2.1　区域性极端事件识别方法及指标体系

区域性极端旱涝事件识别方法包括 5 个技术步骤：①单站逐日旱涝指标选定；②逐日自然旱涝异常带分离；③旱涝事件的时间连续性识别；④区域性旱涝事件指标体系的建立；⑤区域性旱

涝事件判别。其中，步骤②和步骤③是该方法的两个关键技术。逐日自然异常带分离是从旱涝异常性分布结构分析入手，将每日的旱涝异常分布场分离成不同的自然旱涝异常带；事件的时间连续性识别是从相邻日期之间不同自然旱涝异常带的空间分布出发，分析它们之间的空间重合性进而判别出旱涝事件连续性的过程。区域性旱涝事件识别方法的技术流程见图 2.24。

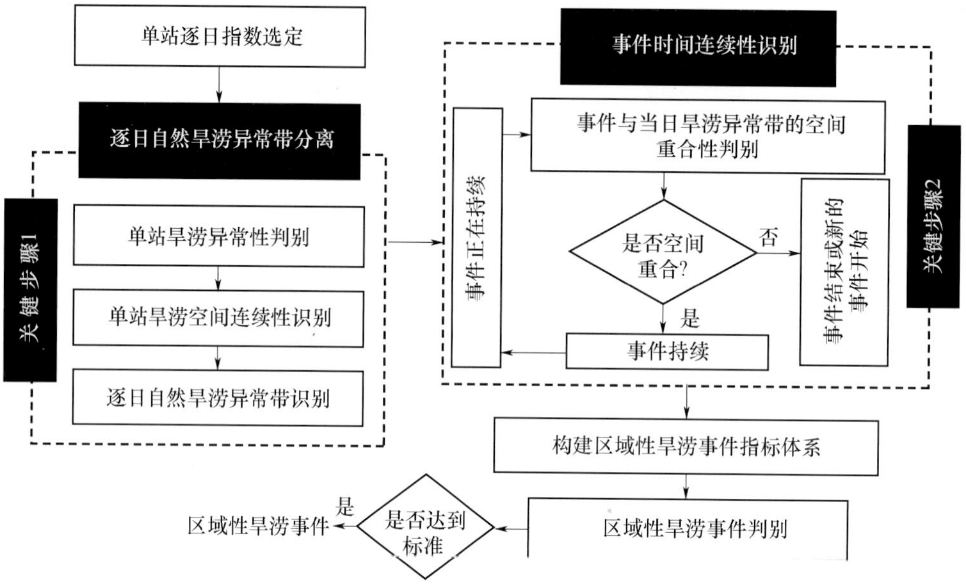

图 2.24　区域极端旱涝事件客观识别方法流程图

为了系统地分析区域性旱涝事件特征，建立了相关指标体系（表 2.2），包括单一指标和综合强度指标。单一指标分为 3 级：一级指标为描述每个旱涝事件过程特征的量，包括过程极端干旱/降水值（I_1）、过程累积干旱/降水距平强度（I_2）、过程累积干旱/降水面积（A_s）、最大干旱/降水发生面积（A_m）、持续天数（D）和事件最大影响范围的几何中心和程度中心；二级指标为描述事件逐日变化量，包括逐日极端干旱/降水值（I_{1k}）、逐日累计干旱/降水距平强度（I_{2k}）、逐日干旱/降水发生面积（A_k）、逐日干旱/降水发生范围的几何中心和程度重心；三级指标为描述旱涝事件各台站特征量，包括单站极端干旱/降水强度（$I_{1|j}$）和单站累积干旱/降水强度（$I_{2|j}$）。为了全面对比分析各次事件的综合特征，还构建强度、影响面积和持续时间等要素的综合强度指标。

表 2.2　区域性极端旱涝事件特征指标体系

指标名称		一级指标（对事件）	二级指标（对某日 k）	三级指标（对某站 j）
单一指数	极端强度（I_1）	$I_1 = \underset{k=1,K}{\mathrm{Max}}(I_{1k})$	$I_{1k} = \underset{i=1,J_k}{\mathrm{Max}}(T_{ki})$	$I_{1\|j} = \underset{k=1,K}{\mathrm{Max}}(T_{kj})$
	累积强度（I_2）	$I_2 = \sum_{k=1}^{K} I_{2k}$	$I_{2k} = \sum_{i=1}^{J_k}(T_{ki} - T_{ki\|c})$	$I_{2\|j} = \sum_{k=1}^{K}(T_{kj} - T_{kj\|c})$
	累积面积（A_s）	$A_s = \sum_{k=1}^{K} A_k$	$A_k = \mathrm{Area}(S_k)$	
	最大面积（A_m）	$A_m = \mathrm{Area}(\bigcup_{k=1}^{K} S_k)$		
	持续时间（D）	$D = K$		

续表

指标名称	一级指标(对事件)	二级指标(对某日 k)	三级指标(对某站 j)
综合指数(综合强度)(Z)	$Z=F(I_1, I_2, A_s, A_m, D)$ 方案:I_1,I_2,A_s,A_m 和 D 各自进行标准化后,再加权求和	$Z_k=f(I_{1k}, I_{2k}, A_k)$ 方案:系数和标准化参数借用一级指标 Z 中相应的数值对 I_{1k},I_{2k} 和 A_k 各自进行标准化后,再加权求和	
空间位置	1. 台站极端强度($I_1\|_j$)和台站累积强度($I_2\|_j$)分布 2. 最大面积分布及其几何中心以及加权($I_1\|_j$ 或 $I_2\|_j$)重心	逐日影响范围及其几何中心	

注:K 是持续时间之天数;J 和 J_k 分别是整个事件的影响台站站数和第 k 天的影响台站站数;对于事件过程中第 k 天的 J_k 个受影响站点,其中 S_k 是 J_k 个台站的分布,Area(S_k)表示 S_k 的面积,T_{ki} 和 $T_k|_i$ 分别代表了当天台站 i 的单站指数之数值及其阈值;对于整个事件过程所涉及的 J 个站点,T_{kj} 和 $T_{kj}|_c$ 则分别代表了台站 j 在第 k 天的单站指数之数值及其阈值。

2.2.2.2 中国南方区域性极端干旱事件特征

(1)极端干旱事件指标和识别

数据采用中国气象局国家气象信息中心提供的中国国家级地面气象站均一化日降水数据集(V1.0),该数据集经过了均一化订正,能够更加真实反映气候自然变化的趋势。极端干旱指标采用陆尔(Lu,2009)提出的加权平均降水量(I_{WAP})指数,该指数定义如下:

$$I_{WAP}=\frac{\sum_{n=0}^{N}a^{n}P_{n}}{\sum_{n=0}^{N}a^{n}} \tag{2.1}$$

其中,P_n 为日降水量,n 为距离当前日的天数,a 为贡献参数。当 a 趋近于 1 时,式(2.1)可进一步简化为:

$$I_{WAP}=\sum_{n=0}^{N}\omega_{n}P_{n} \tag{2.2}$$

其中,权重系数 $\omega_n=(1-\alpha)\alpha^n$,故式(2.2)可以表示为:

$$I_{WAP}=(1-\alpha)\sum_{n=0}^{N}a^{n}P_{n} \tag{2.3}$$

I_{WAP} 能够综合反映前期降水和当天降水对于当前旱涝的影响(Lu,2009)。I_{WAP} 越大,表明前期降水越多,偏涝;I_{WAP} 越小,表明前期降水越少,偏旱。由于 I_{WAP} 保留了降水量的概念和单位,在不同气候区域和不同季节之间无法使用统一的标准来比较旱涝程度,因此结合中国南方地区干旱发生特征,采用赵一磊等(2013)提出的方法对该指数进行改进,即采用(2.4)式对 I_{WAP} 进行无量纲化处理:

$$I_{IWAP}=c\times\frac{(I_{\mathrm{WAP}}-\bar{I}_{\mathrm{WAP}})}{\bar{I}_{\mathrm{WAP}}} \tag{2.4}$$

其中,$\bar{I}_{WAP}$ 为 I_{WAP} 多年平均值(这里取 1961—2012 年平均值),c 为控制参数,该参数是在反复试验的基础上,结合中国干旱发生特征得出的经验结果。

基于改进后的逐日 I_{WAP} 指数，利用区域极端旱涝事件客观识别方法对中国南方区域性干旱事件进行了识别，检测出 1961—2012 年中国南方地区发生持续时间在 15 d 以上、综合强度指数≥－0.5 的干旱事件 164 次，从强到弱依次为极端干旱事件 17 次，重度 34 次，中度 64 次，轻度 49 次。

(2)南方区域性干旱时间变化特征

1961 年以来中国南方区域性干旱事件年发生频次(0.2 次/(10 a))和强度(0.01/(10 a))均略呈增加趋势(图 2.25)。年代际变化表明 20 世纪 60 年代、70 年代和 90 年代干旱事件频次相对较少，80 年代和 21 世纪初频次相对较多；强度则呈现先减弱后增强的变化特征。发生频次与强度的对比分析表明，20 世纪 80 年代中国南方区域性干旱事件发生频次最高，而其年累积综合强度则最小。这主要是因为年累积综合强度的大小不仅与区域性干旱事件年频次有关，还与其持续时间、年累积干旱指数强度以及影响面积等有关。年发生频次最多是 1994 年(7 次)和 2005 年(6 次)，最少是 1970 年，无干旱事件发生，其余频次较少的年有 1967 年、1979 年、1990 年、1998 年和 2010 年(均为 1 次)。

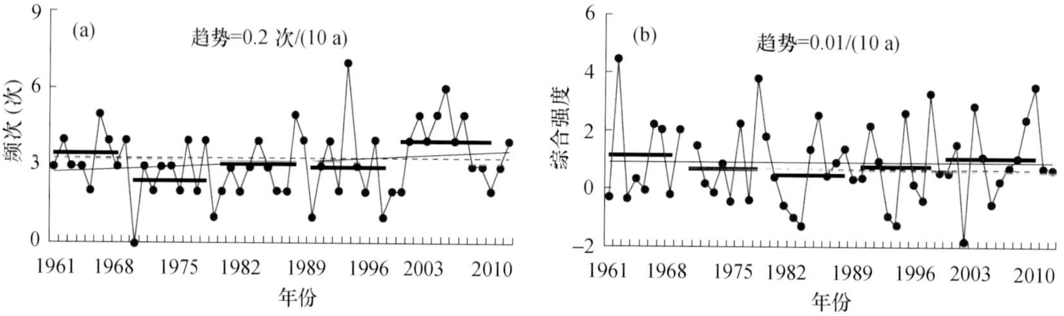

图 2.25　1961—2012 年中国南方地区区域性干旱事件年频次(a)和年综合强度值(b)变化
(点实线：指数；虚线：常年值；直线：趋势线；短粗线：10 a 平均值)

年累积干旱强度和年极端干旱强度也呈增强趋势(图 2.26，数值越小表示干旱越强)，但增强趋势不显著；20 世纪 60 年代和 21 世纪初中国南方区域性干旱事件的年累积干旱强度和年发生面积大，年发生日数最多；20 世纪 70 年代至 90 年代中国南方区域性干旱事件的年累积干旱强度和年发生面积均较小，年发生日数也相对较少；年累积极端干旱强度阶段性变化显著，其中 20 世纪 60 年代、70 年代和 90 年代年累积极端强度相对较强，而 80 年代和 21 世纪初年累积极端强度相对较弱。

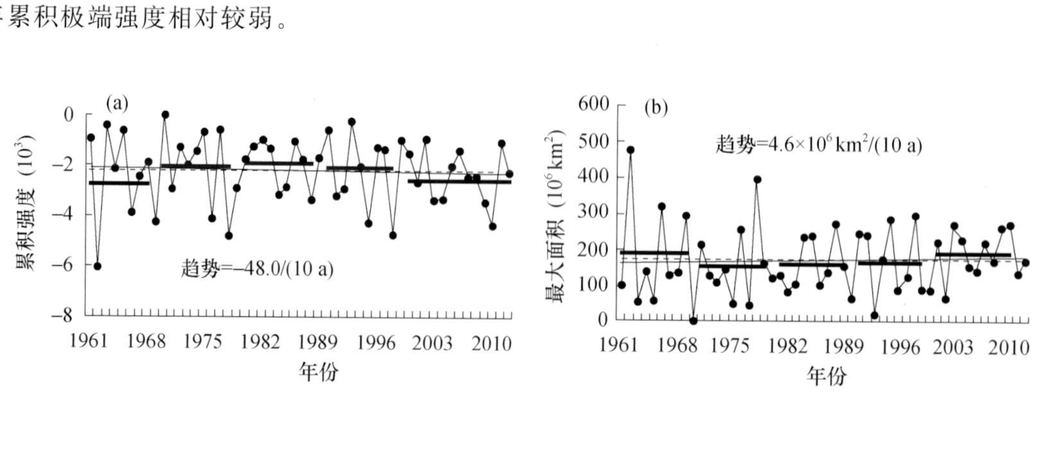

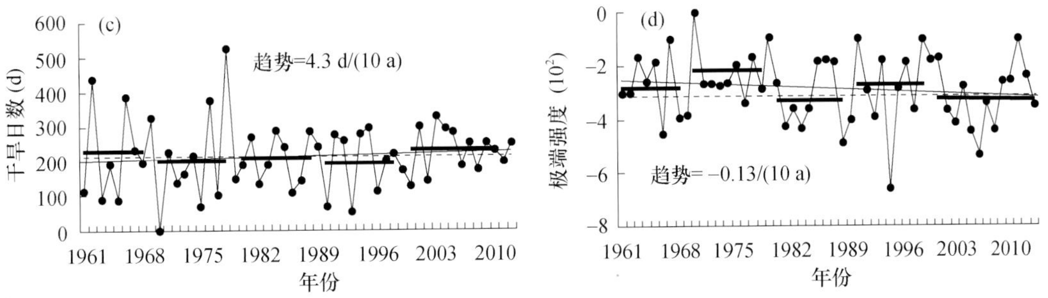

图 2.26 1961—2012 年南方区域性干旱事件各单一指数历年变化

(a)年累积干旱强度;(b)干旱最大发生面积;(c)年干旱发生日数;(d)年极端干旱强度

(点实线:指数;虚线:常年值;直线:趋势线;短粗线:10 a 平均值)

对 1961—2012 年南方区域性干旱事件的开始和结束时间分析表明,各月均有干旱事件发生和结束,其中极端和重度事件主要开始于初夏和秋冬季,结束于春夏季;中度和轻度事件多始于冬末至夏初,结束于春夏季(图 2.27)。

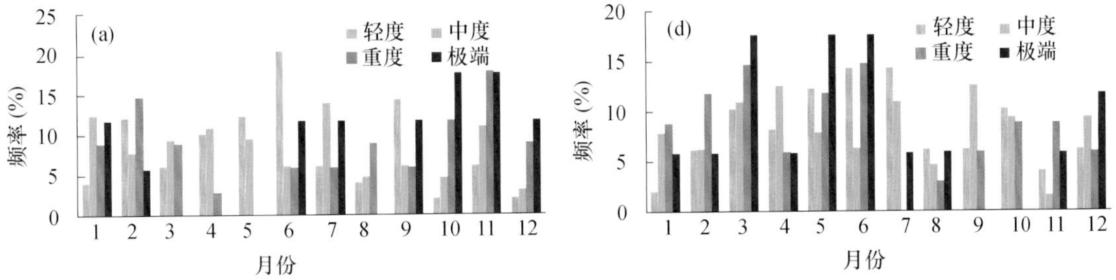

图 2.27 1961—2012 年南方区域性干旱事件开始时间(a)

和结束时间(b)频率(当月发生次数与总次数的比)

(3)南方区域性干旱空间变化特征

分析 1961—2012 年中国南方区域性干旱事件出现频次的空间分布表明,近 50 年来南方大部地区发生区域性干旱事件约为 60~80 次,其中江南和华南地区为较频发,达到 80~100 次(图 2.28)。

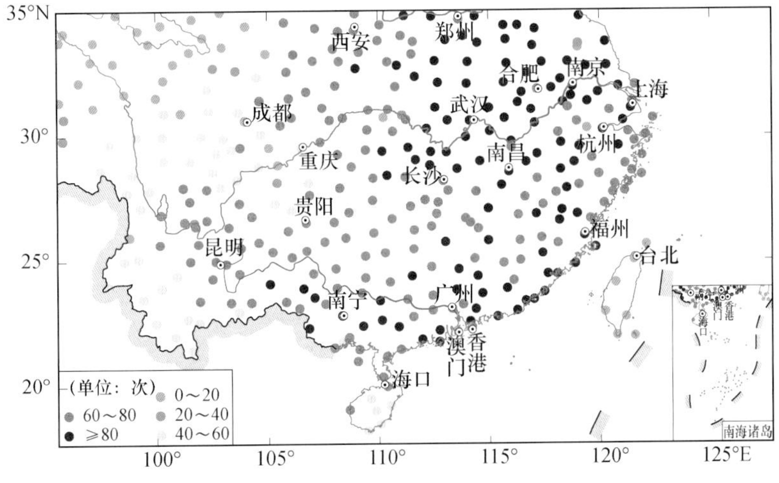

图 2.28 1961—2012 年南方各台站发生区域性干旱事件频次分布

多年平均干旱日数空间分布显示（图 2.29a），除西南地区北部和东部外，我国南方大部地区年平均发生区域性干旱事件日数普遍在 30 d 以上，其中江淮、江南、华南大部以及西南地区南部等地发生干旱日数达 30～60 d，黄淮局部地区达 60 d 以上。多年平均累积干旱距平强度空间分布显示（图 2.29b），江淮、江汉东部、江南中东部、华南和西南南部等地为区域性干旱事件发生强度较重的地区。趋势分析表明（图 2.30），区域性干旱事件年累积发生频次和年累积干旱距平强度变化趋势均呈现区域差异性，即江淮中东部、江南中东部、华南中东部、西南地区北部等地区域性干旱事件频次和强度变化均呈现减少趋势；江淮西部、江汉、江南西部、华南西部以及西南地区西部和南部大部地区区域性干旱事件频次和强度变化均呈增加趋势。

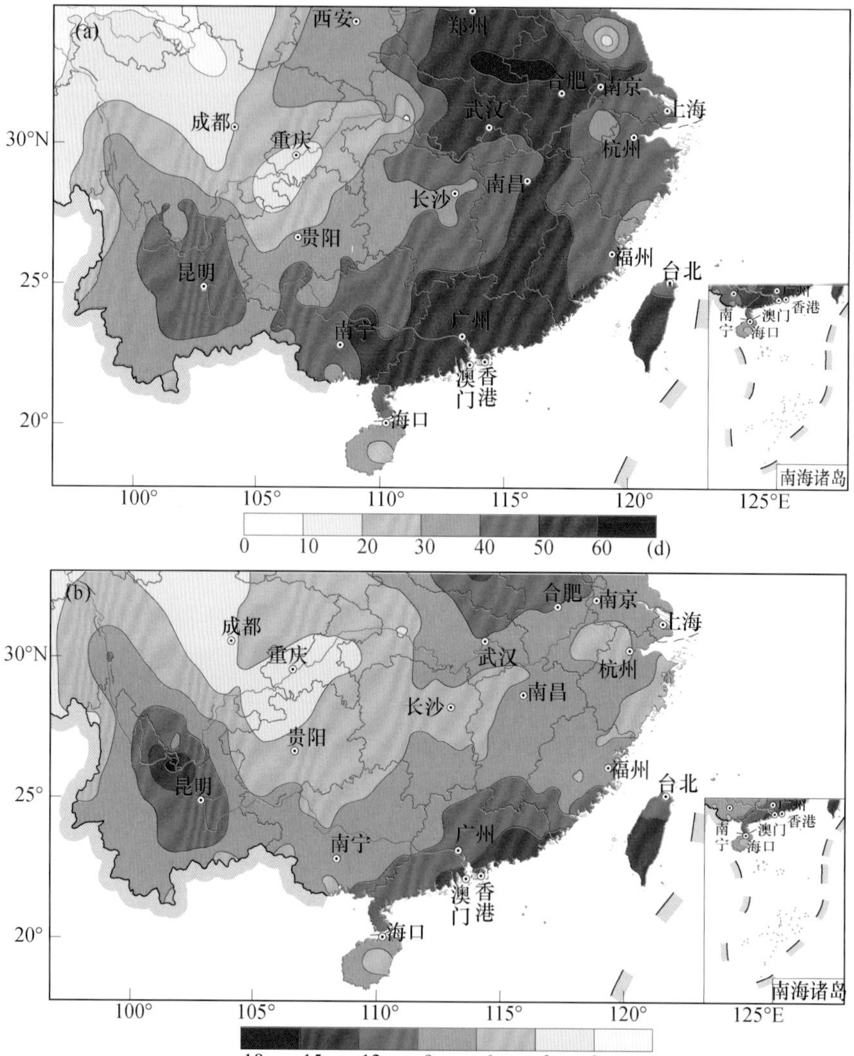

图 2.29　南方地区多年平均（1961—2012 年）
区域性干旱事件日数（a）和干旱距平强度（b）分布

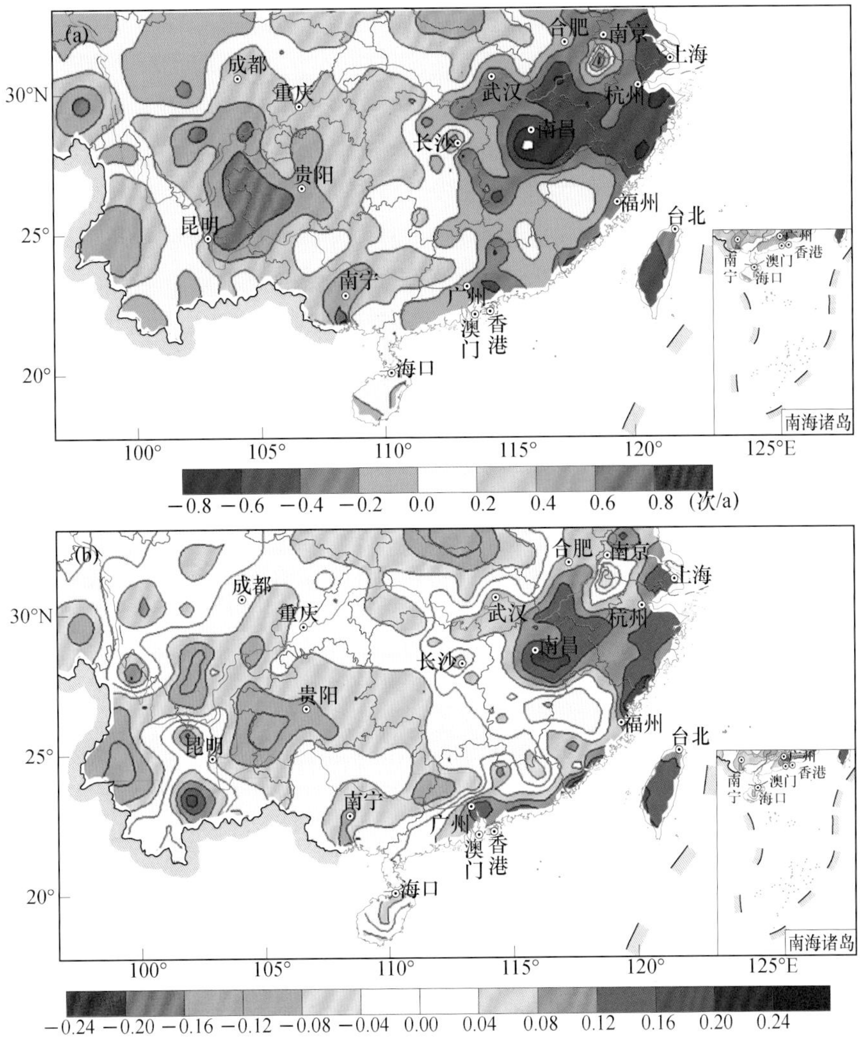

图 2.30 1961—2005 年南方地区区域性干旱事件变化趋势

(a)年累积发生频次;(b)年累积干旱距平强度

2.2.2.3 中国南方区域性极端洪涝事件特征

(1)极端洪涝事件指标及识别

数据采用中国气象局国家气象信息中心提供的中国国家级地面气象站均一化日降水数据集(V1.0)。单站日极端降水指标选取相对降水量作为单站极端降水阈值,具体选取方法是:针对某一台站,将 1961—2012 年所有 5—9 月逐日降水量资料由大到小排序,选取 95%百分位高值 P_0 作为该站判别异常降水的标准。当某日降水量 $P \geqslant P_0$ 时,认为该日该站出现了极端降水。相对降水阈值可以去除降水的区域性差异。

选取 95%百分位降水量作为单站极端降水阈值,利用区域极端旱涝事件客观识别方法对中国南方区域性洪涝事件进行了识别,检测出 1961—2012 年中国南方地区发生持续时间在 2 d以上、综合强度指数≥0.3 的区域性洪涝事件 305 次,等级从强到弱依次为极端 30 次,重度 60 次,中度 123 次,轻度 92 次。

(2)南方极端洪涝事件时间变化特征

南方区域性洪涝事件综合强度指数和频次逐年变化(图 2.31)表明,1961 年以来区域性洪涝事件发生频次和强度呈增加趋势。年代际变化表明 20 世纪 60 年代和 70 年代极端洪涝事件频次相对较少,80 年代事件频次开始增多,90 年代事件频次最高,21 世纪以来频次较前期略有减小。年极端洪涝发生频次最多是 1973 年(10 次)和 2002 年(10 次),年发生频次最少的年 1965 年(1 次)和 1963 年(2 次)。年累积降水距平强度、年累积面积和年累积日数指标变化具有较好的一致性,即 20 世纪 90 年代累积降水距平强度和年发生面积最大,年发生日数最多,60 年代、80 年代和 21 世纪均较 20 世纪 90 年代减小;70 年代年累积降水距平和年发生面积均最小,年发生日数也最少。与其他指标变化不同,年累积极端降水则呈现持续增加趋势(图 2.32)。

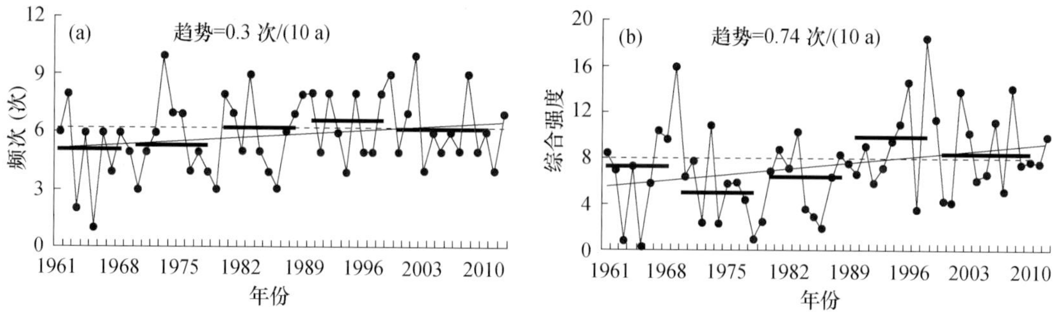

图 2.31 南方地区 1961—2012 年区域性洪涝事件频次(a)和综合强度(b)逐年变化

(点实线:指数;虚线:常年值;直线:趋势线;短粗线:10 a 平均值)

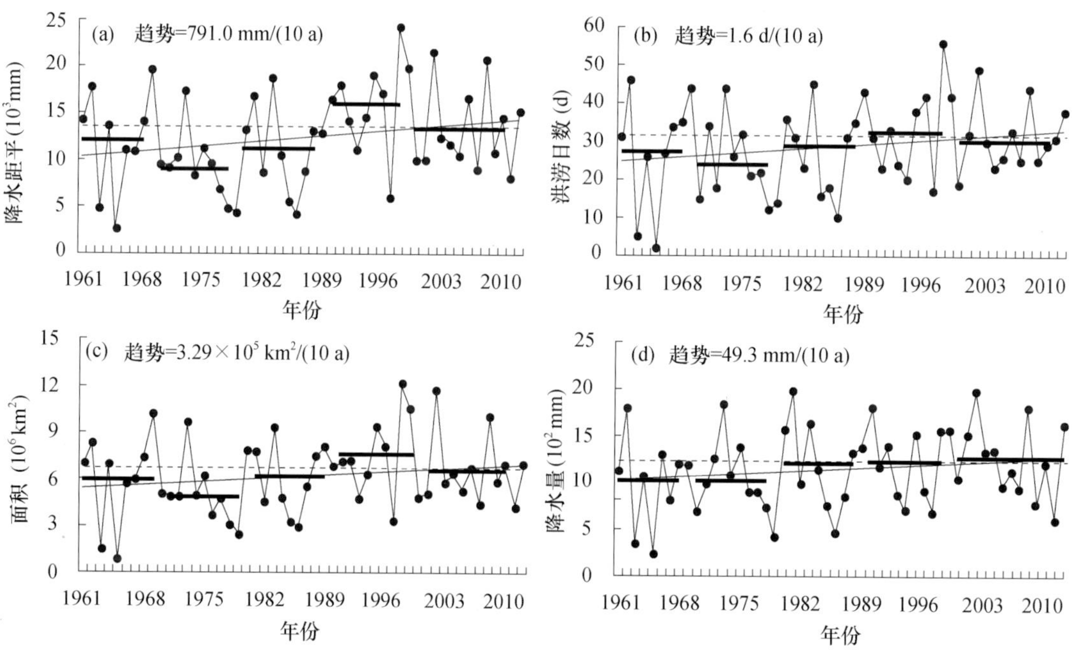

图 2.32 南方区域洪涝事件累积降水距平(a)、持续日数(b)、累积发生面积(c)和极端降水量(d)变化曲线

(点实线:指数;虚线:常年值;直线:趋势线;短粗线:10 a 平均值)

1961 年以来中国南方区域性洪涝事件发生和结束时间的分析表明:3—11 月均有事件发生和结束,其中 5—9 月频次明显高于其余月(图 2.33)。

(3)南方极端洪涝事件时间变化特征

根据对305次区域性洪涝事件的发生位置、频次、日数和强度的分析,发生最频繁、强度最强、持续时间最长的区域位于江南大部、华南西北部、西南东部、江汉和江淮西部等地区(图2.34)。趋势分析表明,南方大部地区区域性洪涝事件频次和强度均呈现增加趋势,江南、江淮以及西南东部等地的增加趋势达到统计信度显著性检验,但华南中部和西南东部的部分地区等地频次和强度呈减小趋势(图2.35)。

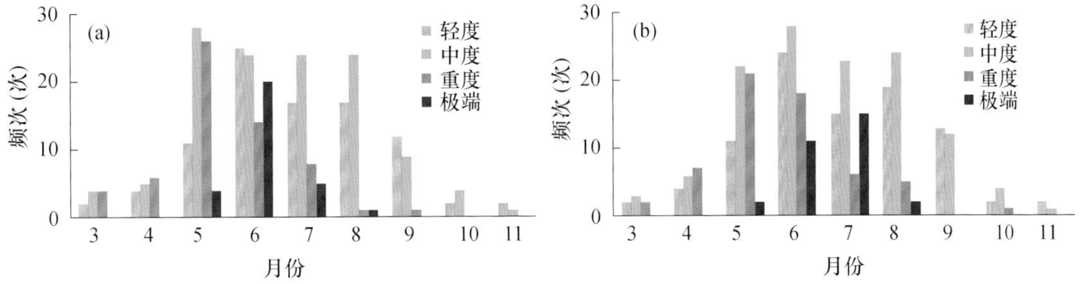

图2.33 南方地区不同等级区域性洪涝事件开始时间(a)和结束时间(b)的频次月际变化

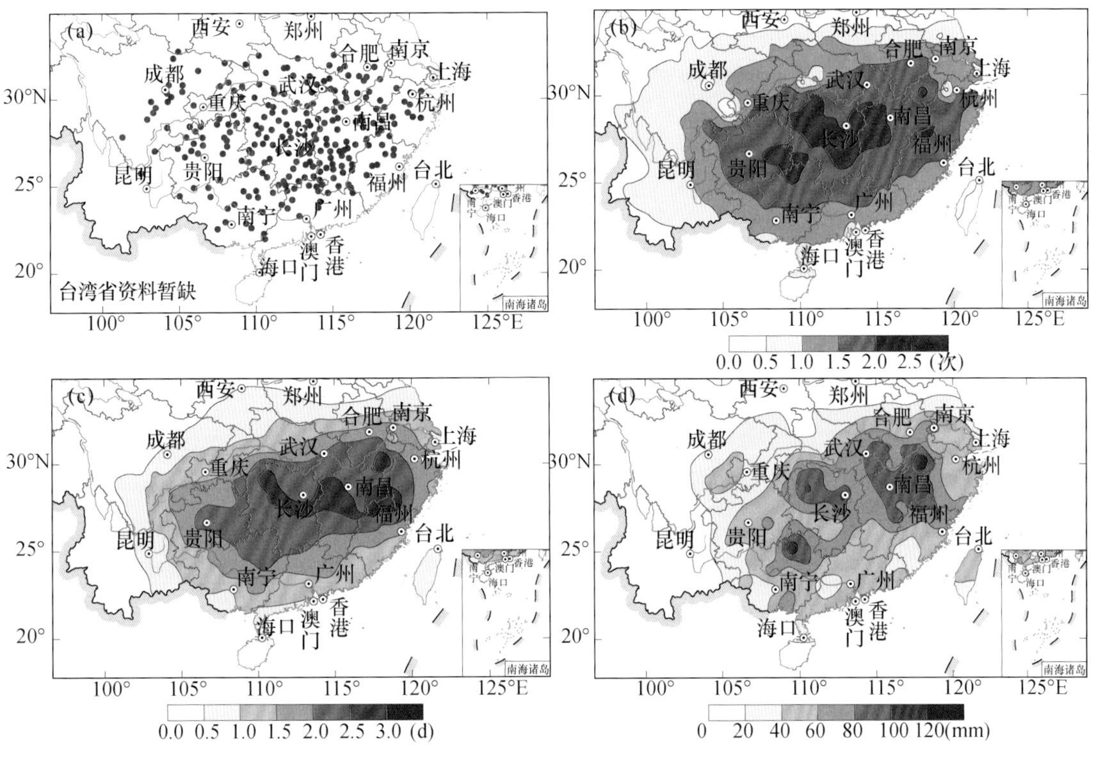

图2.34 1961—2012年南方区域性洪涝事件空间特征

(a)几何中心;(b)年频次;(c)洪涝年日数;(d)年累积降水距平

综上所述,采用中国区域性极端事件客观识别方法对中国南方区域性极端旱涝事件进行了识别和特征分析主要得出如下结论:

① 近50a中国南方极端干旱事件的年频次、强度、发生日数和影响面积等均呈增加趋势,但趋势不显著,其中20世纪60年代和21世纪初中国南方极端干旱事件强度、影响面积和发

生日数均较多(大),20世纪70年代至90年代中国南方区域性干旱事件强度、影响面积和发生日数均较少(小)。南方极端干旱事件发生频次和强度变化趋势呈现区域差异性,即江淮中东部、江南中东部、华南中东部、西南地区北部部分地区和南部局部等地区域性干旱事件频次和强度变化呈现减少趋势;江淮西部、江汉、江南西部、华南西部以及西南地区西部和南部大部地区区域性干旱事件频次和强度变化呈增加趋势。

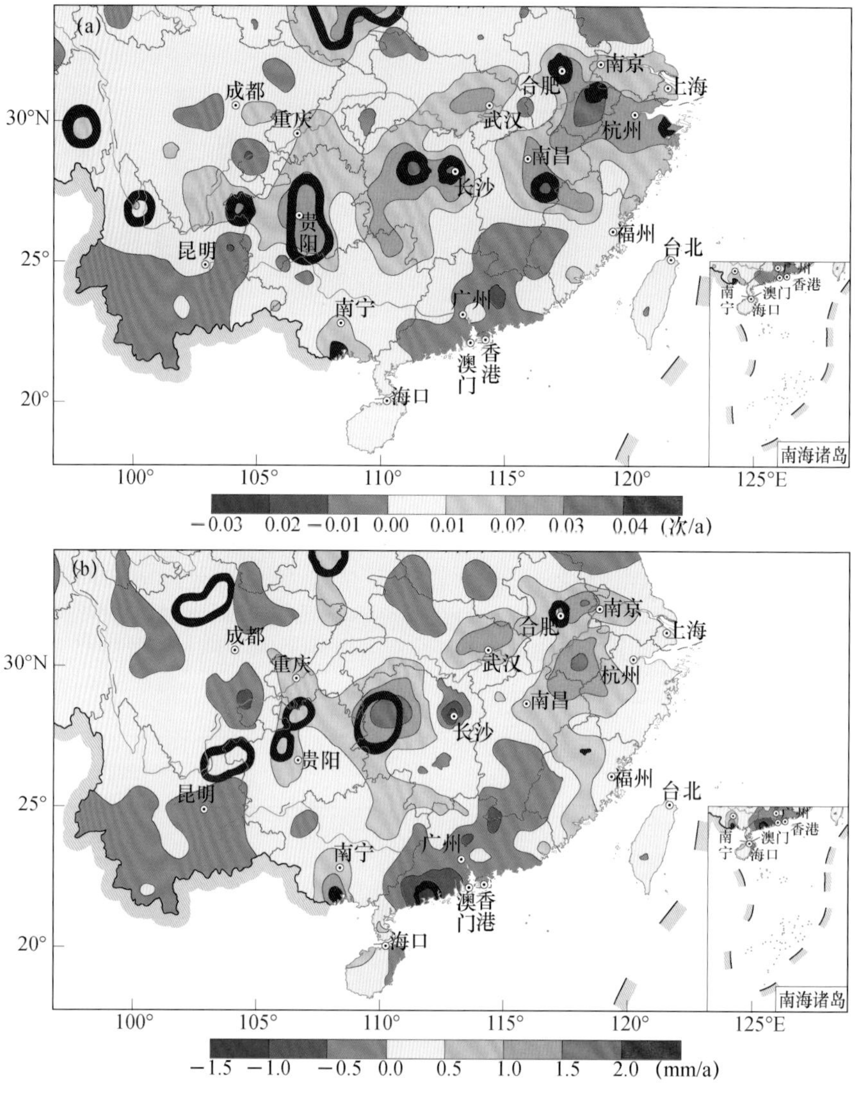

图 2.35 1961—2012 年南方区域性洪涝事件变化趋势

(a)发生频次;(b)年累积强度

(黑色等值线为通过 α=0.05 的 t 显著性检验)

② 近 50 a 中国南方极端洪涝年频次、强度、发生日数、影响面积和极端降水呈明显的增加趋势,其中 20 世纪 90 年代中国南方极端洪涝事件发生频次高、强度大、影响范围广和持续日数多,20 世纪 60 年代、80 年代和 21 世纪初期极端洪涝事件发生程度较 20 世纪 90 年代有所减小,70 年代为极端洪涝事件发生最弱时期。中国南方极端洪涝事件年发生频次和强度空间变化趋势分布具有较好的一致性,即南方大部地区极端洪涝事件频次和强度变化均呈现增加趋势。

2.3 中国南方旱涝的区域变化

2.3.1 西南干旱的变化

2.3.1.1 气候变暖背景下西南区域干旱的演变

中国西南部气候变化与东亚季风区其他地区有所不同，它既受东亚季风的影响，也会受到南亚季风的干扰，同时也时常会有来自北方西风带的冷空气侵入。此外，偶尔还会有登陆台风的影响，带来狂风暴雨。因此，西南部的旱涝变化规律十分复杂。从1951—2014年我国西南的年 Palmer 干旱指数(PDSI)(Dai et al.，2004)演变来看(图2.36)，20世纪后半叶超过一个标准差的干旱年只有1969年，其余都集中在2000年后。即21世纪以来，西南出现了年代尺度的严重干旱事件。相应冷季(西南干季)的干旱年，除了1953年外也都集中在2000年后。相对而言，暖季(西南雨季)的干旱年较多，分别出现在1963年、1969年、1988年、1989年以及2000年之后。暖季对应于西南部的夏季风盛行季节，较多的干旱年多由南亚及东亚季风异常造成(Dai et al.，2015)。与此相反，20世纪后半叶的洪涝事件(大于一个标准差)均较多，但2000年之后却较为少见。这说明我国西南地区的干旱事件主要发生在21世纪前期，西南地区年代尺度的大旱事件已经持续了近10 a，其温湿特征、尺度特征及其与气候暖化和季风变异等的关联都需要深入研究。西南干旱的未来发展趋势预估也是一个具有挑战性的问题。

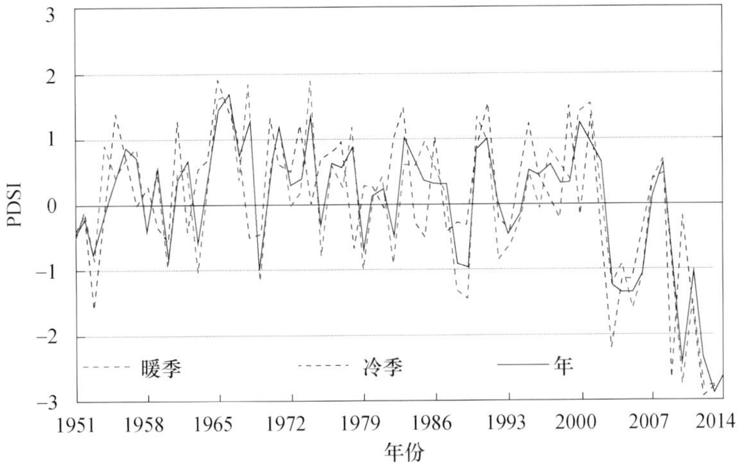

图2.36 1951—2015年西南四个格点(100°E，21.25°N；100°E，23.75°N；105°E，21.25°N；105°E，23.75°N)平均的标准化 Palmer 干旱指数(PDSI)
(暖季指5—10月；冷季指11月—次年4月)

进入21世纪后中国西南部的气温持续升高，降水出现逐渐减少的趋势(Dai et al.，2015)。云南省6个站的降水观测显示，气温自1980年代中期开始持续快速上升，降水也随之迅速增加，1990年代后期达到其近30 a的最大值，之后降水突然转为急剧下降，在2000年后出现一个近10 a的干旱少雨期(图2.37a)。西南的严重干旱已经对当地植被、农业生产及人民生活带来了严重影响，引起了广泛关注，西南干旱事件发展的未来走势已经成为一个关注的焦点。

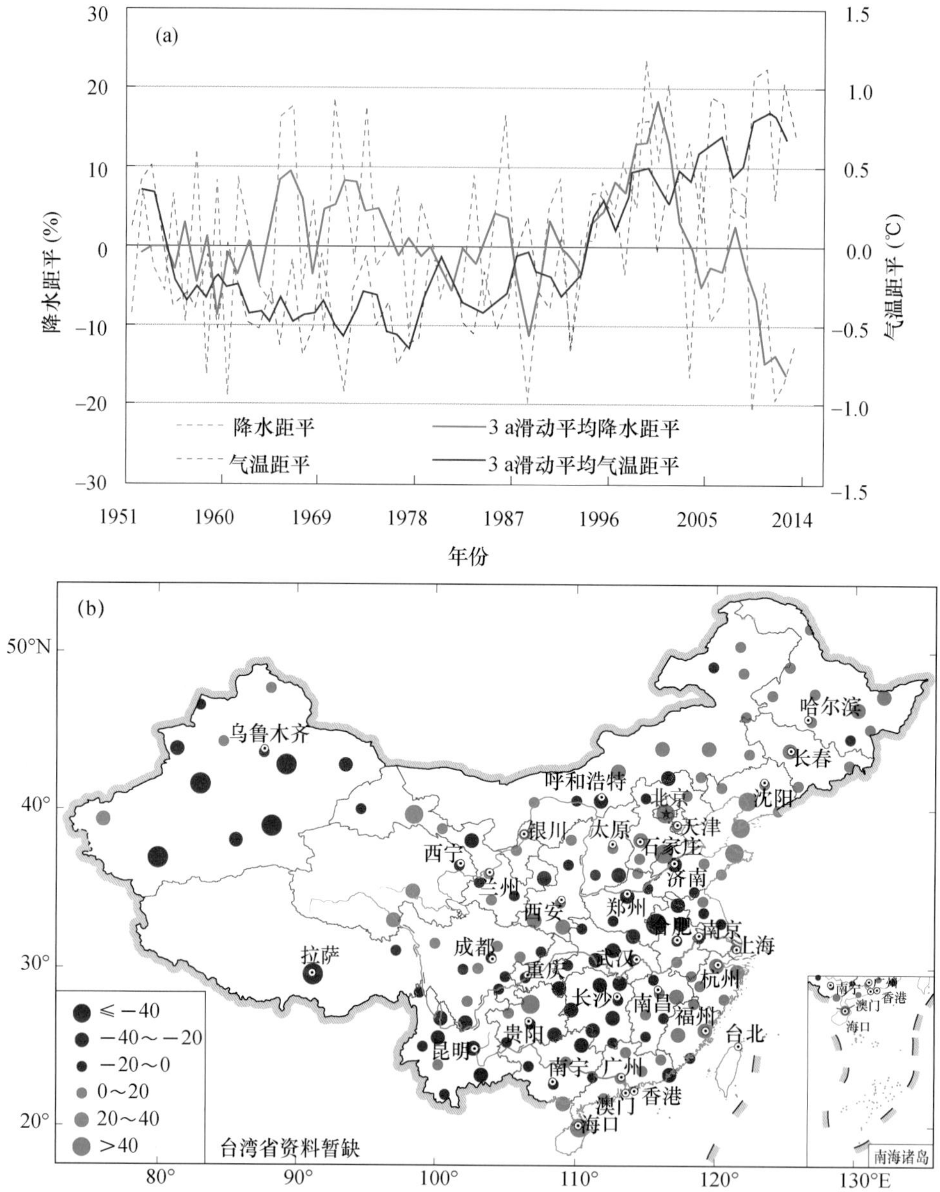

图 2.37　云南省 7 个站点降水和气温演变及全国 160 个站点降水趋势

(a)1951—2015 年云南省 7 个观测站(昆明、丽江、大理、宝山、临沧、蒙自、景洪)平均年降水距平百分率(%)和气温距平(气候平均时段:1951—2015);

(b) 2000—2012 全国 160 个站年降水量线性趋势百分率(单位:%/(12 a))(气候平均时段为 1980—1999)

(资料来源:国家气候中心)

然而，从中国 160 个站点的降水趋势空间分布看，21 世纪初的干旱少雨并非局限于云南，还波及两湖盆地及淮河流域(图 2.37b)，除了西北西部降水略有减少外，北方大部降水都呈上升趋势，即我国中东部降水出现南方减少北方增加的态势，其中西南降水减少明显，东北降水增加显著。从2000—2010年的干旱指数(PDSI)趋势看,旱灾严重的区域主要集中在我国西南部即云贵高原、西藏东南部及印度的恒河流域,而明显湿润化区域集中在东北和华北南部,以及西北中东部(图2.38a),这与年代尺度降水趋势大体相似(图2.38b)。众所周知,干旱化的一个主要特征是土壤湿度降低。重力卫星观测(GRACE)也证实中国西南部与青藏高原雅鲁藏布江下游土壤含水量在减少且与降水减少显著相关(李琼 等,2013)。

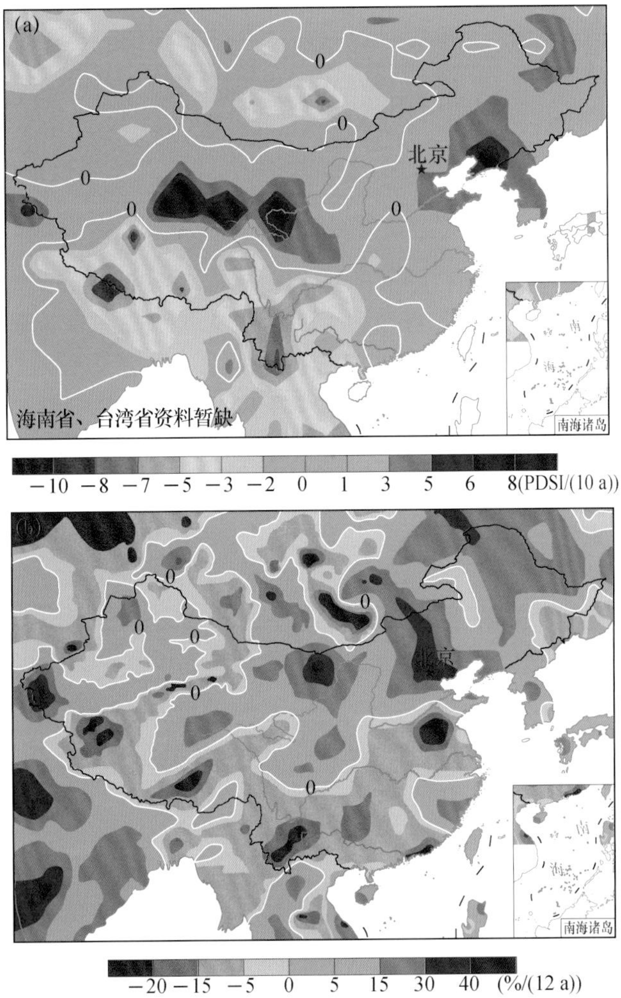

图2.38 干旱与降水趋势

2000—2010年Palmer干旱指数(PDSI:Dai)趋势(a);2000—2012年降水量趋势百分率(b)

(气候平均:1980—1999)(数据来源:CRUTS3.21;http://www.cru.uea.ac.uk/data)

从云南省的气候降水分布可以看到,降水主要集中在5—10月,称之为雨季(暖季);11月—次年4月是旱季或干季或冷季(图2.39a)。雨季降水占全年降水量的约81%。因此,西南地区的旱涝在很大程度上表现为雨季降水的波动或异常。2009—2014年期间的西南严重干旱期降水,除7月少变和12月增加外,其他月份降水几乎都一致明显偏少(图2.39b)。五年平均年降水量相对于1979—2008年气候平均降水减少16%,雨季降水偏少13%,旱季偏少36%。因此,云南干旱是雨季、旱季连旱,且旱季灾害更为严重,其中春季降水偏少最多,严重影响了庄稼的春播。

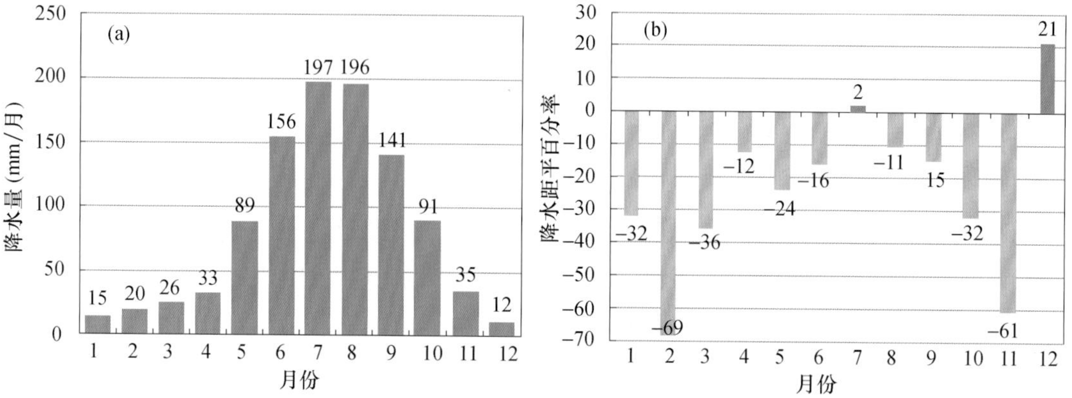

图 2.39　1979—2008 年云南 7 个站气候平均降水量(a)及 2009—2014 年平均月降水距平百分率(b)
(数据来源:中国国家气候中心 160 站月降水序列)

对于亚洲季风区,5—10 月和 11 月—次年 4 月也是夏季季风和冬季风季节(南亚称之为干季)。对于北半球大尺度气候分类而言。从图 2.40a 和 2.40b 可以看到,除了西北西部和江南东部降水的季节分布比较均匀外,东亚和南亚季风区的降水几乎都集中在暖季/夏季风季节。西北西部属于西风带控制区,降水的季节差异不明显。然而,江南东部仍属于东亚季风区,但其冷季降水与夏季风季节相当,主要原因是冷季青藏高原南侧的西风带绕流在中国大陆西南及江南上空形成准定常的西南风水汽输送带,其与北方南下的冬季风在江南地区汇合形成了准定常水汽输送的复合区,造成江南冬季降水依然较多的独特气候现象。图 2.40c 显示,2000—2012 年暖季的降水趋势分布与年降水量相似,西南降水下降中心仍位于云南东部、华南及淮河流域东部等地;西北东部、华北及东北大部的降水均呈明显上升趋势。冷季的降水趋势分布与暖季存在差异(图 2.40d)。2000—2012 亚洲大陆中东部降水趋势大致呈"－ ＋ －"型。这种暖季或冷季降水趋势分布的大尺度结构表明,其形成必然存在大尺度环流或大尺度季风异常的背景,需要具体深入分析。

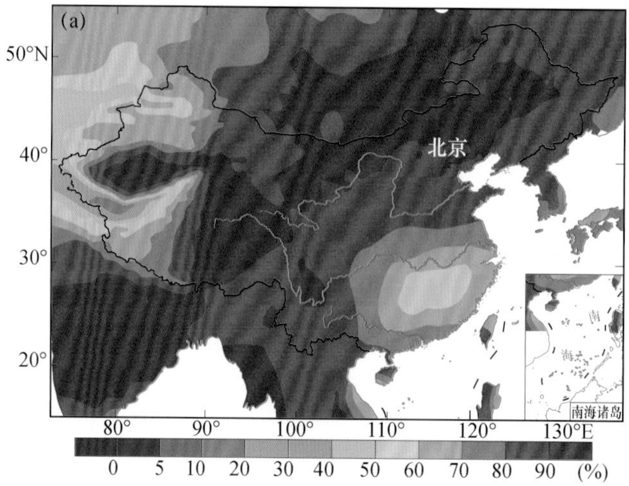

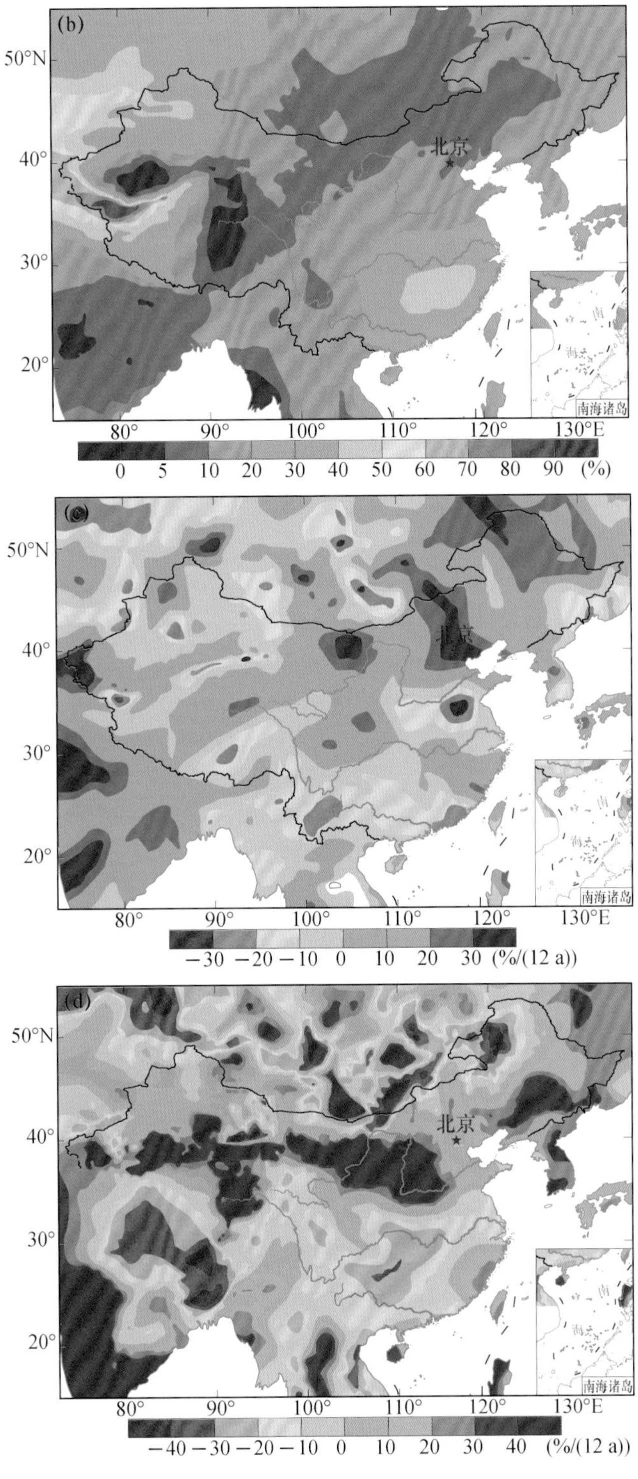

图 2.40 南方地区季节降水及其趋势

(a，b) 1980—1999 年气候平均暖季(5 月—10 月)和冷季(11 月—次年 4 月)降水百分率；

(c，d) 2000—2012 年暖季和冷季降水趋势百分率

(数据来源：CRUTS3.21http://www.cru.uea.ac.uk/data)

2.3.1.2 西南干旱的多尺度特征分析

干旱或降水的变化都是一个多时间尺度过程。与西南干旱关联的主要时间尺度可以通过正交小波分析加以识别。这里的正交小波分解选用 Daub4 正交小波基底。考虑到 1950 年以前,西南地区缺乏气象观测,干旱指数 PDSI 存在很大的不确定性。这里仅对 1951—2014 年的干旱指数序列做正交分解,即将其分解为 2 a,4 a,8 a,16 a,32 a 尺度及剩余的非线性趋势(≥64 a)的正交小波分量,其中 2 a+4 a 对应于年际变化分量,8 a 是一个年代尺度成分,16～32 a 属于多年代尺度成分,依次大致对应于 20 a、40 a 周期。对 Palmer 干旱指数的分解表明,21 世纪前期,西南干旱主要与年代尺度以上分量的异常关联(图 2.41),其中非线性下降趋势与 16 a 尺度分量是主要的贡献者;年代尺度(8 a)分量在 2003—2004 年及 2010 年之后的干旱事件中都有重要贡献;32 a 尺度分量的贡献主要在 2010 年以后。因此,21 世纪的西南干旱呈现多尺度特征,其演变规律十分复杂。

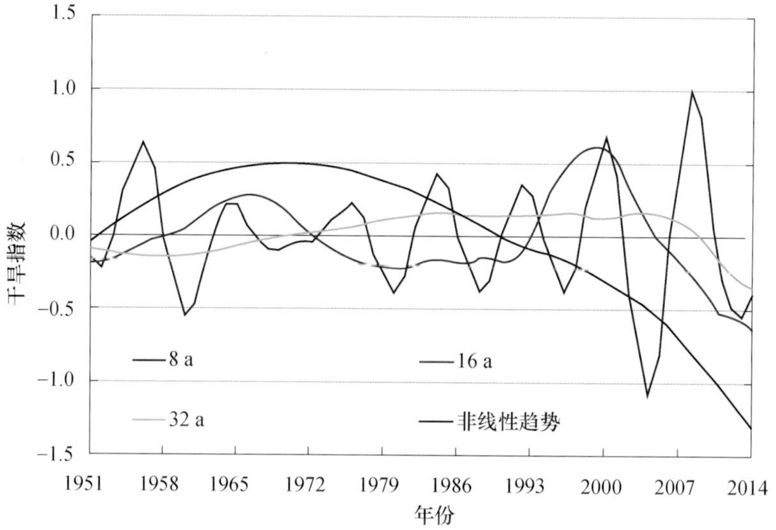

图 2.41 西南地区 1951—2014 年标准化年 Palmer 干旱指数(PDSI)的年代尺度(8 a 周期)、多年代尺度(16 a 周期,32 a 周期)及非线性趋势(>32 a)

Palmer 干旱指数包括了降水、气温、地表蒸发等多个气象要素。这些要素之间的配置及其变化构成了 PDSI 的演变。研究它们的配置需要比较其不同尺度分量之间的配置特征。利用英国东安格利亚大学(UEA)气候研究所(CRU)的 0.5 度分辨率的全球陆地格点分析资料(CRUTS3.21),对西南严重干旱区一个正方形区域(21.25°—23.75°N,100°—105°E)求取平均降水量、平均气温和平均地面水气压,构成三个序列(图 2.42a)。这三个序列均被分解为 2 a,4 a,8 a,16 a,32 a,64 a 及百年尺度(>64 a)的正交小波分量,其中 16～64 a 属于多年代尺度成分,大致对应于 20～70 a 周期,对于所选序列长度(1901—2012 年),百年尺度成分表示其非线性趋势。考虑到中国气象观测站的建站时间大多在 1950 年后,因此只考虑序列最后 64 a 即 1941—2012 年的分解结果。地面水汽压与空气柱水汽含量成比例,它与降水一起可近似代表一地气候的干湿状况。分解结果显示,气温、降水和地面水气压的 40 a 和 70 a 周期成分都呈现“暖湿”/“冷干”配置,其 20 a 周期和趋势呈现“暖干”/“冷湿”配置(图 2.42)。而年代尺度降水的减少主要发生在其 20 a 周期成分的负位相以及伴随升温的降水下降趋势期。这说明西南降水的减少既有气候内部变率的贡献,也有伴随温室气体增加气候暖化的影响。在年代际尺度成分及趋势中，对 2003—2012 年少雨时段的相对贡献率分别为 43%和 57%。从图 2.42 亦不难推断，未来几年西南旱情趋势仍可能会持续。这一方面是因为 20 a 周期中其分量仍处于负位相，并且 40 a 和 70 a 周期降水分量将或即将进入其负位相期，降水的增加不会很明显；另一方面，未来几年多年代尺度气温分量均处于正位相，伴随气候暖化的持续，地表蒸发量亦可能进一步增加。

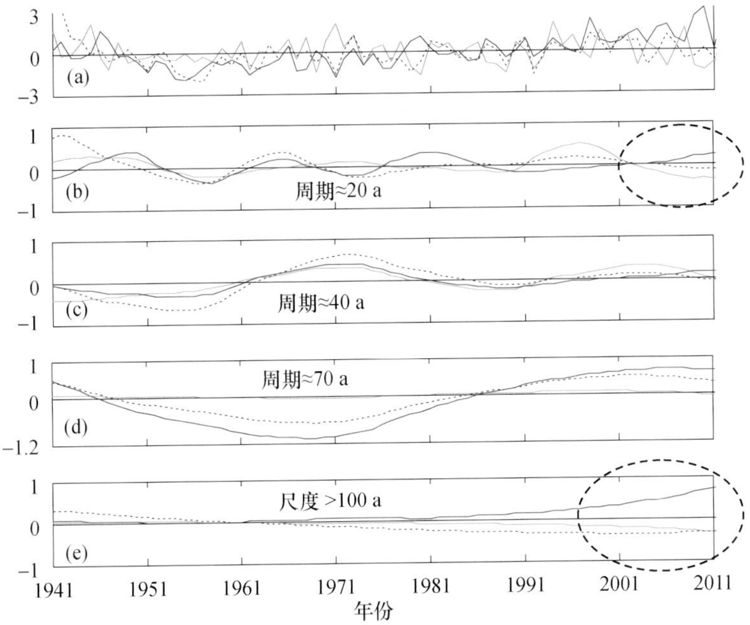

图 2.42 1941—2012 年西南严重干旱区（22°—24°N，100°—105°E）平均年降水量、地面水汽压和气温正交小波分解

（a）三者的标准化序列；（b）～（d）依次为准 20 a、40 a、70 a 周期分量；（e）百年尺度的非线性趋势（其中红色和绿色分别表示气温和降水量；黑色细虚线为地面水汽压，两个黑色粗虚线圈标出西南干旱期温湿配置的暖干特征）

暖季的多尺度温湿配置与其年平均序列类似（图 2.43a），但冷季却不然。从图 2.43a 中可以看到，虽然冷季 20 a 周期降水分量在西南干旱期也处于负位相，但非线性趋势却是一个“暖湿”配置，即伴随气候暖化，冷季降水呈现上升趋势，尽管气柱水汽含量在此期间并未出现明显变化。这个结果说明西南干旱期主要是暖季降水减少，冷季降水减少对总降水量的减少贡献不大，尽管西南地区冷季相对降水减少率远大于暖季（图 2.43b）。

总之，20 世纪后半叶，西南地区以洪涝灾害为主，很少发生严重干旱，进入 21 世纪后出现了严重的年代际尺度干旱事件，表现为气温持续升高，降水快速减少的过程，且四个季节降水均有明显下降。干旱事件主要由雨季（5—10 月）降水减少造成，尽管干季（冷季）降水的相对减少率更明显。多尺度分析揭示，干旱事件与降水和气温在准 20 a 周期成分及非线性趋势两个分量上出现的“暖干”/“冷湿”配置有关，严重干旱期对应于二者的暖干位相，这表明此次严重干旱事件既有气候系统内部变率的贡献，也有气候暖化的影响。从更大范围看，西南干旱同期亦出现西南、江南降水减少、北方降水增加的形势，南亚东北部降水减少、西部降水增加，造成印度恒河流域的干旱与巴基斯坦频繁洪灾。这表明西南干旱事件也与南亚季风及东亚季风异常有关。依据 CMIP5 多模式集合资料，经过统计订正后的分析推断（张蓓，2016），未来 10 a

(2016—2025 年)或 20 a(2016—2035 年)中国西南年降水有所增加,但不很明显。这与本文依降水多尺度分解推测的结果比较一致,即未来西南降水的趋势取决于与气候暖化伴随的降雨减少趋势与降水的多年代尺度波动之间的相对变化。

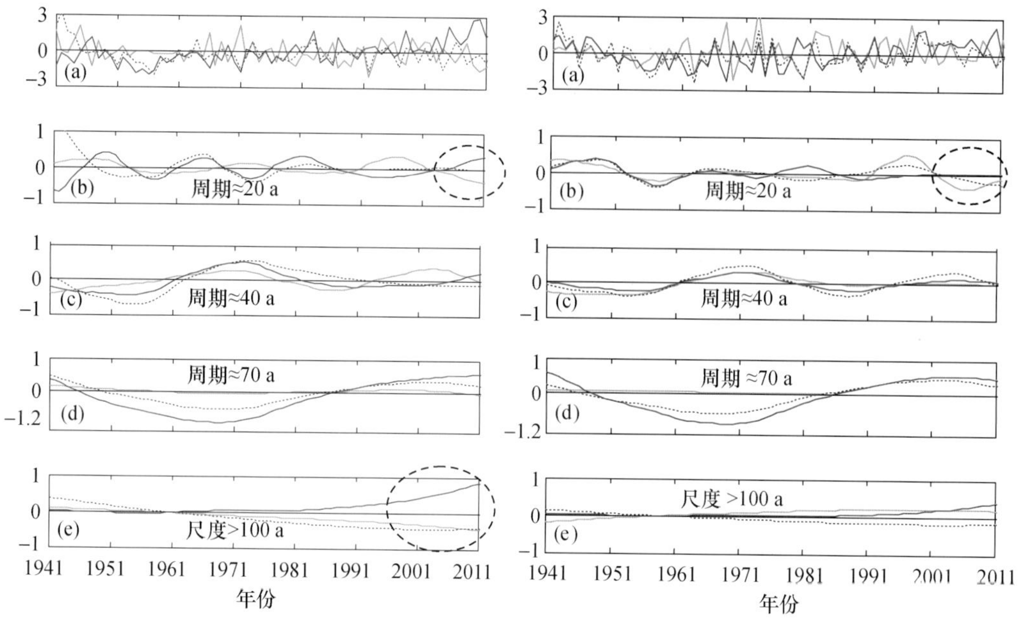

图 2.43 1941—2012 年西南干旱区(22°—24°N, 100°—105°E)平均标准化季降水量、地面水汽压和气温的正交小波分解

(左列为暖季(5—10 月);右列为冷季(11 月——次年 4 月);其余同图 2.42)

2.3.2 华南旱涝的变化

华南地区是我国旱涝灾害发生较频繁的地区之一,旱涝灾害给当地的农业生产、人民生活等造成了严重影响,因而探究全球变暖背景下华南旱涝变化的新特征及其可能原因,对华南地区的防灾减灾工作和社会经济发展具有重要意义。

我国雨带 5 月中旬到 6 月上旬(25 d 左右)停滞在华南,雨量迅速增大,形成华南雨季的第一阶段,称华南前汛期。从 7 月中旬至 8 月下旬(约 40 d)停滞于华北和东北地区,造成华北和东北的雨季。这时华南又出现了另一个大雨带,是由热带天气系统所造成的,形成华南雨季的第二阶段,称华南后汛期。

采用日本气象厅(JMA)提供的高分辨率亚洲逐日格点降水资料(APHRO),分辨率为 0.5°lon×0.5°lat,用于华南夏季逐日降水的研究。华南区域取(22.5°—27.5°N,105°—120°E)。图 2.44 给出了 1979—2007 年气候平均的华南 4—9 月逐日降水时间序列。可见,华南地区汛期降水日变化显著。4 月初至 6 月中旬,华南逐日降水呈逐渐增加的趋势,此时段处在华南前汛期。6 月中旬雨量达到峰值,在 10 mm/d 以上;6 月下旬降水量急剧减少到 6 mm/d 以下;7 月、8 月降水量一直稳定在 6 mm/d左右;进入 9 月,降水量急剧减少到 5 mm/d 以下。7 月、8 月降水量总体比较稳定,而 6 月降水量由急剧增加到急剧减少。6 月平均降水量相比7 月、8 月明显偏多。因此,根据华南汛期降水的特点,研究华南汛期降水时,取 4—6 月作为华南前汛期,7—8 月作为华南后汛期。

研究一个地区的干旱特征,选取合适的干旱指标非常重要。目前,国内外常见的气象干旱指标包括标准化降水指数、Palmer干旱指数、相对湿润度指数以及区域旱涝指数等。马柱国等(2003;2006;2007)研究表明,极端干旱事件的频发区大多是增温最明显的区域。在气候变暖的背景下研究干旱需要综合考虑降水和蒸发对干旱发展过程的影响机制。Vicente-Serrano等(2010)在标准化降水指数的基础上引入潜在蒸散项,构建了标准化降水蒸散指数(SPEI)。选用这种能够同时表征降水和气温变化影响的指标来进行干旱的识别和监测较选用其他指数要好。李伟光等(2012)也指出,SPEI在中国华南地区具有较好的适用性。因而,在分析华南旱涝特征时,采用到降水和SPEI指数。

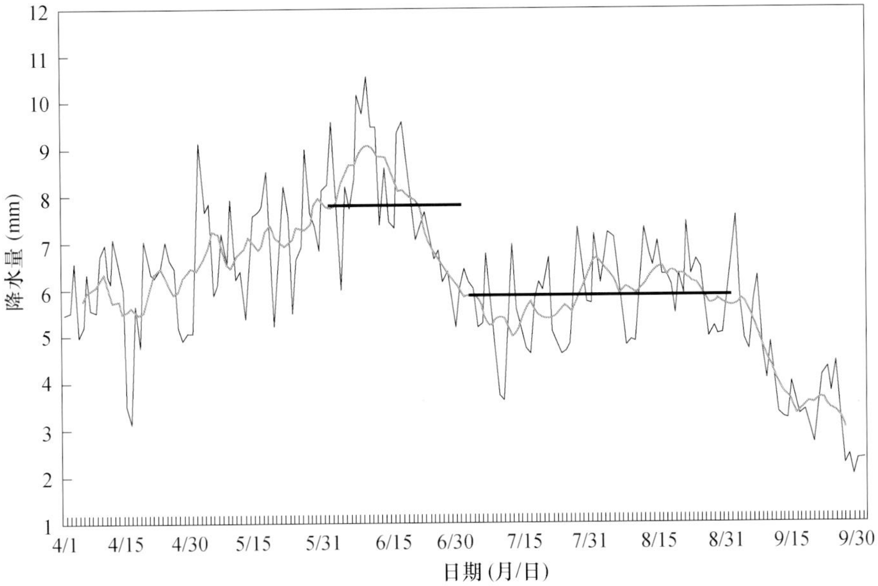

图2.44 1979—2007年气候平均的华南4—9月逐日降水时间序列

(灰色曲线:9 d滑动平均值;黑色直线分别为6月、7—8月降水平均值)

2.3.2.1 华南20世纪90年代初夏季干旱的年代际转折

图2.45给出了华南春、夏、秋、冬四个季节的干旱指数SPEI变化特征。华南春季干旱指数向下逐渐减小,说明华南春季在1979—2012年由涝变旱;华南夏季干旱的变化趋势则与春季干旱的趋势相反,且在20世纪90年代初发生明显的年代际转折,由旱变涝;华南秋季干旱趋势变化不太明显,但在20世纪80年代末存在年代际变化;华南冬季干旱趋势变化也不太明显,出现2次转折,一次在20世纪80年代末,由旱变涝。另一次在2005年左右,由涝变旱。华南冬季旱涝程度和秋季类似,程度较轻。

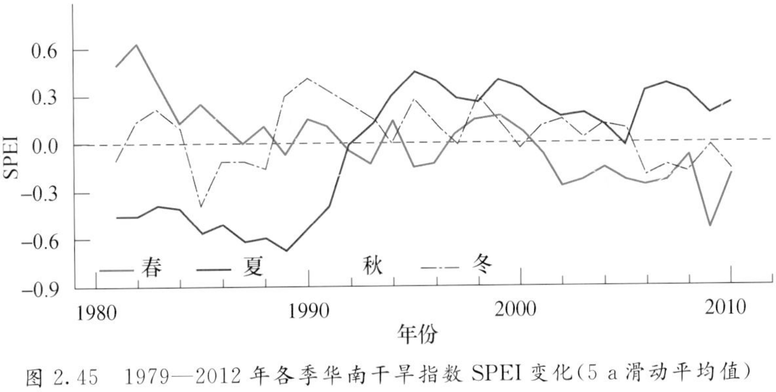

图2.45 1979—2012年各季华南干旱指数SPEI变化(5 a滑动平均值)

图 2.46 为华南夏季干旱指数 SPEI 经 Trend-EOF 分析得到的第一模态空间场和时间序列。Trend-EOF 分析能够排除其他非趋势信号的干扰，使得趋势变化信号投射到单一的模态中。华南地区和江淮流域干旱指数呈上升趋势，说明华南和江淮地区夏季由旱变涝；极值中心位于华南地区，华南夏季旱涝程度大于江淮流域；华北北部为负值（图 2.46a），说明华北北部夏季干旱加剧。图 2.46b 与夏季华南区域平均干旱指数（SPEI）的变化序列（图 2.45）一致。

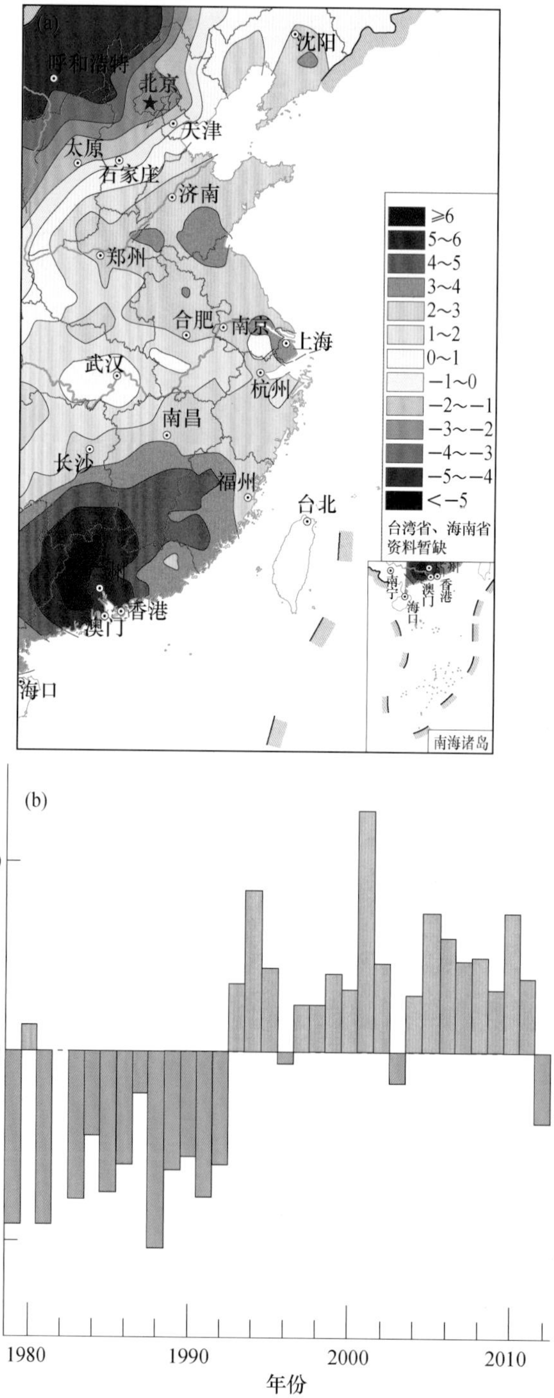

图 2.46　华南夏季干旱指数 SPEI 经 Trend-EOF 分析的第一模态的空间场(a)及其时间序列(b)

2.3.2.2 华南后汛期降水21世纪初的年代际转折

多年来,我国气象工作者十分重视对20世纪后半期东亚地区夏季降水年代际变化的研究,其中包括20世纪70年代中后期和90年代初期两次年代际突变的确认。一些研究(Ding et al.,2008;Wu et al.,2010)指出,华南夏季降水在20世纪90年代初期经历了一次突变过程。Ding等(2008)指出20世纪70年代末之前,较大的降水正异常主要位于华北地区,此后向南移动到江淮流域,最终在20世纪90年代移动到我国华南地区。在雨带向南移动的过程中,对发生在1978年和1992年两次明显的气候转变,分别进行了确认。Wu等(2010)研究了华南夏季降水在1992年/1993年的年代际转变,并探讨了其可能成因。1980—1992年为相对少雨期,而1993—2002年为相对多雨期。降水的增加伴随着低层辐合、中层上升以及高层辐散运动的加强。低层风场的变化受到两个异常反气旋的影响:分别是南海—西北太平洋反气旋和华北—蒙古国反气旋。从这两个反气旋散发的气流汇聚在中国华南地区,导致低层水汽辐合,上升运动的增强和降水的增加。Ding等(2008)指出,中国东部降水向南的转变开始于20世纪70年代后期,经历1979—1992年的过渡期,华南降水在20世纪90年代初存在年代际转变。从20世纪70年代末到90年代初,华南降水一直低于常年,然而降水增加的转变表明华南降水存在30年的振荡。

然而,到目前为止,对华南夏季降水年代际变化的研究大多是针对20世纪70年代末及90年代初的两次年代际变化进行,而对于近20多年华南后汛期(7—8月)降水是否又发生了年代际变化还不大清楚。所以,应用观测的降水资料对近20年来华南后汛期降水的年代际变化进行分析。

图2.47是1979—2012年华南地区夏季后汛期(7—8月)平均降水随时间的演变,可以看出,华南后汛期降水存在显著的年代际变化,其中1993—2002年为降水偏多期,1979—1992年和2003—2012年为降水偏少期,在20世纪90年代初和21世纪初存在两次明显的年代际转变。

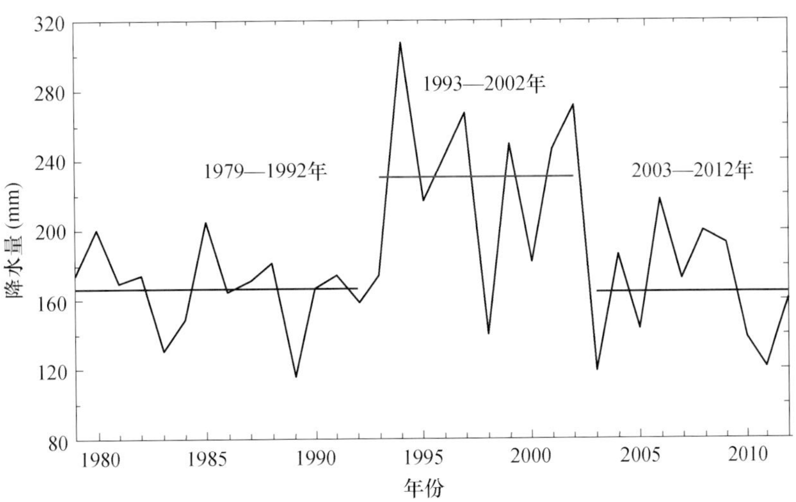

图2.47 1979—2012年华南后汛期(7—8月)降水时间序列

为进一步验证华南后汛期降水在20世纪90年代初及21世纪初的两次年代际变化,同时分析转变的具体年,图2.48给出了1979—2012年华南地区夏季平均降水滑动 t 检验时间序列。可以看出,t 统计量有两处超过0.01显著性水平,一处是负值(出现在1992年),这与已有的研究(Ding et al.,2008)结果一致,另一处是正值(出现在2002年),表明华南地区后汛期降水在近30多年来,出现过两次明显的突变,在20世纪90年代初经历了一次由少增多的转变,而在21世纪初出现了一次由多减少的转变。

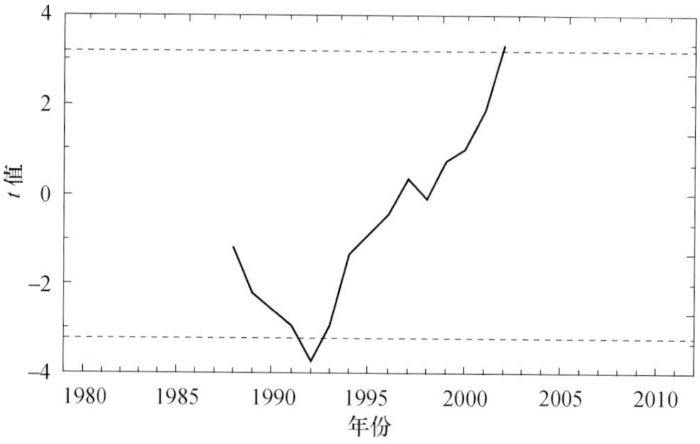

图2.48　1979—2012年华南地区后汛期降水的滑动t检验结果
(虚线为0.01的信度线)

采用GPCP格点降水资料,分辨率为2.5°lon×2.5°lat,自勇等(2007)分析比较了GPCP资料与中国台站观测降水的气候特征,发现两者的月平均降水分布比较一致,因此这里选取这套资料研究华南后汛期降水变化特征。图2.49为1979—2012年中国东部夏季7—8月平均降水异常纬度—时间剖面,清楚地反映了该地区雨带的分布和进退。近30多年来,中国东部三个区域(华北、长江中下游、华南)夏季降水均存在明显的年代际转变,而突变的时间并不相同,其中华北地区在20世纪90年代为降水偏多期,20世纪80年代和21世纪初为降水偏少期;长江中下游地区在21世纪初夏季降水存在增多的转变;华南地区夏季(7—8月)降水在20世纪90年代初和21世纪初存在两次明显的年代际转变。

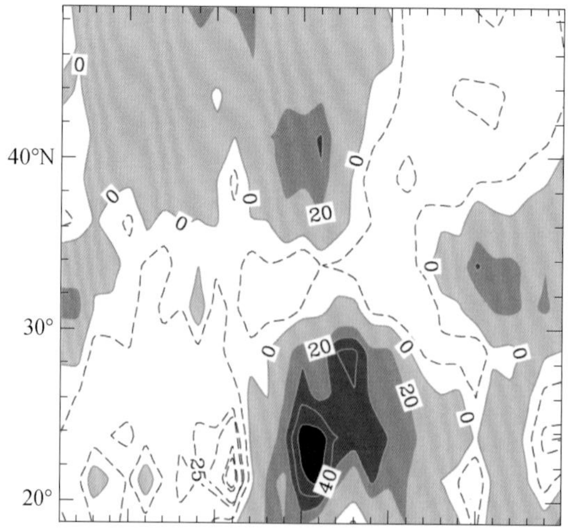

图2.49　1979—2012年中国东部(22°—43°N,107.5°—122.5°E)夏季(7—8月)降水异常的纬度—时间剖面(单位mm;数据进行了5 a滑动平均处理;阴影区代表正值,虚线代表负值)

为更好地研究夏季7—8月降水年代际转变的空间分布特征，图2.50给出了2003—2012年与1993—2002年夏季(7—8月)降水差值分布。由图2.50可以看出，中国东部呈现偶极型分布，其中华南地区为显著的负值区，表明该地区2003—2012年夏季平均降水相对1993—2002年而言明显减少。30°N以北地区为显著正值区，表明该地区2003—2012年夏季平均降水相对1993—2002年而言明显增多。

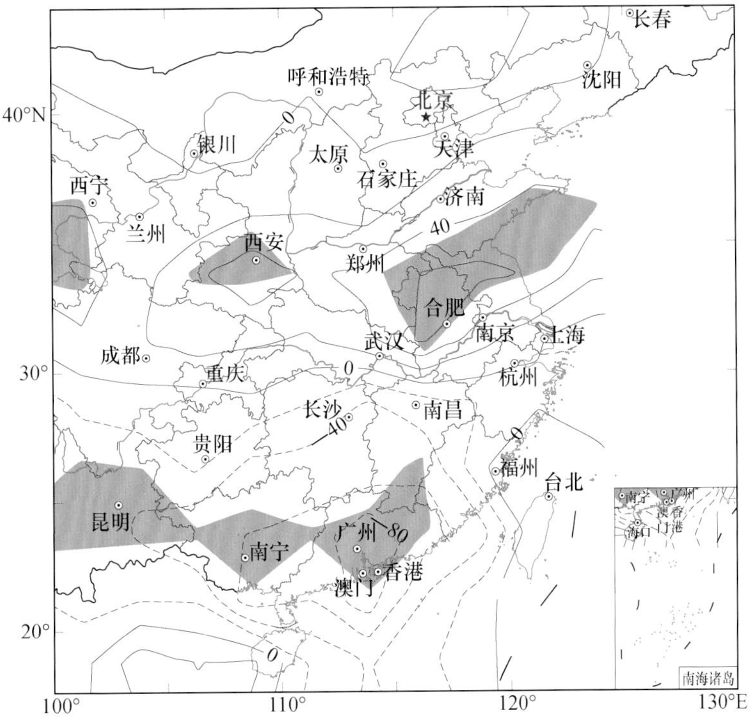

图2.50 2003—2012年与1993—2002年夏季(7—8月)中国东部降水的差值分布

(单位:mm;阴影区表示通过0.05信度的显著性检验)

进一步分析中国东部夏季(7—8月)降水空间格局的变化，图2.51给出了1979—2012年中国东部夏季(7—8月)降水经验正交分解(EOF)的第一空间模态及对应的第一时间序列，其方差贡献为30.6%，对中国东部夏季降水先进行5 a滑动平均处理，然后再进行EOF分析，因此这种主成分分析主要反映中国东部夏季(7—8月)降水的年代际变化特征。可见，第一模态清晰地显示中国东部夏季(7—8月)降水从南到北呈现"+—+"的三极型分布，华南地区为明显正异常分布且变率最大，长江中下游地区呈现负异常，华北地区呈现正异常，这与Ding等(2008)利用中国台站降水资料进行EOF分析得到的结果比较一致。对应第一时间序列可以看出，中国东部，特别是华南后汛期(7—8月)降水分别在20世纪90年代初及21世纪初存在两次明显的年代际变化。

2.3.2.3 华南秋季干旱20世纪80年代末的年代际转折

受东亚季风影响，9月华南地区的雨季结束后便进入了少雨干燥季节，气温高、蒸发量大，作物蒸腾作用强，需水较多，易酿成秋旱甚至秋冬连旱。1998年以来该地区连续发生了几次特大干旱事件，例如1998年、2004年、2005年的秋旱便是典型例子，给华南的农业生产和人民的生活造成了严重影响(简茂球 等，2006)。因而，研究华南秋旱的特征及其可能原因，对该地区的防灾减灾工作和社会经济发展具有重要意义。

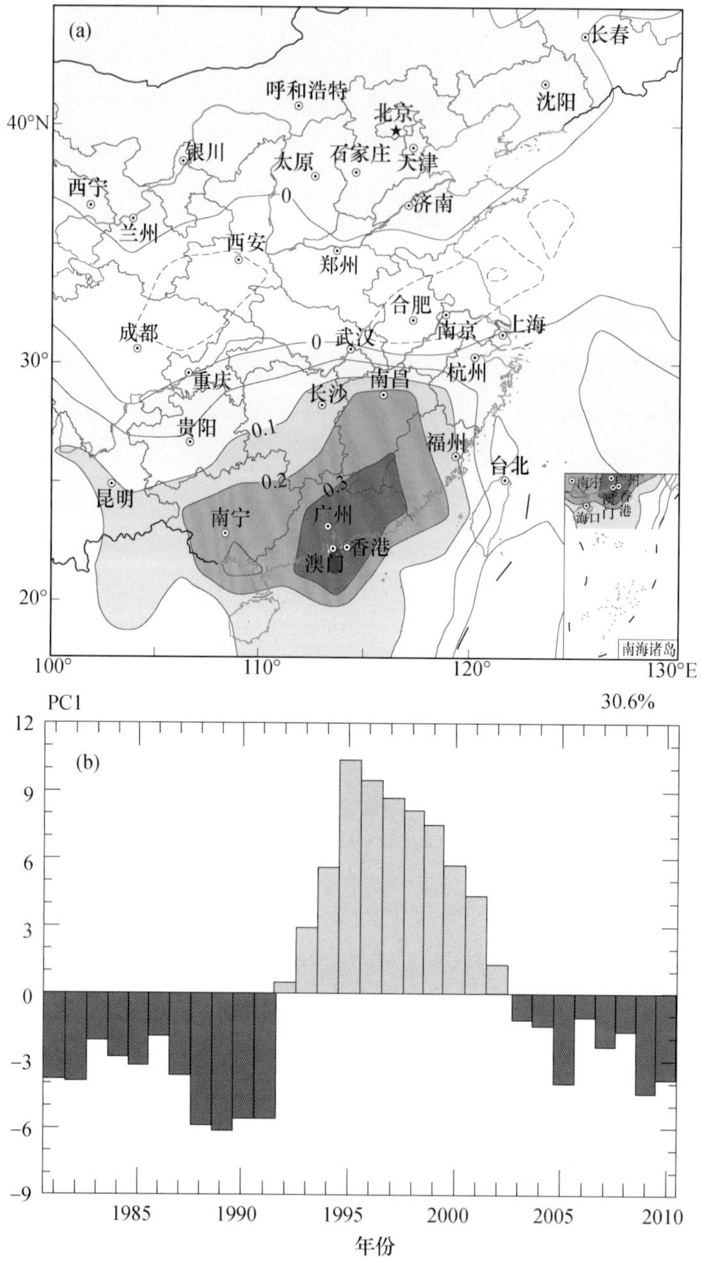

图 2.51 1979—2012 年中国东部后汛期(7—8 月)降水的 EOF 第一模态(a)及其时间系数(b)
(数据进行了 5 a 滑动平均处理)

贾子冰等(2009)研究发现,华南秋季降水具有明显的年代际变化,1985 年以前降水偏多,之后偏少。李伟光等(2012)也指出,20 世纪 70 年代华南秋季干旱和极端干旱事件较少,其后明显增多,干旱持续时间也有所延长。在空间分布上,秋季华南地区以全区性的干旱出现居多(简茂球 等,2006),干旱化最严重的区域是海南岛、广西南部和西部地区,广西的干旱程度总体上要重于广东(李伟光 等,2012;王春林 等,2015)。

已有研究较少采用既考虑到降水影响又考虑到气温影响的 SPEI 干旱指数去探讨华南秋

季干旱的年代际转折。因此，将基于 SPEI 分析华南秋季干旱年代际转折特征。

图 2.52a、b 分别给出了 1961—2014 年华南地区秋季气温距平和降水距平序列。由图可见，华南地区秋季降水和气温呈现相反的变化趋势，气温显著上升，而降水则为明显减少趋势，但是自 2010 年以后趋势均有所减缓。两序列的 11 a 滑动平均曲线显示，华南地区秋季气温和降水具有明显的年代际变化，气温和降水分别在 20 世纪 80 年代初期和中后期发生了年代际变化，气温年代际偏高，降水年代际偏少。所以，研究华南干旱时，不仅要考虑降水的影响，还需要考虑气温对干旱的作用。因此，采用 SPEI 作为华南旱涝的判定标准，SPEI 值为负（正）代表偏旱（涝），其绝对值越大，表示越旱（涝）。

图 2.52c 为 1961—2014 年华南秋季 SPEI 序列演变图，可以看出，华南秋季 SPEI 呈明显的下降趋势，20 世纪 80 年代后期之后华南地区秋季偏旱的年份明显增多，连续偏旱年频繁出现，1992 年和 2004 年为近 50 a 最干旱两年。11 a 滑动平均曲线序列显示（代表年代际变化），序列在 1988 年发生了年代际转折，SPEI 由正转负，偏涝年主要集中在 1988 年之前，而偏旱年则主要在 1988 年之后，这与采用其他干旱指标的研究结论一致（李晓娟 等，2007；王春林 等，2015）。

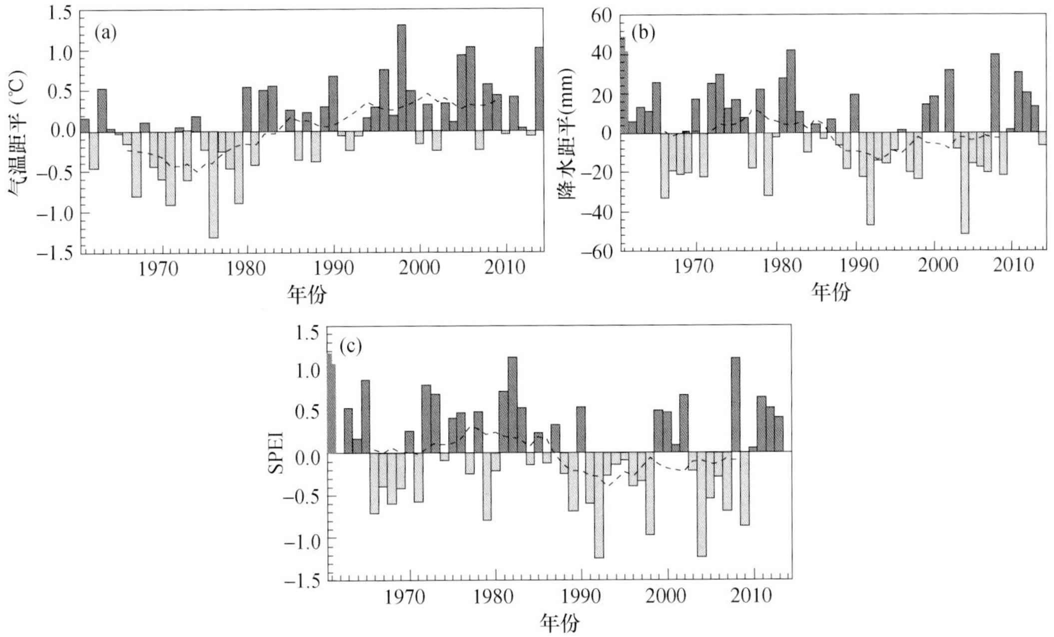

图 2.52 1961—2014 年华南地区秋季气温距平(a)、降水距平(b)及 SPEI 序列(c)

（虚线为序列的 11 a 滑动平均值）

对 1961—2014 年华南地区秋季 SPEI 场进行经验正交函数分解（EOF），得到其前两个模态（图 2.53a、图 2.53c）和时间系数（图 2.53b、图 2.53d）。第一模态的方差贡献率为 45.1%，华南地区的特征向量分布主要表现为全区一致变化型，时间系数呈现明显的下降趋势。综合特征向量分布及其时间系数，可知华南地区秋季旱涝异常全区基本一致，且在 20 世纪 80 年代后期之后，由偏涝转为偏旱。21 世纪初期华南秋旱仍较严重，但 2010 年之后有所减缓。第二模态的方差贡献为 15.7%，华南的特征向量为东、西反向变化型，这种分布型的变化特征有待未来进一步去研究。

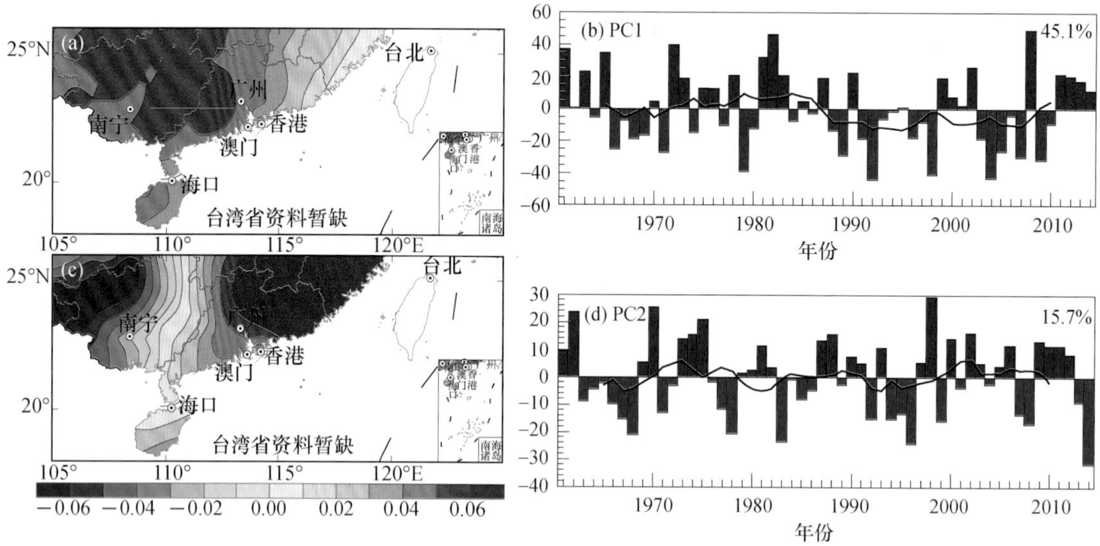

图 2.53 华南秋季 SPEI EOF 前两个模态的空间模态(a,c)及其时间系数(b,d)

2.3.3 长江中下游旱涝的变化

1960 年以来,长江中下游降水也有显著的年际和年代际变化,进入 21 世纪以来长江中下游春季降水偏少现象频繁发生(李超 等,2013),其中长江、淮河流域夏季降水有各自不同的年际和年代际变化趋势(张庆云 等,2014)。

春季正值农作物育种、播种和生长季节,进入 21 世纪后,春季长江中下游地区连续干旱事件给工农业生产和人民生活都带来了严重影响。

利用国家气候中心 1951—2009 年中国 160 站降水资料,长江中下游地区的降水由上海、南京、合肥、杭州、安庆、屯溪、九江、汉口、钟祥、岳阳、宜昌、常德、宁波、衢州、贵溪、南昌、长沙等 17 个观测站的实测降水量来代表。

对 1951—2009 年春季(3—5 月)长江中下游 17 个站降水平均得到标准化时间序列(图 2.54)。从图 2.54 中能清楚可见,长江中下游春季降水有显著的年代际和年际变化,进入 21 世纪以来长江中下游春季降水异常偏少的现象频繁发生,2000 年、2001 年、2005 年、2007 年和 2008 年春季降水都小于−1.0 标准差。利用功率谱分析方法,计算出的长江中下游春季不同时间尺度变化在总方差中所占比重显示:长江中下游春季降水年际变化(1～9 a)占 78.6%,年代际变化(10～20 a)占 18.6%,20 a 以上变化所占的比重更小,这表明长江中下游春季降水最显著特征是年际变化。根据逐年长江中下游春季降水资料,把春季降水距平的绝对值大于 1 个标准差的年定义为长江中下游降水异常年,能找出降水异常偏多年:1954 年、1956 年、1958 年、1967 年、1970 年、1973 年、1975 年、1977 年、1991 年、1995 年、1999 年和 2002 年,降水异常偏少年:1971 年、1972 年、1997 年、2000 年、2001 年、2005 年、2007 年和 2008 年。

长江、淮河同处东亚中纬度,受相似的天气过程影响,很多研究是把江淮流域天气、气候事件作为一个整体研究。张庆云等(2014)对长江、淮河流域夏季降水的时空变化进行分析发现,长江、淮河流域夏季异常降水事件有着各自不同的年际、年代际变化特征。

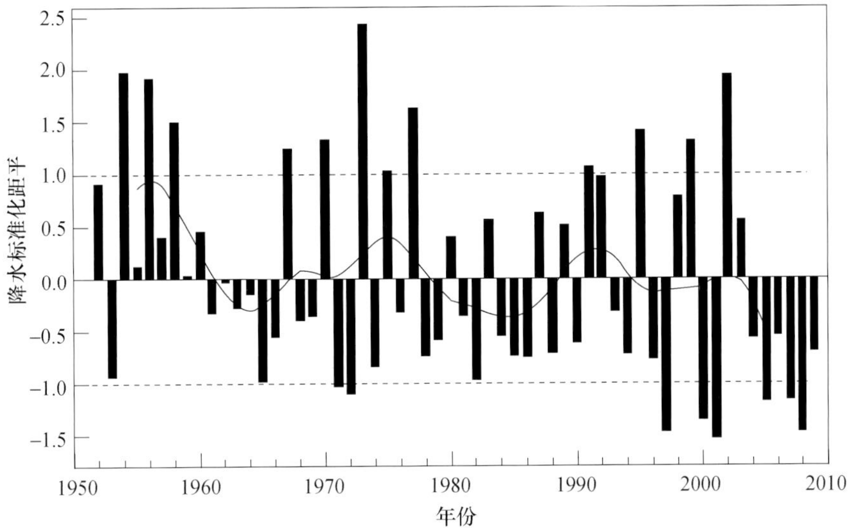

图 2.54 1951—2009 年春季(3—5 月)长江中下游降水标准化距平时间序列
(细黑线为利用 Lanczos 滤波器滤去 10 a 以下变化)

利用国家气候中心提供的 1951—2009 年中国 160 站降水资料，分析了中国东部夏季主要雨带逐年变化特征。图 2.55 给出 1979—2009 年夏季(6—8 月平均)中国东部(111.25°—121.25°E 平均)降水量的纬度—时间标准化分布。从图 2.56 可见，近几十年来中国东部地区特别是位于中纬度的江淮流域夏季降水有显著的年际、年代际变化，20 世纪 90 年代夏季江淮流域雨带主要位于长江流域(27°—30°N)，进入 21 世纪以来的前 10 年，夏季长江流域降水明显减少，雨带移到淮河流域(32°—34°N)。

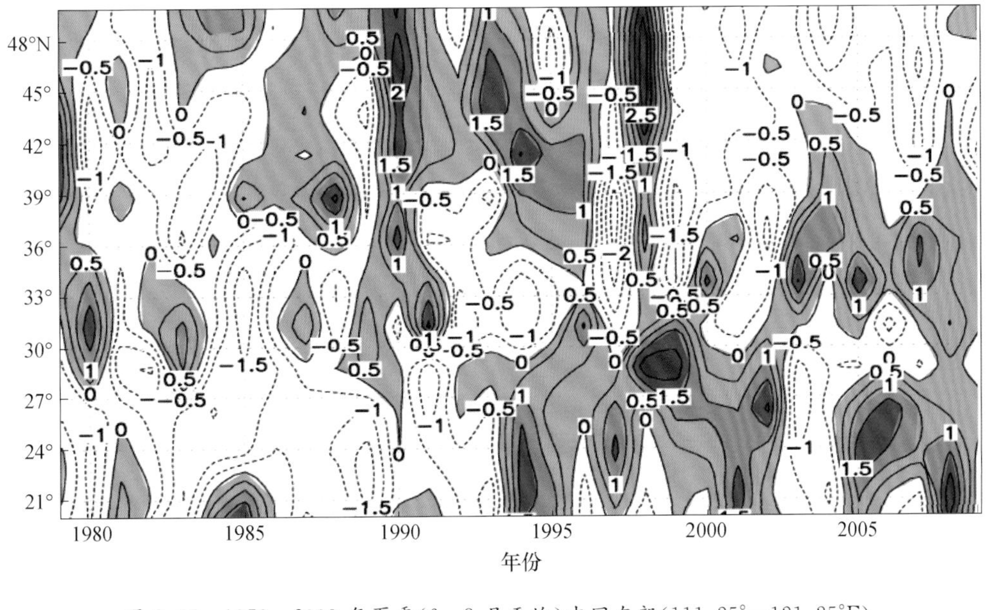

图 2.55 1979—2009 年夏季(6—8 月平均)中国东部(111.25°—121.25°E)
平均降水量的标准化分布

为清楚了解长江淮河流域夏季降水时空变化特征，长江中下游降水代表站取前述的17站，而淮河流域代表站取：信阳、阜阳、蚌埠、清江、东台、徐州和新浦7个站。图2.56a、图2.56b分别是1951—2009年夏季长江、淮河流域降水距平百分率，图中直方图是年际变化、曲线是11 a滑动平均(表示年代际变化趋势)值。图2.56a是长江流域夏季平均降水变化，从图可见，长江流域夏季降水除了有显著的年际变化外还有显著的年代际变化特征，20世纪50年代至60年代中期及2000年以来，其降水呈现为持续偏少的负异常阶段，20世纪90年代降水呈现持续偏多的正异常阶段；1954年、1969年、1980年、1983年、1993年、1996年、1998年和1999年夏季长江流域区域平均降水都在多年平均雨量的35%以上。图2.56b是淮河流域夏季平均降水变化，淮河流域夏季降水也存在显著的年际、年代际变化，1966—1999年淮河流域夏季降水处于年代际偏少阶段，2000年以后处于年代际偏多阶段；1954年、1956年、1965年、1991年、2000年、2003年、2005年、2007年夏季平均降水都超过多年区域平均降水量的35%。图2.56清楚说明长江、淮河流域夏季降水有各自不同的年际、年代际变化趋势。

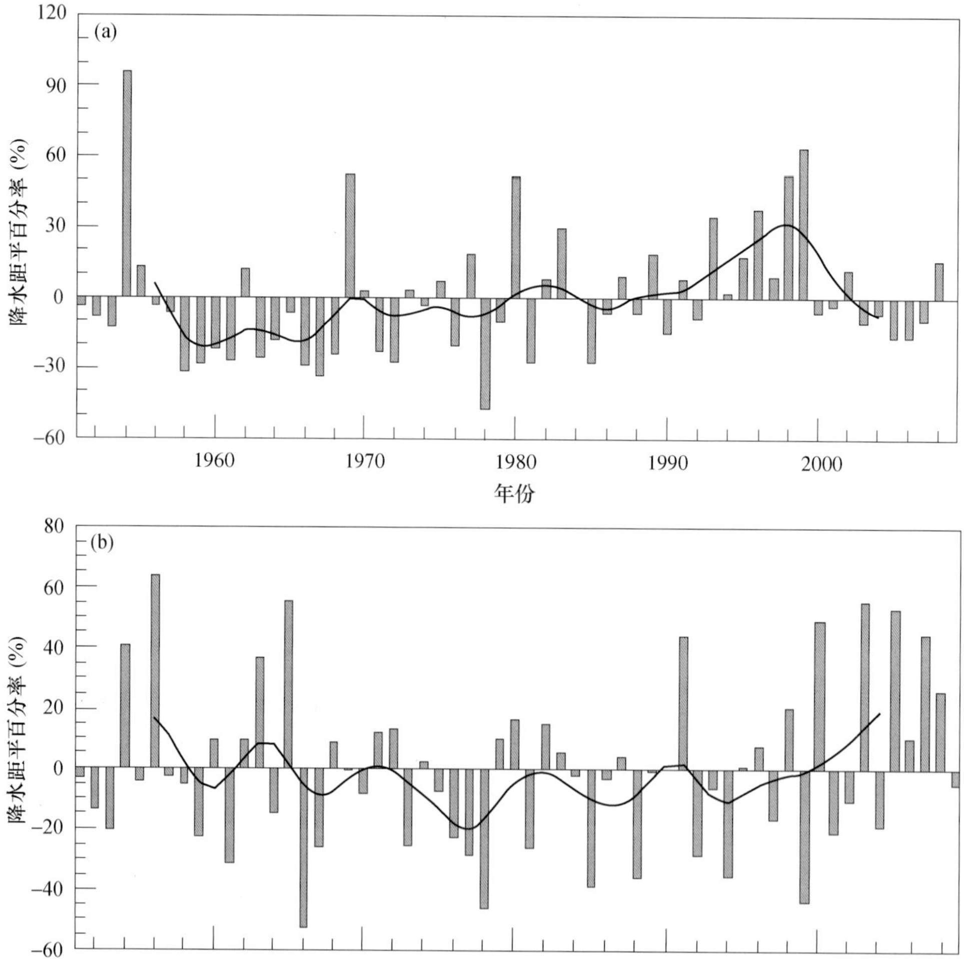

图2.56 1951—2009年6—8月长江流域(a)和淮河流域(b)平均降水距平百分率(曲线表示11 a滑动平均值)

为了清楚了解长江、淮河流域梅雨期降水异常年空间分布特征，图 2.57a，图 2.57b 分别是长江流域区域平均降水距平百分率大于 35%的 1980 年、1983 年、1993 年、1996 年、1998 年和 1999 年以及淮河流域区域平均降水距平百分率大于 35%的 1991 年、2000 年、2003 年、2005 年和 2007 年梅雨期(6—7 月平均值，下同)降水距平合成图。图 2.57 清楚表明：长江、淮河流域虽同处东亚中纬度，影响降水的大尺度环流背景相似，但长江、淮河流域梅雨期异常降水事件却有各自不同的年际变化特征，即长江流域降水偏多、淮河流域降水却偏少(图 2.57a)；淮河流域降水偏多、长江流域降水偏少(图 2.57b)。图 2.55、图 2.56 和图 2.57 清楚表明，长江流域、淮河流域夏季降水有各自不同的年代际、年际、季节内变化特征。

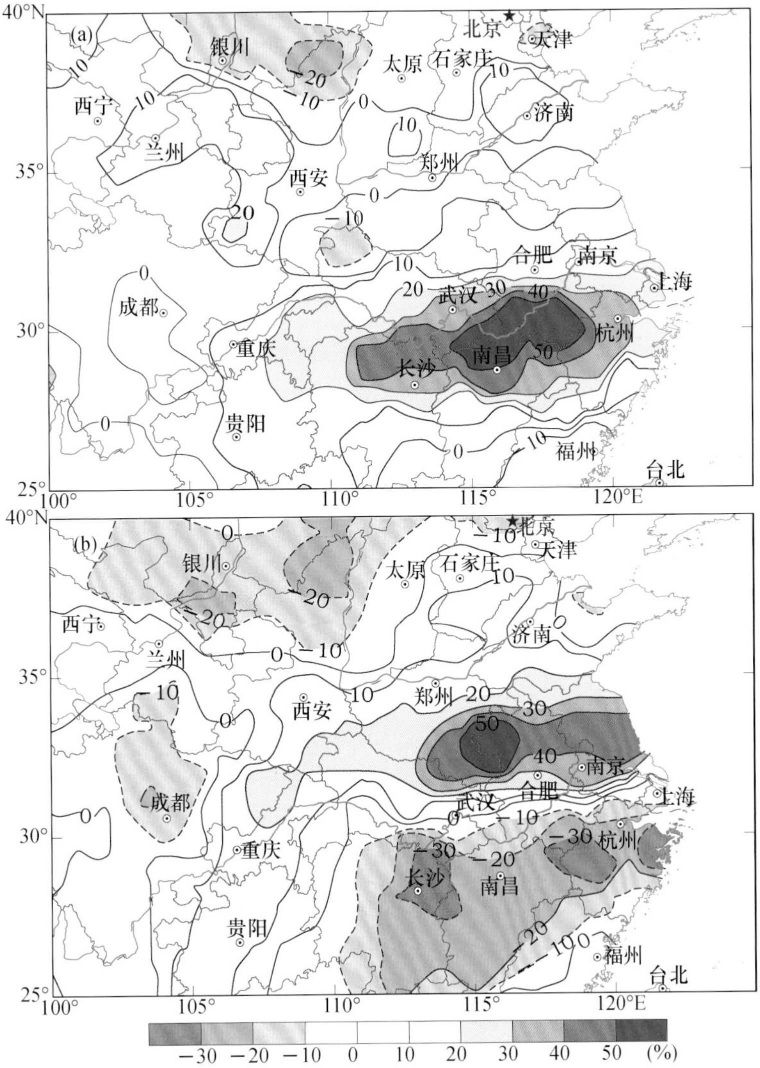

图 2.57 6—7 月降水距平百分率合成图

(a)长江流域降水偏多年；(b)淮河流域降水偏多年

2.4 本章小结

基于降水观测资料的多时空尺度统计分析，系统研究了近 60 a 来我国南方旱涝灾害的时空分布规律及其演变特征。研究表明，气候变暖背景下我国南方旱涝格局分别在 1970 年代末、1990 年代初和 21 世纪初存在三次年代际转型，其中汛期暴雨年代际跃变起主要作用。气候变暖背景下南方地区小雨和中雨明显减小，而大雨和暴雨显著增加，降水极端性明显增强，干旱和洪涝具有同步增加的趋势。特别是 20 世纪 90 年代以后南方具有暴雨频发的"南涝"格局，而 21 世纪初以后南方干旱趋强趋多、暴发范围增大。

此外，1960 年代以来我国南方区域极端洪涝事件频次、强度、发生日数、影响面积和极端降水均呈明显的增加趋势；气候变暖后江南、华南和西南地区极端洪涝事件强度、频次和日数等均出现显著增加，且在 1990 年代达历史最强。我国南方区域性极端干旱事件频次、强度、发生日数和影响面积等均呈增加趋势，其中 21 世纪初以后增加最为明显。我国南方极端干旱事件发生频次和强度变化区域差异性显著，总体呈西部增加、东部减少趋势。但自 21 世纪初之后，除长江中北部外，江南、华南和西南地区极端干旱事件强度和日数均明显增加，且西南和华南地区极端干旱事件强度和日数均达历史最强(多)。

参考文献

陈栋，陈际龙，黄荣辉，2016. 中国东部夏季暴雨的年代际跃变及其大尺度环流背景[J]. 大气科学，40(3)：581-590.

黄荣辉，陈际龙，刘永，2011. 我国东部夏季降水异常主模态的年代际变化及其与东亚水汽输送的关系[J]. 大气科学，35(4)：589-606.

贾子冰，王同美，温之平，2009. 华南秋季降水的时空分布特征分析[C]//第 26 届中国气象学会年会论文集：266-282.

简茂球，秦晓昊，乔云亭，2006. 华南秋季大尺度大气水汽汇时空演变特征[J]. 热带海洋报，25(6)：22-27.

李超，张庆云，2013. 春季长江中下游旱涝的环流特征及对前期海温异常的响应[J]. 气象学报，71(3)：452-461.

李琼，罗志才，钟波，等，2013. 利用 GRACE 时变重力场探测 2010 年中国西南干旱陆地水储量变化[J]. 地球物理学报，56(6)：1843-1849.

李维京，左金清，宋艳玲，等，2015. 气候变暖背景下我国南方旱涝灾害时空格局变化[J]. 气象，41(3)：261-271.

李伟光，侯美亭，陈汇林，等，2012. 基于标准化降水蒸散指数的华南干旱趋势研究[J]. 自然灾害学报，21(4)：84-90.

李晓娟，曾沁，梁健，等，2007. 华南地区干旱气候预测研究[J]. 气象科技，35(1)：26-30.

李韵婕，任福民，李忆平，等，2014. 1960—2010 年中国西南地区区域性气象干旱事件的特征分析[J]. 气象学报，72(2)：266-276.

马柱国，符淙斌，任小波，等，2003. 中国北方年极端温度的变化趋势与区域增暖的联系[J]. 地理学报，58(增刊)：11-20.

马柱国，符淙斌，2006. 1951—2004 年中国北方干旱化的基本事实[J]. 科学通报，51(20)：2429-2439.

马柱国，符淙斌，2007. 20 世纪下半叶全球干旱化的事实及其与大尺度背景的联系[J]. 中国科学 D 辑：地球科学，37(2)：222-233.
全国气象防灾减灾标准化技术委员会，2012. 降水量等级：GB/T 28592—2012[S]. 北京：中国标准出版社.
汪卫平，杨修群，张祖强，等，2017. 中国雨日数的气候特征及趋势变化[J]. 气象科学，37(3)：318-330.
王春林，邹菊香，麦北坚，等，2015. 近 50 年华南气象干旱时空特征及其变化趋势[J]. 生态学报，35(3)：595-602.
吴国雄，李占清，符淙斌，等，2015. 气溶胶与东亚季风相互影响的研究进展[J]. 中国科学 D 辑：地球科学，45(11)：1609-1627.
徐新创，张学珍，戴尔阜，等，2014. 1961—2010 年中国降水强度变化趋势及其对降水量影响分析[J]. 地理研究，33(7)：1335-1347.
严中伟，杨赤，2000. 近几十年中国极端气候变化格局[J]. 气候与环境研究，5(3)：267-372.
张蓓，2016. 基于 CMIP5 模式 21 世纪前期中国气温和降水的统计订正与预估[D]. 兰州：兰州大学.
张庆云，郭恒，2014. 夏季长江淮河流域异常降水事件环流差异及机理研究[J]. 大气科学，38(4)：656-669.
赵一磊，任福民，李栋梁，等，2013. 基于有效降水干旱指数的改进研究[J]. 气象，39(5)：600-607.
自勇，许吟隆，傅云飞，2007. GPCP 与中国台站观测降水的气候特征比较[J]. 气象学报，65(1)：63-74.
DAI A, TRENBERTH K, QIAN T, 2004. A global dataset of palmer drought severity index for 1870-2002: Relationship with soil moisture and effects of surface warming[J]. J Hydrometeorology, 5: 1117-1130.
DAI X, LIU Y, WANG P, 2015. Warm-dry collocation of the recent drought in southwestern China tied to moisture transport and climate warming[J]. Chinese Physics, 24(4): 49201.
DING Y H, WANG Z Y, SUN Y, 2008. Interdecadal variation of the summer precipitation in East China and its association with decreasing Asian summer monsoon. Part I. Observed evidences[J]. Int J Climatol, (28): 1139-1161.
IPCC, 2013. Climate Change 2013: The physical science basis[R/OL]. IPCC Working Group I Contribution to AR5. http://www.climatechange2013.org/.
IPCC, 2021. Climate Change 2021: The physical science basis[R/OL]. IPCC Working Group I Contribution to AR6. https://www.ipcc.ch/report/sixth-assessment-report-working-group-i/.
LU E, 2009. Determining the start, duration, and strength of flood and drought with daily precipitation: Rationale[J]. Geophysical Research Letters, 36: L12707, doi:10.1029/2009GL038817.
REN F, CUI D, GONG Z, et al., 2012. An objective identification technique for regional extreme events[J]. J. Climate. 25: 7015-7027.
VICENTE-SERRANO S M, BEGUERÍA S, LÓPEZ-MORENO J I, 2010. A multiscalar drought index sensitive to global warming: The standardized precipitation evapotranspiration index[J]. J Climate, 23(7): 1696-1718.
WU R G, WEN Z P, YANG S, et al., 2010. An interdecadal change in Southern China summer rainfall around 1992/93[J]. J Climate, 23(9): 2389-2403.

第3章 气候变暖背景下亚洲季风与我国南方旱涝的关系

3.1 引　　言

最近一个世纪以来，全球气候变暖已经成为一个不争的事实。IPCC 第五次评估报告(IPCC AR5)(IPCC，2013)已经指出，全球地表气温在器测时期就已经增加，而海洋升温速率较地表温度相比加倍。20 世纪 70 年代之后，气候变暖更加剧烈，冰山和冻土消融，海平面上升，大气环流也随之发生了较大的调整。

如图 3.1 所示，在 IPCC 第五次评估报告(IPCC AR5)(IPCC，2013)中，新的数据来源进一步细化了全球及区域温度变化特征。比如，美国戈达德空间科学研究所(GISS)提供了基于全球历史气候网(GHCN)估计的全球气温序列；英国哈德来气候研究中心的全球近地面温度序列(CRUTEM4)包含了额外的台站资料以及许多个别观测站的记录，并进行了均一化订正；主要基于伯克利(Berkeley)的数据产品，使用了一种完全不同于早期工作的方法来识别温度变化。尽管全球气温序列有多种来源，但是其长期的变化趋势大体上是相同的，特别是在 1900 年之后，全球地表气温增加。1976 年之前北半球温度相对较低，之后开始迅速增温，至 20 世纪 90 年代初又发生了第二次变暖，温度维持在一个较高的水平，至 21 世纪初增暖趋势减缓。

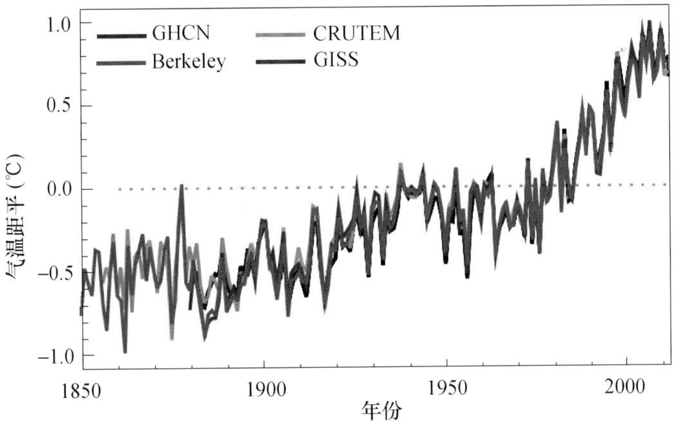

图 3.1　1850—2012 年全球气温标准化距平(IPCC，2013)

在 IPCC AR5 中将自 1950 年以来所观察到的相对于 1961—1990 年全球平均地表温度异常的估计变化与以前的 IPCC 评估报告预测的范围进行了比较。图 3.2 所示为从三个数据集得到的相对于 1961—1990 年的全球气温异常的观测数据，其中深蓝色数据序列来源于 NASA 数据集，深黄色来源于 NOAA 数据集，亮绿色来源于英国哈德莱气候研究中心数据集。阴影表示使用 IPCC 第一次评估报告(AR1)、IPCC 第二次评估报告(AR2)和 IPCC 第三次评估报告(AR3)得到的全球年平均地表气温变化从 1990—2035 年的预测值。IPCC AR3 的结果是基于简单的气候模型分析，而不是全三维气候模型模拟。IPCC AR4 的结果由 1950—2000 年历史时期(浅灰色线)和2001—2035年三种情景(A2,A1B和B1)下的CMIP3单模型运行结果得到。可以看出未来的20 a,气温仍会持续升高,至2035年,增温幅度达到1 ℃左右。

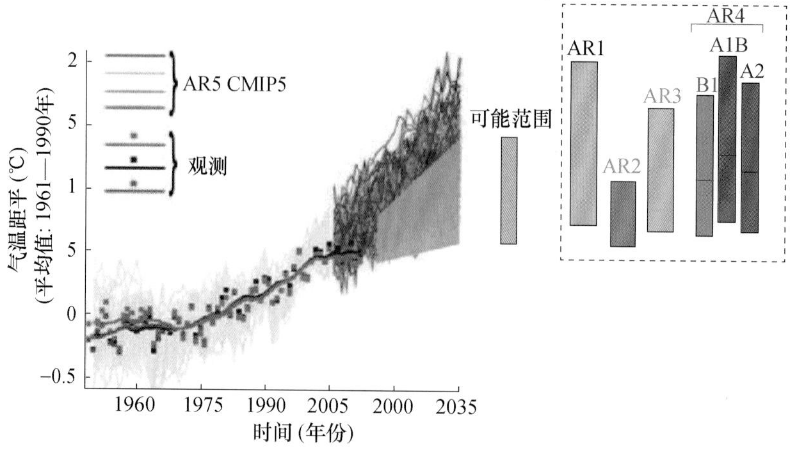

图3.2 IPCC AR5给出的全球气温变化预测(IPCC,2013)

通过均值检验的结果(图3.3)可以看出,近60 a北半球气温存在显著的上升趋势,在1976年、1993年、2003年气温出现了显著突变。1976年经历了一次由冷到暖的转变,但是这种转变并不稳定,全20世纪90年代初又发生了第二次变暖,即90年代以后温度急剧上升,并且这种增温还在持续,至21世纪初增暖趋势减缓。这与历史上两次大气环流调整的时间(1976年和1993年)基本吻合。从北半球气温标准化距平来看,1948—1975年北半球温度相对较低,1976年突变之后,气温的回升并不稳定,只是保持在一个较暖状态,1993年之后再次突变,温度骤增并稳定地维持在一个较高的水平,2003年之后增暖持续但趋势有所减缓。根据这样的变化规律,将1948—2012年分成了4个阶段,1975年之前为偏冷期,1976—1992年为加速增温期,1993—2002年为偏暖期,2003—2012年为增暖趋缓期。

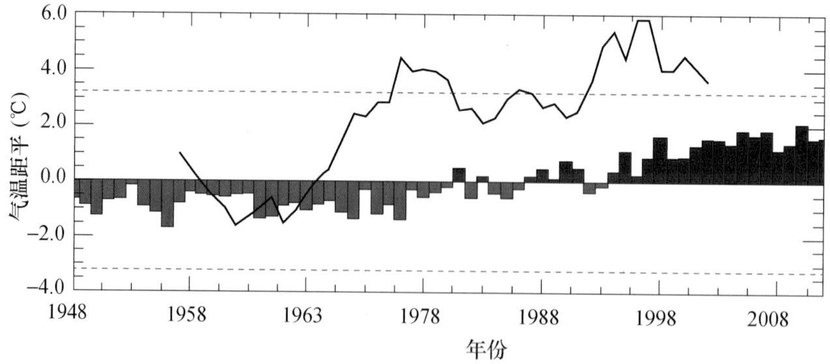

图3.3 北半球气温标准化距平(柱状)和气温距平滑动检验统计量曲线(Li et al.,2016)

本章的基本思路是以气候变暖为背景,以中国南方旱涝与气候变暖3个转折点的关系为依据,讨论亚洲季风格局及其环流系统和水分循环(或水汽输送)的变化、南方各个旱涝阶段的主要特征、与外强迫因子的联系及其变化和机理。

3.2 气候变暖背景下亚洲季风格局和水汽收支的变化

针对气候变暖的 3 个转折点，很多研究都表明，亚洲夏季风年代际变化分别在变暖转折点前后表现出明显的突变。但由于季风指数定义的差别以及季风子系统之间的复杂关系，亚洲夏季风格局的变化至今没有完全统一的结论。尽管如此，但季风系统整体在气候变暖转折点前后出现明显的年代际变化，尤其是 20 世纪 70 年代中后期的这个年代际转折已经得到普遍认同(Wang，2001；Ding et al.，2008；Zhang et al.，2013；Li et al.，2016)。

影响我国的水汽通道主要包括从索马里经阿拉伯海—印度洋—孟加拉湾的西南水汽输送，西太平洋副热带高压西南侧的东南水汽输送和源自 105°E 附近的越赤道气流经南海及周边地区汇聚到我国的水汽输送，以及来自北方中高纬度的水汽输送等，其水汽源可以追踪到西太平洋、南海和阿拉伯海以及印度洋地区。当来自不同源地的水汽输送形势和水汽收支出现异常时，通常会导致我国旱涝灾害的出现(吕梅 等，1998；史学丽 等，2000；卓东奇 等，2006；常越 等，2006)。全球变暖背景下，我国南方夏季降水呈现明显的年代际变化特征，近年来国外不少学者开始应用拉格朗日方法来定量分析欧洲、北美等不同区域降水的水汽输送源地(Stohl et al.，2004；Alain et al.，2009)。国内学者也采用该方法对皖南暴雨(苏继峰等，2010)、华北异常降水(马京津 等，2008)、2007 年夏季我国东部极端降水(陈斌 等，2011)、2007 年淮河暴雨(江志红 等，2011)进行了详细分析。这些研究大多针对某个降水事件或短期降水过程。最近江志红等(2013)采用海量气块追踪法客观定量地计算了长江中下游地区近 30 a 来梅雨期不同源地的水汽输送特征，并定量对比分析了江淮梅雨和淮北雨季水汽来源的区别。

3.2.1 亚洲季风格局的变化

3.2.1.1 南海夏季风变化

南海是连接亚—澳大陆季风系统的桥梁，是东亚季风暴发较早的地区，南海季风也是亚洲季风区大气环流由冬季向夏季环流形势转换的最早征兆。虽然南海与孟加拉湾、西太平洋暖池、阿拉伯海都是热带地区，但是由于海陆配置及地形的影响，其具有热带海洋性气候形成的南海季风环流系统，是东亚季风重要的组成部分。气候变暖必然会引起大气环流调整，进而引起南海夏季风异常。

南海夏季风建立的定义是要求南海区域 850 hPa 平均纬向风稳定地由东风转为西风(稳定是指从即刻起，这一状况必须持续 3 候且其后间断不超过 2 候，或持续 2 候又间断 1 候，但立刻又回到间断前的状态)，且在同一层上稳定地有 $\theta_{se} \geqslant 335$ K 时确定为南海夏季风建立。通常这两个条件不能同时达到有先后。以 1989 年为例，南海地区 850 hPa 假相当位温的突变在第 27 候，而纬向风由偏东风转为偏西风在第 32 候，故定义南海夏季风建立日期为第 32 候，即 6 月第 2 候(图 3.4)。

在南海夏季风暴发前后，南海区域 850 hPa 平均纬向风稳定地由东风转为西风的关键是索马里急流加强，赤道印度洋附近的顺时针涡旋突变为两个涡旋(仍为顺时针)，南海区域为西风控制，标志着南海夏季风建立。根据这个方法确定 1948—2012 年南海夏季风建立日期和结束日期(南海区域 850 hPa 纬向风稳定地由西风转为东风的时间)(表 3.1)。

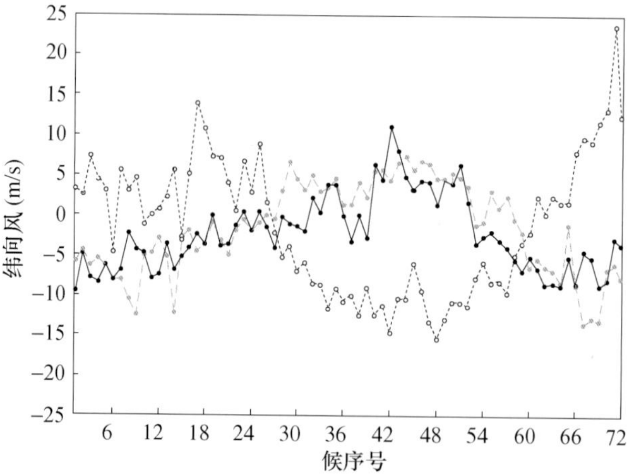

图 3.4　1989 年南海区域 850 hPa 上逐候纬向风(实线)、假相当位温(θ_{se}－335 K,虚线,单位:K)及 200 hPa 逐候纬向风(小圆圈折线)演变曲线

(纬向风>0 为西风,<0 为东风)(Li et al.,2016)

表 3.1　1948—2012 年南海夏季风建立时间与结束时间(月．候)(Li et al.,2016)

年份	1948	1949	1950	1951	1952	1953	1954	1955	1956	1957
建立时间	5.5	6.1	5.6	5.2	5.5	5.2	6.1	5.6	6.1	6.1
结束时间	10.1	10.2	10.3	10.3	9.6	10.2	10.1	9.4	9.6	9.6
年份	1958	1959	1960	1961	1962	1963	1964	1965	1966	1967
建立时间	5.5	5.6	5.6	5.4	5.5	5.6	5.4	5.6	4.6	5.5
结束时间	9.6	10.4	9.6	10.3	10.2	9.5	10.1	10.1	9.5	9.6
年份	1968	1969	1970	1971	1972	1973	1974	1975	1976	1977
建立时间	6.4	5.5	6.2	5.3	5.2	6.1	5.6	5.5	5.2	5.4
结束时间	10.2	10.2	9.4	10.3	9.5	9.4	9.4	9.4	10.1	9.6
年份	1978	1979	1980	1981	1982	1983	1984	1985	1986	1987
建立时间	5.5	5.3	5.3	5.6	5.6	5.3	5.4	5.6	5.3	6.2
结束时间	10.4	10.1	9.5	10.2	9.6	10.1	9.4	9.4	9.4	9.4
年份	1988	1989	1990	1991	1992	1993	1994	1995	1996	1997
建立时间	5.5	6.2	5.6	6.2	5.4	5.6	5.6	5.3	5.2	5.4
结束时间	10.3	9.5	9.5	10.1	9.6	10.3	9.6	9.6	10.1	10.1
年份	1998	1999	2000	2001	2002	2003	2004	2005	2006	2007
建立时间	5.4	5.6	5.2	5.2	5.3	5.4	6.2	5.2	5.6	5.4
结束时间	9.5	9.6	9.4	10.1	9.5	9.4	9.4	9.6	10.2	10.3
年份	2008	2009	2010	2011	2012					
建立时间	5.1	5.6	5.5	5.4	5.4					
结束时间	10.2	10.3	10.5	10.3	10.2					

1948—2013 年南海夏季风建立日期存在显著的年际变化(图 3.5a),平均建立日期为 28 候(5 月第 4 候),规定在一个标准差范围内为正常建立时间,即 27 候(5 月第 3 候)—30 候(5 月第 6 候),小于第 27 候建立为偏早,大于第 30 候建立为偏晚。绝大多数是在第 26 候(5 月第 2 候)—32 候(6 月第 2 候)。南海夏季风建立日期正常年有 44 a,占 67.7%;建立偏早年有 10 a,占 15.3%;建立偏晚年有 11 a,占 17.0%。就总体而言,在年代际时间尺度上南海夏季风建立日期具有较大的波动性,并略有偏早的趋势,但不显著。通过小波分析,南海夏季风建立日期具有明显的 16 a 周期和较明显的 3 a 周期(图 3.5b、图 3.5c),21 世纪初的 10 a 以 3 a 周期为主,通过白噪声显著性检验。

图 3.6a 给出南海夏季风结束日期的变化,平均结束日期为第 54 候(9 月第 6 候),规定在一个标准差范围内为正常结束时间,即第 53 候(9 月第 5 候)—56 候(10 月第 2 候),早于第 53 候结束为偏早,晚于第 56 候结束为偏晚。绝大多数是在第 52 候(9 月第 4 候)—57 候(10 月第 3 候)。结束日期正常年有 41 a,占 63.0%;结束偏早年和偏晚年各 12 a,占 37.0%。总体而言,在年代际时间尺度上南海夏季风结束日期具有较大的波动性,21 世纪的前 10 a 似乎有连续推迟的趋势。2010 年为历史上南海夏季风结束日期最晚的一年(10 月 3 候)。

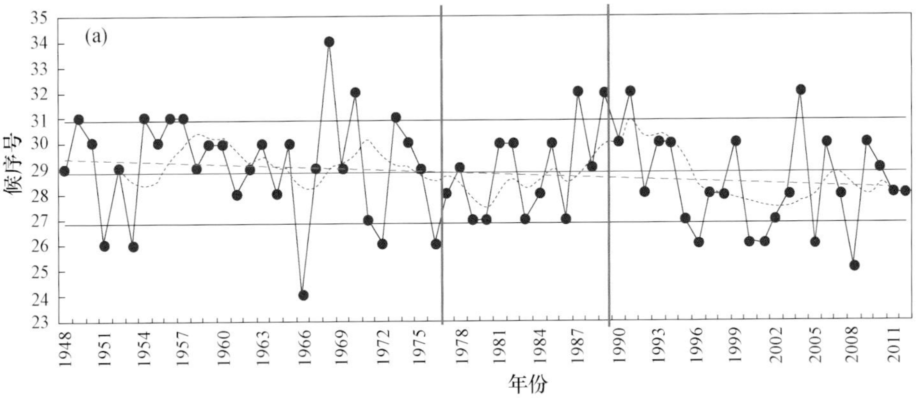

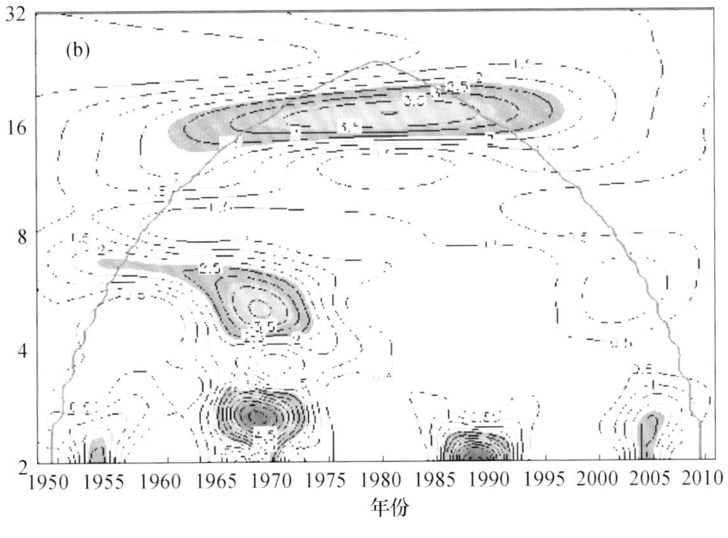

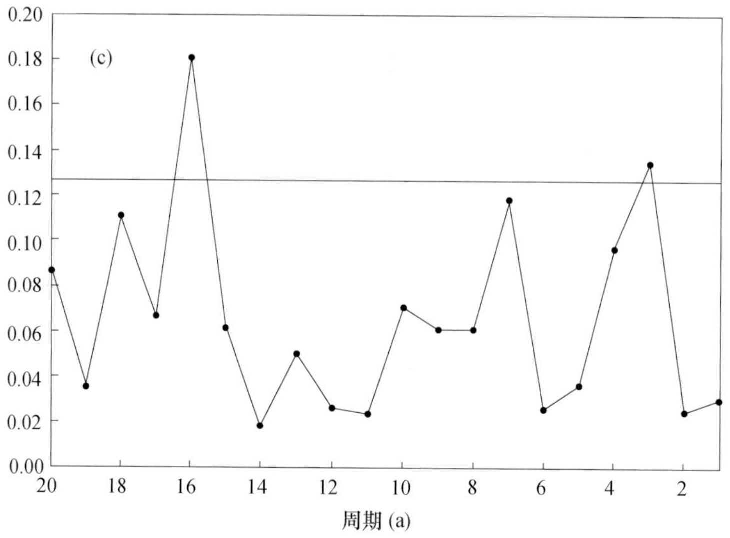

图 3.5 南海夏季风建立日期(a)及其小波变换(b)和功率谱(c)

(图 a 中黑色实曲线为建立日期,红色虚线为 5 a 滑动平均值,

蓝色点划线为线性趋势,粉红实线为平均值,黑色直线为一个标准差)(Li et al. ,2016)

通过小波分析,南海夏季风结束日期具有明显的 17 a 周期和较明显的 4 a 周期(图 3.6b、图 3.6c),并显著性通过红噪声检验。这在序列的波动中表现为 1950 年代中期、1970 年代初期、1990 年代后期和 21 世纪最初的近 10 a 偏晚;1950 年代初期、1960 年代中期、1970 年代后期和 2000 年代初期的偏早。

从变暖前后来看,偏冷期南海夏季风建立偏早年占 14.2%,建立偏晚年占 25%,结束偏早年占 17.8%,结束偏晚占 17.8%;偏暖期以及增暖趋缓期建立早年占 23.8%,建立晚年占 4.76%,结束偏早年占 14.28%,结束偏晚年占 23.8%。偏冷期南海夏季风平均持续时间为 26 候,而偏暖期平均持续时间为 27 候,气候变暖之后持续时间变长了。气候变暖之后建立早(晚)年比例明显上升(下降),结束早(晚)年比例明显下降(上升)。说明在气候变暖背景下,有利于南海夏季风建立(结束)日期的偏早(偏晚),持续时间延长(图 3.7)。

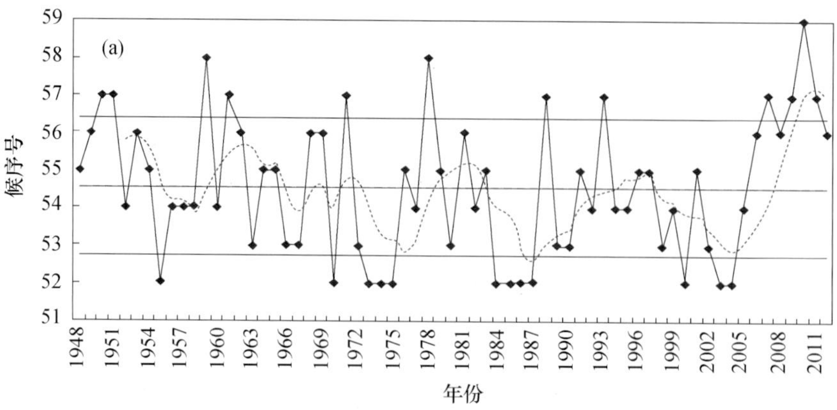

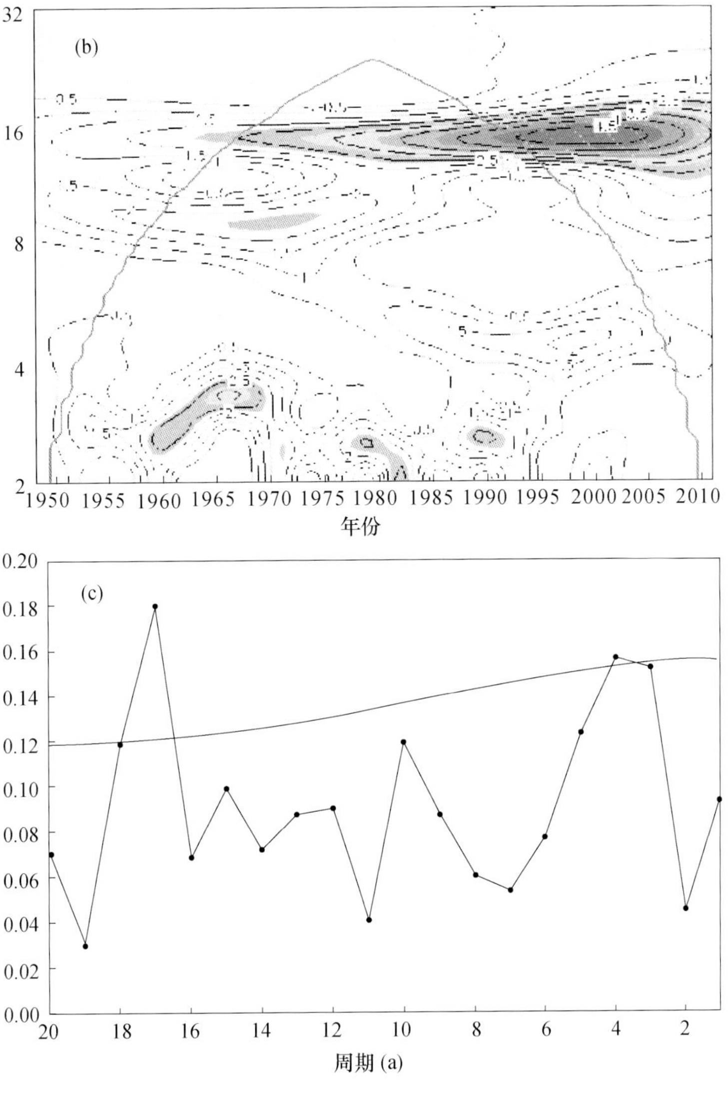

图 3.6 南海夏季风结束日期(a)及其小波变换(b)和功率谱(c)
(图中说明同图 3.5)(Li et al.,2016)

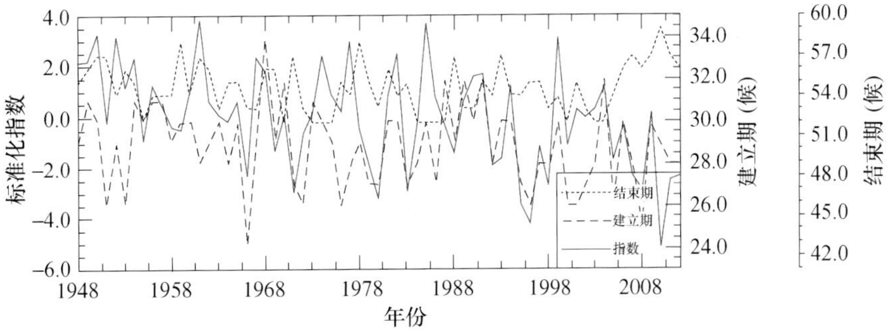

图 3.7 南海夏季风特征指数标准化序列(Li et al.,2016)

选取何敏等(1999)定义的南海夏季风强度指数:南海夏季风建立到结束期间南海区域850 hPa和200 hPa平均纬向风距平之差,计算1948—2012年南海夏季风的强度(图3.8)。从图3.8可以看出,气候偏冷期(1975年之前)南海夏季风强年占28.57%,弱年占7.14%;气候偏暖期(1992年之后)强年占4.76%,弱年占33.0%,表明在气候变暖背景下,南海夏季风的强度呈明显减弱趋势。在气候偏冷时期南海夏季风的强度指数与季风建立日期的相关系数为0.393,通过0.05的显著性水平检验。而气候偏暖时期它们之间的相关系数为0.467,通过0.01的显著性水平检验,也就是说气候变暖后南海夏季风建立日期与强度的关系更显著了。

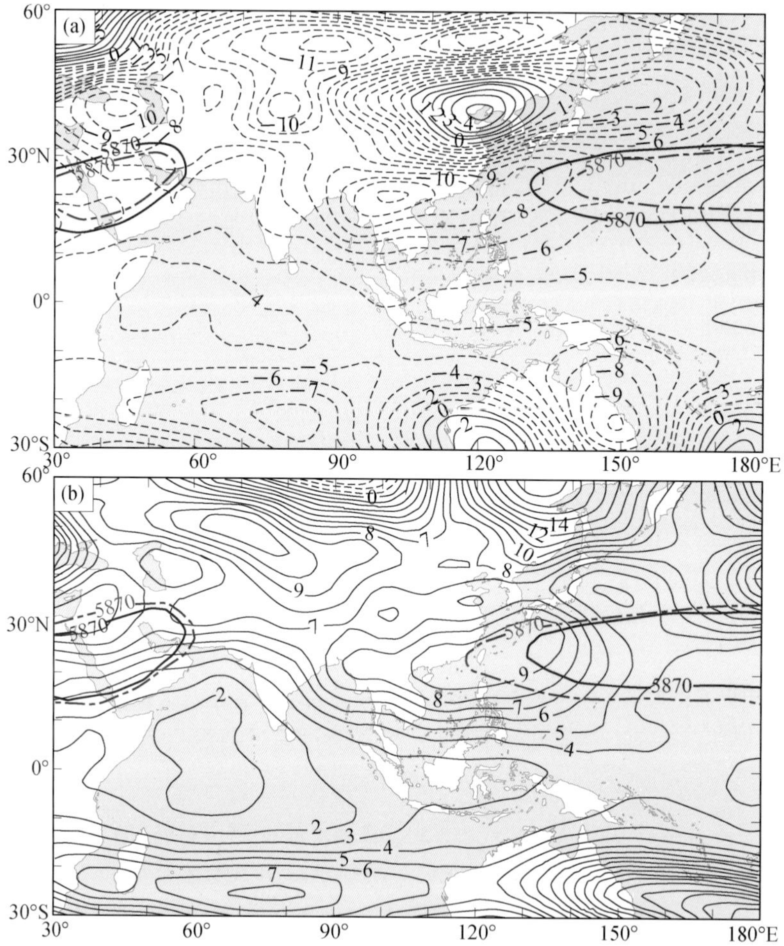

图3.8 季风期南海夏季风强年(a)和弱年(b)500 hPa位势高度距平合成场

(粗线表示500 hPa位势高度5870 gpm线;实线为气候态,虚线为异常年;单位:gpm)(Li et al.,2016)

由南海夏季风强年(1948年、1950年、1951年、1961年、1967年、1972年、1985年、2002年共8 a)500 hPa位势高度距平合成场(图3.8a)可看出,西太平洋30°N附近至中国南海区域为负距平,说明西太平洋副热带高压(简称副高)强度偏弱,而位置较气候态明显偏东,北界位置略偏南,南界位置略有偏北,副高面积偏小。同样由南海夏季风弱年(1955年、1956年、1970年、1980年、1988年、1995年、1998年、2010年共8年)500 hPa位势高度距平合成场(图3.8b)可知,副高强度明显偏强,位置明显偏西,北界位置变化不大,南界位置明显偏南,副高面积偏大。表明气候变暖前后,大气环流发生了显著变化。从图3.9可看出,南海地区850 hPa偏差风为东风控制较显著,位势高度场为正值,表明偏暖期西太平洋副高明显西伸,南边缘的位置明显偏南，面积增大；偏冷期副高位置偏东，南边缘位置偏北，副高面积较小。气候变暖后，西太平洋副高位置偏西，南界位置偏南，强度增强，面积增大，副高南边缘的偏东风阻碍了南海区域西风的发展，也抑制了南海夏季风的北推东进，使南海夏季风强度减小。

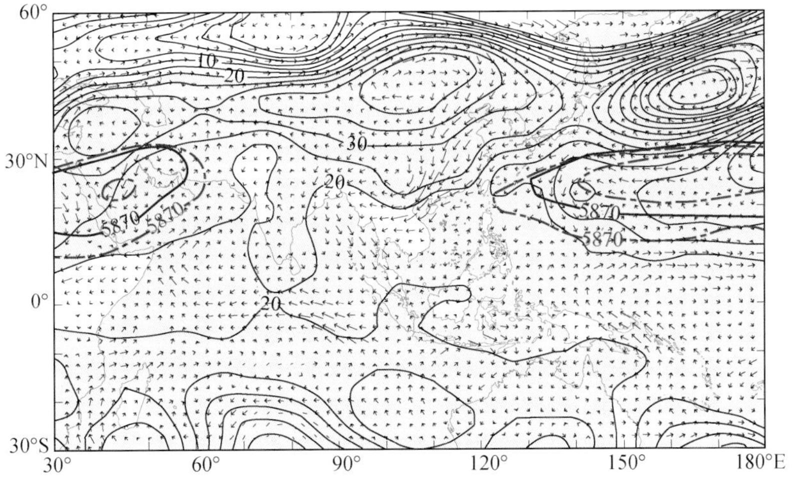

图 3.9 偏暖期与偏冷期南海夏季风期 850 hPa 风场和 500 hPa 位势高度差值场
（阴影表示通过 0.05 的显著性水平检验；粗线表示 500 hPa 位势高度 5870 gpm 线；实线表示气候平均态；虚线破折线表示偏暖期，点划线表示偏冷期）(Li et al.,2016)

综上所述，气候变暖以后对应南海夏季风建立偏早年居多。西太平洋副高位置偏西，南界位置偏南，强度偏强，对应南海夏季风的强度偏弱。原因是副高西伸和南界的扩张，使副高南边缘的偏东风对南海夏季风的偏西风气流有一定的抑制作用，导致南海季风强度偏弱。

3.2.1.2 副热带夏季风变化

副热带夏季风最早暴发的时间存在较大的不确定性。在 1980 年之前，副热带夏季风暴发时间的年际波动较大，1960—1980 年时间序列存在明显的下降趋势，即在这一时间段内，副热带夏季风有提早暴发的趋势，1960 年代副热带夏季风大多在三月末暴发，到 1980 年前后，副热带夏季风则在三月初就已经暴发。1980 年之后，副热带夏季风暴发时间有所变晚，1980—2000 年，副热带夏季风大多在三月中旬暴发，且年际波动较小。2000 年后，副热带夏季风暴发时间的年际波动明显增大，暴发时间在三月中旬和三月下旬，2011 年暴发时间最晚为 4 月 18 日(图 3.10)。

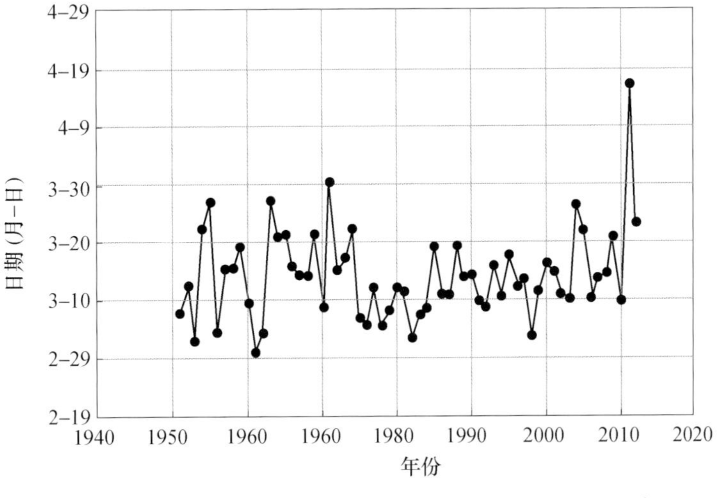

图 3.10 1951—2012 年逐年的副热带夏季风暴发时间(戴逸飞 等,2016)

副热带夏季风暴发时间年际变化转变的两个时间段分别为 1980 年前后和 2000 年前后，而北半球气候变暖的突变年为 1979 年。IPCC 第五次报告（IPCC，2013）指出，全球气候变暖的速率在 2000 年后有所趋缓，副热带夏季风爆发时间变化趋势的转变时段和全球气候变暖的转变时段比较一致。

3.2.1.3　青藏高原夏季风变化

将所有青藏高原季风强度进行分类，大致可分为高度场类（IH_{pc1} 和 IH_{pc2}）（汤懋苍 等，1984），（IH_{tmc}）（王颖 等，2015）、风场类（IW_{qdm}）（齐冬梅 等，2009）和涡度场类（IV_{csy}）（陈少勇 等，2011），（IV_{str}，IV_{λ}、IV_{ϕ}、IV_{aera}）（王颖 等，2015）。各指数之间及与北半球温度的相互关系如表 3.2 所示，强度指数之间的相关基本通过了 0.01 的显著性检验，发现青藏高原季风强度类指数与北半球温度都具有较好的正相关，即北半球温度越高，青藏高原季风强度越强。北半球夏季温度对地表温度回归结果表明，在气候变暖背景下，青藏高原主体温度以上升为主，最大值升温中心在西藏西部达到 0.4 ℃。青藏高原周边的西藏南侧、新疆西南部及青藏高原东北边缘为负距平区域，即随着北半球温度升高，青藏高原地区的温度响应主要体现为青藏高原与其周边地区的热力差异增大，青藏高原热低压增强，青藏高原季风总体增强（图略）。郑然等（2015）讨论了变暖背景下青藏高原气温变化的新特征，指出青藏高原年平均气温在 1997 年发生了更明显的暖突变，相比全球近 15 a 的变暖趋缓现象，青藏高原在突变后表现为更大幅度的变暖。去掉线性变化趋势后，涡度类（IV_{csy}、IV_{str}、IV_{λ}、IV_{ϕ}、IV_{aera}）青藏高原夏季风指数与郑然（2015）提供的青藏高原 1971—2011 年 81 个气象台站气温资料的相关结果（图略）显示，青藏高原季风强度和位置与青藏高原地面气温存在正相关，中东部尤为显著。

夏季青藏高原区域平均气温偏高对应青藏高原夏季风强度偏强（IV_{str}，相关系数 0.43），中心经度偏东（IV_{str}，相关系数 0.37），中心纬度偏北（IV_{ϕ}，相关系数 0.30），与高原季风正涡度覆盖范围关系不大（IV_{aera}，相关系数 0.10）（图 3.11）。夏季青藏高原区域平均气温与北半球温度具有很强的一致性，同期相关系数达到 0.79（去掉线性趋势后为 0.54），但前者具有更大的波动方差，1971—2011 年夏季青藏高原区域平均气温极差约 2.8 ℃，北半球仅 1.0 ℃左右。

表 3.2　1951—2012 年夏季 9 个青藏高原季风强度指数之间及与北半球温度的相关系数（王颖 等，2015）

		高度场类			风场类		涡度场类				
		IH_{tmc}	IH_{pc1}	IH_{pc2}	IW_{qdm}	IW_{tj}	IV_{csy}	IV_{str}	IV_{lon}	IV_{lat}	IV_{area}
高度场	IH_{tmc}	1.00									
	IH_{pc1}	**0.36**	1.00								
	IH_{pc2}	*−0.30*	0.00	1.00							
风场类	IW_{qdm}	$\underline{\mathbf{0.91}}$	$\underline{\mathbf{0.51}}$	−0.18	1.00						
	IW_{tj}	$\underline{\mathbf{0.94}}$	$\underline{\mathbf{0.43}}$	−0.20	$\underline{\mathbf{0.99}}$	1.00					
涡度场类	IV_{csy}	0.14	0.14	$\underline{\mathbf{-0.50}}$	0.11	0.11	1.00				
	IV_{str}	$\underline{\mathbf{0.64}}$	−0.22	*−0.30*	$\underline{\mathbf{0.47}}$	$\underline{\mathbf{0.53}}$	0.05	1.00			
	IV_{lon}	*−0.29*	$\underline{\mathbf{-0.47}}$	0.06	$\underline{\mathbf{-0.38}}$	$\underline{\mathbf{-0.35}}$	$\underline{\mathbf{-0.34}}$	0.17	1.00		
	IV_{lat}	−0.02	−0.23	−0.15	−0.11	−0.1	*0.32*	0.16	−0.05	1.00	
	IV_{area}	$\underline{\mathbf{0.75}}$	$\underline{\mathbf{0.47}}$	−0.12	$\underline{\mathbf{0.88}}$	$\underline{\mathbf{0.85}}$	0.15	*0.30*	$\underline{\mathbf{-0.44}}$	−0.02	1.00

注：斜体、黑体、黑体下划线分别表示通过 5%、1%、0.1%的显著性检验。

从表 3.2 中青藏高原涡度类夏季风强度指数(IV_{csy}、IV_{str}、IV_{λ}、IV_{ϕ}、IV_{aera})、青藏高原温度和北半球温度之间的相关结果来看,青藏高原季风强度(IV_{str})和中心位置(IV_{ϕ}、IV_{λ})更能反映青藏高原自身气温变化的特点,而青藏高原季风整体强度(IV_{aera})与北半球温度关系更紧密,即与更大尺度的气候变化联系更紧密。选取高原季风强度指数(IV_{aera})与北半球温度进行 11 a 滑动相关(图 3.11),结果显示二者的关系并不稳定,20 世纪 70 年代中期之前以负相关为主,之后以正相关为主。20 世纪 50 年代中期至 70 年代中期,北半球温度呈较弱的下降趋势,青藏高原季风强度增强;20 世纪 70 年代中期至 80 年代末,北半球温度升高,青藏高原季风再次波动增强;20 世纪 80 年代末至 90 年代中期,北半球温度持续升高,青藏高原季风强度减弱;1998 年青藏高原季风突然由弱转强,此后波动减弱,北半球温度仍然以升高为主,但升温速率趋缓。21 世纪以来,青藏高原季风强度与北半球温度的关系不显著,变化相对独立。

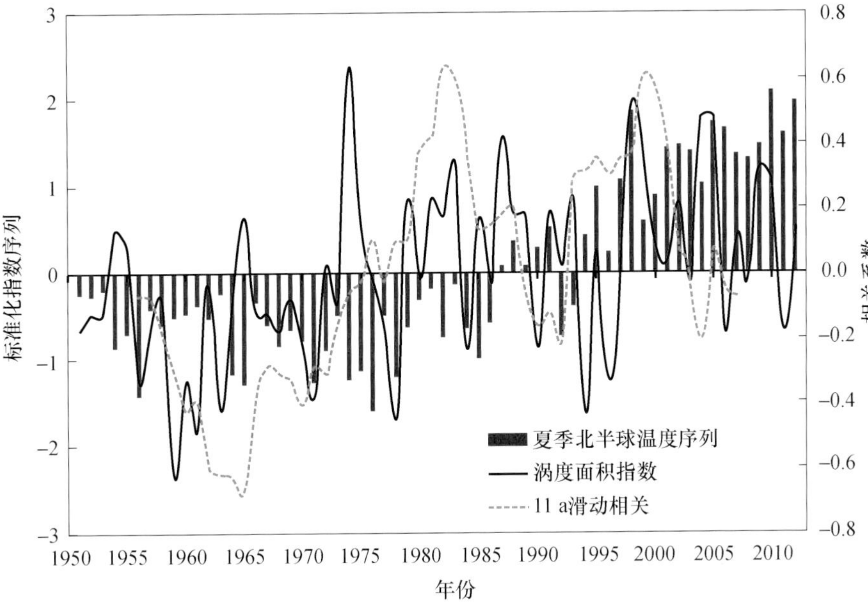

图 3.11 夏季高原涡度面积指数与北半球温度距平序列(王颖 等,2015)

青藏高原季风位置(高、低压中心位置)变化与北半球温度的关系总体不显著,在 20 世纪 90 年代中期以后纬度变化不明显,经度呈现出明显的东移趋势,2006 年出现极大值,该年西南地区出现了百年一遇的特大干旱事件。在气候变暖背景下,青藏高原季风强度存在较好的响应,但位置变化较为独立,体现出青藏高原季风变化的特殊性。

3.2.1.4 西太平洋副热带高压变化

西太平洋副热带高压是东亚季风的重要成员,也是影响我国夏季降水的重要系统,气候变暖后副高发生了显著的变化,对东亚季风和我国夏季降水有重要的影响。因此,研究副高在气候变暖背景下特征的变异,并寻找其变异的可能原因具有重要的科学意义。

气候变暖背景下,夏季副高最显著的变化特征是:在年际尺度上(图 3.12),副高特征量的变率强度在 1980 年代中期增强,西伸脊点和脊线位置在 1990 年代末增强,且副高强度越强,西伸脊点位置越偏西,脊线位置越偏南,各指数的年际波动均随气候变暖有所加大;在年代际尺度上(图 3.13),副高强度在 1980 年代末显著加强,西伸脊点在 1990 年代初显著西伸,脊线位置在1950年代、1960年代偏北，1970年代、1980年代偏南，1990年代以后偏北，呈现北一南一北的摆动。因此，副高强度和西伸脊点与北半球温度异常在年代际尺度上具有较好的相关性，脊线位置变化则相对独立；在季节以及季节内尺度上（图3.14），随着气候变暖，副高西伸偏晚，西伸维持的时间显著变长，西伸幅度加大；西太平洋副高特征的变异不仅体现在各个特征指数不同时间尺度的变化上，还体现在不同层次副高形态的变化上。副高形态最显著的变化表现（图3.15）为面积扩大，强度加强，西伸脊点西伸，南边界向南扩张。副高体冷、暖期的形态差异开始出现在850～700 hPa，这种差异一直维持到400 hPa，在500 hPa副高冷、暖期的形态差异最为明显。

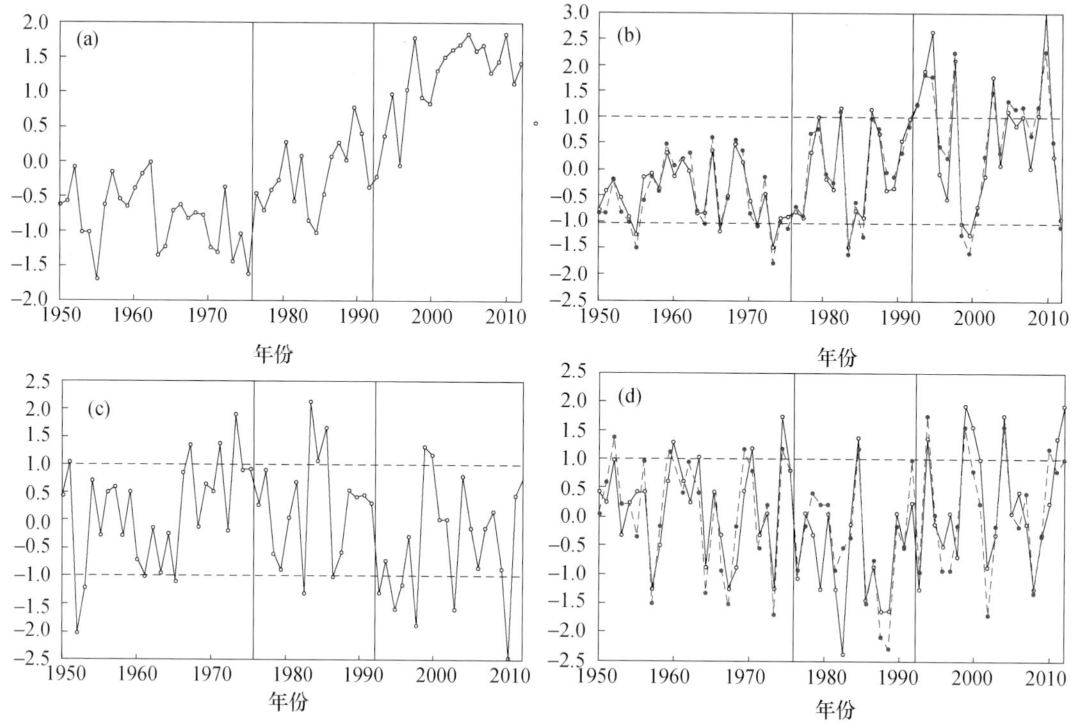

图3.12 1951—2012年夏季副高指数与北半球温度的标准化序列

（a. 北半球温度序列；b. 强度—○—，面积…●…；c. 西脊点—○—；d. 脊线位置—○—，北界…●…）（孙圣杰 等，2016）

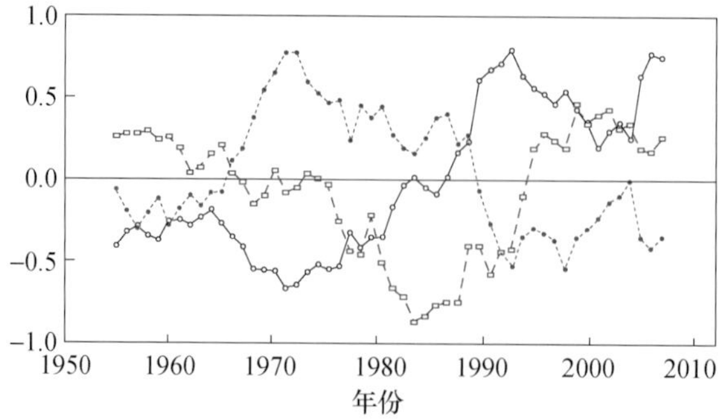

图3.13 1951—2012年夏季副高强度

（—○—西脊点；…●…脊线位置；—□—为11 a滑动平均）（孙圣杰 等，2016）

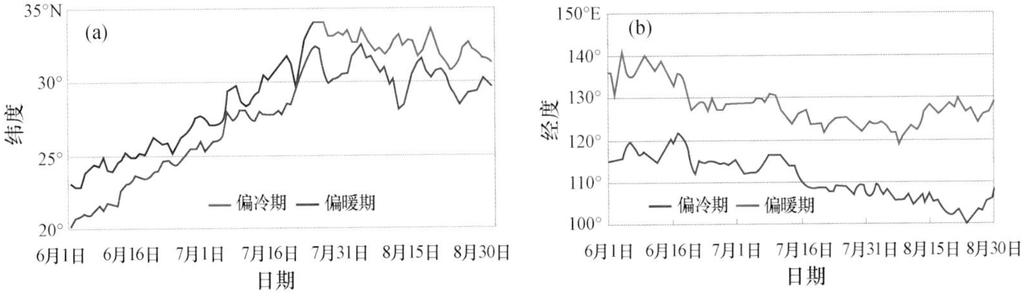

图 3.14　6—8 月副高脊线位置(a)和西伸脊点(b)的逐日变化

(偏冷期—蓝线,偏暖期—红线)(孙圣杰 等,2016)

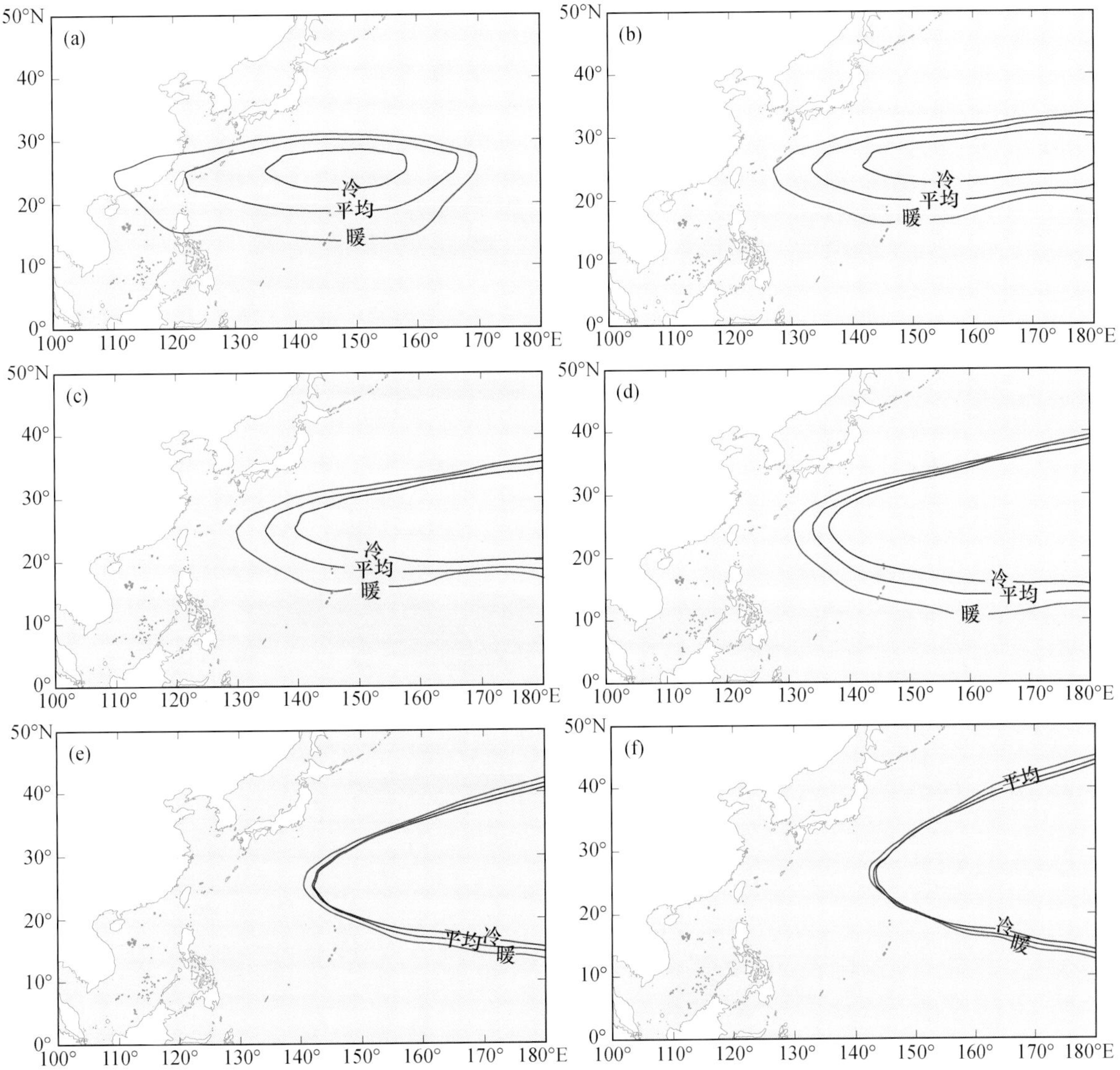

图 3.15　夏季副高在 1000～400 hPa 各层不同时期的形态分布

(a～f 分别为 400 hPa、500 hPa、600 hPa、700 hPa、850 hPa、925 hPa)(孙圣杰 等,2016)

西太平洋副高特征发生以上变异的原因有很多，其中海温对其影响尤为显著。副高与各海区海温之间的关系在气候变暖后发生了显著变化(图 3.16)：赤道中东太平洋冬季海温升高与副高强度增强的关系减弱，与脊点西伸的关系加强、范围扩大；北太平洋冬季海温降低与脊线位置南移的关系减弱，但与脊点西伸的关系加强；热带西太平洋冬季海温降低与副高强度增强、脊点西伸的关系加强；随着气候变暖，太平洋海温纬向梯度减小，经向梯度加大(图 3.17)，导致 Hadley(哈得来)环流加强、南移(图 3.18)，热带印度洋海温升高，导致热带印度洋—西太平洋的反 Walker(沃克)环流减弱，削弱了反 Walker 环流在西太平洋附近的上升气流，对副高范围内下沉运动抑制作用减小，从而使夏季副高呈现强度加强、面积增大、南扩的特征。

此外，气候变暖后澳大利亚高压和马斯克林高压的增强，前期 9—10 月南海、菲律宾、索马里越赤道气流增强，西太平洋副高范围内及周围的位势高度升高，其南侧东北气流加强，南亚高压显著加强发展，使夏季副高强度增强，西伸脊点西伸，南边界南扩。

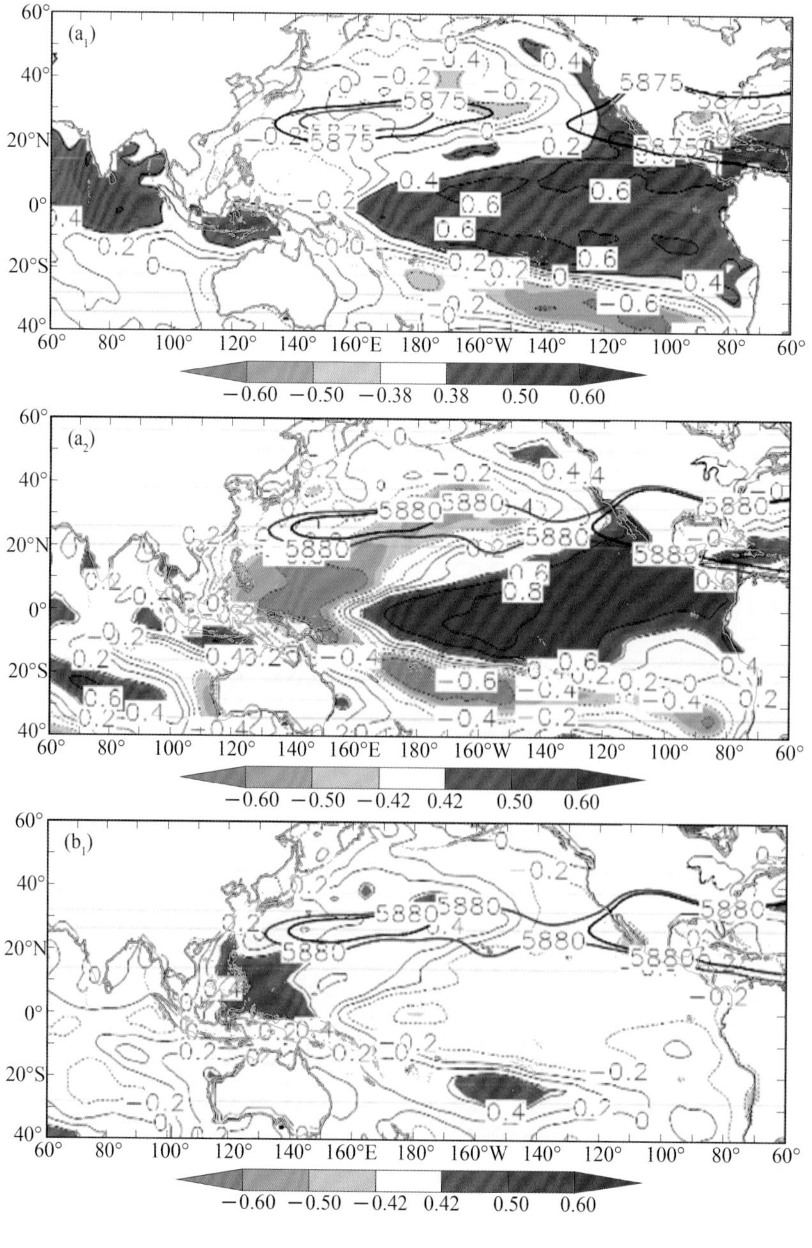

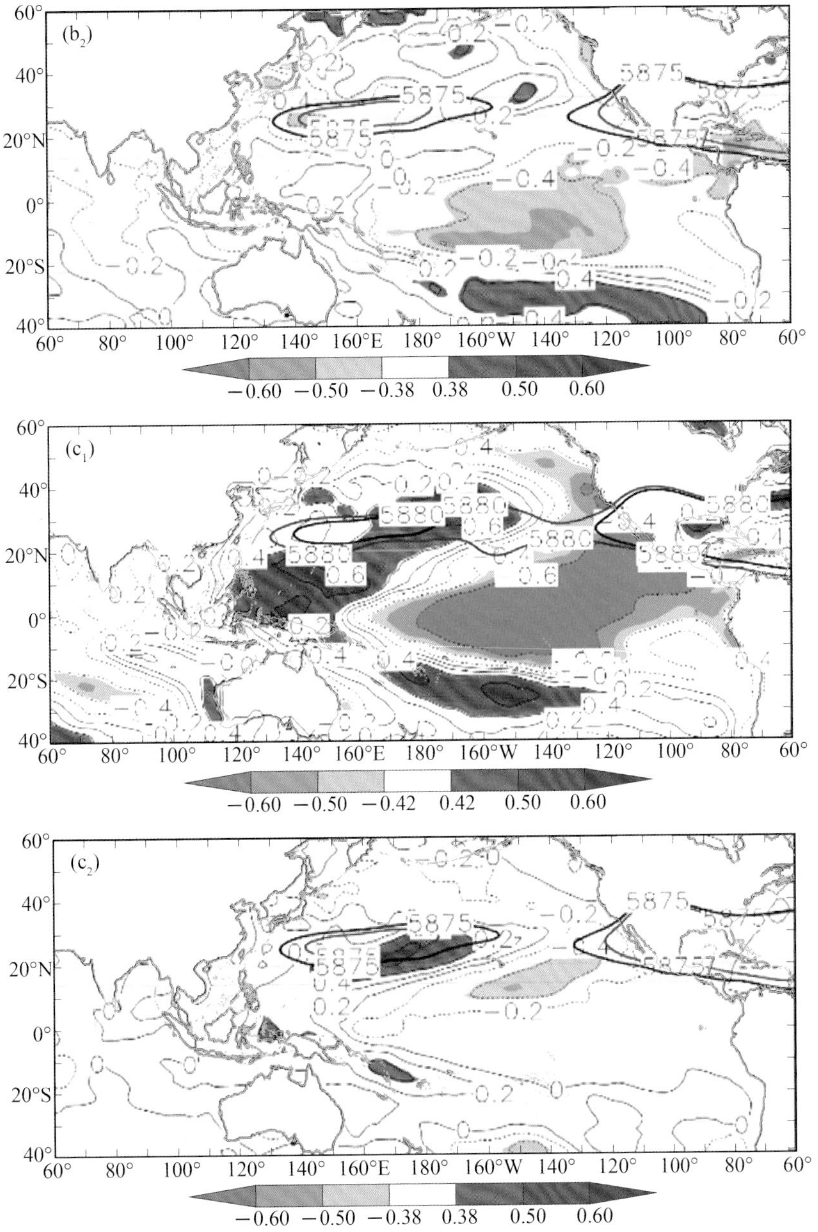

图 3.16 夏季副高强度(a)、西伸脊点(b)和脊线位置(c)
与前期冬季海温相关系数的空间分布

(a_1,b_1,c_1 为偏冷期;a_2,b_2,c_2 为偏暖期。阴影代表通过95%的显著性检验)(孙圣杰 等,2016)

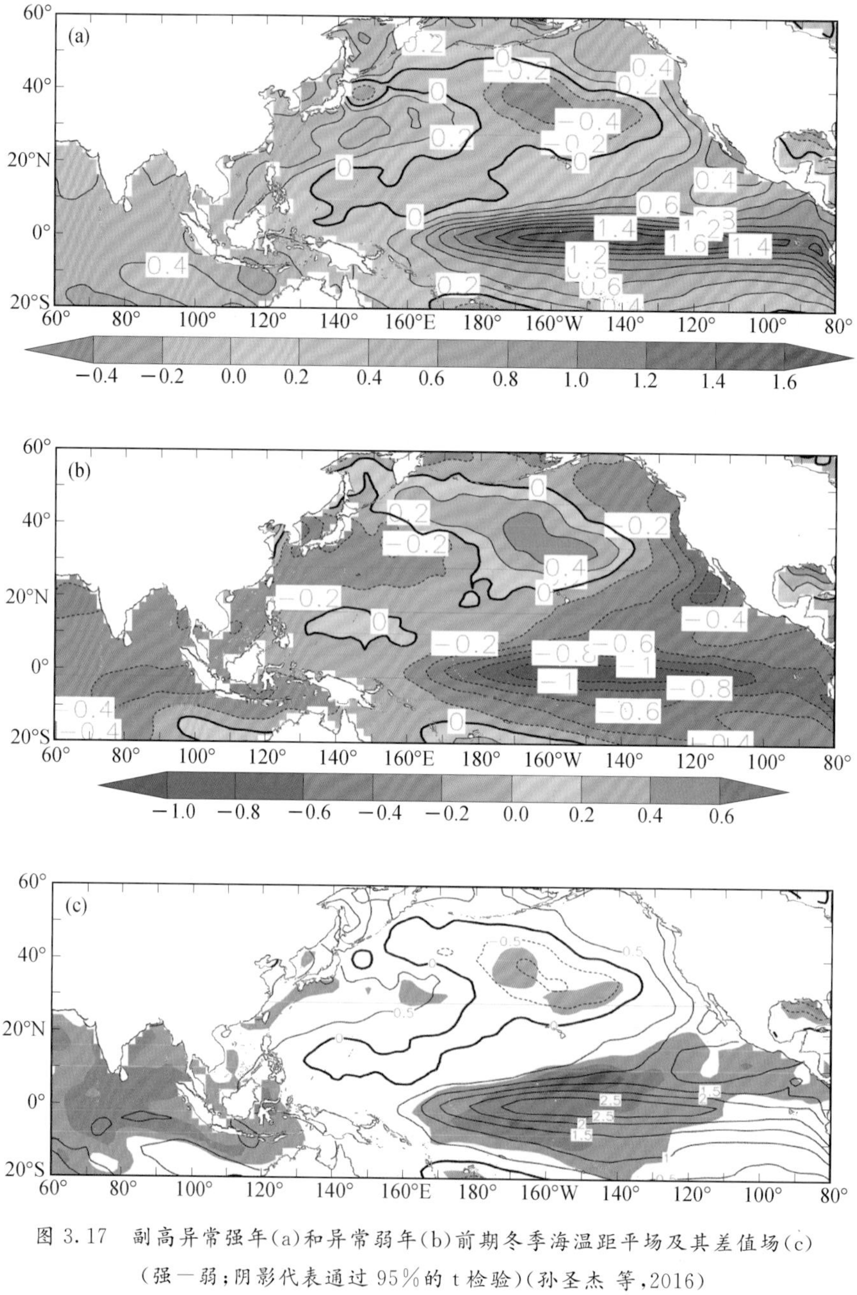

图 3.17 副高异常强年(a)和异常弱年(b)前期冬季海温距平场及其差值场(c)(强—弱;阴影代表通过 95%的 t 检验)(孙圣杰 等,2016)

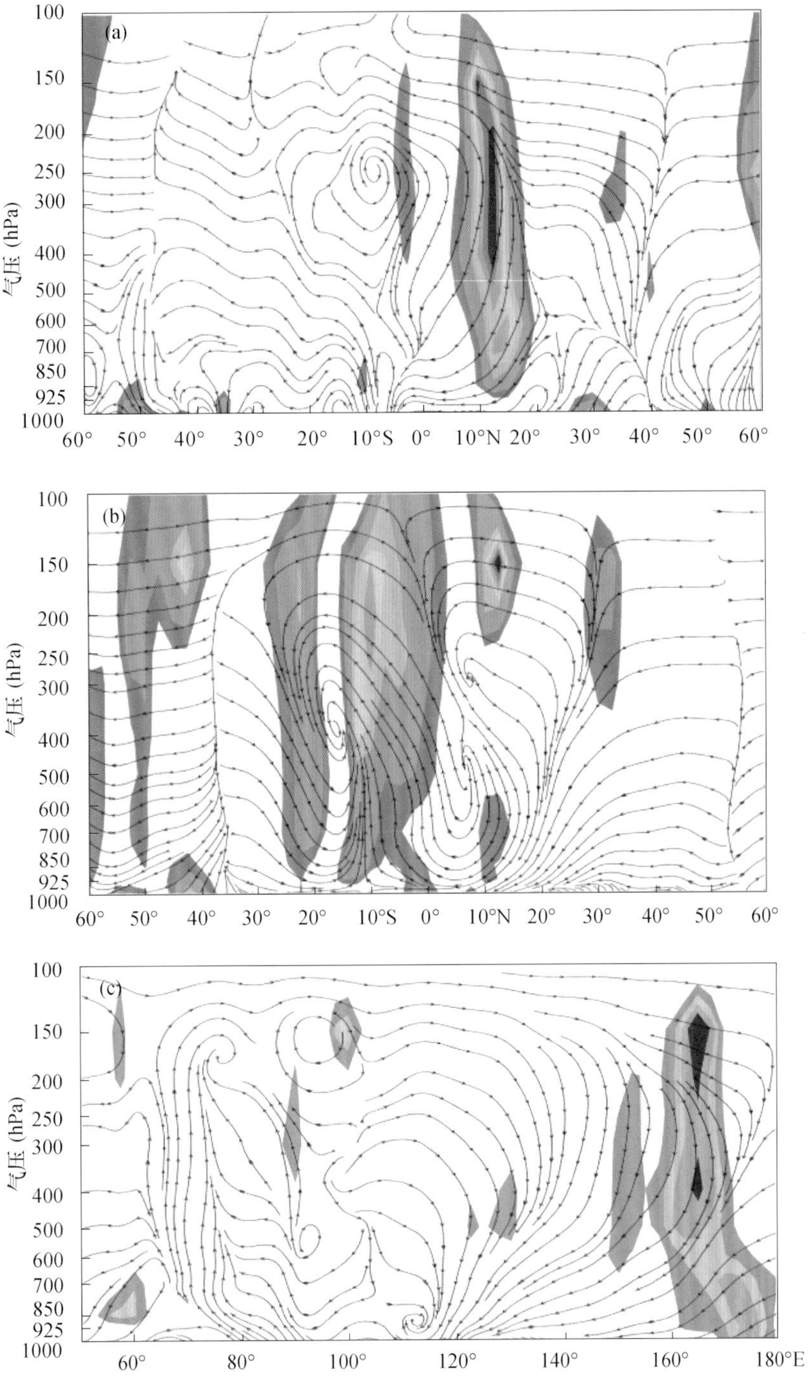

图 3.18 副高强弱异常年前期冬季沿 130°—150°E(a)和 180°—160°W (b)平均经度带内 Hadley 环流差值场以及夏季沿 20°N Walker 环流差值场(c)(孙圣杰 等,2016)

非绝热加热对副高的形成和变异有重要的作用,它的南北移动和东西进退在很大程度上取决于非绝热加热的空间分布。副高与其东西、南北两侧的热源之间存在相互作用。由于副高是一个深厚的暖性高压体,并且从低层到高层副高体逐步向西延伸,因此副高体内及周围大气热源的变化应该会引起副高的变化。随着气候变暖,副高西侧、南侧以及热源关键区的整层大气热源显著加强(图 3.19),使得副高强度整体加强、西伸、南扩。

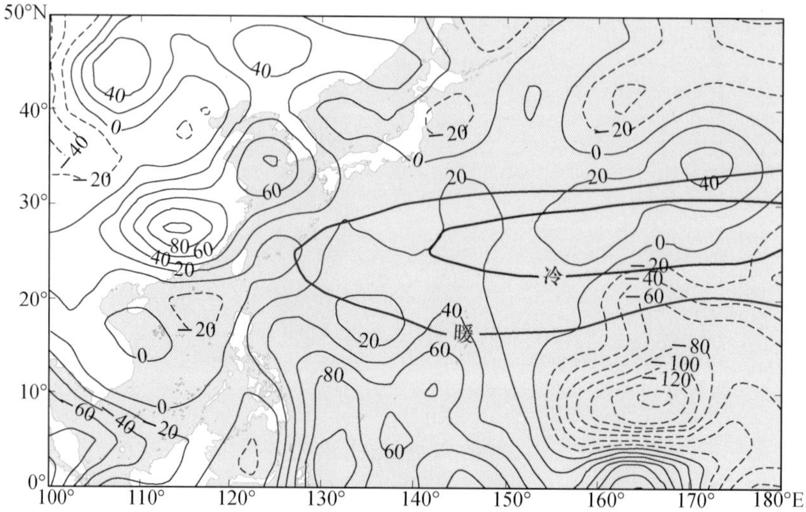

图 3.19　冷暖期夏季整层大气视热源的差值场

(暖一冷,单位:W/m²)(孙圣杰 等,2019)

各层副高在冷、暖期的形态差异与其周围大气热源和涡度的变化相对应。副高西侧、南侧的分层大气热源在 850～700 hPa 上开始有明显的加强,一直维持到 400 hPa,到 500 hPa 热源加强最明显,且副高南侧 500 hPa 热源中心有所南移,与副高形态从 850～700 hPa 上开始显著西伸、南扩,在 500 hPa 西伸南扩的形态变异最为显著相对应(图 3.20);随着气候变暖,副高西南侧的 500 hPa 负涡度显著增大,使得副高强度整体向西南方向扩展。副高西侧、南侧的分层涡度都从对流层低层到中高层有负涡度的增大,副高西侧的负涡度在 850～700 hPa 增大最明显,且副高南侧的负涡度差值中心整体南移,在 500 hPa 增大最明显(图 3.21)。分层涡度在冷暖期的差异与分层热源的差异类似,都与副高形态从 850～700 hPa 上开始显著西伸、南扩,与 500 hPa 西伸南扩的形态变异最为显著相对应;气候变暖后,副高西侧、南侧热源加强与其范围内反气旋涡度增大的关系更加密切,尤其在偏暖期,关键区热源加强,副高西侧、南侧的反气旋涡度均有所增大。副高西侧、南侧以及关键区内热源的加强,会导致相应区域内气旋性涡度的减小,反气旋涡度增大,副高向反气旋涡度增大的方向发展。涡度制造率为负偏差的范围随着气候变暖向副高的西南侧方向扩展(图 3.22),导致副高西脊点西伸,南边界南扩,北界也有所北扩,整体南移。

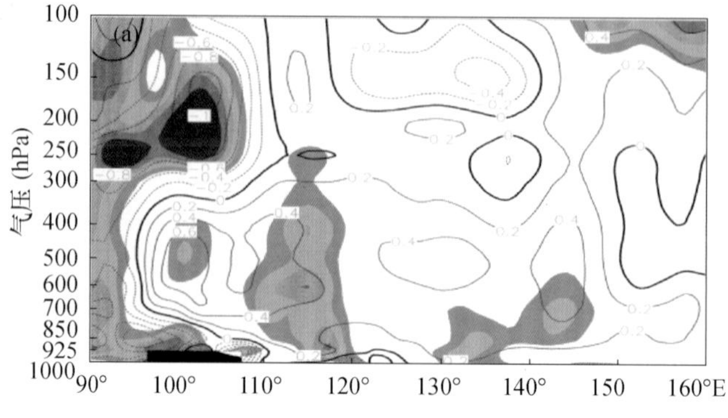

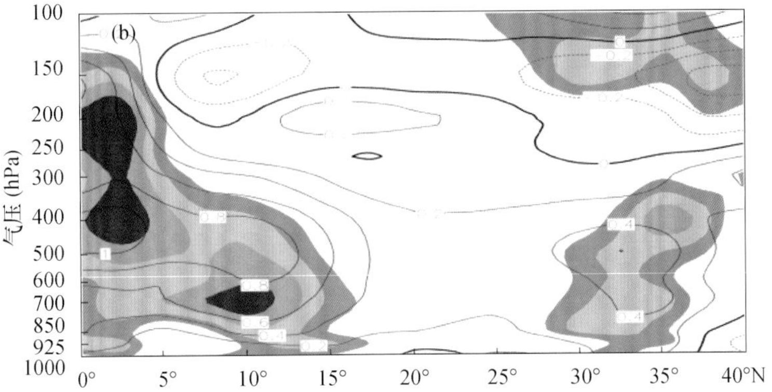

图 3.20 变暖前后沿 15°—30°N(a)和沿 120°—150°E(b)大气视热源垂直变化差值场（暖—冷；阴影代表通过 95%的 t 检验，单位：W/d）（孙圣杰 等，2019）

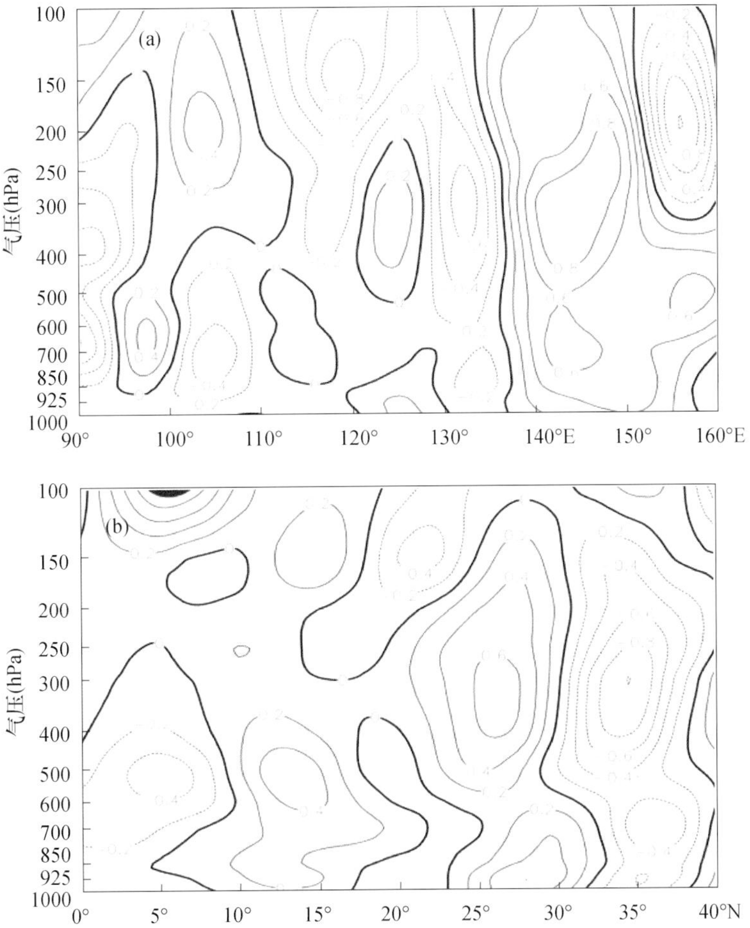

图 3.21 变暖前后沿 15°—30°N 平均纬度带内(a)和沿 110°—150°E 平均经度带内(b)涡度垂直变化差值场（暖—冷，单位：$10^{-6}\,s^{-1}$）（孙圣杰 等，2019）

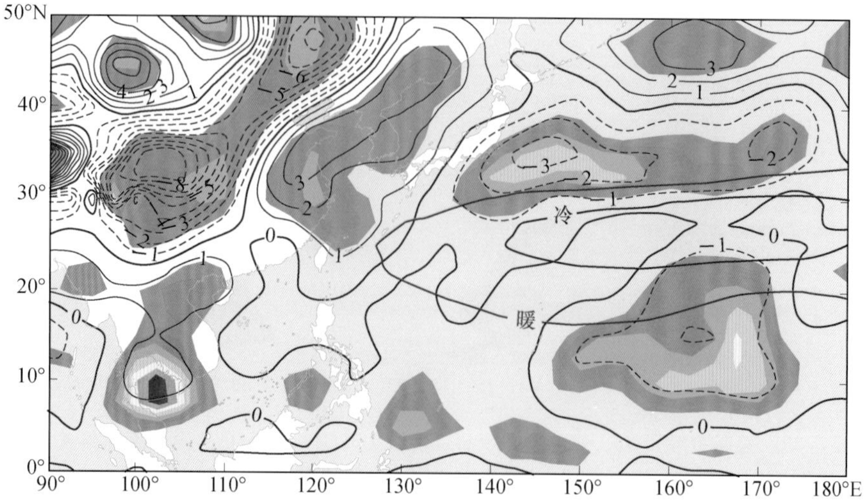

图 3.22 气候变暖前后夏季 500 hPa 涡度制造率$\frac{f+\xi}{\theta_z}\frac{\partial Q_1}{\partial z}$差值场

(暖一冷,单位:10^{-6}/s)(孙圣杰 等,2019)

3.2.1.5 冬季风系统变化

西伯利亚高压(SH)是东亚冬季风的重要子系统之一。SH 的活动范围参考龚道溢等(1999)的方法,选取冬季 SLP 场上 1028 hPa 等压线作为特征线,通过 SH 强度、面积、东界经度和南界纬度这 4 个特征量来定量分析冬季 SH 的变化特征。

冬季 4 个 SH 特征量的标准化时间序列如图 3.23 所示。4 个特征量在 63 a 间的总体线性趋势均不显著,但阶段性变化十分明显。年代际尺度上,SH 强度在 1951—1966 年偏强,1967—2003 年偏弱,2004 年开始出现强弱位相交替。SH 面积在 1951—1968 年期间大部分时段处于扩张状态,而后为收缩阶段,2004 年开始再次扩张。SH 东界的位置在年代际尺度上的变化特征与 SH 强度相似,在 1967 年以前偏东,而后整体偏西,2002 年位相又开始东西交替。年代际尺度上 SH 南界的位置在 1951—1967 年以偏南为主,此后至 2001 年经历了两次较长的偏北过程(1968 年—1970 年代末和 1980 年代后期—2001 年)和一次短暂的偏南过程,2002 年后同样出现南北位相交替变化,且偏南位相较显著。4 个特征量的年际分量(图 3.23 虚线)由于是 10 a 以下尺度的信号,因此表现出年与年之间的起伏波动,其中面积的年际方差最大(方差贡献为 69%)。

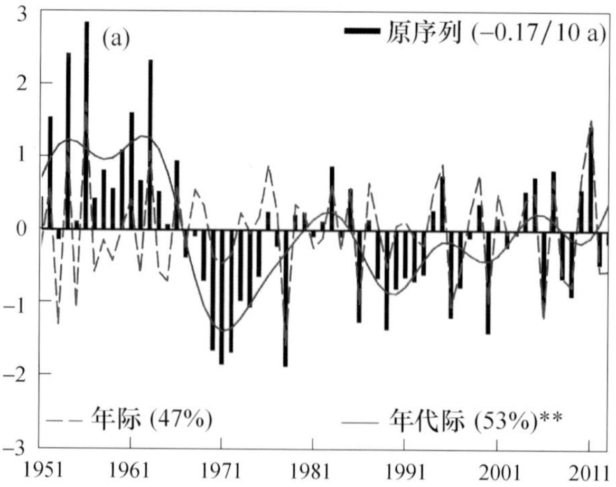

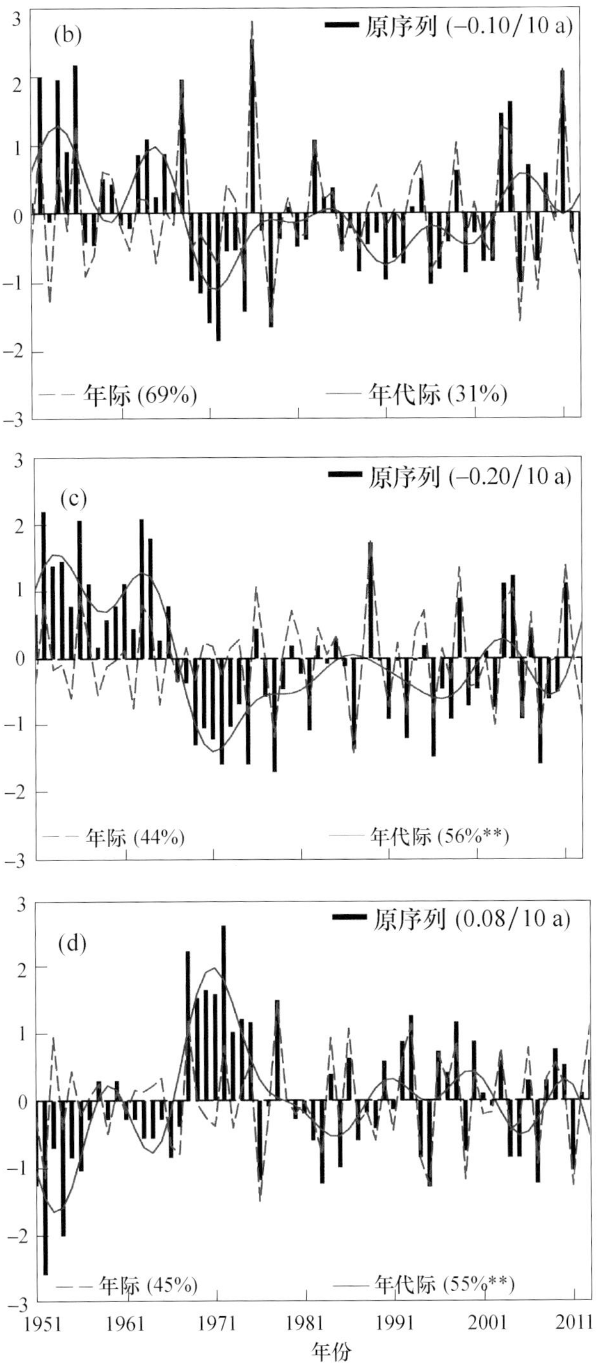

图 3.23 1951—2013 年冬季 SH 特征量的标准化时间序列

(a)强度;(b)面积;(c)东界经度;(d)南界纬度

(直方图为标准化序列,右上角的数字为气候倾向率;虚线和实线分别为标准化时间序列的年际、年代际分量,百分数为各自所占的方差贡献,** 表示通过 0.05 信度的 F 检验)(蓝柳茹 等,2016)

总体而言,在全球变暖背景下,冬季 SH 随时间变化强度减弱、面积收缩、东界西撤、南界北退;21 世纪初,在变暖趋缓背景下,面积扩张。但 4 个特征量年代际变化的正负位相转换时间与北半球温度的冷暖位相转换时间并不同步。比如，将冬季北半球陆面温度与冬季 SH 面积的年代际分量(图 3.24)对比可看出，在 SH 面积偏大时期(1950 年代—1960 年代末)，北半球温度偏低；在 SH 面积偏小时期(1980 年代后期—2000 年代初)，北半球温度偏高，且升温很快，这表明冬季北半球温度与 SH 面积的异常有关。自 21 世纪初起，SH 面积再次偏大，不利于气温升高，该时期的北半球温度上升平缓，甚至在 2010 年后出现下降趋势，表现出近 10 a 来全球变暖有减缓现象，表明该时段 SH 面积的增大对于全球变暖趋缓有一定贡献。另外，冬季北半球陆面的冷暖位相转换时间与 SH 面积的正负位相转换时间相比要滞后约 10 a，即 SH 面积在 1960 年代末由偏大变为偏小，而北半球直到 1980 年代初由偏冷转入偏暖；在 21 世纪初 SH 面积由小转大，而北半球仍在暖位相，这种温度变化的滞后说明北半球温度不仅受 SH 的影响，同时还可能受其他因子的影响。

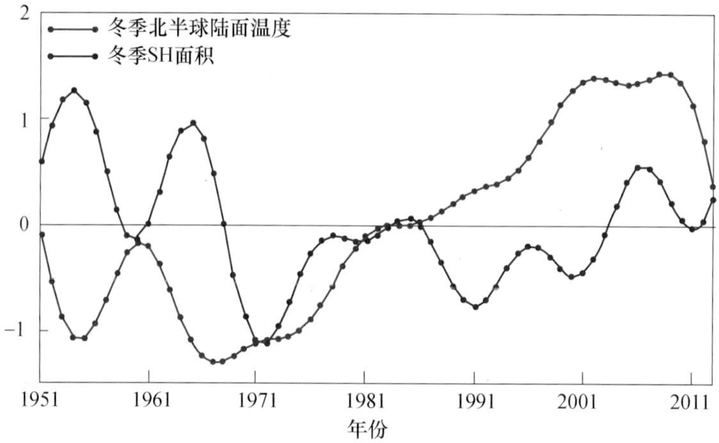

图 3.24　1951—2013 年冬季北半球陆面平均温度与冬季 SH 面积的年代际分量(蓝柳茹 等，2016)

客观度量特征量变率的一个重要指标是其标准差(σ)，以下取冬季 SH 特征量年际分量的 11 a 滑动标准差(σ)，用以分析特征量的年际变率的演变规律(蓝柳茹 等，2016)。如图 3.25 的红线所示，SH 强度年际变率的高值时段在 1960 年代初以前和 1995 年以后，其余时段基本处于平均值以下。SH 面积的年际变率随时间变化表现出弱—强—弱—强的变化，1970 年代—1980 年代初和 1990 年代末之后是年际变率较强的两个阶段。SH 东界经度的年际变率在 1984 年由弱转强，呈现出一定的线性趋势。SH 南界纬度在 1970—2000 年的年际变率较大，而在该时段前后的年际变率较小。将 4 个特征量的年际变率时间序列与各自的年际分量序列(图 3.25 直方图)对比分析可得，对于年际变率高的年，其前 5 a 至后 5 a 的时段内通常有年际分量振幅较大的情况出现，该时段内也往往容易出现极端值。总体而言，21 世纪以来 SH 强度、面积和东界经度的年际变率均增大，10 a 滑动 T 检验的突变检测结果(图略)表明，该时段 SH 强度和面积年际变率的增大是一次突变过程。

将冬季北半球陆面温度时间序列与 SH 特征量的年际变率时间序列对比可知，北半球温度在 1970 年代开始呈迅速的线性升温态势，最暖的时期出现在 1990 年代末至 21 世纪 00 年代初，而 SH 面积、东界和南界的年际变率的高值阶段也大体均出现在 1970 年以后，并且 21 世纪以来 SH 强度和面积的年际变率显著增强，因此 SH 年际变率的这种变化可能与全球变暖导致的极端事件增多有关。

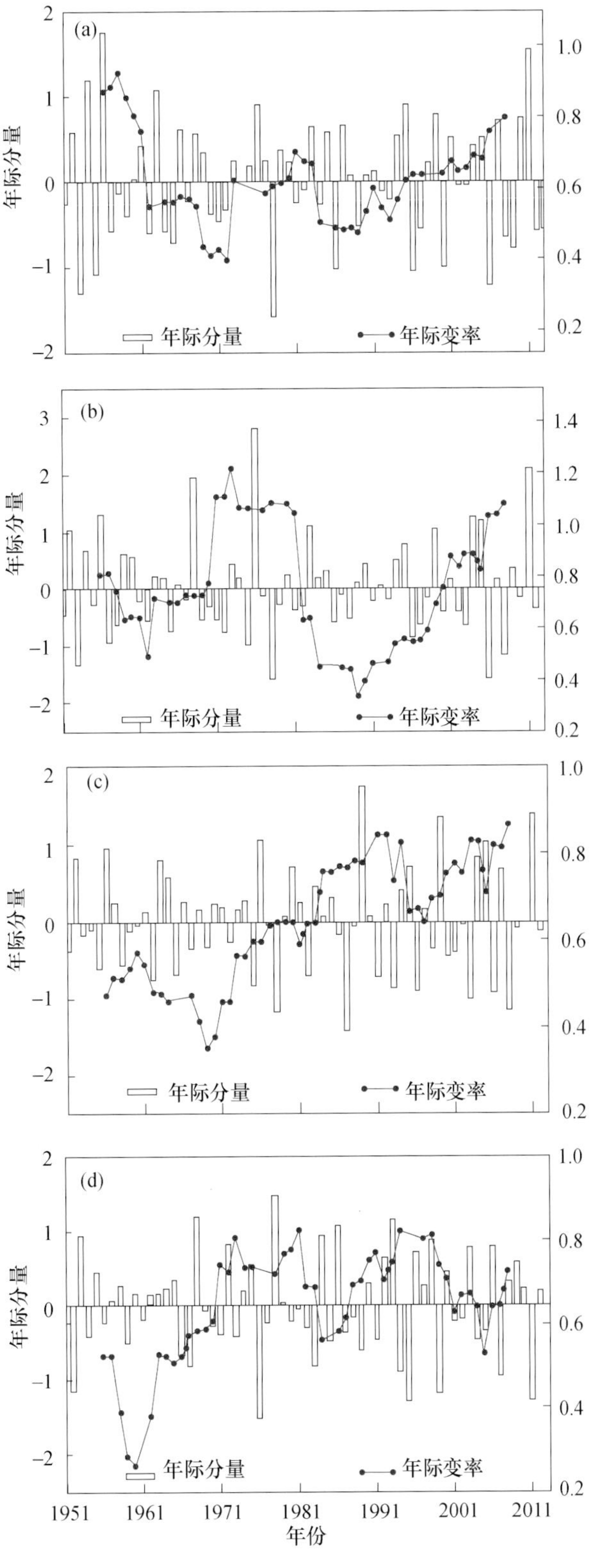

图 3.25 1951—2013 年冬季 SH 特征量的年际分量及其变率的时间序列(蓝柳茹 等,2016)
(a)强度;(b)面积;(c)东界经度;(d)南界纬度

3.2.1.6　冬夏季风系统关系变化

为了分析在气候变暖背景下东亚冬季风和次年夏季风关系的变化，计算了 6 个冬季风指数分别与次年 6 个夏季风指数之间的 11 a 滑动相关(图 3.26)，由图可见，东亚冬季风指数和次年夏季风指数之间主要是以负相关关系为主，但是相关关系非常不稳定。在 1960 年代，冬季风指数和次年的夏季风指数之间存在短暂的显著负相关关系，在 1960 年代之后，不同的冬季风指数与次年夏季风指数的相关系数都较小，相关关系不稳定，没有通过显著性检验。这说明冬季风与次年夏季风之间并不是直接的线性相关，可能是通过其他因子的影响产生的间接联系。

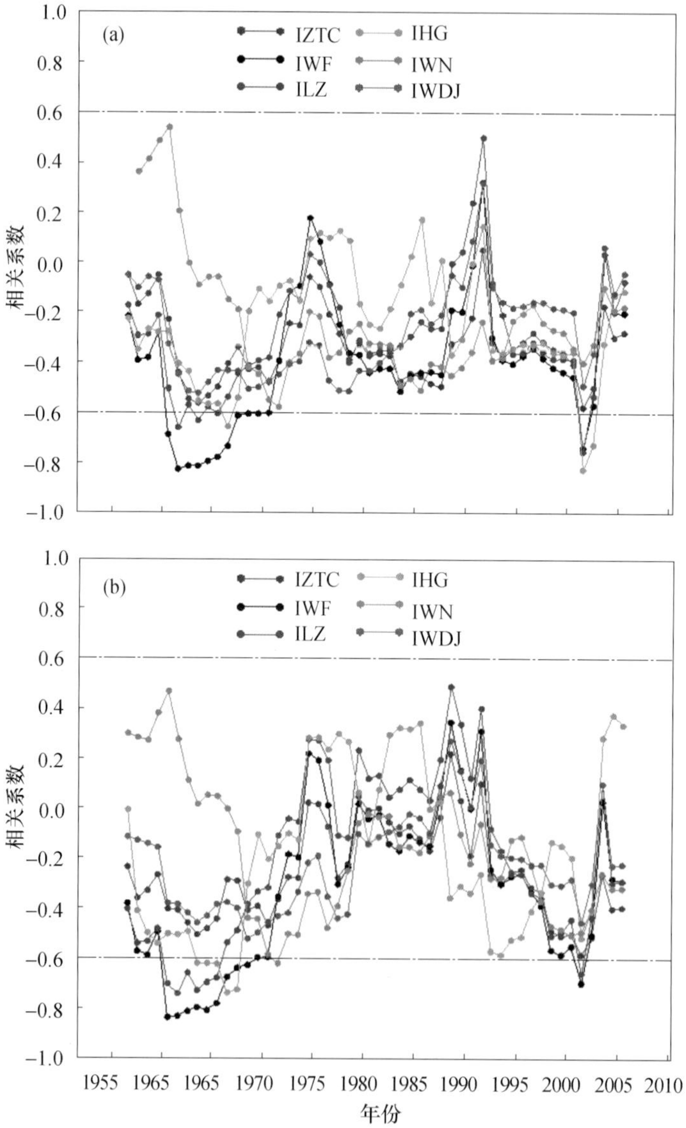

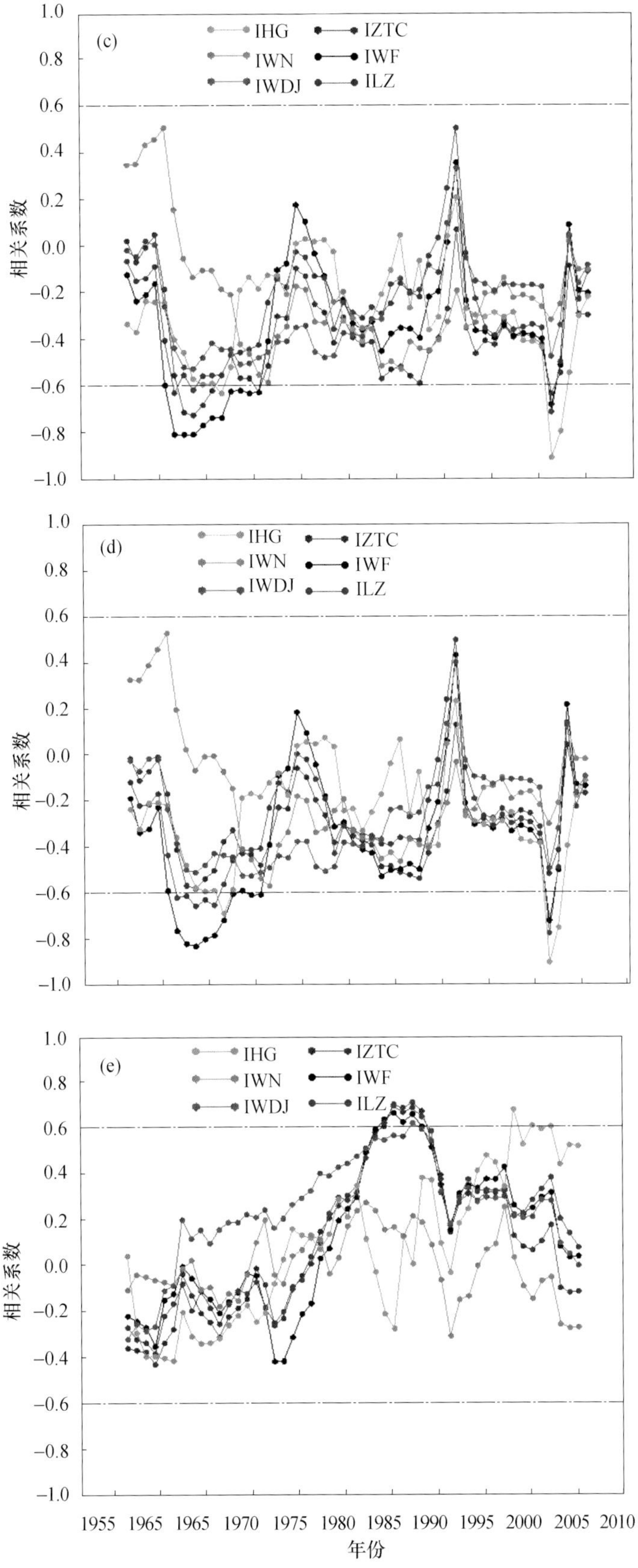
(c)
(d)
(e)
IHG
IZTC
IWN
IWF
IWDJ
ILZ
相关系数
1.0
0.8
0.6
0.4
0.2
0.0
−0.2
−0.4
−0.6
−0.8
−1.0
1955 1965 1965 1970 1975 1980 1985 1990 1995 2000 2005 2010
年份

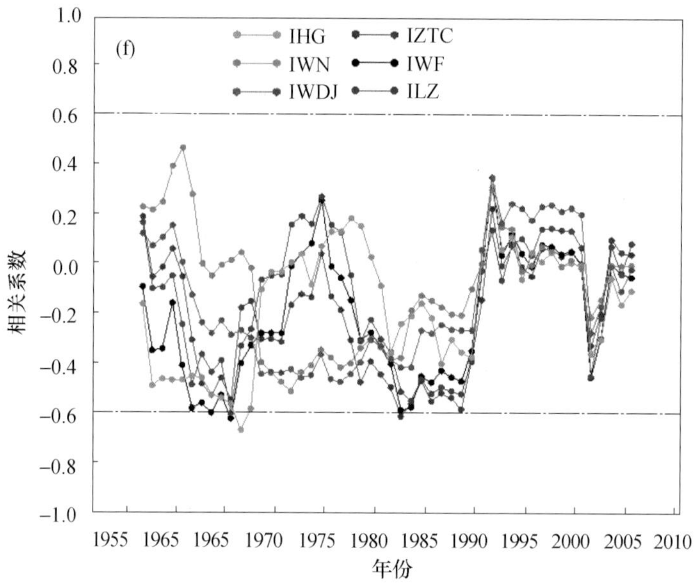

图 3.26　冬季风指数 IJS(a)、IWDJ(b)、ICS(c)、ICGH(d)、ILS(e)、IYYY(f)与次年夏季风指数的 11 a 滑动相关系数

(虚线表示通过 95%显著性水平检验)(李明聪 等,2017)

东亚冬季风可以划分为与 ENSO 有关的和与 ENSO 无关的两部分,将 6 个冬季风指数对同期的 Nino3.4 指数做一元线性回归,得到了受 ENSO 影响的冬季风指数,记为 IENSO(包括 IENSO-JS、IENSO-WDJ、IENSO-CS、IENSO-CGH、IENSO-LS、IENSO-YYY),方差比分别占 50.1%、30.2%、50.6%,53.5%,25.1%和 19.2%,均通过显著性检验。原冬季风指数减去 IENSO,得到的部分为不考虑 ENSO 的影响,记为 INON。分别计算了 IENSO、INON 与次年 6 个夏季风指数的 11 a 滑动相关(图 3.27)。结果表明,尽管 IENSO 与这 6 个夏季风指数的关系并不稳定,但是在整个研究时段主要呈负相关关系,特别是在 1960 年代初和 1980 年代到 21 世纪初存在显著的负相关,在 1980 年代之前的其他时段负相关较弱。说明受 ENSO 影响的冬季风和次年的夏季风在强度上存在反向变化的关系,且在 1960—1965 年和 1980—2004 年这两段时间尤为明显,而在 1965—1979 年二者缺少紧密联系,这种关系在 1980 年前后由不显著变得显著;而与 ENSO 无关的东亚冬季风和次年东亚夏季风在各个时期均没有显著联系。

分别对 1965—1979 年和 1980—2004 年两个时段计算前冬到次年夏季,海表温度距平对前冬 IENSO 的回归(图 3.28),发现在 1980 年之前,由于春季热带西太平洋暖海表温度异常消失,异常气旋的强度大大减弱收缩,夏季北印度洋的冷海表温度异常消失,因此异常气旋在夏季进一步减弱;而在 1980 年之后,热带西太平洋暖海表温度异常可以从冬季维持到次年春季,北印度洋的冷海表温度异常可以从冬季维持到次年夏季,因此有利于位于西北太平洋上的异常气旋从前冬到次年春、夏季都维持在比较强盛的状态,连接了东亚冬、夏季的环流。

在 1980 年之后,受 ENSO 影响的冬季风较强时,次年夏季西北太平洋出现异常气旋式环流,其北部为异常反气旋式环流,对应对流层中层的东亚太平洋(EAP)负位相型遥相关波列，低纬地区位势高度偏低，中纬度位势高度偏高；异常的气旋式环流和偏低的位势高度削弱了西太平洋副热带高压，异常气旋西部的东北气流削弱了夏季西南风的北进，对应夏季风偏弱；异常气旋将西太平洋的水汽输送至我国江淮并由北到南传送到华南和南海北部，在异常气旋西部的东北风影响下，来自孟加拉湾的水汽无法输送到我国内陆，江淮地区到日本南部一带为水汽辐散区，华南到南海、菲律宾为水汽辐合区。受ENSO影响的冬季风较弱时，次年夏季的环流、水汽输送和降水表现出相反的特征。由于在1980年以前，与ENSO有关的冬季风异常时并没有伴随海温分布型的异常，因此这样的环流特征在1980年之前表现得不明显。

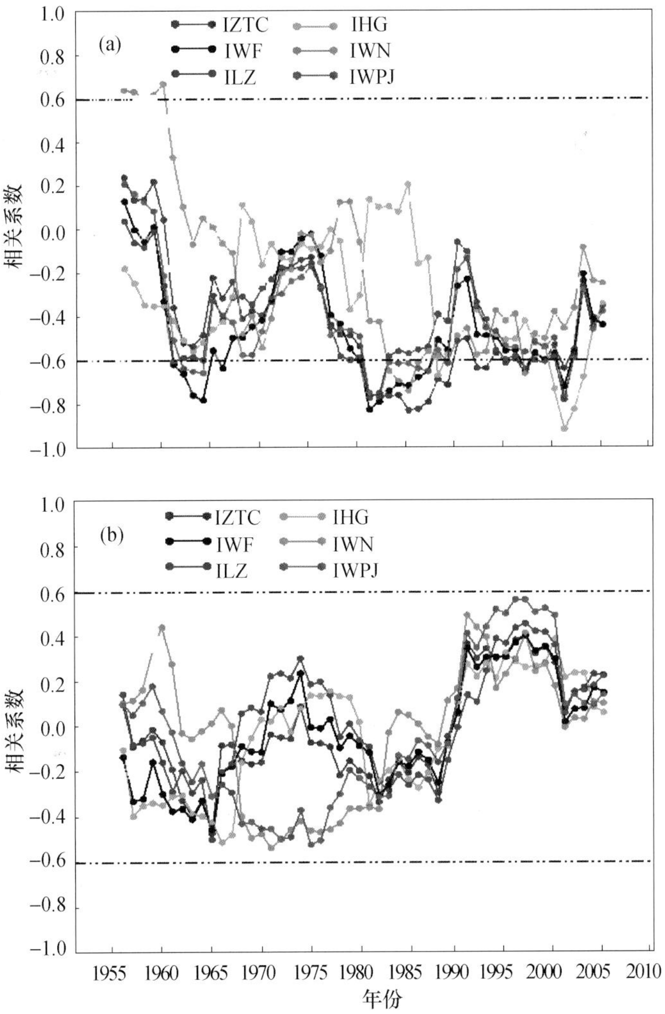

图3.27 I_{ENSO}(a)、I_{NON}(b)与次年6个夏季风指数的11年滑动相关序列（虚线表示通过信度0.05的显著性检验）(李明聪 等，2017)

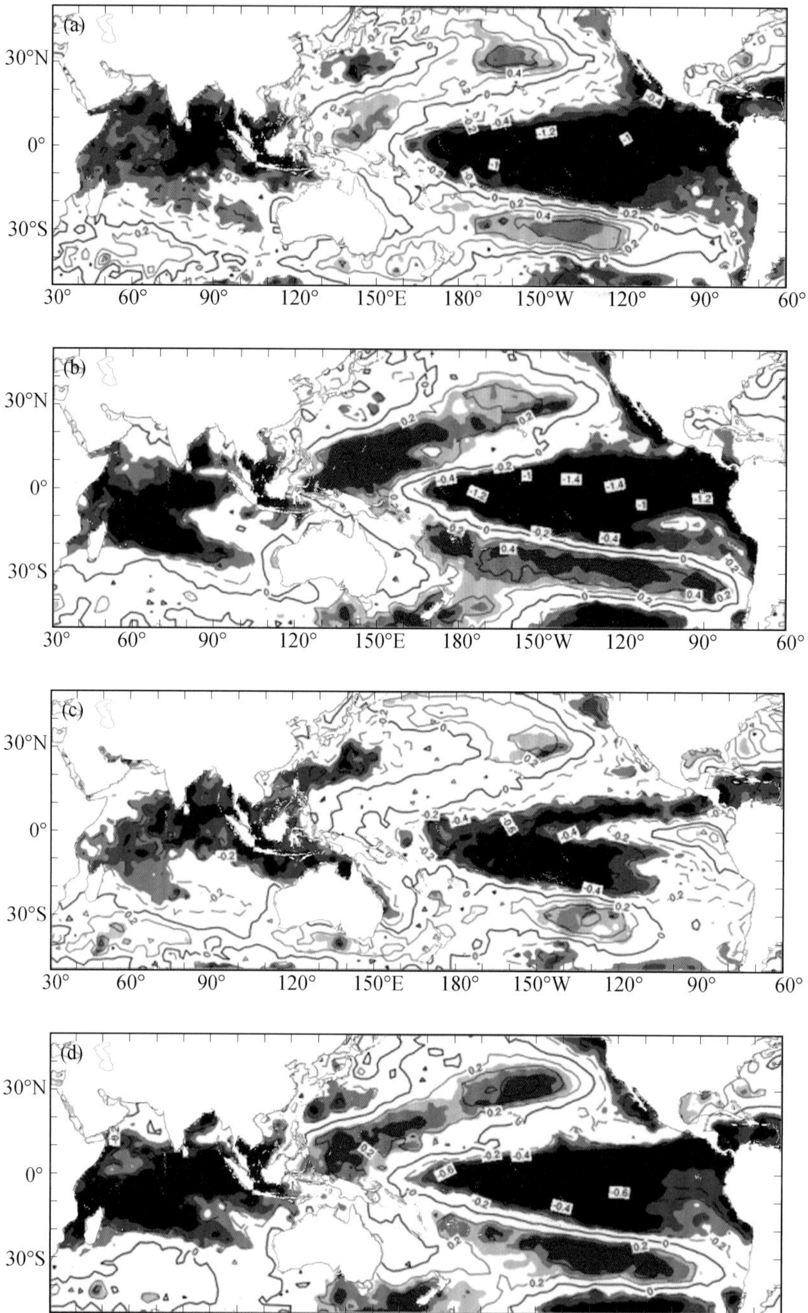
(a)
(b)
(c)
(d)
30°N
0°
30°S
30°
60°
90°
120°
150°E
180°
150°W
120°
90°
60°

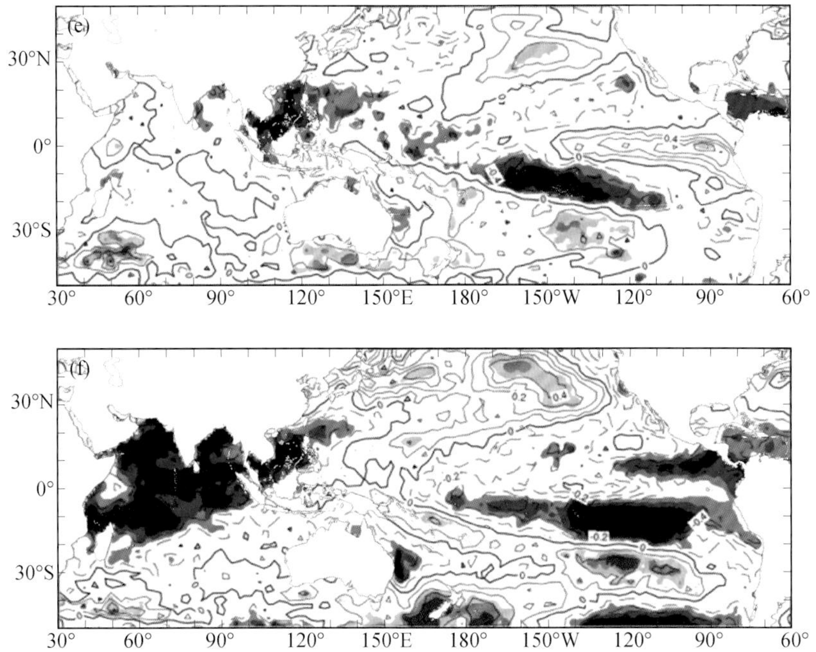

图 3.28　1965—1979 年(a,c,e)、1980—2004 年(b,d,f)冬季(a,b)、次年春季(c,d)和次年夏季(e,f)海表温度距平对冬季 IENSO 的回归系数场

(阴影区域由浅到深分别表示通过 95%、99%和 99.9%显著性水平的双侧 t 检验)(李明聪 等,2017)

3.2.2　季风区水汽的变化

全球变暖背景下,近年来我国南方旱涝灾害及极端天气、气候事件频发,同处我国南方的长江流域和华南区域降水却发生了不同的年代际变化(Hu et al.,2016),从长江流域降水的年代际变化特征来看,在 1980 年代至 1990 年代期间长江流域夏季降水偏多,而到了 2000 年代转为偏少。而我国华南地区夏季降水在 1992 年/1993 年出现了年代际变化,1980—1992 年降水偏少,而在 1993—2002 年转为偏多。而我国南方旱涝异常是否与亚洲季风区水汽的变异有关呢?要回答上述科学问题,有必要从定性和定量的角度分析近年来亚洲季风区水汽输送的变异及其对我国南方夏季降水异常的影响。

3.2.2.1　我国南方地区水汽收支的变化

Hu 等(2016)利用 NCEP/NCAR 再分析资料研究了我国长江流域和华南地区水汽收支变化及其与降水的关系。图 3.29a 和 b 分别为华南以及长江流域地区水汽收支的变化。由图可见,两个区域内水汽收支的变化与降水的变化比较一致,经计算我国华南地区和长江流域的水汽收支与夏季降水的相关系数分别达到了 0.59 和 0.66,均超过了 99%置信水平。从两个区域水汽收支的年代际变化情况来看,华南地区(图 3.29a)的水汽收支于 1970 年代中由盈余转为亏损,而在 1990 年代初又由亏损转为盈余。而长江流域(图 3.29b)的水汽收支在 1980 年代至 1990 年代期间以盈余为主,而到了 2000 年代转为亏损。这与华南和长江流域夏季降水的年代际变化的时间点非常一致,水汽盈余时段对应着降水偏多,而水汽亏损对应着降水偏少,说明我国南方地区夏季降水的异常与南方地区水汽收支的变异密切相关。

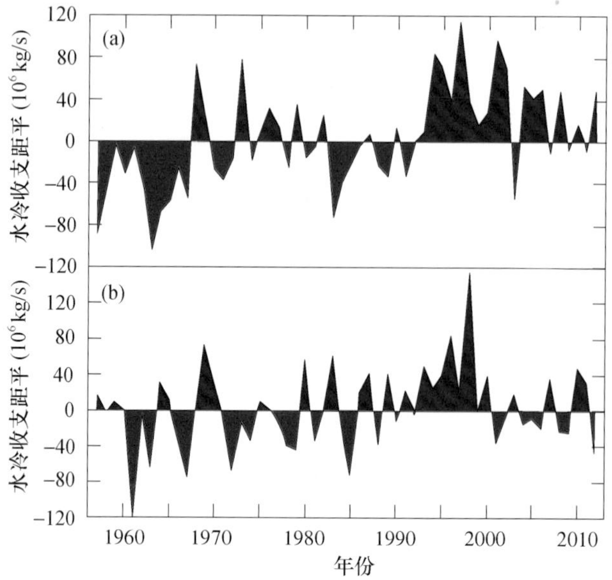

图 3.29 1957—2012 年华南地区(a)和长流流域(b)夏季水汽收支距平序列(Hu et al.,2016)

为了考察哪一边界上的水汽供应的变化是造成南方两区域水汽收支变异的主要贡献,图 3.30 给出了我国华南以及长江流域两个矩形区域内纬向和经向两个边界上水汽收支的演变。由图可见,无论是华南地区还是长江流域,其纬向和经向上水汽收支均呈反位相变化,即当纬向水汽盈余时经向水汽亏损,反之亦然。分别对比纬向和经向上水汽收支与相应区域内总的水汽收支的变化可以发现(图 3.30),两个区域内经向上水汽收支的变化与总水汽收支的变化非常一致。值得注意的是,华南地区经向上(图 3.30b)水汽于 1990 年代初转为明显盈余,而长江流域经向上(图 3.30d)水汽于 1990 年代末由盈余转为亏损,这与华南地区以及长江流域水汽总收支的变化完全一致,这说明华南地区以及长江流域水汽收支的变异主要受经向水汽收支变异的影响。

这里重点分析了两个区域夏季旱涝最近一次转折前后东、西、南、北四个边界上水汽的变化。由图 3.31a 可见,华南地区进入 1990 年代之后(1993—2012 年平均减去 1981—1992 年平均),经南边界和西边界进入华南地区的水汽通量分别增加了 77.1×10^6 kg/s 和 21.3×10^6 kg/s,而经北边界和东边界流出的水汽分别增加了 38.9×10^6kg/s 和 6.5×10^6kg/s。因此,可以发现华南地区 1990 年代之后水汽收支盈余主要受经南边界进入的水汽增加的影响,其次是受经西边界进入水汽增加的影响。而长江流域进入 2000 年代之后(2000—2012 年平均减去 1981—1999 年平均)(图 3.31b),经南边界进入长江流域的水汽减少了 62.4×10^6kg/s,经西边界进入长江流域的水汽增加了 3.7×10^6kg/s,而经北边界流出的水汽增加了 11.1×10^6kg/s,经东边界流出的水汽减少了 49.1×10^6kg/s。因此,可以发现长江流域地区 2000 年代之后水汽收支亏损主要受经南边界进入华南的水汽减少影响,其次是受经北边界流出水汽增加的影响。

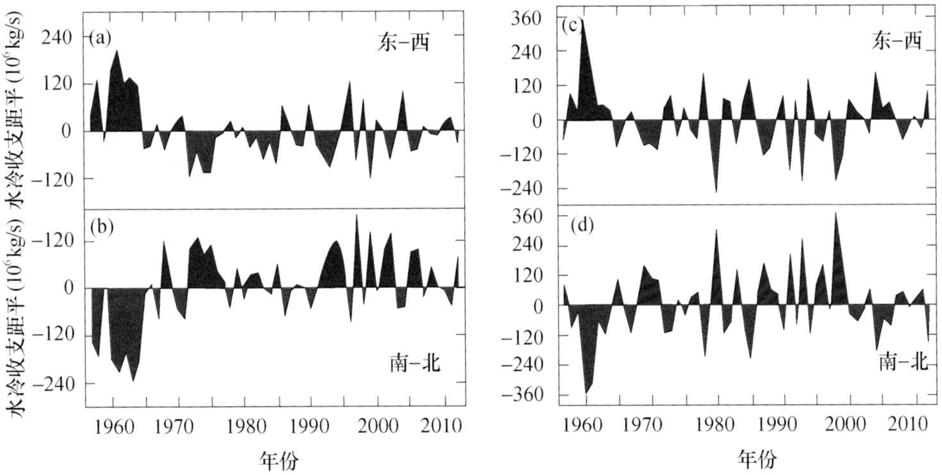

图 3.30 1957—2012 年华南地区夏季纬向(a)和经向(b)的水汽收支以及长江流域夏季纬向(c)和经向(d)的水汽收支距平序列(Hu et al.,2016)

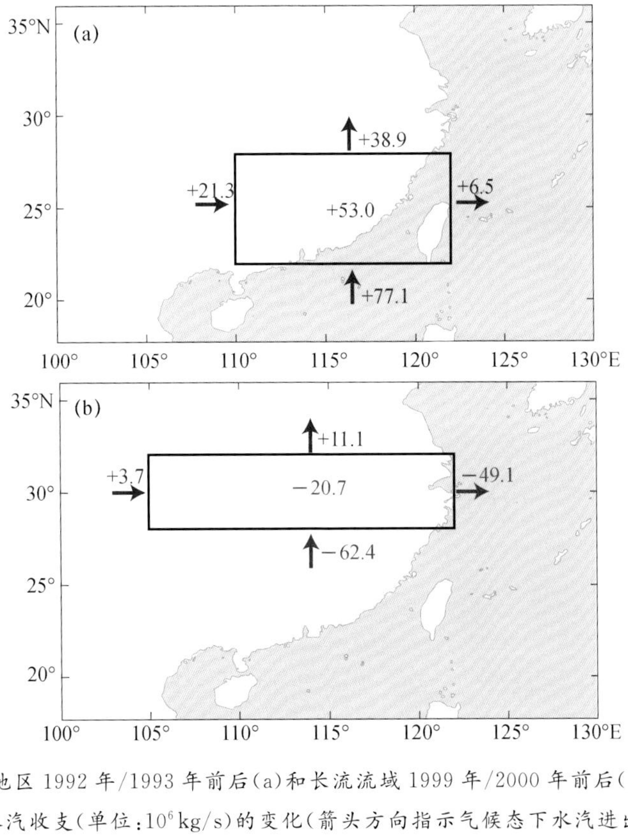

图 3.31 华南地区 1992 年/1993 年前后(a)和长流流域 1999 年/2000 年前后(b)东西南北四个边界上水汽收支(单位:10^6 kg/s)的变化(箭头方向指示气候态下水汽进出的方向,蓝色和红色箭头分别表示水汽的增加和减少)(Hu et al.,2016)

3.2.2.2 亚洲季风区水汽输送的变化

水汽输送是大气水循环中的一个重要组成部分。在水汽输送中,定常无辐散部分维持了本地区的高水汽含量,并通过辐散定常部分向其他地区输送了部分水汽。因此,水汽输送是造成区域水汽变化并进而引起水汽收支变化的主要原因。

图 3.32a、图 3.32b 给出了我国华南地区 1990 年代初旱涝转折前后亚洲季风区水汽输送场的变化。由图 3.32a 可见，1990 年代之前（1981—1992 年），我国南海—西太平洋一带为气旋式水汽输送异常控制，0°—15°N 纬带内出现了偏西向的异常水汽输送，不利于西太平洋和我国南海地区的水汽向华南地区输送。与此同时，孟加拉湾地区也出现了偏西向的异常水汽输送，有利于孟加拉湾和印度洋上空的水汽向华南地区输送。总的来看，受我国南海－西太平洋一带气旋式水汽输送异常控制，105°E 附近的越赤道气流偏弱，华南包括 15°—30°N 纬带内是异常的水汽辐散区，导致该地区在 1980 年代—1990 年代期间夏季降水异常偏少。而到了 1990 年代之后（1993—2012 年）（图 3.32b），亚洲季风区的水汽输送环流出现了明显的相反变化，我国南海—西太平洋一带以及孟加拉湾地区都转为反气旋式水汽输送异常控制，105°E 附近的越赤道气流增强，虽然孟加拉湾地区的偏东向的异常水汽输送不利于经印度洋和孟加拉湾地区的水汽到达华南，但我国南海—西太平洋一带的反气旋式水汽输送非常有利于经西太平洋和我国南海地区的水汽输向华南地区。从水汽输送的散度场上可以发现，华南地区为水汽辐合区，导致华南地区 1990 年代之后夏季降水偏多。

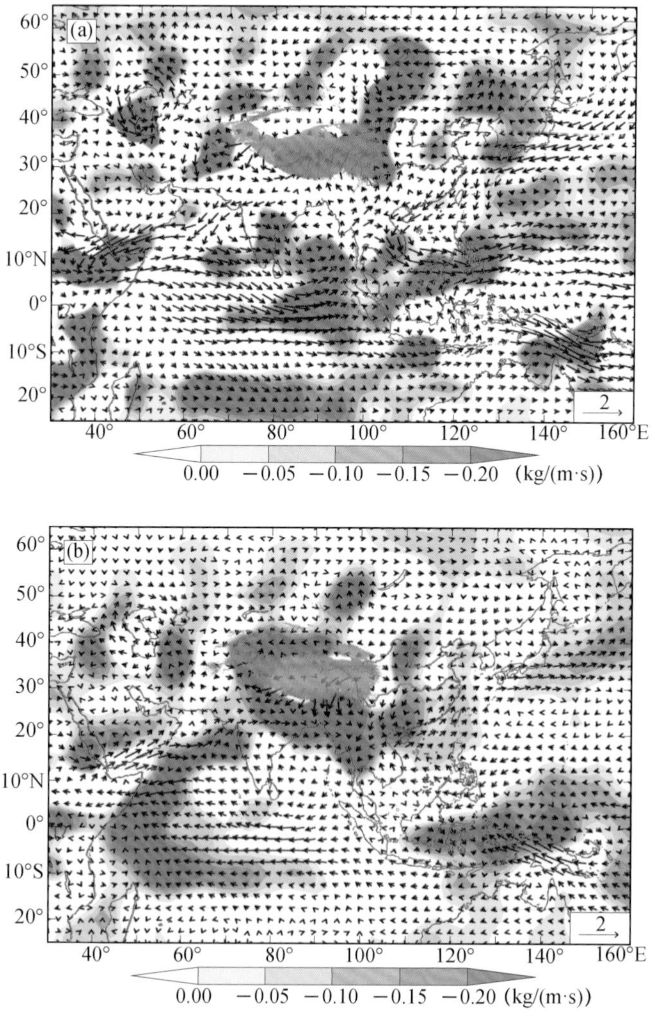

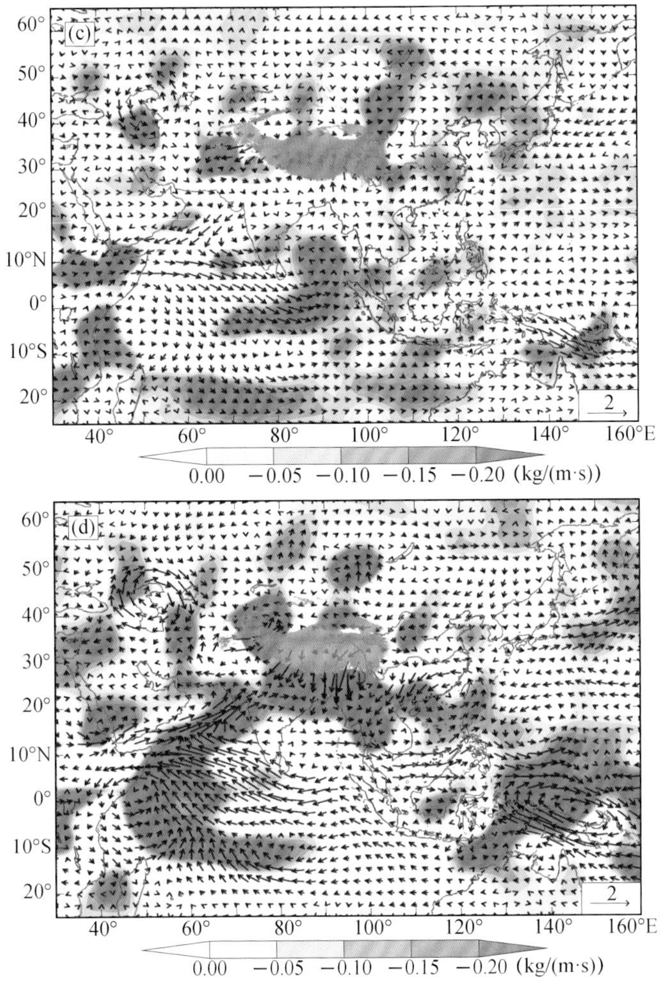

图 3.32 1981—1992 年(a)、1993—2012 年(b)、1981—1999 年(c)以及 2000—2012 年(d)平均的夏季 850 hPa 异常水汽输送场(矢量;单位:kg/(m·s))及其散度场(阴影)(Hu et al.,2016)

而从长江流域夏季降水变异前后亚洲季风区水汽输送场的变化中可以看出,变异之前(1981—1999 年)(图 3.32c),西太平洋地区 145°E 附近的越赤道气流偏强,我国南海—西太平洋一带为反气旋式异常水汽输送控制,有利于经我国南海和西太平洋地区的水汽达到长江流域,而孟加拉湾地区偏东风异常水汽输送不利于经孟加拉湾和印度洋地区的水汽达到长江流域,两者的综合作用导致 1980 年代至 1990 年代输送到长江流域的水汽偏多、水汽辐合,最终致使 1980 年代至 1990 年代期间长江流域夏季降水偏多。而到了 2000 年代之后(图 3.32d),亚洲季风区的水汽输送环流也出现了与前期相反的变化,西太平洋地区 145°E 附近的越赤道气流转为偏弱,我国南海—西太平洋一带由前期的反气旋式异常水汽输送环流也转为气旋式水汽输送异常,而孟加拉湾地区偏东风异常水汽输送也转为偏西向的异常水汽输送,经低纬地区到达长江流域的水汽偏少、水汽辐散,导致进入 2000 年代之后长江流域夏季降水偏少,变异明显。至于 1990 年代末之后,我国南海—西太平洋一带由之前的反气旋式异常水汽输送环流转为气旋式异常水汽输送的原因,可能与 1990 年代末之后热带中东太平洋的海温变冷趋势有关。1990 年代末之后拉尼娜事件增多，热带中东太平洋海温进入了一个相对偏冷的时期，中东太平洋的海温变冷，通过太平洋—东亚遥相关型使得西太平洋—我国南海对流层低层出现气旋式环流异常，导致 1990 年代末之后我国南海—西太平洋一带出现气旋式异常水汽输送。

因此，低纬地区向北输送到我国南方的水汽输送异常是导致华南以及长江流域经向水汽收支变异的主要原因。值得注意的是，华南地区夏季降水变异前后，我国南海—西太平洋一带以及孟加拉湾地区为同样的异常水汽输送环流型控制。而相反，长江流域夏季降水变异前后，南海—西太平洋一带以及孟加拉湾地区分别为相反的异常水汽输送环流型控制。至于其中的原因还值得进一步深入研究。

3.2.2.3　不同源地水汽输送贡献的定量估计

在分析了我国南方夏季降水年代际变化前后的水汽收支及水汽输送变异特征之后，进一步定量计算不同源地水汽的贡献情况，这里主要考察经阿拉伯海、印度半岛及孟加拉湾地区、经中南半岛到南海地区及中国南方地区、西太平洋地区、我国北方以及局地这 5 个源地的水汽供应。基于拉格朗日方法的轨迹模式（HYSPLIT_4.9）（Draxler et al.，1998），通过对轨迹模式后向追踪输出结果进行统计处理，得到华南以及长江流域夏季降水变化前后不同源地水汽输送的贡献（Hu et al.，2016）。

由图 3.33a 可见，华南地区降水偏少时期（1981—1992 年）的水汽来源主要有 7 支路径，按照以上 5 个源地划分可以发现，源自阿拉伯海经印度半岛—孟加拉湾的水汽路径有 2 支，水汽贡献的和为 34.7%；经中南半岛到南海及周边地区的水汽路径有 2 支，水汽贡献的和为 36.8%；源自西太平洋的水汽路径有 3 支，水汽贡献的和为 25.0%。而华南地区降水偏多时期（1993—2012 年）的水汽来源主要有 5 支路径（图 3.33b），其中源自阿拉伯海经印度半岛—孟加拉湾的水汽路径有 2 支，水汽贡献的和为 27.9%；源经中南半岛到南海及周边地区的水汽路径有 2 支，水汽贡献的和为 51.6%；源自西太平洋的水汽路径有 1 支，水汽贡献为 17.4%。

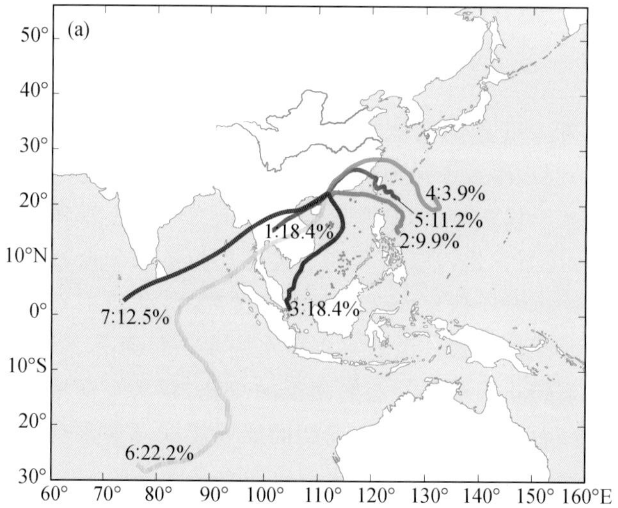

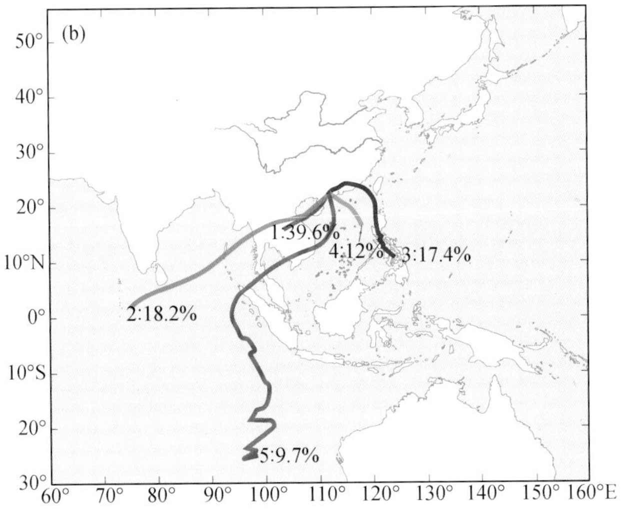

图 3.33 华南地区夏季降水偏少期(1981—1992 年)(a)和偏多期(1993—2012 年)(b)水汽输送路径及贡献率(Hu et al.,2016)

由图 3.34 可见,对华南地区降水的水汽贡献最大的源地是经中南半岛到南海及周边地区,其次是源自阿拉伯海经印度半岛—孟加拉湾的水汽路径,再次是西太平洋。

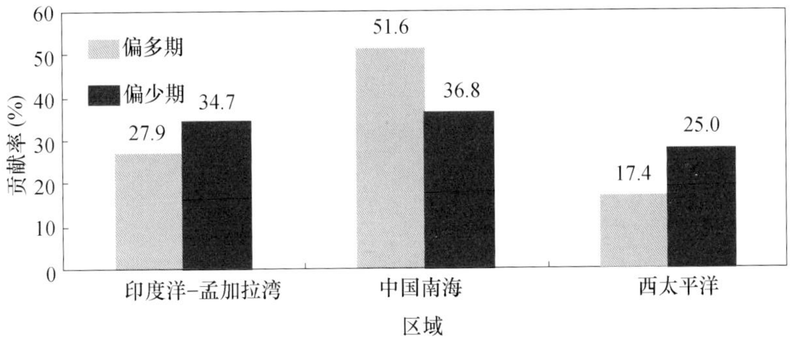

图 3.34 华南地区夏季降水偏多和偏少时期各源地水汽贡献率(Hu et al.,2016)

对比华南地区降水异常前后不同源地水汽贡献率发现,就气候平均而言,经中南半岛到南海及周边地区、西太平洋和源自阿拉伯海经印度半岛—孟加拉湾的水汽贡献的变化对华南降水异常影响较大。对比 2 个不同的降水时段,1990 年代初华南地区进入降水偏多时期后,经中南半岛到南海及周边地区的水汽贡献率增加了 14.8%,而西太平洋地区和源自阿拉伯海经印度半岛—孟加拉湾的水汽贡献率分别减少了 11.1%和 6.8%。

由图 3.35a 可见,长江流域降水偏多时期(1981—1999 年)的水汽来源主要有 7 支路径,按照以上 5 个源地划分可以发现,源自阿拉伯海经印度半岛—孟加拉湾的水汽路径有 1 支,水汽贡献为 26.5%;经中南半岛到南海及周边地区的水汽路径有 2 支,贡献 32.3%;源自西太平洋的水汽路径有 3 支,贡献 27.6%;局地的水汽贡献为 13.6%。而长江流域降水偏少时期(2000—2012 年)的水汽来源主要有 7 支路径(图 3.35b),其中源自印度洋—孟加拉湾的水汽路径有 3 支,水汽贡献为 39.6%;经中南半岛到南海及周边地区的水汽路径有 1 支,水汽贡献为 29.2%;源自西太平洋的水汽路径有 2 支,贡献 22.2%;源自我国北方的水汽路径有 1 支,贡献 7.9%。

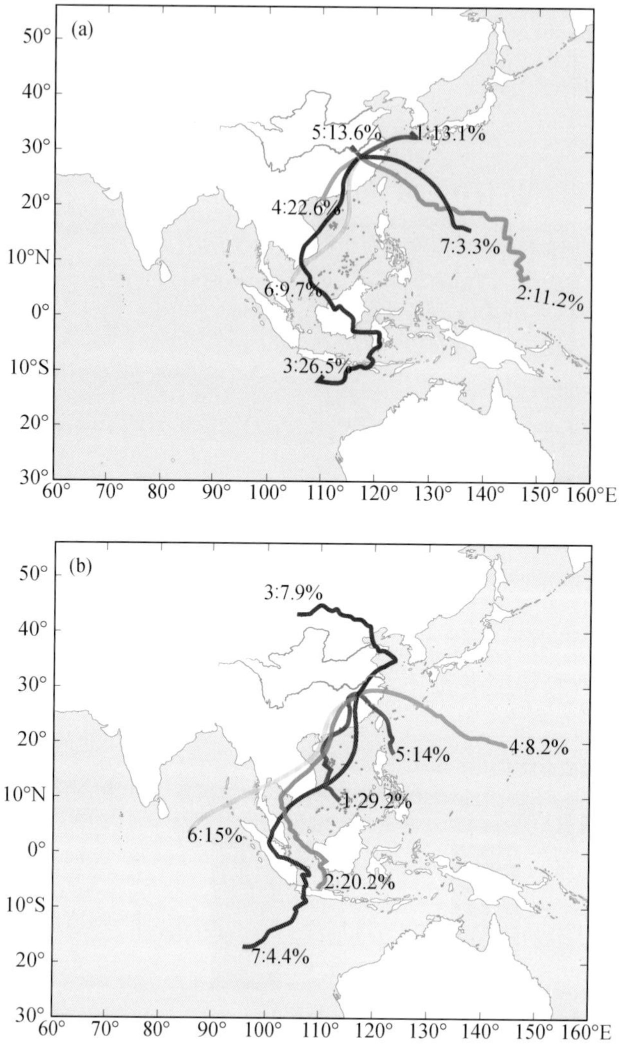

图 3.35　长江流域夏季降水偏多期(1981—1999 年)(a)和
偏少期(2000—2012 年)(b)水汽输送路径及贡献率(Hu et al. ,2016)

根据图 3.36 中两个时期各区域水汽贡献率之和来判断气候平均状态下,长江流域降水的水汽贡献最大的是源自阿拉伯海经印度半岛—孟加拉湾,其次是我国南海及其附近地区,再次是西太平洋,最后是我国北方和局地的水汽供应。

对比图 3.36 中的偏多和偏少时期,长江流域降水异常前后不同源地水汽贡献率发现,源自阿拉伯海经印度半岛—孟加拉湾、局地、我国北方及西太平洋的水汽贡献的变化对长江流域降水变异影响较大。长江流域自 1990 年代末之后进入降水偏少期后,源自局地、西太平洋以及经中南半岛到南海及周边地区的水汽贡献率分别减少了 13.6%、5.4%和 3.1%,而印度洋—孟加拉湾和我国北方的水汽贡献率分别增加了 13.1%和 7.9%。

这与 3.2.2.2 节中水汽输送异常的分布是吻合的,1990 年代初之后,印度洋—孟加拉湾的偏东风异常水汽输送不利于水汽向东输送,而西太平—南中国海一带的异常反气旋式水汽输送有利于南中国海及其周边的水汽向华南地区输送。而 1990 年代末之后,印度洋—孟加拉湾上空的偏西向的异常水汽输送有利于水汽向我国长江流域输送,而此时西太平洋—南中国海一带的异常气旋式水汽输送不利于越赤道气流、南中国海及其周边地区的水汽向我国长江流域输送。

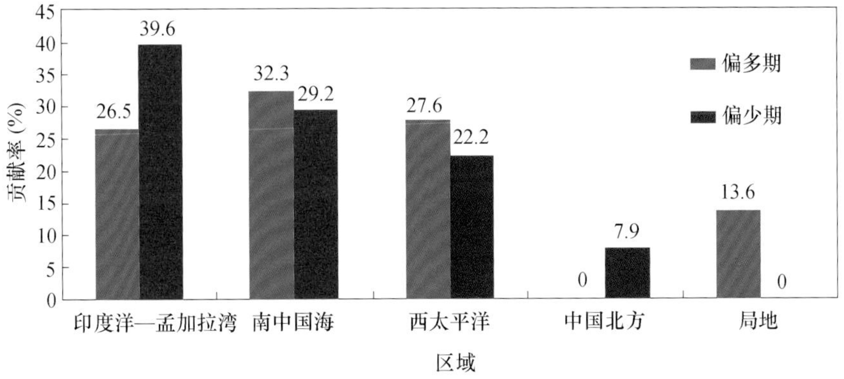

图 3.36 长江流域夏季降水偏多和偏少时期各源地水汽贡献率(Hu et al.,2016)

3.2.3 小结

南海夏季风正常建立(结束)日期是 5 月第 3 候—5 月第 6 候(9 月第 5 候—10 月第 2 候),平均建立(结束)日期是 5 月第 5 候(10 月第 1 候),有显著的 16 a 和 3 a(17 a 和 4 a)年代际和年际变化周期。随着气候变暖,南海夏季风建立(结束)日期具有偏早(晚)趋势,夏季风持续时间变长。南海夏季风建立偏早年,往往结束偏晚,副高位置偏西,南界位置偏南,季风强度偏弱,反之亦然。气候变暖后,西太平洋副高强度偏强,位置偏西,南界位置偏南,南海夏季风建立偏早,结束偏晚,持续时间偏长,但强度偏弱。

副热带夏季风在 1980 年之前,暴发时间的年际波动较大,1960—1980 年副热带夏季风有提早暴发的趋势。1980 年之后,副热带夏季风暴发时间有所变晚,且年际波动较小。2000 年后,副热带夏季风暴发时间的年际波动明显增大。

青藏高原夏季风在年代际尺度上强度增强,进入 21 世纪以来增强趋缓;热低压系统南北位置变化幅度较小,尤其在 20 世纪 80 年代以后,南北摆动振幅更小;东西位置在 70 年代以前明显偏西,70 年代中期至 90 年代中期摆动幅度较小,90 年代末至今表现为明显向东移动的趋势。在年际尺度上,青藏高原季风强度越强,位置越偏西,整体强度存在显著的 2 a 和 7 a 周期,南北位置存在准 2 a 和 6 a 周期,中心强度和东西位置具有显著的 3 a 周期。青藏高原季风强度与北半球温度在年代际尺度上具有较强的相关,在 20 世纪 70 年代中期,两者由反相变化转为同向变化。90 年代末以后,北半球温度升高趋缓,对应青藏高原季风逐渐减弱。

20 世纪 90 年代,我国南方夏季降水年代际变化明显,其中华南地区夏季降水于 90 年代初由偏少转为偏多。长江流域夏季降水于 90 年代末由偏多转为偏少。在夏季降水偏多的年代际背景下,华南地区和长江流域降水的年际信号较强,反之较弱。亚洲季风区低纬地区北上到达我国南方的水汽输送异常是导致我国华南以及长江流域地区经向水汽收支以及总收支变异的主要原因。此外,在 1990 年代初年代际变化前后,由于受南海－西太平洋一带以及孟加拉湾地区相同的异常水汽输送环流型控制和影响,华南地区夏季降水由偏少转偏多。相反,在 1990 年代末年代际变化前后,南海－西太平洋一带以及孟加拉湾地区分别为相反的异常水汽输送环流型控制和影响,我国长江流域夏季降水转为偏少趋势。

通过对轨迹模式后向追踪输出结果的统计分析发现，气候平均态下，华南地区降水的水汽贡献最大是我国南海及其附近地区，其次是源自阿拉伯海经印度半岛—孟加拉湾，再次是西太平洋。而长江流域降水的水汽贡献最大的是源自阿拉伯海经印度半岛—孟加拉湾，其次是南海及其附近地区，再次是西太平洋，最后是我国北方和局地的水汽供应。对比偏多期和偏少期，1990 年代初华南进入降水偏多时期后，南海周边地区的水汽贡献率增加了 14.8%，而西太平洋和印度洋—孟加拉湾的水汽贡献率分别减少了 11.1% 和 6.8%。而长江流域自 1990 年代末进入降水偏少期后，局地、西太平洋以及南海周边地区的水汽贡献率减少了 13.6%、5.4% 和 3.1%，而印度洋—孟加拉湾和我国北方的水汽贡献率增加了 13.1% 和 7.9%。

3.3 南方区域旱涝的新特征

3.3.1 西南旱涝

我国西南地区地形独特，气候变化敏感，影响该区域气候变化的因子也较为复杂。以往西南地区气候异常的研究（刘燕 等，2002；马振锋 等，2006；彭京备 等，2007；杨绚 等，2008；李永华 等，2009，2011）主要侧重于夏季降水异常所引起的旱涝及其成因，对其他季节的研究相对较少，而且关于近年来西南地区干旱的研究多以个例为主。事实表明，高温所造成的蒸发对干旱形成、持续影响也是非常重要的，因此在研究中考虑降水和气温的干湿指标能更好地反映干湿状况。考虑到西南地区 2009—2010 年连旱从秋季开始，且 2009 年秋季降水偏少程度和气温偏高程度都十分明显。因此本节通过计算考虑降水和气温的干湿指数，进而分析西南地区秋季干湿时空变化特征。根据干湿变化的主要空间分布，采用相似方法，构造综合相似指数对西南地区历年干湿分布进行分类，并探讨干湿分布主要类型异常年的大气环流特征。

从国家气象信息中心提供的全国 756 个测站资料中挑选出西南地区（四川、云南、贵州、广西和重庆等）97 个气象站点（徐栋夫 等，2013），使用 1960—2009 年的日平均气温、日降水量资料，以及同期 NCEP/NCAR 的逐月再分析资料（Kalnay et al.，1996）。本节秋季指 9—11 月，采用考虑降水和蒸发的干湿指数（徐栋夫 等，2013）。月潜在蒸发量采用 Thornthwaite 方法（Thornthwaite，1948），使用改进的计算方案（Sneyers，1990）。Thornthwaite 方法在我国应用广泛，许多学者利用该方法研究我国的干湿变化（马柱国 等，2006）。取 9—11 月算术平均值代表秋季干湿指数。干湿指数 DWI 数值越大表示越湿润，数值越小表示越干旱。利用建立的西南地区 97 站 50 a 干湿指数序列，分析了该地区秋季及 9 月、10 月、11 月干湿时空变化特征，并根据干湿变化主要模态的空间分布，采用相似方法对西南地区近 50 a（1960—2009 年）干湿分布进行分类，给出了各类干湿出现的概率，分月探讨了出现概率较大的几类干湿异常的大气环流特征。

3.3.1.1 西南地区秋季干湿的时空变化特征

秋季平均（取 97 个站算术平均）干湿指数曲线呈现出明显的下降趋势，表明秋季干旱化趋势显著（徐栋夫 等，2013）。从 1990 年代末至 2009 年，西南地区基本上均处于偏干的状态，1998 年和 2009 年为近 50 a 来干旱程度最严重的两年。9 月、10 月、11 月干湿指数也均呈现出下降趋势，而且在近 20 a 来基本上也是偏干的。

为了研究西南地区秋季干湿时空变化特征和为干湿分类提供依据，对 97 个站秋季及 9 月、10 月、11 月干湿指数进行了经验正交函数(empirical orthogonal function，EOF)分析。各时段干湿指数的前 3 个模态均解释了总方差的 50%以上。且前 3 模态满足 North 显著性检验(North et al.，1982)，可以认为西南地区干湿变化主要存在三个模态。秋季干湿的时空变化特征在以往工作中已有研究(徐栋夫 等，2013)。秋季干湿指数 EOF 分析 LV1(第一载荷向量)呈全区域一致变化，即存在一致偏湿或偏干的异常特征，该模态占总方差的 38%。南部的值明显比北部大，说明该地区旱涝异常较为活跃。PC1(第一模态时间系数)表现出明显的下降趋势，1980 年代末以前大多为正(偏湿)，以后基本为负(偏干)。LV2(第二载荷向量)表现为纬向的偶极型空间分布，零线在 105°E 左右，西部为正值区域，东部为负值区域，该模态占总方差的 12%。PC2(第二模态时间系数)呈现出较为明显的上升趋势。该模态表明，西南地区存在着东部变干、西部变湿的特征。LV3(第三载荷向量)表现为南、北部干湿相反变化的特征，绝对值大值区分别在广西和川东、重庆一带，该模态占总方差的 7%。PC3(第三模态时间系数)呈现下降趋势，在 21 世纪初，波动幅度变大。该模态表明西南地区南部变湿、北部变干，且这种变化特征在近 10 a 来是较为明显的。秋季分月干湿变化情况与该季类似，这里不再赘述。

3.3.1.2 近 50 a 西南地区秋季干湿分布的分类及各类干湿出现的概率

通过以上分析可知，西南地区秋季及 9 月、10 月、11 月干湿变化均存在全区一致，东西相反及南北相反的特征。为了能更加细致地认识该地区干湿变化，采用相似方法将近 50 a(1960—2009 年)历年秋季及 9 月、10 月、11 月干湿分为全区一致偏干型、全区一致偏湿型、东湿西干型、东干西湿型、南湿北干型、南干北湿型和非典型型，共 7 类。采用该方法比起直接分析 EOF 的分量具有一定的优越性，可以将 EOF 前三种(或其中两种)分量都较大的年客观地进行分类(该年只分为各类型干湿其中特征最为明显的一种)；在合成分析中这些年仅参与其中一种类型异常年的合成，可排除对其他类型异常年合成时的影响。

(1)相似方法及综合相似指数

相似方法在气候预测业务中被广泛使用。相似方法中的相似判据较多，对相似程度衡量的侧重点也不尽相同，大致可以分为“形”相似和“值”相似判据。常用的“形”相似判据有相似系数、Pearson 相关系数等；常用的“值”相似判据有绝对距离、欧氏距离、相对欧氏距离等。为了能较为准确地分辨出干湿分布型，需要一个考虑较为全面的综合相似指数。相似系数不仅能反映两个场之间“形”相似程度，还能识别出两个场要素的符号相反或相同，因此采用该系数作为综合相似指数中“形”的部分。相似系数的值在 −1 与 1 之间，S_{ij} 越接近 1，表示两个场，即向量 Xi(场 x_{ik})与向量 Xj(场 x_{jk})越相似。由于选取的“值”相似判据的数量级应与所选的“形”相似判据数量级相同，因此采用相对欧氏距离作为综合相似指数中“值”的部分。

(2)西南地区干湿分布的分类

利用构造的综合相似指数可以客观地对近 50 a 西南地区干湿分类。以秋季干湿指数 EOF 分析的前 3 个载荷向量 $X1, i$(LV1)、$X2, i$(LV2)、$X3, i$(LV3)为典型干湿类型，历年干湿指数为 $X1, j$(第一年干湿指数，以此类推)、$X2, j, \cdots, X50, j$，分别求出 Xi 与 Xj 的综合相似指数。求得的综合相似指数共三组序列，每组序列 50 个值。其中，第一组序列为 $X1, i$ 分别与 $X1, j$、$X2, j, \cdots, X50, j$ 的综合相似指数 $C1, ijn(n=1, 2, \cdots, 50)$，表示了历年干湿分布与第一类典型干湿类型(LV1)的相似程度；第二组序列为 $X2, i$ 分别与 $X1, j$、$X2, j, \cdots, X50, j$ 的综合相似指数 $C2, ijn(n=1,2,\cdots,50)$，表示了历年干湿分布与第二类典型干湿类型

(LV2)的相似程度;第三组序列为 $X3,i$ 分别与 $X1,j$、$X2,j$,…,$X50,j$ 的综合相似指数 $C3,ijn$ (n=1,2,…,50),表示了历年干湿分布与第三类典型干湿类型(LV3)的相似程度。每一年对应有三个综合相似指数 $C1,ijn$、$C2,ijn$、$C3,ijn$,比较它们绝对值的大小,从而进行分类。具体来说可以分为 7 类:

① 若 $C1,ijn$ 的绝对值最大,且对应的相似系数绝对值大于 0.3(通过了 $\alpha=0.01$ 显著性水平检验,下同),$C1,ijn$ 符号为负,表示该年(第 n 年,下同)为全区一致偏干型。

② 若 $C1,ijn$ 的绝对值最大,且对应的相似系数绝对值大于 0.3,$C1,ijn$ 符号为正,表示该年为全区一致偏湿型。

③ 若 $C2,ijn$ 的绝对值最大,且对应的相似系数绝对值大于 0.3,$C2,ijn$ 符号为负,表示该年为东湿西干型。

④ 若 $C2,ijn$ 的绝对值最大,且对应的相似系数绝对值大于 0.3,$C2,ijn$ 符号为正,表示该年为东干西湿型。

⑤ 若 $C3,ijn$ 的绝对值最大,且对应的相似系数绝对值大于 0.3,$C3,ijn$ 符号为负,表示该年为南湿北干型。

⑥ 若 $C3,ijn$ 的绝对值最大,且对应的相似系数绝对值大于 0.3,$C3,ijn$ 符号为正,表示该年为南干北湿型。

⑦ 若 $C1,ijn$、$C2,ijn$、$C3,ijn$ 对应的相似系数绝对值均小于 0.3,那么该年为非典型型。

前面分析提到 9 月、10 月、11 月干湿变化同样也存在全区一致,东西相反及南北相反的特征,且三个模态的空间分布与秋季干湿指数前 3 个载荷向量十分相似。因此可以认为,用秋季干湿指数前 3 个载荷向量表示 9 月、10 月、11 月干湿变化主要模态的空间型是合理的。可以分别用历年 9 月、10 月、11 月干湿指数与秋季干湿指数前 3 个载荷向量求综合相似指数 Cij,采用同样的方法对 9 月、10 月、11 月干湿进行分类。为了方便表示,定义全区一致偏干为 A^- 型,全区一致偏湿为 A^+ 型;东湿西干为 B^- 型,东干西湿为 B^+ 型;南湿北干为 C^- 型,南干北湿为 C^+ 型;非典型型为 D 型。各类干湿出现次数如表 3.3 所示。无论是从秋季,还是分月来看,出现 A(包括 A^- 和 A^+)型干湿的次数最多,均大于总数的 1/2;除 10 月外,A^+ 型出现的次数略多于 A^- 型。B(包括 B^- 和 B^+)型干湿出现的次数约为 A 型干湿的一半,C(包括 C^- 和 C^+)型干湿出现的次数则为 A 型干湿的 1/3 左右,D 型干湿出现的次数最少。这表明,西南地区出现全区偏干(湿)的概率最大,有时会出现东湿(干)西干(湿)和南湿(干)北干(湿),而极少出现非前面几种类型的情况。

表 3.3 西南地区 1960—2009 年秋季及 9 月、10 月、11 月各类型干湿发生的次数(徐栋夫 等,2013)

	A^-	A^+	B^-	B^+	C^-	C^+	D
秋季	12	15	6	7	3	5	2
9 月	13	17	5	5	4	4	2
10 月	13	12	9	5	3	3	5
11 月	14	17	5	8	0	3	3

注:全区一致偏干为 A^- 型,偏湿为 A^+ 型,东湿西干为 B^- 型,东干西湿为 B^+ 型,南湿北干为 C^- 型,南干北湿为 C^+ 型,非前三种类型的为 D 型

为了检验所使用的分类方法对干湿分类的效果,选取各类干湿异常年进行合成分析。检

验该方法是否能体现出各类干湿型的自身特点，是否能清晰分辨出各类干湿型。各类干湿异常年的挑选标准包括两点：首先该年必须属于该类的干湿型；其次该类型干湿对应的EOF分析模态的时间系数在这一年的绝对值必须要大于一个标准差。满足这两个条件的，即选为异常年。以秋季为例，如2009年秋季属于A^-型，A型干湿对应EOF分析第一模态，该模态时间系数（标准化序列）2009年的值为－2.34，绝对值大于一个标准差，选取2009年为A^-型干湿异常年。最终选取出的秋季各类干湿异常年如表3.4所示。从各类型干湿异常年的合成图（图3.37）来看，该方法能很好地表现出各类干湿型的特征：A^-（A^+）型异常年全区一致偏干（湿），且南部偏干（湿）程度明显大于北部地区，这与LV1大值区对应一致。B型干湿异常年东、西部干湿相反十分明显，零线位置、走向均与LV2十分相似，特征明显。C型干湿异常年呈现出明显的南、北部干湿相反特征，主要的大值区在广西和川东、重庆地区，并且零线由贵州呈西南走向伸至云南南部，这都与LV3的特征极为相似。D型干湿出现次数极少（仅1960年和1988年），从D型干湿合成图（图3.37g）来看，干湿区呈小区域零星分布，没有明显的特点，与其他干湿类型截然不同，能够清晰地识别出来。此外，还使用相同的方法选取了9月、10月、11月各类型异常年，进行了合成分析，也得到了类似的结果（图略）。

表3.4 西南地区1960—2009年秋季各类干湿异常年（徐栋夫 等，2013）

干湿类型	异常年
A^-型	2009年、1998年、2005年、1974年、2003年、1996年、2006年
A^+型	1967年、1976年、1986年、1979年、1965年、1972年、1973年
B^-型	1981年、1994年、1964年、1962年
B^+型	1992年、1980年、1964年、1989年
C^-型	2002年、1987年、1995年
C^+型	2004年、1969年、1963年、1991年

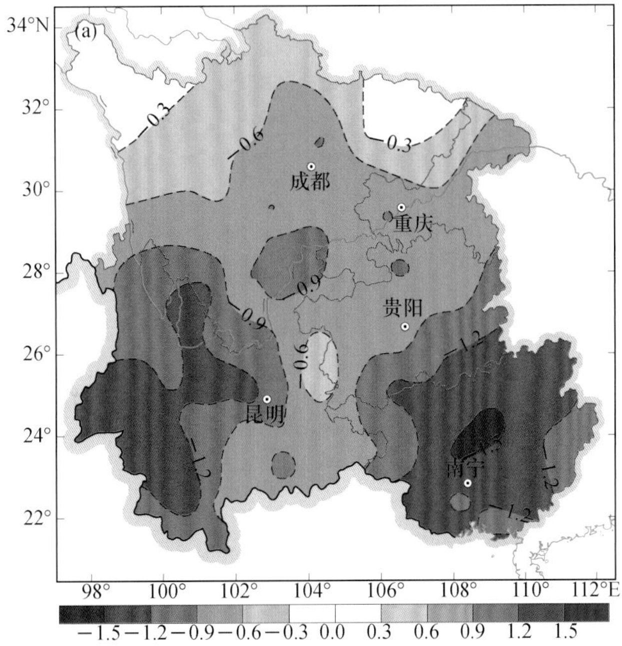

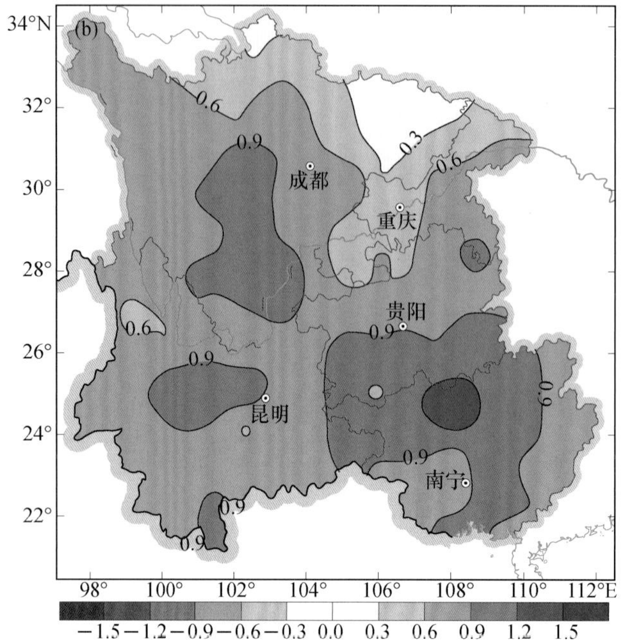
(b)
34°N
32°
30°
28°
26°
24°
22°
98°
100°
102°
104°
106°
108°
110°
112°E
成都
重庆
贵阳
昆明
南宁
0.6
0.9
0.3
−1.5 −1.2 −0.9 −0.6 −0.3 0.0 0.3 0.6 0.9 1.2 1.5

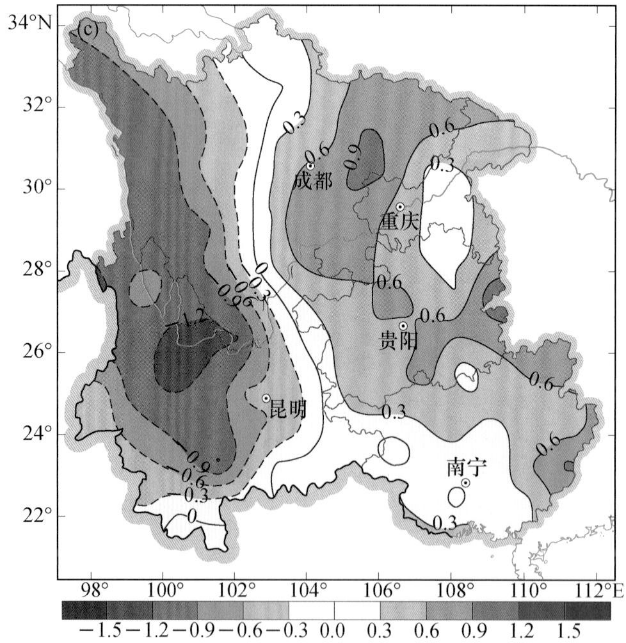
(c)
34°N
32°
30°
28°
26°
24°
22°
98°
100°
102°
104°
106°
108°
110°
112°E
成都
重庆
贵阳
昆明
南宁
0.3
0.6
0.9
1.2
−1.5 −1.2 −0.9 −0.6 −0.3 0.0 0.3 0.6 0.9 1.2 1.5

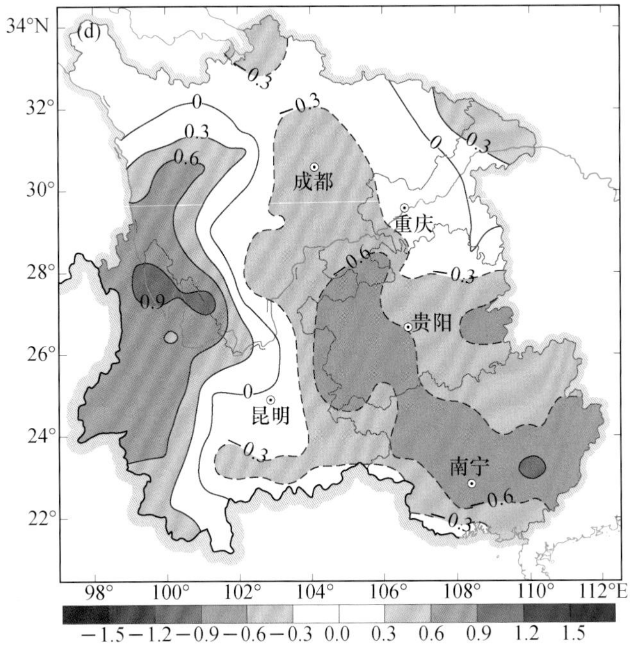
(d)
34°N
32°
30°
28°
26°
24°
22°
98°
100°
102°
104°
106°
108°
110°
112°E
成都
重庆
贵阳
昆明
南宁
0
0.3
0.6
0.9
−0.3
−0.6
−1.5 −1.2 −0.9 −0.6 −0.3 0.0 0.3 0.6 0.9 1.2 1.5

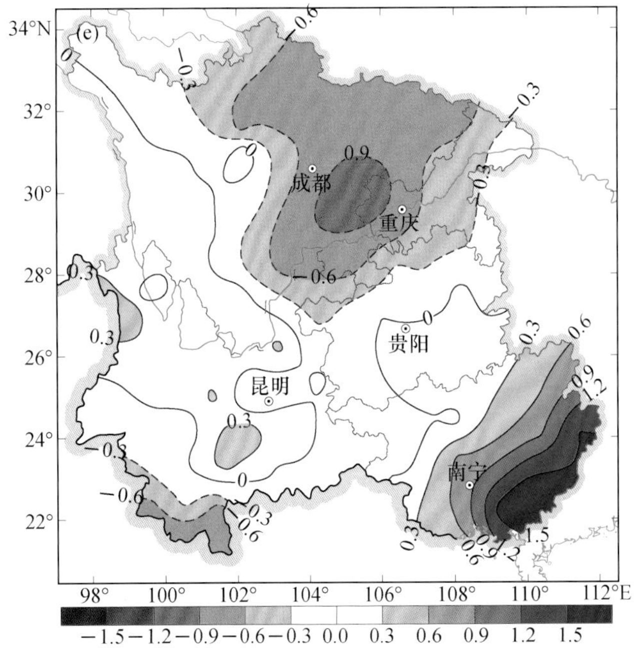
(e)
34°N
32°
30°
28°
26°
24°
22°
98°
100°
102°
104°
106°
108°
110°
112°E
成都
重庆
贵阳
昆明
南宁
0
0.3
0.6
0.9
1.2
1.5
−0.3
−0.6
−1.5 −1.2 −0.9 −0.6 −0.3 0.0 0.3 0.6 0.9 1.2 1.5

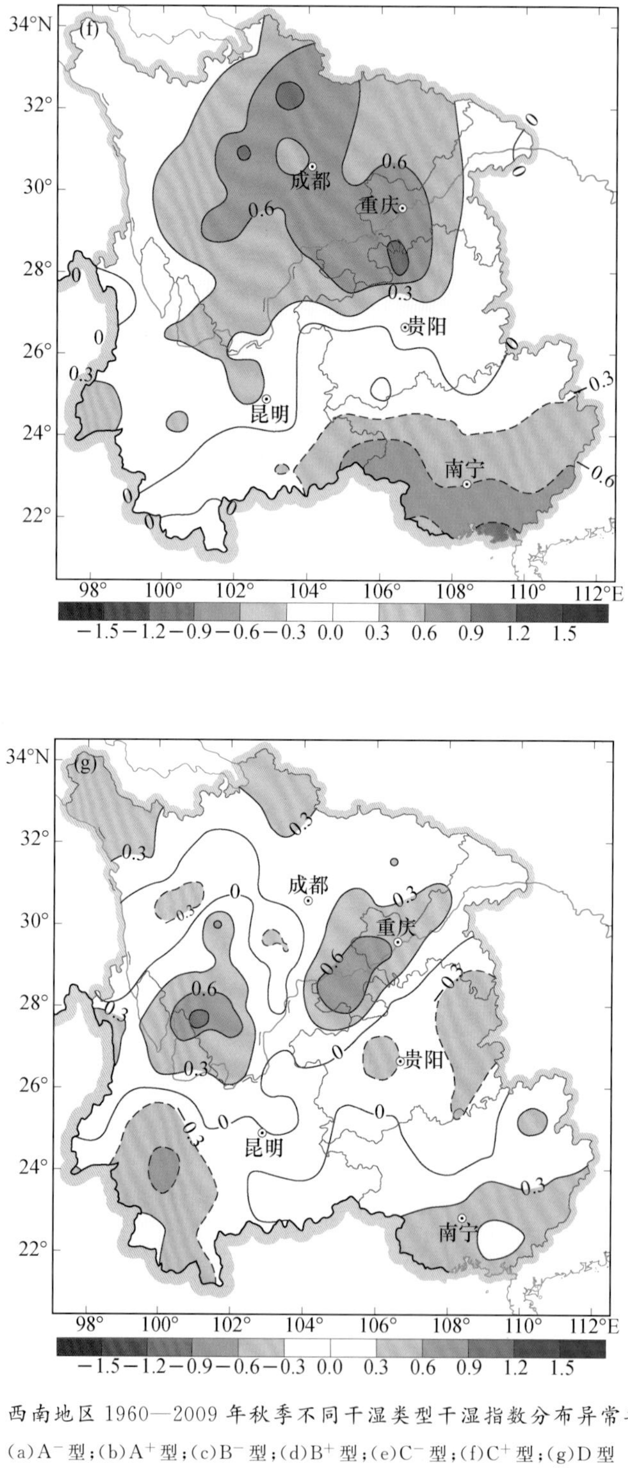

图 3.37　西南地区 1960—2009 年秋季不同干湿类型干湿指数分布异常年合成图

(a)A^- 型；(b)A^+ 型；(c)B^- 型；(d)B^+ 型；(e)C^- 型；(f)C^+ 型；(g)D 型

（正值区域为蓝色阴影区，表明该区域偏湿；负值区为红色阴影区，表明该区域偏干）（徐栋夫 等，2013）

总体来说，利用综合相似指数 Cij 的分类方法得到的各类干湿型特征显著，各类型间区别明显。该方法对于西南地区干湿分布的分类是适用的，且效果显著。

(3)西南地区各类型干湿出现的概率

根据得到的西南地区干湿分类的结果，可计算出各类干湿型出现的概率(全区一致偏干为 A^- 型，全区一致偏湿为 A^+ 型；东湿西干为 B^- 型，东干西湿为 B^+ 型；南湿北干为 C^- 型，南干北湿为 C^+ 型；非典型型为 D 型)。从表 3.3 可知，西南地区出现 A 型干湿的概率最大，均不低于 50%。除 10 月外，A^+ 型出现的概率均大于 A^- 型。B 型干湿出现的概率约为 25%，C 型干湿出现的概率约为 15%，而 D 型干湿出现的概率不到 10%。此外，还给出了 9 月、10 月在已出现特定类型干湿时，下个月出现各类型干湿的概率，即干湿的持续与转换。如表 3.5、表 3.6 所示。当 9 月已出现 A^- 型时，接下来 10 月继续出现 A^- 型的概率为 38%(5/13)；而当 9 月已出现 A^+ 型时，10 月继续出现 A^+ 型的概率为 35%(6/17)。当 9 月已出现 B^- 型时，10 月出现 A^+ 型和 B^- 型概率均为 40%(2/5)；而当 9 月已出现 B^+ 型时，10 月出现 A^- 型概率也为 40%(2/5)。当 10 月已出现 A^- 型时，11 月出现 A^- 型和 A^+ 型的概率均为 23%(3/13)，略大于其他类型出现的概率；而当 10 月已出现 A^+ 型时，11 月出现 A^+ 型的概率为 42%(5/12)，出现 A^- 型和 B^+ 型的概率仅为 25%(3/12)，其他类型出现概率更小。当 10 月已出现 B^- 型时，11 月出现 A^+ 型概率超过 55%(5/9)；而当 10 月已出现 B^+ 型时，11 月出现 A^- 型概率为 40%(2/5)。对于秋季来说，西南地区最易出现全区偏干(湿)的情况。从季节内干湿转换来看，全区偏干或偏湿型(A 型干湿)的持续性不是十分明显，但对于 B 型干湿，10 月份的东部偏湿区域则有较大概率(不低于 50%)在下个月扩展到整个西南地区。

表 3.5 西南地区 9 月出现特定类型干湿后，次月出现各类干湿的概率(徐栋夫 等，2013)

9 月干湿类型	10 月出现各类干湿的概率						
	A^-	A^+	B^-	B^+	C^-	C^+	D
A^-	5/13	2/13	2/13	3/13	0/13	1/13	0/13
A^+	4/17	6/17	2/17	2/17	1/17	0/17	2/17
B^-	0/5	2/5	2/5	0/5	0/5	0/5	1/5
B^+	2/5	1/5	1/5	0/5	0/5	1/5	0/5
C^-	0/4	1/4	2/4	0/4	0/4	0/4	0/4
C^+	1/4	0/4	0/4	0/4	1/4	1/4	2/4
D	1/2	0/2	0/2	0/2	0/2	0/2	0/2

表 3.6 西南地区 10 月出现特定类型干湿后，次月出现各类干湿的概率(徐栋夫 等，2013)

10 月干湿类型	11 月出现各类干湿的概率						
	A^-	A^+	B^-	B^+	C^-	C^+	D
A^-	3/13	3/13	2/13	2/13	0/13	1/13	2/13
A^+	3/12	5/12	1/12	3/12	0/12	0/12	0/12
B^-	1/9	5/9	1/9	1/9	0/9	0/9	1/9
B^+	2/5	1/5	0/5	0/5	1/5	1/5	0/5
C^-	1/3	1/3	1/3	0/3	0/3	0/3	0/3
C^+	2/3	0/3	0/3	0/3	0/3	1/3	0/3
D	2/5	2/5	0/5	1/5	0/5	05	0/5

3.3.1.3　西南地区秋季干旱的年代际转折

20 世纪 90 年代之后西南地区秋季干旱频繁发生(Yu et al.,2014),以往对西南秋季干旱的研究,多集中于个例分析。这里将基于标准化降水蒸散指数 SPEI(Vicente-Serrano et al.,2010)分析西南地区秋季干旱的年代际转折。

图 3.38a 给出了西南地区三省一市(云南省、贵州省、四川省和重庆市)77 个台站站点分布。图 3.38b、3.38c 分别给出了 1961—2012 年西南秋季气温距平、降水距平的年际变化。可见:西南秋季气温和降水呈现相反的变化趋势,气温具有显著的上升趋势,而降水却具有明显减少趋势。11 a 滑动平均曲线显示,西南秋季气温和降水均在 20 世纪 90 年代初期发生了年代际变化,在这之前温度距平几乎为负,降水距平多为正,而之后两者则分别为正和负,特别是 21 世纪以来,气温上升和降水减少的趋势尤为明显。

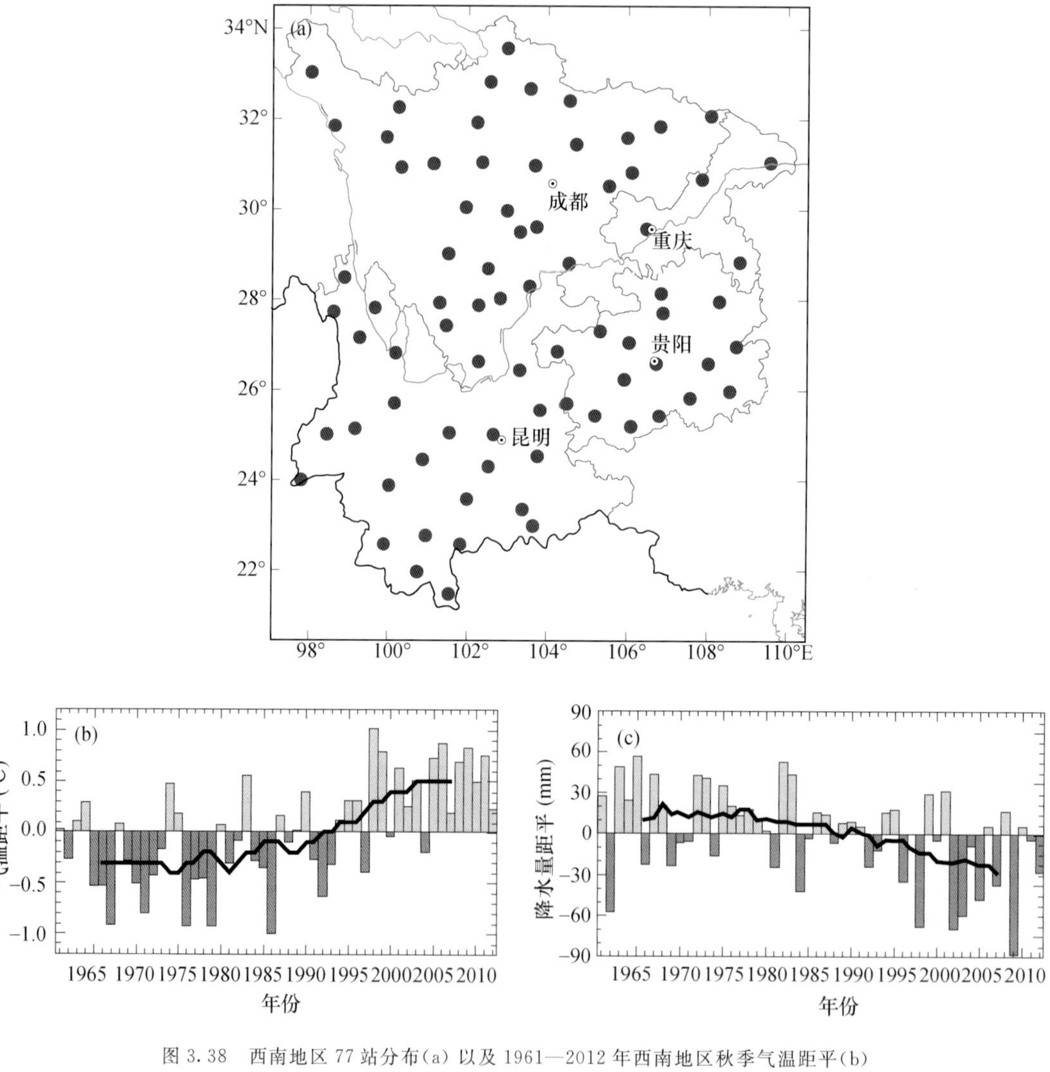

图 3.38　西南地区 77 站分布(a) 以及 1961—2012 年西南地区秋季气温距平(b)和降水量距平(c)(实线为 11 a 滑动平均值)(张顾炜 等,2016)

SPEI 指数引入潜在蒸散项,将气温因素考虑到对干旱程度的判定之中,提取 1961—2012 年西南地区 77 个台站的月平均气温和降水,计算各站秋季 SPEI。图 3.39a 为西南地区秋季

SPEI(77 站 SPEI 的平均值)的时间变化。可见,SPEI 呈显著下降趋势,20 世纪 90 年代初期之后西南地区秋季多为干旱,2009 年 SPEI 指数最小(－1.36),为近 50 a 最干旱年份,这与采用其他干旱指标的研究结论一致(王斌 等,2010;黄荣辉 等,2012;王晓敏 等,2012;尹晗 等,2013;徐栋夫 等,2013)。对西南秋季 SPEI 做 Mann-Kendall 突变检验(图 3.39b),结果表明西南秋季 SPEI 在 1994 年发生了年代际突变,1994 年之后 SPEI 显著下降,且多为负值(干旱)。对照图 3.40b 可知,西南秋季气温也是在 1994 年之后开始显著升高的,表明气候变暖对该地区的干旱确实起到了促进作用。

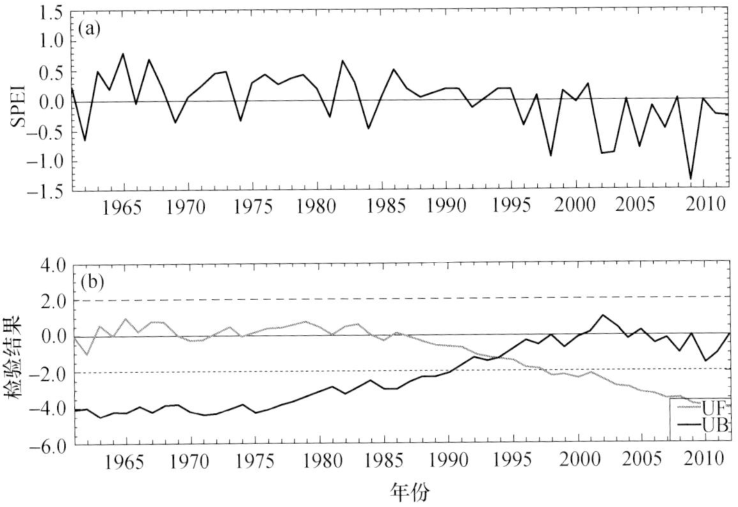

图 3.39　1961—2012 年西南地区秋季 SPEI 的时间变化(a)和 SPEI 的 Mann-Kendall 检验结果(b)(虚线表示 0.05 信度的显著性水平线)(张顾炜 等,2016)

3.3.1.4　西南地区夏季旱涝急转特征

旱涝灾害是我国主要的两种气象灾害。在全球气候变暖的背景下,极端天气气候事件出现了增多增强的趋势(Karl et al.,1995)。西南地区自古以来是我国洪涝灾害频发且较为严重的区域之一,但 2000 年以来,该地区屡屡发生严重的干旱灾害,旱涝灾害造成了难以估量的损失。以往关于西南地区旱涝的研究主要集中在季节整体性干旱事件或雨涝事件(Dai et al.,1998;Ju et al.,2005;鲍媛媛 等,2007;王遵娅 等,2008;李永华 等,2009;王林 等,2012)。旱涝急转可能引发农作物减产、山洪、泥石流、城市内涝等自然灾害,给社会经济发展和居民日常生活都将带来严重影响。因此,对旱涝急转事件的变化特征及其发生规律进行研究是十分有科学意义和应用价值的。

由于西南地区地理位置特殊,降水空间分布差异较大,因此利用 1961—2015 年中国 632 站逐日降水资料,对全国标准化降水距平场采用旋转经验正交函数分解(REOF)方法进行降水分区,选取西南地区夏季降水代表站。据此选取 22°—30°N,100°—110°E 作为研究区域,将其中的站点作为西南地区夏季降水代表站,总共 64 个站,主要包括云南省东部、四川省南部、重庆、贵州大部和广西西部的站点。

夏季旱和涝的持续时间较长(2 个月左右),即旱涝急转时间尺度为 2 个月。"旱转涝"是指 5 月、6 月旱,7 月、8 月涝;"涝转旱"指 5 月、6 月涝,7 月、8 月旱。为了定量研究西南地区旱涝急转的气候特征,定义了西南地区旱涝急转指数。参考中国气象局国家气候中心的降水指数(赵振国,1999;陈兴芳 等,2000),首先计算了 5—6 月和 7—8 月的西南地区降水指数,将标准化后的 7—8 月降水指数($\gamma 78$)与 5—6 月降水指数($\gamma 56$)差值定义为西南地区夏季长周期旱涝急转指数 Z:

$$Z = \gamma_{78} - \gamma_{56} = \left[\left(\frac{1}{n}\sum_{i=1}^{n}\frac{R_{i(78)}}{\overline{R}_{i(78)}} + \frac{n_{78}^{+}}{n_{78}}\right) - \left(\frac{1}{n}\sum_{i=1}^{n}\frac{R_{i(56)}}{\overline{R}_{i(56)}} + \frac{n_{56}^{+}}{n_{56}}\right)\right] \times 100\% \tag{3.1}$$

式中:n 为研究区域内的测站总数,$R_{i(78)}$ 为某站 7—8 月总降水量,$\overline{R}_{i(78)}$ 为该站 1981—2010 年 7—8 月降水量平均值,$R_{i(56)}$ 为 5—6 月总降水量,$\overline{R}_{i(56)}$ 为 1981—2010 年 5—6 月降水量平均值,i 为测站序号($i=1,2,3,\cdots,n$),n^{+} 表示 n 个测站中降水量距平 $\Delta R \geqslant 0$ 的站数。

图 3.40 为 1961—2015 年西南地区 5—6 月和 7—8 月区域降水指数的逐年变化图。从图 3.40 可以看出,西南地区 5—6 月和 7—8 月降水的年际变化较大,且 7—8 月降水变化更为显著。采用高于(低于)降水指数平均值 0.5 倍标准差来判定涝(旱)期,5—6 月可以得到 16 个旱期和 17 个涝期(图 3.40a),7—8 月得到 15 个旱期和 17 个涝期(图 3.40b)。由图 3.40a 可见,5—6 月,20 世纪 60—80 年代 γ 指数相对较大,其中有 8 a 为涝,4 a 为旱;随后的 20 a (1981—2000 年),γ 指数相对偏小,有 8 个旱期,5 个涝期;21 世纪初,旱涝年分布相对比较均匀,有 4 个涝期和 3 个旱期。7—8 月(图 3.40b),1961—1980 年旱涝期较为平均,各出现 6 个;1981—2000 年,γ 指数相对偏大,其中有 6 a 为涝期,3 a 为旱期;进入 2001—2015 年,γ 指数相对偏小,出现 6 个旱期,5 个涝期,且旱期的强度较强。

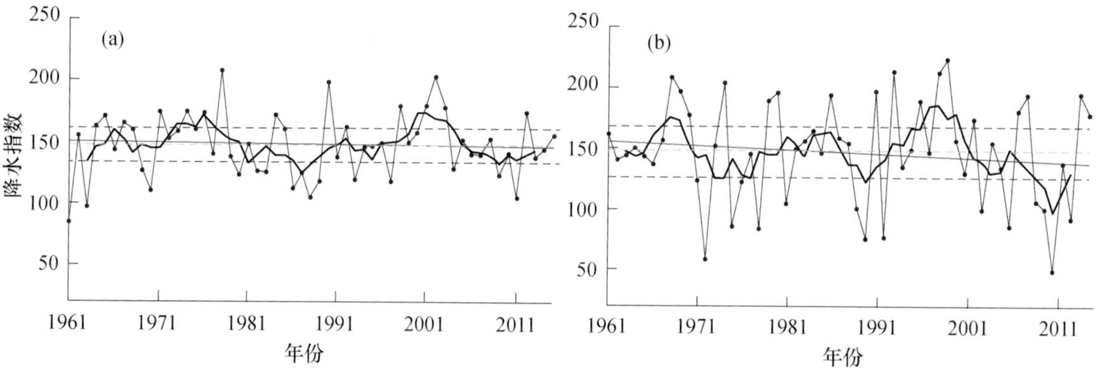

图 3.40　1961—2015 年西南地区区域降水指数序列

(a)5—6 月,(b)7—8 月

(绿色线为 1961—2015 年平均值;黑色虚线为高于或低于平均值 0.5 倍标准差;

黑色实线为 5 a 滑动平均;红色实线为线性趋势)(孙小婷 等,2017)

图 3.41 为 1961—2015 年我国西南区域旱涝急转指数(Z)的逐年变化曲线。正指数值越大,代表旱转涝程度越强;负指数越小,代表涝转旱程度越强;旱涝急转指数的绝对值越大,表示旱涝急转程度越大。由图 3.41 可以看出,西南区域旱涝急转指数呈现出明显的年际变化。1961—1970 年间为明显的高值年,旱转涝年多于涝转旱年;1971—1980 为明显的低差值年,涝转旱年较多,急转程度较强;1981—2000 年间正负指数较为平均,旱转涝与涝转旱年均存在,且急转程度较强;进入 21 世纪初,指数又呈现出负值的趋势,5—6 月比 7—8 月更易较常年降水偏多、偏涝。

选取西南地区旱涝急转指数(Z)大于 1、且同时满足 5—6 月旱(降水指数低于平均值 0.5 倍标准差)、7—8 月涝(降水指数高于平均值 0.5 倍标准差)的年份作为旱转涝典型年,满足条件的年有 1969 年、1970 年、1980 年、1986 年和 1993 年。类似地，选取西南地区旱涝急转指数(Z)小于－1、且同时满足 5—6 月涝、7—8 月旱的年作为涝转旱典型年，这样的年有 1975 年、1978 年、1990 年、1992 年和 2003 年。

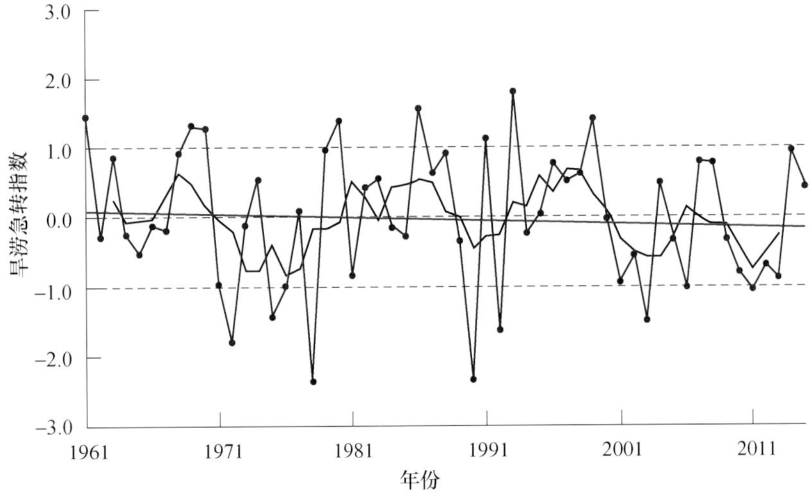

图 3.41 西南地区 1961—2015 年旱涝急转指数

（高指数对应“旱转涝”年，低指数对应“涝转旱”年，黑色实线为 5 年滑动平均值；红色实线为线性趋势）（孙小婷 等，2017）

表 3.7 为典型年旱涝急转指数值及 5—6 月、7—8 月降水指数距平。其中，5—6 月降水指数距平绝对值大于 13，为超过平均值 0.5 倍标准差；7—8 月降水指数距平绝对值大于 21.2，为超过平均值 0.5 倍标准差。由表 3.7 可以看出，在高急转指数年（旱转涝年），5—6 月降水指数距平均为负值，即降水指数低于平均值、西南地区偏旱；7—8 月降水指数距平均为正值，即降水指数高于平均值、西南地区偏涝；且 5—6 月和 7—8 月降水指数均达到旱期或涝期标准。低急转指数年则反之，5—6 月降水指数距平均为正值、偏涝，7—8 月降水指数距平均为负值、偏旱。

表 3.7 西南地区旱涝急转典型年旱涝急转指数值及 5—6 月、7—8 月降水指数距平（孙小婷 等，2017）

旱转涝年	旱涝急转指数	5—6 月降水指数距平(%)	7—8 月降水指数距平(%)	涝转旱年	旱涝急转指数	5—6 月降水指数距平(%)	7—8 月降水指数距平(%)
1993	1.8037	－28.04	66.9	1978	－2.3608	60.87	－63.39
1986	1.5583	－34.82	47.2	1990	－2.3396	51.83	－71.31
1980	1.3936	－23.78	49.57	1992	－1.6338	15.11	－70.89
1969	1.3307	－20.11	49.93	2003	－1.4923	30.88	－47.67
1970	1.2811	－36.75	30.68	1975	－1.4259	13.25	－61.8

为了验证旱涝急转指数选取的典型年是否能够正确反映西南地区夏季旱涝急转情况，图 3.42分别给出了旱转涝年和涝转旱年 5—6 月与 7—8 月的降水距平百分率合成图。由旱

转涝年合成图(图 3.42a、b)可以看出,在旱期,西南绝大部分地区的同期降水偏少 10%以上,偏少 20%的地区几乎占到一半,特别是云南省北部降水偏少 30%以上,总体呈现出全区整体降水偏少的情况;到了涝期,西南降水则表现为整体偏多,贵州、重庆和云南东部降水偏少 25%以上。从涝转旱年合成图(图 3.42c、d)来看,选取的异常年亦能够反映出该地区降水由涝期偏多到旱期偏少的情况,涝转旱年涝期,云南省东北部降水明显偏多;而到了旱期,贵州、重庆、广西北部地区降水偏少 30%以上。

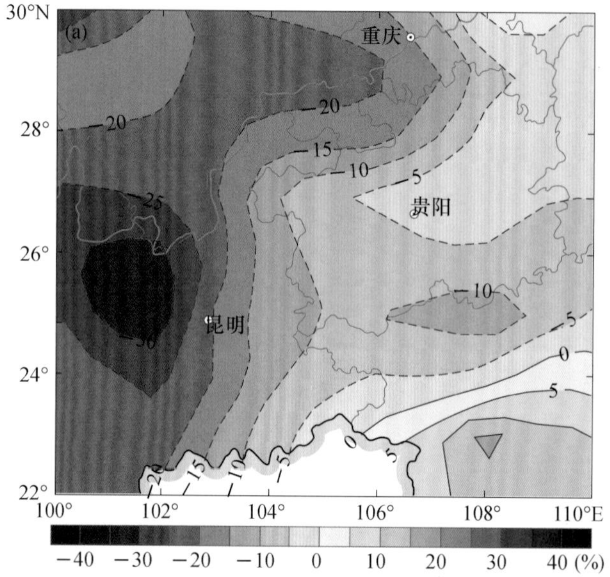

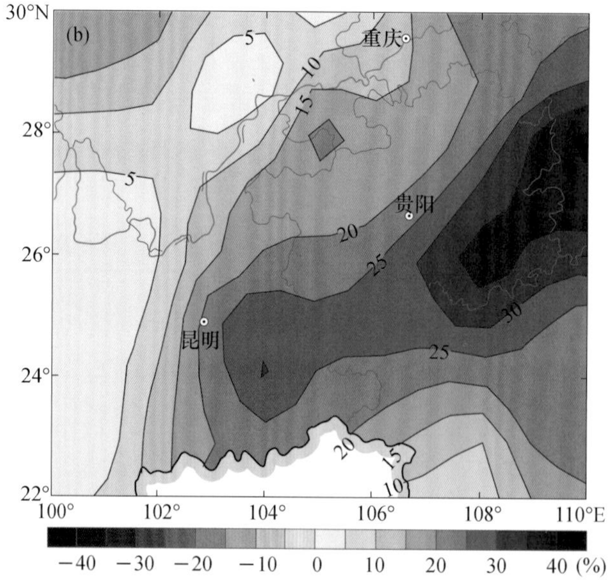

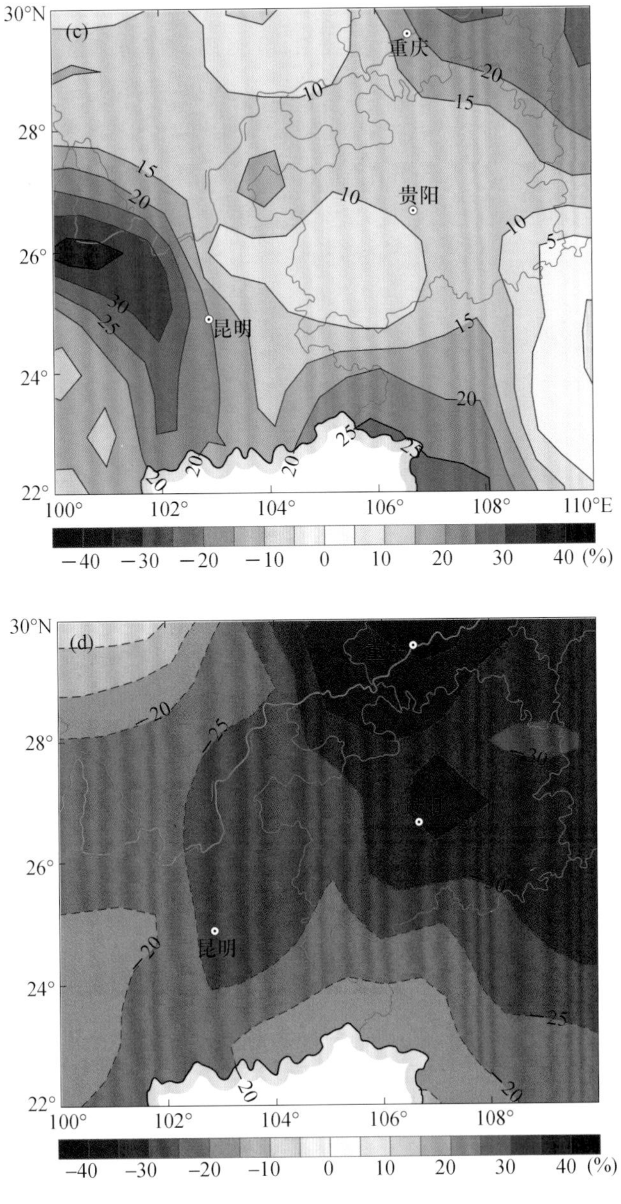

图 3.42 西南地区夏季旱涝急转年降水距平百分率合成图

(a)旱转涝年 5—6 月;(b)旱转涝年 7—8 月;(c)涝转旱年 5—6 月;(d)涝转旱年 7—8 月(孙小婷 等,2017)

3.3.2 华南旱涝变化

华南地区是我国旱涝灾害发生较频繁的地区之一,旱涝灾害给当地的农业生产、人民的生活等造成了严重影响,因而探究全球变暖背景下华南旱涝变化的新特征及其可能原因,对华南地区的防灾减灾工作和社会经济发展具有重要意义。

我国雨带 5 月中旬到 6 月上旬(25 d 左右)停滞在华南,雨量迅速增大,形成华南雨季的第一阶段,称华南前汛期。从 7 月中旬至 8 月下旬(约 40 d)停滞于华北和东北地区,造成华北和东北的雨季。这时华南又出现了另一个大雨带,是由热带天气系统所造成的,形成华南雨季的第二阶段，称华南后汛期（朱乾根 等，2000）。

采用日本气象厅（JMA）提供的高分辨率亚洲逐日格点降水资料（APHRO），分辨率为0.5°lon×0.5°lat，韩振宇等（2012）研究了该资料在中国大陆的适用性，结果表明，APHRO资料揭示的近50 a降水量的变化趋势与台站资料大致相同，并且能够反映年平均降水频率“西增东减”的趋势，因此这里选取该资料用于华南夏季逐日降水的研究。华南区域取（22.5°—27.5°N，105°—120°E）。

图3.43给出了1979—2007年气候平均的华南4—9月逐日降水时间序列。可见，华南地区汛期降水日变化显著。4月初至6月中旬，华南逐日降水呈逐渐增加的趋势，此时段处在华南前汛期。6月中旬雨量达到峰值，在10 mm/d以上；6月下旬降水量急剧减少到6 mm/d以下；7月、8月降水量一直稳定在6 mm/d左右；进入9月，降水量急剧减少到5 mm/d以下。7月、8月降水量总体比较稳定，而6月降水量由急剧增加到急剧减少。6月平均降水量相比7月、8月明显偏多。因此，根据华南汛期降水的特点，研究华南汛期降水时，取4—6月作为华南前汛期，7—8月作为华南后汛期。

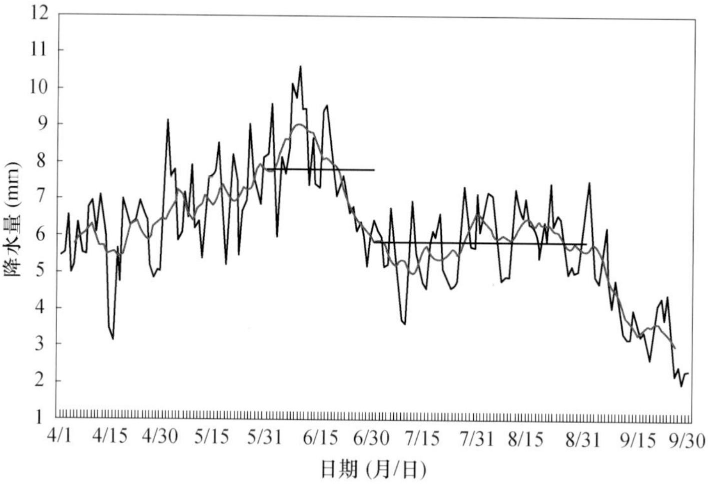

图3.43 1979—2007年气候平均的华南地区4—9月逐日降水时间序列

（灰色曲线：9 d滑动平均值；黑色直线分别为6月、7—8月降水平均值）（伯忠凯 等，2017）

研究一个地区的干旱特征，选取合适的干旱指标非常重要。目前，国内外常见的气象干旱指标包括标准化降水指数（McKee et al.，1993）、Palmer干旱指数（Palmer，1965）、相对湿润度指数（Richard et al.，2002）以及区域旱涝指数（谭桂容 等，2002）等。马柱国等（2003，2006，2007）研究表明，极端干旱事件的频发区大多是增温最明显的区域。在气候变暖的背景下研究干旱需要综合考虑降水和蒸发对干旱发展过程的影响机制。Vicente-Serrano等（2010）在标准化降水指数的基础上引入潜在蒸散项，构建了标准化降水蒸散指数（SPEI）。选用这种能够同时表征降水和气温变化影响的指标来进行干旱的识别和监测较选用其他指数要好（李伟光等，2012b；段莹 等，2013；庄少伟，2013；王林 等，2014）。李伟光等（2012a）也指出，SPEI在中国华南地区具有较好的适用性。因而，在分析华南旱涝特征时，采用到降水和SPEI指数。

3.3.2.1 华南前汛期降水变化

（1）华南前汛期极端降水年际异常特征

国际上对极端天气气候事件的时间变化特点，包括发生频率和强度年代变化特征及长期趋势等，已进行了许多研究（如 Alexander et al.，2006，2009；Zhang et al.，2007；Choi et al.，2009）。我国学者对极端天气气候事件的研究也已获得大量成果（胡宜昌 等，2007；翟盘茂 等，2007a；丁一汇 等，2008；任国玉 等，2010）。极端降水事件，因其常引发山洪、滑坡、泥石流、江河泛滥等严重自然灾害，更成为气象学者的研究热点。气候变暖能加速全球的水汽循环，会导致陆地大部分地区强降水比例增加，且呈现出区域变化（Trenberth，1998）。我国极端降水事件发生频率、强度也具明显区域性和季节变化（潘晓华 等，2002；丁一汇 等，2006）。华南地处南海季风区，极端降水事件发生频繁，洪涝灾害及其衍生灾害频率高、危害重（鹿世瑾，1990；曾昭璇 等，2001）。华南前汛期占华南地区全年降水 40%～50%或更多，许多学者一直关注华南前汛期旱涝（马慧 等，2006；吴志伟 等，2006；张焱 等，2008）和暴雨特征（吴丽姬 等，2007；丁治英 等，2008；张婷 等，2010；王东海 等，2011）的研究。近年来，气象学者开始更多研究华南特别是前汛期极端降水特征及规律。钱维宏等（2007）研究表明，华南在 1991 年出现了转湿突变，大暴雨事件增多。翟盘茂等（2007b）指出，降水强度增加是长江中下游和华南沿海地区年降水量增加的主要原因。张婷等（2009）指出，1992 年后，前汛期极端降水量和日极端降水强度有所下降。李丽平等（2010）研究指出，1990 年代以来华南前汛期总降水量的显著增加与极端降水量、极端降水频率以及暴雨日数显著增加密切相关，且极端降水量异常程度明显增强。

选取（106°—120°E，20°—28°N）范围作为华南区域，剔除 1969 年以来降水资料长度不足 40 a的站点，共选取 89 个测站代表华南地区，其中不包括海南省。选取总降水量、降水强度、强降水量、强降水频率以及暴雨日数作为描述极端降水的指数，各指数具体定义见表 3.8。根据定义计算出华南各站 1969—2008 年前汛期（4—6 月）各极端降水指数序列。为突出要素年际变化特征，滤除各极端降水指数序列、850 hPa 风场和海表温度场中 10 a 以上周期的波动成分。

表 3.8 极端降水统计指数及其定义（李丽平 等，2010）

序号	指数名称	定义	单位
1	总降水量	全部雨（雪）日（日降水量≥1 mm）的总降水量	mm
2	降水强度	降水总量与降水日数（日降水≥1 mm）比值	mm/d
3	强降水量	日降水量>第 95 百分位值的总降水量	mm
4	强降水频率	日降水量>第 95 百分位值的日数与总日数的比值	%
5	暴雨日数	日降水量≥50 mm 的日数	d

图 3.44 为华南前汛期 1969—2008 年共 40 a 平均的总降水量、降水强度、强降水量、强降水频率、暴雨日数空间分布，由图可见，阴影区表示大于各指数的区域平均值，各指数的区域平均值依次为 660 mm、13 mm/d、281 mm、5.3%、2.7 d。对比图 3.44a～e 可见，广东大部、广西北部和西南部及赣闽交界处总降水量大，上述区域降水强度也偏大，强降水量、暴雨日数同样偏多，广东大部强降水频率也偏多，说明华南前汛期的降水强度、强降水量和暴雨日数很大程度影响着总降水量的多寡。

对各极端降水指数年际异常分量进行自然正交函数分析（EOF），总降水量、降水强度、强降水量、强降水频率以及暴雨日数第一模态方差贡献率分别为 32.4%、16.8%、18.4%、16.3%、18.2%，它们分别表征近 40 a 华南前汛期极端降水年际异常最主要特征，下面重点分析各指数 EOF 第一模态。

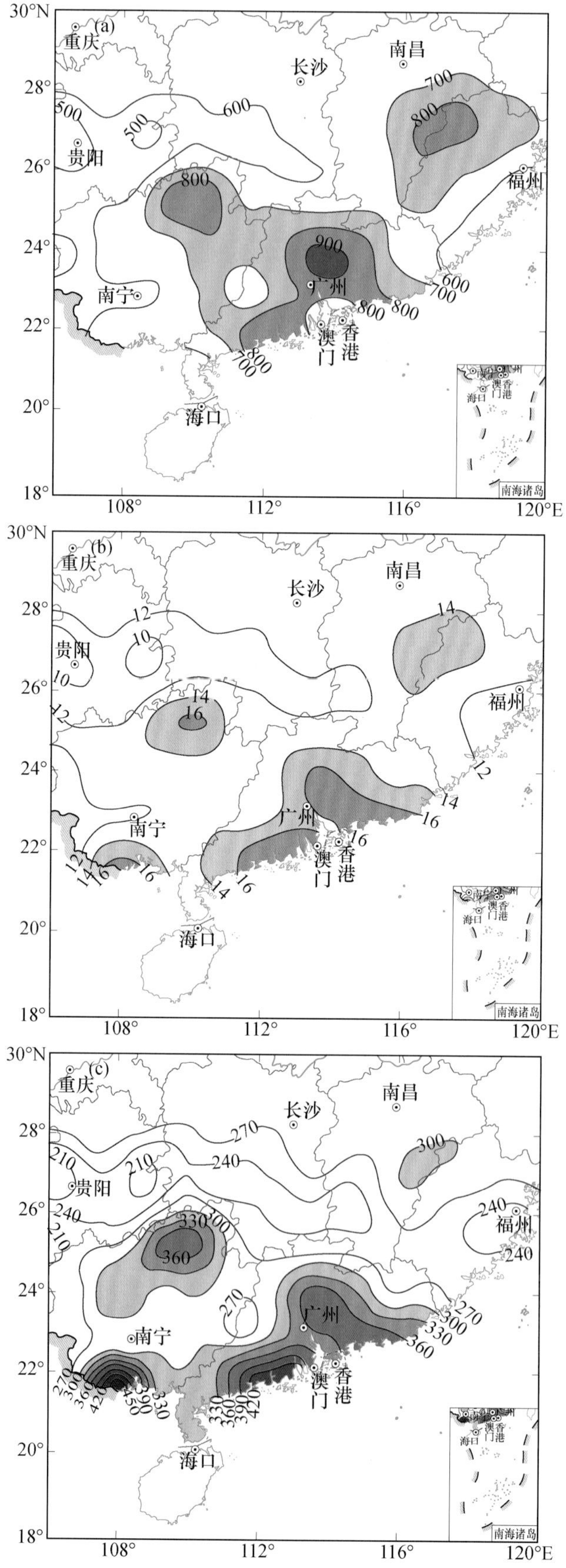
(a)
30°N
28°
26°
24°
22°
20°
18°
108°
112°
116°
120°E
重庆
长沙
南昌
贵阳
福州
南宁
广州
澳门
香港
海口
南海诸岛
500
600
700
800
900
(b)
10
12
14
16
(c)
210
240
270
300
330
360
390
420
450

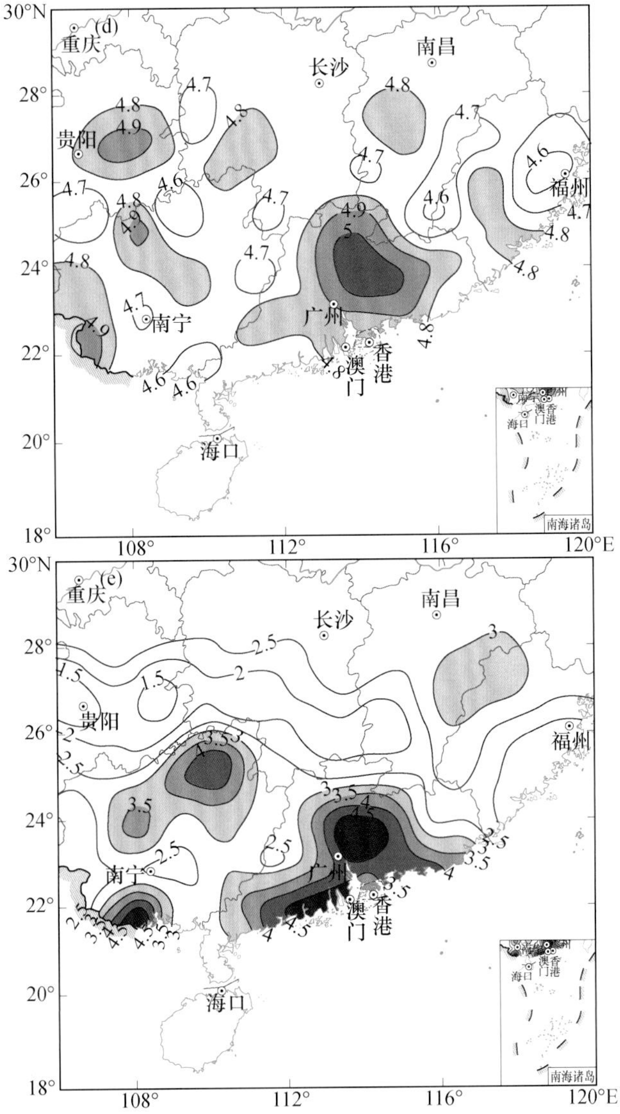

图 3.44 华南地区前汛期 1969—2008 年各极端降水指数平均值空间分布

(a)总降水量(单位:mm);(b)降水强度(单位:mm/d);(c)强降水量(单位:mm);

(d)强降水频率(单位:%);(e) 暴雨日数(单位:d)(李丽平 等,2010)

各极端降水指数 EOF 第一特征向量场呈相似的空间分布(图 3.45a～图 3.45e),即除贵州中南部为负异常外(降水强度在福建东南沿海也为负异常),华南大部地区均为正异常,正异常中心主要位于广西西南部、广东中部、福建中部或偏北地区。对比图 3.45 与图 3.44 可知,各极端降水指数平均值大的区域,其年际异常也相对较大,但年际异常大值中心与各指数多年平均值大值中心略有差异,如闽赣交界处为多年平均总降水量大值中心,但年际异常大值中心位于福建中部。各极端降水指数 EOF 分析第一模态时间系数序列呈现显著年际变化(图 3.46a～图 3.46e),且自 1990 年代以来,各极端降水指数时间序列振幅加大。结合各极端降水指数 EOF 分析第一特征向量场(图 3.45a～图 3.45e)与时间系数序列(图 3.46a～图 3.46e)可见,各极端降水指数呈现显著年际变化,且在广东、广西、福建中北部和江西中南部呈一致性异常(降水强度在福建东南沿海呈相反异常),贵州中南部呈相反异常分布。1990 年代以来,华南前汛期总降水量、降水强度、强降水量、强降水频率、暴雨日数的年际异常程度加剧,华南前汛期发生极端降水事件可能性增大。

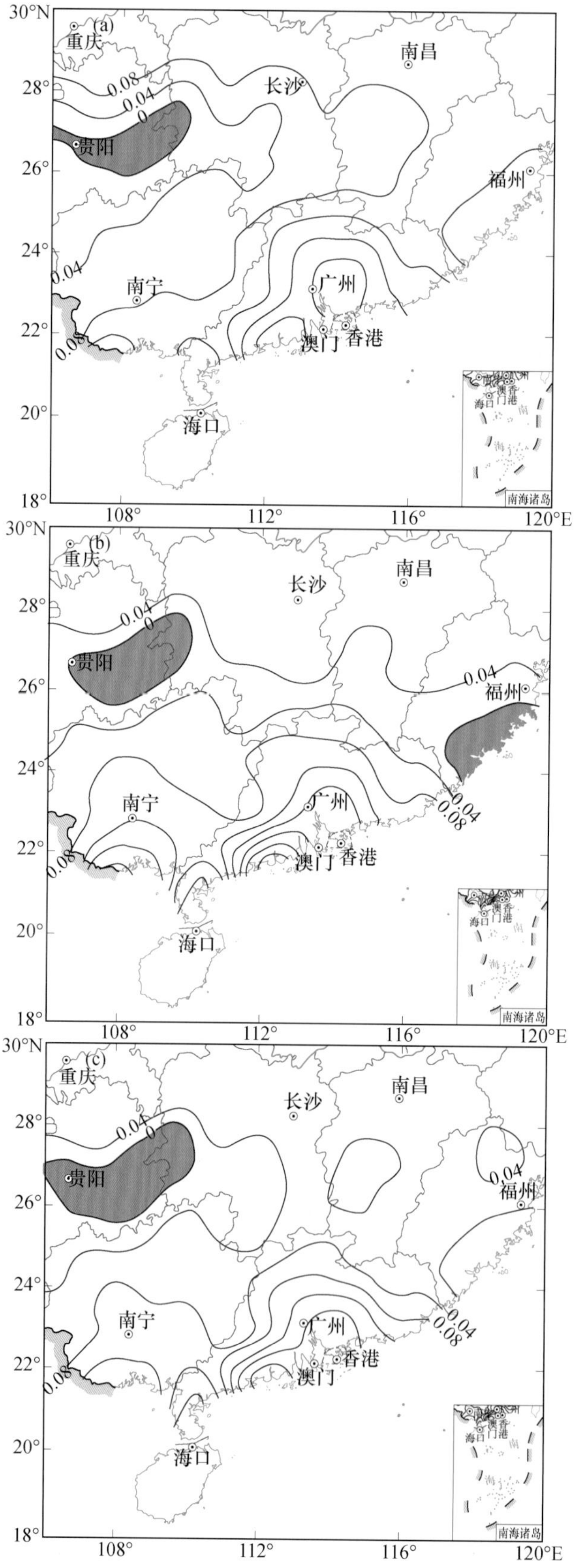
(a)
30°N
28°
26°
24°
22°
20°
18°
108°
112°
116°
120°E
重庆
南昌
长沙
贵阳
福州
南宁
广州
澳门
香港
海口
0.08
0.04
0
0.04
0.08
南海诸岛
(b)
30°N
28°
26°
24°
22°
20°
18°
108°
112°
116°
120°E
重庆
长沙
南昌
贵阳
福州
南宁
广州
澳门
香港
海口
0.04
0
0.04
0.04
0.08
0.08
南海诸岛
(c)
30°N
28°
26°
24°
22°
20°
18°
108°
112°
116°
120°E
重庆
长沙
南昌
贵阳
福州
南宁
广州
香港
澳门
海口
0.04
0
0.04
0.04
0.08
0.08
南海诸岛

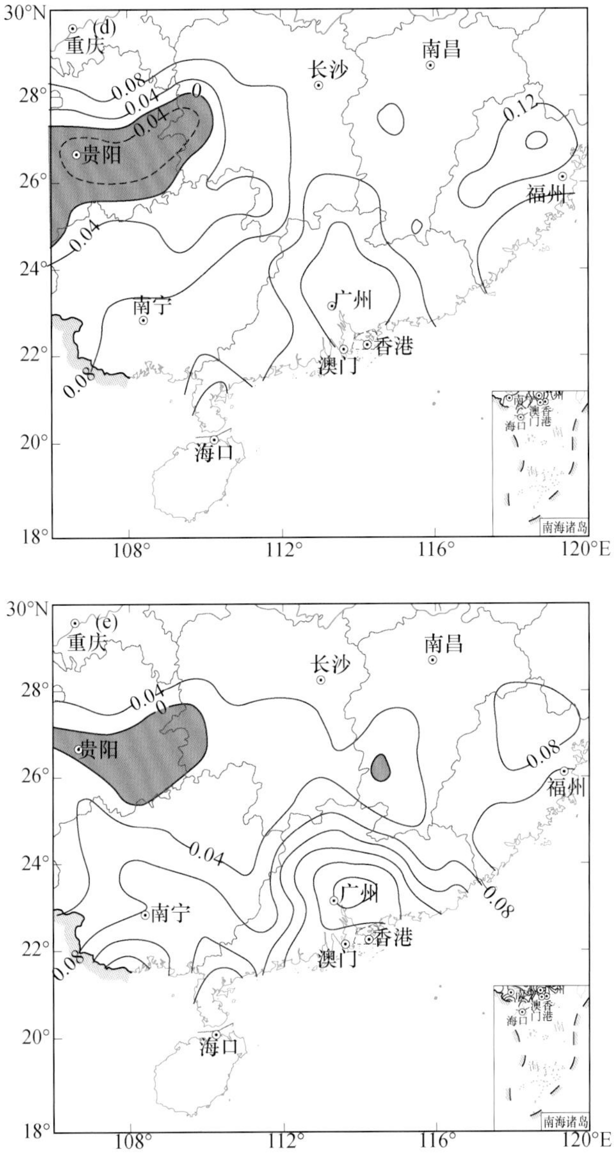

图 3.45 1969—2008 年华南地区前汛期各极端降水指数年际异常分量 EOF 第一特征向量场(阴影区值<0)

(a)总降水量(单位:mm);(b) 降水强度(单位:mm/d);(c)强降水量(单位:mm);(d)强降水频率(单位:%);(e) 暴雨日数(单位:d)(李丽平 等,2010)

(2)华南前汛期降水年代际异常特征

中国东部夏季降水在 1970 年代末发生一次明显年代际转折(Wang,2001;Wu et al.,2002;Han et al.,2007;Ding et al.,2009),长江流域降水异常偏多,北方和南方地区降水异常偏少。1990 年代初中国东部夏季降水又经历了一次显著年代际转折,我国东部降水又转变成南涝北旱的偶极型分布,尤其以华南降水异常最明显(Kwon et al.,2007;Ding et al.,2008;Wu et al.,2010)。华南前汛期降水在 1970 年代初由相对偏少转为相对偏多(Li et al.,2009),在 1970 年代末又经历一次减少的年代际转折(Xin et al.,2006)。通过对中国降水极值事件的分析发现，华南前汛期在1991年出现了转湿突变（钱维宏 等，2007；张婷 等，2009；李丽平 等，2010）。对1990年代初华南前汛期降水的年代际变化研究大部分是针对极端降水进行，且往往将年际、年代际分量混淆在一起，这可能会造成在理解和认识调控该区域降水年代际异常的成因方面不清晰。下面将利用高斯滤波方法将降水的年际和年代际异常信号进行分离，利用年代际异常分量分析华南前汛期降水年代际异常变化规律，并从与之相关的大气环流和海温年代际异常方面综合探究其成因。

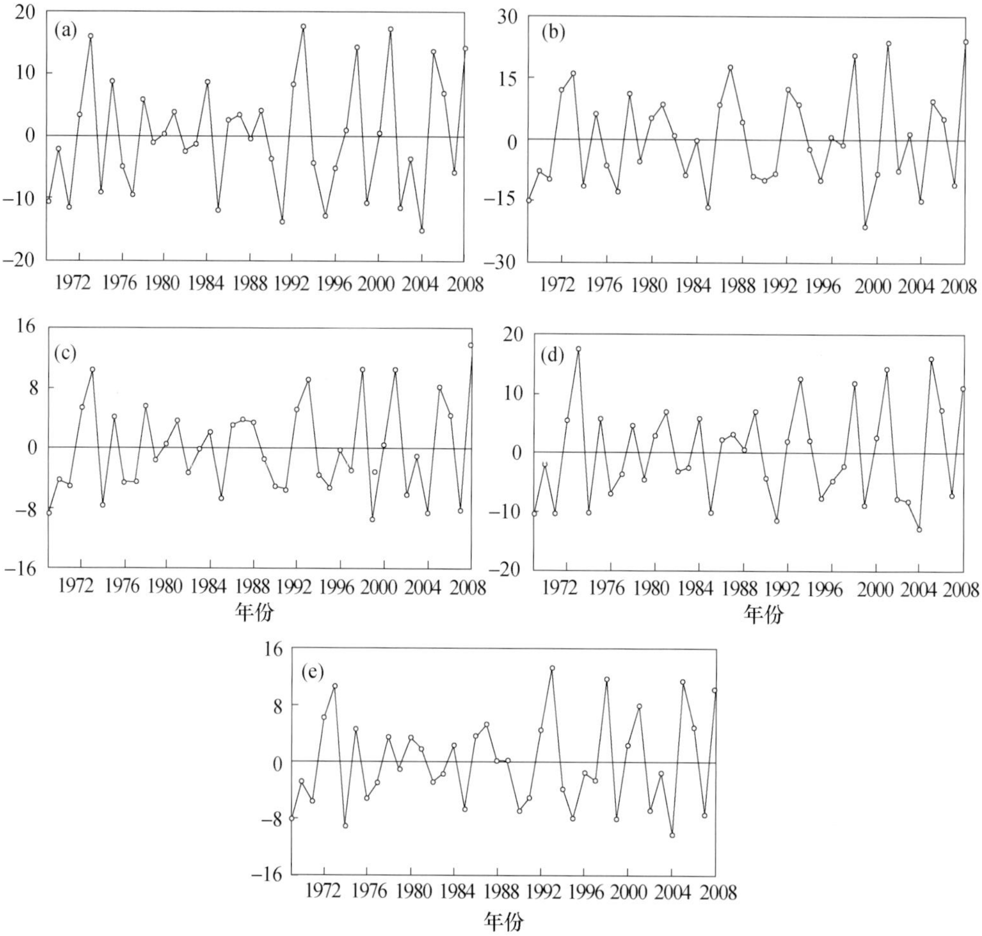

图3.46　1969—2008年华南地区前汛期各极端降水指数年际异常分量EOF第一时间系数
(a)总降水量(×100)；(b) 降水强度；(c)强降水量(×100)；(d)强降水频率；(e) 暴雨日数(李丽平 等，2010)

由1981—2013年华南26个站降水距平场进行EOF分析第一模态（方差贡献率为35.1%）可见，华南前汛期降水具全区一致异常特征，异常中心一个位于闽赣交界处且偏赣一侧，另一个位于广东中东部地区（图3.47a）。第一模态时间系数呈显著年际变化，同时也表现出显著年代际异常特征，滑动t检验表明该时间序列在1991/1992年发生显著年代际转折（图略）。另外，EOF第一时间系数与华南前汛期区域平均标准化降水序列具有一致的年际和年代际变化特征，两者相关系数达0.98，通过了置信水平为99.9%的显著性检验（图3.47c），表明华南前汛期降水第一模态能很好反映其降水主要异常时空特征。

对降水距平场序列年代际异常分量（9点滑动平均滤波）EOF第一特征向量（方差百分

率为 54.7%)分析可知,1992 年以来,华南前汛期降水由之前的偏少为主转为之后的偏多为主,特别是广西东北部和广东北部,降水年代际异常更明显。滤波后的 EOF 第一模态时间系数与滤波后的华南前汛期区域平均标准化降水序列(图 3.47d)之间的相关系数为 0.96,通过了置信水平为 99.9%的显著性检验。注意到滤波后第一特征向量与未滤波前的降水异常大值中心(图 3.47a)有所不同,故很有必要提取降水年代际异常分量进行年代际异常特征的研究。

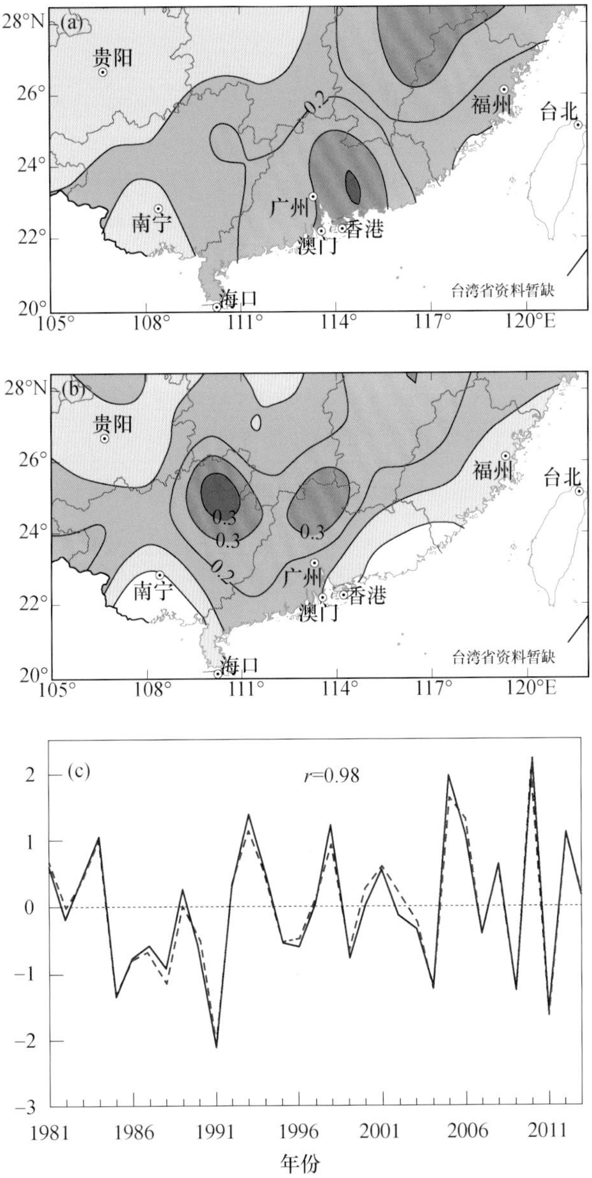

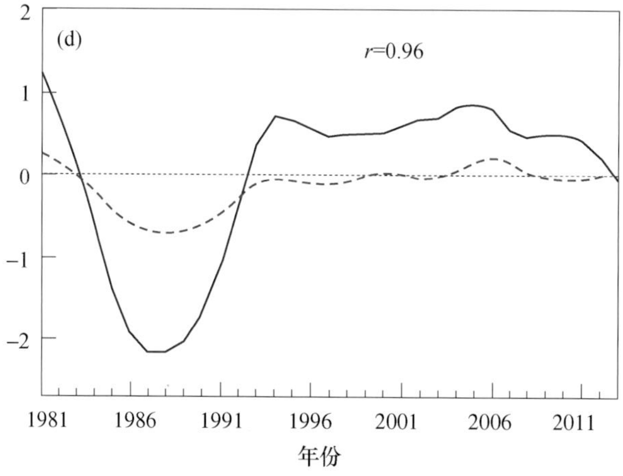

图 3.47　1981—2013 年华南地区前汛期降水距平场 EOF 分析第一特征向量
(a)滤波前;(b)滤波后及其时间系数序列(c)滤波前;(d)滤波后;
(图中红色虚线为区域平均标准化距平降水序列)(李丽平 等,2018)

进一步利用经过 9 a 低通滤波处理的 GPCP 降水资料,对比分析年代际转折前后前汛期降水距平百分率合成结果(图 3.48)可见,1981—1992 年期间(简称"前期")华南降水异常偏少,1993—2013 年期间(简称"后期")降水异常偏多,后期减前期的差值图(图 3.48c)显示,两个阶段华南降水差异通过了置信水平为 95%的显著性检验。

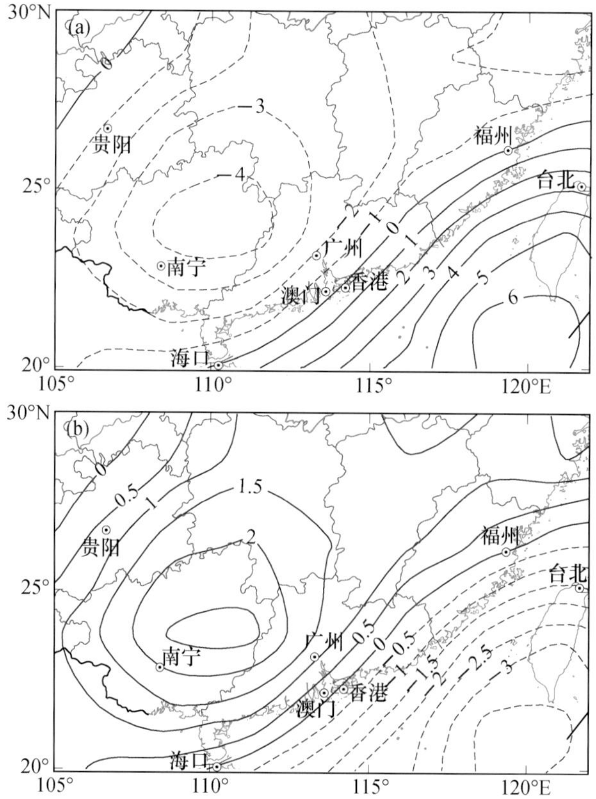

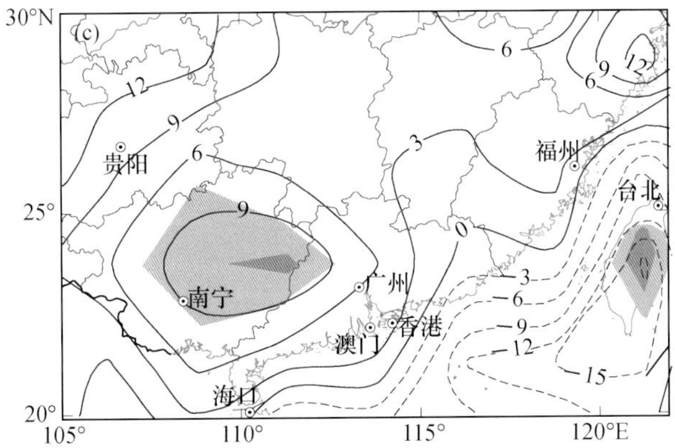

图 3.48 华南地区前汛期降水距平百分率(%)合成分布图
(浅色阴影和深色阴影分别表示通过置信水平 90%和 95%的显著性检验)
(a) 1981—1992 年;(b) 1993—2013 年;(c) 后期减前期的差值(李丽平 等,2010)

(3)华南前汛期降水旱涝年低频特征对比

大量研究证实,大气低频振荡与华南汛期低频降水事件关系密切。如,1994 年华南地区的持续性暴雨过程和热带对流活动的 30～60 d 低频振荡从南海向北传播有很好的对应关系(史学丽 等,2000)。2005 年 6 月 18—23 日华南持续性暴雨既与热带季风季节内振荡向北传播到华南,也与热带西太平洋对流的 10～25 d 低频振荡从 150°E 附近西传到 120°E 有关(林爱兰 等,2008;鲍名,2008)。信飞等(2007)研究指出,华南前汛期降水主要以 10～20 d 准双周振荡为主,低频纬向风的传播变化与降水的时间分布有较好的对应,高、低纬度低频风场同时向华南地区传输,会产生极强的降水。梁巧倩等(2011)指出,华南汛期的降水主要有 7～20 d 和60 d左右的周期振荡,广东汛期的明显降水过程主要出现在 60 d 左右低频振荡的正位相中;前汛期 850 hPa 正涡度主要是由南往北传播到达华南,500 hPa 正涡度自西往东传播;200 hPa 散度在前汛期有自南往北传播的特征。Pan 等(2013)指出,10～20 d 振荡是大多数年华南春雨的主要低频振荡。胡娅敏(2014)指出,2013 年华南前汛期降水呈现 20～50 d 低频振荡特征,是受北方低频冷空气和南方低频水汽输送的共同作用所致。李丽平 等(2014a,2014b)指出,华南多年平均夏季降水呈显著 10～20 d 低频振荡。华南前汛期典型涝年(2010 年)存在显著 10～20 d 和较弱 30～60 d 低频振荡,典型旱年(2004 年)存在 10～20 d、20～30 d 与 30～60 d 3 个低频周期,典型旱、涝年相关低纬和中高纬的高低层大气低频环流相互作用及传播特征、低频振荡源地存在显著差异。就典型涝年(2010 年)而言,存在两个主要的低频水汽通道,第一个水汽通道为南印度洋—索马里—阿拉伯海—孟加拉湾—中国华南的西南低频水汽输送通道,第二个是赤道中太平洋—菲律宾群岛—中国南海—中国华南的东南水汽通道,并指出涝年华南前汛期低频降水与低频冷空气的关系极为密切(许冠宇,2013;李丽平等,2014a,2014b)。洪伟等(2015)也指出,10～30 d是华南汛期降水的主要低频周期,异常环流型控制着持续性强降水的强度和位置,从而决定异常凝结潜热的演变特征,异常凝结潜热则是通过影响涡度倾向变化而对大气环流有一个反馈作用。另外,许多学者还关注了南半球系统,如南半球马斯克林高压系统强弱的演变过程对应着华南降水多雨带的转移方向(薛峰 等,2003;张婷等,2011)。

综上可见,前人对华南汛期降水低频特征及相关影响因子做了大量研究工作,但大多是对华南夏季降水、华南个别测站或对华南前汛期个例年的降水低频特征进行研究，而综合分析华南前汛期多个典型旱涝年降水的低频特征及其影响机制的研究较少。下面将重点对比分析华南前汛期多个典型旱涝年降水的低频特征，进一步揭示低频水汽输送对低频降水的影响途径。

兼顾站点分布相对均匀性的原则下，在总降水量大值区和正偏差显著区选取典型站点作为进一步研究的对象，其中在典型涝年单站偏差值≥200 mm 的区域（见图 3.49b）共选出 21 个典型站点，在典型旱年单站偏差值≥60 mm 的区域（见图 3.49d）共选出 20 个典型站点。

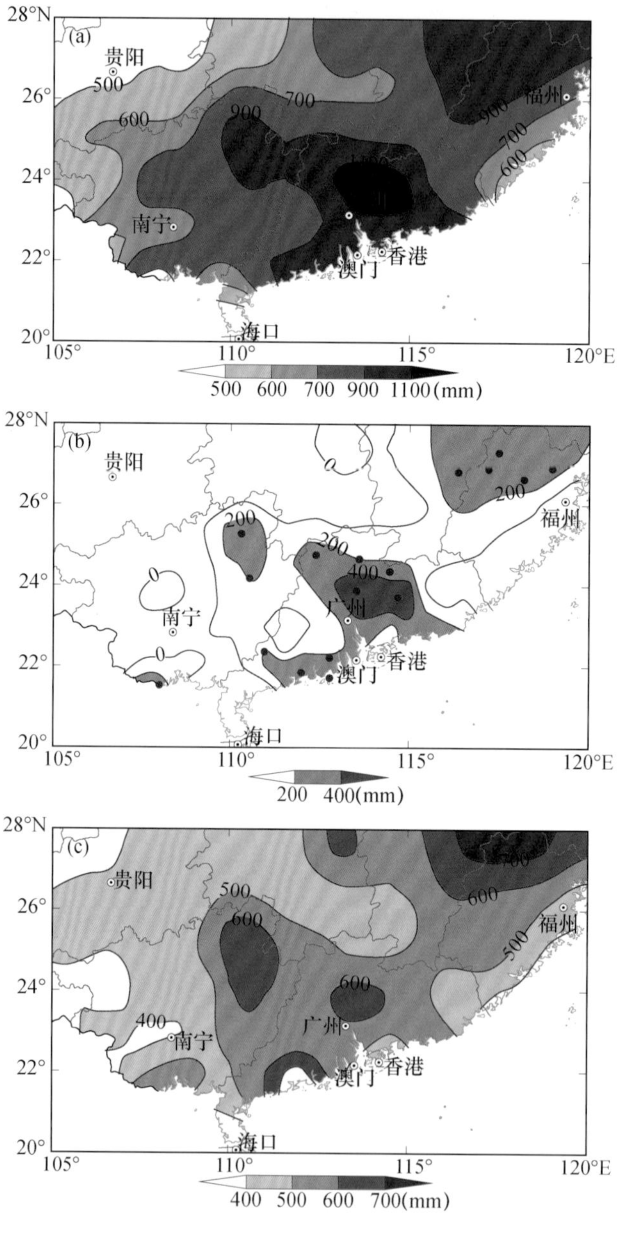

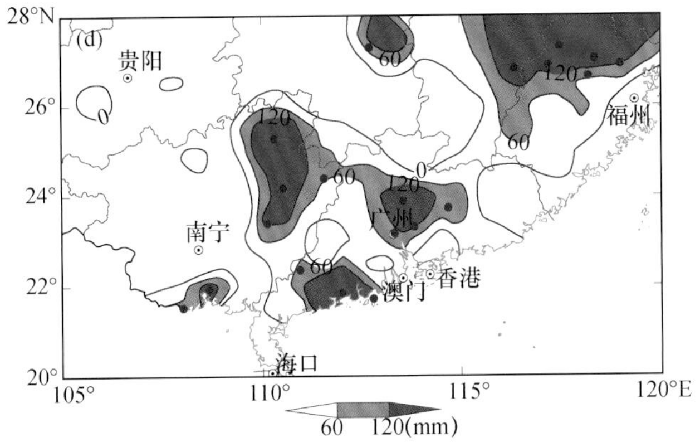

图 3.49 华南地区典型涝年平均的前汛期降水量(a)及空间偏差分布图(b,红点表示偏差值≥200 的站点)、典型旱年平均的前汛期降水量(c)及空间偏差分布图(d,红点表示偏差值≥60 的站点)(李丽平 等,2010)

分别对典型站点的多年平均的前汛期降水量做小波分析发现(表 3.9),华南前汛期典型旱涝年低频降水周期以 10～20 d 为主,主要发生在 5 月、6 月。其中,典型涝年低频降水周期具有地域性差异,表现为闽赣地区还存在 30～60 d 的低频周期,但典型旱年低频降水周期的地域差异并不明显。

表 3.9 华南地区前汛期典型旱涝年各代表站多年平均降水的低频振荡周期(李丽平 等,2010)

代表站	典型涝年		代表站	典型旱年	
	省	周期(d)		省	周期(d)
广昌	江西	10～15,20～50	南岳	湖南	10～20
南平	福建	10～25,30～50	广昌	江西	10～20
邵武	福建	10～15,30～50	邵武	福建	10～20
泰宁	福建	10～15,25～60	建瓯	福建	10～15,25～35
屏南	福建	20～50	泰宁	福建	10～15
连州	广东	30～50	南平	福建	10～20
韶关	广东	30～50	屏南	福建	10～15,25～35
佛岗	广东	10～20	佛岗	广东	10～20
连平	广东	10～20	广州	广东	10～25
广州	广东	10～20	河源	广东	10～15,20～30
河源	广东	10～20	增城	广东	10～20
增城	广东	10～20	信宜	广东	10～18
惠来	广东	10～20	阳江	广东	10～20,25～35
信宜	广东	10～30	上川岛	广东	10～15,20～30
台汕	广东	10～15	桂林	广西	10～20
汕尾	广东	10～15	蒙山	广西	10～15
蒙山	广东	10～15	贺州	广西	10～20
阳江	广东	10～50	桂平	广西	20～50

续表

代表站	典型涝年		代表站	典型旱年	
	省份	周期(d)		省份	周期(d)
上川岛	广东	10～30	东兴	广西	10～20
桂林	广西	10～15	钦州	广西	10～15
东兴	广西	10～25	20 站平均		10～20
21 站平均		10～20			

由于不同年份降水分布存在空间差异，分别对华南前汛期 9 个典型涝年、9 个典型旱年的降水做空间偏差，选取偏差值大于 100 mm 的站点作为该年的典型站点，分别对各年典型站点的区域平均逐日降水序列进行小波分析，结果见表 3.10。同时，图 3.50 给出典型涝年、典型旱年的多年平均的小波分析结果。可见，华南前汛期典型涝年降水低频振荡的主要周期为 10～20 d(其中 10～15 d 存在于 5 月、6 月，15～20 d 出现在 6 月)，旱年周期主要为 10～20 d，主要存在于 6 月。

表 3.10　华南前汛期各典型旱涝年区域平均降水的低频振荡周期(李丽平 等,2010)

典型涝年	周期(d)	典型旱年	周期(d)
1962	10～30	1963	10～25
1968	10～50	1967	10～15
1973	10～20、30～50	1985	10～20
1975	10～20	1988	10～22、30～50
1993	10～20、40～60	1991	10～25、40～50
2001	20～30	1995	10～20、50～60
2005	10～40	1999	10～22、30～45
2008	10～25	2004	10～15、22～30
2010	10～20、30～50	2011	10～30、45～60

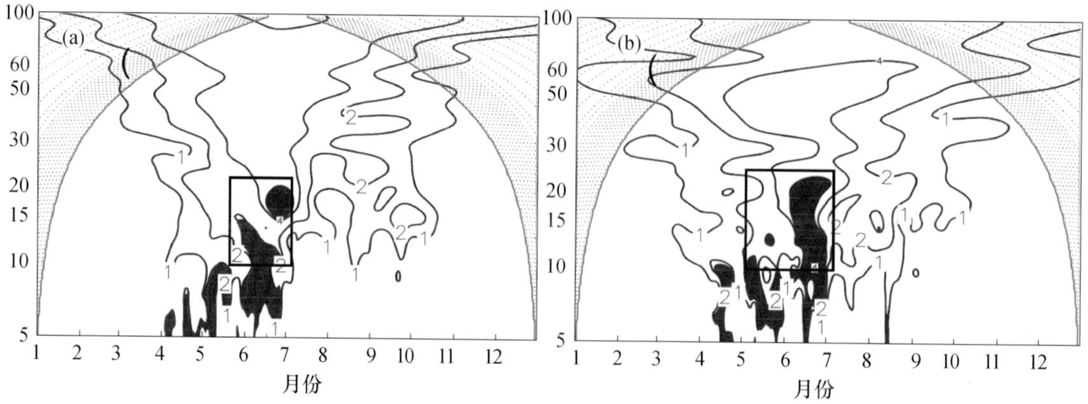

图 3.50　华南前汛期典型涝年(a)、典型旱年(b)多年平均的小波分析

(阴影区为通过信度 $\alpha=0.1$ 的显著性检验)(李丽平 等,2010)

3.3.2.2 华南夏季旱涝变化

(1)华南夏季干旱的20世纪90年代初年代际转折

图3.51给出了华南春、夏、秋、冬四个季节的干旱指数SPEI变化特征。华南春季干旱指数向下逐渐减小，说明华南春季在1979—2012年由涝变旱；华南夏季干旱的变化趋势则与春季干旱的趋势相反，且在20世纪90年代初发生明显的年代际转折，由旱变涝；华南秋季干旱趋势变化不太明显，但在20世纪80年代末存在年代际变化；华南冬季干旱趋势变化不太明显，出现2次转折，一次在20世纪80年代末，由旱变涝。另一次在2005年左右，由涝变旱。华南冬季旱涝程度和秋季类似，程度较轻。

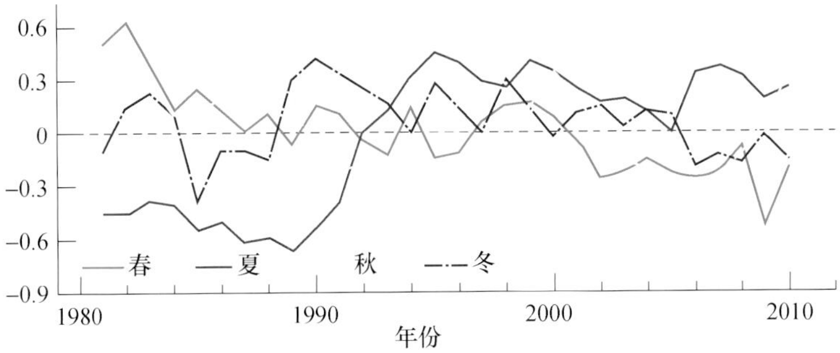

图3.51 1979—2012年各季华南地区干旱指数SPEI变化(已作5 a滑动平均)(唐慧琴,2016)

图3.52为华南夏季干旱指数SPEI经Trend-EOF分析得到的第一模态空间场和时间序列。Trend-EOF分析能够排除其他非趋势信号的干扰，使得趋势变化信号投射到单一的模态中。华南地区和江淮流域干旱指数呈上升趋势，说明华南和江淮地区夏季由旱变涝；极值中心位于华南地区，华南夏季旱涝程度大于江淮流域；华北北部为负值(图3.52a)，说明华北北部夏季干旱加剧。图3.52b与夏季华南区域平均干旱指数(SPEI)的变化序列(图3.51)一致。

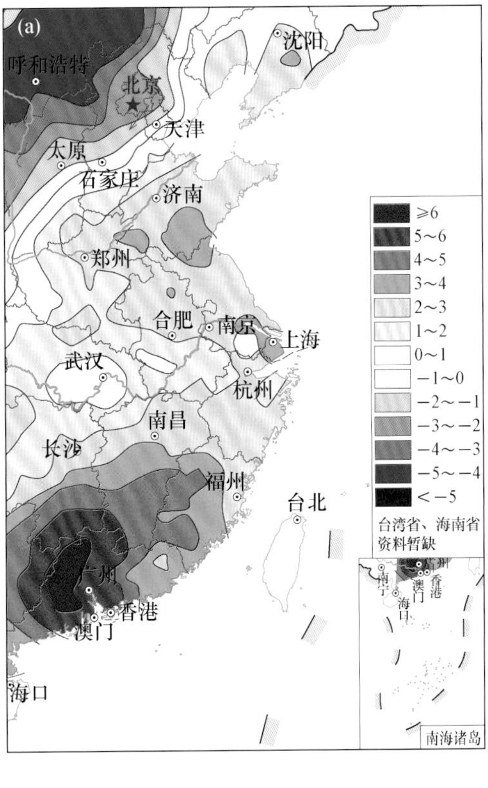

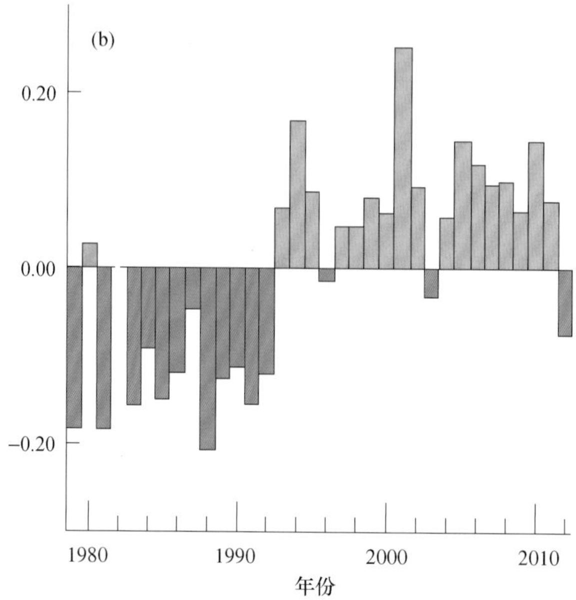

图 3.52 华南地区夏季干旱经 Trend-EOF 分析的第一模态的空间场(a)及其时间序列(b)(唐慧琴,2016)

(2)华南后汛期降水 21 世纪初的年代际转折

多年来,我国气象工作者十分重视对 20 世纪后半期东亚地区夏季降水年代际变化的研究,其中包括 20 世纪 70 年代中后期和 90 年代初期两次年代际突变的确认。一些研究(Ding et al.,2008;Qian et al.,2008;Yao et al.,2008;Wang et al.,2009;Wu et al.,2010)指出,华南夏季降水在 20 世纪 90 年代初期经历了一次突变过程。Ding 等(2008)指出,20 世纪 70 年代末之前,较大的降水正异常主要位于华北地区,此后向南移动到江淮流域,最终在 20 世纪 90 年代移动到我国华南地区。在雨带向南移动的过程中,对发生在 1978 年和 1992 年两次明显的气候转变,分别进行了确认。Wu 等(2010)研究了华南夏季降水在 1992 年/1993 年的年代际转变,并探讨了其可能成因。1980—1992 年为相对少雨期,而 1993—2002 年为相对多雨期。降水的增加伴随着低层辐合、中层上升以及高层辐散运动的加强。低层风场的变化受到两个异常反气旋的影响:分别是南海—西北太平洋反气旋和华北—蒙古国反气旋。从这两个反气旋散发的气流汇聚在中国华南地区,导致低层水汽辐合,上升运动的增强和降水的增加。Ding 等(2008)指出,中国东部降水向南的转变开始于 20 世纪 70 年代后期,经历 1979—1992 年的过渡期,华南降水在 20 世纪 90 年代初存在年代际转变。从 20 世纪 70 年代末到 90 年代初,华南降水一直低于常年,然而降水增加的转变表明华南降水存在 30 a 的振荡。

然而,到目前为止,对华南夏季降水年代际变化的研究大多是针对 20 世纪 70 年代末及 90 年代初的两次年代际变化进行,而对于近 20 多年华南后汛期(7—8 月)降水是否又发生了年代际变化还不大清楚。所以,应用观测的降水资料对近 20 a 来华南后汛期降水的年代际变化进行分析。

图 3.53 是 1979—2012 年华南地区夏季后汛期(7—8 月)平均降水随时间的演变,可以看出,华南后汛期降水存在显著的年代际变化,其中 1993—2002 年为降水偏多期,1979—1992 年和 2003—2012 年为降水偏少期,在 20 世纪 90 年代初和 21 世纪初存在两次明显的年代际转变。

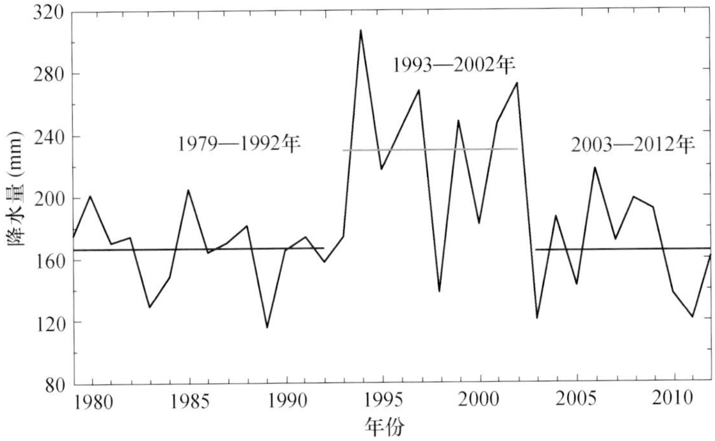

图 3.53 1979—2012 年华南地区后汛期(7—8 月)降水时间序列(伯忠凯,2014)

为进一步验证华南后汛期降水在 20 世纪 90 年代初及 21 世纪初的两次年代际变化,同时分析转变的具体年份,图 3.54 给出了 1979—2012 年华南地区夏季平均降水滑动 t 检验时间序列。可以看出,t 统计量有两处超过 0.01 显著性水平,一处是负值(出现在 1992 年),这与已有的研究(Ding et al.,2008;Yao et al.,2008;Wu et al.,2010)结果一致,另一处是正值(出现在 2002 年)。表明华南地区后汛期降水在近 30 多年来,出现过两次明显的突变,在 20 世纪 90 年代初经历了一次由少增多的转变,而在 21 世纪初出现了一次由多减少的转变。

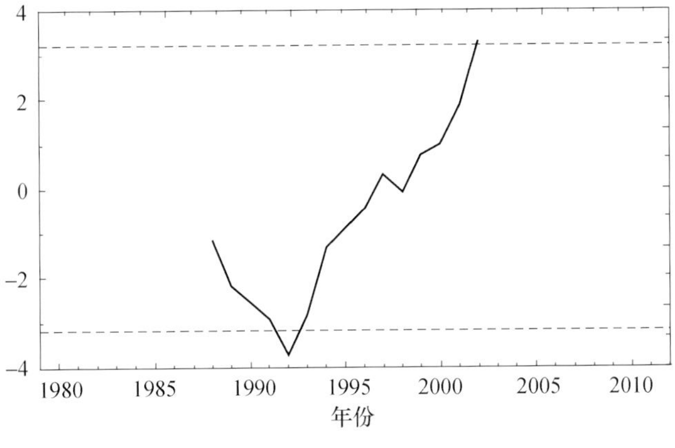

图 3.54 1979—2012 年华南地区后汛期降水的滑动 t 检验结果

(虚线为 $\alpha=0.01$ 显著性水平临界线)(伯忠凯,2014)

采用 GPCP 格点降水资料,分辨率为 2.5°lon×2.5°lat,自勇等(2007)分析比较了 GPCP 资料与中国台站观测降水的气候特征,发现两者的月平均降水分布比较一致,因此这里选取这套资料研究华南后汛期降水变化特征。图 3.55 为 1979—2012 年中国东部夏季 7—8 月平均降水异常纬度—时间剖面,清楚地反映了该地区雨带的分布和进退。近 30 多年来,中国东部三个区域(华北、长江中下游、华南)夏季降水均存在明显的年代际转变,而突变的时间并不相同,其中华北地区在 20 世纪 90 年代为降水偏多期,20 世纪 80 年代和 21 世纪初为降水偏少期;长江中下游地区在 21 世纪初夏季降水存在增多的转变;华南地区夏季(7—8 月)降水在 20 世纪 90 年代初和 21 世纪初存在两次明显的年代际转变。

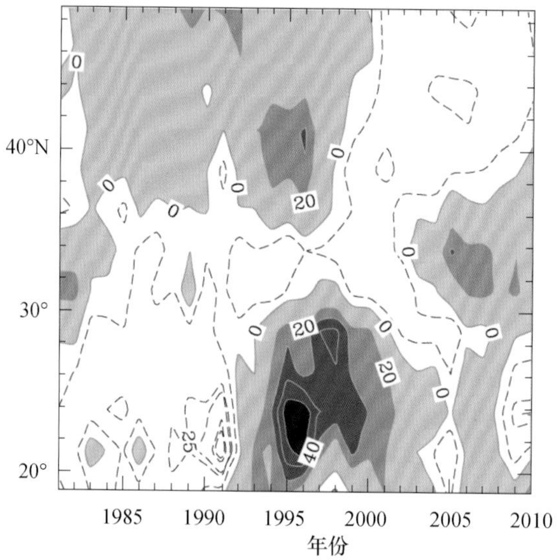

图 3.55　1979—2012 年中国东部(22°—43°N,107.5°—122.5°E)夏季(7—8 月)降水异常的纬度—时间剖面

(单位 mm;数据进行了 5 a 滑动平均处理;阴影区代表正值,虚线代表负值)(伯忠凯,2014)

为更好地研究夏季 7—8 月降水年代际转变的空间分布特征,图 3.56 给出了 2003—2012 年与 1993—2002 年夏季(7—8 月)降水差值分布。GPCP 结果(图 3.56)显示,中国东部呈现偶极型分布,其中华南地区为显著的负值区,表明该地区 2003—2012 年夏季平均降水相对 1993—2002 年而言明显减少。30°N 以北地区为显著正值区,表明该地区 2003—2012 年夏季平均降水相对 1993—2002 年而言明显增多。

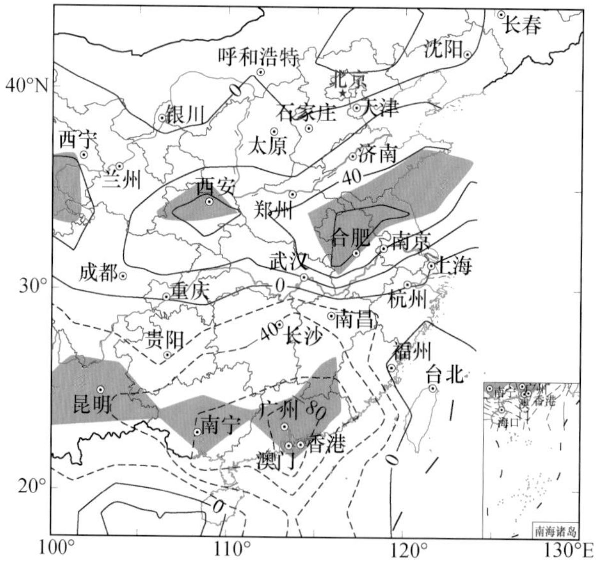

图 3.56　2003—2012 年与 1993—2002 年中国东部夏季(7—8 月)降水的差值分布

(单位:mm;阴影区表示通过 0.05 信度的显著性检验)(伯忠凯,2014)

进一步分析中国东部夏季(7—8 月)降水空间格局的变化,图 3.57 给出了 1979—2012 年中国东部夏季(7—8 月)降水经验正交分解(EOF)的第一空间模态及对应的第一时间序列,其方差贡献为 30.6%,中国东部夏季降水先进行 5 a 滑动平均处理,然后再进行 EOF 分析,因此这种主成分分析主要反映中国东部夏季(7—8 月)降水的年代际变化特征。可见,第一模态清晰地显示中国东部夏季(7—8 月)降水从南到北呈现"+—+"的三极型分布,华南地区为明显正异常分布且变率最大,长江中下游地区呈现负异常,华北地区呈现正异常,这与 Ding 等(2008)利用中国台站降水资料进行 EOF 分析得到的结果比较一致。对应第一时间序列可以看出,中国东部,特别是华南夏季(7—8 月)降水即后汛期降水分别在 20 世纪 90 年代初及 21 世纪初存在两次明显的年代际变化。

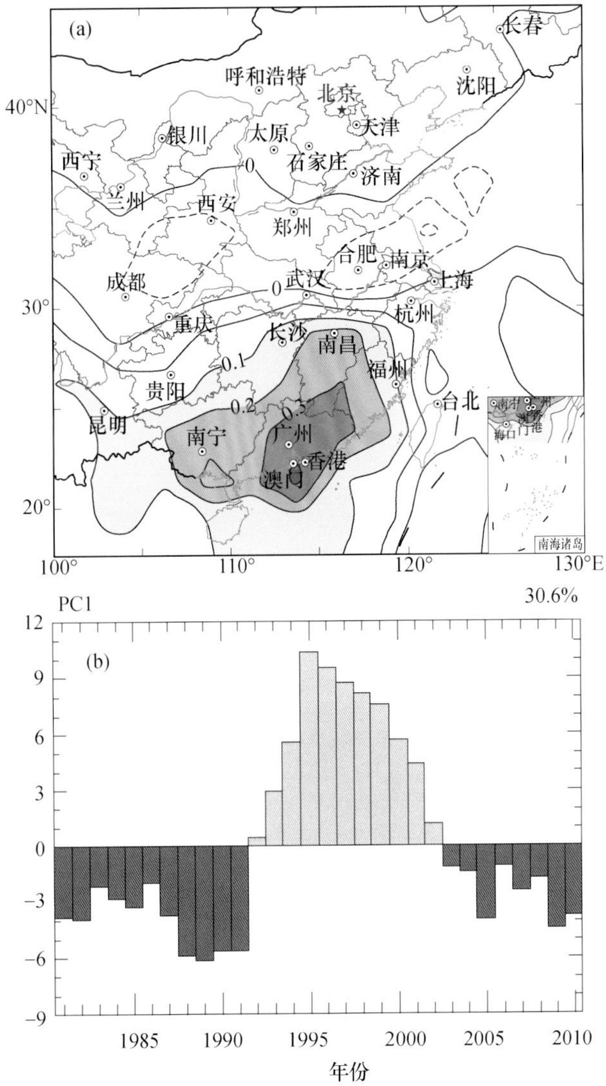

图 3.57 1979—2012 年中国东部夏季(7—8 月)降水的 EOF 第一模态(a)及其时间系数(b)(数据进行了 5 a 滑动平均处理)(伯忠凯,2014)

3.3.2.3 华南秋季干旱20世纪80年代末的年代际转折

受东亚季风影响，9月华南地区的雨季结束后便进入了少雨干燥季节，气温高、蒸发量大，作物蒸腾作用强，需水较多，易酿成秋旱甚至秋冬连旱。近年来该地区连续发生了几次特大干旱事件，例如1998年、2004年、2005年的秋旱便是典型例子，给华南的农业生产和人民的生活造成了严重影响(陆丹，2001；赵运峰 等，2005；简茂球 等，2006；2012)。因而，研究华南秋旱的特征及其可能原因，对该地区的防灾减灾工作和社会经济发展具有重要意义。

贾子冰等(2009)研究发现，华南秋季降水具有明显的年代际变化，1985年以前降水偏多，之后偏少。李伟光等(2012a)也指出，20世纪70年代华南秋季干旱和极端干旱事件较少，其后明显增多，干旱持续时间也有所延长。在空间分布上，秋季华南地区以全区性的干旱出现居多(简茂球 等，2006；2012)，干旱化最严重的区域是海南岛、广西南部和西部地区，广西的干旱程度总体上要重于广东(李伟光 等，2012a；王春林 等，2015)。

已有研究较少采用既考虑到降水影响又考虑到气温影响的SPEI干旱指数去探讨华南秋季干旱的年代际转折。因此，将基于SPEI分析华南秋季干旱年代际转折特征。

图3.58a，b分别给出了1961—2014年华南地区秋季气温距平和降水距平序列。由图可见，华南地区秋季降水和气温呈现相反的变化趋势，气温显著上升，而降水则为明显减少趋势，但是自2010年以后趋势均有所减缓。两序列的11 a滑动平均曲线显示，华南地区秋季气温和降水具有明显的年代际变化，气温和降水分别在20世纪80年代初期和中后期发生了年代际变化，气温年代际偏高，降水年代际偏少。所以，研究华南干旱时，不仅要考虑降水的影响，还需要考虑气温对干旱的作用。因此，采用SPEI作为华南旱涝的判定标准，SPEI值为负(正)代表偏旱(涝)，其绝对值越大，表示越旱(涝)。

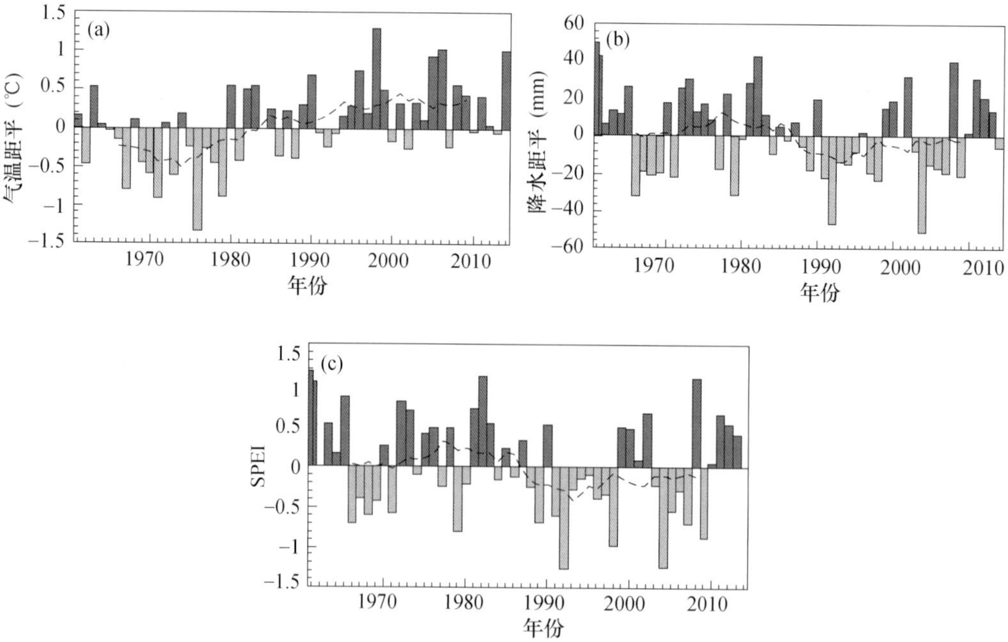

图3.58 1961—2014年华南地区秋季气温距平(a)、降水距平(b)及SPEI序列(c)(虚线为序列的11 a滑动平均值)(曾刚 等，2017)

图 3.58c 为 1961—2014 年华南秋季 SPEI 序列，可以看出，华南秋季 SPEI 呈明显的下降趋势，20 世纪 80 年代后期之后华南地区秋季偏旱的年份明显增多，连续偏旱年频繁出现，1992 年和 2004 年为近 50 a 最干旱两年。11 a 滑动平均曲线序列显示(代表年代际变化)，序列在 1988 年发生了年代际转折，SPEI 由正转负，偏涝年主要集中在 1988 年之前，而偏旱年则主要在 1988 年之后，这与采用其他干旱指标的研究结论一致(李晓娟 等，2007；黄晚华 等，2010；王春林 等，2015)。

对 1961—2014 年华南地区秋季 SPEI 场进行经验正交函数分解(EOF)，得到其前两个模态(图 3.59a、图 3.59c)和时间系数(图 3.59b、图 3.59d)。第一模态的方差贡献率为 45.1%，华南地区的特征向量分布主要表现为全区一致变化型，时间系数呈现明显的下降趋势。综合特征向量分布及其时间系数，可知华南地区秋季旱涝异常全区基本一致，且在 20 世纪 80 年代后期之后，由偏涝转为偏旱。21 世纪初期华南秋旱仍较严重，但 2010 年之后有所减缓。第二模态的方差贡献为 15.7%，华南的特征向量为东、西反向变化型，这种分布型的变化特征有待未来进一步去研究，这里暂不做分析。

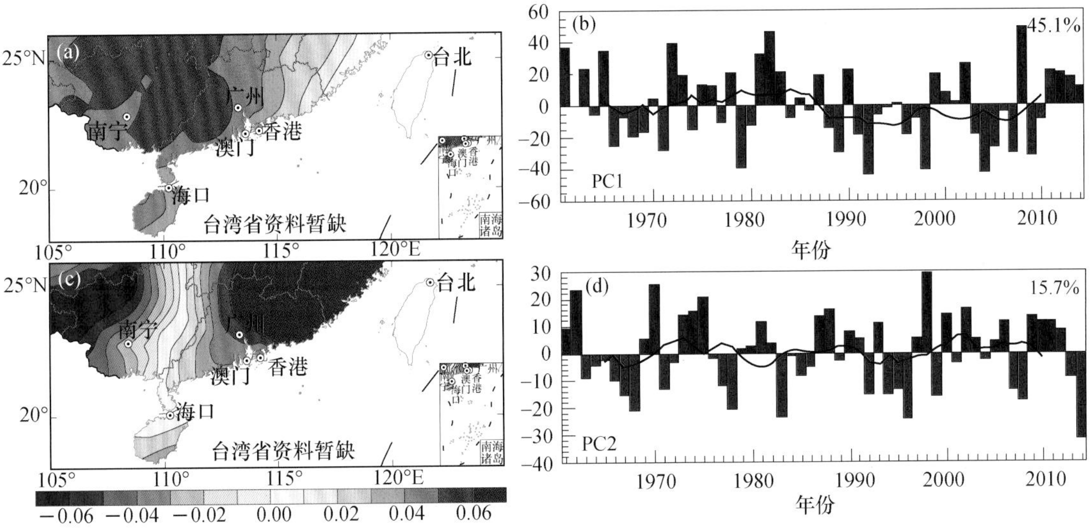

图 3.59　1961—2014 年华南地区秋季 SPEI EOF 前两个模态的空间模态(a,c)及其时间系数(b,d)(高琳慧，2017)

3.3.3　江淮梅雨

3.3.3.1　江淮梅雨的时间变化特征

(1)江淮梅雨特征量的变化

采用中国气象局预报与网络司 2014 年印发的《梅雨监测业务规定》中涉及的江淮梅雨区 1960—2012 年的入(出)梅日期、梅雨期长度资料。其中，入梅日期为梅雨期的首日，出梅日期为梅雨期结束日的次日。选取江淮区域(28°—34°N，110°E 以东)1960 年 1 月—2012 年 12 月资料记录完整的 72 个测站(图 3.60)。

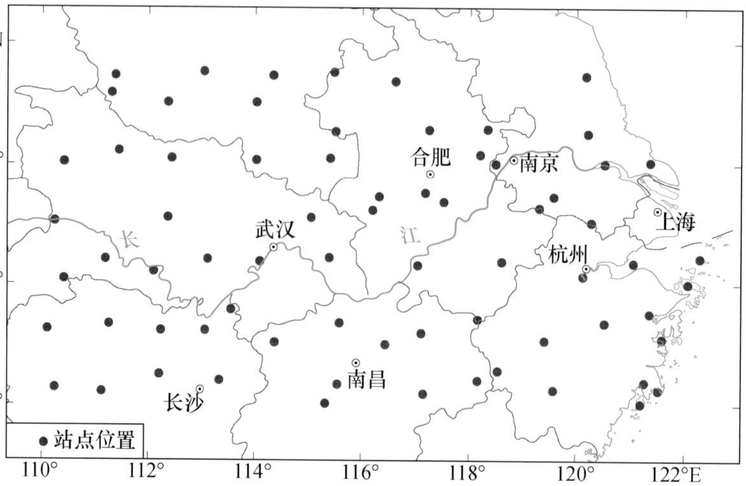

图 3.60 江淮梅雨气候区域的站点分布(陈旭 等,2016)

根据新的梅雨划分标准,统计了 1960—2012 年江淮梅雨的气候特征。平均梅雨期为 6 月 8 日—7 月 20 日,平均梅雨量为 260 mm。图 3.61 为 1960—2012 年江淮梅雨入梅日、出梅日、梅雨期长度和梅雨量距平百分率的年际变化曲线。近 53 a 入梅日、出梅日均呈波动式变化,2000 年之后入梅日多为偏迟,而出梅日则以偏早居多。梅雨期降水量(图 3.61b)在 20 世纪 60 年代、80 年代和 90 年代表现为上升趋势,70 年代和最近十几年则为下降趋势,尤其是自 1997 年以来,梅雨期降水量的减少很明显。M—K 突变检验显示(图 3.62),出梅日期在 1965 年发生了由偏早转为偏晚的突变,梅雨量在 1960 年代末发生了由偏枯转为偏丰的突变,其余特征未有突变发生。

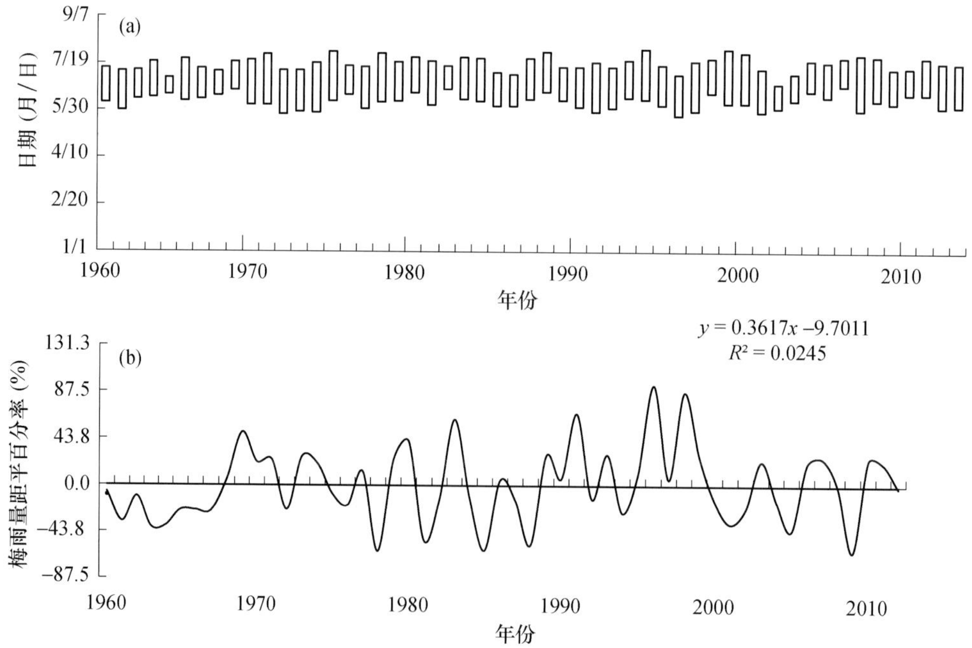

图 3.61 1960—2012 年入、出梅日期(a)和梅雨量距平百分率(b)的时间序列
(柱线:入梅日—出梅日;曲线:时间序列)(陈旭 等,2016)

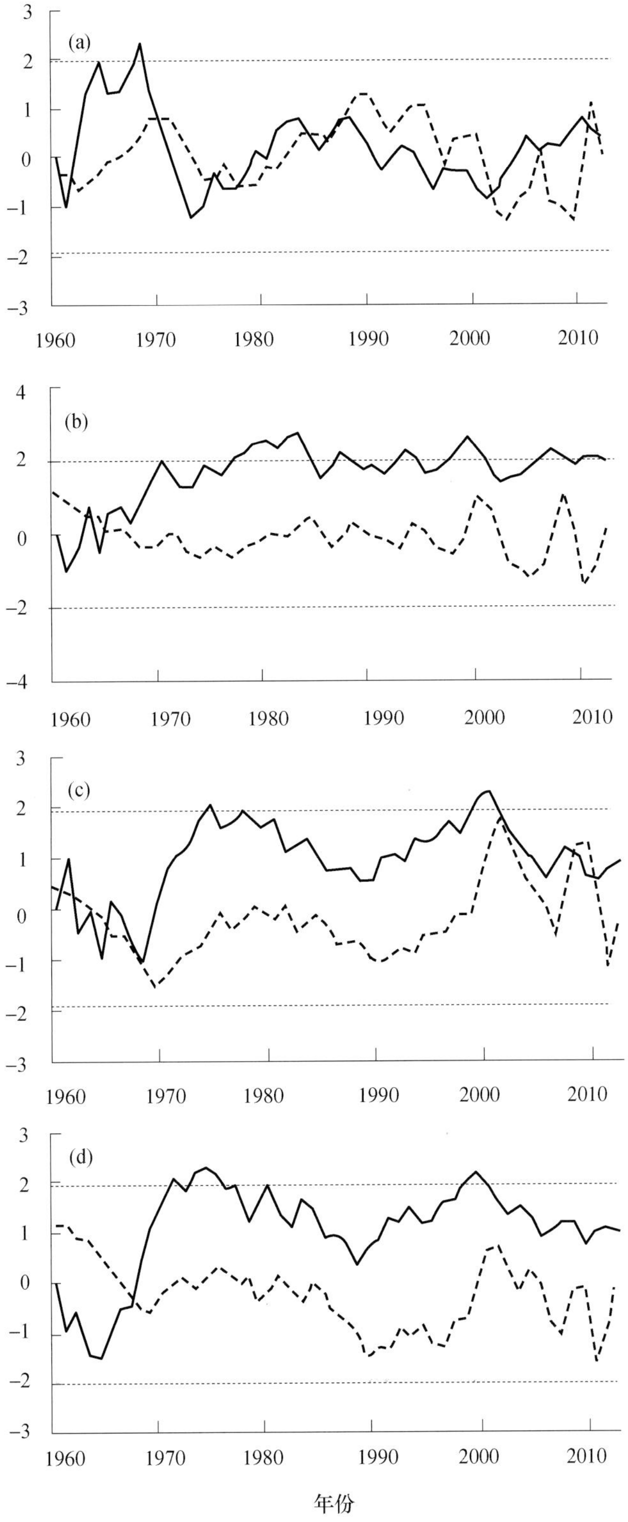

图 3.62 1960—2012 年江淮全区入梅日期(a)、
出梅日期(b)、梅雨期长度(c)和梅雨量(d)的 M—K 检验
(实线:UF,虚线:UB,点线:α=0.05 的显著性水平检验线)(陈旭 等,2016)

进一步对梅雨特征量进行小波分析发现(图 3.63),入梅日自 20 世纪 80 年代后存在稳定的准 6 a 周期,且 20 世纪 70 年代末及 21 世纪初的前几年存在准 2 a 的周期;出梅日、梅期长度和梅雨量均存在准 2 a、准 4 a 和准 8 a 的周期,出梅日和梅期长度在 20 世纪 70 年代、80 年代以准 4 a 周期为主,进入 90 年代后准 8 a 周期显著,但梅雨量在 21 世纪后又表现为准 4 a 周期。说明自 80 年代开始每 6 a 左右入梅日有一次明显的偏早(晚);20 世纪 70—80 年代,每 2 a出梅日有一次明显的偏早(晚),梅雨量有一次明显的偏少(多),自 90 年代以来出梅日每 6～8 a 有一次明显的偏早(晚),而梅雨量在 90 年代期间每 2～3 a 有一次明显的偏多,2000 年之后大致每 4 a 有一次明显的偏少。

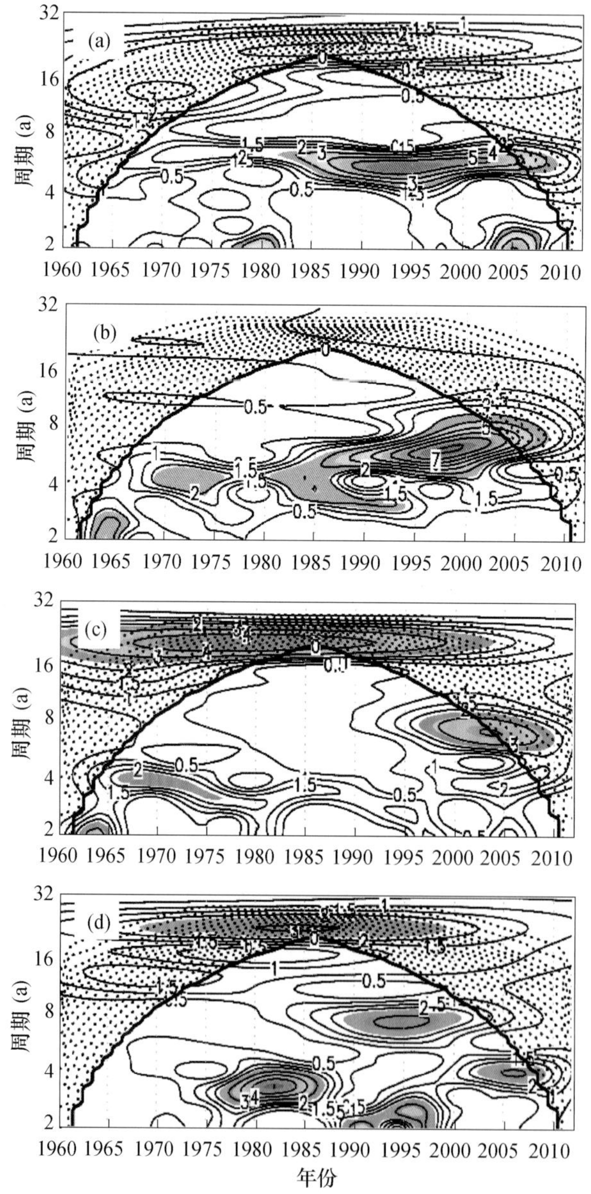

图 3.63　江淮全区 4 个梅雨特征量的小波分析

(a)入梅日;(b)出梅日;(c)梅期长度;(d)梅雨量(陈旭 等,2016)

(2)梅雨期内相关天气出现频率的变化

由梅雨期内不同天气的时间序列、长期变化趋势以及 11 a 滑动平均值(图 3.64)可知:梅雨期内雨日频率下降(−0.9%/(10 a)),夜雨频率下降更明显(−1.1%/(10 a));而阴天频率上升,气候倾向率为 1.3%/(10 a),均通过了 $\alpha=0.05$ 的显著性水平检验;而梅雨量无显著趋势。

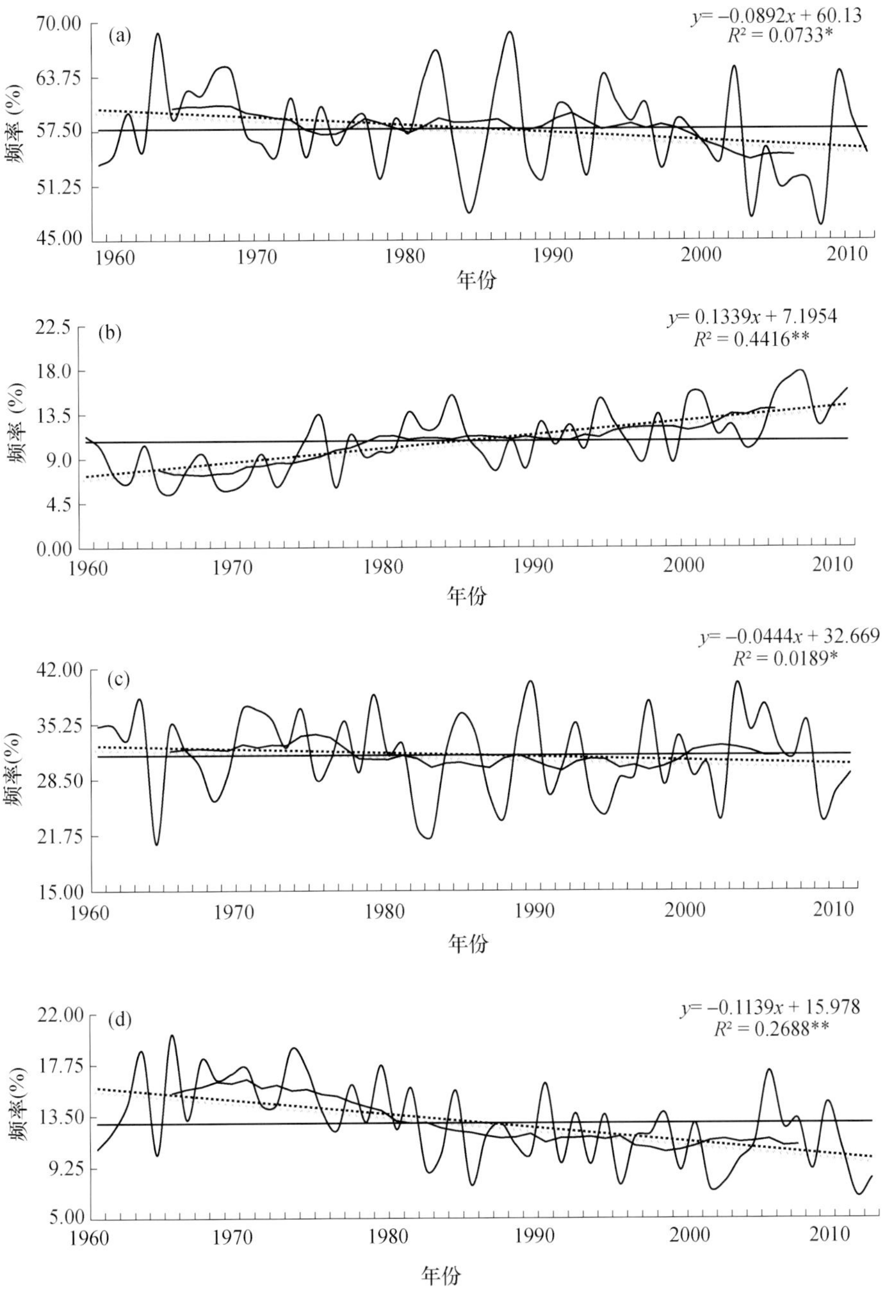

图 3.64 江淮梅雨期内雨日(a)、阴天(b)、晴天(c)、夜雨(d)发生频率的变化

(曲线:时间序列;直线:53 a 平均值;点线:线性趋势;短横线:11 a 滑动平均值.

*、** 分别代表通过 $\alpha=0.05$ 和 $\alpha=0.001$ 的显著性水平检验)(陈旭 等,2016)

(3)梅雨期内不同等级降水贡献率的变化

将日降水量划分为小雨、中雨、大雨、暴雨和大暴雨5类，进一步分析不同等级降水对梅雨量所做贡献的变化(图3.65)。计算出5类降水贡献率的气候倾向率分别为：－0.3%/(10 a)、－0.7%/(10 a)、0.2%/(10 a)、0.2%/(10 a)和0.6%/(10 a)，其中，中雨贡献率显著减小，大暴雨贡献率显著增加，其线性趋势均通过了α＝0.05的显著性水平检验；小雨贡献率略有下降，大雨和暴雨贡献率略有上升，但均未通过显著性水平检验。说明江淮梅雨期小到中雨减少，而极端降水事件明显增加。

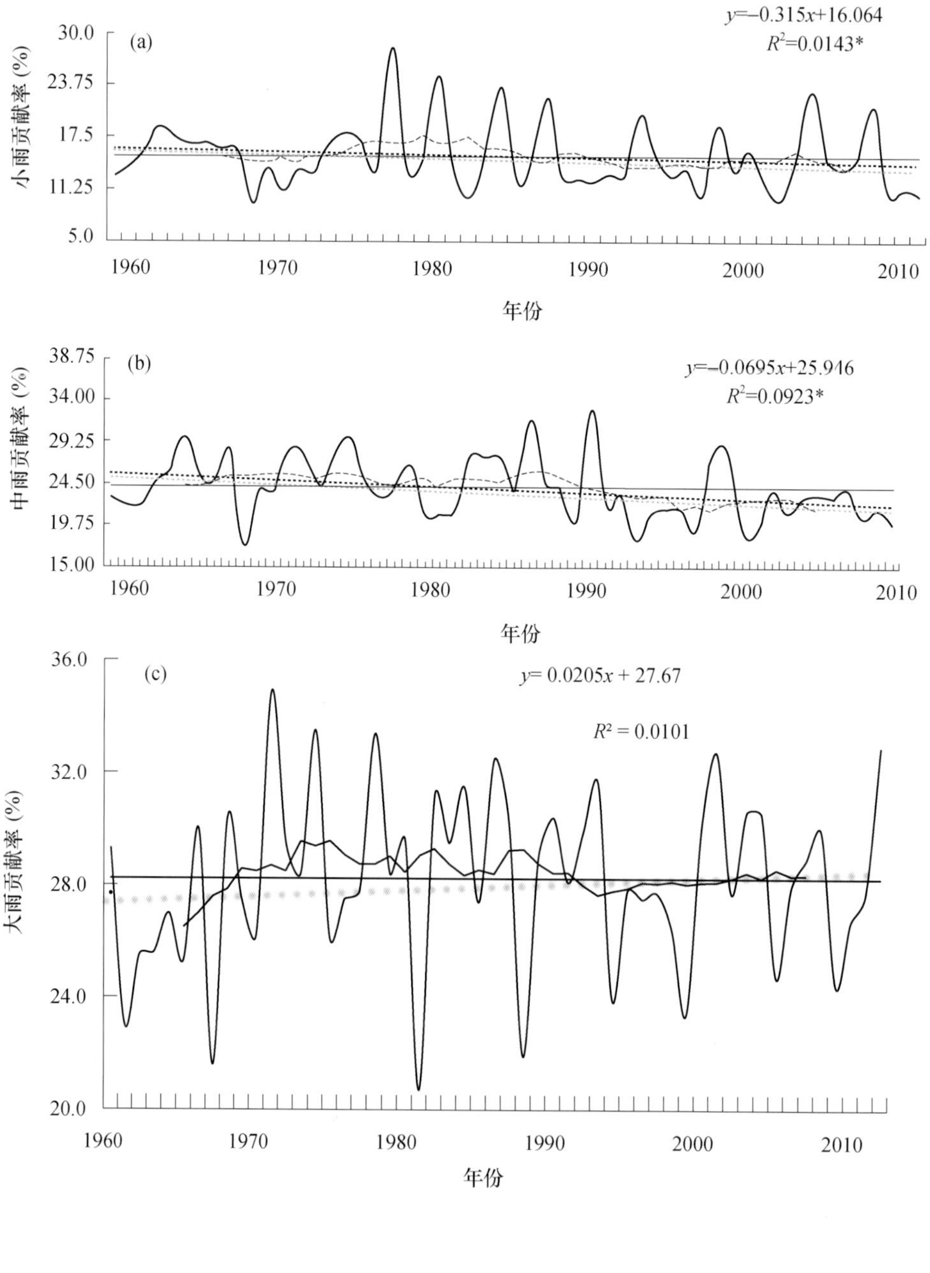

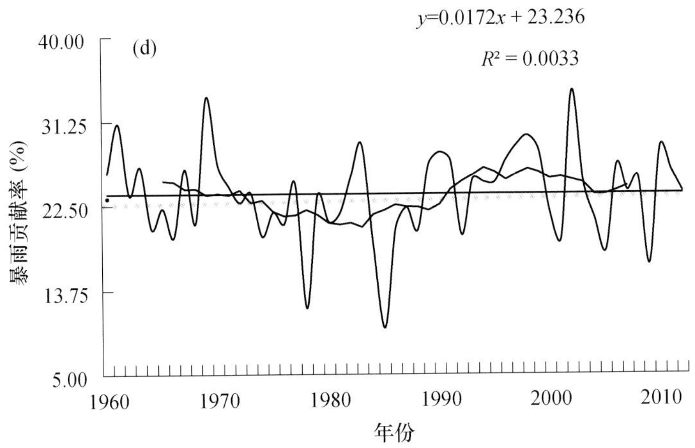

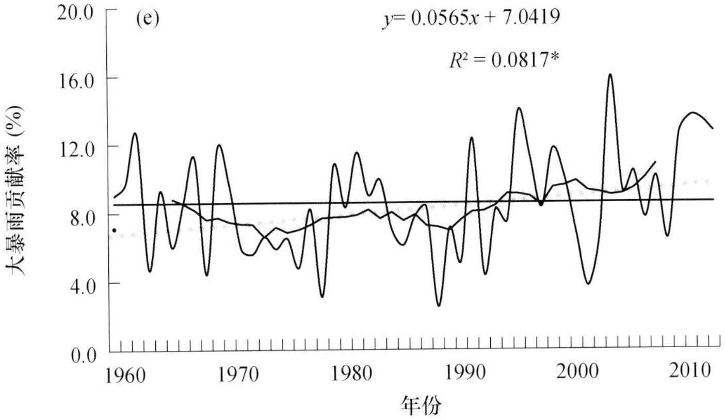

图 3.65　江淮梅雨期内五类日降水贡献率的变化(说明同图 3.64)(陈旭 等,2016)

(*代表通过 α=0.05 的显著性水平检验)

3.3.3.2　江淮梅雨的空间变化特征

(1)江淮梅雨的主要模态

对 72 个气象站近 53 a 梅雨量进行 EOF 分解,得到方差贡献率较大的前 4 个载荷向量场,累计方差贡献率为 71.1%。第一载荷向量场(33.4%)表现为全区域一致的变化(图 3.66a1),即江淮梅雨存在一致偏多(少)的特征,其正值中心位于安徽南部、湖北东部,表明这里是江淮梅雨期降水量的最大异常中心。对应的时间序列(图 3.66a2)与图 3.61b 给出的流域平均梅雨期降水量的变化十分相似,即 20 世纪 60 年代、80 年代和 90 年代表现为上升趋势,70 年代和 1997 年以来为明显减少趋势。第二载荷向量场(21.2%)大致以 30°N 为界表现为南北相反的分布特征(图 3.66b1),正值中心位于江苏北部、安徽北部,负值中心位于江西中部,对应的时间系数(图 3.66b2)年代际变化明显,20 世纪 70 年中期至 80 年代中后期及 21 世纪初以正位相为主,20 世纪 90 年代初至 21 世纪初呈现显著的负位相,其余时段在零值附近上下振荡。第三载荷向量场(9.6%)呈现中部与南北相反的分布特征(图 3.66c1),正值中心位于长江流域,负值中心分别位于河南中部和浙江南部。对应的时间系数(图 3.66c2)经历了 20 世纪 60 年代下降、70 年代上升和 80 年代下降的变化,90 年代至今呈波动状态。第四载荷向量场(6.9%)大致表现为以 116°E 为界东西相反的变化特征(图 3.66d1),正值中也位于湖南东北部,负值中也位于江浙沪交汇处。对应的时间序列(图 3.66d2)呈略微下降趋势,20 世纪 60—

70 年代为正位相阶段，70—90 年代以负位相为主，90 年代至今呈波动状态，且近几年负位相显著。

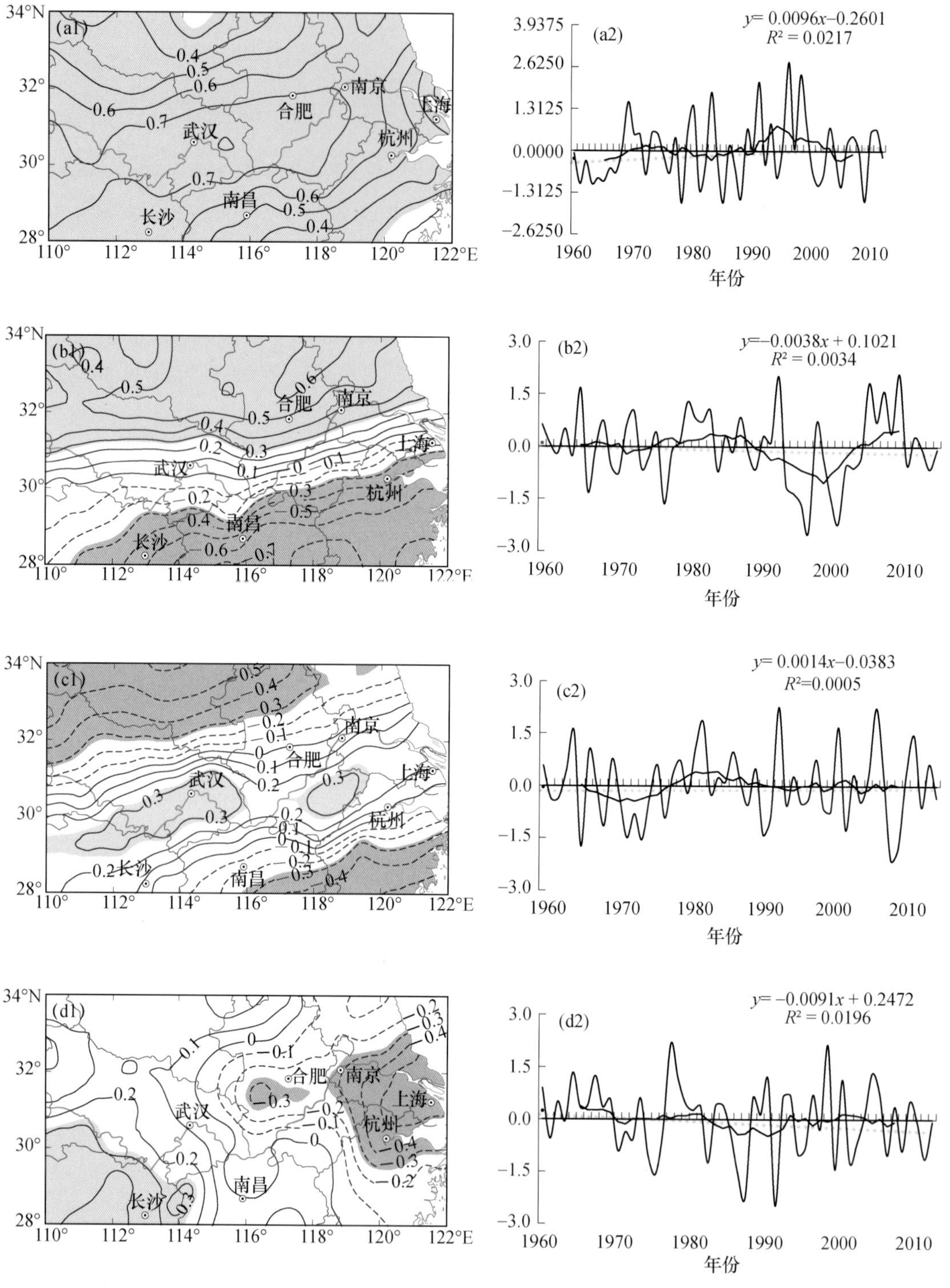

图 3.66　1960—2012 年江淮梅雨量 EOF 分析的第一载荷向量(a1)、
第二载荷向量(b2)、第三载荷向量(c1)、第四载荷向量(d1)及对应的时间系数(a2～d2)
(左图中，实线：正值；虚线：负值；阴影区：载荷向量绝对值大于 0.273，即通过 α=0.05 显著性水平检验的区域。
右图中，曲线：时间序列；直线：0 值；点线：线性趋势；短横线：11 a 滑动平均值)(陈旭 等，2016)

(2)江淮梅雨降水场的分型

采用综合相似指数客观地对逐年江淮梅雨降水场进行分型,共划分为8种梅雨型(表3.11):全区一致偏丰(A^+)型、全区一致偏枯(A^-)型、南丰北枯(B^+)型、南枯北丰(B^-)型、南北丰中部枯(C^+)型、南北枯中部丰(C^-)型、东丰西枯(D^+)型和东枯西丰(D^-)型。

1960—2012年间,全区枯梅型占53 a比例最高(20.8%),主要分布于20世纪60年代、80年代及21世纪以来;全区丰梅型和南丰北枯型比例次之(13.2%),其中南丰北枯型在90年代出现频率较高;南枯北丰型和南枯北丰型比例相当(7.5%),多发生于20世纪70年代及21世纪以来;而东丰西枯型(5.7%)、东枯西丰型(3.8%)及南北枯中部丰型(1.9%)出现概率则相对较低。从表3.11可以看出,全区丰梅型、南北丰中部枯型和东枯西丰型均具有入梅早、出梅晚、梅雨量大的特点;全区枯梅型、南北枯中部丰型和东丰西枯型则与之相反。图3.67给出了1960—2012年各年所对应的梅雨型,可以发现:随着气候变暖,全区一致型梅雨发生频率显著减少,江淮梅雨表现出明显的经向非均匀性的特征,尤其在近20a,这种现象十分突出。

表3.11 江淮梅雨降水分布8种型对应的年份及梅雨特征量(陈旭 等,2016)

类型	年份	比例(%)	入梅日(月.日)	出梅日(月.日)	梅期长度(d)	梅雨量(mm)
1 全区丰梅型(A^+)	1969,1974,1980,1983 1996,1998,2011	13.2	6.5	7.25	50	405
2 全区枯梅型(A^-)	1961,1963,1964,1967,1978, 1981,1985,1988,2001,2002,2009	20.8	6.10	7.11	31	145
3 南丰北枯型(B^+)	1966,1976,1992,1993, 1994,1995,1999	13.2	6.6	7.20	44	270
4 南枯北丰型(B^-)	1972,1979,2003,2007	7.5	6.11	7.22	40	272
5 南北丰中部枯型(C^+)	1973,1989,2000,2006	7.5	5.30	7.19	50	292
6 南北枯中部丰型(C^-)	2004	1.9	6.14	7.21	37	221
7 东丰西枯型(D^+)	1975,1986,1987	5.7	6.15	7.24	39	238
8 东枯西丰型(D^-)	1977	1.9	6.3	7.25	52	280

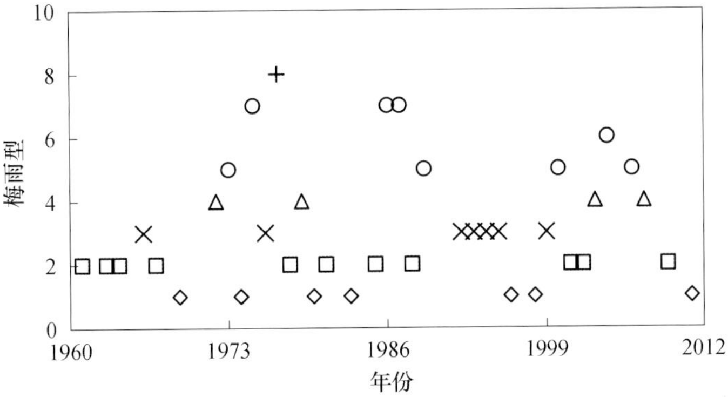

图3.67 1960—2012年历年对应的梅雨分布型(1~8分别对应表3.11中1~8种梅雨型)(陈旭 等,2016)

3.3.3.3　江淮梅雨的非典型性

梅雨定义为6—7月发生在长江中下游地区的高温高湿连阴雨天气。由此可看出，典型梅雨的主要特征应该是高温、高湿、多雨。因此，考虑结合梅雨期内(简称梅期)的日平均气温(以下简称“气温”)、日平均相对湿度(以下简称“湿度”)及梅雨期雨日数占梅期长度百分比(以下简称“雨日频率”)三个要素来量化梅雨的特征。

将梅期内雨日频率与多年平均雨日频率之比值大(小)于1的某年定义为多(少)雨年，梅期内气温高(低)于多年平均值的某日定义为高(低)温，梅期内湿度大(小)于多年平均值的某日定义为高(低)湿，得到高湿高湿多雨、高湿低湿多雨、低湿高温多雨、低湿低温多雨、高湿高温少雨、高湿低温少雨、低湿高温少雨和低湿低温少雨，共8种类型梅雨日。其中，高湿高温多雨型梅雨为典型梅雨，其余7类梅雨均为非典型梅雨。

根据气温、湿度、雨日频率3个要素区分出典型梅雨与非典型梅雨后，计算逐年8种类型梅雨占梅期长度的百分比。这样梅雨期内高湿、高温、多雨日的比例则称为“梅雨典型程度”，其余7类梅雨日的比例称为“梅雨非典型程度”。

计算显示，近53 a江淮梅雨的平均典型程度仅为11.3%，其余非典型程度占到88.7%，其中低湿高温少雨比例最大，为22.9%，低湿低温多雨比例最小，为4.5%。由图3.68可知：近53 a江淮梅雨的典型程度呈下降趋势，其气候倾向率为−1.1/(10 a)，通过了$\alpha=0.05$的显著性水平检验，但2011年出现了近53 a来最典型的梅雨天气。非典型性程度整体是上升的，其中尤以所占比例最大的低湿高温少雨型的增长最为显著，气候倾向率为3.2/(10 a)，通过了$\alpha=0.001$的显著性水平检验；低湿高温多雨和低湿低温少雨呈略微上升趋势，而高湿低温多雨、低湿低温多雨、高湿高温少雨及高湿低温少雨均呈微弱下降趋势，但均未通过显著性检验。说明随着气候变暖，江淮梅雨高温高湿多雨的特征有所减弱，而低湿高温少雨则更为多见，尤其是21世纪初期以来，这种现象尤为显著。

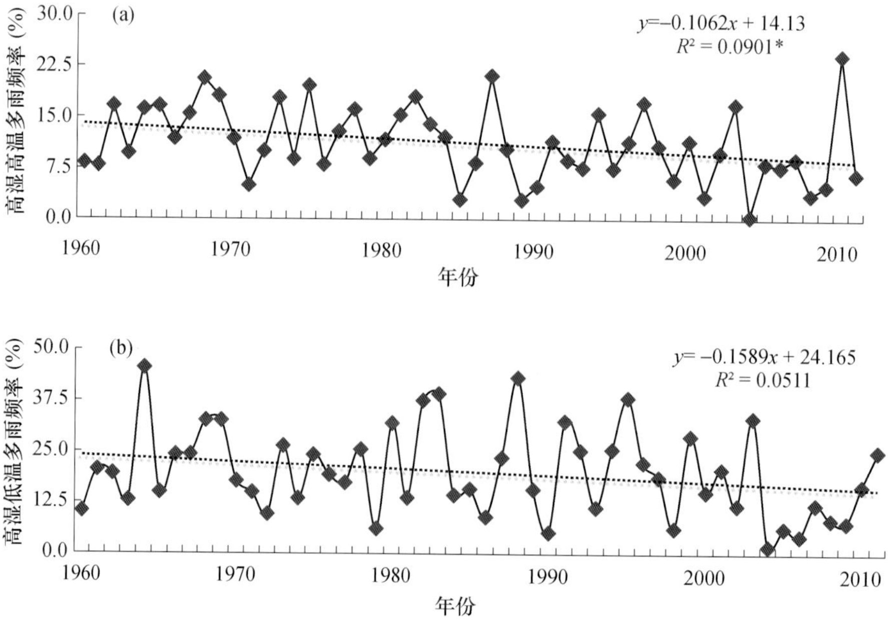

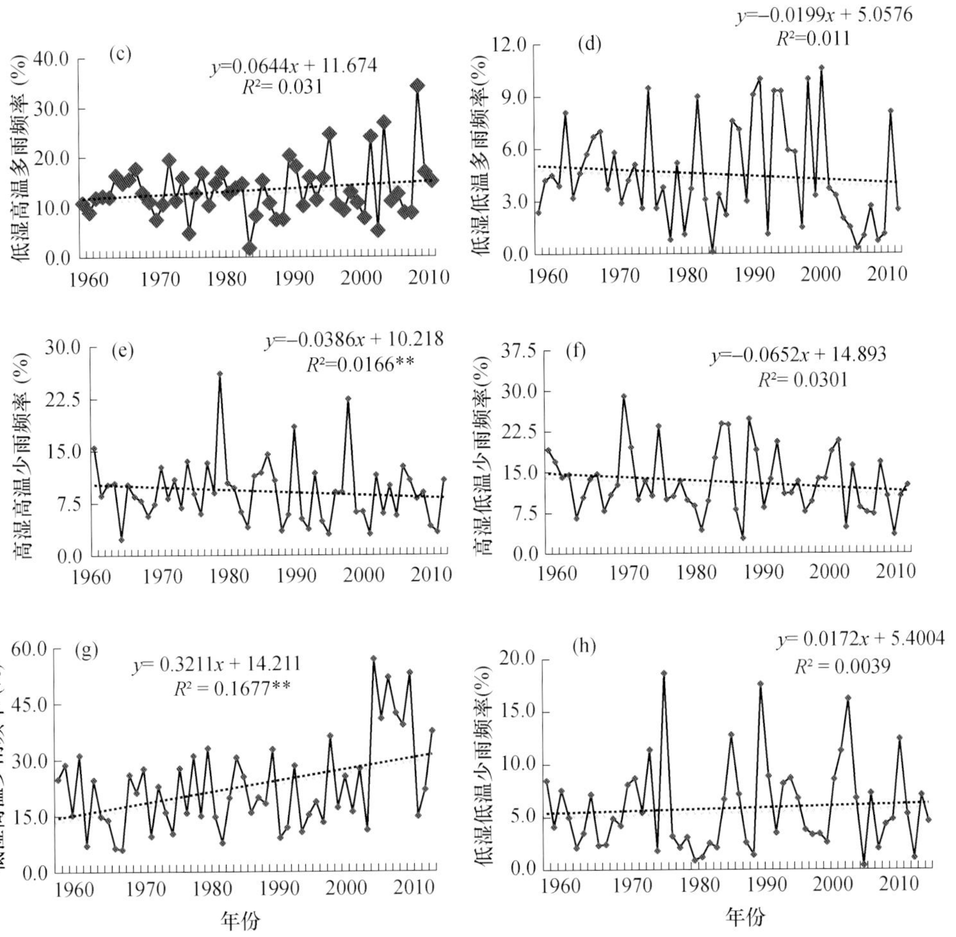

图 3.68 江淮梅雨区域平均高湿高温多雨日(a)、高湿低温多雨日(b)、低湿高温多雨日(c)、低湿低温多雨日(d)、高湿高温少雨日(e)、高湿低温少雨日(f)、低湿高温少雨日(g)及低湿低温少雨日(h)占梅期长度百分比的特征变化

（实线:时间序列,点线:线性趋势;*、** 分别代表通过 α=0.05、α=0.01 的显著性水平检验）

此外,通过对典型(高湿高温多雨)和非典型(低湿高温少雨)两种梅雨日占梅期长度百分比的线性趋势分布进行分析(图 3.69),发现其存在区域一致性。其中,江苏南部、浙江及湖北东部的线性趋势通过了 α=0.1 的显著性水平检验。进一步从 1960—2012 年逐年出现这两类梅雨(两类梅雨日占梅期长度的百分比≥多年平均)站点数的变化趋势来看(图 3.70),江淮梅雨期内发生典型梅雨(高湿高温多雨)的站数存在显著减少的趋势,气候倾向率为 −2.5%/(10a),通过了 α=0.05 的显著性水平检验;而发生非典型梅雨(低湿高温少雨)的站数则存在显著增加的趋势,气候倾向率为 2.7%/(10a),通过了 α=0.05 的显著性水平检验。也就是说,20 世纪 60 年代以来梅雨期内高湿高温多雨发生的范围存在缩小的趋势,而低湿高湿少雨发生的范围则有扩大趋势。

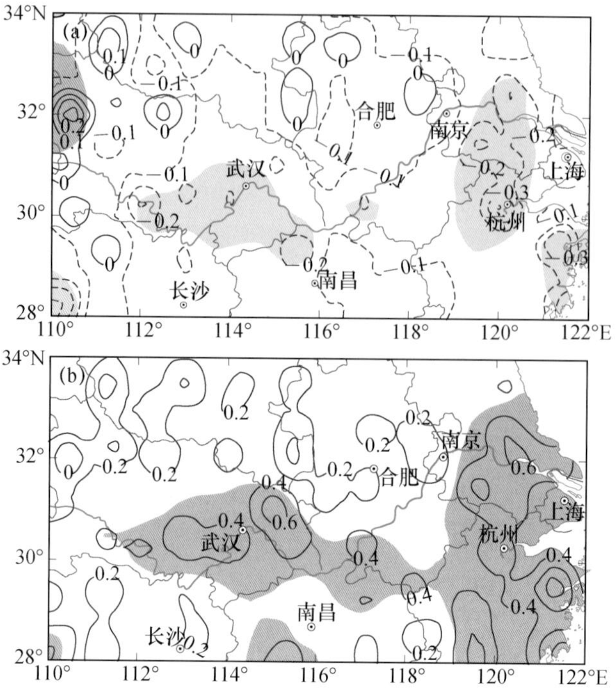

图 3.69　江淮梅雨 1960—2012 年高湿高温多雨日(a)、
低湿高温少雨日(b)占梅期长度百分比的线性趋势分布
(正值为实线,负值为虚线,阴影区为通过 $\alpha=0.1$ 的显著性水平检验的区域)(陈旭 等,2016)

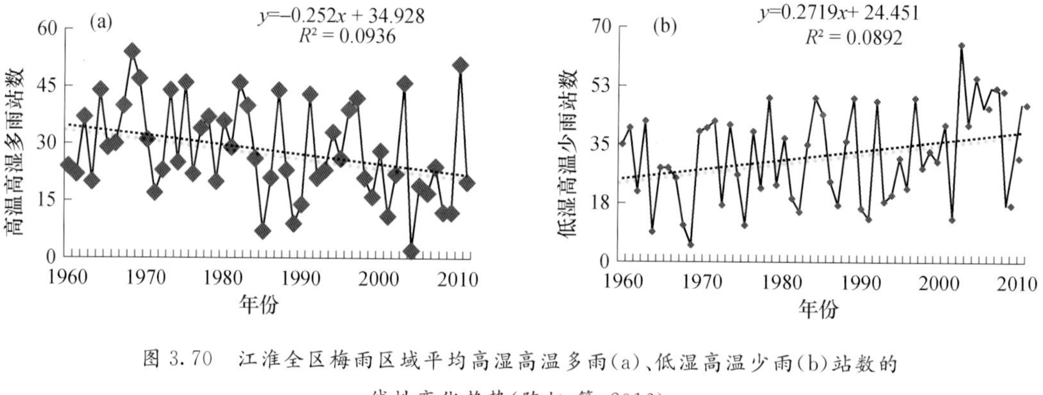

图 3.70　江淮全区梅雨区域平均高湿高温多雨(a)、低湿高温少雨(b)站数的
线性变化趋势(陈旭 等,2016)

研究表明,20 世纪 70 年代末开始,全球温度持续上升,20 世纪 90 年代和 21 世纪成为近百年以来最暖的两个十年,根据北半球气温距平可知(图 3.3),北半球气温分别在 1976 年和 1992 年发生了突变。为探究梅雨的非典型化与气候变暖是否存在联系,选取 1960—1976 年为气候冷期,1993—2012 年为气候暖期,分别对气候冷、暖时期梅雨的典型和非典型程度进行对比。结果表明:气候冷期内梅雨的典型(高湿高温多雨)程度为 13.1%,发生站数占总站数的比例(下同)为 45.3%;而到气候暖期梅雨的典型程度减少至 10.2%,发生站数下降至 36.2%。气候冷期梅雨非典型(低湿高温少雨)程度为 18.0%,气候暖期增加至 20.9%,发生站数上升至 44.4%。此外,对典型和非典型两类梅雨出现频率和站数进行 M－K 突变检验

(图 3.71),发现典型梅雨在 20 世纪 90 年代初发生了程度由强转弱、范围由大转小的突变,而非典型梅雨在 2000 年左右发生了程度由弱转强、范围由小转大的突变。由此表明,在气候变暖的大背景下,近 53 a 来江淮梅雨无论在时间尺度还是空间尺度,其典型特征(高湿高温多雨)均愈来愈弱,而非典型特征(尤其是低湿高温少雨)则愈加显著,即 1960—2012 年期间,江淮梅雨由气候冷期的典型向气候暖期的非典型演变,且这种现象在气候最暖的近 20 a 十分显著。

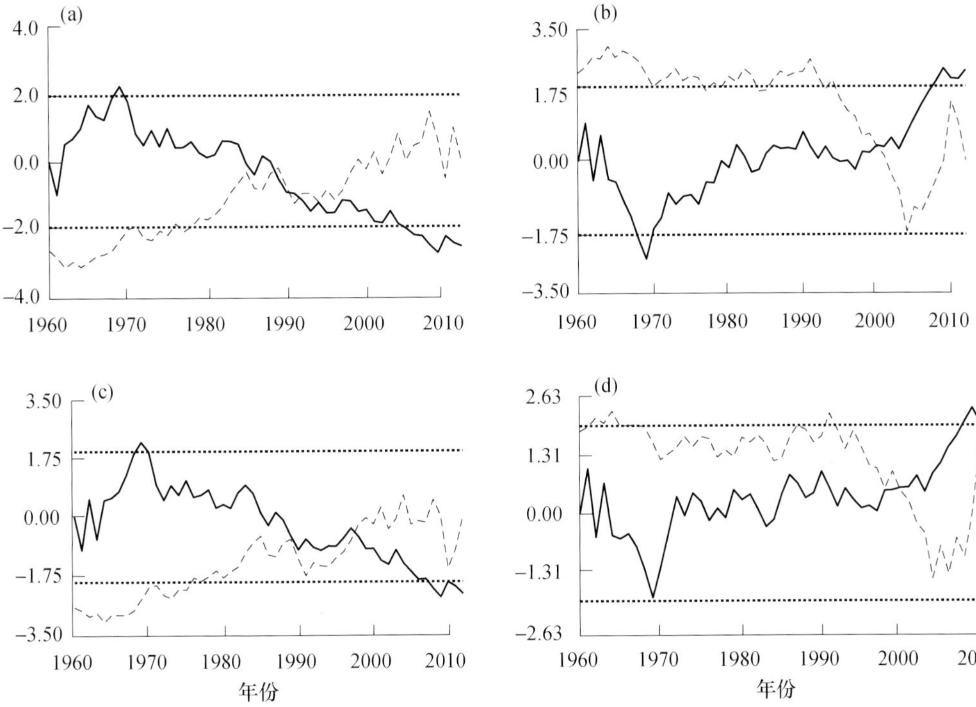

图 3.71 1960—2012 年江淮全区高湿高温多雨频率(a)、低湿高温少雨频率(b)、高湿高温多雨站数(c)、低湿高温少雨站数(d)的 M—K 检验

(实线:UF,虚线:UB,点线:$\alpha=0.05$ 的显著性水平检验)(陈旭 等,2016)

3.3.4 小结

通过对标准化降水蒸散指数(SPEI)的分析表明,西南地区秋季干旱在 1994 年发生了年代际突变,突变后转为偏旱期,且西南地区秋季气温与降水均在 20 世纪 90 年代发生了年代际变化,气温上升,降水减少,表明气候变暖确实对该地区的干旱起到了促进作用。西南地区夏季存在明显的长周期旱涝急转,1961—1970 年夏季旱转涝多于涝转旱,1971—1980 年夏季涝转旱年较多,1981—2000 年旱转涝与涝转旱年相当;21 世纪初以来,涝转旱年偏多。华南夏季在 20 世纪 90 年代初存在明显的年代际转变,由旱转涝,前汛期发生极端降水事件概率增大。近 30 多年来华南后汛期(7—8 月)降水出现过两次明显的年代际突变,在 20 世纪 90 年代初发生了由少雨到多雨的转变,而在 21 世纪初则出现了由多雨到少雨的转变,使得 2003—2012 年华南后汛期降水相对较少。华南地区秋季在 20 世纪 80 年代后期发生了明显的年代际变化,突变后该地区秋季偏旱的年明显增多,频繁出现连续干旱。

江淮全区及江南区、长江上游区和长江下游区自 20 世纪 90 年代以来，雨日及昼雨比例显著下降，晴天比例明显上升。自 21 世纪以来入梅偏晚、出梅偏早、梅雨量偏少，而淮河区雨日及昼雨比例显著上升，晴天比例明显下降，入梅偏早，出梅偏晚，梅雨量偏多。近 53 a 来阴天比例呈上升趋势，小雨、中雨的贡献率减小，而大雨、暴雨和大暴雨的贡献率呈增加趋势。江淮地区出现全区一致枯型梅雨的概率最大，南北枯中部丰型和东西反相型出现概率则相对较低。全区丰梅型、南北丰中部枯型和东枯西丰型梅雨具有入梅早、出梅晚、梅雨量大的特点。全区枯梅型、南北枯中部丰型和东丰西枯型则与之相反。此外，随着气候变暖，全区一致型梅雨发生频率显著减少，经向非均匀型梅雨发生概率明显增大，尤其在近 20 a，这种现象十分突出。

3.4 亚洲季风对南方旱涝的影响机理

3.4.1 西南旱涝异常成因

3.4.1.1 西南地区秋季干湿分布主要类型异常年的环流特征分析

干旱通常是某种异常的大气环流型持续发展和长期维持的结果。水汽输送、冷暖空气的交汇是西南地区秋季降水形成的重要原因，且冷暖空气活动还能引起气温变化，对干湿异常有重要影响。前面的分析表明 A 型干湿出现概率最大，B 型干湿出现概率仅低于 A 型，且其东部的偏湿区域很可能扩展到整个西南地区，这 4 类（A^- 型、A^+ 型、B^- 型、B^+ 型）干湿异常影响最重要。本节将分月讨论这 4 类干湿异常的环流特征。9 月、10 月、11 月 A 型干湿出现平均次数约为 28 次（共 50 a），为了突出异常年的特点，选取 A^- 型、A^+ 型异常年中异常程度最大（百分位前 30%）的各 4 a 进行合成分析。各月异常年选取如表 3.11 所示。在 A^- 型（全区偏干）异常年，9 月欧亚大陆中高纬上空 500 hPa 位势高度基本上为正距平，我国大部分地区处于正距平中心区，在日本东部海面上空有一负距平中心（图略）。这种距平分布形势对应东亚大槽减弱、位置偏东，不利于引导脊前槽后的冷空气向南侵入西南地区引起降温。西太平洋副高西伸，强度较强。东亚地区上空 100 hPa 为位势高度正距平中心，南亚高压强度偏强，面积偏大、位置偏东。在我国西南地区，南亚高压与西太平洋副高重叠，该地区受深厚高压系统控制，天气晴朗少雨，气流下沉增温。西南地区秋季的水汽主要来自孟加拉湾和南海，它们在西南地区汇合成西南—东北向的水汽输送。在异常偏干年，低层 700 hPa 风场上，在南海和孟加拉湾上空有一异常的气旋性环流，导致从南海经中南半岛和从孟加拉湾输送至我国西南地区的暖湿气流减弱。从整层的水汽输送上来看，整个西南水汽通道上的水汽输送都是明显减弱的，并且在西南地区有异常的水汽辐散。这种异常环流形势不利于冷暖空气在西南地区交汇，使得该地区降水偏少、气温偏高，造成了全区域偏干。10 月我国上空 100 hPa 为位势高度正距平，南亚高压强度偏强，面积偏大，其中心位于西南地区上空（图 3.72）。欧亚大陆中高纬 500 hPa 位势高度距平场呈现出正—负—负距平分布，距平中心分别位于乌拉尔山（+）、贝加尔湖（—）及北太平洋（—）附近。西太平洋副高强度明显偏强，并且在西南地区分裂出一个闭合小高压（5870 m 等位势高度线）。而南亚高压与分裂出的小高压重叠，西南地区受高压控制，天气晴朗少雨。东亚大槽位于两个负距平中心之间，强度偏弱；同时极区为正距平中心，极涡强度偏弱，不利于引导脊前槽后的冷空气向南侵入西南地区引起降温。同时我国西南地区大部分区域上空存在异常的下沉运动，气温下沉增温，且不利于降水形成。对流层低层 700 hPa 风场上，南海上空维持着一个非常明显的异常气旋环流，西太平洋上空则出现异常的反气旋环流，导致来自南海的暖湿气流输送减弱。从整层的水汽输送来看，从南海输送至西南地区的水汽明显偏弱，同时西南地区为异常的水汽辐散区。11 月 500 hPa 位势高度场上，从极地、中高纬到低纬地区分别为正—负—正距平控制(图略)。其中中高纬地区有两个负距平中心，分别位于西西伯利亚和阿留申群岛附近；而低纬地区两个正距平中心则位于波斯湾和我国东部。这种形势的距平分布使得东亚大槽位置偏东，无法深入到我国南方地区，同时东亚大槽位于两个负距平中心之间，等高线曲率相对较小，西风环流相对常年较为平直，不利于冷空气侵入我国西南地区。西太副高强度也是偏强的，且南亚高压面积偏大，与西太副高重叠。低层 700 hPa 风场上，南海上空的异常气旋环流依然存在，暖湿气流输送偏弱。来自孟加拉湾和南海的整层水汽输送也是偏弱的。

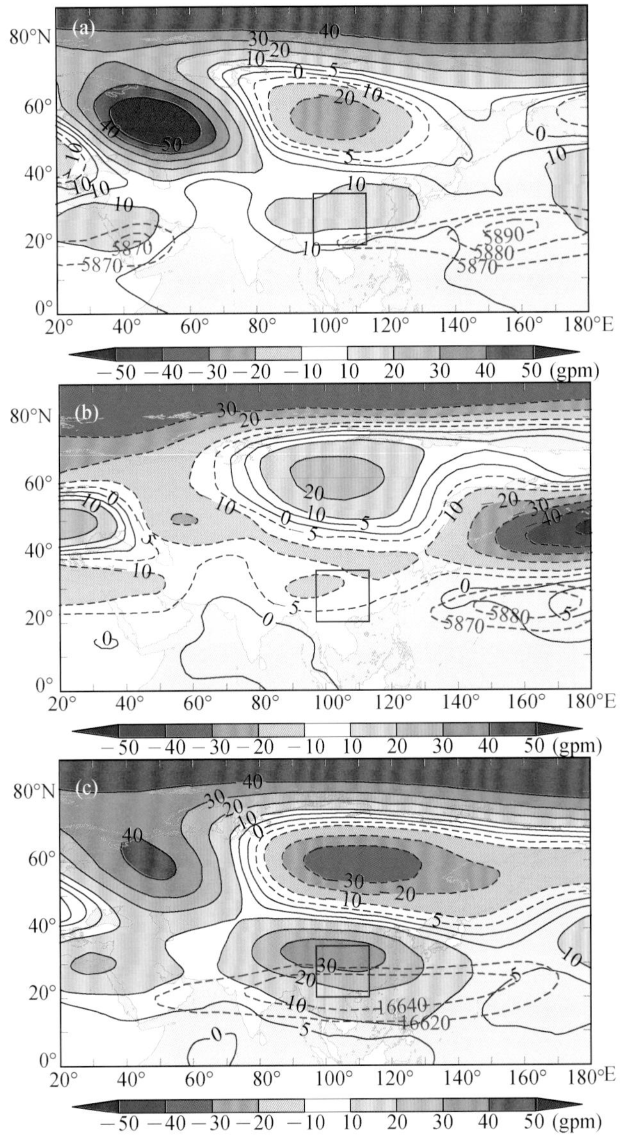

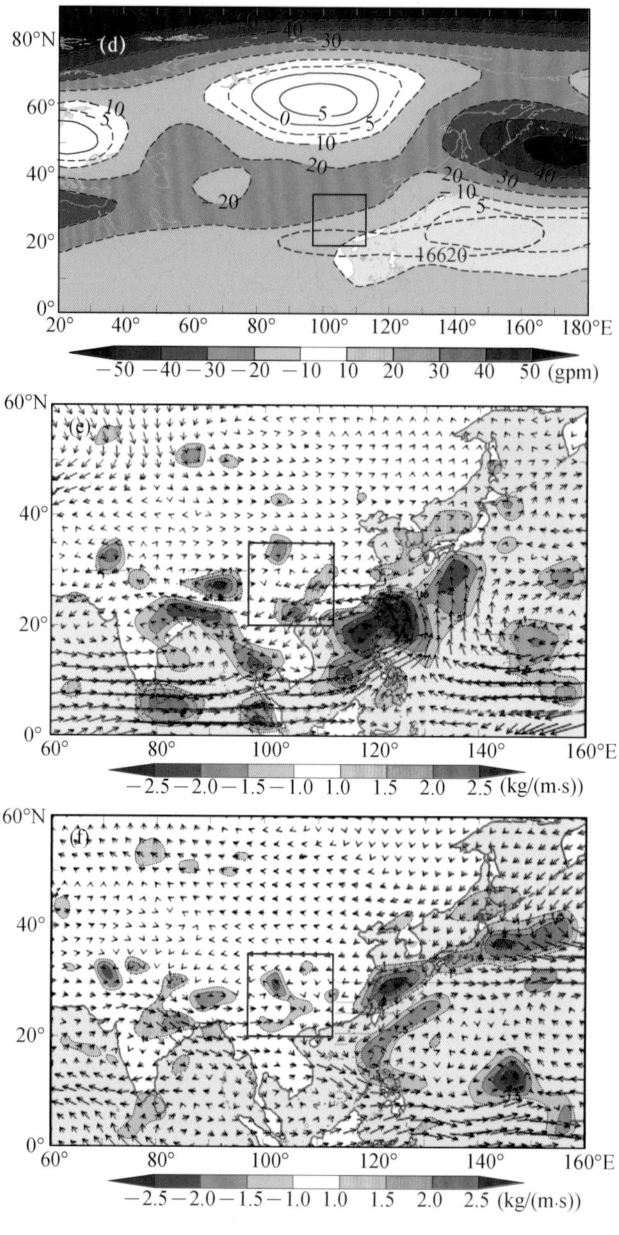

图 3.72 西南地区 1960—2009 年 10 月异常年 A$^-$ 型(全区偏干)(a)和 A$^+$ 型(全区偏湿)(b)500 hPa 位势高度距平场、A$^-$ 型(c)和 A$^+$ 型(d)100 hPa 位势高度距平场、A$^-$ 型(e)和 A$^+$ 型(f)垂直积分的整层水汽通量距平场(阴影)

(图中方框位置为西南地区)(徐栋夫 等,2013)

从 9 月到 11 月,虽然具体的环流形势有所不同,但是关键系统的配置是一致的。东亚大槽偏弱或位置偏东,我国绝大部分地区为正高度距平,东亚大槽不能深入到我国南方地区,不利于冷空气南侵引起降温;西太平洋副高偏强、西伸,南亚高压面积偏大,位置偏东,与西太副高重叠,西南地区长期受高压控制,天气晴朗,气流下沉升温;南海上空低层一直维持着一个明显的异常气旋性环流,西南地区位于该异常气旋环流的西北侧,暖湿气流输送偏弱;西南地区水汽输送偏弱且有辐散。这种异常环流形势的持续,将不利于西南地区冷暖空气交汇,水汽条件较差,同时西南地区长期受高压控制，有异常下沉运动，天气晴朗少雨，气温偏高，使得该区域持续干旱。

A^+型（全区偏湿）异常年环流特征基本上与A^-型相反。东亚大槽加深（9月）或东亚大槽位于两个正距平中心之间，等高线曲率相对较大（10月、11月），经向环流度加强，且我国大部分地区为负高度距平，这都有利于引导冷空气南下；南海上空低层维持着一个异常反气旋环流，西南地区的暖湿气流输送加强；整层水汽输送偏强，且有异常的水汽辐合；西太平洋副高整体略微偏弱（9月西太平洋副高虽然西伸，但是较为偏南，有利于其西北侧的暖湿气流输送到我国西南地区），南亚高压面积偏小，与太平洋副高基本无重叠（或重叠区离西南地区较远），西南地区受负位势高度距平控制。这种异常环流形势的维持，将有利于冷空气南下引起降温，冷暖空气在西南地区交汇，降水偏多、全区偏湿。

9月、10月、11月B型干湿异常年出现的次数差异较大，出现次数最多的有8次，最少的只有3次。为了使合成分析时挑选的异常年次数相同，选取B^-型、B^+型异常年中异常程度最大的各3年进行合成分析。还选取秋季季节内全区一致型干湿持续典型年和干湿转换典型年，对比分析了其环流异同特征，发现典型年份各月环流形势与前面合成分析的基本一致，干湿是否持续或者转换主要与南亚高压和副高的位置、强度变化以及南海上空低层流场变化（气旋环流或反气旋环流是否持续或出现）有关。以9月到10月为例，选取9月、10月干湿异常年，在其中找出干湿持续或转换的年进行分析，干湿异常年的选取详见3.3.1.2节中的西南地区干湿分布的分类。选取的A^-型持续年：2009年（9月、10月均为A^-型）；A^-型转换年：1963年（9月A^-型，10月A^+型）。2009年，全区偏干持续年。9月到10月，南亚高压面积偏大，强度偏强；西太平洋副高西伸，强度偏强，南亚高压与太平洋副高在我国西南地区重叠，西南地区受高压控制。在南海上空有异常的气旋性环流，来自南海的暖湿气流输送减弱（图略）。西南地区长期受高压控制，有异常下沉运动，水汽条件较差，天气晴朗少雨，气温偏高，使得该区域干旱持续。

1963年9月是当年全区偏干型和10月全区偏湿型的转换时期。9月南亚高压面积偏大，强度偏强，西南地区100 hPa等压面上为正高度距平场中心，但西太平洋副高强度略微偏强，位置变化不大，而东亚大槽位于两个负距平中心之间，等高线曲率相对较小，西风环流相对常年较为平直，不利于冷空气侵入我国西南地区。南海上空低层未出现气旋性环流，但来自孟加拉湾的暖湿气流偏少。这不利于冷暖空气在西南地区交汇，使得西南地区9月偏干。10月南亚高压面积偏小，强度偏弱。西太平洋副高强度偏弱，西南地区上空100 hPa和500 hPa等压面上均为负距平中心。南海上空低层700 hPa上有异常的反气旋环流，使得来自南海的暖湿气流偏强，水汽输送偏多（图略）。这种异常环流形势将有利于冷空气南下引起降温，冷暖空气在西南地区交汇，降水偏多、全区偏湿。对比全区偏干持续年与干湿转换年的环流形势，可以发现，若南亚高压面积偏大、强度偏强，且西太平洋副高西伸，同时南海低层上空有异常的气旋环流，那么，全区偏干将持续到下个月。若仅南亚高压面积偏大、强度偏强，但西太平洋副高较常年变化不大，且南海上空未出现异常的气旋性环流，那么西南区域干湿型特征将很可能发生转换。

影响中国西南地区旱涝变化的大气环流系统较多，高原季风是重要的影响因子之一。按照10%的极端异常情况进行取样，在1960—2012年中涡度面积异常偏大（青藏高原季风强）年（1974年、1987年、1998年、2004年、2005年）、偏小（青藏高原季风弱）年（1961年、1963年、1971年、1978年、1994年），中心经度异常偏东年（1960年、1963年、1964年、2006年、2011年）、偏西年（1976年、1977年、1993年、1995年、2001年），对垂直运动和水汽输送进行差值合成（图3.73）。

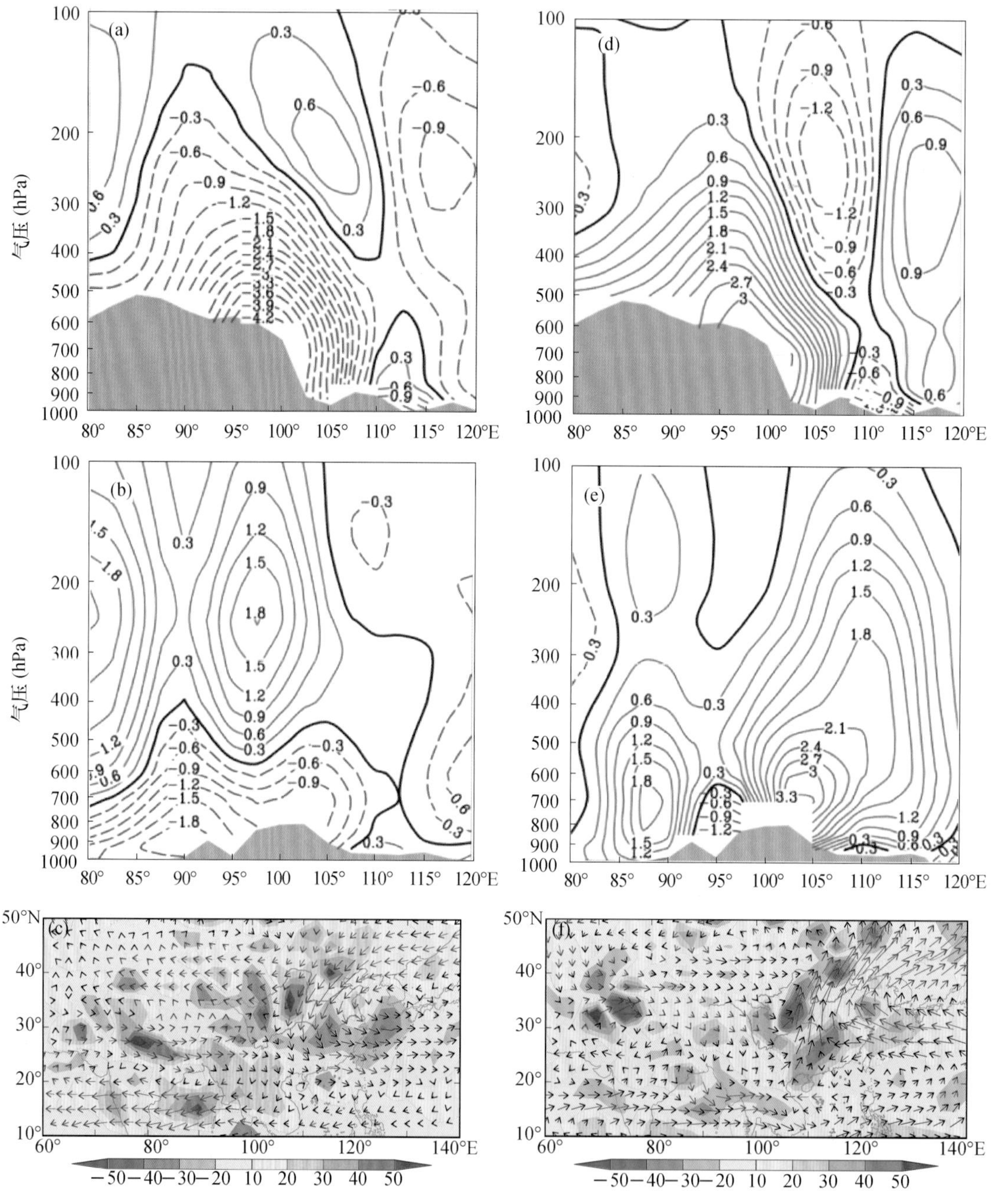

图 3.73　青藏高原夏季风异常合成垂直速度差值(单位:10^{-2} Pa/s)沿 27.5°—32.5°N 的平均(a,d)和 22.5°—27.5°N 平均的经度—高度剖面(b,e)及地面积分至 300 hPa 的水汽输送差值场(c,f)(矢量表示水汽通量,单位:kg/(m·s),红色箭头表示达到 95%置信水平)(a,b,c 为偏强年-偏弱年;d,e,f 为偏东年-偏西年)

青藏高原季风对西南气候的影响存在明显的南北差异,大致以 27.5°N 为界。对川渝地区的影响大,而对滇、黔、桂地区的影响相对较小。当青藏高原季风偏强时,川渝地区中低层为强的上升运动,400 hPa 以上产生弱的下沉运动(图 3.73a),形成深厚的对流运动,异常上升运动能达到 300 hPa,最大对流高度向东逐渐降低。云贵地区在 600 hPa 以下上升,以上下沉

(图 3.73b),形成较为浅薄的对流运动。整层水汽输送在四川中西部、重庆、贵州、广西等地异常辐合,在四川东北部和云南地区辐散(图 3.73c)。因此,西南大部分地区云量偏多,日照时数减少,相对湿度偏大,蒸发减弱,以阴雨天为主,气温偏低。青藏高原季风强度对川渝地区的影响程度更甚于云贵地区。更大范围而言,强的青藏高原夏季风对应青藏高原东部和长江流域水汽异常辐合,降水偏多,华北和东北地区水汽异常辐散,降水偏少,副热带季风偏弱;南亚地区水汽辐散,降水减少,印度季风偏弱(图 3.73c)。当青藏高原季风偏弱时,情况相反。

青藏高原夏季风气旋环流中心经度偏东年,对应川渝地区上空异常垂直速度零线自600 hPa开始随高度向西倾斜,高层为上升运动,低层为下沉运动,最大下沉运动自西向东减弱;云贵地区的整个对流层均为下沉运动(图 3.73d)。西南全区以温度偏高、湿度偏低为主。更大范围而言,青藏高原夏季风偏东对应青藏高原和长江以南地区水汽异常辐散,河套、华北、东北地区水汽异常辐合,降水偏多,副热带季风偏强;南亚地区水汽异常变化较小,印度季风强度变化不大(图 3.73e)。当青藏高原夏季风系统偏西时,情况相反。

3.4.1.2 西南地区秋季干旱年代际转折的可能原因

3.3.1.2 节分析得出西南秋季在 1994 年发生年代际突变,将 1994 年之前(即 1961—1993 年)定义为偏涝期,1994—2012 年定义为偏旱期。下面主要从西太平洋副热带高压、南支槽、水汽输送和垂直运动等方面,对偏旱期和偏涝期做合成差值分析,寻找西南地区秋季干旱发生年代际变化的大气环流背景。

利用国家气候中心提供的 74 项环流指数中的西太平洋副热带高压各项特征指数与西南秋季 SPEI 作相关分析(表 3.12)。可见:西南秋季 SPEI 与西太平洋副热带高压的面积指数、强度指数和西伸脊点(西伸脊点值为经度,越小越偏西)都有很好的相关性,均通过 0.05 信度的显著性检验,其中与副高面积指数的相关系数通过 0.01 信度的显著性检验。由此可知,当西太平洋副热带高压位置偏西、面积偏大、强度偏强时,西南秋季 SPEI 偏低,易发生干旱,反之则容易发生降水偏多。由秋季 500 hPa 位势高度及其差值场(偏旱期减偏涝期,下同)(图 3.74a)可以看出,相对于偏涝期,偏旱期西太平洋副热带高压的面积偏大、西伸明显,使得西南地区受其控制,导致西南地区降水偏少;同时,西南地区位于显著正高度差值区域,通过 0.05 信度的显著性检验,这样由于西太平洋副热带高压的控制导致西南地区秋季气温偏高,而高温又是引发干旱的一个重要因素。与偏涝期相比,南支槽区为显著正差值区域,通过了 0.05 信度的显著性检验,表明南支槽偏弱,槽前西南气流减弱,导致从孟加拉湾向西南地区输送的水汽强度减弱,西南地区水汽匮乏,易致西南区域干旱。

表 3.12 1961—2012 年西太平洋副热带高压特征指数与西南地区秋季 SPEI 的相关系数(张顾炜 等,2016)

面积指数	强度指数	北界位置	西伸脊点	脊线位置
−0.383**	−0.268*	−0.081	0.268*	−0.089

注:* 表示通过 0.05 信度的显著性检验,** 表示通过 0.01 信度的显著性检验。

图 3.74b 为整层水汽通量差值场,阴影区为显著差值区域,通过 0.05 信度的显著性检验。可见,孟加拉湾被偏东气流控制,而在西太平洋存在一个气旋性差值环流,它导致西南地区存在偏北的水汽输送,并且在西南大部分地区存在显著的水汽输送负差值,表明偏旱期从孟加拉湾北部向西南地区的水汽输送比偏涝期明显偏弱。由图 3.74c 可见,西南地区存在显著的差值下沉

区，不利于水汽由低层向高层输送，导致降水减少。因此，偏旱期从海洋向西南地区输送的水汽偏少，西南地区多为下沉运动，不利于水汽由低层向高层输送，导致降水减少，易现旱情。

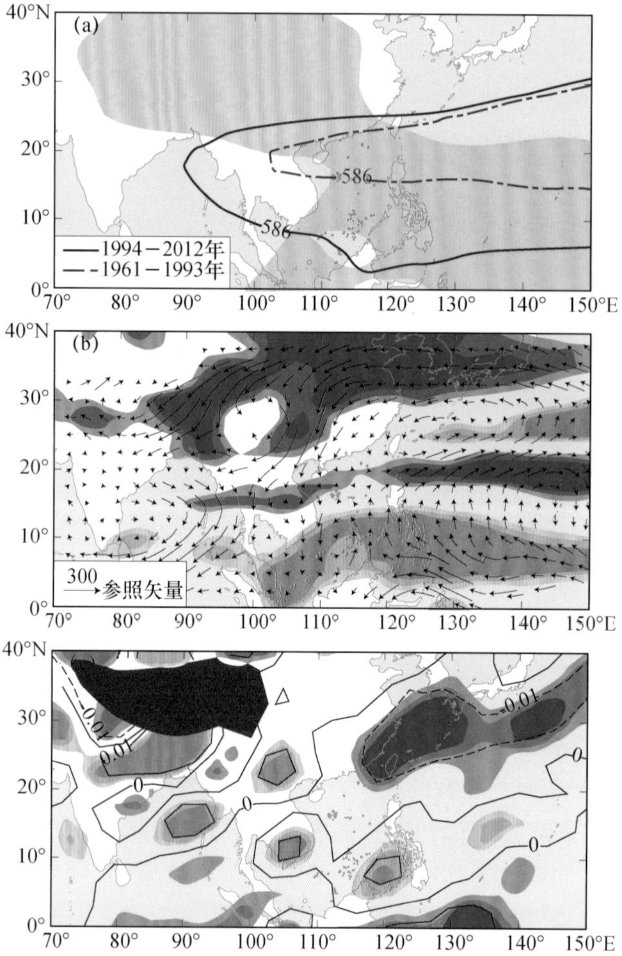

图 3.74　秋季西太平洋副热带高压位置及 500 hPa 高度差值场（单位：dagpm；黑色实线表示偏旱期秋季西太平洋副热带高压位置，蓝色虚线为偏涝期）(a)、秋季整层水汽通量差值场（单位：kg/(m·s)）(b)、700 hPa 垂直速度差值场（单位：10^{-2} Pa/s，正值表示下沉，负值表示上升）(c)
（差值场均为偏旱期减去偏涝期；图中阴影区均表示通过 0.05 信度的显著性检验，暖色为显著正异常，冷色为显著负异常）（张顾炜 等，2016）

我国西南地区距离热带印度洋和热带太平洋都较近，容易受这两个海区海表温度异常的影响（黄荣辉 等，2012；李永华 等，2012；Zhang et al.，2013）。因此，用西南秋季 SPEI 分别与前期夏季（6—8 月）、同期秋季（9—11 月）热带印度洋—太平洋海表温度作相关分析，结果见图 3.75a（夏季）和图 3.75c（秋季）。可以发现，在热带东印度洋—西太平洋有一大片负相关区域（通过 0.01 信度的显著性检验），本节将该区域（15°S—15°N，70°—150°E）选作影响西南干旱的关键海区。把夏季和秋季关键海区的区域平均海表温度（SSTA）异常分别与西南秋季 SPEI 作相关分析（图 3.75b、3.75d），可见它们与西南秋季 SPEI 存在很好的负相关关系，均通过 0.01 信度的显著性检验，表明当前期夏季和同期秋季关键区海表温度异常偏高时，西南秋季 SPEI 偏低，易出现干旱。同时可见，关键海区在 20 世纪 80 年代后期出现增暖，1994 年以后海表温度距平均为正值，与西南秋季干旱频发期有较好的对应关系，表明关键海区的海表温度异常与西南秋季干旱存在密切联系。

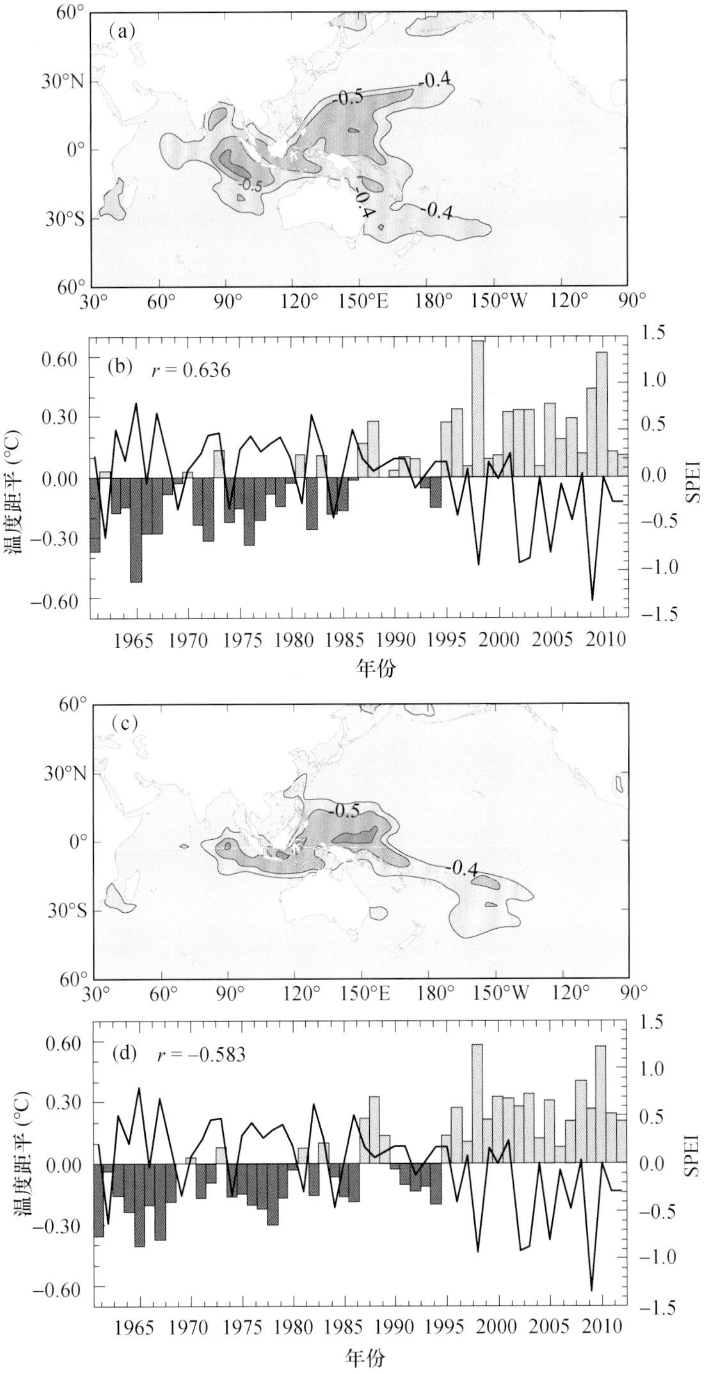

图 3.75 1961—2012 年西南秋季 SPEI 与前期夏季(a)、同期秋季(c)热带东印度洋—西太平洋海表温度的相关系数分布(阴影区表示通过 0.01 信度的显著性检验);前期夏季(b)、同期秋季(d)关键海区海表温度距平(柱状)和西南秋季 SPEI(线条)的时间序列(张顾炜 等,2016)

热带洋面一般通过自身增暖影响经圈或纬圈环流来进一步影响其他区域气候。在西南秋季偏旱年,赤道附近存在差值上升运动,而我国西南地区(20°—30°N)则存在差值下沉运动,表明从赤道附近到西南地区存在一个增强的 Hadley 环流(图 3.76)。用该 Hadley 环流的 500 hPa上升支垂直速度减去下沉支垂直速度的差值表示 Hadley 强度指数,差值为正(负)时表示 Hadley 环流减弱(增强)。利用 1961—2012 年 Hadley 强度指数,分别与夏季、秋季关键海区 SSTA 及西南秋季 SPEI 作相关分析(表 3.13)。结果表明,该 Hadley 环流强度指数与夏季、秋季 SSTA 呈显著的负相关,而与西南秋季 SPEI 呈显著的正相关,说明关键海区海温异常增高时,Hadley 环流增强,西南地区受下沉运动控制,西南秋季易发生干旱。

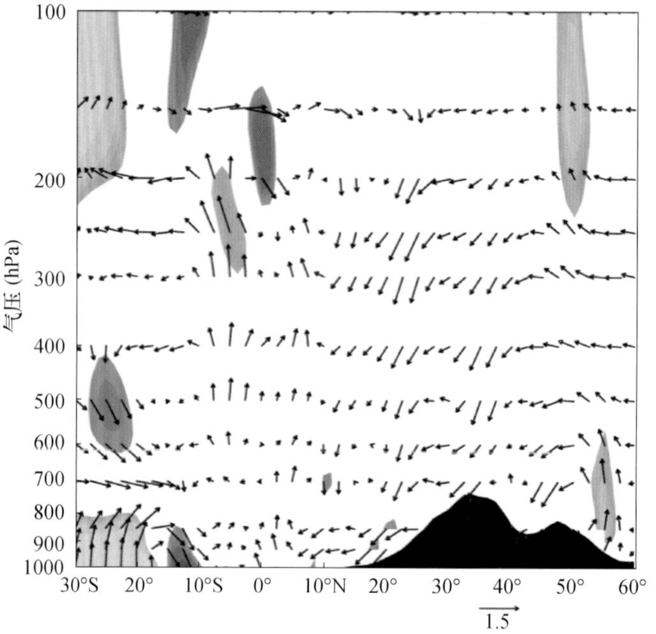

图 3.76 经向垂直环流差值场(偏旱期减偏涝期)沿 97°—112°E 平均的纬度—高度剖面(阴影区表示通过 0.05 信度的显著性检验;垂直风速单位:10^{-2} Pa/s,经向风速单位:m/s)(张顾炜 等,2016)

表 3.13 1961—2012 年 Hadley 强度指数与关键海区前期夏季 SSTA、同期秋季 SSTA 及西南秋季 SPEI 的相关系数(张顾炜 等,2016)

夏季 SSTA	秋季 SSTA	西南秋季 SPEI
−0.470*	−0.540*	0.588*

注:* 表示通过 0.01 信度的显著性检验。

已有的研究表明,当西太平洋暖池异常增暖时,可通过其上空对流活动的异常,引起西太平洋副高的位置和强度的变化(金祖辉 等,2002)。将前期夏季和同期秋季该关键海区的 SSTA 和秋季 500 hPa 高度场做相关分析(图 3.77),从图中可以看出,两个时段的 SSTA 和 500 hPa 高度场存在显著的正相关,通过了 0.01 信度的显著性检验。说明该关键海区的海表温度异常增暖时,大范围的海表热力偏强会使秋季西南地区 500 hPa 高度场偏高,南支槽偏弱,西北太平洋副热带高压增强,与之前分析得到的西南秋季偏旱期的西北太平洋副热带高压的特征(图 3.75a)相符。

通过上述观测资料分析可知,在前期夏季和同期秋季,热带东印度洋—西太平洋海表温度异常与西南秋季 SPEI 存在显著的负相关关系。那么,该关键海区的海表温度异常对西南秋

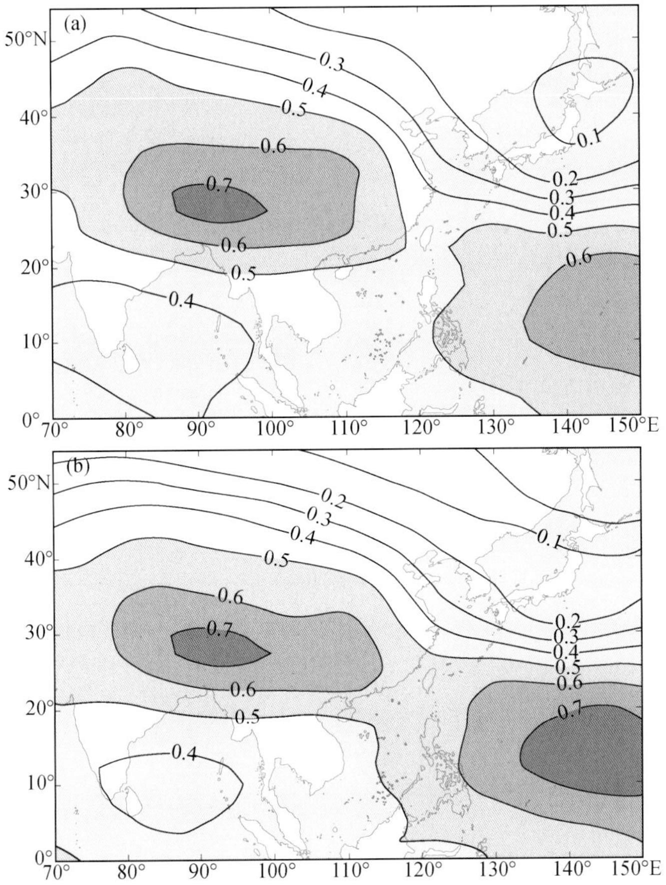

图 3.77 1961—2012 年前期夏季(a)、同期秋季(b)热带东印度洋—西太平洋海表温度异常(SSTA)与 500 hPa 高度相关场

(阴影区表示通过 0.01 信度的显著性检验)(张顾炜 等,2016)

季干旱年代际变化是否存在影响？以及哪个季节的海温异常起着更重要、更直接的作用？为了解决这两个问题，本节利用 NCAR 全球大气环流模式 CAM5.1 进行数值模拟研究。

数值试验设计方案详见表 3.14。各试验均采用了 5 个不同的初值场来驱动模式，且 GOGA 试验从 1978 年 1 月 1 日起进行积分模拟了 34 a，EXP_Ⅰ、EXP_Ⅱ和 EXP_Ⅲ试验均从 1 月 1 日起进行积分各模拟了 10 a。由全球海洋、全球大气试验(GOGA)结果计算出西南秋季 SPEI，并与 1979—2012 年观测的西南秋季 SPEI 进行比较(图 3.78)。结果显示，两者具有显著的相关关系，相关系数为 0.471，通过 0.01 信度的显著性检验，表明全球海表温度异常对西南秋季干旱具有重要影响。

表 3.14 数值试验方案(张顾炜 等,2016)

简称	全称	分辨率	组数	方案设计
GOGA	全球海洋、全球大气试验	T42	5	全球 1978—2012 年观测 SST 驱动 NCAR CAM5.1 大气环流模式积分 34 a

续表

简称		全称	分辨率	组数	方案设计
EXP_I	EXP_I_W	前期夏季至同期秋季暖试验	T42	5	6—11 月关键海区(15°S—15°N,70°—150°E)海表温度为偏旱期(1994—2012 年)海温合成,其余区域为气候态海温,驱动 NCAR CAM5.1 大气环流模式积分 10 a
	EXP_I_C	前期夏季至同期秋季冷试验	T42	5	6—11 月关键海区(15°S—15°N,70°—150°E)海表温度为偏涝期(1961—1993 年)海温合成,其余为气候态海温,驱动 NCAR CAM5.1 大气环流模式积分 10 a
EXP_Ⅱ	EXP_Ⅱ_W	前期夏季暖试验	T42	5	同 EXP_I_W,但为 6—8 月关键海区海表温度为偏旱期(1994—2012 年)海温合成、9—11 月为气候态海温
	EXP_Ⅱ_C	前期夏季冷试验	T42	5	同 EXP_I_C,但为 6—8 月关键海区海表温度为偏涝期(1961—1993 年)海温合成、9—11 月为气候态海温
EXP_Ⅲ	EXP_Ⅲ_W	同期秋季暖试验	T42	5	同 EXP_I_W,但为 9—11 月关键海区海表温度为偏旱期海温合成、6—8 月为气候态海温
	EXP_Ⅲ_C	同期秋季冷试验	T42	5	同 EXP_I_C,但为 9—11 月关键海区海表温度为偏涝期(1961—1993 年)海温合成、6—8 月为气候态海温

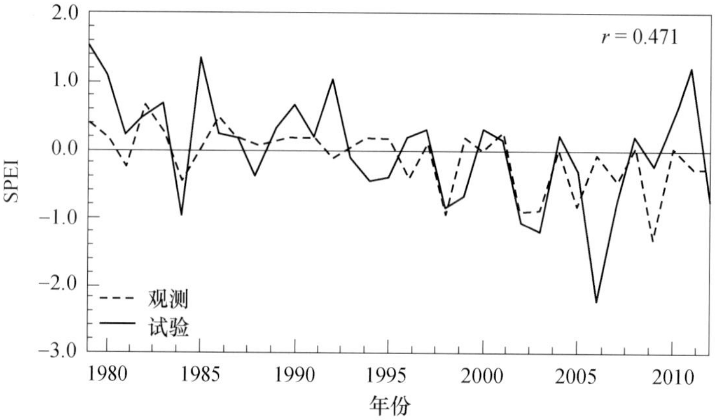

图 3.78　1979—2012 年 GOGA 试验和观测的西南秋季 SPEI(张顾炜 等,2016)

将各组敏感性试验模拟的降水和 850 hPa 风场的差值场(图 3.79)、500 hPa 垂直速度的差值场(图 3.80a～图 3.80c)、西太平洋副热带高压的位置和 500 hPa 高度差值场(图 3.80d～图 3.80f)以及平均经圈环流的差值场(图 3.81),分别与观测结果进行对比分析。

(1)前期夏季至同期秋季海表温度暖、冷模拟试验的差值场(暖试验减冷试验,即 EXP_I_W 减 EXP_I_C)表明:在贵州和云南东部存在降水负差值,暖试验模拟出的西南秋季 SPEI 为 −0.46,冷试验模拟的西南秋季 SPEI 为 0.50;孟加拉湾受偏东气流控制(图 3.79a);赤道地区为上升运动差值区(图 3.80a);暖试验较冷试验西太副高位置偏西、面积偏大,南支槽减弱(图 3.82d);Hadley 环流略有增强(图 3.81a)。模拟结果和观测结果较为一致。

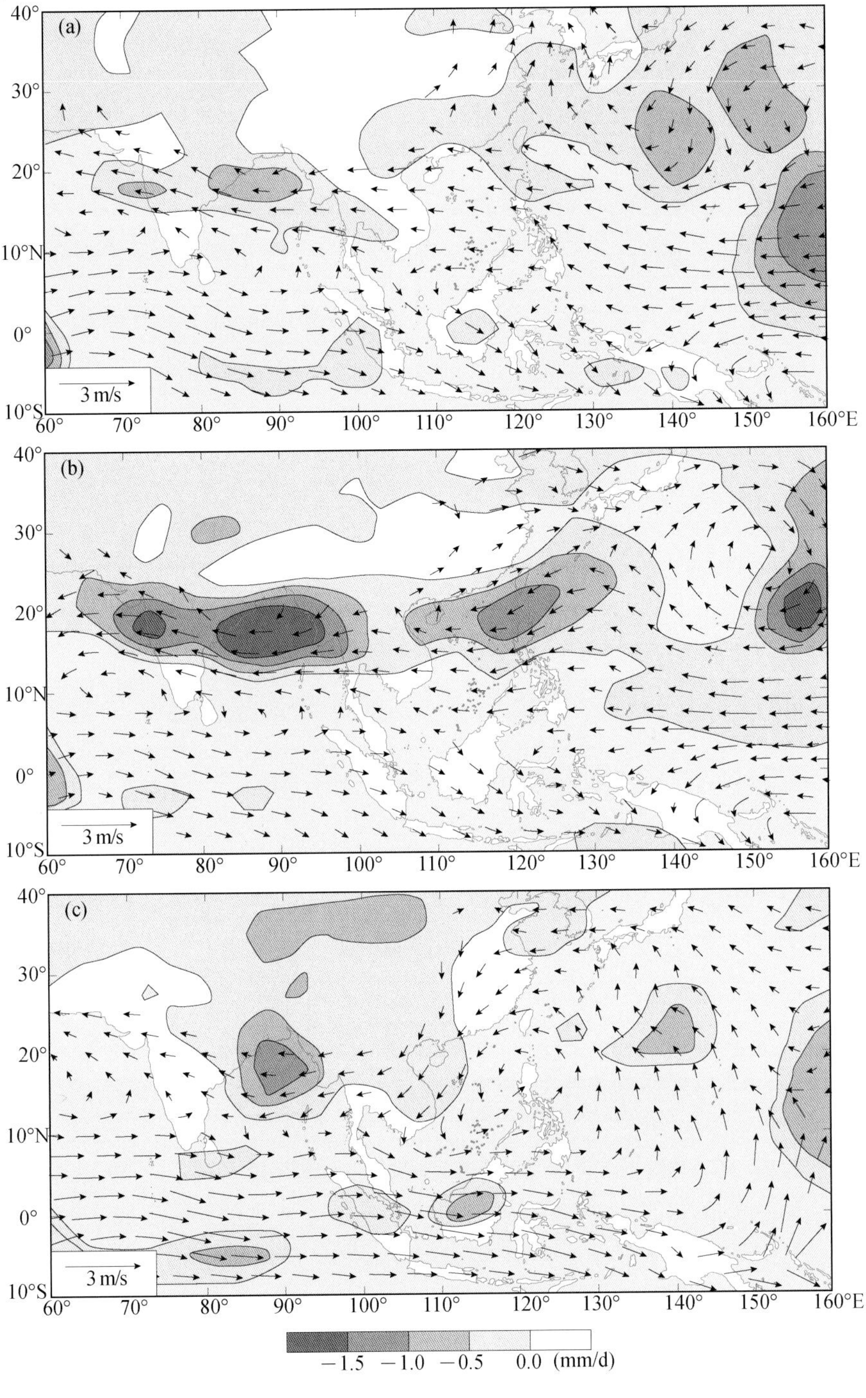

图 3.79 秋季降水场(阴影区表示降水差值为负)和 850 hPa 风场(箭矢;单位:m/s)的差值分布(暖试验减冷试验)
(a)EXP_Ⅰ;(b)EXP_Ⅱ;(c)EXP_Ⅲ(张顾炜 等,2016)

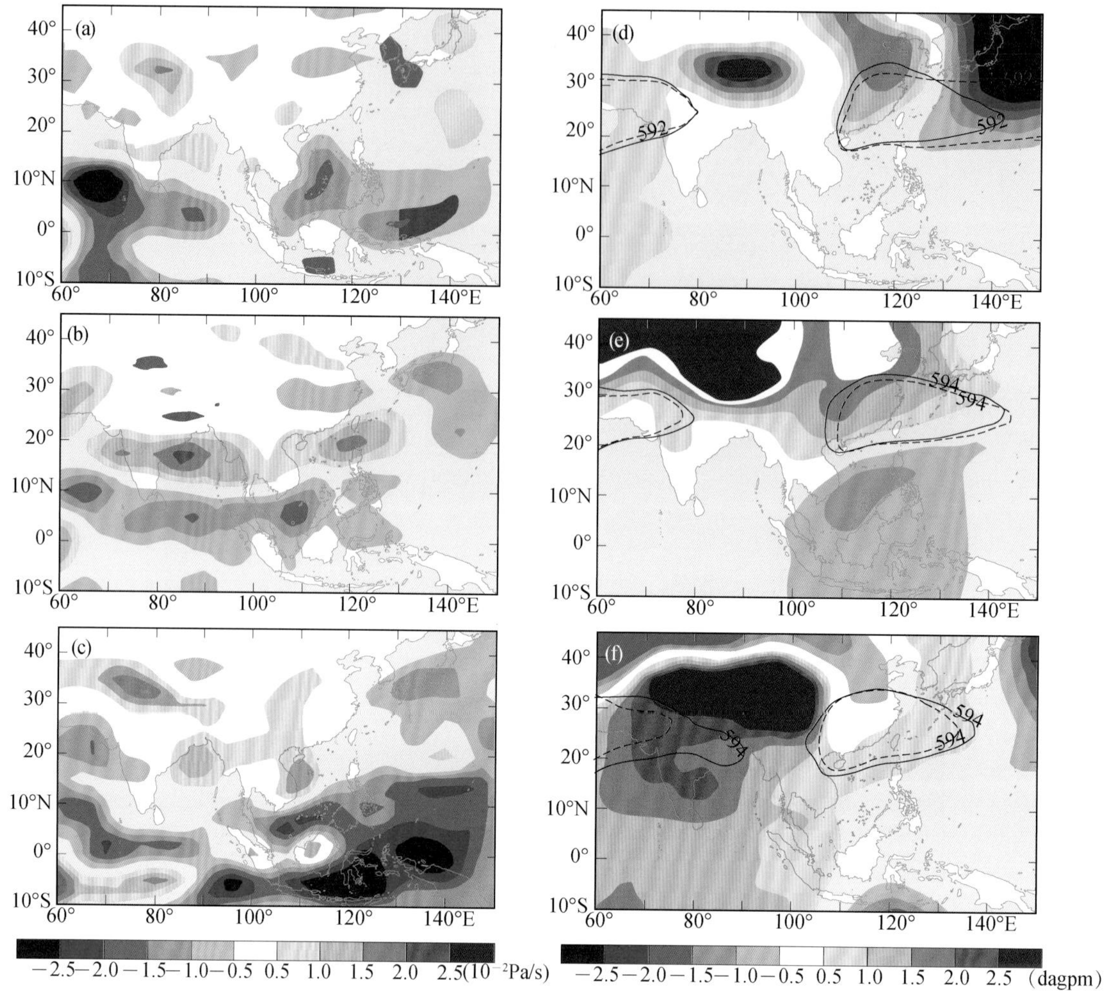

图 3.80 秋季 500 hPa 垂直速度(正值表示下沉,负值表示上升)的差值分布
(a. EXP_Ⅰ; b. EXP_Ⅱ; c. EXP_Ⅲ)、秋季西太平洋副热带高压位置及 500 hPa 高度差值场
(实线为暖试验,虚线为冷试验)(d. EXP_Ⅰ; e. EXP_Ⅱ; f. EXP_Ⅲ)
(差值场均为暖试验减冷试验)(张顾炜 等,2016)

(2)前期夏季暖、冷模拟试验的差值场(暖试验减冷试验,即 EXP_Ⅱ_W 减 EXP_Ⅱ_C)表明:西南地区大部分为降水正差值,暖试验模拟出的西南秋季 SPEI 为 0.65(偏涝),冷试验模拟的西南秋季 SPEI 为 −0.33;低层风场从孟加拉湾到西南地区存在偏西、偏南气流(图 3.79b),赤道地区为上升差值区,但是西南地区也为上升差值区(图 3.80b);暖试验较冷试验西太副高位置偏西、面积偏大、强度偏强,南支槽强度偏弱,西南地区位于正高度场差值控制下(图 3.80e);Hadley 环流下沉支偏南,西南地区为上升运动(图 3.81b)。模拟结果与观测结果有所偏差。

(3)同期秋季暖、冷试验的差值场(暖试验减冷试验,即 EXP_Ⅲ_W 减 EXP_Ⅲ_C)表明:西南地区全区为降水负差值,暖试验模拟出的西南秋季 SPEI 为 −0.75(偏旱),冷试验模拟出的西南秋季 SPEI 为 0.33;西太平洋地区存在一个气旋性差值环流,孟加拉湾受偏东气流控制且西南地区受偏北气流控制(图 3.79c);赤道地区为上升运动差值区,西南地区为下沉运动差值区(图 3.80c);暖试验较冷试验西太副高位置偏西、面积偏大,南支槽强度偏弱,西南地区位于正高度场差值控制下(图 3.80f);Hadley 环流增强(图 3.81c)。模拟结果与观测结果基本一致。

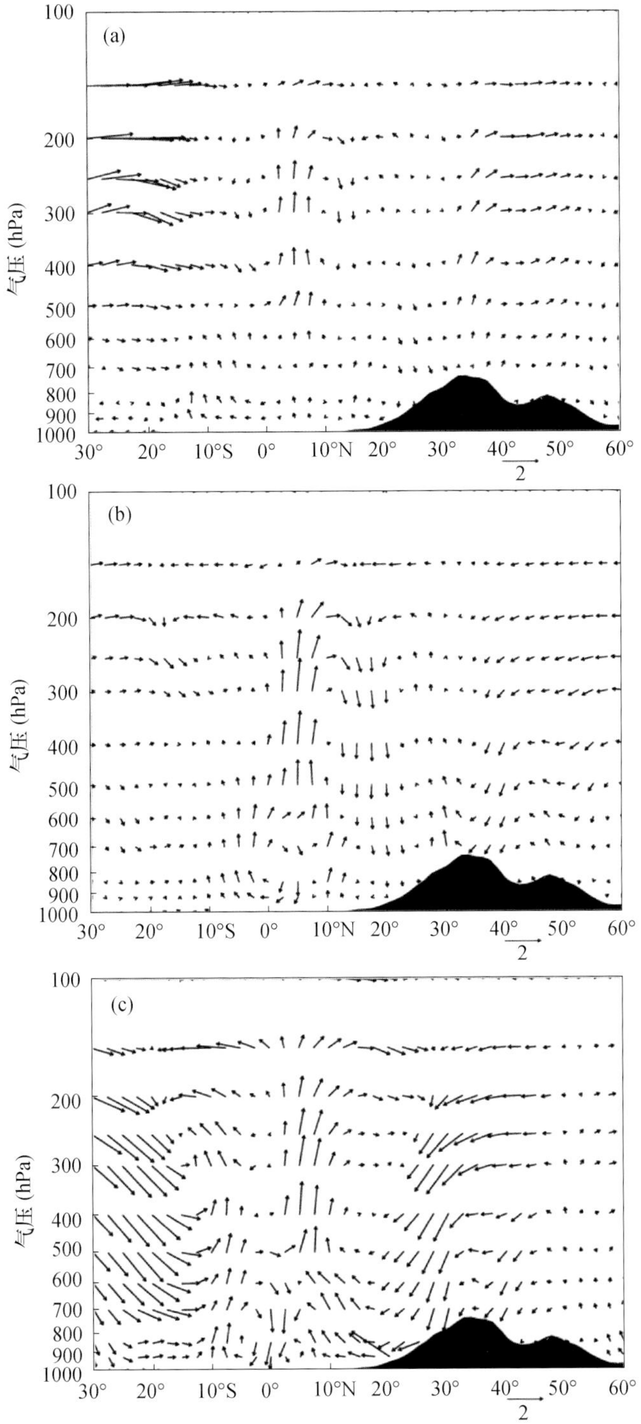

图 3.81 秋季经向垂直环流差值场沿 97°—112°E 平均的纬度—高度剖面
(暖试验减冷试验;垂直速度单位:10^{-2} Pa/s,经向风速单位:m/s)
(a)EXP_Ⅰ;(b)EXP_Ⅱ;(c)EXP_Ⅲ(张顾炜 等,2016)

上述分析结果表明：三组试验均能模拟出偏旱、偏涝期西太平洋副热带高压位置和面积以及南支槽强度的变化；前期夏季至同期秋季海表温度异常敏感性试验模拟出的结果与观测结果较为一致，前期夏季海表温度异常敏感性试验模拟出的结果与观测结果相差较大，同期秋季海表温度异常敏感性试验模拟出的结果最接近观测结果。因此，同期秋季关键海区的海表温度年代际增暖对西南秋季年代际变旱有着非常重要的作用。即当关键海区海表温度在同期秋季年代际增暖时，秋季西南地区 500 hPa 高度场升高，西太平洋副热带高压位置偏西、面积偏大且南支槽强度减弱，有利于西南地区发生干旱。

3.4.1.3　影响西南地区夏季旱涝急转的大气环流异常特征

西南地区夏季旱涝急转事件的发生，与其同期的大气环流形势持续异常有直接关系。下面将从中高纬度西风带环流、西太平洋副热带高压以及垂直运动等几个方面对西南地区夏季旱涝急转期间的大气环流异常特征进行分析讨论。

首先对比西南地区旱转涝年前期和涝转旱年前期。在旱转涝年前期（旱期，图 3.82a），中高纬 500 hPa 高度距平场呈带状分布，且为负值区，中高纬度环流的纬向运动较强，西太平洋副高位置偏西，偏强，面积偏大，南海及西太平洋的水汽不易到达我国西南地区，不利于降水产生；而在涝转旱年前期（涝期，图 3.82c），对流层中层环流形势与旱转涝年前期相反，乌拉尔山及附近地区存在大范围负距平区，西伯利亚—蒙古国和我国东北地区为大范围正距平区，槽脊明显，中高纬环流的经向运动偏强，副高较旱转涝年前期偏东，西南地区位于副高西北侧，有利于南海及西太平洋的水汽与中高纬冷空气在西南地区交汇，降水增多。

在旱转涝年后期和涝转旱年后期，中高纬环流形势与前期正好相反。在旱转涝年后期（涝期，图 3.82b），环流的经向运动较强，乌拉尔山东侧的槽加深，东亚远东沿岸脊加强，有利于中高纬冷空气南下；而其前期（旱期），纬向运动较强，且为带状负距平区。在涝转旱年后期（旱期，图 3.82d），西太平洋副高相较于旱转涝年后期，位置偏东，强度偏弱。当西太平洋副高异常偏西偏强或偏东偏弱时，南海及西太平洋的水汽不易到达我国西南地区，均不利于西南地区降水。

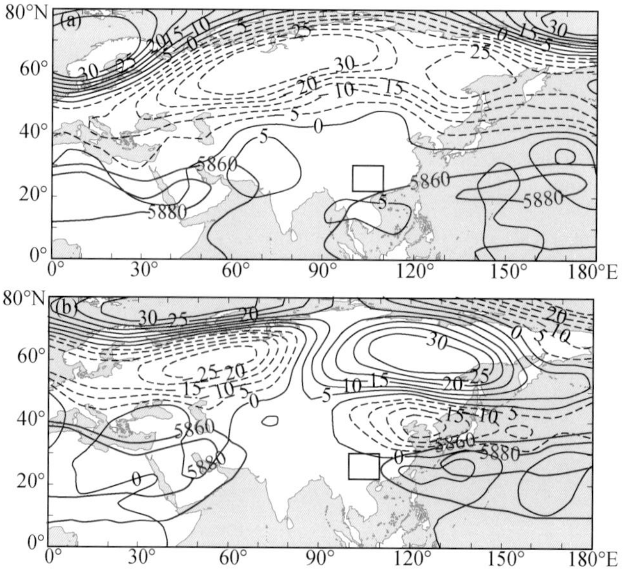

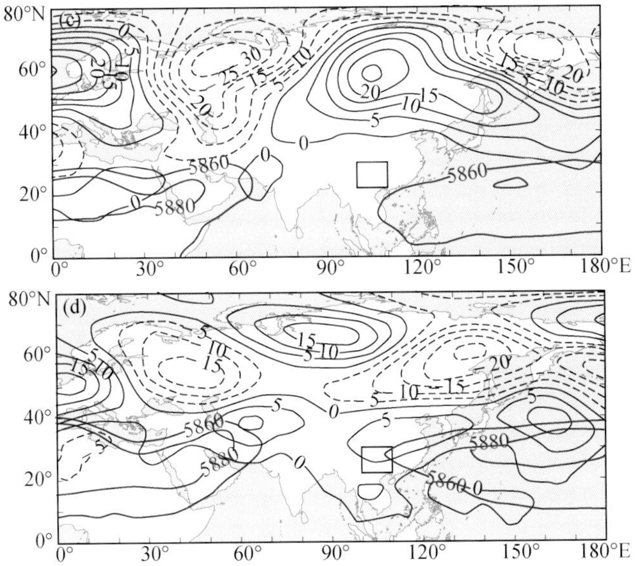

图 3.82　西南地区夏季旱涝急转年 500 hPa 合成高度距平场

（红色加粗为 5860 和 5880 线，单位：gpm）

(a)旱转涝年 5—6 月；(b)旱转涝年 7—8 月；(c)涝转旱年 5—6 月；(d)涝转旱年 7—8 月(孙小婷 等，2017)

中高纬冷空气活动是影响西南地区夏季旱涝的重要因素之一，西风带冷空气的强弱及其南下对我国西南地区的降水将产生直接影响。下面对旱涝急转时西风带环流特征进行分析。

图 3.83 为西南地区夏季旱涝急转典型年 200 hPa 合成纬向风场差值图。可以看出，5—6 月(图 3.83a)中高纬的高空西风带强度偏强，蒙古国和贝加尔湖附近为大范围正差值区，因此在早期，中高纬西风带形势不利于冷空气南下；到了 7—8 月(图 3.83b)，中高纬西风带呈带状负值区，表明涝期时高空西风带强度偏弱，冷空气经向活动较强，有利于其南下并且影响我国西南地区产生降水。

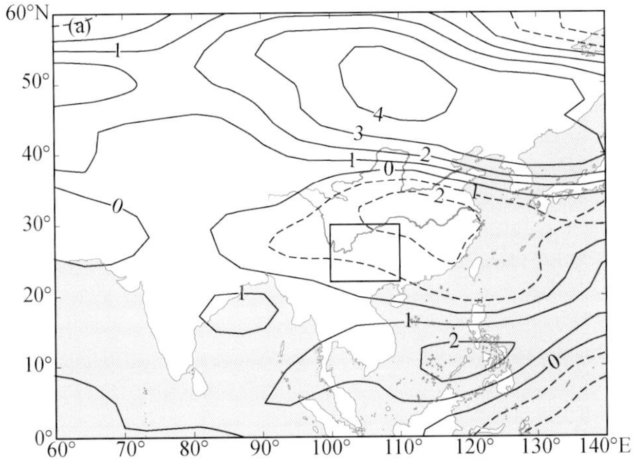

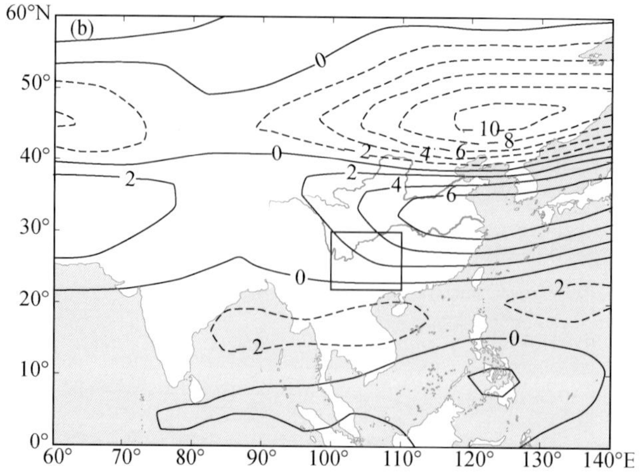

图 3.83　西南地区夏季旱涝急转年 200 hPa 合成纬向风场差值图(单位:m/s,旱转涝年减去涝转旱年)
(a)5—6 月;(b)7—8 月(孙小婷 等,2017)

从西南地区夏季旱涝急转年 700 hPa 垂直速度差值场来看,5—6 月(图 3.84a)西南地区为正差值区控制,盛行下沉气流。因此,旱转涝年旱期相较于涝转旱年涝期,西南地区下沉运动较强,不易产生降水;7—8 月(图 3.84b)则相反,西南地区为负差值区控制,上升运动较强,表明旱转涝年涝期相较于涝转旱年旱期,西南地区盛行上升气流,有利于降水增多。

水汽输送是水分循环的重要环节,来自孟加拉湾、南海、西太平洋的水汽都将直接影响我国西南地区夏季的旱涝情况。因此,为了更深入了解该地区旱涝急转的发生机理,下面对西南地区夏季旱涝急转年的水汽输送情况进行研究。

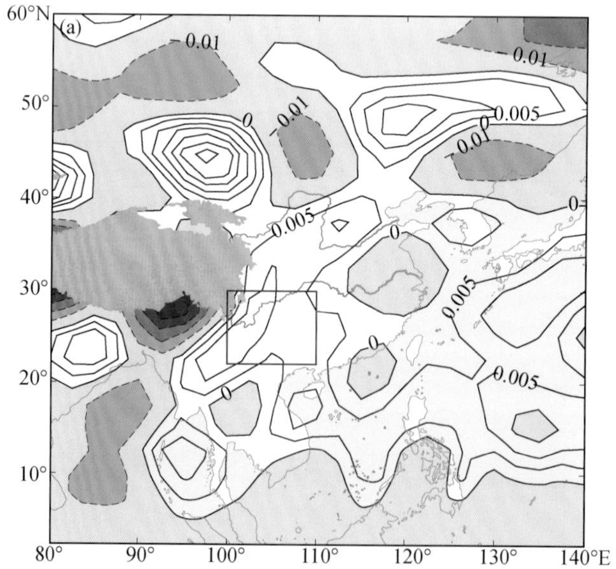

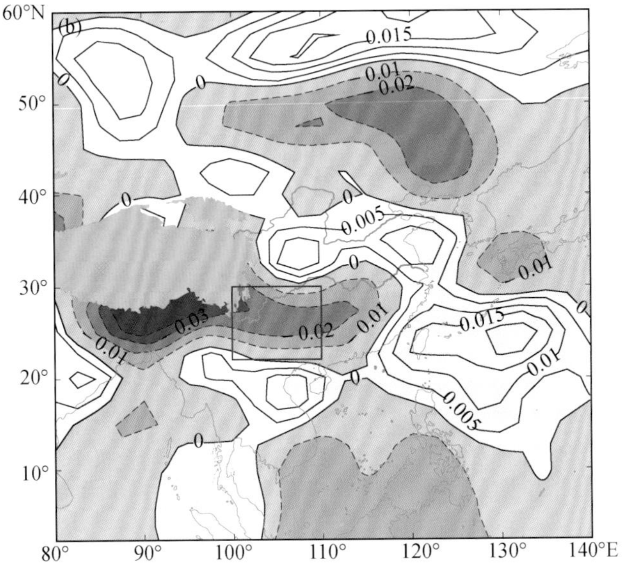

图 3.84 西南地区夏季旱涝急转年 700 hPa 合成垂直速度差值场(单位:hP/s)
(a)5—6 月;(b)7—8 月(孙小婷 等,2017)

图 3.85 为西南地区夏季旱涝急转年东亚地区整层水汽通量矢量合成差值(旱转涝年减去涝转旱年)。可以看出,5—6 月(图 3.85a)西南地区整层水汽通量差值较小,南海及西太平洋地区水汽输送差值为偏西方向,表明来自南海和西太平洋的水汽偏弱,孟加拉湾及中南半岛南部存在大范围向西的水汽输送,由西南方向到达我国西南地区的水汽明显减少,且西南大部分地区处于水汽输送辐散区,不利于降水;7—8 月(图 3.85b)则相反,南海及附近西太平洋为偏东南水汽输送,孟加拉湾经中南半岛北部到达我国西南地区的水汽明显增多,西南地区亦位于水汽输送辐合区,有利于降水偏多。

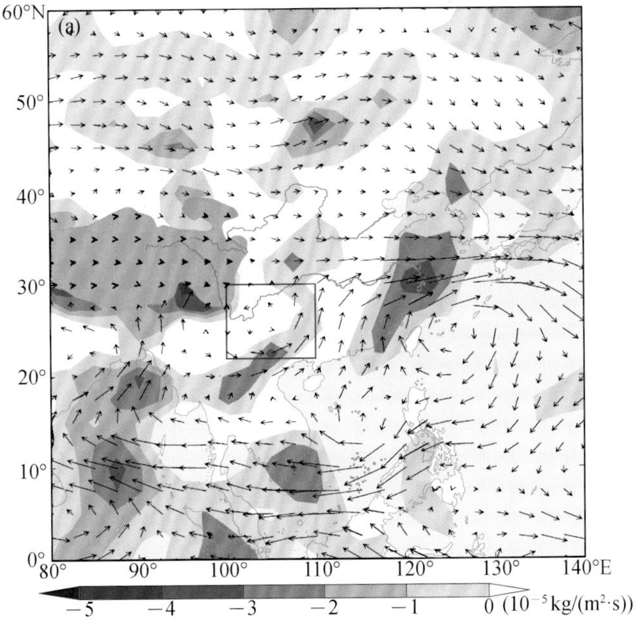

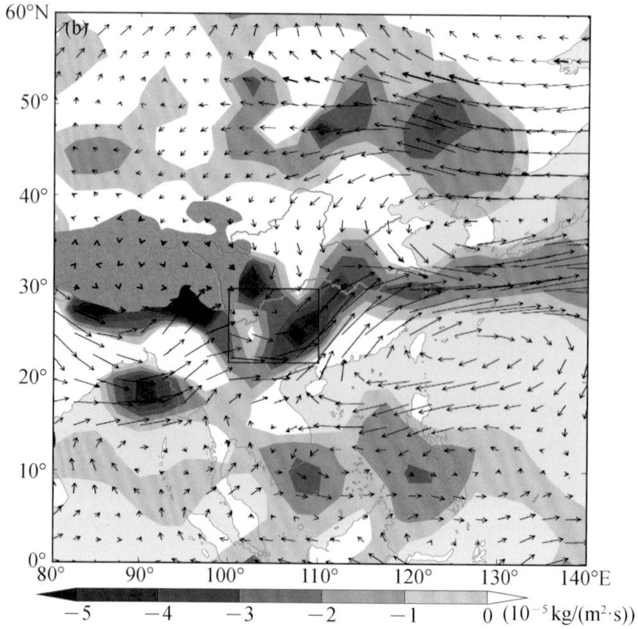

图 3.85 西南地区夏季旱涝急转年整层水汽通量矢量合成图和差值场(旱转涝年减去涝转旱年)
(a)5—6 月;(b)7—8 月(孙小婷 等,2017)

3.4.2 华南旱涝异常成因

3.4.2.1 华南夏季干旱 20 世纪 90 年代初年代际转折的可能原因

采用 SPEI 干旱指数来表征华南干旱状况,并探讨海洋潜热通量的变化对华南夏季干旱的可能影响,进一步认识华南夏季干旱的形成机理。

图 3.86 为华南夏季干旱 SPEI 指数与太平洋潜热通量的相关分布。红色区域表示华南夏季干旱与潜热通量显著正相关,蓝色区域表示显著负相关。由图可以发现,热带西太平洋潜热通量变化与华南夏季干旱关系密切。当热带西太平洋潜热通量增大时,华南湿润,反之则干旱。取(10°S—10°N,120°E—150°W)为热带西太平洋潜热通量关键区。

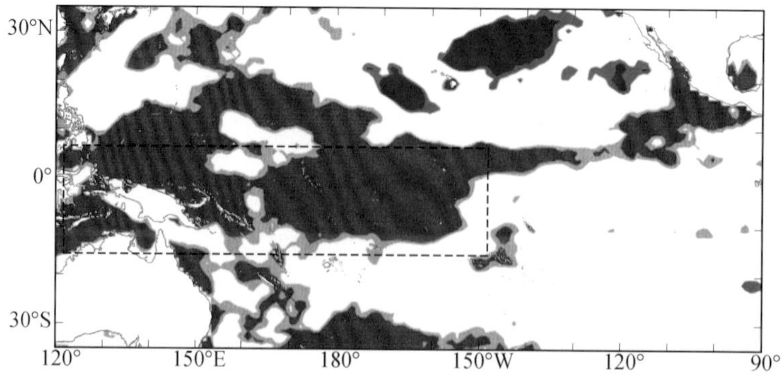

图 3.86 华南地区夏季干旱 SPEI 指数与同期太平洋潜热通量的相关分布
(阴影区表示通过 95%置信度的检验)(唐慧琴,2016)

图 3.87 为热带西太平洋潜热通量关键区的夏季潜热通量变化序列。由图可知,夏季热带

西太平洋潜热通量在20世纪90年代初具有明显的年代际转折，这与华南夏季干旱年代际转折年一致。热带西太平洋潜热通量由弱变强，华南夏季干旱指数值由负变正，表明华南由干旱变湿润。两者相关系数达0.609，通过了0.001信度的显著性检验，表明华南夏季干旱指数与热带西太平洋潜热通量有着密切的正相关关系。

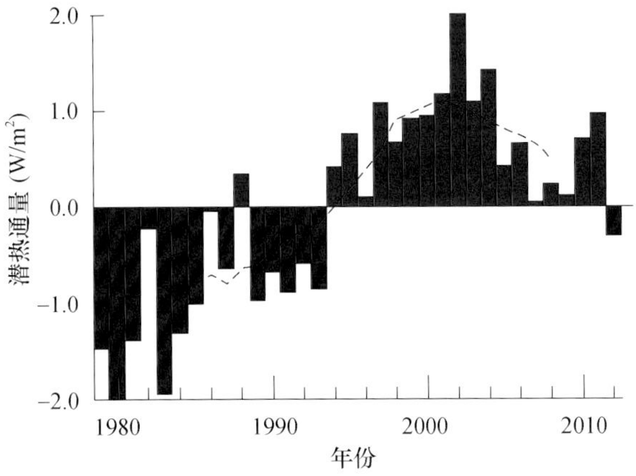

图3.87 热带西太平洋潜热通量的变化序列(已标准化，虚线为9 a滑动平均值)
(唐慧琴，2016)

选取潜热通量强弱年代两个时间段来分析潜热通量对华南夏季干旱年代际变化的影响。潜热通量强年代为1994—2012年，弱年代为1979—1993年。图3.88为华南夏季干旱差值图(潜热通量强年代减弱年代)。华南和江淮地区由干旱变湿润。华南地区和江淮流域夏季干旱与同期热带西太平洋潜热通量正相关，其中华南干旱与潜热通量显著正相关。潜热通量处于强年代，华南和江淮湿润，反之华南和江淮干旱。说明夏季热带西太平洋潜热通量与华南夏季干旱指数显著正相关。

标准化降水蒸散指数(SPEI指数)在标准化降水指数(SPI)基础上加入了温度的变化对干旱的影响。图3.89为华南夏季干旱SPEI指数、温度指数(temp)、降水指数(prec)和夏季热带西太平洋潜热通量(LHF)的5 a滑动平均。其中温度和降水指数通过计算华南地区各站点资料平均得到。潜热通量与降水指数相关系数为0.894。因此，华南夏季干旱主要是华南夏季降水减少造成的；夏季热带西太平洋潜热通量主要通过影响华南地区降水来影响华南旱涝情况。

图3.90为200 hPa和850 hPa风场差值分布(潜热通量强年代减弱年代)。热带印度洋高空为异常偏西风，低层为偏东风；热带西太平洋高空为异常偏西风，低空为异常偏东风。200 hPa南亚为异常的气旋性环流，南亚高压减弱偏西。说明夏季热带西太平洋潜热通量增强，通过局地加热作用使得热带印度洋Walker环流减弱，热带太平洋Walker环流增强，从而影响南亚高压减弱西退。图3.91为10°S—10°N区域内Walker环流差值图。潜热通量正异常时，在热带西太平洋为异常上升运动，热带东太平洋为异常下沉运动，热带太平洋Walker环流增强；热带东印度洋为异常下沉运动，热带西印度洋为异常上升运动，热带印度洋Walker环流减弱。进一步说明热带西太平洋潜热通量是通过影响纬向垂直环流(Walker环流)来影响南亚高压从而影响华南夏季干旱。

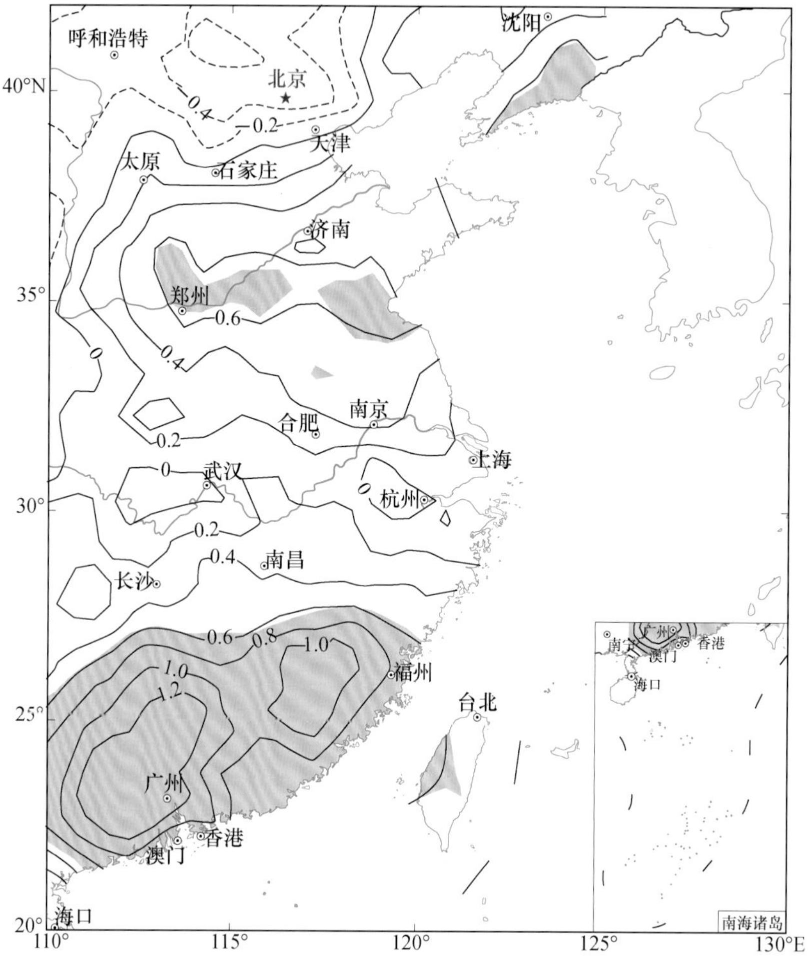

图 3.88 华南地区夏季干旱 SPEI 指数差值分布(潜热通量强年代减弱年代,阴影区表示通过 95%置信度的检验)(唐慧琴,2016)

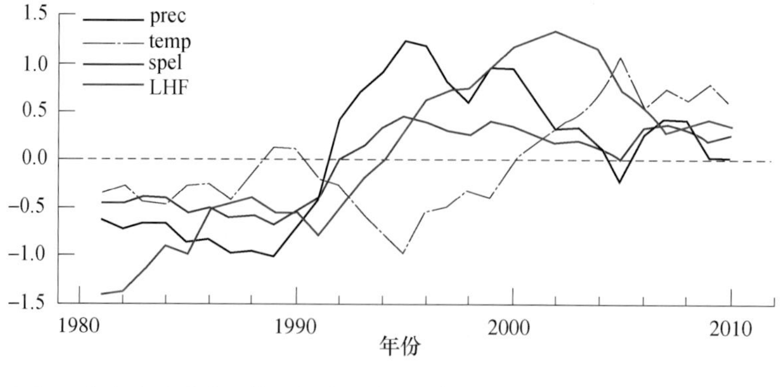

图 3.89 华南地区夏季干旱(SPEI)指数、温度指数(temp)、降水指数(prec)以及夏季热带西太平洋潜热通量(LHF)的 5 a 滑动平均序列(唐慧琴,2016)

图 3.92 为 200 hPa 和 500 hPa 高度场差值分布(潜热通量强年减弱年),其中红、蓝虚线分别为夏季热带西太平洋潜热通量强、弱年的 1252 dagpm 和 588 dagpm 线,阴影区表示通过

95%置信度的检验。对流层中高层高度场为一致的变化。当夏季热带西太平洋潜热通量增强时，一方面入海的东亚大槽显著减弱，使得槽后偏北气流减弱，有利于南方暖湿气流北进；另一方面南亚高压显著西退，华南地区高空高度场显著减弱，南亚高压东侧偏北气流减弱，利于偏南气流北进，利于降水，华南湿润。反之则不利于偏南气流北进，华南干旱加剧。南亚高压东伸脊点与热带西太平洋潜热通量和华南夏季干旱指数相关系数分别为－0.49和－0.66，均通过了0.05信度的显著性检验。因此，夏季热带西太平洋潜热通量通过影响南亚高压来间接影响华南夏季干旱。

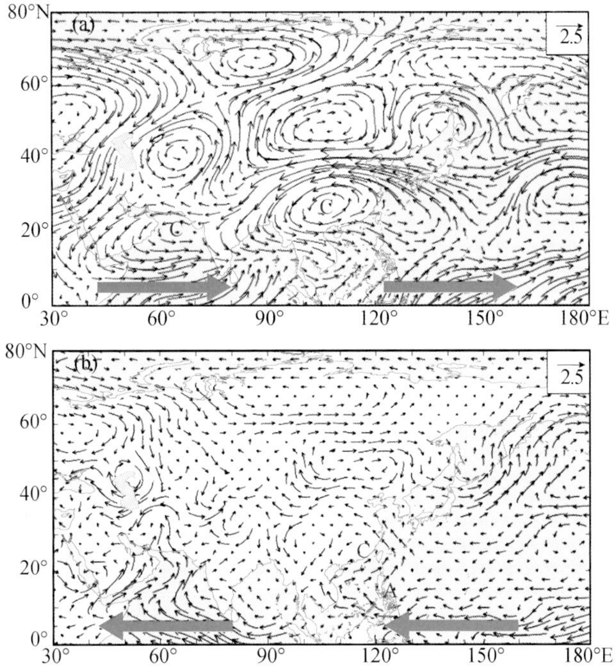

图 3.90 200 hPa(a) 和 850 hPa(b) 风场差值分布(潜热通量强年代减弱年代，单位：m/s)(唐慧琴，2016)

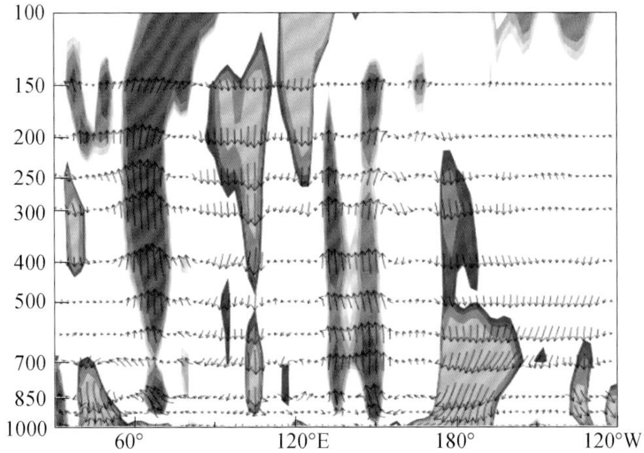

图 3.91 潜热通量强、弱年代(强年代—弱年代)10°S—10°N 平均纬向环流差值分布(阴影区为通过95%置信度的检验，垂直速度扩大1000倍，单位：m/s)(唐慧琴，2016)

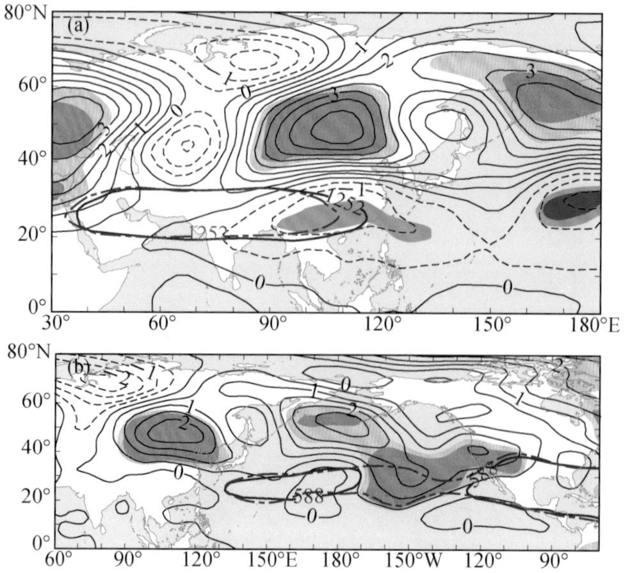

图 3.92 200 hPa(a)和 500 hPa(b)高度场差值分布

(潜热通量强年代减弱年代,红、蓝线分别为夏季热带西太平洋潜热通量强、弱年的 1252 和 588 线,阴影区表示通过 95%置信度的检验,单位:dagpm)(唐慧琴,2016)

由图 3.90b 可知,当热带西太平洋潜热通量增强时,在夏季热带西太平洋西北侧(华南地区)激发出异常气旋性环流,菲律宾附近为异常的反气旋性环流,使得华南地区暖湿的偏南风加强,更多的水汽输送至华南,暖湿气流在华南地区辐合上升,造成华南夏季降水增多,华南湿润。从垂直环流来看(图 3.91),在北半球低纬处出现异常反直接热力环流圈,即在赤道附近异常下沉,在华南地区异常上升。因此,夏季热带西太平洋潜热通量增强时,华南局地 Hadley 环流增强,南半球局地 Hadley 环流减弱。图 3.93 为经向质量流函数图,红、黑线分别为潜热通量强、弱年的质量流函数。在华南垂直运动发生显著变化,华南局地 Hadley 增强,南半球局地 Hadley 环流减弱。当热带西太平洋潜热通量增加时,热带印度洋 Walker 环流减弱,其减弱的上升分支与南半球 110°—125°E 局地减弱的 Hadley 环流相对应。因此,夏季热带西太平洋潜热通量可以通过局地垂直经向环流作用直接影响华南夏季干旱。

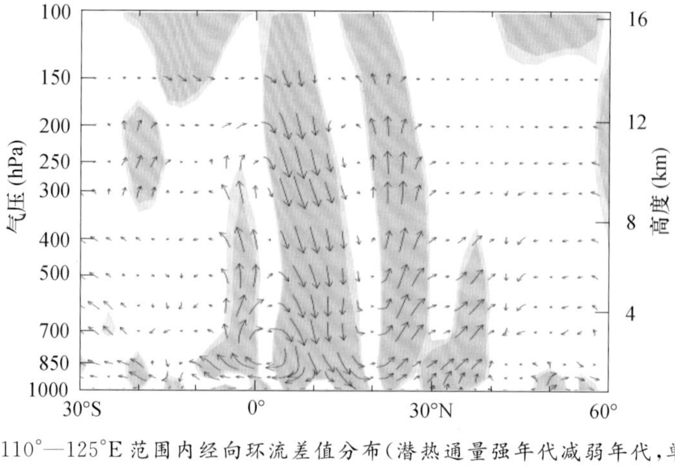

图 3.93 110°—125°E 范围内经向环流差值分布(潜热通量强年代减弱年代,单位:m/s;阴影区均表示通过 95%置信度的检验)(唐慧琴,2016)

3.4.2.2 华南后汛期降水 21 世纪初年代际变化的可能原因

本节应用观测资料分析和数值试验，主要从海表温度异常这一重要下垫面因子去探究影响华南 7—8 月后汛期降水年代际变化的关键海区，从而揭示华南后汛期降水 21 世纪初年代际变化的可能原因。

上节分析表明，华南地区后汛期降水在 21 世纪初存在减少的转变，对引起此次转变大气环流的特征进行分析。取 1993—2002 年为相对多雨年，2003—2012 年为相对少雨年，并对这两个时期的大气环流场进行比较。图 3.94 给出了相对多、少雨年夏季 7—8 月平均的 100 hPa 南亚高压体及 500 hPa 西北太平洋副热带高压体的分布。取 1680 dagpm、587 dagpm 所包围的反气旋范围分别作为 100 hPa 南亚高压体、500 hPa 西北太平洋副热带高压体。结果显示，21 世纪初之后，在对流层中层 500 hPa 上，西北太平洋副热带高压强度增强、面积增大、偏西偏南。对流层高层 100 hPa 上，南亚高压强度增强、面积增大、位置东伸（图 3.94）。

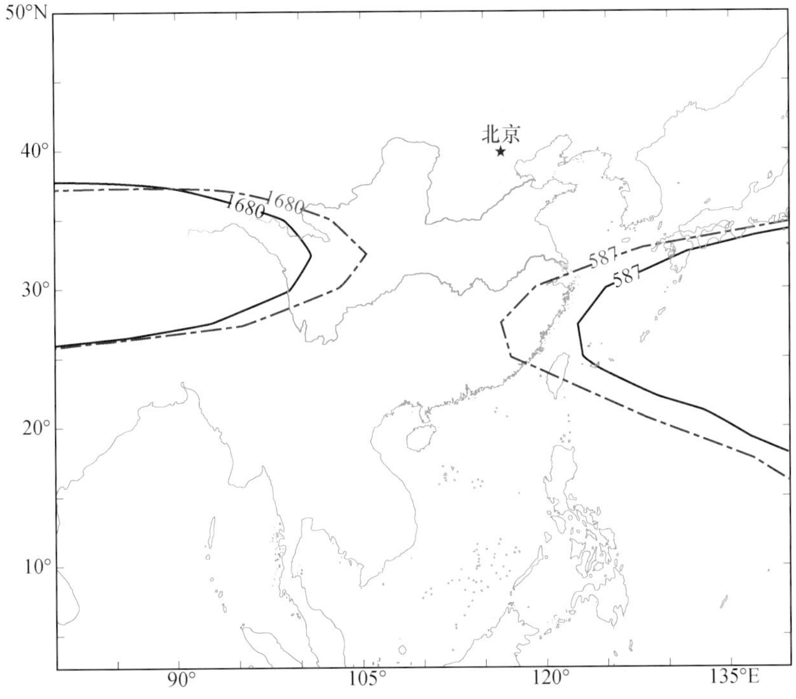

图 3.94 夏季南亚高压、西北太平洋副热带高压体位置

（单位：dagpm；实线：1993—2002 年平均；虚线：2003—2012 年平均）（伯忠凯，2014）

图 3.95a～c 给出了 10 a 平均相对少雨年与相对多雨年 850 hPa、200 hPa 散度场、500 hPa垂直速度的差值分布，可以看出，华南地区低层存在明显的异常辐散运动，高层为明显的异常辐合运动，异常下沉运动。图 3.95d 为 10 m 风速的差值分布，近地面风场为反气旋异常。图 3.95e～图 3.95f 为速度势及辐合辐散风场的差值分布，华南地区低层为明显的辐散风异常，高层则为辐合风异常，结合图 3.95a～图 3.95f 进一步表明，相对少雨年华南地区低层呈现辐散，高层呈现辐合，盛行下沉运动。综上所述，相对少雨年华南地区存在明显的异常下沉运动很可能是导致该地区干旱少雨的主要因素之一。

降水的变化与大气环流的变化有着密切的联系。图 3.96 给出了 1979—2012 年华南地区后汛期(7—8 月)降水及 500 hPa 垂直速度的距平时间序列，图 3.96b 中，华南地区后汛期 500 hPa垂直速度分别在 20 世纪 90 年代初和 21 世纪初存在两次明显的年代际转变，与降水发生转变的时间大致对应，两个序列的相关系数达到－0.881，通过了 0.01 信度的显著性检验，表明当夏季 7—8 月华南地区呈现下沉(上升)运动时，对应的降水偏少(多)。

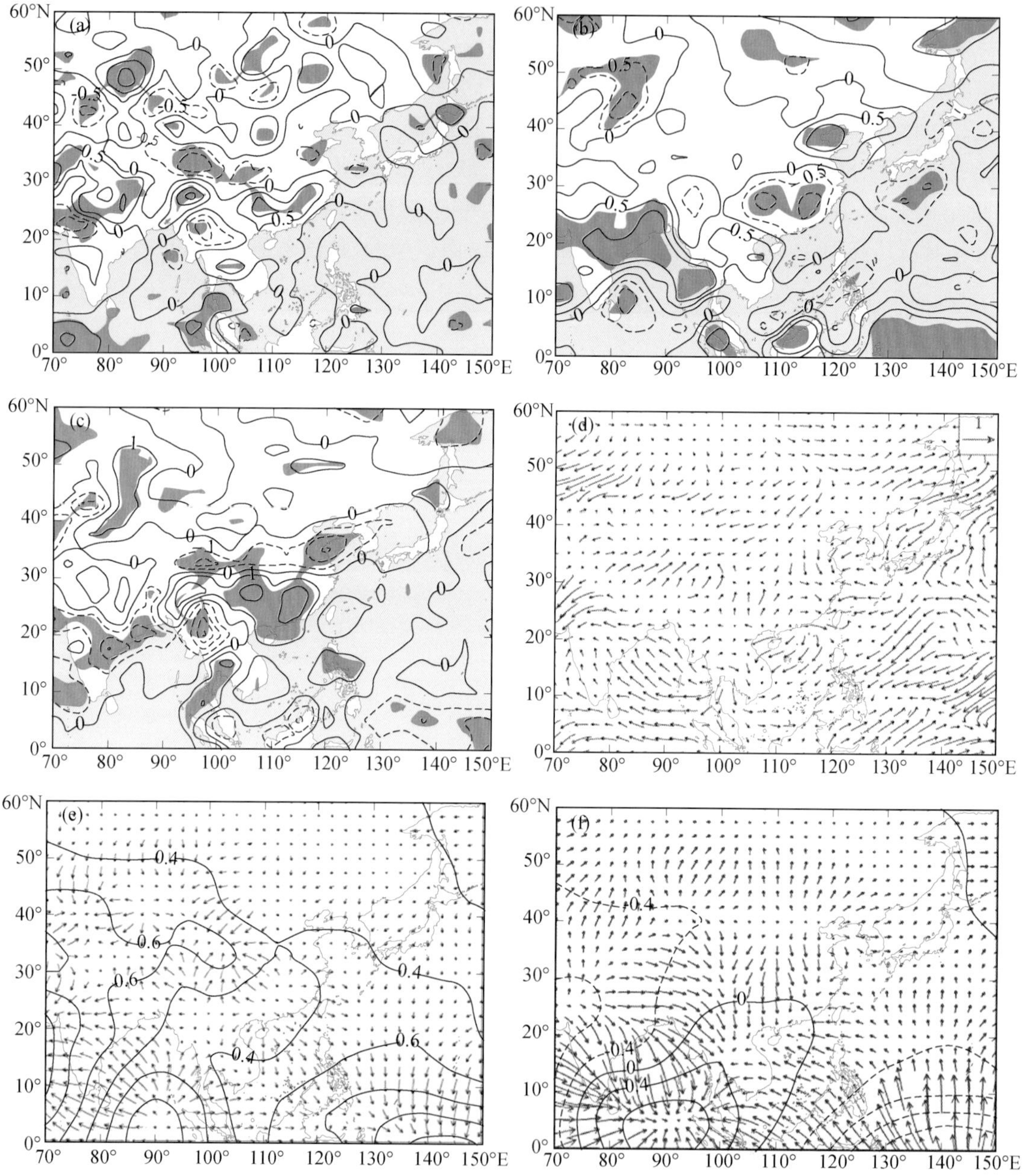

图 3.95　2003—2012 年平均与 1993—2002 年平均的夏季(7—8 月)环流差值分布

(a)850 hPa 散度(单位：10^{-6}/s；阴影区表示通过 0.05 信度的显著性检验)；

(b)200 hPa 散度(单位：10^{-6}/s；阴影区表示通过 0.05 信度的显著性检验)；

(c)500 hPa 垂直速度(单位：0.01 Pa/s；阴影区表示通过 0.05 信度的显著性检)；

(d)10 m 风场(单位：m/s)；(e)850 hPa 速度势(单位：10^6 m^2/s)及辐散风场(单位：m/s)；

(f)200 hPa 速度势(单位：10^6 m^2/s)及辐散风场(单位：m/s)(伯忠凯，2014)

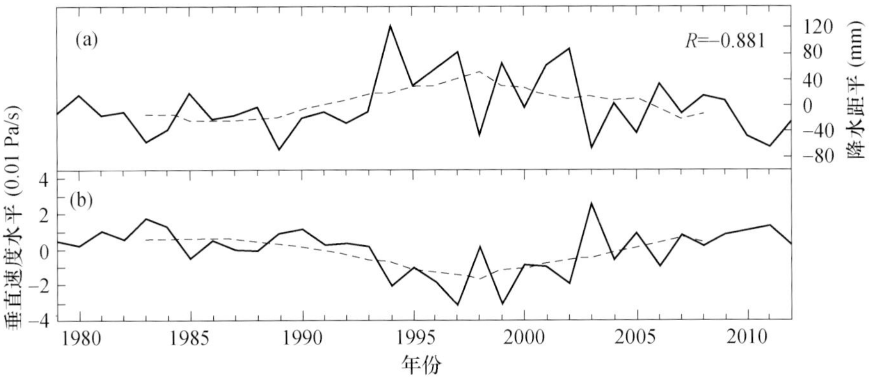

图 3.96 1979—2012 年区域平均(22.5°—27.5°N,105°—120°E)夏季(7—8 月)降水距平(a)和 500 hPa 垂直速度距平(b)的逐年变化

(虚线为 9 a 滑动平均;R 为两者相关系数)(伯忠凯,2014)

为了分析华南后汛期降水年代际变化前后的海表温度异常,图 3.97 给出了夏季(7—8 月)热带印度洋海表温度年代际差值(2003—2012 年减 1993—2002 年)分布。由图可见,几乎整个印度洋地区为显著正值区,表明热带印度洋海表温度在 21 世纪初以后年代际增暖。

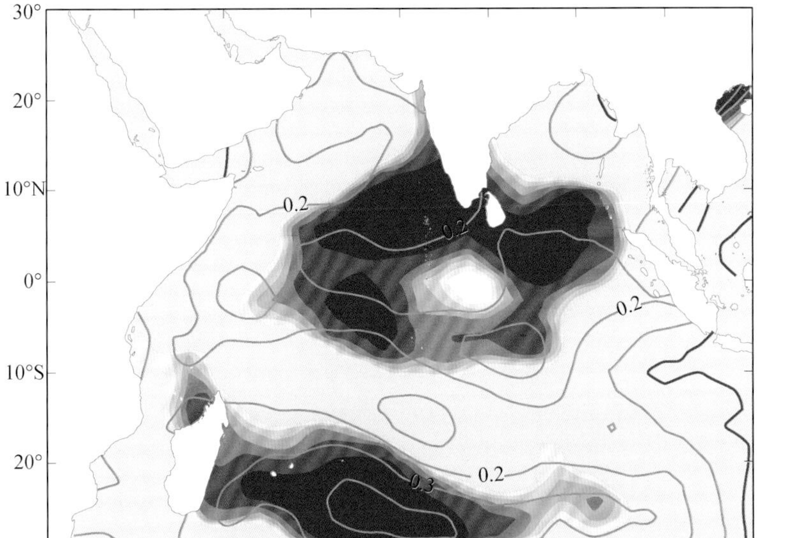

图 3.97 7—8 月热带印度洋海表温度年代际差值(2003—2012 年减 1993—2002 年)分布

(阴影区表示通过 0.05 信度的显著性检验)(伯忠凯,2014)

进一步分析热带印度洋海表温度年代际变化对华南后汛期降水的年代际变化的影响,分别采用 1978—2012 年观测的全球、热带印度洋海表温度驱动 NCAR CAM5.1 全球大气环流模式均积分 35 a,全球、热带印度洋海表温度试验分别称为 GOGA、IOGA(详见表 3.15),并与观测资料结果进行对比分析。图 3.98 为数值试验 GOGA 和 IOGA 的结果。由图 3.98a (GOGA)可见,我国西北和东南地区降水呈现偶极型分布,华南地区为负值区,西北地区为正值区。图 3.98b(IOGA)显示,我国东部降水同样呈现偶极型分布,华南地区为负值区,这与上节 3.3.2.2 的 GPCP 观测结果一致,不同之处在于正值区的位置更加偏北。由上所述,GOGA

和 IOGA 数值试验均可以模拟出华南后汛期降水在 21 世纪初年代际减少的现象，表明热带印度洋海表温度年代际变化对华南后汛期降水此次年代际变化有重要的作用。

表 3.15　数值试验方案的设计(伯忠凯，2014)

简称	全称	分辨率	组数	方案设计
GOGA	全球海洋、全球大气试验	T42	5	全球 1978—2012 年观测 SST 驱动 NCAR CAM5.1 大气环流模式积分 35 a
IOGA	热带印度洋、全球大气试验	T42	5	热带印度洋(40°—100°E，20°S—20°N)为 1978—2012 年观测 SST，其余海域海温为气候 SST，以此 SST 驱动 NCAR CAM5.1 大气环流模式积分 35 a

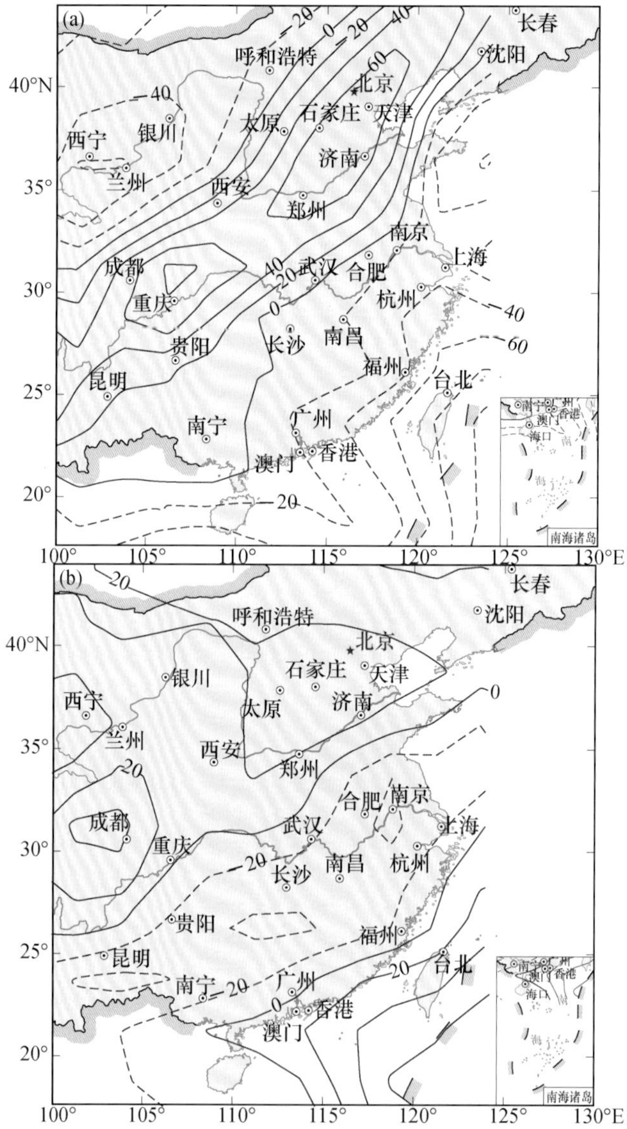

图 3.98　中国东部夏季(7—8 月)降水年代际的差值(2003—2012 年减 1993—2002 年)分布(单位：mm)
(a)GOGA；(b)IOGA(伯忠凯，2014)

为了进一步验证华南夏季降水21世纪初的年代际转变对应的环流异常，对数值试验的结果进行分析，图3.99是GOGA试验模拟的夏季(7—8月)2003—2012年平均与1993—2002年平均的环流差值。图3.99a～图3.99c分别为850 hPa、200 hPa散度场、500 hPa垂直速度的结果，华南地区低层为不明显的辐散异常，而高层为明显的辐合异常，异常下沉运动，与ERA-Interim再分析资料的结果较为一致。图3.99d为10 m风速的差值分布，华南地区近地面风场为反气旋异常。图3.99e～图3.99f分别为速度势及辐合辐散风场的结果，可见，华南地区低层呈现辐散风异常，高层则为辐合风异常，这与ERA-Interim再分析资料的结果一致。

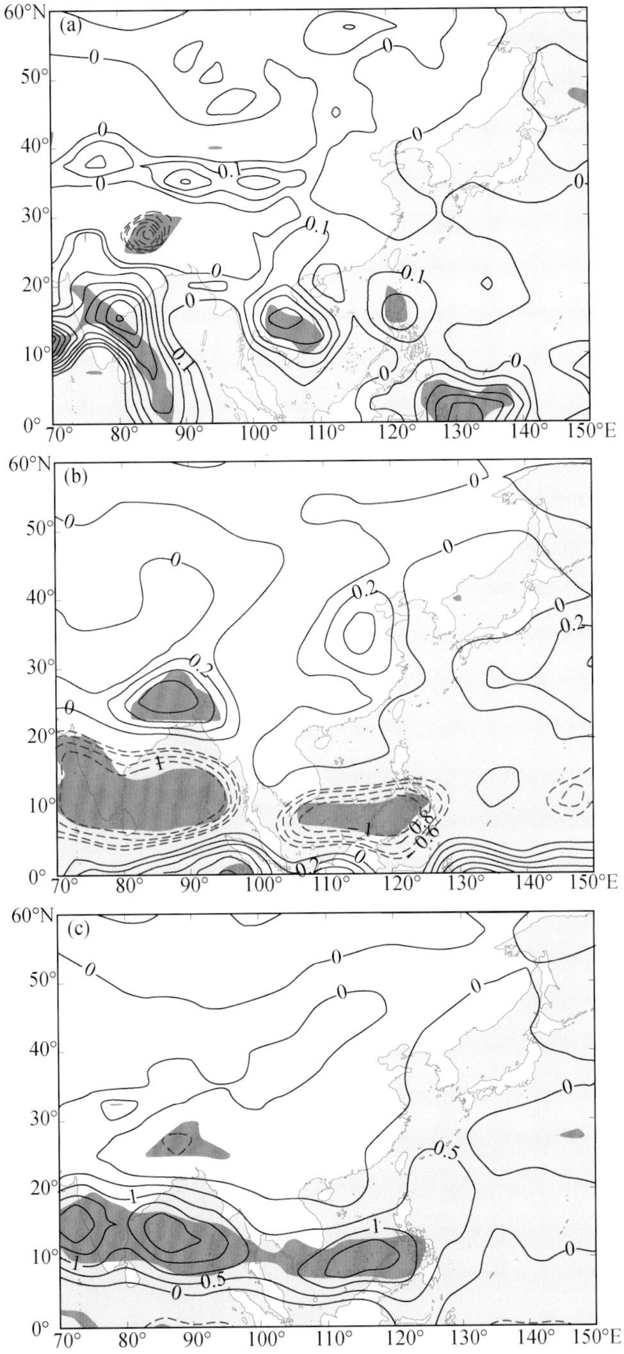

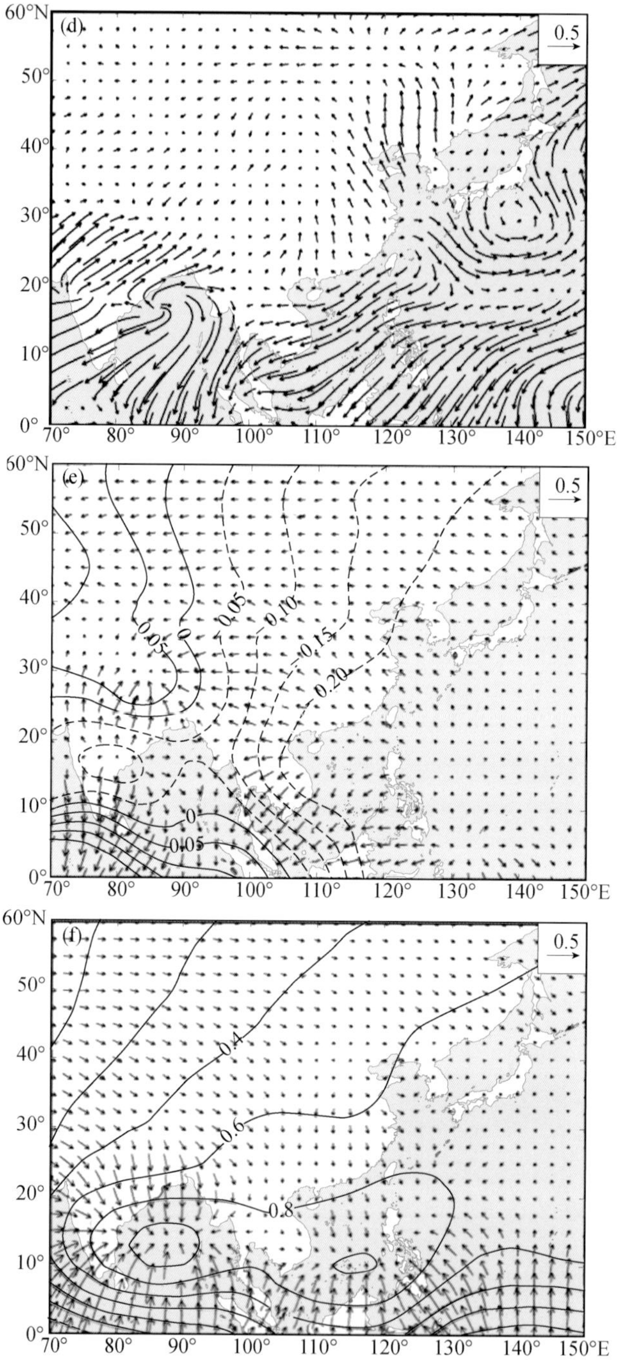

图 3.99　夏季环流差值分布(同图 3.95,但为 GOGA 模拟结果)(伯忠凯,2014)

图 3.100 是 IOGA 试验模拟的夏季(7—8 月)2003—2012 年平均与 1993—2002 年平均的环流差值。图 3.100a～c 分别为 850 hPa、200 hPa 散度场、500 hPa 垂直速度场的结果,华南地区低层为明显的辐散异常,而高层为明显的辐合异常,异常下沉运动,与图 3.95 中 ERA-Interim再分析资料的结果较为一致。图 3.100d 为 10 m 风速的差值分布,华南地区近地面风场为反气旋异常。图 3.100e～f 分别为速度势及辐合辐散风场的结果,可见,华

南地区低层呈现辐散风异常,高层则为辐合风异常,这与图 3.95 中 ERA-Interim 再分析资料的结果一致。

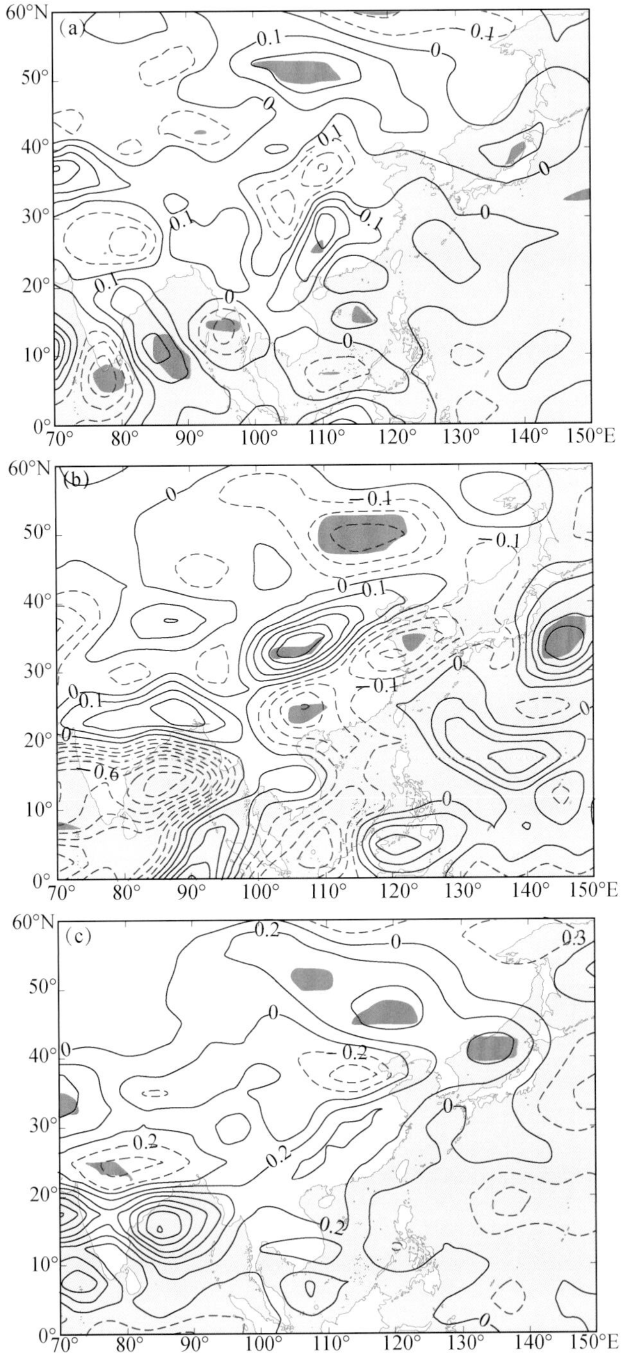

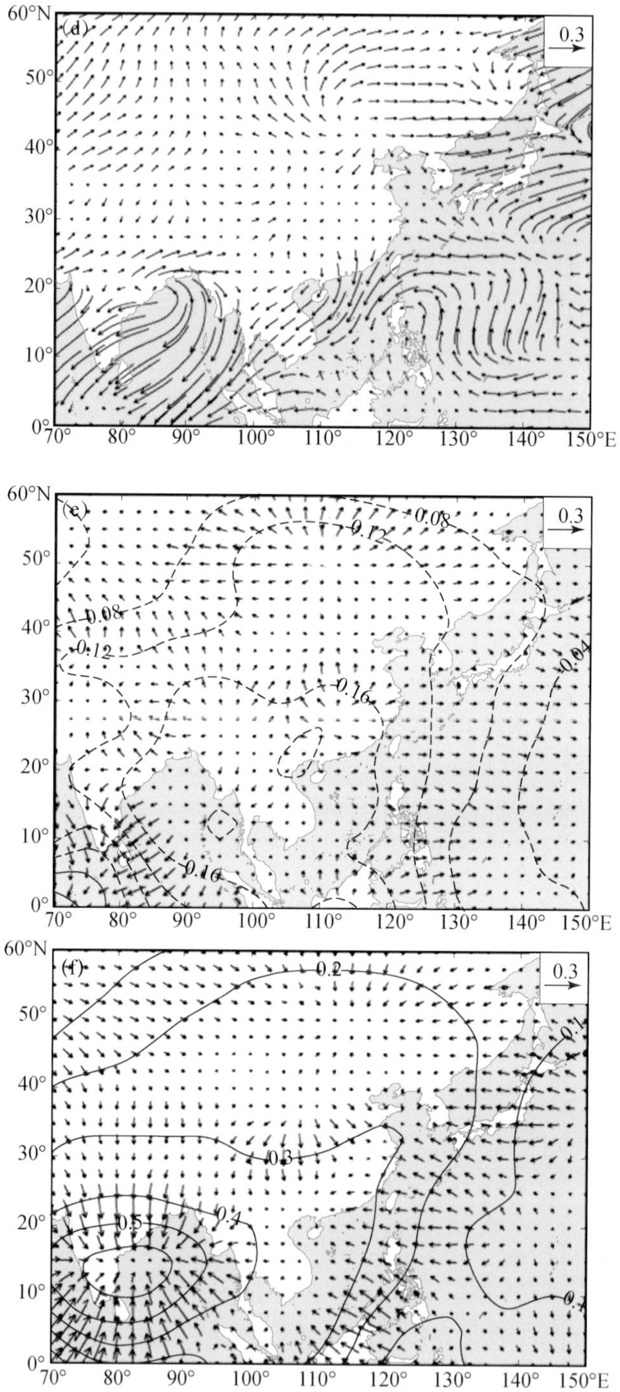

图 3.100　夏季环流差值分布(同图 3.95,但为 IOGA 模拟结果)(伯忠凯,2014)

综上所述,对比 GOGA、IOGA 模拟结果与 ERA-Interim 再分析资料可以看出,这两个数值试验均能模拟出相对少雨年,华南地区低层异常辐散,高层异常辐合,异常下沉运动的现象。因此,通过分析数值试验的结果,对比观测结果,表明热带印度洋海表温度年代际变化对 21 世纪初华南后汛期降水的年代际转变有重要作用。

Li 和 Zhou(2014)对 1979—2010 年夏季中国南海台风频次的年代际变化的研究表明，1979—1993 年和 2003—2010 年台风频次相对偏多，1994—2002 年台风频次相对偏少。图 3.101为华南 7—8 月台风降水距平随时间演变，与台风频次的减少相对应，影响华南的台风降水在 21 世纪初之后明显减少，表明降水的年代际减少可能与该地区台风降水的年代际减少密切相关。

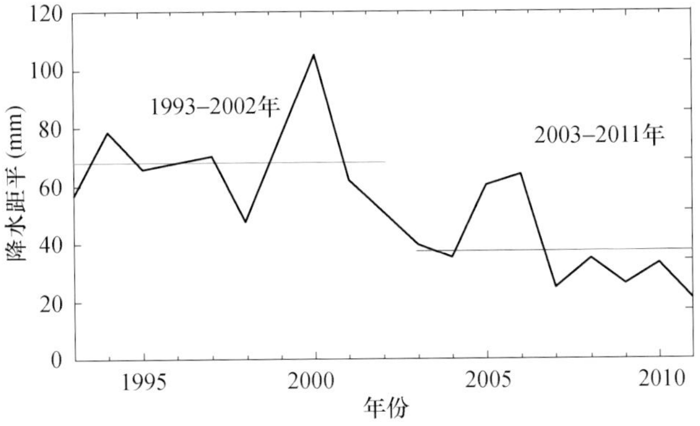

图 3.101 1993—2011 年华南地区后汛期(7—8 月)台风降水距平时间序列(伯忠凯,2014)

图 3.102 给出了北印度洋(0°—20°N,50°—100°E)减中国南海(5°—20°N,110°—120°E)的海温梯度标准化时间序列，可见，两海区的海表温度梯度同样在 21 世纪初存在增大的转变。

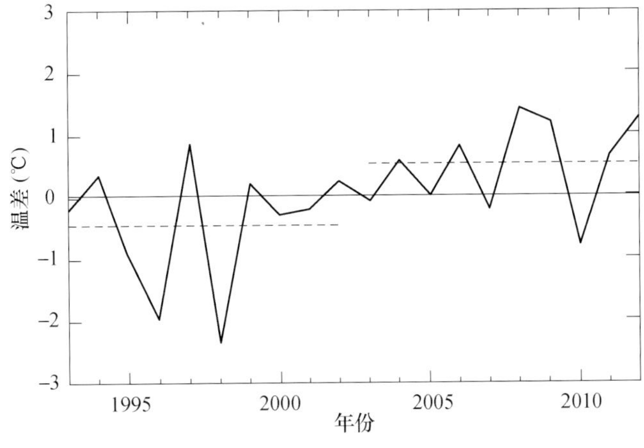

图 3.102 北印度洋与中国南海之间的海表温度梯度
(北印度洋减中国南海)标准化时间序列(伯忠凯,2014)

图 3.103 给出了 0°—25°N 平均的纬向垂直环流年代际差值(2003—2012 年减 1993—2002 年)，可以发现在热带西印度洋上空为上升气流，而在热带东印度洋—南海地区为下沉气流，从而抑制南海地区热带气旋的产生，使得该地区热带气旋数在 2003—2012 年相对 1993—2002 年少，从而华南地区后汛期台风降水相应年代际减少。

3.4.2.3 华南秋季旱涝 20 世纪 80 年代末年代际转折的可能原因

(1)华南秋季年代际干旱对应的大气环流特征

上节分析得出，华南秋季 SPEI 在 1988 年发生了年代际转折，由于 SPEI 在 1961—1972

年变化趋于平缓，所以将1972—1987年定义为偏涝期，1988—2007年定义为偏旱期。大气环流异常是天气气候异常的直接原因，因此下文将从西北太平洋副热带高压、水汽输送和垂直运动三个方面对华南地区秋季偏旱期和偏涝期的大气环流特征做合成差值分析。讨论合成差值分析时，采用偏旱期减去偏涝期。

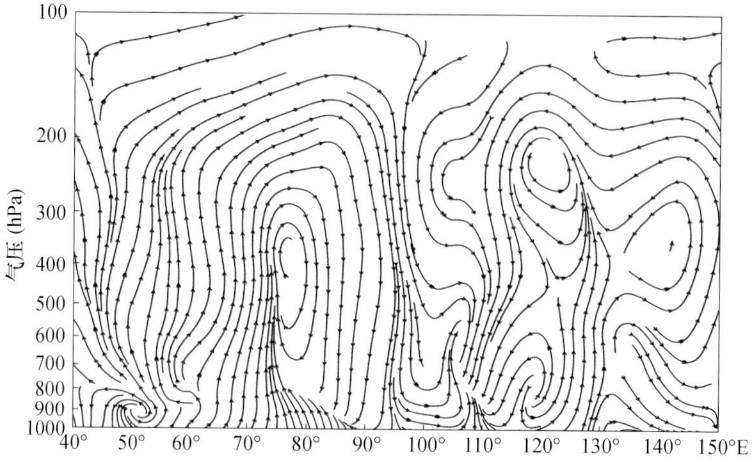

图3.103　0°—25°N平均的纬向垂直环流年代际差值

(2003—2012年减1993—2002年)(伯忠凯，2014)

图3.104给出了华南秋季500 hPa位势高度差值场以及西北太平洋副热带高压体(取586 dagpm等值线所包围的反气旋范围来代表)的变化。相对于偏涝期，华南地区位势高度有所升高；西北太平洋副热带高压面积偏大、强度偏强、西伸明显，使华南地区受其控制的范围变大，使得该地区降水偏少，易引发干旱。西北太平洋副热带高压的控制还会导致华南地区秋季气温偏高，而高温又是引发干旱的一个重要因素。

图3.104b为1000 hPa至100 hPa整层水汽通量差值场，可以发现在中国南部—西北太平洋存在一个气旋性差值水汽输送环流，华南地区存在偏北气流异常。因而，在偏旱期，从西北太平洋和南海向华南地区的水汽输送明显偏弱，使华南地区水汽匮乏，降水减少，易造成干旱。图3.104c为500 hPa垂直速度差值场，可以发现秋季华南大部分地区为差值下沉区，特别是广西地区。下沉运动不利于水汽辐合上升，而对流上升运动是产生降水的基本条件之一，从而导致该地区降水减少。

(2)热带印度洋热含量异常对华南秋季干旱的影响

由于热含量相比于海表温度具有更大的稳定性，因此，热含量变化及其区域气候效应逐渐引起了学者们的关注。研究表明，前期冬春季暖池热含量异常对南海夏季风爆发、西北太平洋夏季风、长江中下游夏季降水和东北地区夏季降水都有重要影响(王丽娟 等，2011；王晓芳 等，2013；祁莉 等，2014；卢楚翰 等；2014)。黄科(2011)指出，热带印度洋热含量变异对我国夏季降水有重要影响。但是，热含量是否也会对我国秋季干旱造成影响？所以，以下将对华南秋季干旱和热含量变化之间的联系进行分析。

将华南秋季干旱指数与同期秋季(9—11月)全球50～400 m热含量(heat content，HC)作相关分析，可以发现，仅在热带西印度洋有显著的正相关区域，与全球其他海域的相关性均不显著，阴影部分通过0.05的显著性水平检验(图3.105a)。将热带西印度洋区域(40°—80°E，

10°S—10°N)作为影响华南秋旱的海洋热含量关键区,并将该关键区的区域平均热含量异常(heat content anomaly, HCA)作为热带西印度洋热含量指数,得到图 3.105b。用该指数与华南秋季干旱指数作相关分析,相关系数为 0.37,通过了 0.05 的显著性水平检验,表明当同期秋季热带西印度洋热含量偏低时,华南秋季 SPEI 值偏小,易偏旱。图 3.105b 显示,秋季热带西印度洋热含量值在 20 世纪 80 年代后期由正转为负,这与华南秋季干旱的年代际转折有较好的对应关系,说明华南秋季年代际旱涝与同期热带印度洋热含量的年代际变化存在密切联系。

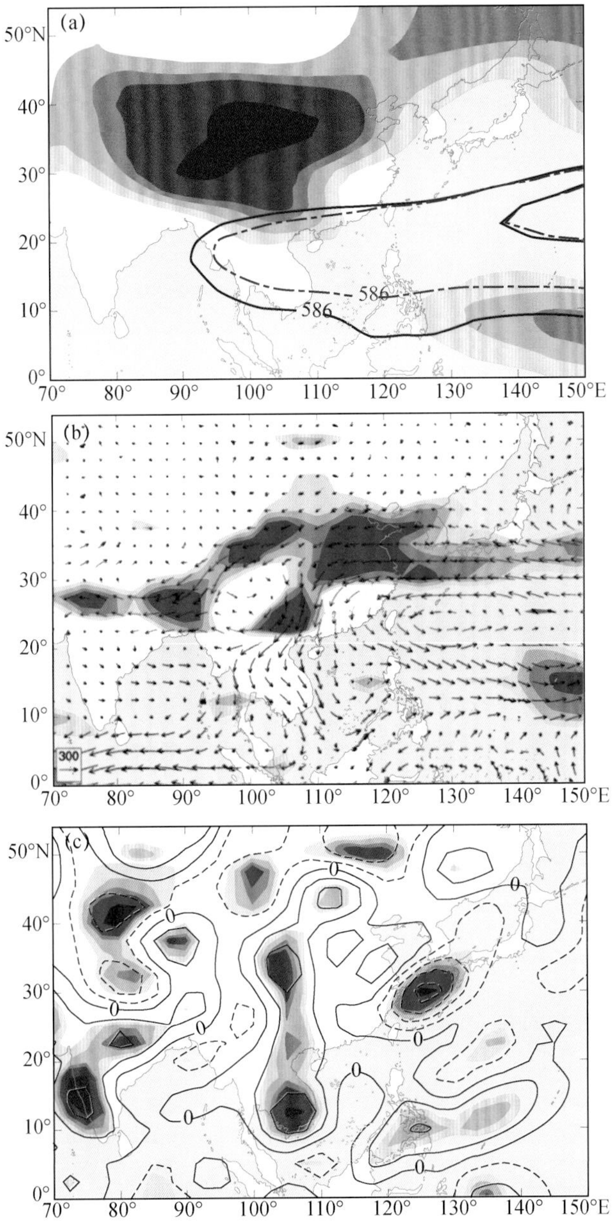

图 3.104 秋季西北太平洋副热带高压位置及 500 hPa 高度差值场
(单位:dagpm;实线表示偏旱期秋季西北太平洋副热带高压位置,虚线为偏涝期)(a)、秋季整层水汽通量差值场(箭矢,单位:kg/(m·s))(b)及秋季 500 hPa 垂直速度差值场(单位:10^{-2} Pa/s,等值线间隔:0.005,实线为正值,表示下沉,虚线为负值,表示上升)(c)。
(差值场均为偏旱期减偏涝期,图中阴影区均为差值场,且均通过 0.05 的显著性水平检验,红色为显著正异常,蓝色为显著负异常)(曾刚 等,2017)

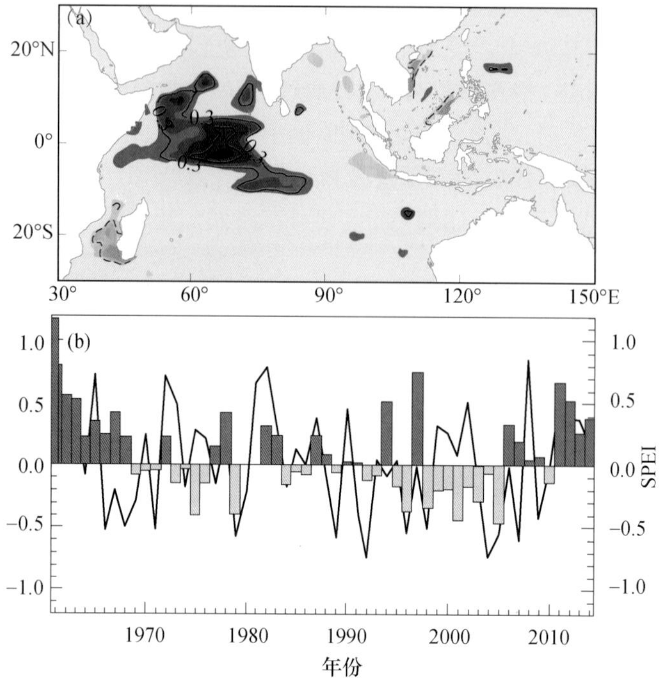

图 3.105　1961—2014 年华南秋季干旱指数与同期秋季热带印度洋热含量变化的相关分布(等值线间隔:0.1,实线为正值,表示正相关,虚线为负值,表示负相关;阴影区表示通过 0.05 的显著性水平检验)(a)、秋季热带西印度洋关键区热含量距平(柱状)及华南秋季干旱指数(线条)的时间序列(b)(曾刚 等,2017)

海表面是海气相互作用的直接界面,次表层的异常信号最终还是要通过海表异常来影响对流层的大气环流。将华南秋季干旱指数与同期秋季热带印度洋海表温度(sea surface temperature,SST)作相关分析,可以发现,与热带西印度洋海表温度并没有显著的相关,而在热带东印度洋—西太平洋有显著的负相关区域,阴影部分通过 0.05 的显著性水平检验(图 3.106a)。将区域(90°—130°E,15°S—10°N)作为海表温度影响华南秋旱的关键区,图 3.106b 给出了该关键区的区域平均海表温度异常(sea surface temperature anomaly,SSTA)与华南秋季 SPEI 的序列,两者相关系数为−0.30,通过了 0.05 的显著性水平检验,表明当同期秋季热带东印度洋—西太平洋海表温度偏高时,华南秋季 SPEI 值偏小,易偏旱。

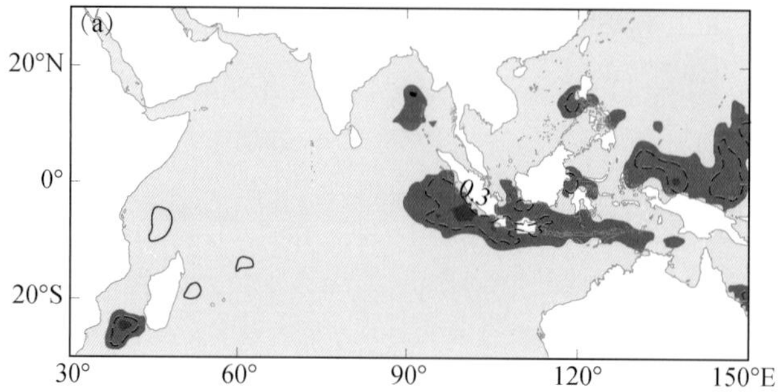

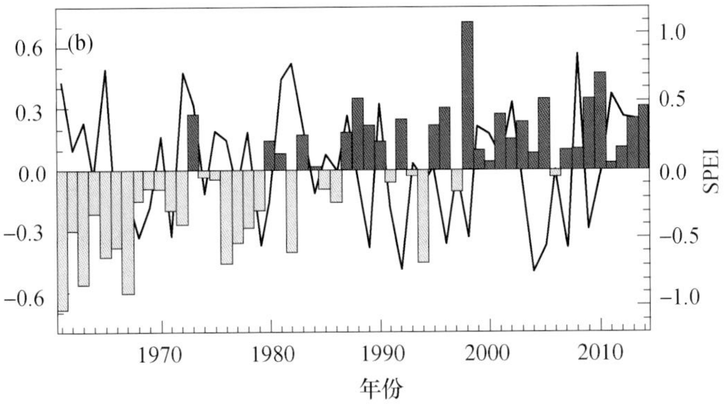

图 3.106 1961—2014 年华南秋季干旱指数与同期秋季热带东印度洋—西太平洋海表温度变化的相关区域分布(等值线间隔:0.1;实线为正值,表示正相关,虚线为负值,表示负相关;阴影区表示通过 0.05 的显著性水平检验)(a)、秋季关键区海表温度距平(柱状)及华南秋季干旱指数(线条)的时间序列(b)(曾刚 等,2017)

由上述分析可知,华南秋季干旱指数与热带西印度洋海表温度并没有明显的相关关系,说明热带西印度洋热含量异常可能不是通过影响该区域上层海表温度,再影响华南地区的旱涝变化的。值得注意的是,华南秋季干旱指数与热带东印度洋一西太平洋海表温度关系密切,是否是热带西印度洋热含量异常先引起热带东印度洋热含量变化,再由热带东印度洋热含量影响该区域表层海表温度,从而造成华南秋旱呢?热带西印度洋和东印度洋热含量变化的关系又是怎样的呢?

郑冬梅等(2008)利用美国 Scripps 海洋研究所提供的热含量资料,发现印度洋上层热含量距平场全年均存在着一种显著的东西向偶极型振荡,与赵永平等(2008)利用 SODA 次表层海温得到的热带印度洋第一模态的空间分布也比较一致。利用上文得到的热带西印度洋热含量指数与秋季整个印度洋的热含量作相关分析,也得到了类似的结果(图 3.107a),阴影部分通过 0.05 的显著性水平检验,热带印度洋热含量变化表现为"<"形的东西向偶极子分布,即当热带西印度洋热含量偏低(偏高)时,热带东印度洋热含量会偏高(偏低)。因此,初步推测,热带西印度洋热含量变化可能会通过影响热带东印度洋热含量变化,然后再对华南秋季干旱造成影响,下面将继续验证这一点。将区域(85°—105°E,10°S—15°N)作为影响华南秋旱的关键区,并将该关键区的 HCA 作为热带东印度洋热含量指数。在图 3.107b 中,实线为热带东印度洋热含量指数,虚线为热带西印度洋热含量指数,可以发现,两个指数呈反相变化,相关系数达到−0.59,通过了 0.05 的显著性水平检验。

利用秋季热带东、西印度洋热含量指数分别与同期海表温度、OLR 和降水求相关。由图 3.108a～图 3.108c 可以发现,热带东印度洋热含量指数与热带东印度洋一西太平洋海表温度(图 3.108a)和降水(图 3.108c)呈显著正相关,与 OLR 呈显著负相关(图 3.108b),均通过 0.05 的显著性水平检验。即当秋季热带东印度洋热含量偏高时,同期热带东印度洋—西太平洋 OLR 偏低,上空增温,降水增加,有利于凝结潜热释放,也会导致上空增温;且热带东印度洋—西太平洋这一区域的海表温度也较常年偏高。由图 3.108d～图 3.108f 可知,热带西印度洋的热含量指数与热带东印度洋—西太平洋上层海表温度(图 3.108d)和降水(图 3.108f)呈显著负相关,与 OLR 呈显著正相关(图 3.108e),均通过 0.05 的显著性水平检验。即当同期秋季热带西印度洋热含量偏低时,也会使热带东印度洋—西太平洋海表温度偏高,上空增温效应显著。

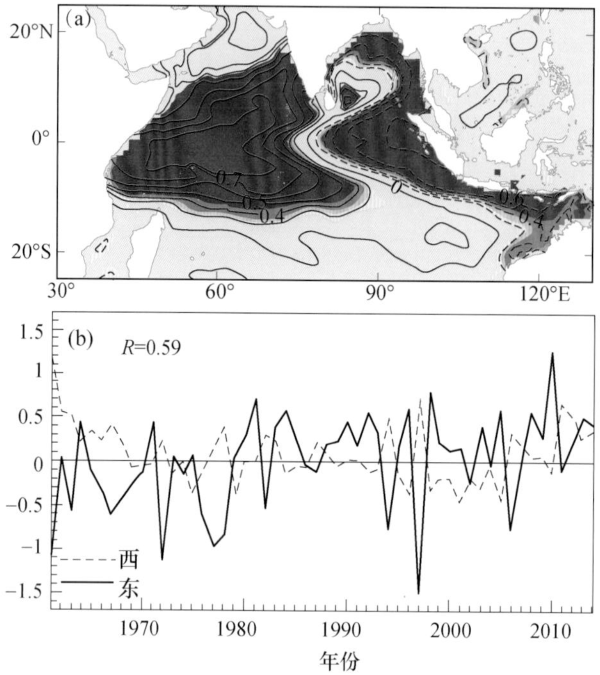

图 3.107 1961—2014 年秋季热带西印度洋热含量指数与同期热带印度洋热含量的相关分布(等值线间隔:0.1,实线为正值,表示正相关,虚线为负值,表示负相关;阴影区表示通过 0.05 的显著性水平检验)(a)、秋季热带东印度洋关键区热含量距平(实线)及秋季热带西印度洋关键区热含量距平(虚线)的时间序列(b)(曾刚 等,2017)

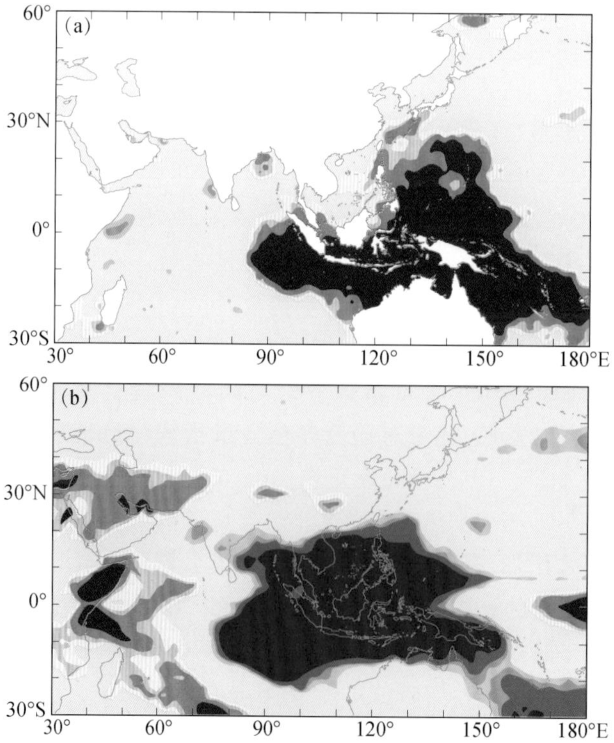

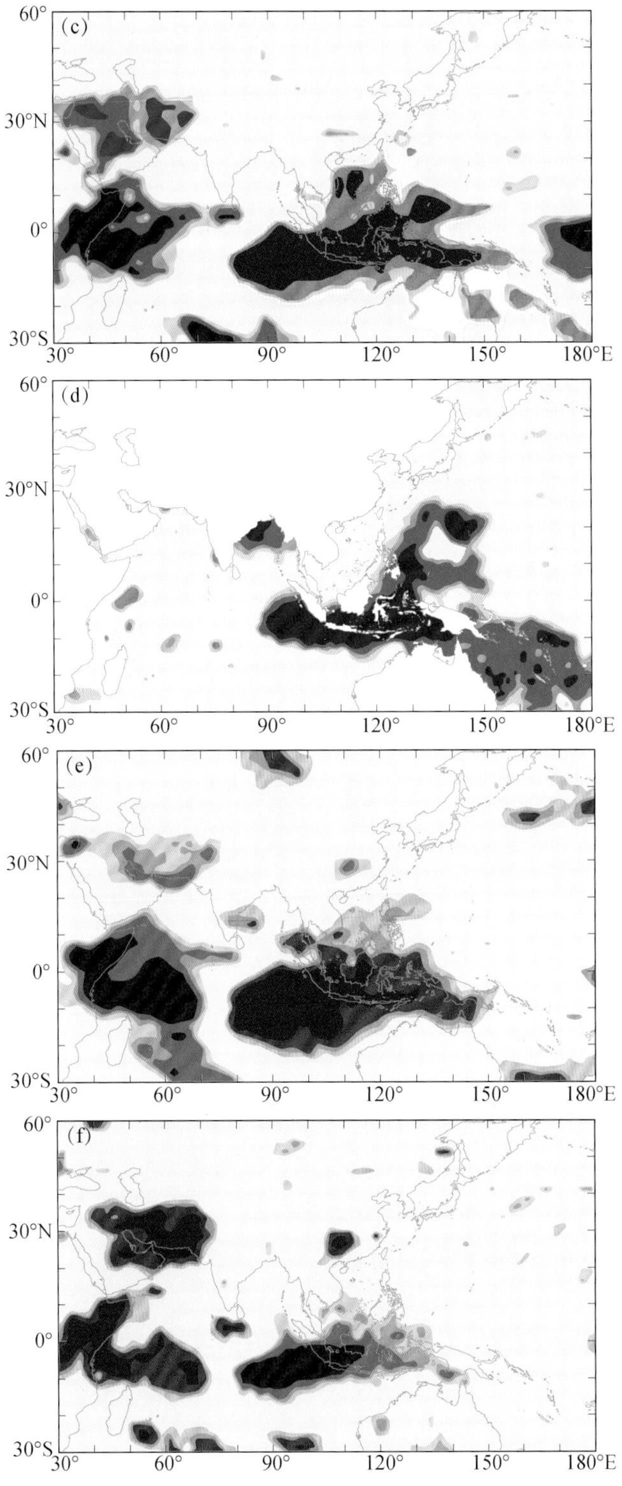

图 3.108 秋季热带东印度洋热含量指数与同期热带东印度洋—西太平洋海表温度(a)、OLR(b)、降水(c)的相关区域分布;秋季热带西印度洋热含量指数与同期热带东印度洋—西太平洋海表温度(d)、OLR(e)、降水(f)的相关区域分布

(阴影区表示通过0.05的显著性水平检验,红色为显著正相关,蓝色为显著负相关)(曾刚 等,2017)

可以发现,热带东、西印度洋热含量变化都会影响热带东印度洋—西太平洋的海表温度、OLR 和降水的变化,且影响显著的区域大致相同,只是热带东印度洋热含量影响的范围更大,强度更强,所以影响可能更为直接。因此,热带西印度洋热含量异常对华南秋旱的影响可能是通过热带东印度洋热含量异常来间接完成的。

热带洋面一般可通过影响经圈或纬圈环流来进一步影响其他区域的气候,沿 105°—115°E 平均作经向一垂直环流差值场(偏旱期减偏涝期),阴影部分通过了 0.05 的显著性水平检验(图 3.109)。从垂直环流来看,在华南秋季偏旱期,中低纬处出现异常直接热力环流圈,赤道附近存在差值上升运动,而我国华南地区(18°—26°N)则存在差值下沉运动,表明偏旱期从赤道附近到华南地区存在一个增强的 Hadley 环流。

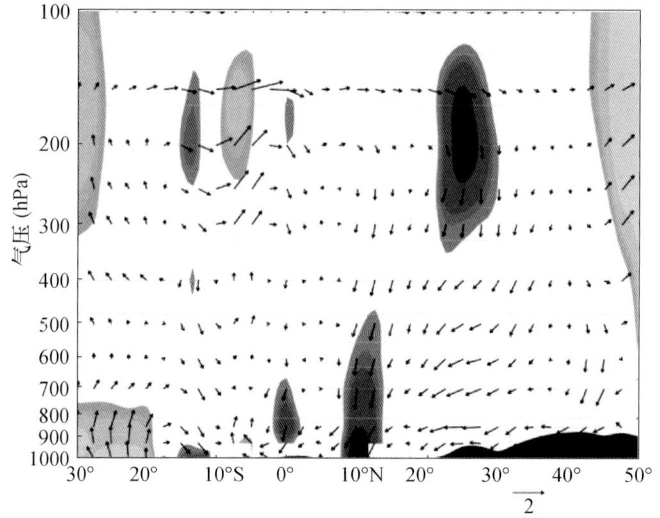

图 3.109　经向—垂直环流差值场(偏旱期减偏涝期)沿 105°—115°E 平均的纬度—高度剖面图

(灰色阴影区表示通过 0.05 的显著性水平检验;黑色阴影区为地形;垂直风速单位:10^{-2} Pa/s,经向风速单位:m/s)(曾刚 等,2017)

我们采用 Zhang 等(2013)提出的方法定义质量流函数,求得区域(0°—30°N,105°—115°E)的经向质量流函数,作为东亚 Hadley 环流强度指数,该指数与秋季热带西印度洋热含量指数的相关系数为−0.61,与热带东印度洋热含量指数的相关性也高达 0.50,均通过了 0.05 的显著性水平检验。这说明热带印度洋热含量的变化的确可通过影响东亚 Hadley 环流变化,从而影响华南秋季旱涝状况。

综上所述,由于热带印度洋热含量变化呈东西向偶极子分布,即当秋季热带西印度洋热含量偏低(高)时,热带东印度洋热含量会偏高(低)。而热带东印度洋热含量偏高又会使热带东印度洋一西太平洋上层海表温度偏高,上空气温也较常年偏高,使该区域上升运动增强,热带东印度洋一西太平洋为 Hadley 环流的上升支,华南地区位于 Hadley 环流的下沉支,因而东亚 Hadley 环流增强,华南地区的下沉作用增强,华南上空副热带高压控制的范围增大,强度增强,不利于降水,从而使华南秋季易发生干旱。

3.4.2.4　数值试验结果

前文分析结果表明,华南秋季干旱指数和秋季热带东、西印度洋热含量指数均与同期热带东印度洋一西太平洋的海表温度存在显著的相关关系，这说明热带东印度洋一西太平洋的海表温度的确是热带印度洋热含量变化影响华南秋季干旱的一个重要环节。为了验证热带东印度洋一西太平洋海表温度影响华南秋旱的物理机制，定义华南秋季干旱指数与海表温度显著相关的区域(90°—130°E，15°S—10°N)为海表温度关键区，利用 NCAR 全球大气环流模式 CAM5.1 进行数值模拟研究，数值试验方案详见表 3.16。试验采用 5 个不同的初值场驱动模式，从 1 月 1 日起模拟积分 10 a，得到 5 组集合试验结果。取这 5 组集合试验平均结果进行分析。

表 3.16 数值试验方案(曾刚 等，2017)

简称	全称	模式分辨率	组数	方案设计
EXP_ warm	关键区海表温度秋季暖试验	T42	5	9—11 月关键区(90°—130°E，15°S—10°N)海表温度为偏旱期(1988—2007 年)的海表温度合成，其他海区为气候态海表温度，驱动 NCAR CAM5.1 大气环流模式积分 10 a
EXP_ cold	关键区海表温度秋季冷试验	T42	5	9—11 月关键区(90°—130°E，15°S—10°N)海表温度为偏涝期(1972—1987 年)的海表温度合成，其他海区为气候态海表温度，驱动 NCAR CAM5.1 大气环流模式积分 10 a

计算结果显示，暖试验模拟出的华南秋季 SPEI 为−0.51(偏旱)，冷试验模拟出的华南秋季 SPEI 为 0.39(偏涝)。将敏感性试验(暖试验减冷试验)模拟的 500 hPa 垂直速度差值场(图 3.110a)、降水和 850 hPa 风场差值场(图 3.110b)，以及平均经圈环流差值场(图 3.110c)，分别与观测结果进行对比分析。结果表明：暖试验较冷试验，西北太平洋副热带高压位置偏西、面积偏大；赤道地区为上升运动差值区，华南地区为下沉运动差值区(图 3.110a)，在平均经圈环流图上可以清晰地看到一个顺时针方向的 Hadley 环流异常(图 3.110c)，西北太平洋存在一个气旋性环流异常，华南地区受偏北气流异常控制，不利于西太平洋水汽向华南地区的输送，整个华南地区存在降水负差值(图 3.110b)。模拟结果和观测分析结果较一致。因此，秋季热带东印度洋—西太平洋海表温度年代际增暖对华南秋季年代际变旱有着重要的作用。

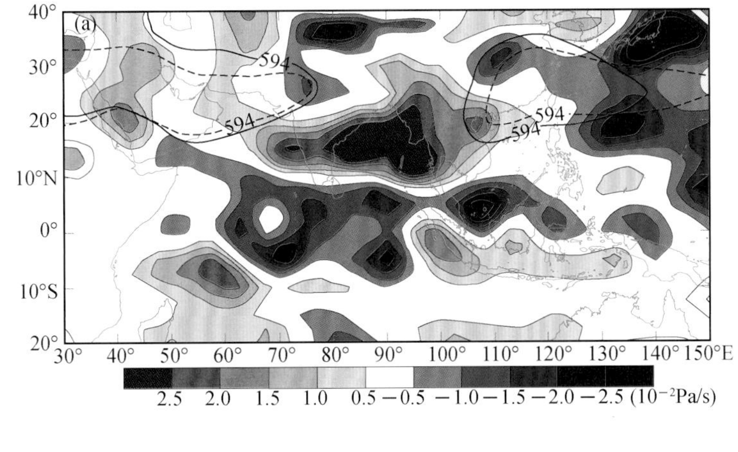

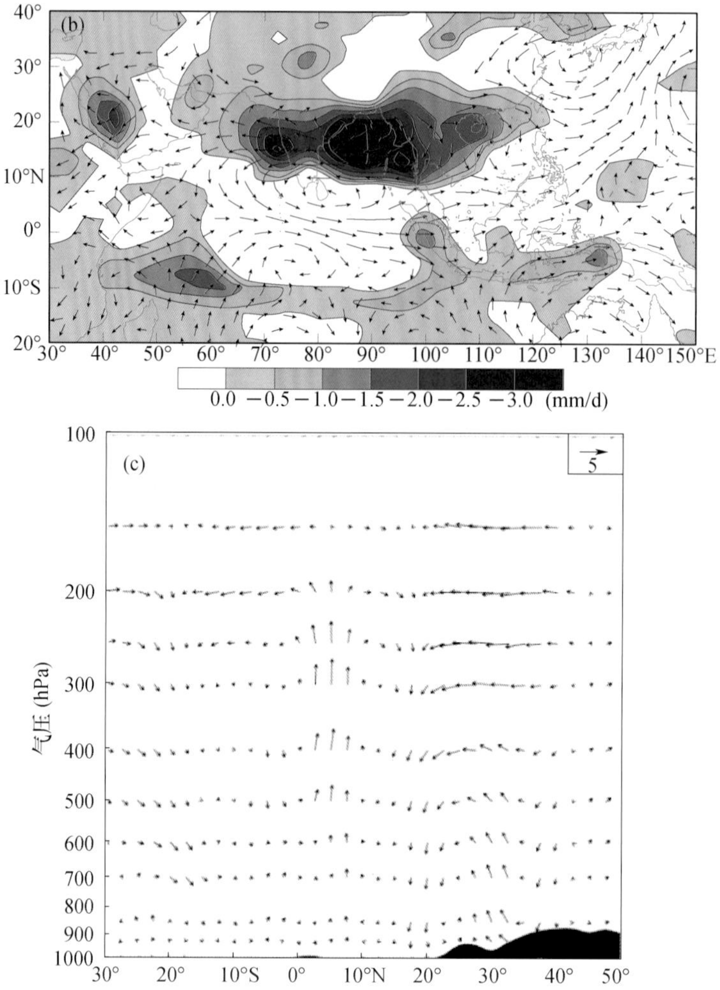

图 3.110 秋季 500 hPa 垂直速度的差值场(阴影,正值

正值表示下沉,负值表示上升)及西北太平洋副热带高压位置(单位:dagpm,实线为暖试验,

虚线为冷试验)(a);秋季降水场(阴影区表示降水差值为负)和 850 hPa 风场

(箭矢;单位:m/s)的差值分布(b);秋季经向—垂直环流差值场沿 105°—115°E 平均的

纬度—高度剖面图(黑色阴影区为地形;垂直风速单位:10^{-2} Pa/s,经向风速单位:m/s)(c)

(差值场均为暖试验减冷试验)(曾刚 等,2017)

本节讨论了华南地区夏季旱涝在 20 世纪 90 年代初及 21 世纪初的年代际变化特征及其可能机理,发现东亚夏季风主要系统成员南亚高压和西北太平洋副热带高压的年代际变化对华南地区的夏季旱涝年代际变化有重要作用。

夏季热带西太平洋潜热通量的年代际增强对华南夏季 20 世纪 90 年代初以后的年代际湿润有显著影响。由于热带西太平洋夏季潜热通量在 20 世纪初以后的年代际增强,使得南亚高压减弱西退,减弱西退的南亚高压使得华南地区高度场显著减小,偏北气流减弱,有利于南方暖湿气流北进,利于降水,致使华南夏季湿润。伯忠凯等(2017)研究也证实了此点,他们发现华南夏季降水与南亚高压的东伸脊点关系密切,且均在 20 世纪 90 年代初存在年代际转变,在 1993—2008 年(1979—1992 年),南亚高压位置偏西(东),西北太平洋副热带高压位置偏东

(西),华南地区则低层辐合(辐散)异常、高层辐散(辐合)异常,产生异常上升(下沉)运动,华南地区降水年代际偏多(少)。

热带印度洋海表温度年代际增暖对华南后汛期(7—8 月)降水 21 世纪初的年代际变化有重要作用。热带印度洋海表温度在进入 21 世纪后年代际增暖,使得西北太平洋副热带高压强度年代际增强、面积增大、西伸,南亚高压东伸,这样在华南地区对流层低层产生距平反气旋性环流、异常下沉运动、高层异常辐合,环流场的这种配置不利于降水的产生,使得华南后汛期降水减少。

3.4.3 江淮梅雨异常成因

3.4.3.1 江淮梅雨一致型丰枯异常年的大气环流特征

选取全区一致偏丰(A^+)型、全区一致偏枯(A^-)型异常年中异常程度最大的各 5 a 进行合成。A^+型异常年有:1969 年、1980 年、1983 年、1996 年、1998 年;A^-型异常年有:1961 年、1963 年、1978 年、1985 年、1988 年。

江淮丰梅年(A^+)同期 100 hPa 中高纬度乌拉尔山附近为正距平,最大位势高度距平为+30 gpm;20°N 以南的低纬地区为正距平,其中 75°E 以西的伊朗高原正距平值达+30 gpm(图 3.111a),表明西部型南亚高压东移。枯梅年(A^-)中纬度东亚大陆为正距平,距平中心位于日本海附近,最大位势高度距平为+50 gpm(图 3.111b),表明南亚高压东部脊偏强。

丰梅年(A^+)同期 500 hPa 欧亚大陆中高纬在乌拉尔山东部为正距平,中心距平值为+30 gpm(图 3.111c),对应乌拉尔山阻塞高压增强,加强了脊前西北气流的向南输送。贝加尔湖以东—日本海为负距平,负距平中心位于我国东北地区上空,说明丰梅年东北冷涡增强、东亚大槽加深,一方面加强了槽后冷空气向南输送,另一方面不利于中低纬度副热带高压的北跳,使梅雨带在江淮流域稳定维持,有利于梅雨量偏多。同时,中低纬度亚洲大陆东部—西太平洋为正距平,说明西太平洋副热带高压中心强度增强,位置偏西,其西北侧的西南暖湿气流输送加强,为梅雨发生提供有利的水汽条件。枯梅年(A^-)与丰梅年基本呈反位相分布(图 3.111d),极涡中心正距平,说明极涡强度减弱,不利于极地冷空气南侵。中高纬乌拉尔山以西—鄂霍茨克海为带状负距平区,对应乌拉尔山和鄂霍茨克海双阻形势减弱,东亚大槽西退北缩,不利于冷空气的向南输送。低纬西太平洋地区为负距平,说明西太平洋副热带高压强度偏弱,不利于其边缘的西南暖湿气流北上至江淮流域。

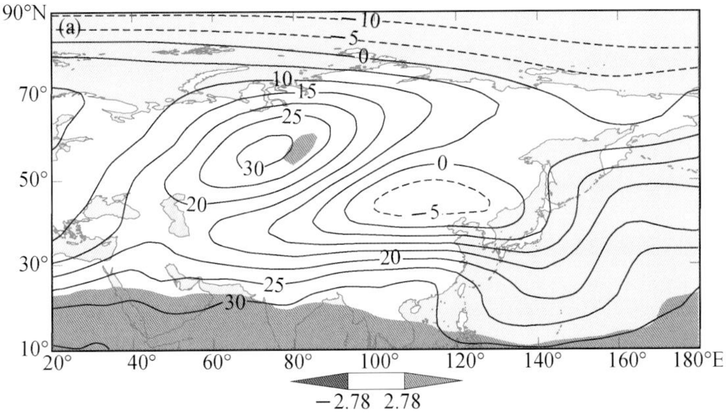

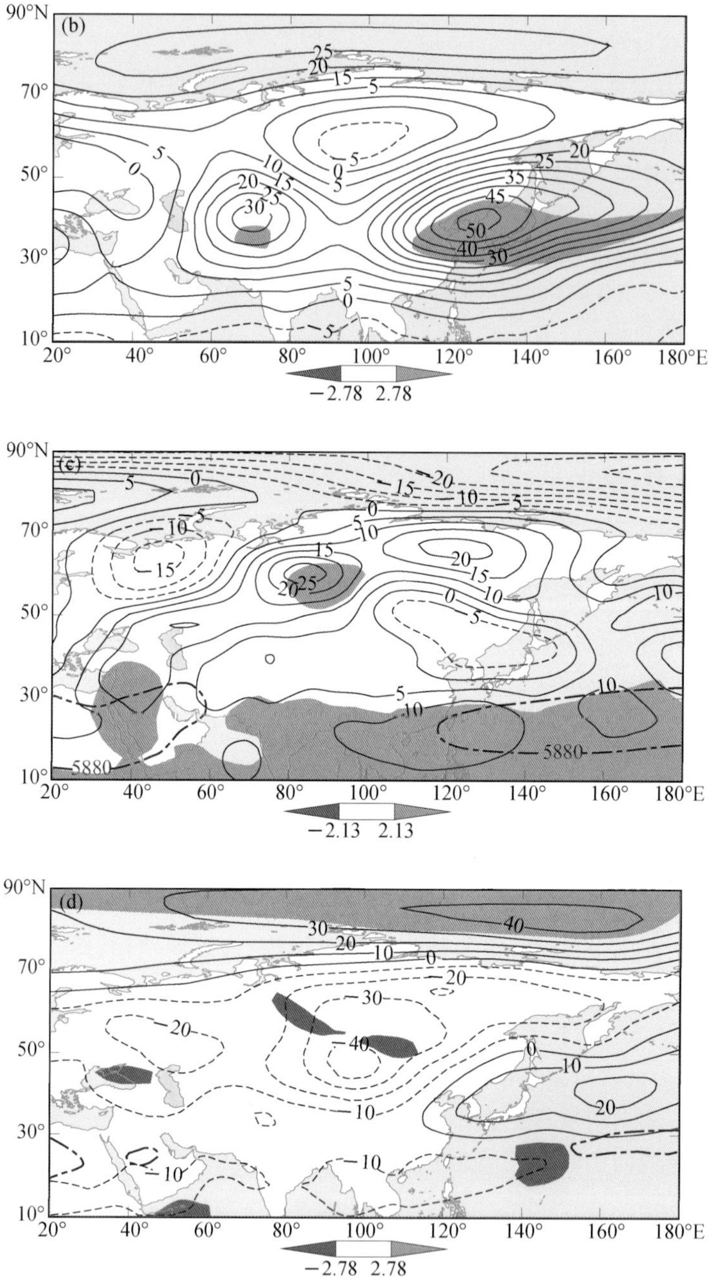

图 3.111　1960—2012 年江淮梅雨异常丰、枯年 100 hPa 位势高度距平场

(a)A$^+$型(全区一致丰);(b)A$^-$型(全区一致枯)500 hPa 位势高度距平场;(c)A$^+$型;

(d)A$^-$型 500 hPa 垂直速度距平场(长短线为等位势高度线,单位:dagpm)

(阴影区表示通过 $\alpha=0.05$ 的显著性水平检验)(陈旭,2015)

对流上升运动是产生降水的必要条件之一。丰梅年江淮流域为显著上升运动,有利于水汽抬升凝结形成降水,而枯梅年形势相反,江淮地区为显著下沉区,不利于降水发生。

3.4.3.2　江淮梅雨非典型异常年的大气环流特征

选取 1960—2012 年江淮梅雨高湿高温多雨频率最高的前 5 a 为异常典型梅雨年,分别为:1968 年、1969 年、1975 年、1987 年和 2010 年。低湿低温少雨频率最高的前 5 a 为异常非典型梅雨年,分别为:1976 年、1985 年、1989 年、2001 年和 2008 年。

由图 3.112 对比分析可见,江淮梅雨典型、非典型年的大气环流距平场存在显著差异。典型梅雨年 100 hPa 位势高度(图 3.112a)中高纬度为正距平,正距平中心位于乌拉尔山东部,其中心值为 40 gpm,副热带及热带低纬沿 100°E 以西为负距平,其中心值为—30 gpm;100°E以东为正距平,中心值为 60 gpm。说明典型年乌拉尔山东侧高压脊增强,使来自极地的冷空气沿高压脊前的西北气流东移南下;南亚高压位置偏东,且强度偏强,有利于副热带高压西伸至我国沿海。非典型梅雨年 100 hPa 位势高度(图 3.112b)为大范围负距平,距平中心分别位于极地、乌拉尔山东侧以及鄂霍茨克海地区,对应的位势高度中心值分别为—45 gpm、—25 gpm和—70 gpm。说明非典型年极涡强度偏强,鄂霍茨克海有低槽建立,热带东风急流偏弱。

典型梅雨年 500 hPa 位势高度场上(图 3.112c)极涡位置偏西,中心位于新地岛以北的北冰洋上空,副热带高压脊线位于 23°N 左右,西脊点西伸至 115°E。位势高度距平场上新西伯利亚群岛至鄂霍茨克海地区为正距平,有利于阻塞形势建立。贝加尔湖以西为显著正距平,位势高度距平场中心值为 30 gpm,中印半岛至西太平洋为显著正距平,位势高度中心距平值为 10 gpm。说明典型年中高纬为东阻形势,经向环流活跃,有利于冷空气南下,副热带高压偏西、偏强,低纬西南气流刚好到达长江中下游地区。非典型梅雨年 500 hPa 位势高度距平场(图 3.112d)在极区有较大范围负距平,位势高度距平场中心值为—50 gpm,对应极涡强度偏强,同时由 5400 gpm 线的分布可以看出极涡面积偏大,位置偏东。我国河套地区至千岛群岛以东为显著负距平,中心位于西北太平洋面,中心值为—45 gpm。副热带高压主体的 5880 gpm 线位于 130°E 以东,未伸到大陆上,说明非典型年极涡强度偏强,面积偏大,位置偏东,使得来自极地的冷空气活跃。鄂霍茨克海附近为低槽,冷空气无法持续向江淮流域输送。副热带高压位置偏东,不利于暖湿气流向北输送。由此看到,非典型梅雨年除了中高纬的槽脊位置与典型年相反外,副热带高压的偏东也不利于水汽的输送,使得梅雨锋未能建立。

对流层低层 850 hPa 上,典型梅雨年(图 3.112e)存在一支由印度次大陆穿越孟加拉湾到达我国长江中下游的西风距平气流,而西太平洋在 20°N 存在一支东风距平气流,说明典型年南亚季风偏强,能够将一部分孟加拉湾的水汽直接输送到东亚大陆。同时,副热带高压南侧的东风气流较强,它与来自孟加拉湾的偏西气流在南海地区辐合,进而将水汽输送到梅雨锋区。非典型梅雨年(图 3.112f)形势基本相反,阿拉伯海至孟加拉湾为东风距平气流,热带西太平洋为西风距平环流,说明非典型年来自孟加拉湾和南海的水汽输送均弱于正常梅雨年。

3.4.3.3 江淮梅雨异常与海温的关系

(1)江淮梅雨一致型丰枯异常与海温的关系

利用梅雨量 EOF 分解第一模态系数(全区一致丰、枯)与前期冬季海温作相关分析,发现在前期冬季赤道东太平洋,海表温度与 PC1 呈显著正相关(图 3.113),相关系数通过了 $\alpha=0.05$ 的显著性水平检验。把图 3.113a 中方框内区域(10°S—10°N,80°—125°W)选作影响江淮梅雨丰枯的关键海区,发现关键区平均海表温度距平(图 3.113b)与江淮梅雨量 EOF 分解的第一模态系数的变化趋势十分相似,表现为 1980 年代以前赤道东太平洋海温以负距平为主,20 世纪 80 年代—90 年代基本为正距平,21 世纪以来正负距平交替出现且变化幅度减小。二者相关系数达 0.35,通过了 $\alpha=0.01$ 的显著性水平检验。进一步将前冬关键区海表温度距平序列(图 3.113b)与 6—7 月 500 hPa 高度场求相关(图 3.113c),可以发现赤道东太平洋海温与热带西太平洋及我国 30°N 以南地区 500 hPa 位势高度存在显著正相关,大部分地区通过了 $\alpha=0.001$ 的显著性水平检验。表明当前期冬季赤道东太平洋海表温度异常偏高时,夏季西太平洋副热带高压则偏强、偏南、偏西,江淮梅雨降水易增多。

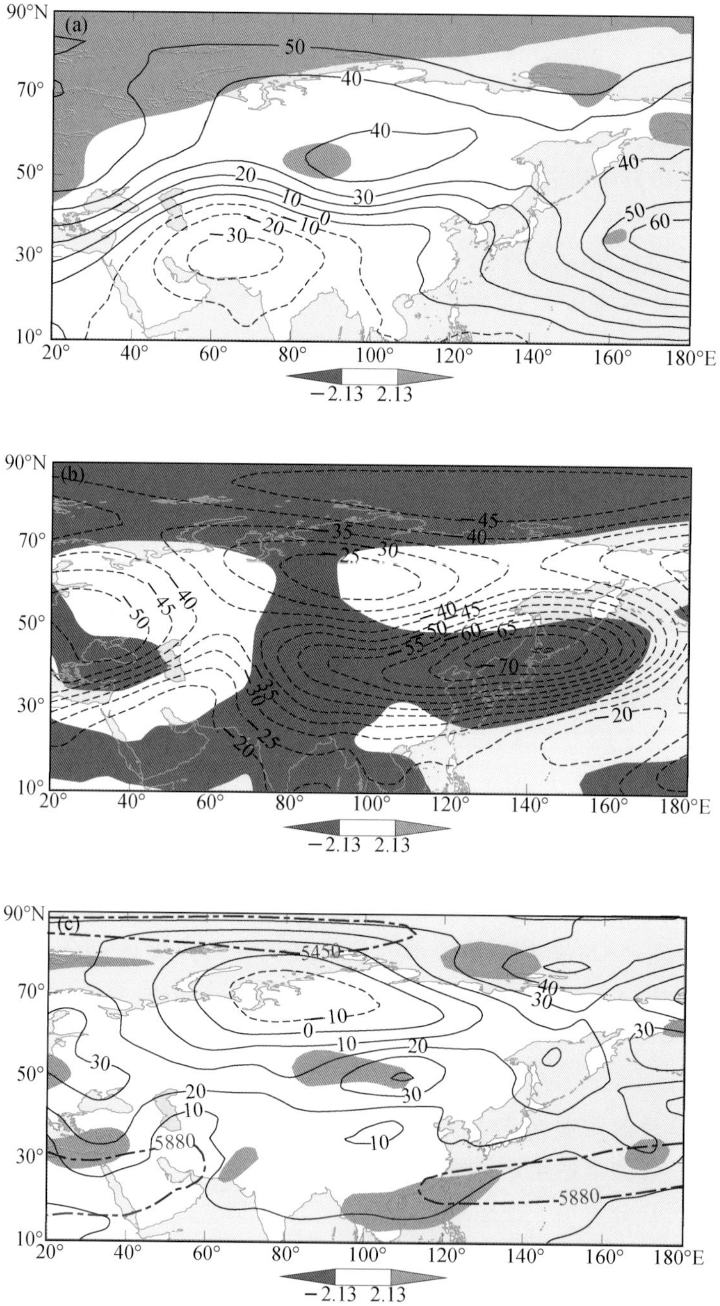

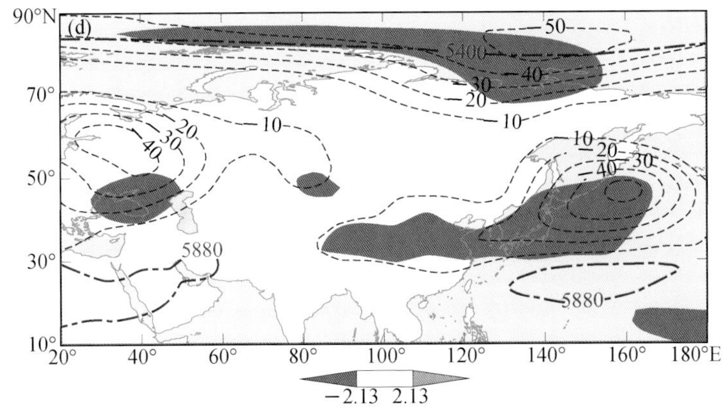

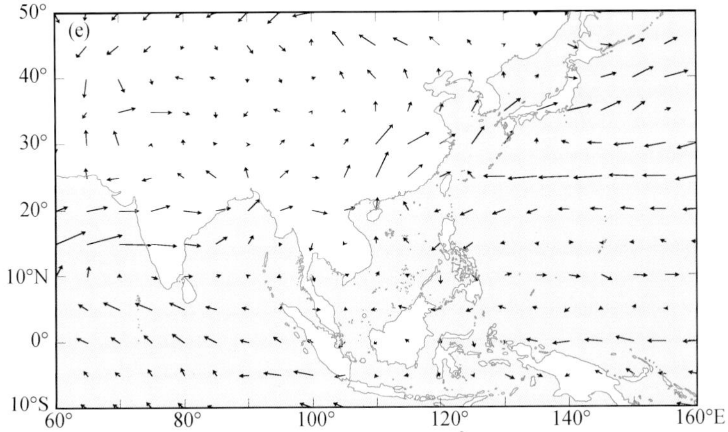

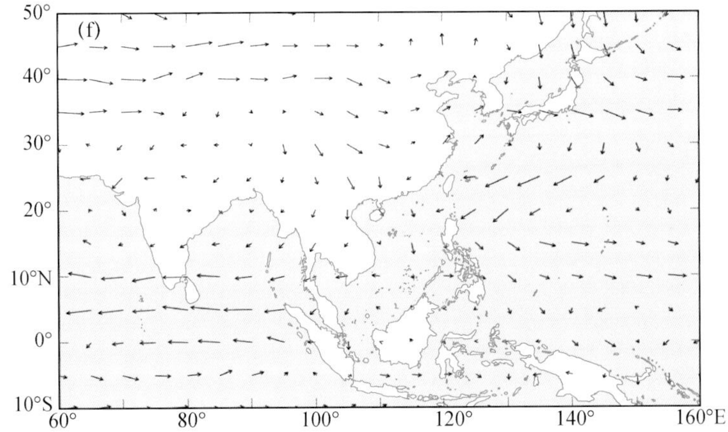

图 3.112　1960—2012 年江淮梅雨典型年和非典型异常年 100 hPa 位势高度距平场（a. 典型年，b. 非典型年）、500 hPa 位势高度距平场（c. 典型年，d. 非典型年）、850 hPa 风场（e. 典型年，f. 非典型年）（阴影表示通过 $\alpha=0.1$ 的显著性水平检验）（陈旭，2015）

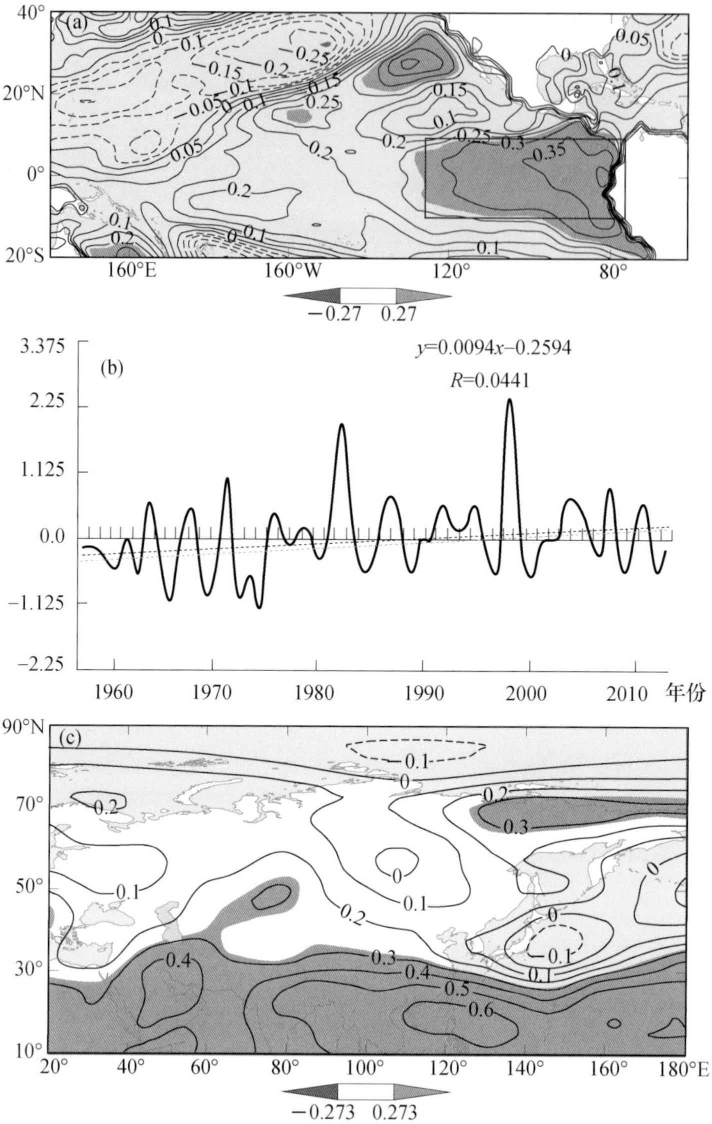

图 3.113　1960—2012 年江淮梅雨量的 PC1 与前期冬季海温的相关系数(a)、前冬关键区(方框)海温距平序列(b)、前冬关键区海温与 6—7 月 500 hPa 高度场的相关系数(c)（阴影表示通过 α=0.05 的显著性水平检验）(陈旭,2015)

(2)江淮梅雨非典型异常与海温的关系

将江淮地区高温、高湿和多雨日与梅雨期总天数之比定义为区域平均的梅雨典型程度,对梅雨典型程度时间序列与前期冬季海温做相关分析,发现在前期冬季西太平洋暖池存在显著负相关区域,而在赤道中东太平洋为显著正相关区(图 3.114a),大部分区域通过了 $\alpha=0.01$ 的显著性水平检验。将方框内海区(－10°S—20°N,120°—160°E)和(－10°S—10°N,175°E—120°W)分别作为暖池关键Ⅰ区(以下简称"Ⅰ区")和赤道中东太平洋关键Ⅱ区(以下简称"Ⅱ区")(图 3.114b),发现前冬Ⅰ区的区域平均海表温度在 1960—2012 年为显著上升趋势,尤其是 20 世纪 90 年代后期以来暖池海温持续异常偏高,这与梅雨典型程度的变化趋势刚好相反。同时,前冬Ⅱ区的区域平均海表温度自 2000 年以来下降趋势明显,与梅雨典型程度的变化趋势相一致。进一步将前冬关键区Ⅰ区和Ⅱ区海温序列(图 3.114b)分别与 6—7 月 500 hPa 高度场求相关,发现前冬关键Ⅰ区海温与欧亚大陆中高纬 500 hPa 位势高度存在显著正相关,最大正相关区位于贝加尔湖东部(图 3.114c)。说明西太平洋暖池海表热力作用偏强可使中高纬亚洲大陆高度场偏高,导致经向环流活跃,北方干冷空气易于南下侵入江淮地区,而南部暖湿气流相对较不活跃,导致江淮地区在梅雨期表现为低湿低温少雨的非典型特征。而前冬关键Ⅱ区海温与 30°N 以南的低纬地区的 500 hPa 位势高度存在显著正相关(图 3.114d),尤其在南海—热带太平洋地区,正相关系数通过了 $\alpha=0.001$ 的显著性水平检验。表明当前冬赤道中东太平洋海表热力偏强,会使 6—7 月西太平洋副热带高压偏强、偏南、偏西,西南暖湿气流输送增强,一方面导致江淮地区温度、湿度增加,另一方面为梅雨降水提供了丰沛的水汽条件。

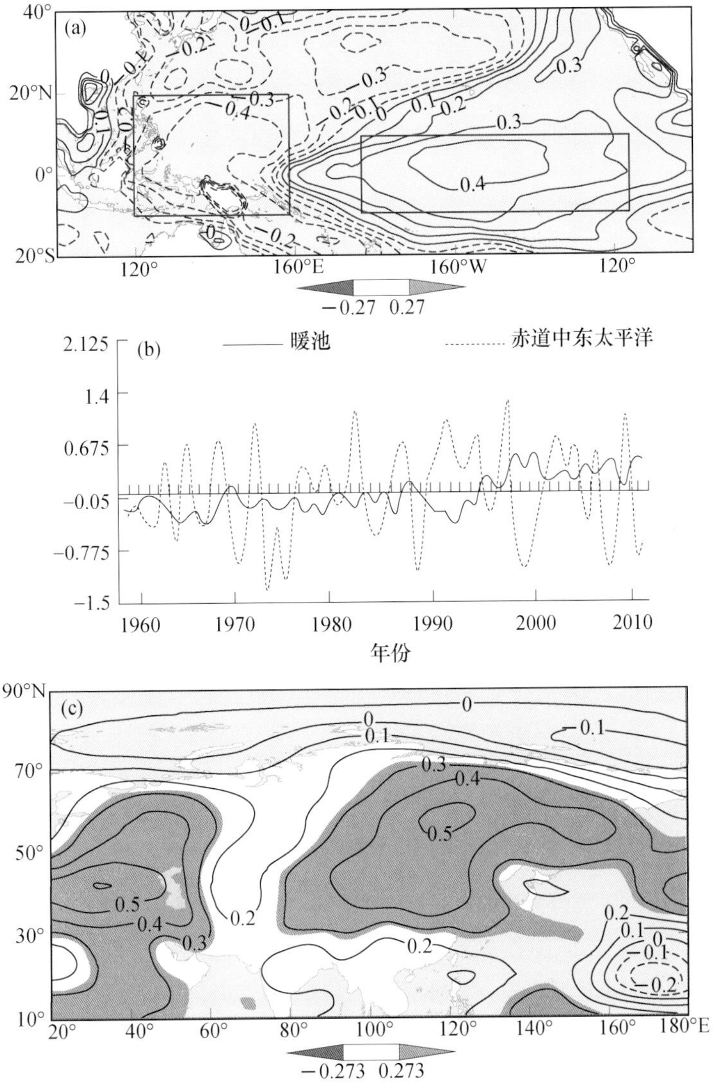

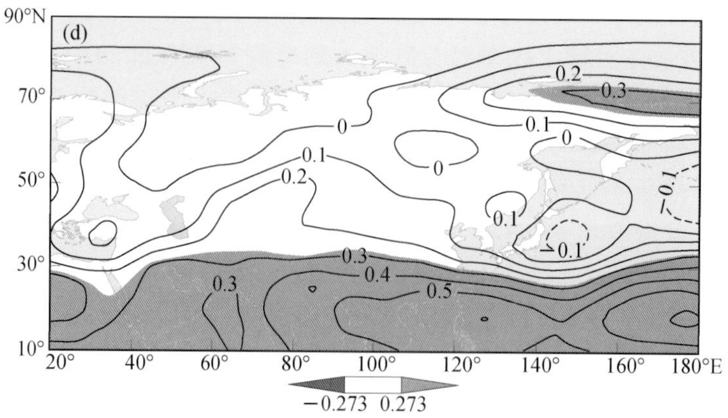

图 3.114 1960—2012 年区域平均的梅雨典型程度时间序列与前冬海温的相关系数(a)、关键区海温距平序列(b)、前冬暖池关键Ⅰ区(c)和赤道中东太平洋关键Ⅱ区(d)海温与 6—7 月 500 hPa 高度场的相关系数

(阴影表示通过 α=0.05 的显著性水平检验)(陈旭,2015)

3.4.4 小结

对大气环流和海温的分析表明,西南地区秋季干湿全区域一致变化的模态与前期夏季西太平洋暖池附近海温以及同期西太平洋副高、东亚大槽、南支槽有关,并且此模态对应的偏干年基本上均是高温和少雨共同作用造成的,而偏湿年则有低温偏湿和多雨偏湿两种类型。东、西部相反变化的模态与垂直运动和东部低层的南、北风异常有关。西南秋季 SPEI 在 1994 年发生年代际突变后(前)为偏旱(涝)期。在西南秋季偏旱期,西太平洋副热带高压位置偏西、面积偏大、强度偏强,南支槽偏弱,西南地区存在下沉运动。热带东印度洋—西太平洋的海表温度年代际升高对西南秋季 SPEI 在 1994 年发生年代际突变有重要作用,该关键海区海表温度异常升高,一是会使秋季西南地区 500 hPa 高度场偏高,南支槽减弱;二是产生偏强的 Hadley 环流,使得我国西南地区存在下沉运动;三是会在西太平洋激发气旋性环流,使我国西南地区被偏北气流控制,削弱了向我国西南地区的水汽输送,容易造成该地区的秋季干旱。在西南地区夏季旱转涝年的旱期,西太平洋副高偏西偏强,中高纬西风带偏强,冷空气不易南下,垂直场上表现为下沉运动,来自孟加拉湾和南海的水汽输送异常偏弱,西南地区又处于水汽辐散区,因此降水偏少;在涝期,中高纬环流的经向运动增强,乌拉尔山以东的槽加深,东亚沿岸脊加强,中高纬西风带偏弱,在垂直场上表现为上升运动,孟加拉湾和南海为西南地区提供了充足的水汽,有利于该地区降水增多;涝转旱年,情况相反。

观测分析和数值模拟结果表明,热带东印度洋—西太平洋的海表温度年代际升高对西南秋季 1994 年后的年代际干旱具有重要作用。该关键海区海表温度年代际升高,一是会引起秋季西南地区 500 hPa 高度场升高,使得西太平洋副热带高压位置偏西,面积偏大以及南支槽减弱,有利于西南地区发生干旱;二是会产生偏强 Hadley 环流,使得我国西南地区存在下沉运动;三是会在西太平洋激发气旋性环流,使我国西南地区被异常偏北气流控制,削弱了向该地区的水汽输送,容易造成秋季干旱。

夏季热带西太平洋潜热通量的年代际增强对华南夏季 20 世纪 90 年代初以后的年代际湿润有显著影响。夏季热带西太平洋潜热通量影响华南夏季降水的两种途径:一是间接影响,即当该区夏季潜热通量增强，迫使热带太平洋 Walker 环流增强，热带印度洋 Walker 环流减弱，南亚南侧偏东风减弱，从而使得南亚高压减弱西退，减弱西退的南亚高压使得华南地区高度场显著减小，偏北气流减弱，有利于南方暖湿气流北进，利于降水，致使华南夏季湿润；反之则华南夏季干旱加剧。二是直接影响，即当该区夏季潜热通量增强，一方面能够在华南地区激发出气旋性环流异常，在菲律宾一带激发反气旋性环流异常，华南地区偏南气流加强，有利于降水，华南夏季湿润；另一方面从经向环流来看，华南局地 Hadley 环流加强，华南位于加强的上升运动中，有利于华南夏季降水增多、更湿润。

热带印度洋海表温度年代际增暖对华南后汛期(7—8 月)降水 21 世纪初的年代际变化有重要作用。热带印度洋海表温度在 21 世纪初年代际增暖，使得西北太平洋副热带高压强度年代际增强、面积增大、西伸，南亚高压东伸，这样在华南地区对流层低层产生反气旋性异常环流、异常下沉运动、高层异常辐合，环流场的这种配置不利于降水的产生，使得华南后汛期降水减少。同时，华南夏季降水的年代际减少还可能与该地区台风降水的年代际减少密切相关，而南海台风的频次减少与热带印度洋与南海海表温度梯度增大有关。

热带西印度洋秋季热含量的年代际偏低对华南秋季 20 世纪 80 年代末之后的年代际干旱具有重要作用。热带西印度洋热含量异常影响华南秋季干旱的可能机制为：热带印度洋热含量变化表现为“<”形的东西向偶极子分布，即当秋季热带西印度洋热含量偏低时，热带东印度洋热含量将偏高；热带东印度洋热含量偏高将会使热带东印度洋一西印度洋海表温度偏高、OLR 偏小、降水凝结潜热释放增强，使得秋季热带东印度洋—西太平洋区域上升运动加强，造成东亚 Hadley 环流增强，从而使在华南地区的下沉支也增强，不利于降水。数值模拟结果也验证了秋季热带东印度洋一西太平洋海表温度的年代际偏高将会引起西北太平洋副热带高压位置偏西，面积偏大，产生偏强的东亚 Hadley 环流，使我国华南地区存在异常下沉运动，同时在西太平洋上存在气旋性环流异常，使我国华南地区被偏北气流异常控制，减弱了向华南地区的水汽输送，从而造成该地区的秋季干旱。

分析了江淮流域全区一致丰型梅雨(A^+型)、全区一致枯(A^-型)型梅雨及典型、非典型异常梅雨的大气环流特征，并探讨了海温对江淮梅雨异常的影响发现，丰梅年同期 100 hPa 西部型南亚高压增强，500 hPa 乌拉尔山阻塞高压增强，东北冷涡增强，一方面加强了槽后冷空气向南输送，另一方面不利于中低纬度副热带高压的北跳，致使梅雨带在江淮流域稳定维持，西太平洋副热带高压中心强度增强，位置偏西，其西北侧的西南暖湿气流输送加强，为梅雨发生提供有利的水汽条件，且丰梅年江淮流域为显著上升运动，有利于水汽抬升凝结形成降水，梅雨量偏多。而枯梅年 100 hPa 上南亚高压东部脊偏强，500 hPa 极涡强度减弱，乌拉尔山和鄂霍茨克海双阻形势减弱，东亚大槽西退北缩，不利于冷空气的向南输送。西太平洋副热带高压强度偏弱，不利于其边缘的西南暖湿气流北上至江淮流域，且江淮流域为显著下沉运动，梅雨量偏少。

典型梅雨年 100 hPa 位势高度乌拉尔山东侧高压脊增强，使来自极地的冷空气沿高压脊前的西北气流东移南下，南亚高压位置偏东，且南亚高压东部强度偏强，有利于副热带高压西伸至我国沿海。500 hPa 位势高度场上极涡位置偏西，中高纬为东阻形势，经向环流活跃，有利于冷空气南下，副热带高压偏西、偏强，低纬西南气流能够到达长江中下游地区。对流层低层 850 hPa 上，南亚季风偏强，副高南侧东风气流偏强，使得来自孟加拉湾和西太平洋的水汽在长江中下游异常辐合。非典型梅雨年 100 hPa 位势高度极涡强度偏强，鄂霍茨克海有低槽建立，热带东风急流偏弱。500 hPa 位势高度场极涡强度偏强，面积偏大，位置偏东，使得来自极地的冷空气活跃，鄂霍茨克海附近为低槽形势，冷空气无法持续向江淮流域输送，副热带高压位置偏东，不利于暖湿气流向北输送，且低层 850 hPa 来自孟加拉湾和西太平洋的水汽输送均弱于常年。

全区一致丰梅年前期冬季赤道东太平洋海表温度通常有异常偏高现象，它使得夏季西太平洋副热带高压偏强、偏南、偏西，进而导致江淮梅雨降水偏多，反之亦然。而当前冬赤道中东太平洋海表热力偏强，则会使 6—7 月西太平洋副热带高压偏强、偏南、偏西，西南暖湿气流输送增强，一方面导致江淮地区温度、湿度增加，另一方面为梅雨降水提供了丰沛的水汽条件，致使江淮梅雨呈现高温高湿多雨的典型梅雨特征。而如果西太平洋暖池海表热力偏强则可使中高纬亚洲大陆高度场偏高，导致经向环流活跃，北方干冷空气易于南下侵入江淮地区，而南部暖湿气流相对不够活跃，导致江淮地区在梅雨期表现为低湿低温少雨的非典型特征。

3.5 本章小结

最近一个世纪以来，全球气候变暖已经成为一个不争的事实。根据 IPCC 第五次评估报告(IPCC，2013)，在气候变暖的长期变化中，有三个明显转折点。1976 年经历了一次由冷变暖的转变，至 1990 年代初又发生第 2 次变暖。至 21 世纪初，变暖的幅度有所减弱，2003 年以后，进入了一个气候变暖的间歇期。

随着气候变暖，东亚季风暴发时间和强度也发生了明显改变。南海夏季风建立(结束)日期在气候变暖后出现偏早(晚)趋势，结束偏晚，夏季风持续时间变长，但强度偏弱。副热带夏季风在 1980 年之前暴发较早，1980 年之后，暴发时间有所变晚，且年际波动较小。2000 年后，副热带夏季风暴发时间的年际波动明显增大。青藏高原季风强度与北半球温度在年代际尺度上具有较好的相关，在 20 世纪 70 年代中期，两者由反相变化转为同相变化。90 年代末以后，北半球温度升高趋缓，对应青藏高原季风逐渐减弱。

针对气候变暖的三个转折点，很多研究都表明，中国南方地区降水在变暖转折点前后表现出明显的突变。20 世纪 90 年代，我国南方夏季降水年代际变化明显，其中华南地区于 90 年代初由偏少转为偏多；长江流域于 90 年代末由偏多转为偏少。亚洲夏季风由低纬地区北上到达我国南方的水汽输送异常是导致华南以及长江流域地区经向水汽收支以及总收支变异的主要原因。此外，在 1990 年代初年代际变化前后，由于受南海—西太平洋一带以及孟加拉湾地区相同的异常水汽输送环流型控制和影响，华南地区夏季降水由偏少转偏多。相反，在 1990 年代末年代际变化前后，南海—西太平洋一带以及孟加拉湾地区分别为相反的异常水汽输送环流型控制和影响，我国长江流域夏季降水转为偏少趋势。

中国南方地区降水在变暖转折点前后表现出的年代际突变具体表现为：

① 西南地区秋季干旱在 1994 年发生了年代际突变，突变后转为偏旱期，其中以东部干旱化趋势显著。西南地区秋季干湿变化存在全区域一致和东、西部相反变化两个主要异常模态；干湿异常的空间模态主要由降水异常决定，其演变则受气温的影响更明显一些。西南地区夏季存在明显的长周期旱涝急转，1961—1970 年夏季旱转涝多于涝转旱，1971—1980 年夏季涝

转旱年较多，1981—2000年旱转涝与涝转旱年相当；21世纪初以来，涝转旱年偏多。

对大气环流和海温异常特征的分析表明，西南地区秋季干湿全区域一致变化的模态与前期夏季西太平洋暖池附近海温以及同期西太平洋副高、东亚大槽、南支槽有关。在西南秋季偏旱期，西太平洋副热带高压位置偏西、面积偏大、强度偏强，南支槽偏弱，西南地区存在下沉运动。同时，热带东印度洋—西太平洋的海表温度年代际升高对西南秋季旱涝在1994年发生年代际突变也具有重要作用，该关键海区海表温度异常升高，一是秋季西南地区500 hPa高度场偏高，南支槽减弱；二是产生偏强的Hadley环流，使得我国西南地区存在下沉运动；三是会在西太平洋激发气旋性环流，使我国西南地区被偏北气流控制，削弱了向我国西南地区的水汽输送，容易造成该地区的秋季干旱。

② 华南地区夏季在20世纪90年代初存在明显的年代际转变，由旱转涝。近30多年来华南后汛期(7—8月)降水出现过两次明显的年代际突变，在20世纪90年代初发生了由相对少雨到相对多雨的转变，而在21世纪初则出现了由多雨到少雨的转变，使得2003—2012年华南后汛期降水相对较少。华南地区秋季降水在20世纪80年代后期发生了明显的年代际变化，突变后华南地区秋季偏旱的年明显增多，连续干旱频繁出现。

夏季热带西太平洋潜热通量的年代际增强对华南夏季20世纪90年代初以后的年代际湿润有显著影响。一是间接影响，即当该区夏季潜热通量增强，迫使热带太平洋Walker环流增强，热带印度洋Walker环流减弱，南亚南侧偏东风减弱，从而使得南亚高压减弱西退，减弱西退的南亚高压使得华南地区高度场显著减小，偏北气流减弱，有利于南方暖湿气流北进，利于降水，致使华南夏季湿润；反之则华南夏季干旱加剧。二是直接影响，即当该区夏季潜热通量增强，一方面能够在华南地区激发出气旋性环流异常，在菲律宾一带激发反气旋性环流异常，华南地区偏南气流加强，有利于降水，华南夏季湿润；另一方面从经向环流来看，华南局地Hadley环流加强，华南位于加强的上升运动中，有利于华南降水，华南湿润。而热带印度洋海表温度年代际增暖对21世纪初的华南后汛期(7—8月)降水年代际变化有重要作用。热带印度洋海表温度在21世纪初年代际增暖，使得西北太平洋副热带高压强度年代际增强、面积增大、西伸，南亚高压东伸，在华南地区对流层低层产生距平反气旋性环流、异常下沉运动、高层异常辐合，环流场的这种配置不利于降水的产生，使得华南后汛期降水减少。

热带西印度洋秋季热含量的年代际偏低对华南秋季20世纪80年代末之后的年代际干旱具有重要作用，可能机制为：热带印度洋热含量变化表现为“<”形的东西向偶极子分布，即当秋季热带西印度洋热含量偏低时，热带东印度洋热含量将偏高，继而会使热带东印度洋—西印度洋海表温度偏高、OLR偏小、降水凝结潜热释放增强，使得秋季热带东印度洋—西太平洋区域上升运动加强，造成东亚Hadley环流增强，在华南地区的下沉支也增强，不利于降水。

③ 江淮地区梅雨整体自21世纪以来入梅偏晚、出梅偏早，梅雨量偏少。但淮河区在21世纪初入梅整体偏早，出梅偏晚，梅雨量较常年略偏多。20世纪90年代以来，江淮全区梅期的雨日及昼雨比例显著下降，晴天比例明显上升。而淮河区刚好与之相反，近20 a来表现为昼雨比例显著上升，晴天比例明显下降。

对大气环流的分析表明，江淮地区丰梅年同期100 hPa西部型南亚高压增强，500 hPa乌拉尔山阻塞高压明显增强，东北冷涡也增强。一方面加强了槽后冷空气向南输送，另一方面不利于中低纬度副热带高压的北跳，致使梅雨带在江淮流域稳定维持，西太平洋副热带高压中心强度增强，位置偏西，其西北侧的西南暖湿气流输送加强，为梅雨发生提供有利的水汽条件，且丰梅年江淮流域为显著上升运动，有利于水汽抬升凝结形成降水，梅雨量偏多。而枯梅年100 hPa上南亚高压东部脊偏强，500 hPa 极涡强度减弱，乌拉尔山和鄂霍茨克海双阻形势减弱，东亚大槽西退北缩，不利于冷空气的向南输送。西太平洋副热带高压强度偏弱，不利于其边缘的西南暖湿气流北上至江淮流域，且江淮流域为显著下沉运动，梅雨量偏少。

丰梅年前期冬季赤道东太平洋海表温度异常偏高可能是导致丰梅年出现的主要原因之一，它使得夏季西太平洋副热带高压偏强、偏南、偏西，进而导致江淮梅雨降水偏多，反之亦然。当前冬赤道中东太平洋海表热力作用偏强，使 6—7 月西太平洋副热带高压偏强、偏南、偏西，西南暖湿气流输送增强，一方面导致江淮地区温度、湿度增加，另一方面为梅雨降水提供了丰沛的水汽条件，致使江淮呈现高温高湿多雨的典型梅雨特征。如果西太平洋暖池海表热力偏强则可使中高纬亚洲大陆高度场偏高，导致经向环流活跃，北方干冷空气易于南下侵入江淮地区，而南部暖湿气流相对较不活跃，导致江淮地区表现为低湿低温少雨的非典型梅雨特征。

参考文献

鲍名，2008. 两次华南持续性暴雨过程中热带西太平洋对流异常作用的比较[J]. 热带气象学报，24(1)：27-36.

鲍媛媛，康志明，金荣花，等，2007. 川渝地区夏季旱涝与海温异常浅析[J]. 气象，33(5)：89-93.

伯忠凯，2014. 近 20 年华南夏季降水年际、年代际变化及其与热带印度洋海表温度的关系[D]. 南京：南京信息工程大学.

伯忠凯，曾刚，武英娇，等，2017. 华南夏季降水 20 世纪 90 年代初的年代际变化及其与南亚高压关系[J]. 海洋气象学报，37(2)：65-73.

常越，何金海，刘芸芸，等，2006. 华南旱、涝年前汛期水汽输送特征的对比分析[J]. 高原气象，25(6)：1064-1070.

陈斌，徐祥德，施晓晖，2011. 拉格朗日方法诊断 2007 年 7 月中国东部系列极端降水的水汽输送路径及其可能蒸发源区[J]. 气象学报，69(5)：810-818.

陈少勇，林纾，王劲松，等，2011. 中国西部雨季特征及高原季风对其影响的研究[J]. 中国沙漠，31 (3)：765-773.

陈兴芳，赵振国，2000. 中国汛期降水预测研究及应用[M]. 北京：气象出版社.

陈旭，2015. 气候变暖背景下江淮梅雨由典型向非典型演变的统计特征及其成因分析[D]. 南京：南京信息工程大学.

陈旭，李栋梁，2016. 新标准下江淮梅雨特征的分析[J]. 气象科学，36(2)：165-175.

戴逸飞，王慧，李栋梁，2016. 卫星遥感结合气象资料计算的青藏高原地面感热特征分析[J]. 大气科学，40(5)：1009-1021.

丁一汇，任国玉，石广玉，等，2006. 气候变化国家评估报告(I)：中国气候变化的历史和未来趋势[J]. 气候变化研究进展，2(1)：3-8.

丁一汇，任国玉，2008. 中国气候变化科学概论[M]. 北京：气象出版社：281.

丁治英，常越，朱莉，等，2008. 1958—2000 年 6 月连续性暴雨的特征分析[J]. 热带气象学报，24(2)：117-126.

段莹，王文，蔡晓军，2013. PDSI、SPEI 及 CI 指数在 2010/2011 年冬、春季江淮流域干旱过程的应用分析[J]. 高原气象，32(4)：1126-1139.

高琳慧，2017，基于 SPEI 的中国南方秋季干旱变化特征及其可能原因分析[D]. 南京：南京信息工程大学.

龚道溢，王绍武，1999. 西伯利亚高压的长期变化及全球变暖可能影响的研究[J]. 地理学报，54(2)：

125-133.
韩振宇，周天军，2012. APHRODITE 高分辨率逐日降水资料在中国大陆地区的适用性[J]. 大气科学，36(2)：361-373.
何敏，1999. 热带环流强度变化与我国夏季降水异常的关系[J]. 应用气象学报，10(2)：171-180.
洪伟，任雪娟，杨修群，2015. 华南持续性强降水期间低频非绝热加热对低频环流的影响[J]. 气象学报，73(2)：276-290.
胡娅敏，翟盘茂，罗晓玲，等，2014. 2013 年华南前汛期持续性强降水的大尺度环流与低频信号特征[J]. 气象学报，72(3)：465-477.
胡宜昌，董文杰，何勇，2007. 21 世纪初极端天气气候事件研究进展[J]，地球科学进展，22(10)：1066-1075.
黄科，2011. 热带印度洋热含量变异及其对我国旱涝的影响研究[D]. 青岛：中国科学院研究生院(海洋研究所).
黄荣辉，刘永，王林，等，2012. 2009 年秋至 2010 年春我国西南地区严重干旱的成因分析[J]. 大气科学，36(3)：443-457.
黄晚华，杨晓光，李茂松，等，2010. 基于标准化降水指数的中国南方季节性干旱近 58 a 演变特征[J]. 农业工程学报，26(7)：50-59.
贾子冰，王同美，温之平，2009. 华南秋季降水的时空分布特征分析[C]//中国气象学会. 中国气象学会论文集(气候变化).
简茂球，秦晓昊，乔云亭，2006. 华南秋季大尺度大气水汽汇时空演变特征[J]. 热带海洋学报，25(6)：22-27.
简茂球，乔云亭，2012. 华南秋旱的大气环流异常特征[J]. 大气科学，36(1)：204-214.
江志红，梁卓然，刘征宇，等，2011. 2007 年淮河流域强降水过程的水汽输送特征分析[J]. 大气科学，35(2)：361-371.
江志红，任伟，刘征宇，等，2013. 基于拉格朗日方法的江淮梅雨水汽输送特征分析[J]. 气象学报，71(2)：295-304.
金祖辉，陈隽，2002. 西太平洋暖池区海表水温暖异常对东亚夏季风影响的研究[J]. 大气科学，26(1)：57-68.
蓝柳茹，李栋梁，2016. 西伯利亚高压的年际和年代际异常特征及其对中国冬季气温的影响[J]. 高原气象，35(3)：662-674.
李丽平，章开美，王超，等，2010. 近 40 年华南前汛期极端降水时空演变特征[J]. 气候与环境研究，15(4)：443-450.
李丽平，白婷，2014a. 华南夏季多年平均降水低频特征及其与低频水汽输送关系[J]. 大气科学学报，37(3)：323-332
李丽平，许冠宇，柳燕菊，2014b. 2010 年华南前汛期低频水汽输送对低频降水的影响[J]. 热带气象学报，30(3)：423-431.
李丽平，周林，俞子闲，2018. 华南前汛期降水的年代际异常特征及其成因[J]. 大气科学学报，41(2)：186-197.
李明聪，李栋梁，2017. 东亚冬夏季风关系在 1970s 末的年代际转变[J]. 气象科学，37(3)：331-339.
李伟光，侯美亭，陈汇林，等，2012a. 基于标准化降水蒸散指数的华南干旱趋势研究[J]. 自然灾害学报，21(4)：84-90.
李伟光，易雪，侯美亭，等，2012b. 基于标准化降水蒸散指数的中国干旱趋势研究[J]. 中国生态农业学报，20(5)：643-649.
李晓娟，曾沁，梁健，等，2007. 华南地区干旱气候预测研究[J]. 气象科技，35(1)：26-30.
李永华，徐海明，刘德，2009. 2006 年夏季西南地区东部特大干旱及其大气环流异常[J]. 气象学报，67(1)：

122-132.
李永华，卢楚翰，徐海明，等，2011. 夏季青藏高原大气热源与西南地区东部旱涝的关系[J]. 大气科学，35(3)：422-434.
李永华，卢楚翰，徐海明，等，2012. 热带太平洋—印度洋海表温度变化及其对西南地区东部夏季旱涝的影响[J]. 热带气象学报，28(2)：145-156.
梁巧倩，蔡洁云，纪忠萍，等，2011. 2006 年广东汛期大气环流场的低频特征[J]. 热带气象学报，27(2)：219-229.
林爱兰，梁建茵，谷德军，2008. 热带大气季节内振荡对东亚季风区的影响及不同时间尺度变化研究进展[J]. 热带气象学报，24(1)：11-19.
刘燕，王谦谦，程正泉，2002. 我国西南地区夏季降水异常的区域特征[J]. 南京气象学院学报，25(1)：105-110.
卢楚翰，黄露，何金海，等，2014. 西太平洋暖池热含量年际变化及其对东亚气候异常的影响[J]. 热带气象学报，30(1)：64-72.
陆丹，2001. 1998 年秋到 1999 年春华南特大干旱气候成因[J]. 气象，27(1)：48-51.
鹿世瑾，1990. 华南气候[M]. 北京：气象出版社.
吕梅，成新喜，陈中一，1998. 1994 年华南暴雨过程的形成与夏季风活动的研究[J]. 热带气象学报，14(2)：73-80.
马慧，王谦谦，陈桢华，2006. 华南前汛期降水异常的时空变化特征[J]. 高原气象，25(2)：325-329.
马京津，于波，高晓清，2008. 大尺度环流变化对华北地区夏季水汽输送的影响[J]. 高原气象，27(3)：517-523.
马振锋，彭骏，高文良，等，2006. 近 40 年西南地区的气候变化事实[J]. 高原气象，25 (4)：633-642.
马柱国，华丽娟，任小波，2003. 中国近代北方极端干湿事件的演变规律[J]. 地理学报，58(S1)：69-74.
马柱国，符淙斌，2006. 1951—2004 年中国北方干旱化的基本事实[J]. 科学通报，51(20)：2429-2439.
马柱国，任小波，2007. 1951—2006 年中国区域干旱化特征[J]. 气候变化研究进展，3(4)：195-201.
潘晓华，翟盘茂，2002. 气候极端值的选取与分析[J]. 气象，28(18)：28-31.
彭京备，张庆云，布和朝鲁，2007. 2006 年川渝地区高温干旱特征及其成因分析[J]. 气候与环境研究，12(3)：464-474.
齐冬梅，李跃清，白莹莹，等，2009. 高原夏季风指数的定义及其特征分析[J]. 高原山地气象研究，29(4)：1-9.
祁莉，王晓芳，何金海，等，2014. 前期西太平洋暖池热含量异常影响长江中下游夏季降水的可能途径[J]. 地球物理学报，57(6)：1769-1781.
钱维宏，符娇兰，张玮玮，等，2007. 近 40 年中国平均气候与极值气候变化的概述[J]. 地球科学进展，22(7)：671-684.
任国玉，封国林，严中伟，2010. 中国极端气候变化观测研究回顾与展望[J]. 气候与环境研究，15(4)：337-353.
史学丽，丁一汇，2000. 1994 年中国华南大范围暴雨过程的形成与夏季风活动的研究[J]. 气象学报，58(6)：666-678.
苏继峰，周韬，朱彬，等，2010. 2009 年 6 月皖南梅雨暴雨诊断分析和水汽后向轨迹模拟[J]. 气象与环境学报，26(3)：34-38.
孙圣杰，李栋梁，2016. 近 60 年气候冷暖波动背景下西太平洋副高特征的变异及其与海温关系的变化[J]. 热带气象学报，32(5)：697-707.
孙圣杰，李栋梁，2019. 气候变暖背景下西太平洋副热带高压体形态变异及热力原因[J]. 气象学报，77(1)：100-110.
孙小婷，王黎娟，李清泉，2017. 我国西南地区夏季长周期旱涝急转及其大气环流异常[J]，大气科学，41(6)：

1332-1342.
谭桂容，孙照渤，陈海山，2002. 旱涝指数的研究[J]. 南京气象学院学报，25(2)：153-158.
唐慧琴，2016. BCC_CSM1.1m 对影响华南夏季干旱的海表潜热通量的模拟评估[D]. 南京：南京信息工程大学.
汤懋苍，梁娟，邵明镜，等，1984. 高原季风年际变化的初步分析[J]. 高原气象，3(3)：76-82.
王斌，李跃清，2010. 2010 年秋冬季西南地区严重干旱与南支槽关系分析[J]. 高原山地气象研究，30(4)：26-35.
王春林，邹菊香，麦北坚，等，2015. 近 50 年华南气象干旱时空特征及其变化趋势[J]. 生态学报，35(3)：595-602.
王东海，夏茹娣，刘英，2011. 2008 年华南前汛期致洪暴雨特征及其对比分析[J]. 气象学报，69(1)：137-148.
王丽娟，王辉，金啟华，等，2011. 南海夏季风爆发与冬春季南海上层海洋热含量关系的初探[J]. 海洋学报，33(4)：49-61.
王林，陈文，2012. 近百年西南地区干旱的多时间尺度演变特征[J]. 气象科技进展，2(4)：21-26.
王林，陈文，2014. 标准化降水蒸散指数在中国干旱监测的适用性分析[J]. 高原气象，33(2)：423-431.
王晓芳，何金海，廉毅，2013. 前期西太平洋暖池热含量异常对中国东北地区夏季降水的影响[J]. 气象学报，71(2)：305-317.
王晓敏，周顺武，周兵，2012. 2009/2010 年西南地区秋冬春持续干旱的成因分析[J]. 气象，38(11)：1399-1407.
王颖，李栋梁，2015. 变暖背景下青藏高原夏季风变异及其对中国西南气候的影响[J]. 气象学报，73(5)：910-924.
王遵娅，丁一汇，2008. 中国雨季的气候学特征[J]. 大气科学，32(1)：1-13.
吴丽姬，温之平，贺海晏，等，2007. 华南前汛期区域持续性暴雨的分布特征及分型[J]. 中山大学学报(自然科学版)，46(6)：108-113.
吴志伟，江志红，何金海，2006. 近 50 年华南前汛期降水、江淮梅雨和华北雨季旱涝特征对比分析[J]. 大气科学，30(3)：391-401.
信飞，肖子牛，李泽椿，2007. 1997 年华南汛期降水异常与大气低频振荡的关系[J]. 气象，33(12)：23-30.
徐栋夫，李栋梁，曲巧娜，等，2013. 西南地区秋季干湿时空变化特征及其成因分析[J]. 热带气象学报，29(4)：570-580.
许冠宇，2013. 华南前汛期典型旱涝年降水低频特征及其与大气低频振荡的关系[D]. 南京：南京信息工程大学.
薛峰，王会军，何金海，2003. 马斯克林高压和澳大利亚高压的年际变化及其对东亚夏季风降水的影响[J]. 科学通报，48(3)：287-291.
杨绚，李栋梁，2008. 中国干旱气候分区及其降水量变化特征[J]. 干旱气象，26(2)：17-24.
尹晗，李耀辉，2013. 我国西南干旱研究最新进展综述[J]. 干旱气象，31(1)：182-193.
翟盘茂，王萃萃，李威，2007a. 极端降水事件变化的观测研究[J]. 气候变化研究进展，3(3)：144-148.
翟盘茂，王志伟，邹旭恺，2007b. 全国及主要流域极端气候事件变化//任国玉. 气候变化与中国水资源[M]. 北京：气象出版社，91-112.
曾刚，高琳慧，2017. 华南秋季干旱的年代际转折及其与热带印度洋热含量的关系[J]. 大气科学学报，40(5)：596-608.
曾昭璇，黄伟峰，2001. 广东自然地理[M]. 广州：广东人民出版社.
张顾炜，曾刚，倪东鸿，等，2016. 西南地区秋季干旱的年代际转折及其可能原因分析[J]. 大气科学，39(6)：311-323.
张婷，魏凤英，2009. 华南地区汛期极端降水的概率分布特征[J]. 气象学报，67(3)：442-451.

张婷，魏凤英，2010. 2008 年 5—6 月华南地区强降水过程的大尺度环流背景[J]. 热带气象学报，26(4)：633-640.

张婷，魏凤英，韩雪，2011. 华南汛期降水与南半球关键系统低频演变特征[J]. 应用气象学报，22(3)：265-274.

张焱，孙照渤，白莹莹，等，2008. 近 47 a 华南前汛期旱涝特征[J]. 南京气象学院学报，31(2)：176-182.

赵永平，陈永利，王凡，等，2008. 热带印度洋 Dipole 事件的两种模态[J]. 中国科学 D 辑：地球科学，2008，38(10)：1318-1328.

赵运峰，赵见海，陈秀清，2005. 2004 年广西秋旱的气候特征[J]. 气象研究与应用，26(1)：28-30.

赵振国，1999. 中国夏季旱涝及环境场[M]. 北京，气象出版社.

郑冬梅，张启龙，2008. 热带印度洋—太平洋热力异常联合模及其指数定义研究[J]. 海洋科学进展，26(1)：8-17.

郑然，李栋梁，蒋元春，2015. 全球变暖背景下青藏高原气温变化的新特征[J]. 高原气象，34(6)：1531-1539.

朱乾根，林锦瑞，寿绍文，等，2000. 天气学原理和方法[M]. 北京：气象出版社.

庄少伟，2013. 基于标准化降水蒸发指数的中国区域干旱化特征分析[D]. 兰州：兰州大学.

卓东奇，郑益群，李炜，等，2006. 江淮流域夏季典型旱涝年大气中的水汽输送和收支[J]. 气象科学，26(3)：245-251.

自勇，许吟隆，傅云飞，2007. GPCP 与中国台站观测降水的气候特征[J]. 气象学报，65(1)：63-74.

ALAIN R, JOHN R, GYAKUM, et al. ,2009. Analysis of intense poleward water vapor transports into high latitudes of Western North America[J]. Weather and Forecasting, 24: 1732-1747.

ALEXANDER L V, ZHANG X, PETERS T C, et al. , 2006. Global observed changes in daily climate extremes of temperature and precipitation[J]. J Geophys Res, 111(D5):1-22.

CHOI G, COLLIN S D, REN G, et al. , 2009. Changes in means and extreme events of temperature and precipitation in the Asian Pacific netw ork region, 1955- 2007[J]. Int J Climatol, 29 (13):1906-1925.

DAI A G, TRENBERTH K E, KARL T R, 1998. Global variations in droughts and wet spells: 1900—1995 [J]. Geophys Res Lett, 25(17): 3367-3370.

DING Y H, WANG Z, SUN Y, 2008. Inter-decadal variation of the summer precipitation in East China and its association with decreasing Asian summer monsoon. Part I: Observed evidences[J]. International Journal of Climatology, 28(9), 1139-1161.

DING Y H, SUN Y, WANG Z, et al, 2009. Inter-decadal variation of the summer precipitation in China and its association with decreasing Asian summer monsoon Part Ⅱ: Possible causes[J]. International Journal of Climatology, 29(13): 1926-1944.

DRAXLER R R, HESS G D, 1998. An overview of HYSPLIT_4 modeling system for trajectories dispersion and deposition[J]. Aust Meteor Mag, 47: 295-308.

HAN J P, WANG H J, 2007. Features of interdecadal changes of the East Asian summer monsoon and similarity and discrepancy in ERA-40 and NCEP/NCAR Reanalysis[J]. Chinese Journal of Geophysics, 50(6): 1666-1676.

HU Y, SI D, LIU Y, et al. , 2016. Investigations on moisture transports, budgets and sources responsible for the decadal variability of precipitation in southern China[J]. J Trop Meteorol, 22(3): 402-412.

IPCC, 2013. Climate Chang 2013: The physical science basis[R/oL]. IPCC Working Group I Contribulion to AR5. http://www. climatechange 2013. org/.

JU J H, LV J M, CAO J, et al. ,2005. Possible impacts of the Arctic Oscillation on the Interdecadal variation of summer monsoon rainfall in East Asia[J]. Advances in Atmospheric Sciences, (1): 39-48.

KALNAY E, KANAMITSU M, KISTLER R, et al. ,1996. The NCEP/NCAR 40-year reanalysis project[J]. Bull Amer Meteor Soc, 77 (3): 437-471.

KARL T R, KNIGHT R W, PLUMMER N, 1995. Trends in high-frequency climate variability in the twentieth century[J]. Nature, 377(6546): 217-220.

KWON M H, JHUN J G, HA K J, 2007. Decadal change in east Asian summer monsoon circulation in the mid-1990s[J]. Geophysical Research Letters, 34(21): L21706.

LI C Y,ZHOU W, 2014. Interdecadal change in South China Sea tropical cyclone frequency in association with zonal sea surface temperature gradient[J]. Journal of Climate, 27: 5468-5480.

LI H, LIN Z, CHEN H, 2009. Interdecadal variability of spring precipitation over South China and its associated atmospheric water vapor transport[J]. Atmospheric and Oceanic Science letters, 2(2): 113-118.

LI D L, JIANG Y C, ZHANG L P, et al. ,2016. Onset and retreat dates of the South China Sea Summer Monsoon and their relationships with the monsoon intensity in the context of climate warming[J]. Journal of Tropical Meteorology,22(3):362-373.

MCKEE T B, DOESKEN N J, KLEIST J,1993. The relationship of drought frequency and duration to time scales[C]. Eighth Conference on Applied Climatology.

NORTH G R, MOENG F J, BELL T J, et al. ,1982. ampling errors in the estimation of empirical orthogonal functions[J]. Mon Wea Rev, 110 (7):699-706.

PALMER W C, 1965. Meteorological drought[R]. U S Weather Bureau.

PAN W, MAO J, WU G,2013. Characteristics and mechanism of the 10-20 day oscillation of spring rainfall over southern China[J]. Journal of Climate, 26:5072-5087.

QIAN W H, QIN A, 2008. Precipitation division and climate shift in China from 1960 to 2000[J]. Theoretical and Applied Climatology, 93(1-2): 1-17.

RICHARD R, HEIM J,2002. A review of twentieth century drought indices usedin the United States[J]. Bull. Amer Meteor Soc, 83(8): 1149-1165.

SNEYERS R, 1990. On the statistical analysis of series of observations[R]. Technical Note, 143. Geneva: WMO, 11.

SOLOMON S D, QIN D, MANNING M, et al. , 2007. Climate Change 2007. The Physical Science Basis[R]. Working Group I Contribution to the Fourth Assessment Report of the IPCC,(2):1-21.

STOHL A, JAMES R, 2004. A lagrangian analysis of the atmospheric branch of the global water cycle. Part 1: Method description validation and demonstration for the august 2002 flooding in Central Europe[J]. J Hydrometeor, 5(4): 656-678.

THORNTHWAITE C W, 1948. An approach toward a rational classification of climate[J]. Geographical Review, 38 (1): 55-94.

TRENBERTH K E, 1998. Atmosphere moisture residence times and cycling: implications for rainfall rates with climate change[J]. Climate Change, 39:667-694.

VICENTE-SERRANO S M, BEGUERIA S, LOPEZ-MORENO J I,2010. A multi-scalar drought index sensitive to global warming: The standardized precipitation evaportranspiration index[J]. Journal of Climate, 23 (7): 1696-1718.

WANG B, HUANG F, WU Z, et al. ,2009. Multi-scale climate variability of the South China Sea monsoon: A review[J]. Dynamics of Atmospheres and Oceans,47(1): 15-37.

WANG H J,2001. The weakening of the Asian monsoon circulation after the end of 1970's[J]. Advances in Atmospheric Sciences, 18 (3): 376-386.

WU R, WANG B, 2002. A contrast of the East Asian Summer Monsoon-ENSO relationship between 1962-77 and 1978-1993[J]. Journal of Climate, 15(22): 3266-3279.

WU R, WEN Z, YANG S, et al., 2010. An interdecadal change in southern China summer rainfall around 1992/93[J]. Journal of Climate, 23(9): 2389-2403.

XIN X, YU R, ZHOU T, et al.,2006. Drought in late spring of South China in recent decades[J]. Journal of Climate, 19(13): 3197-3206.

YAO C, YANG S, QIAN W, et al., 2008. Regional summer precipitation events in Asia and their changes in the past decades[J]. Journal of Geophysical Research: Atmospheres, 113:1984-2012.

YU M X, LI Q F, MICHAEL J H, et al., 2014. Are droughts becoming more frequent or severe in China based on the standardized precipitation evaportranspiration index: 1951—2010[J]. Journal of Climate, 34: 548-558.

ZHANG. X, ZWIERS F W, HEGERL G C, et al., 2007. Detect ion of human influence on twentieth century precipitation trends[J]. Nature, 448: 461-465.

ZHANG W J, JIN F F, ZHAO J X, et al.,2013. The possible influence of a nonconventional El Nino on the severe autumn drought of 2009 in Southwest China[J]. Journal of Climate, 26: 8392-8405.

第4章 气候变暖背景下多因子多尺度协同影响南方旱涝的机理

中国南方处于东亚季风区，影响该地区旱涝异常的因子众多，且旱涝异常往往是多因子多尺度相互作用的结果。在气候变暖背景下，南方旱涝也表现出明显的多时间尺度变化特征，一些影响因子也展现出新的时空演变规律，进而导致其影响关系和影响机理的新变化。因此，本章重点研究气候变暖背景下影响中国南方旱涝的下垫面外强迫和大气环流等关键因子的年际变异，探讨这些因子的不同时间尺度变化对中国南方旱涝的影响，研究影响因子与中国南方旱涝之间关系的年代际变化及其成因，揭示多因子协同作用对南方旱涝灾害的影响机理，建立南方旱涝形成机理的物理概念模型，为提高中国南方旱涝预测水平奠定科学基础。

4.1 南方旱涝与关键影响因子年际关系的年代际变化及其成因

4.1.1 太平洋海温空间型的年代际变化及其影响

作为年际气候变化中的最强信号，厄尔尼诺－南方涛动（ENSO）现象很早以来就备受学者关注。ENSO 不仅是造成全球气候异常的一个重要原因，也是导致亚洲季风异常和中国旱涝发生的关键因素之一。中国位于东亚季风区，东亚夏季风和冬季风的异常直接导致中国气候的异常，ENSO 通过大气环流以"遥相关"的形式影响东亚季风系统的关键成员，并由此间接影响中国的气候异常。最近几年，科学家们注意到厄尔尼诺成熟期的海温分布特征在 20 世纪 90 年代以后发生了显著变化，最大海温正距平中心向西移动到赤道中太平洋日界线附近，而传统的厄尔尼诺事件所对应的最大海温正距平中心分布在赤道东太平洋秘鲁沿岸（图 4.1）。科学家们将这类事件称为中部型厄尔尼诺（或厄尔尼诺 Modoki），而将传统的厄尔尼诺事件称为东部型厄尔尼诺事件。中部型厄尔尼诺事件不仅在发展演变机制上与东部型厄尔尼诺不同，而且对全球和东亚大气环流和天气气候的影响也都表现出了显著差异（Yuan et al.，2012a，2012b；陈丽娟 等，2013a）。

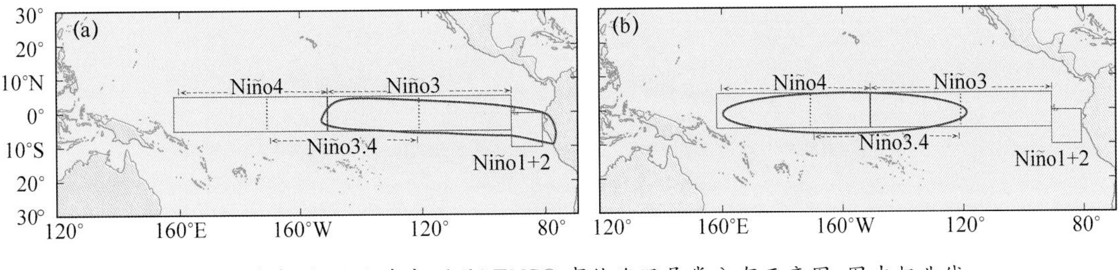

图 4.1 东部型(a)和中部型(b)ENSO 事件海温异常分布示意图，图中粗曲线表示两类 ENSO 事件中海温异常区域（Kao et al.，2009）

4.1.1.1 不同分布型厄尔尼诺事件的影响

依据 Niño3 和厄尔尼诺 Modoki 指数(EMI;Ashok et al. ,2007),通过线性相关和回归方法,分析了东部型和中部型厄尔尼诺对东亚气候异常的影响。伴随着东部型厄尔尼诺的发生发展,从东亚东部至赤道太平洋形成了“+ —+”的降水异常分布型(图 4.2)。赤道太平洋中东部的降水明显偏多,热带印度洋东部至西太平洋降水偏少。在东亚东部,尤其是中国南方至日本南部有一条明显的雨带从厄尔尼诺爆发年的秋季持续至衰减年夏季。而当中部型厄尔尼诺发生时,从发展年夏季到衰减年夏季,赤道东太平洋降水明显偏少,而赤道中太平洋降水偏多。另外,在东亚东南部,尤其是中国南海一西北太平洋降水偏少,从而形成纬向“—+—”的降水异常型。进一步研究表明,中部型厄尔尼诺导致海温正距平中心向西移动到赤道中太平洋附近,由此使得 Walker 环流的异常上升支也向西移动到日界线附近,而赤道东太平洋为异常下沉运动,从而导致赤道中太平洋降水偏多,而赤道东太平洋降水偏少。中部型厄尔尼诺的发生通过 Rossby(罗斯贝)波响应作用还使得菲律宾附近异常反气旋的位置向西移动到南海,并控制中国南方地区。该反气旋的西移不仅不利于水汽向中国南方输送,也使得异常下沉运动控制在中国南方地区上空,从而不利于华南地区降水偏多(图 4.3)。

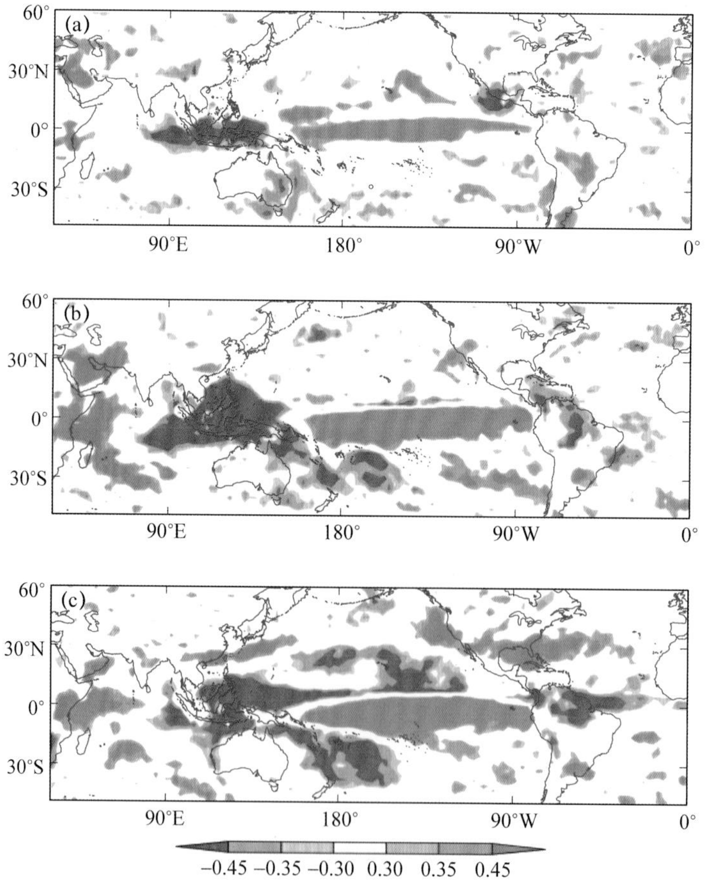

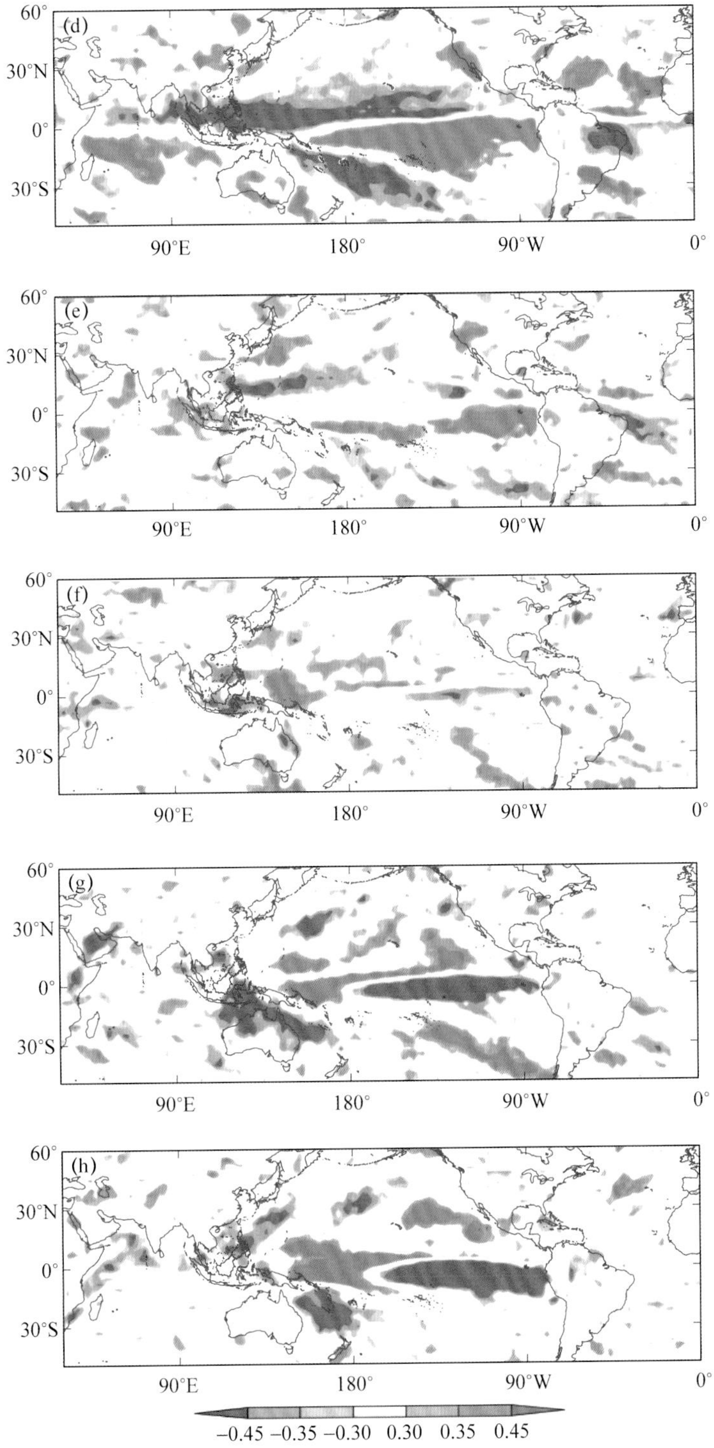
(d)
(e)
(f)
(g)
(h)
60°
30°N
0°
30°S
90°E
180°
90°W
0°
−0.45 −0.35 −0.30 0.30 0.35 0.45

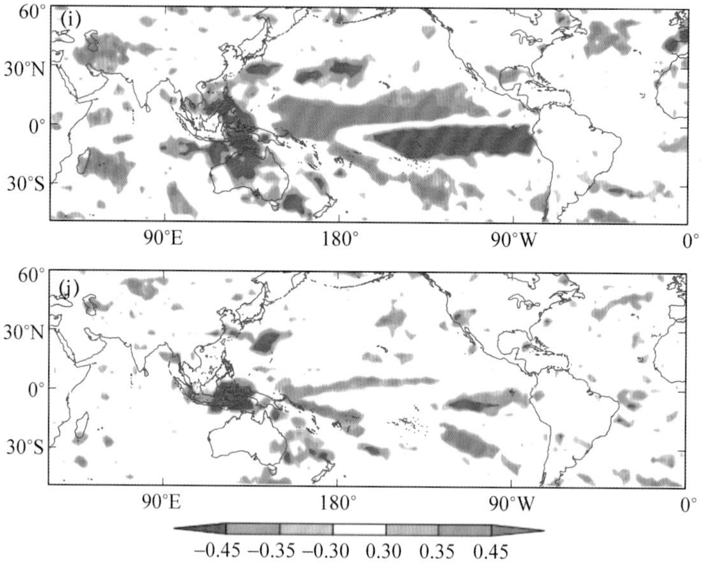

图 4.2　冬季 Niño3 指数和 EMI 分别与前期夏季(a,f)、秋季(b,g)、同期冬季(c,h)、后期春季(d,i)和夏季(e,j)全球降水的偏相关分布，(彩色阴影区分别表示相关的置信水平达到 90%、95%和 99%)

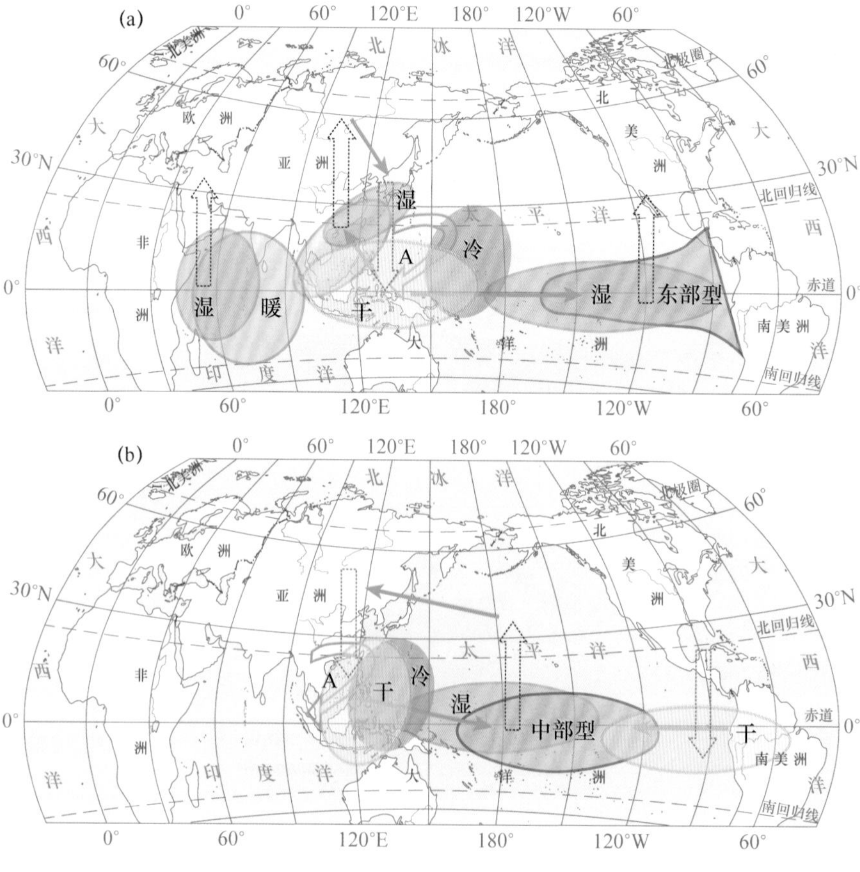

图 4.3　东部型(a)和中部型(b)厄尔尼诺气候影响的概念图

在冬半年(秋季—冬季—次年春季),东部型厄尔尼诺易导致东亚东部部分地区以及西北太平洋气温偏高,而中部型厄尔尼诺则导致上述地区气温偏低。导致这种差异的主要原因,一方面与菲律宾附近异常反气旋位置变化所引起的东亚冬季风在不同分布型厄尔尼诺成熟时期强度的不同有关。东部型厄尔尼诺使得东亚冬季风偏弱,而中部型厄尔尼诺则有利于东亚冬季风的增强。另一方面,北半球中高纬对流层环流异常对不同分布型厄尔尼诺事件存在不同响应。例如,在东部型厄尔尼诺的次年春季,乌拉尔山附近高度场偏低,东亚大槽附近高度场偏高,表明乌山高压脊和东亚大槽都偏弱,因此不利于冷空气南下影响东亚地区。而在中部型厄尔尼诺的次年春季,乌拉尔山附近高度场偏高,东亚大槽附近高度场偏低,这种西高东低的环流型有利于冷空气南下影响东亚地区。因此,东(中)部型厄尔尼诺易导致东亚大部在厄尔尼诺次年春季气温偏高(偏低)。

4.1.1.2 拉尼娜事件的影响及其年代际变化

在年际时间尺度上,中国冬季降水最主要的模态表现为长江以南地区降水量的一致变化,这一模态与东亚冬季风的强度以及赤道中东太平洋的 ENSO 循环关系密切。当 ENSO 处于暖位相时的冬季,东亚冬季风偏弱,来自孟加拉湾和南海的水汽输送在中国南方地区形成异常辐合,从而有利于该地区冬季降水偏多。当 ENSO 处于冷位相时,情况基本相反,东亚冬季风偏强,中国南方冬季降水易偏少(Zhou et al.,2010; Li et al.,2012)。然而,2008 年初中国南方的冰冻雨雪灾害却刚好发生在拉尼娜年的盛期,最近的两次拉尼娜事件的盛期(2011 年 1 月、2012 年 1 月),中国南方又再次发生冰冻雨雪灾害天气。

为此,利用全球再分析和中国站点观测资料等,详细分析了中国南方冬季降水偏多/偏少对应的高低层大气环流异常特征,并揭示了中国南方冬季降水偏多/偏少与 ENSO 暖/冷位相的非对称性关系(Yuan et al.,2014)。中国南方冬季降水偏多年对应赤道中东太平洋发生显著的厄尔尼诺事件,而当赤道中东太平洋发生厄尔尼诺事件时,中国南方冬季降水易偏多(图 4.4a～图 4.4b)。南方冬季降水偏多年大气环流异常的合成分布与厄尔尼诺年冬季大气环流异常的合成分布存在相似特征,证明了厄尔尼诺是导致中国南方冬季降水偏多的重要外强迫因子。但是,中国南方冬季降水偏少年对应赤道中东太平洋没有发生显著的拉尼娜事件,其对应的高低层大气环流异常也与拉尼娜年冬季所对应的情况有很大差异。

进一步的分析表明,拉尼娜事件对中国南方冬季降水的影响表现出明显的年代际变化特征。1980 年之前的拉尼娜年冬季,东亚冬季风明显偏强,西太副高偏弱偏东,中国南方处于一致偏北风距平控制,气温偏低降水偏少,多表现"冷干"的气候特征。但 1980 年之后的拉尼娜年冬季,东亚冬季风强度较 1980 年之前的情况明显减弱,热带地区的水汽输送却显著增强,因此中国南方气温偏低降水易偏多,表现出"冷湿"的气候特征(图 4.4c～图 4.4d)。

1980 年以后的拉尼娜年冬季,东亚副热带急流偏强偏北,中国南方处于急流入口区的右侧,通过二级环流使得异常上升运动控制中国南方。同时,欧亚中高纬 500 hPa 位势高度距平场呈弱的"北高南低"型分布,但是热带及副热带高度场并不明显偏低,偏弱的东亚大槽不利于冷空气南下影响中国南方,而偏强的印缅槽有利于热带印度洋的水汽向中国南方输送。拉尼娜所激发的低层异常气旋性环流位于菲律宾以西,异常气旋北侧的偏东风控制中国南方,为西北太平洋水汽输送到华南提供了有利条件(图 4.5)。因此,1980 年以后的拉尼娜年冬季,中国南方容易发生低温雨雪冰冻灾害。逐个分析 1980 年以后几个拉尼娜年冬季中国南方降水偏多的例子(1984 年、1988 年、2007 年和 2011 年),其冬季大气环流的异常形势与我们合成分析的结果非常一致。进一步分析发现，1980 年以后，中部型拉尼娜的发生频率增加，导致所激发的低层异常气旋性环流西移至菲律宾以西，这可能是造成 1980 年以后的拉尼娜年冬季中国南方水汽条件增强的主要原因。另一方面，热带地区和欧亚中高纬大气环流在 1980 年之后也发生了较为明显的年代际变化。因此，拉尼娜成熟期海温异常空间分布型的变化和北半球大气环流的年代际变化是导致拉尼娜对东亚大气环流的影响在 1980 年之后发生变化的重要原因。

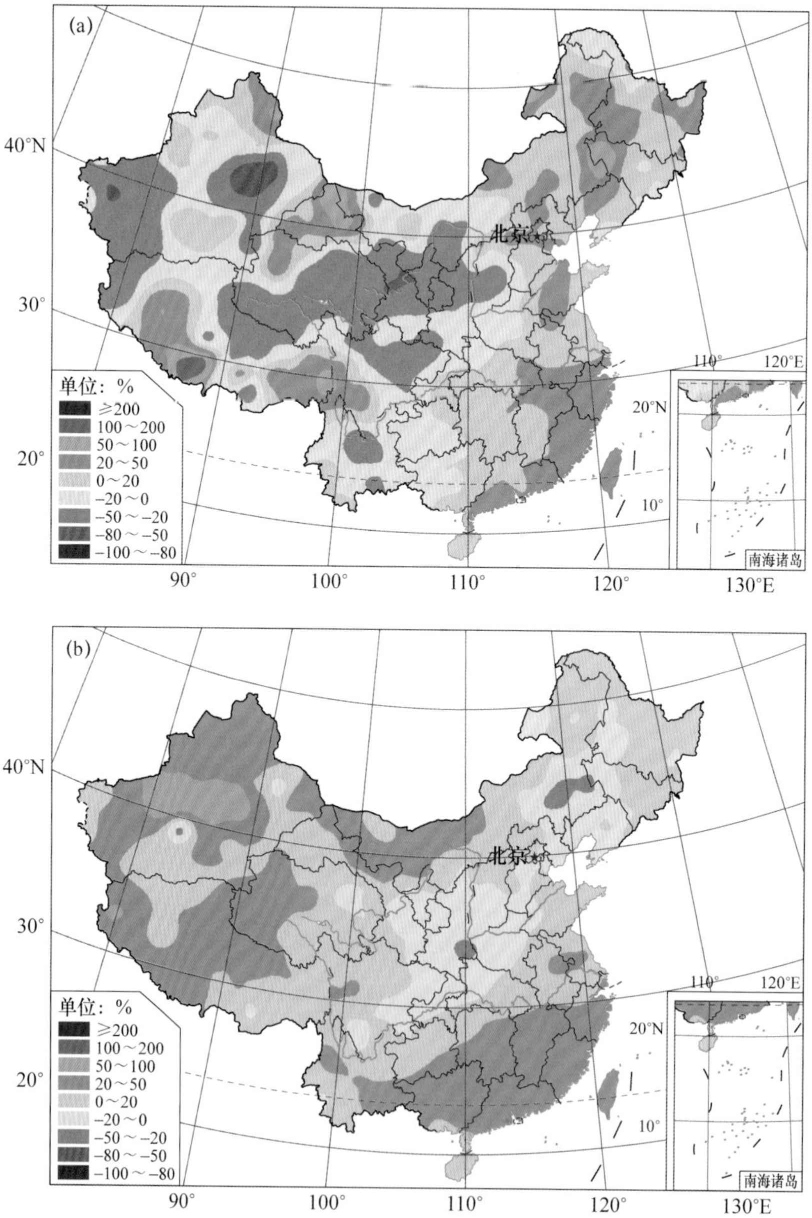

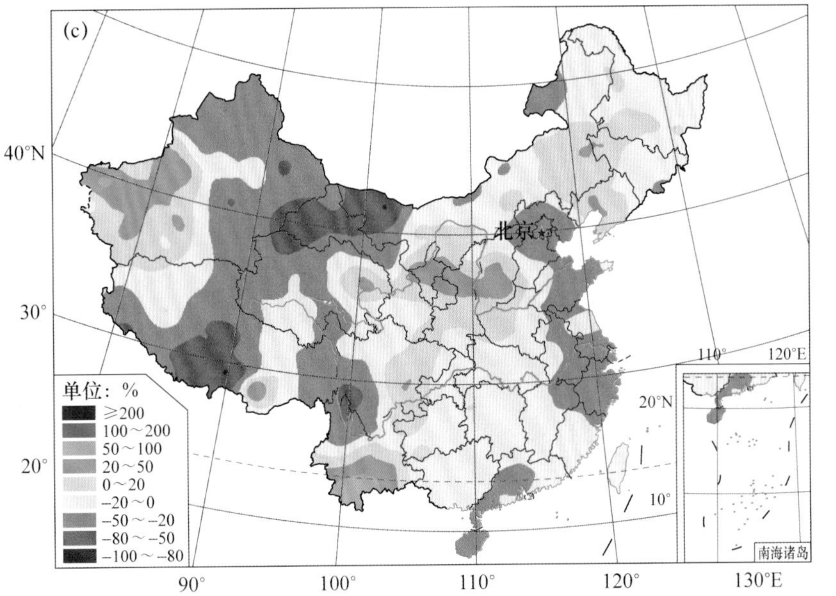

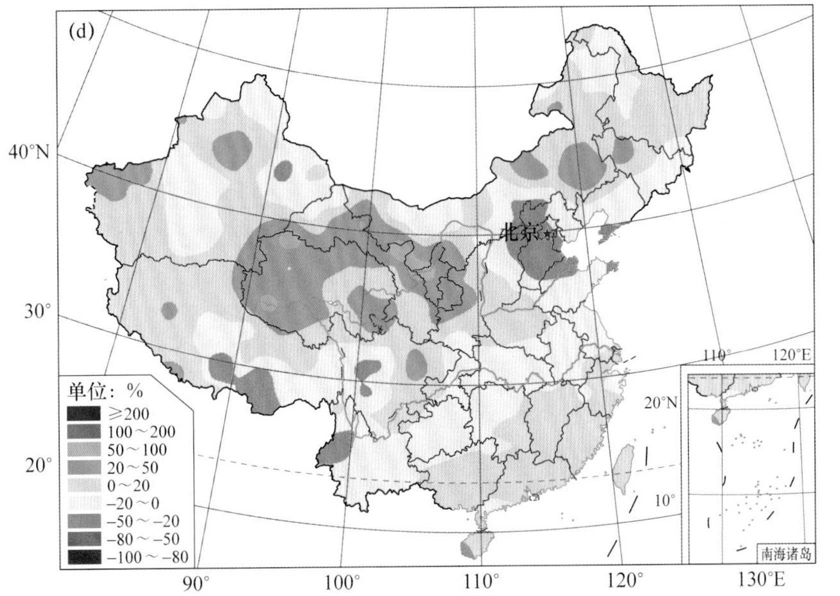

图 4.4 厄尔尼诺年和拉尼娜年合成的中国冬季降水距平百分率分布

(a)1980 年之前的厄尔尼诺年；(b)1980 年之后的厄尔尼诺年；(c)1980 年之前的拉尼娜年；(d)1980 年之后的拉尼娜年

就整个冬季而言，中国南方冬季降水偏多年的合成结果显示中国大部地区的降水都偏多，但是分月来看，南方降水显著偏多主要发生在 1—2 月。1980 年以后的拉尼娜年冬季各月的中国气温和降水异常特征也显示，只有在 1 月中国南方气温偏低同时降水偏多的特征最为显著。拉尼娜次年 1 月合成的大气环流异常也与拉尼娜年整个冬季合成的结果更为一致，且异常的特征更为显著，尤其南方的水汽输送条件更强。实际观测也发现，近几年的低温雨雪冰冻灾害多发生在拉尼娜年的次年 1 月(2008 年 1 月、2011 年 1 月和 2012 年 1 月)，这可能与东亚冬季风的季内变化以及大气环流的低频活动有密切关系。鉴于拉尼娜事件对气候影响的复杂性，尤其在全球变暖背景下其复杂性可能更为显著，其气候影响值得进一步关注。

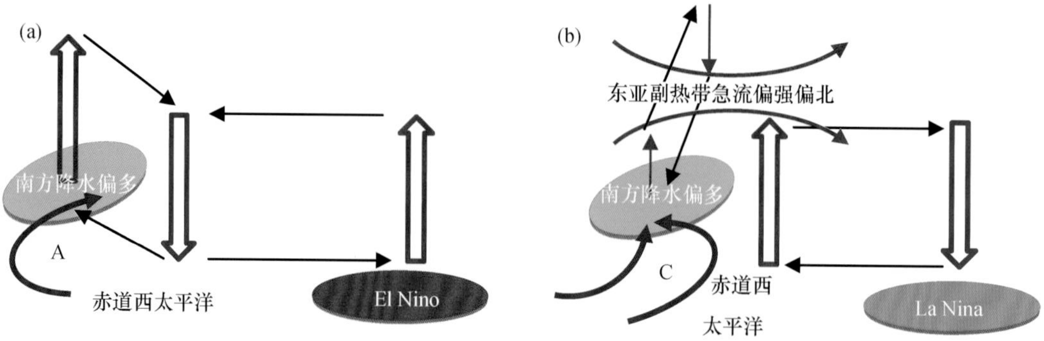

图 4.5　1980 年以后厄尔尼诺(a)和拉尼娜事件(b)
导致中国南方冬季降水偏多的物理机制示意图

4.1.2　太平洋海温东西差异的年代际变化及其影响

每年随着东亚夏季风的阶段性北进，中国东部地区依次经历华南前汛期、江淮梅雨和华北雨季三个阶段。其中华南前汛期一般出现在 4—6 月，持续 3 个月左右，但期间降水总量可达到华南地区全年降水总量的 40%～50%。前汛期降水的异常往往会导致山体滑坡和城市内涝等灾害，造成巨大的经济损失。此外，南方地区秋季降水占全年总降水量的 15%～30%，其年际异常往往也会引起当地的旱涝灾害，影响人民的生产生活并导致巨大的经济损失。因此，关于华南前汛期及秋季南方降水异常成因的分析具有重要的科学价值和现实意义。

针对华南前汛期降水和秋季南方地区降水的异常成因、影响因子与年代际变化特征进行分析。结果显示，热带太平洋东西海温差异(EWC)对华南前汛期降水及秋季南方降水都会产生显著的影响，可以为南方降水的短期气候预测提供显著的前期信号(Gu et al.,2014)。不仅如此，由于热带太平洋东西海温差异的年际变率在 2000 年前后出现了显著的减弱，受其影响，华南前汛期降水和秋季南方降水的年际变率也显示出减弱的特征(Gu et al.,2018)。

采用国家气候中心定义的华南前汛期降水量，并利用(105°—125°E,20°—32°N)区域平均的秋季降水量作为秋季南方降水量，得到华南前汛期降水量(图 4.6)和南方秋季降水量(图 4.7)的逐年序列。可以看到，前汛期及秋季南方降水量自身的年代际变化特征并不显著，其变率主要以年际尺度为主。因此，首先分析了导致降水年际异常变化的成因。根据标准化的两个降水指数，对环流场进行合成分析。结果显示，对华南前汛期降水而言，当东亚地区 200 hPa副热带高空西风急流偏弱、热带东风急流偏强时，500 hPa 西太平洋副热带高压位置偏南、强度偏强(图 4.8a)，低层菲律宾附近出现异常反气旋，相应的低层西南风有利于水汽输送至华南地区形成辐合形势(图 4.8b)；同时，低层西南风有利于暖平流输向华南地区，导致华南地区对流不稳定度加大，从而有利于该地区降水增多。反之，当副热带高空急流偏强，西太副高位置偏北、强度偏弱，低层菲律宾附近出现异常气旋时，华南地区降水偏少。对于秋季南方降水而言，环流成因与前汛期降水大致类似，当西太副高偏强(弱)，低层菲律宾附近出现异常反气旋(气旋)时，输向中国南方地区的暖湿气流偏多(偏少)，使得对流不稳定度加大(减小)，降水偏多(少)。

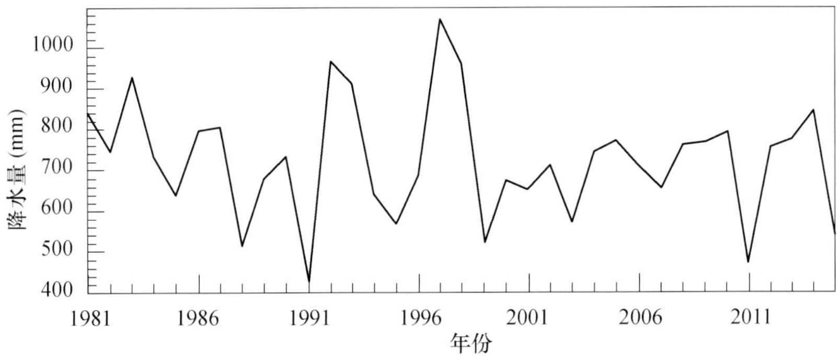

图 4.6　1981—2015 年华南地区前汛期降水量

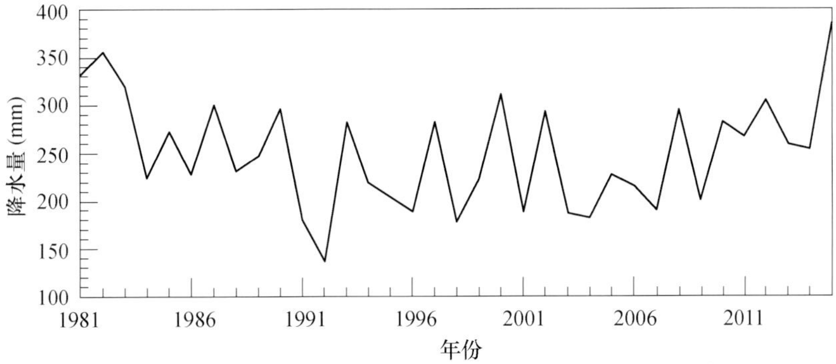

图 4.7　1981—2015 年南方地区秋季降水量

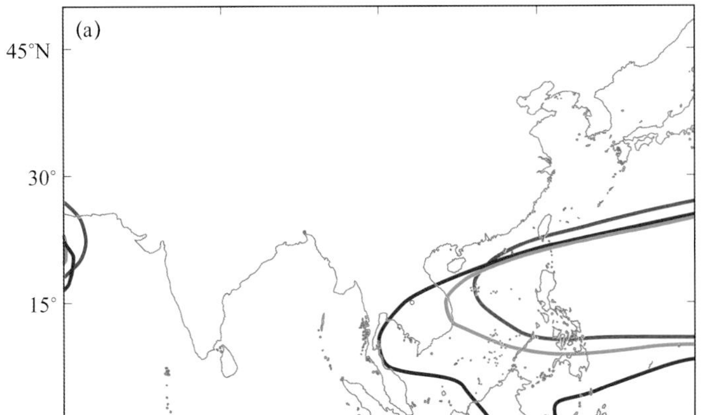

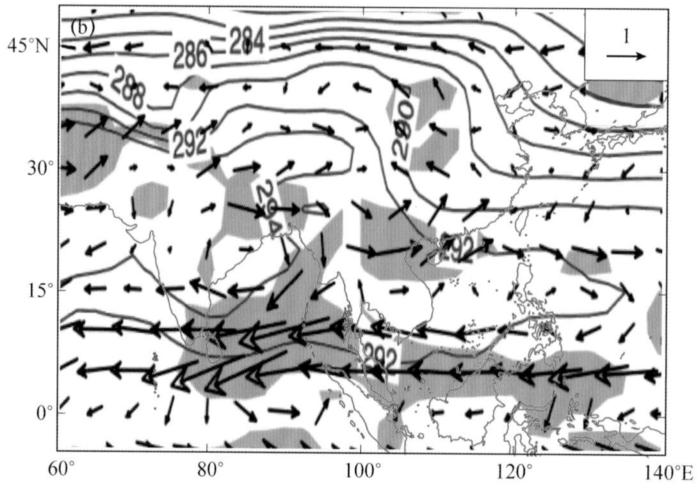

图 4.8 华南地区前汛期降水偏多、偏少年 500 hPa 高度场(a)和
850 hPa 风场距平(矢量;单位:m/s)的差值合成(b)
(图 a 中蓝、绿、红线分别表示偏多年、气候平均和偏少年 5870 gpm 等值线;
图 b 中等值线表示平均等温线,单位:K;阴影表示置信水平达到 90%的区域)

根据华南前汛期降水偏多偏少年,对相应年的春季海温合成分析(图 4.9a)显示,降水与热带东太平洋和西太平洋海温距平具有相反的显著关系,显著的信号最早出现在 2 月前后,在 4 月前后达到最大,6 月之后开始消失(图 4.9b)。根据图 4.9a 中方框所示区域,计算标准化的热带东太平洋海温距平和西太平洋海温距平之差,可以得到热带太平洋东西海温差异指数。前汛期降水量与春季该海温指数的相关系数为 0.59,超过了 99%的显著性检验标准。进一步分析显示,当春季热带东西海温差指数偏大(东太平洋偏暖、西太平洋偏冷)时,热带 Walker 环流减弱(图 4.10a),热带西太平洋附近的异常上升运动会抑制局地对流活动,通过 Matsuno-Gill 型罗斯贝波响应(图 4.10b),激发菲律宾附近的异常反气旋(图 4.10c),从而使得华南地

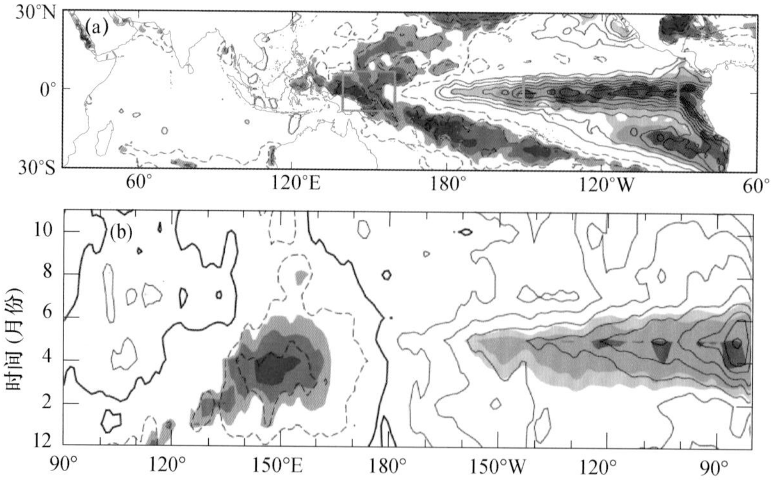

图 4.9 华南前汛期降水偏多、偏少年合成的春季海温距平(a)
和热带(7.5°S—7.5°N)逐月海温距平(b)
(单位:℃;图中深、中、浅色阴影分别表示置信水平达到 99%、95%和 90%的区域)

区降水偏多。热带东西太平洋海温差异对南方降水的影响不仅仅出现在前汛期，分析显示秋季南方降水也受到热带东西太平洋海温的显著影响，夏秋季热带东西太平洋海温差异异常也可以通过异常 Walker 环流，影响到热带地区对流活动和菲律宾附近异常反气旋(气旋)，导致南方降水异常。

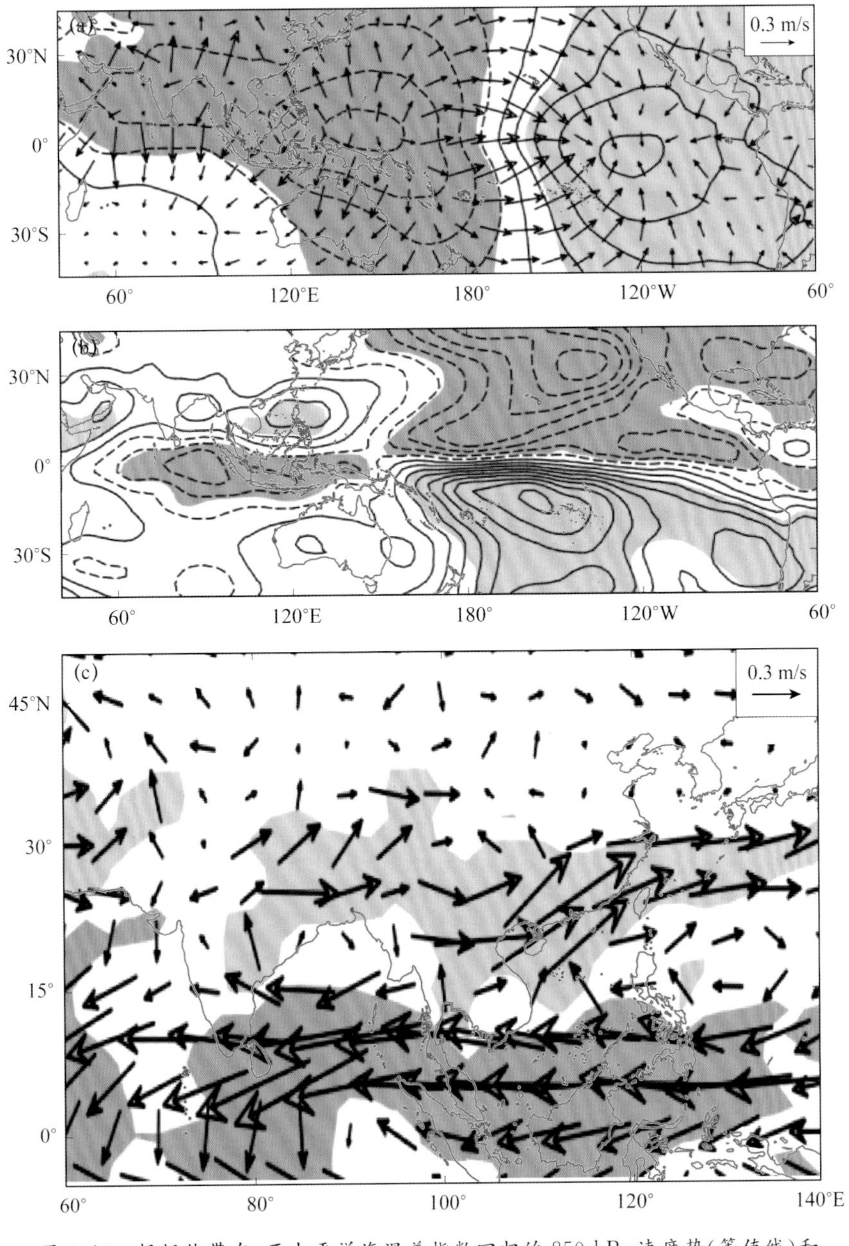

图 4.10 根据热带东、西太平洋海温差指数回归的 850 hPa 速度势(等值线)和辐散风(矢量)(a)、流函数(b)和风场距平(c)(图中阴影区表示置信水平达到 90%的区域)

华南前汛期降水量的年际变率在 2000 年之后显示出明显减弱的特征(图 4.6)，从 9 年滑动标准方差曲线图(图 4.11a)可以看到这一特征，在 2000 年之前，标准方差都在 160 mm 以上，而在 2000 年之后，标准方差持续小于 120 mm。此外，华南地区各站点降水量标准方差在 2000 年之后相对于之前的变化(图 4.11b)也清楚地显示降水的年际方差有显著的减弱。进一步分析显示，降水变率的减弱可能受到热带东西太平洋海温差异的影响。春季热带东太平洋和西太平洋海温的标准差在2000年之后都有显著减弱的特征（图4.12a），春季热带东西太平洋海温差指数的9 a滑动标准方差（图4.11a）在2000年之后明显减弱，说明热带海温变率的减弱是导致降水变率减弱的重要原因之一。对比逐月的热带海温方差在2000年之后和之前的差异图（图4.12b），热带西太平洋海温方差的减弱在全年都是显著的，也就是说，夏、秋季热带东西太平洋海温差异在2000年之后也有明显的减弱。受其影响，秋季南方降水的变率在2000年之后也显示出减弱的特征，2000年之后标准方差（48 mm）比之前（59 mm）减少了19%。

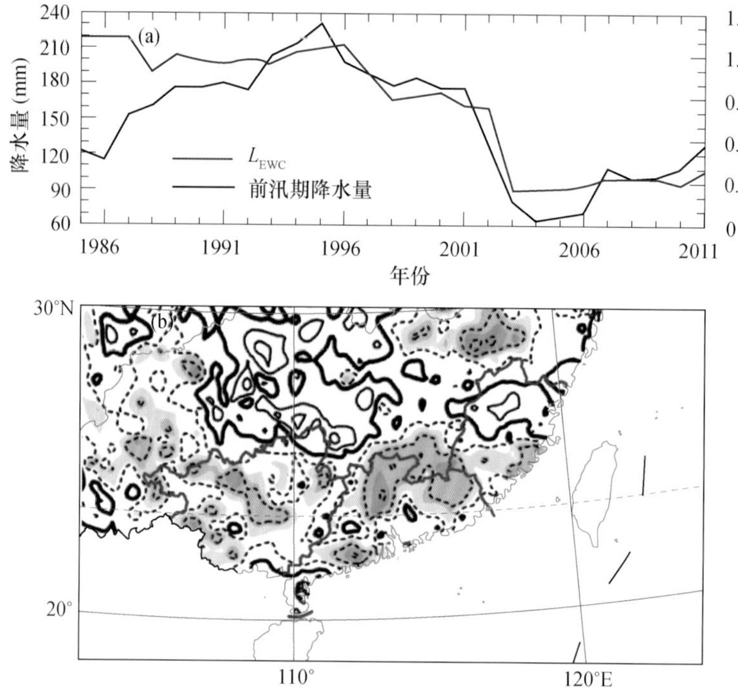

注：海南省、台湾省数据暂缺

图4.11　华南地区前汛期降水和热带太平洋东西海温差异指数的9 a滑动标准方差(a)、华南地区降水标准方差在2000—2015年和1981—1999年的差异相对于1981—2010年标准方差的百分比(b)

（图中深、中、浅色阴影分别表示标准方差差异的置信水平达到99%、95%和90%的区域）

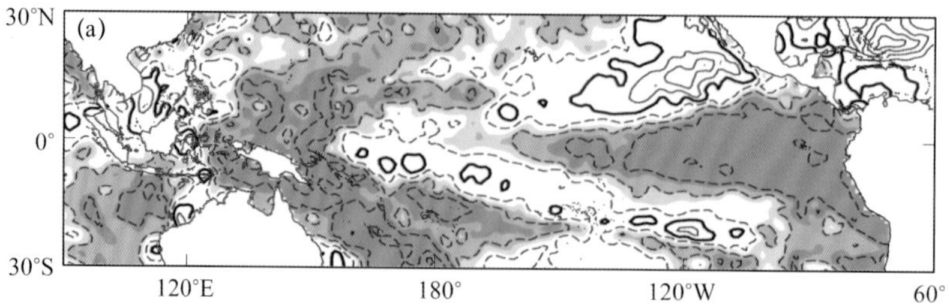

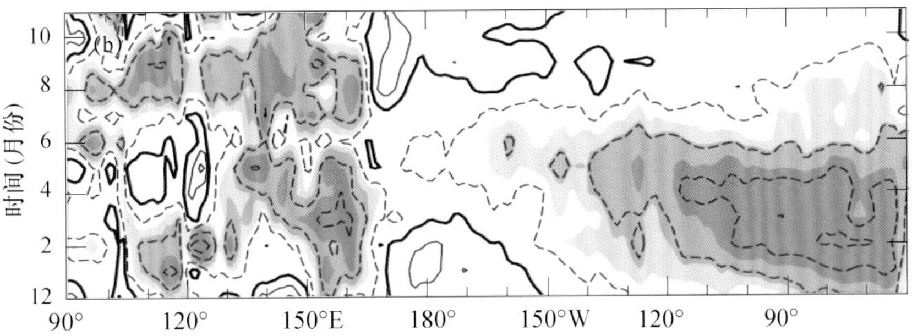

图 4.12 春季海表温度距平(a)和热带(7.5°S—7.5°N)地区逐月海表温度距平(b)的标准方差在 2000—2015 年和 1981—1999 年的差异相对于 1981—2010 年标准方差的百分比

(图中深、中、浅色阴影分别表示标准方差的差异的置信水平达到 99%、95%和 90%的区域)

4.1.3 北极涛动/北大西洋涛动的年代际变化及其影响

北极涛动/北大西洋涛动(AO/NAO)是冬季北半球热带外大气低频变率的支配模态,它的位相变化往往伴随着北半球大范围的天气气候异常。一般认为,AO/NAO 对中国冬季气候的影响主要局限于北方尤其是东北地区。但最近的研究指出,AO/NAO 对中国南方气候也存在显著影响,只是其影响关系呈现出明显的季节内和年代际变化特征(Zuo et al.,2015;2016)。通过海温和积雪等下垫面强迫的持续性作用,冬春季 AO/NAO 异常还可以对东亚夏季气候产生影响(Wu Z W,et al.,2009),但冬春季 AO/NAO 与东亚夏季风以及东亚夏季降水之间的关系也存在显著的年代际变化特征(Gu et al.,2009;左金清 等,2012;Zuo et al.,2013)。

4.1.3.1 冬季 AO/NAO 对同期南方气候的影响

基于 1979—2011 年的观测分析表明,在冬季逐月 AO 指数与中国东北地区气温距平之间主要呈现为显著的正相关关系(图 4.13)。但是,AO 与中国南方地区气温距平之间的相关关系则存在明显的季节内变化:在前冬(12 月)两者主要为弱的正相关,在后冬(1—2 月)则为负相关。NAO 和中国气温距平之间的相关分布型与 AO 的类似。但相对于 AO 而言,NAO 与中国东北地区气温距平之间的正相关偏弱,而在后冬 NAO 与南方大部分地区气温距平之间的负相关偏强。与气温不同,在冬季逐月 AO/NAO 指数与中国降水距平之间的相关关系总体较弱。

冬季中东急流在联系 AO/NAO 与中国南方气候变率中起到桥梁作用。在冬季逐月 AO/NAO指数与同期 500 hPa 位势高度和 300 hPa 纬向风距平的回归图上,均可以看到一支由西欧向中东和阿拉伯半岛传播的遥相关波列,只是在后冬这支波列活动中心的位置较前冬更为偏东(图 4.14)。在后冬,AO/NAO 与中东急流呈显著的同相变化关系;而在前冬,AO/NAO 与北非急流呈显著的同相变化关系,前者与中东急流的关系不显著。偏相关分析的结果进一步证实,当去除中东急流信号之后,AO/NAO 与中国南方地区气温距平之间的负相关关系几乎消失;而去除 AO/NAO 信号之后,中东急流与中国南方地区气温距平之间的相关关系几乎无明显变化。因此,冬季 AO/NAO 与中东急流之间关系的显著季节内变化,可能是导致前者与中国南方气温关系也存在显著季节内变化的直接原因。

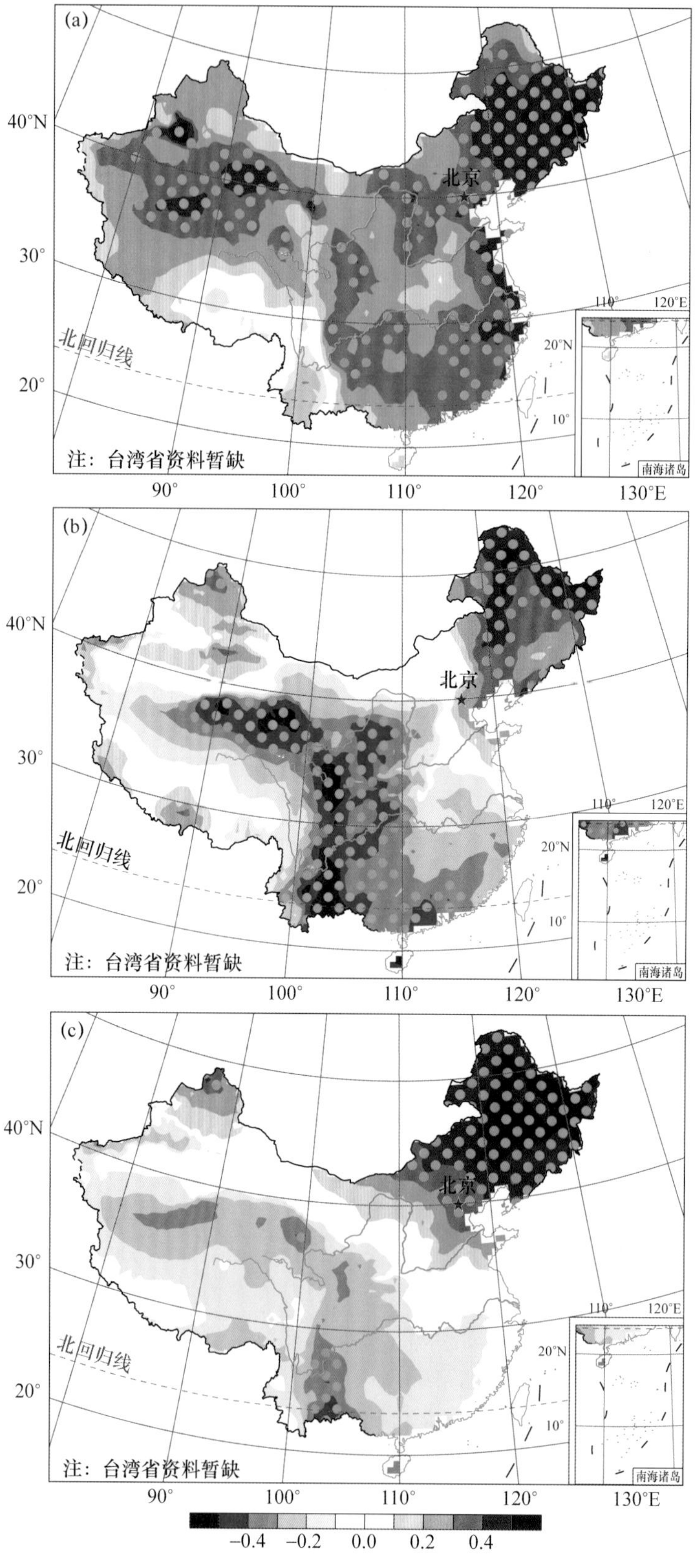
(a)
40°N
30°
20°
北京
北回归线
注：台湾省资料暂缺
110°
120°E
20°N
10°
南海诸岛
90°
100°
110°
120°
130°E
(b)
40°N
30°
20°
北京
北回归线
注：台湾省资料暂缺
110°
120°E
20°N
10°
南海诸岛
90°
100°
110°
120°
130°E
(c)
40°N
30°
20°
北京
北回归线
注：台湾省资料暂缺
110°
120°E
20°N
10°
南海诸岛
90°
100°
110°
120°
130°E
−0.4
−0.2
0.0
0.2
0.4

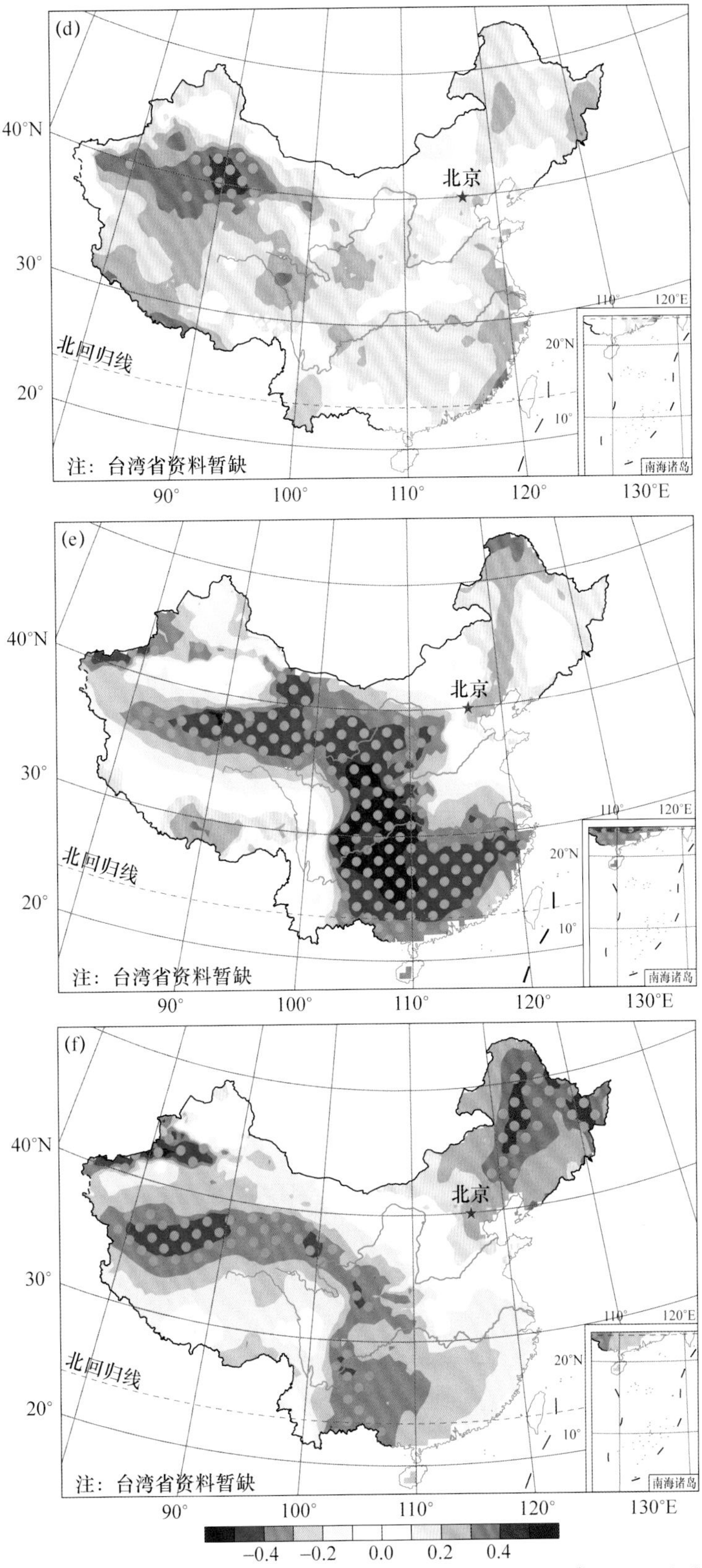

图 4.13　1979—2011 年逐月 AO(a～c)和 NAO 指数(d～f)与中国地表气温距平的相关分布图
(a,d 为 12 月;b,e 为 1 月;c,f 为 2 月。圆点表示置信水平达到 95%)

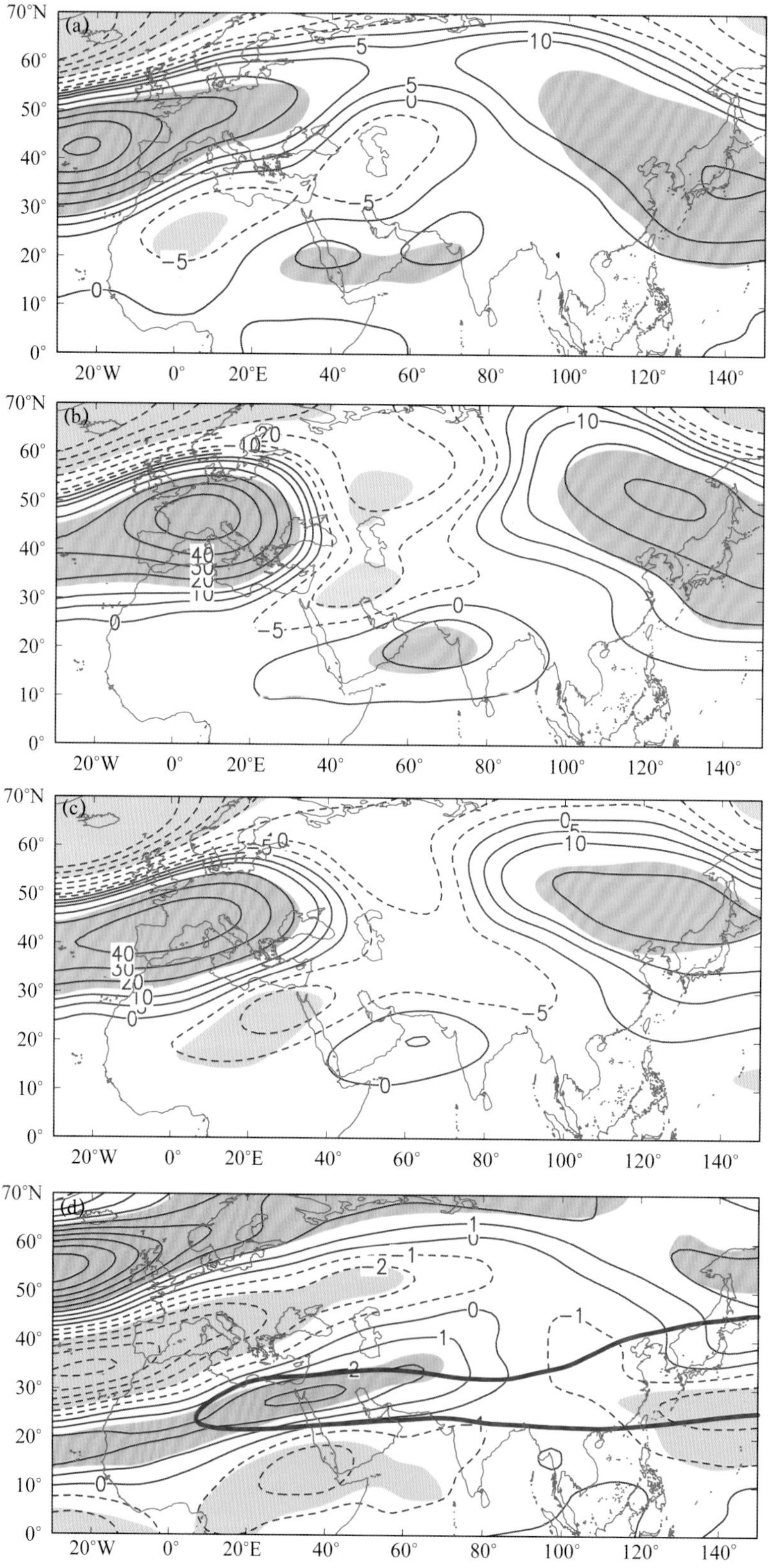
(a)
(b)
(c)
(d)
70°N
60°
50°
40°
30°
20°
10°
0°
20°W
0°
20°E
40°
60°
80°
100°
120°
140°

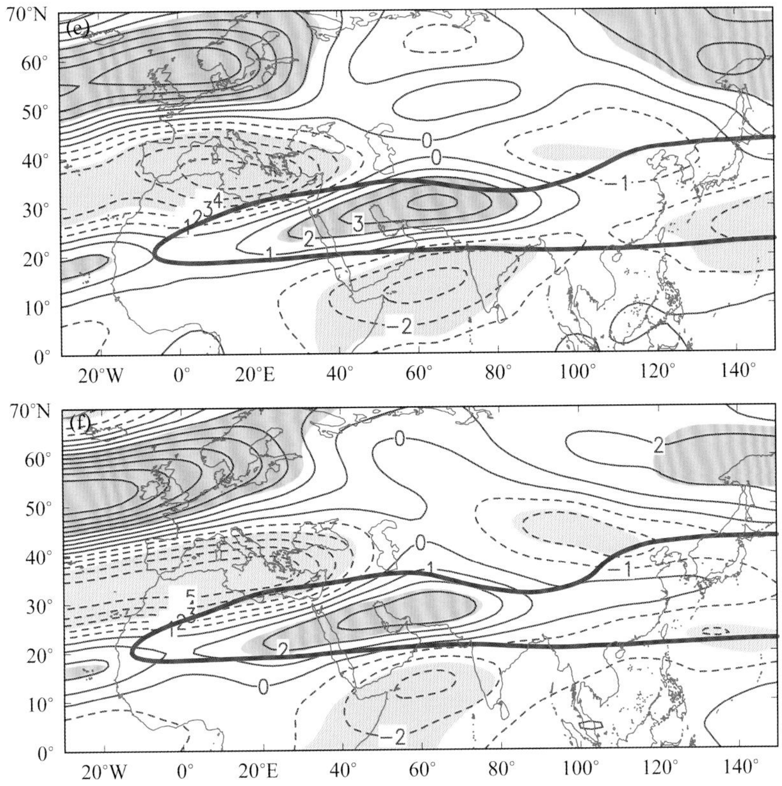

图 4.14 1979—2011 年 AO 指数与 500 hPa 位势高度(单位:gpm)(a～c)和 300 hPa 纬向风(单位:m/s)距平(d～f)的回归分布图
(a,d 为 12 月;b,c 为 1 月;e,f 为 2 月;阴影表示置信水平达到 95%的区域;紫色等值线表示 300 hPa 气候平均纬向风)

冬季 AO/NAO 对中东急流的影响与北大西洋—西欧对流层高层的辐合/辐散异常及其激发的 Rossby 波列有关(图 4.15)。在后冬,AO/NAO 的北大西洋活动中心能够东扩至西欧地区,并通过近地表的摩擦辐散来引起地中海对流层高层的辐合和 Rossby 波源异常。该 Rossby异常能够进一步激发出一支向下游传播的遥相关波列,并引起中东急流强度的显著变化。在前冬,AO/NAO 的北大西洋活动中心主要局限在大洋上空,导致相应的高层辐合异常中心及其激发的 Rossby 波列明显偏西,此时中东急流无明显变化。AO 指数与地中海上空区域平均 Rossby 波源的相关关系在后冬最为显著,而前者与北大西洋上空区域平均 Rossby 波源的相关关系在前冬最为显著。线性正压模式的模拟结果进一步证实,与 AO/NAO 相关联的地中海和北大西洋高层辐合异常均可在下游激发出一支 Rossby 波列,但它们之间存在约 1/2 的位相差,因而导致了中东急流的不同响应。因此,AO/NAO 北大西洋活动中心纬向位置的显著季节内变化,是导致 AO/NAO 对前冬和后冬中东急流及中国南方气候存在明显不同影响的主要原因(Zuo et al. ,2015)。

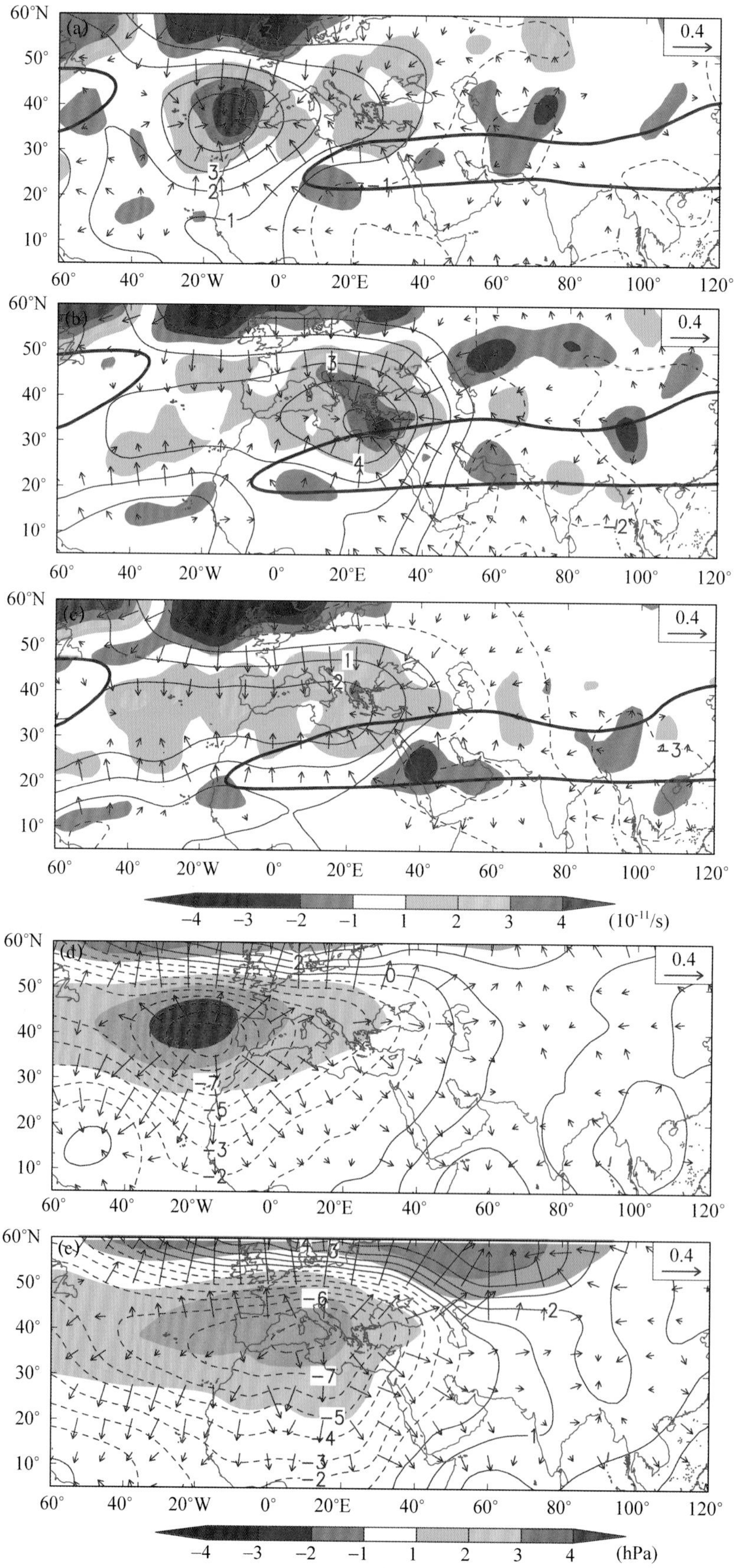
(a)
(b)
(c)
(d)
(e)
0.4
60°N
50°
40°
30°
20°
10°
60°
40°
20°W
0°
20°E
40°
60°
80°
100°
120°
−4 −3 −2 −1 1 2 3 4
(10⁻¹¹/s)
(hPa)

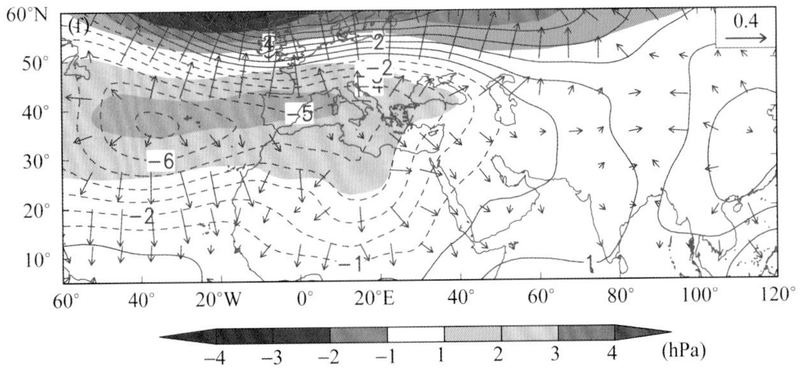

图 4.15 1979—2011 年 AO 指数与 300 hPa 速度势(等值线;单位:10^5 m²/s)和 Rossby 波源(阴影)距平(a,b,c)以及近地表(σ=0.995)速度势(等值线;单位:10^5 m²/s)和海平面气压(阴影)距平(d,e,f)的回归分布图

(a)、(d)12 月;(b)、(e)1 月;(c)、(f)2 月

(矢量表示辐散风距平,单位:m/s;紫色等值线表示 300 hPa 等压面 30 m/s 气候平均纬向风等值线)

除了季节内变化外,冬季 AO/NAO 与中国南方气候的影响关系还存在显著的年代际变化特征。以 1 月为例,图 4.16 给出了 1951—2015 年 NAO 指数与中国南方(100°—115°E,22°—40°N)区域平均气温距平之间的 21 a 滑动相关。可以看到,NAO 与中国南方气温之间的关系存在显著的年代际变化:1970 年代初之前两者为同相变化关系,而之后为反相变化关系。尤其是在 1952—1972 年(P1)和 1978—1998 年(P2)期间,NAO 与中国南方气温相关关系的差异最大。同时注意到,NAO 与中国南方气温的反相变化关系在 1990 年代之后存在减弱趋势。

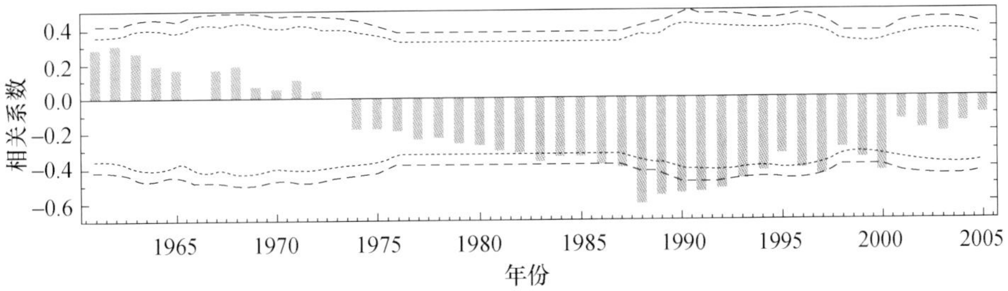

图 4.16 1951—2015 年 1 月 NAO 与中国南方(100°—115°E, 22°—40°N)区域平均气温距平之间的 21 a 滑动相关(点线/虚线表示置信水平达到 90%/95%)

观测分析表明,冬季 NAO 与中国南方气温影响关系的年代际变化主要是由于 NAO 自身空间模态的年代际变化所导致的。在 P2 期间,NAO 北支活动中心的位置明显较 P1 期间偏东,且振幅偏强,进而导致在这两个不同时期 NAO 对下游欧亚环流的影响也不同(图 4.17)。在 P1 期间,NAO 的北支活动中心位于冰岛西侧,下游存在着一支向巴伦支海—喀拉海和东北亚传播的波列。对应于 NAO 正位相,东亚大槽的偏弱,使得中国南方地区主要受南风异常控制,导致该地区气温偏高;反之亦然。所以,在 P1 期间 NAO 与中国南方气温呈同相变化关系。在 P2 期间,NAO 北支活动中心东移至冰岛。对应于 NAO 正位相,下游亚洲上空的环流异常呈"北高南低"的偶极型分布,进而有利于中国南方气温偏低;

反之亦然。进一步的分析结果表明，NAO与中国南方气温之间的相关关系明显依赖于前者北支活动中心的纬向位置和振幅(图4.18)。尤其是当NAO北支活动中心(500 hPa)位于40°W以东时，NAO北支活动中心的纬向位置与振幅呈同相变化关系。在这种情况下，随着NAO北支活动中心的东移和振幅的增强，NAO与中国南方气温的反相变化关系更为显著。1990年代末以来，NAO北支活动中心存在西退趋势，伴随着其振幅的减弱，NAO与中国南方气温的关系也随之减弱。

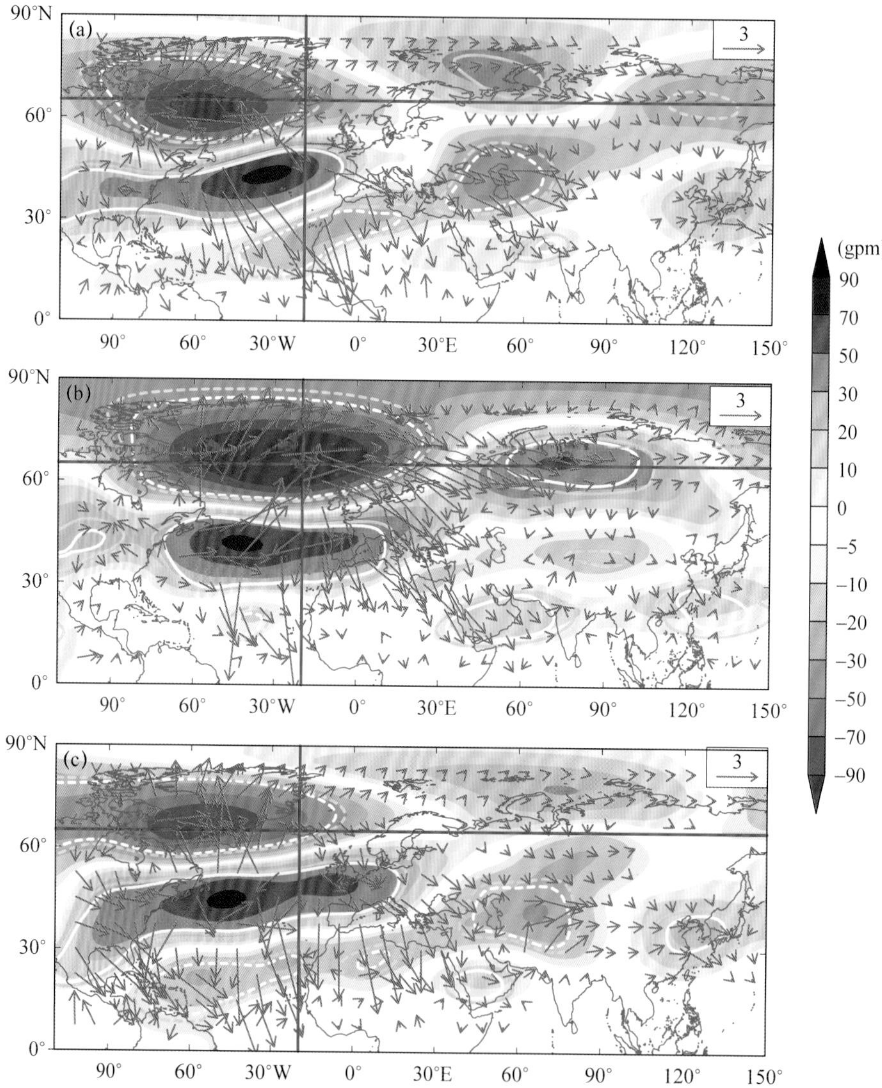

图4.17　不同时段1月NAO指数与300 hPa位势高度(阴影)和波活动通量(矢量；单位：m^2/s^2)距平的回归分布图

(a) 1952—1972年；(b) 1978—1998年；(c) 2000—2015年

(灰色/白色线包含的区域表示置信水平达到90%/95%的区域；红色竖线对应的纬度为65°N，红色横线对应的经度为20°W)

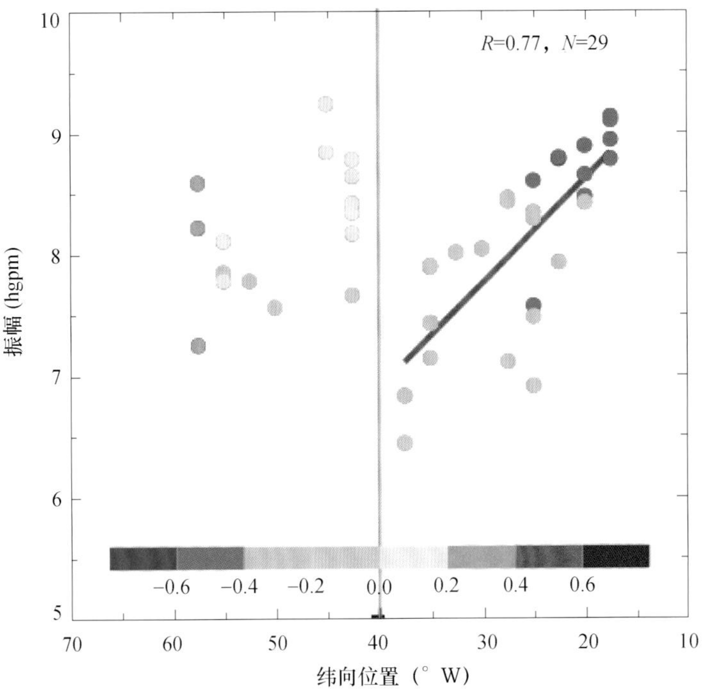

图 4.18　1951—2015 年 1 月 21 a 滑动的 NAO 北支活动中心的纬向位置和振幅的散点图
（彩色表示 NAO 与中国南方区域平均气温之间的 21 a 滑动相关；红色实线表示灰色竖线右侧所有圆点的线性拟合曲线；R 为相关系数；N 为拟合样本）

4.1.3.2　冬春季 AO/NAO 对夏季南方气候的影响

中国南方夏季旱涝的时空分布与东亚夏季风活动密切相关，它们的年际变化不但与低纬度异常信号相关，而且与中高纬度异常信号密切联系。在年际时间尺度上，东亚夏季风的增强（减弱）与同期夏季北大西洋区域经向上呈现为“—＋—”（“＋—＋”）的海温三极子密切相关，其最大异常中心分别位于热带大洋、美国东部海域及副极地大洋（图 4.19a）。夏季北大西洋海温三极子能够在欧亚中高纬度上空激发出一支东传的遥相关波列，进而影响东亚夏季风的年际变率。当该海温三极子呈“—＋—”型分布时，即海温三极子指数为正时，乌拉尔山地区 500 hPa 高度场异常偏低，阻塞活动偏弱，这有利于长江流域降水偏少（即东亚夏季风偏强）；反之亦然（图 4.19b）。观测分析和模拟结果表明，上述遥相关波列的形成和维持，不但依赖于热带北大西洋海温异常所引起的非绝热加热，而且还依赖于与北大西洋风暴路径相关联的瞬变涡动强迫（Zuo et al.，2013）。

北大西洋海温三极子的形成受局地 NAO 型环流异常的控制。由冬至夏，NAO 的活动中心将会发生系统性北移，这引起了北大西洋海温三极子经向位置的季节性变化。其中，夏季 NAO 激发的海温三极子主要位于 20°N 以北的热带外北大西洋（图 4.20a），而春季 NAO 能够引起热带北大西洋地区海温的显著变化（图 4.20b）。研究表明，东亚夏季风仅对前期春季 NAO 所激发的海温三极子存在显著响应，即夏季北大西洋海温三极子对东亚夏季风的影响敏感于前者的经向位置。

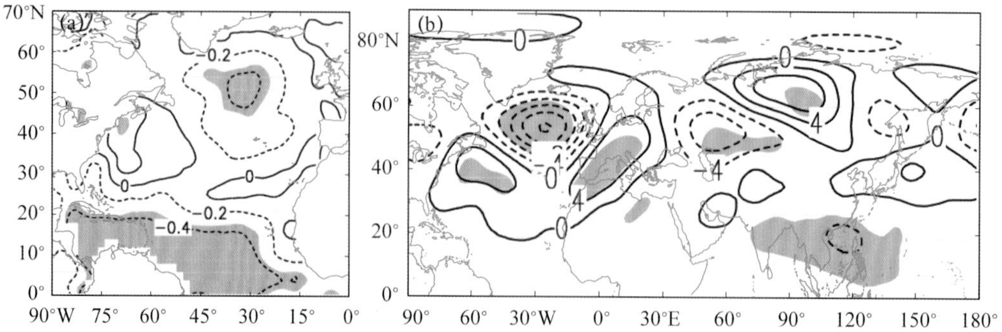

图 4.19　夏季东亚夏季风指数与海温距平的相关分布(a)和北大西洋海温三极子指数与 500 hPa 位势高度距平(等值线,单位:gpm)的回归分布(b)(阴影表示置信水平达到 95%的区域)东亚夏季风指数定义为东亚热带季风槽区(5°—15°N,90°—130°E)与东亚副热带地区(22.5°—32.5°N,110°—140°E)850 hPa 平均纬向风之差(Wang et al.,2000)

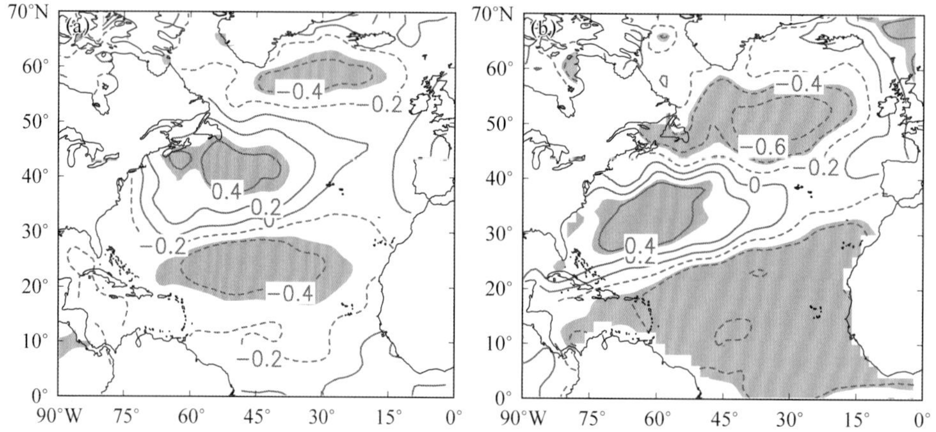

图 4.20　海温距平与 NAO 指数的线性相关分布
(a)夏季;(b)春季(阴影表示通过 95%信度 t 检验的区域)

研究还表明,东亚夏季风与前期春季(4—5 月)NAO 之间的关系具有明显的年代际变化特征,即在 1970 年代发生了由负相关到正相关的转变(图 4.21)。这种相关关系的年代际转变,与前期冬季(12 月—次年 3 月)NAO 年代际变率的调控作用密切相关(左金清 等,2012;Zuo et al.,2013)。春季 NAO 对东亚夏季风年际变化的影响,主要依赖于前者所激发的北大西洋海温三极子由春到夏的记忆性。然而,该海温三极子不但受到春季 NAO 的控制,而且还会受到前期冬季 NAO 的影响作用。由于冬季 NAO 存在显著的年代际变率,而春季 NAO 的年代际变率不明显(图 4.22),导致冬季和春季 NAO 位相配置关系出现显著年代际变化,进而引起两者对春季北大西洋海温三极子协同作用的年代际尺度呈现不稳定性。在 1970 年代之前,冬季 NAO 对春季北大西洋海温三极子的影响作用是非对称的,即前者主要对后者的正位相异常存在显著的削弱作用;在 1970 年代之后,冬季 NAO 对春季北大西洋海温三极子正/负位相异常的影响作用均不明显。因此,前冬 NAO 年代际变率的调控作用下,春季 NAO 与北大西洋海温三极子之间的年际相关关系呈现出明显的年代际不稳定性,进而引起春季 NAO 与东亚夏季风之间的年际相关关系在 1970 年代出现了由负到正的转变。

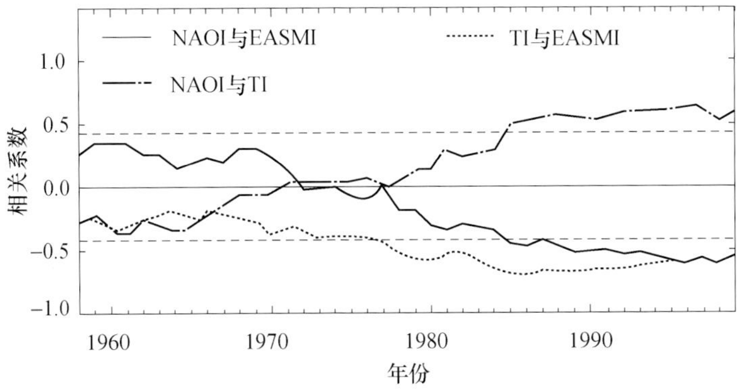

图 4.21 东亚夏季风指数(EASMI,已取反号)、NAO 指数(NAOI)和北大西洋海温三极子指数(TI)之间的 21 a 滑动相关

(实线:春季(4—5 月)NAOI 与夏季(6—8 月)EASMI;虚点线:春季 NAOI 与同期 TI;点线:夏季 EASMI 与同期 TI;长虚线表示置信水平达到 95%)

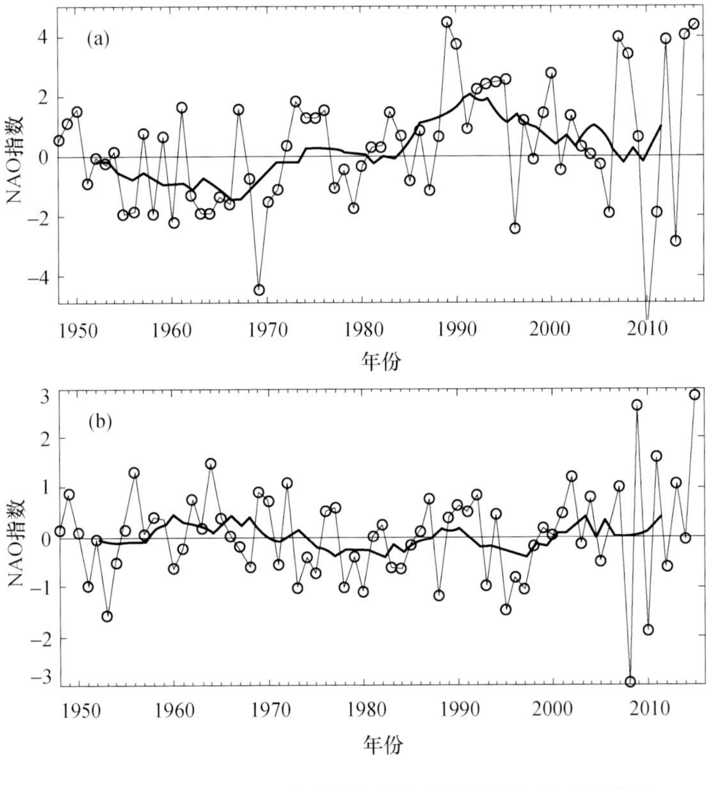

图 4.22 1948—2009 年期间标准化 NAO 指数的时间序列

(a)冬季(12 月—次年 3 月);(b)春季(4—5 月)(实线表示 9 a 滑动平均值)

4.1.4 副热带关键环流因子与南方旱涝关系的年代际变化

自 1980 年代以来,大量的研究工作表明,中国夏季雨型最典型的模态是长江流域与华北、华南降水的反位相变化特征。长江流域多雨往往对应于夏季副高偏强偏西偏南,夏季风强度偏弱。但近期的研究发现,长江中下游夏季降水与副高强度的显著正相关在 1990 年代以来迅

速衰减，而华北夏季降水与副高强度却由负相关转为正相关，这一结果有悖于传统预测模型，并给基于传统物理统计预测模型的季节预测带来了挑战(Gao et al.，2014)。

在北半球夏季，副高往往呈带状分布，其脊线位置一般位于20°—30°N，为此分别计算了长江中下游和华北夏季降水与同期20°—30°N平均的500 hPa位势高度场的21 a滑动相关(图4.23)。结果显示，中国东部夏季降水与副高强度之间的关系存在显著的年代际变化。在1990年代之前，长江中下游夏季降水与副高强度有很好的正相关关系(图4.23a)，尤其是在110°—140°E的副高主体区域，大部分时段正相关系数均可通过95%置信度检验，这与过去的研究结果和业务预测模型是完全一致的。但在1990年代之后，长江中下游夏季

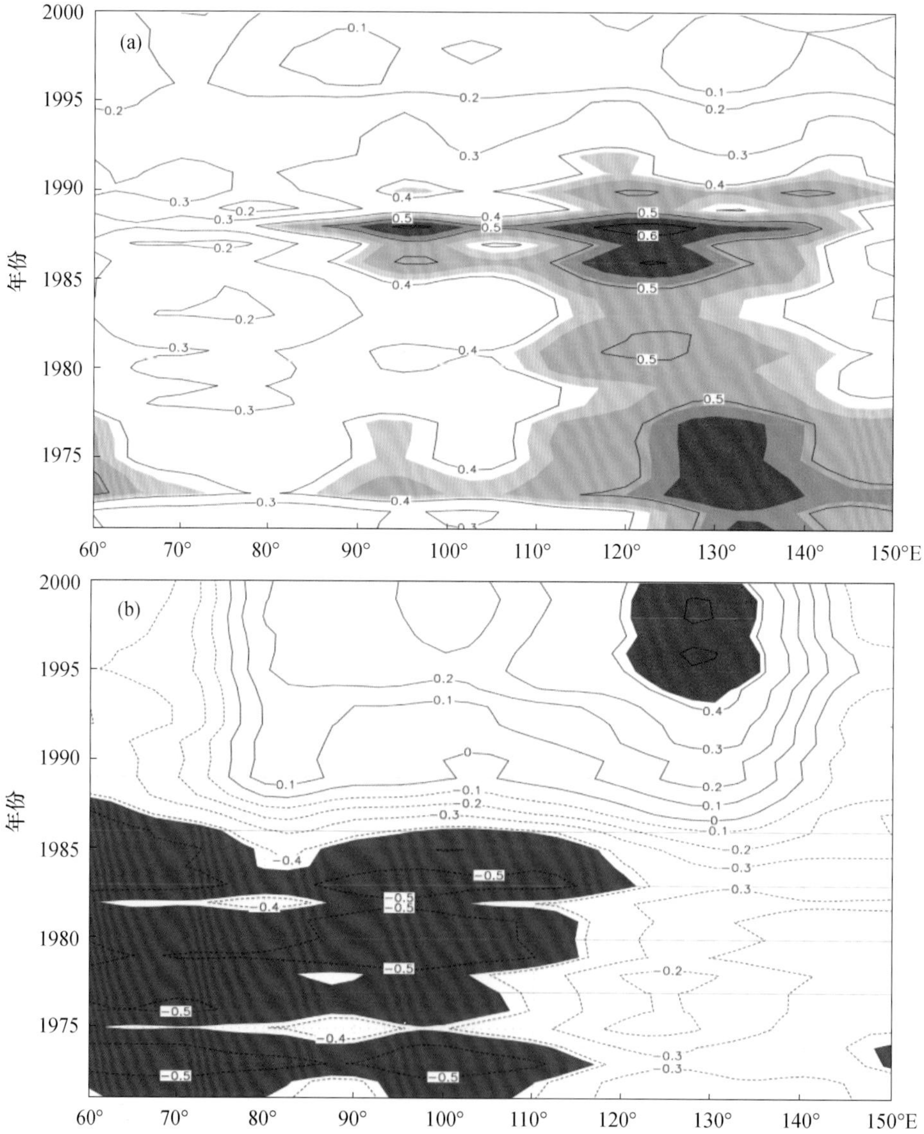

图4.23 长江中下游(a)和华北(b)夏季降水分别与20°—30°N平均500 hPa位势高度场21 a滑动相关分布

(纵坐标数值表示以该年为中心的前后各10 a共21 a，例如1975年表示1965—1985年共21 a；阴影区为通过95%置信度检验)

降水与副高强度的正相关迅速衰减，尤其是近期，二者相关系数仅有 0.1 左右，也即在这一时段，副高的强度对长江中下游汛期降水预测指示意义几乎可以忽略。这一关系衰减的直接原因是进入 21 世纪以来主雨带北移，长江流域进入少雨期，但这一时段副高强度却呈现出年代际增强。

另一方面，1990 年代以来华北夏季降水却与副高强度呈现出明显增强的线性关系（图 4.23b）。在 1990 年代之前，二者关系为负相关，显著负相关区主要位于印度洋上空，这和印度洋海温对华北夏季降水影响结论是一致的。在西太平洋副高区域也为负相关，但相关强度较弱。而在 1990 年代之后，印度洋上空位势高度场与华北夏季降水的显著正相关也出现了衰减，西太平洋上空则呈现出显著正相关（达到 95%置信水平）。1990 年代之后中国北方部分多雨年发生在副高偏强偏西的环流背景下，这一现象有悖于传统预测模型，但图 4.23 的结论却可以很好解释这一事实。

进一步的分析指出，在 1990 年代之前，副高面积指数与东部夏季降水的显著正相关区位于长江中下游，在华北地区为弱的负相关；副高西伸脊点与降水的显著负相关区位于长江中下游，华北地区则为弱正相关（图 4.24）。即当夏季副高偏强偏西时，多雨带位于长江中下游地区，华北地区易少雨偏旱。反之，当副高偏弱偏东时，华北多雨而长江流域少雨，这与上述分析结果以及前人研究一致。但同样，1990 年代之后上述相关关系均发生了转变，副高面积与降水的高相关区北移至 35°N 以北区域，长江中下游变为弱相关，尤其是局部时段还出现了弱负相关。副高西伸脊点与降水的显著负相关区也北移，华北地区及东北南部都由之前的正相关转为较强负相关，长江中下游地区虽然也为负相关，但相关系数大为减弱。上述结果一致表明，副高与中国东部夏季降水的关系确实在 1990 年代前后发生了根本的转变。

上述降水—环流年代际关系的转折可能和副高体自身的膨胀有关。受全球变暖影响，全球大部分洋面海温升高，其中西太平洋地区尤其明显。海温升高直接导致其上空大气膨胀，使位势高度升高。从 1961—2010 年沿 20°—30°N 平均的夏季 500 hPa 位势高度场剖面可以发现，一个非常明显的变化是在 1980 年代之后，副高强度增强明显，且位置更加偏西，在 1990 年代之后尤为明显（图 4.26）。个别年份如 1998 年和 2010 年夏季，副高西伸脊点位置甚至可以达到中国东部大陆上空。副高形态和强度的变化会直接改变进入中国东部的水汽输送路径和强度，从而导致中国多雨带位置也产生变化。就气候平均而言，由西南季风带来的源自阿拉伯海和孟加拉湾的水汽输送量强于源自西太平洋的水汽输送。在中低纬度地区，西南季风是除副高外的另一个影响东部旱涝的关键因子。事实上，二者有着非常密切的联系，西南季风强时有利于推动副高东撤，导致副高偏弱偏东，反之亦然（图略）。图 4.25 给出了东亚夏季风指数与各纬度带降水的滑动相关。图 4.25 的相关系数分布特征与图 4.24b 非常相似，也反映出季风—长江中下游降水显著负相关的减弱。尤其是在 1990 年代之前，夏季风和长江流域降水呈异常强的负相关，验证了传统预测模型中经典的夏季风偏强（弱）长江少（多）雨的关系，但注意到后期这一异常偏强的负相关正在衰减，相关性远不如之前时段。另外 35°N 以北也由之前的正相关转变为负相关。虽然部分地区的相关度不够显著，但上述结果确实可以表明，副高—雨型关系的变化可能和季风—雨型关系的变化存在密切联系。

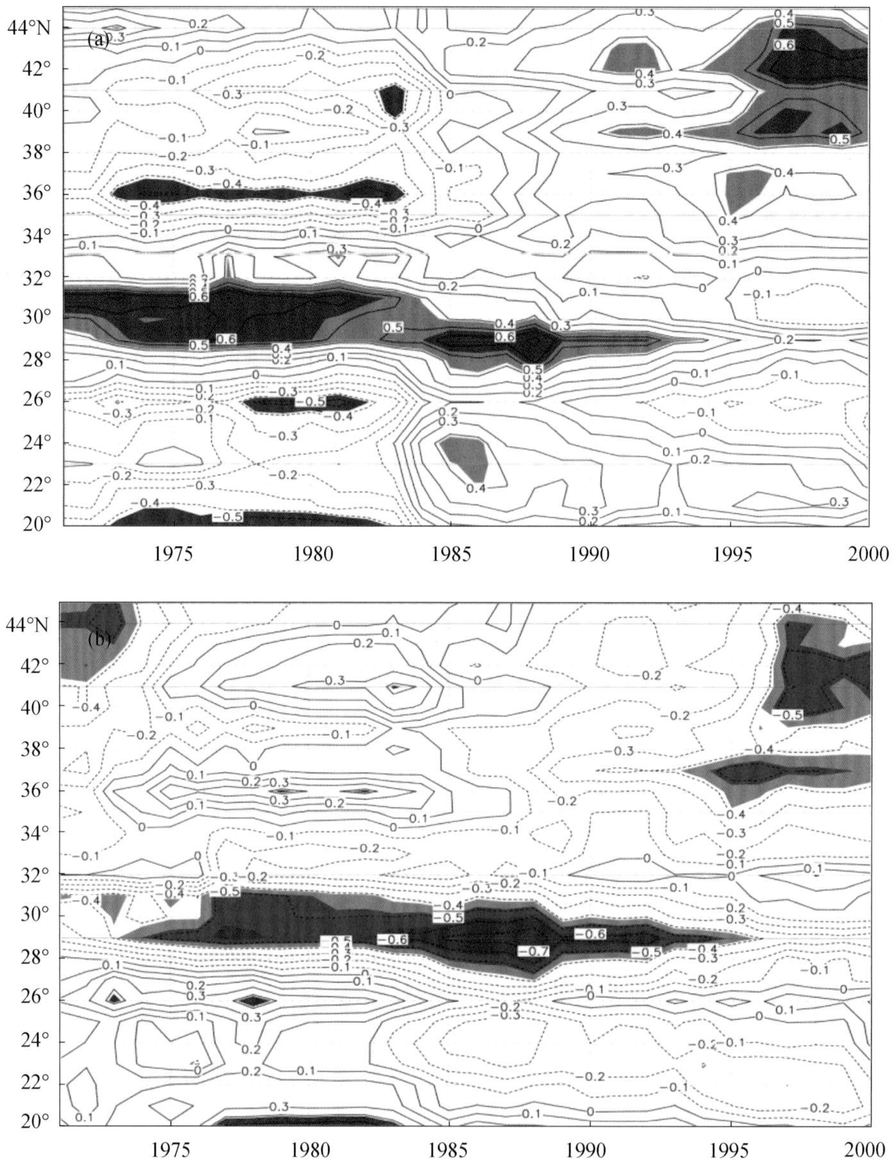

图 4.24 夏季西太平洋副高面积(a)和西伸脊点(b)指数分别与 110°E 以东各纬度带降水的滑动相关分布

(横坐标年表示以该年为中心的前后各 10 a,共 21 a;纵坐标表示该纬度南北各 0.5°,即 1 个纬圈内的降水平均;阴影区为达到 95%置信度水平)

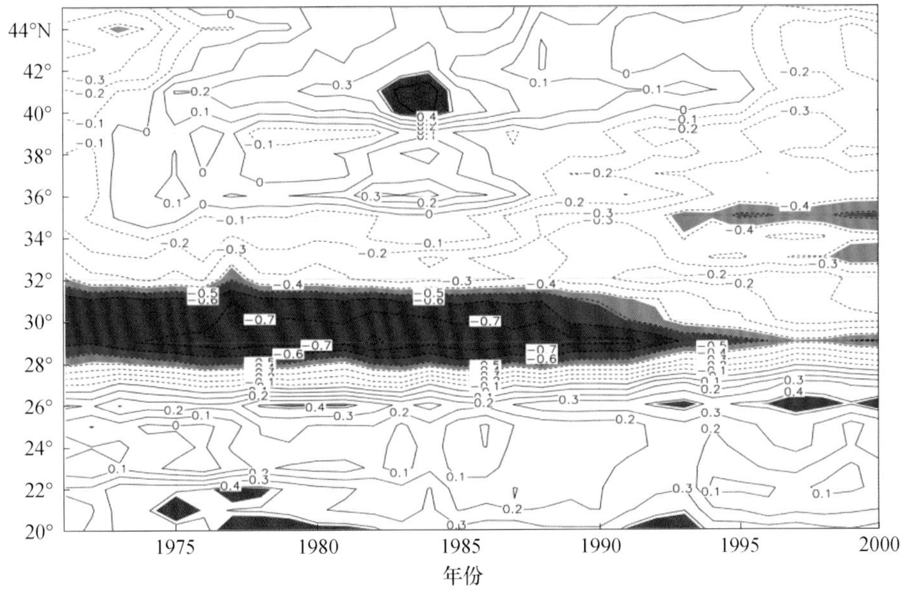

图 4.25 副热带夏季风指数与夏季降水滑动相关(说明同图 4.24)

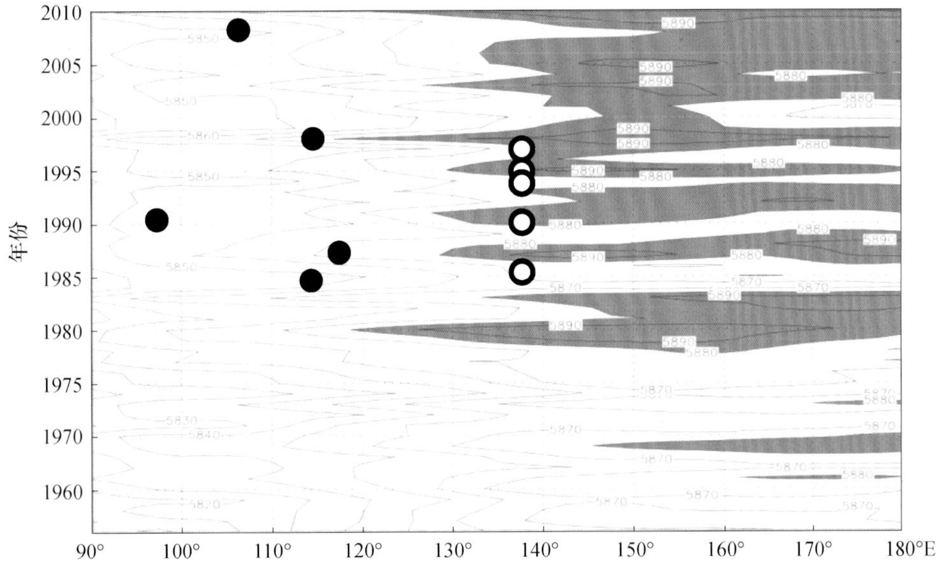

图 4.26 1961—2010 年沿 20°—30°N 平均的夏季 500 hPa 位势高度场(单位:gpm)
(图中阴影区数值超过 5880 gpm,空心圆为选取的 1991—2010 年 5 个副高弱年,
实心圆为同时段内 5 个副高强年)

从 1991—2010 年间选择 5 个副高最强年(图 4.26 中实心圆,分别是 1991 年、1995 年、1998 年、2003 年和 2010 年)和 5 个最弱年(图 4.26 中空心圆,分别是 1992 年、1997 年、1999 年、2000 年和 2002 年),合成各自的 850 hPa 风场和 500 hPa 上 5880 gpm 特征等值线(图 4.27)。由于西太平洋海温的增暖,近 20 年来副高体存在明显的膨胀,西伸脊点也明显西伸,这与上述分析结果一致。在 5 个强年,其平均位置西伸到 120°E 附近,副高西侧的西南水汽输送明显偏强,尤其是经向水汽输送,这样南海和西太平洋地区的水汽可以更直接输送到中

国大陆。在长江流域是最大南风轴线位置,即在长江流域地区水汽辐合并不强,最强的辐合出现在30°N以北地区。这就可以解释为何在近20 a当副高偏强时中国夏季多雨带位置反而偏北,同时也证明东亚地区偏南风气流的强弱与输送到华北地区的水汽密切相关。从夏季降水合成结果也可以看出这一特征(图略)。由于副高在最近20年呈现出年代际增强,这就造成即使是弱副高年,其位置也不是异常偏东,而是接近于早期的气候值,从而表现出一定的非对称性,雨带仍难以维持在长江流域。从图4.27还可以看出,在副高强弱年水汽输送最本质的差异之处在于120°E以东的西太平洋上空,其东西风量基本相反(偏强年为黑色箭头、偏弱年为红色箭头),而在120°E以西地区,水汽输送在不同副高年只是强度差异,方向并没有不同。这也表明,在副高一雨带和季风一雨带关系转变中副高起着更主导的作用。有研究表明,华北多雨年水汽主要由南边界和西边界供应,从图4.27的结果看,近20 a南边界可能起着更为重要的作用。

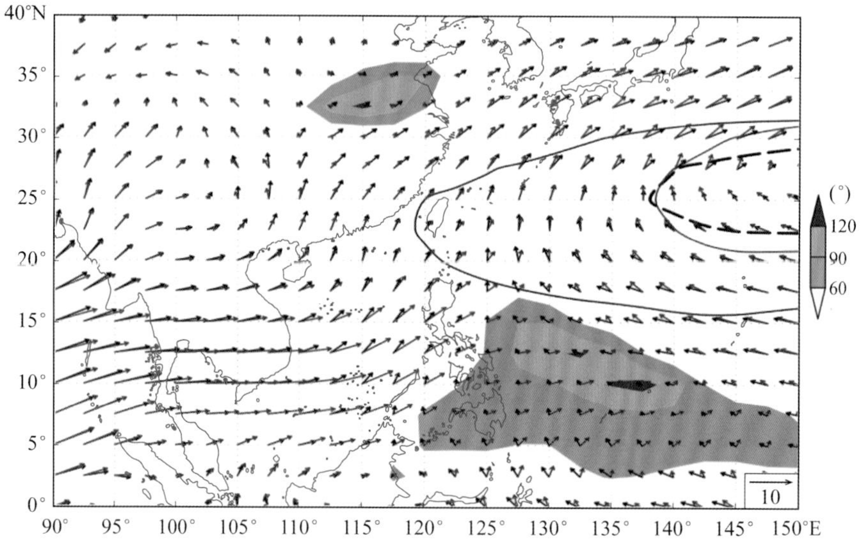

图4.27 1991—2010年间5个副高强年和弱年的850 hPa风场
(箭头,其中黑色箭头为强年,红色箭头为弱年;单位:m/s)及500 hPa上5880 gpm特征等值线
(等值线,其中黑色实线条为强年平均,红色实线条为弱年平均,虚线条为1961—2010年平均值
(图中阴影区域表示强弱年风向差超过60°)

4.2 多因子协同作用对南方旱涝的影响机理

4.2.1 南方初夏和盛夏降水的基本特征

中国南方地区汛期降水一般可以分为前汛期(4—6月)和后汛期(7—8月)降水。就南方夏季降水而言,也可分为初夏(5—6月)和盛夏(7—8月)降水。图4.28a是南方区域平均降水逐月变化图,可以看出南方降水主要集中在5—8月,其中初夏5—6月降水占全年降水的30%左右(图4.28b),盛夏7—8月只占全年降水的20%(图4.28c),说明初夏降水异常特别是对华南区域旱涝灾害的形成具有重要作用。

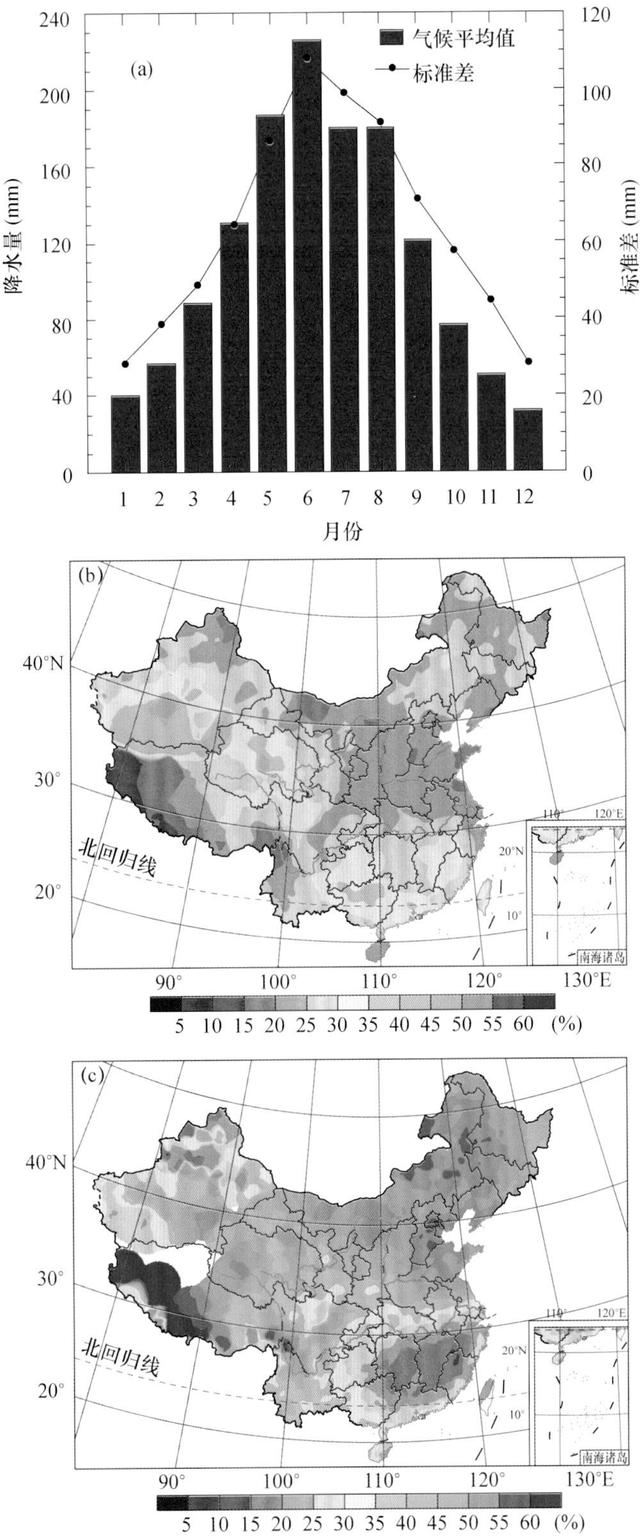

图 4.28 华南区域降水逐月变化特征(a)以及初夏(b)和盛夏(c)降水占年总降水量的百分比

在当前气候预测业务中，一般将6—8月定为夏季。对于华南地区来说，初夏（前汛期）与后夏（后汛期）降水的特点明显不同：不仅初夏降水占年总降水的比率高，更为重要的是形成降水异常的大气环流形势也不同。在初夏，当菲律宾附近为异常反气旋环流主导的西南水汽输送时（图4.29a），冷暖空气在华南地区交汇，有利于该区域降水的形成；而当后夏华南地区降水偏多时，菲律宾附近地区为异常气旋性环流（图4.29b），与初夏的异常环流形势相反，呈现明显的季节内变化特征。由于初夏和盛夏华南地区降水异常对应的环流形势明显不同，其影响因子及物理机制也可能不同，不能将初夏和盛夏的降水平均代表夏季的降水作为预测对象，而是应该分别将初夏和盛夏的降水异常作为预测对象，研究其不同的影响因子和机理及其预测方法。

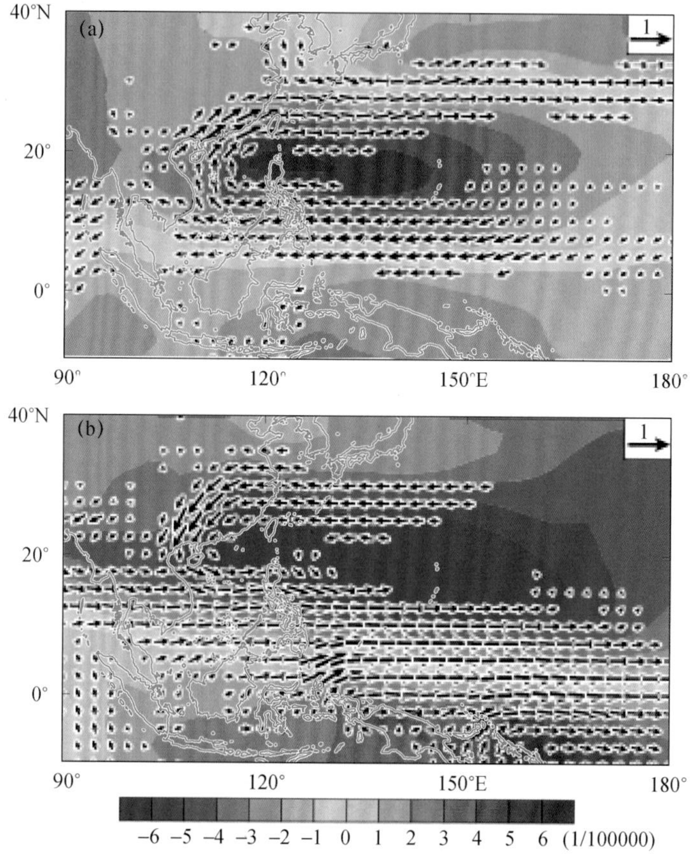

图4.29 华南区域（20°—30°N，95°—125°E）平均降水与850 hPa流函数（阴影：单位：m^2/s）和风场距平（矢量，单位：m/s）的回归分布图

（a）初夏；（b）盛夏

4.2.2 不同区域海温强迫对南方初夏旱涝的协同影响

初夏（6月），中国雨带主要位于中国南方地区。图4.30给出了初夏中国南方降水前两个EOF模态的空间分布及相应的主分量时间系数。由图可见，EOF第一模态可以解释约19%的总方差，并与第二模态的解释方差之间存在显著差异。该模态呈东—西纬向偶极型分布，当中国东南地区降水偏多时，西南地区降水则往往偏少，反之亦然。利用中国东南地区（图4.30a中蓝色站点）与西南地区（图4.30a中红色站点）降水标准化距平的差值来构建东—

西反相降水模态(以下简称 SCD)指数。可以发现,1979—2014 年 SCD 指数与 EOF 第一模态时间序列之间的相关系数达到了 0.83,置信水平达到 99%。初夏中国南方降水 EOF 第二模态(图 4.30b)主要呈南—北反相型分布,但是其解释方差仅有 10%左右。因此,下面主要关注初夏中国南方东—西反相降水模态与大气环流以及海温异常之间的联系及其机理。

对初夏 SCD 指数与大气环流异常的回归分析表明,当 SCD 指数偏高时,西北太平洋地区 500 hPa 位势高度场显著偏高(图 4.31b),表明西太副高偏强且偏西。同时,菲律宾海及其邻近地区 850 hPa 为异常反气旋性环流(图 4.31c)。这种环流异常有利于中国东南(西南)地区降水偏多(偏少)。进一步的分析证实,初夏 SCD 指数与西太副高(WPSH)强度指数和菲律宾反气旋(PSAC)指数之间呈显著的同位相变化关系,SCD 指数与 WPSH(PSAC)指数之间的相关系数达到 0.53(0.66),置信度均达到 99%(图 4.32a)。

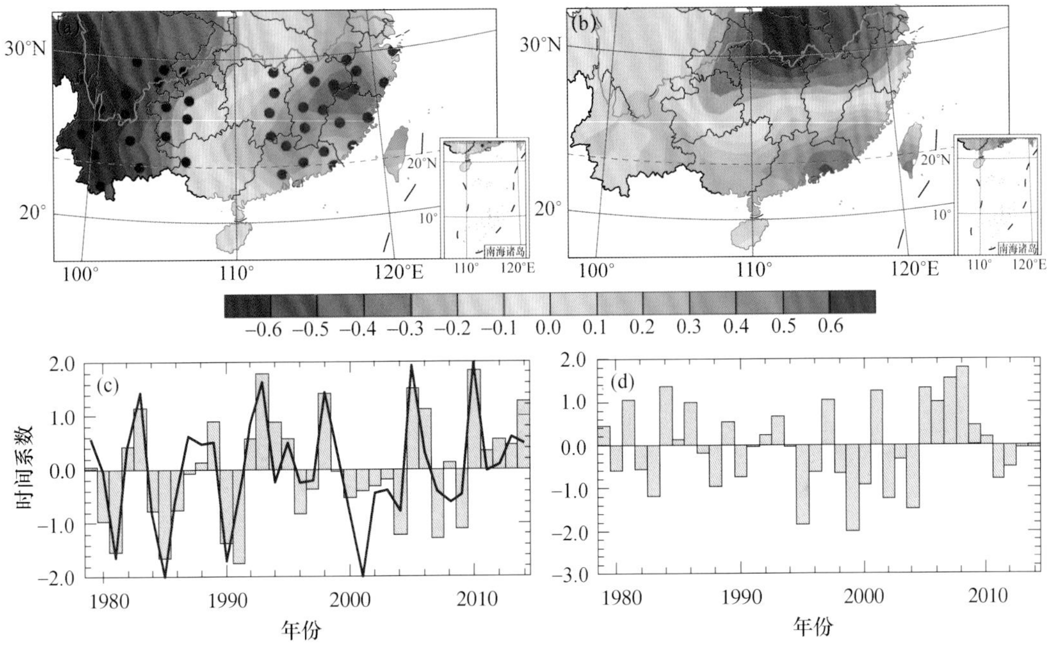

图 4.30 初夏中国南方降水 EOF 第一(a)和第二(b)主模态的空间分布及其时间系数(c,d)。(图 a 中的站点代表构建 SCD 指数所采用的站点;图 c 中的蓝色曲线代表 SCD 指数)

从图 4.31b 还可以清楚地看到,500 hPa 位势高度距平场上存在着一支横跨欧亚中高纬度地区的遥相关波列。当 SCD 指数偏高时,乌拉尔山上空高度场显著偏高,鄂霍茨克海上空亦出现高度场正距平,而西伯利亚地区高度场显著偏低,而且这种波列型环流异常分布在对流层高、中和低层均显著,表明欧亚中高纬环流异常呈准正压的双阻型分布。根据这些结果,进一步定义了欧亚波列(EU)指数。该指数与 SCD 指数之间的相关系数约为 0.46,置信度通过 99%,表明两者之间存在密切联系。欧亚中高纬度地区双阻型的环流异常有利于冷空气向南推进,与低纬度偏强的西太副高和菲律宾异常反气旋相配合,导致中国东南(西南)地区降水偏多(偏少)。

上述分析表明,初夏中国南方降水第一模态与中高纬和低纬度的大尺度环流异常之间均存在密切联系。当 SCD 处于正位相时,西太副高显著偏强,对流层低层菲律宾地区受异常反气旋控制,欧亚中高纬地区环流异常则呈准正压的双阻型分布。这种环流形势有利于中国东南地区降水偏多,西南地区降水偏少;反之亦然。

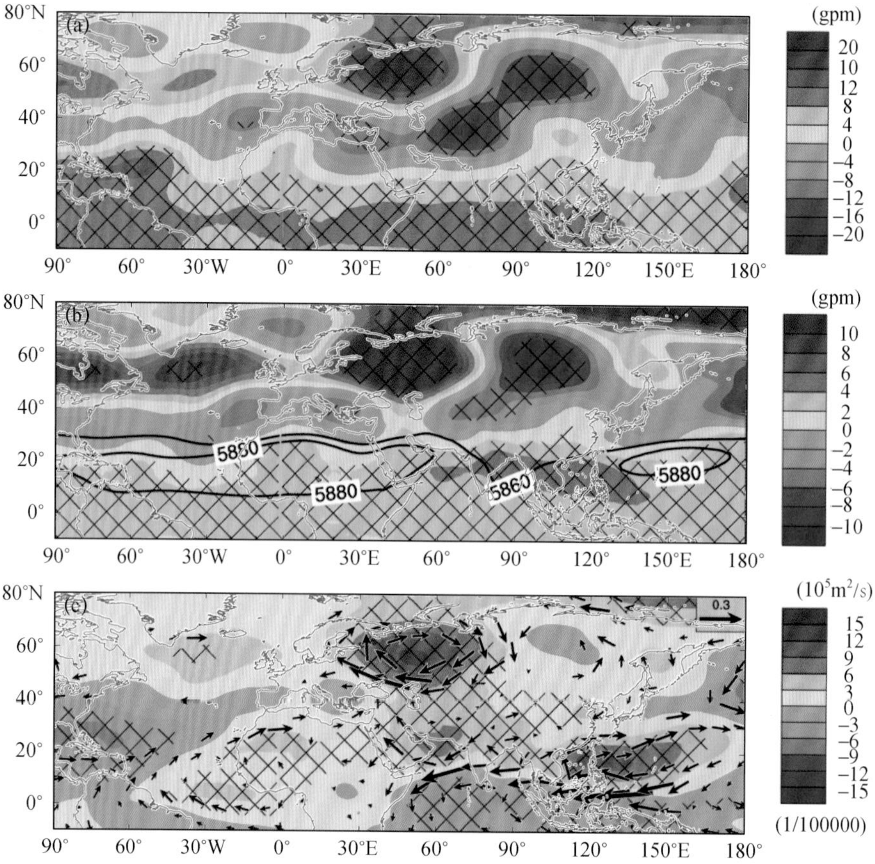

图 4.31 初夏 SCD 指数与大气环流距平的回归分布图

(a)和(b)分别为 200 hPa 和 500 hPa 高度场距平;(c)850 hPa 流函数和风场距平(单位:m/s)。

(图 b 中黑色等值线分别代表气候平均 5880 gpm 和 5860 gpm 线。方格区代表置信度通过 95%)

进一步分析了初夏中国南方降水 SCD 模态与海温异常之间的联系。当初夏 SCD 指数偏高时,前期冬季热带中—东太平洋地区海温显著偏暖,而西太平洋显著偏冷,这与 El Niño 事件成熟位相时的太平洋海温异常分布类似(图 4.33a)。初夏 SCD 指数与冬季 Niño3.4 指数之间的相关系数高达 0.52(图 4.32b),置信度达到 99%。由冬至夏,热带太平洋 El Niño 型海温异常逐渐减弱,而印度洋海盆一致增暖模态和北大西洋海温三极子模态逐渐增强(图 4.33)。初夏 SCD 指数与前期春季(3—4 月)和同期热带印度洋(TIO)海温指数之间的相关系数分别为 0.46 和 0.50,与前期春季和同期北大西洋海温三极子(NAT)指数之间的相关系数为 0.51 与 0.53,置信度均达到 99%(图 4.32b)。

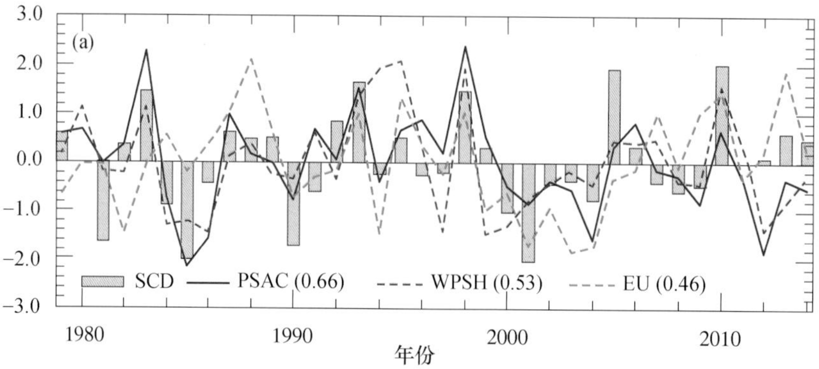

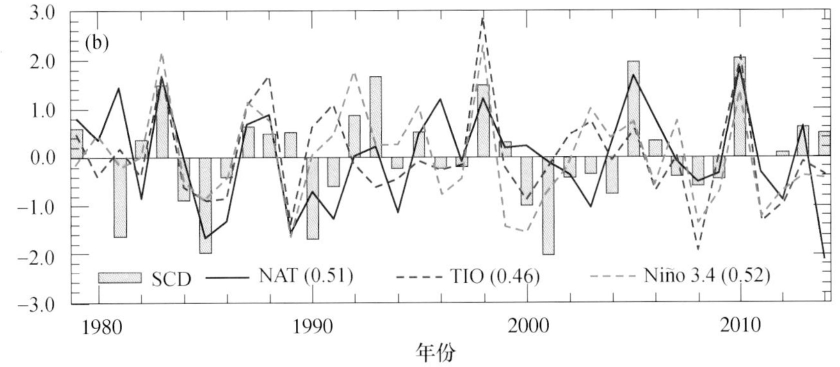

图 4.32 初夏 SCD 指数、菲律宾反气旋指数(PSAC),西太副高强度指数(WPSH),欧亚波列指数(EU)(a),以及初夏 SCD 指数、春季北大西洋三极子指数(NAT)、春季热带印度洋海盆一致模指数(TIO)、冬季 Niño 3.4 指数的时间序列(b)

(各指数后括号中的数字代表该指数与初夏 SCD 指数之间的相关系数)

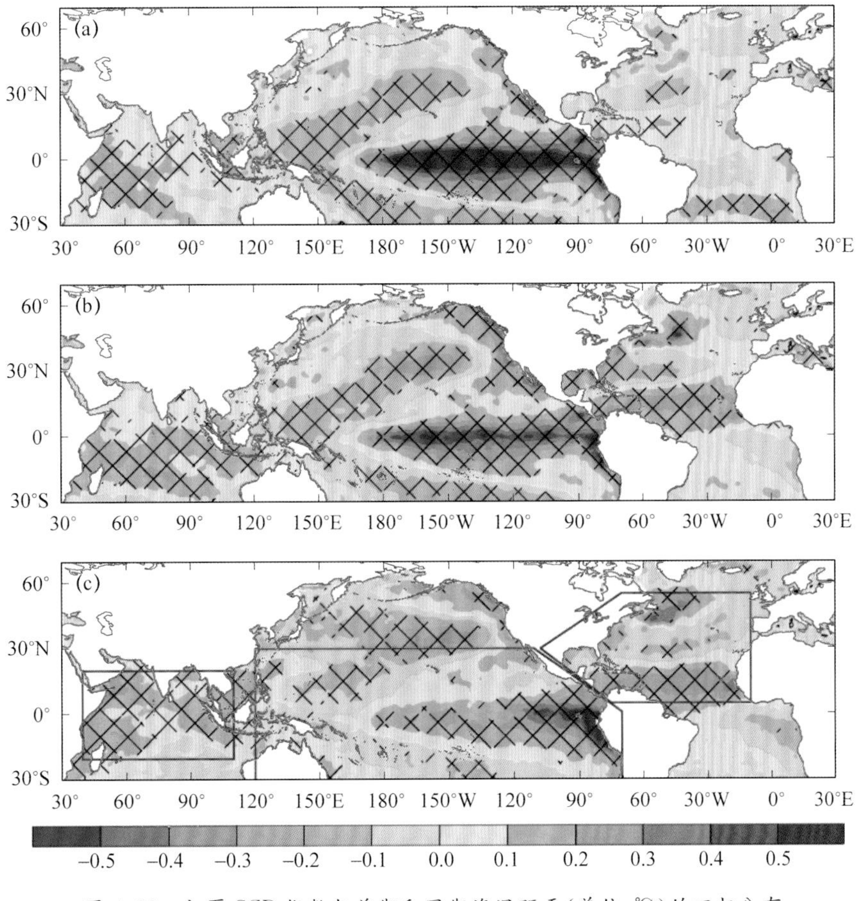

图 4.33 初夏 SCD 指数与前期和同期海温距平(单位:℃)的回归分布

(a)冬季(12 月—次年 2 月);(b)春季(3—4 月);(c)初夏(5—6 月)

(方格区域代表置信水平达到 95%;图 c 中位于各大洋的红色方框分别代表了 TIO、TPO、NAT 试验的海温外强迫区域,PIA 试验包含了上述三个区域)

已有研究指出，热带印度洋海盆一致增暖（偏冷）模态通常伴随着 El Niño（La Niña）事件的成熟位相而出现，其强度在随后的春季达到最强，并且可以持续到初夏，因此在 ENSO 影响东亚夏季气候的过程中起到“电容器”效应（Yang et al.，2007；Xie et al.，2009）。偏相关分析表明，春夏季热带印度洋海盆一致模对初夏中国南方降水 SCD 模态的影响依赖于前期冬季 ENSO 信号。此外，北大西洋三极子型海温异常通常出现在 ENSO 衰减期的春季和夏季（Xie et al.，2004）。尽管春季 NAT 指数与前期冬季 Niño3.4 指数之间存在显著的同位相变化关系（相关系数 0.42），但是在线性移除了冬季 ENSO 信号后，春季（初夏）NAT 指数与初夏 SCD 指数的相关系数仍然达到 0.38（0.46），置信度达到 99%。实际上，北大西洋海温三极子还受到北大西洋涛动的调制作用（Czaja et al.，2002；Zuo et al.，2013）。因此，春夏季北大西洋海温三极子对初夏中国南方 SCD 型降水异常存在重要影响，并且这种影响线性独立于 ENSO 的影响。

为了阐明海温异常对初夏中国南方降水 SCD 模态的可能影响机制，图 4.34 分别给出了初夏 500 hPa 高度场和风场距平与前期冬季 Niño3.4 指数、春季 TIO 指数以及春季 NAT 指数的回归分布。可以看到，在与上述三个海温指数相关联的 500 hPa 高度距平回归场上，欧亚中高纬度地区均存在着一支显著的遥相关波列，西北太平洋则为显著的正高度距平。在 850 hPa上，菲律宾及其邻近地区均为反气旋式环流异常。这种环流异常分布与初夏 SCD 指数回归的中高纬环流异常分布非常相似。初夏 PSAC 指数与前期冬季 Nino3.4 指数、春季 TIO 指数以及春季 NAT 指数之间均存在显著的正相关关系，表明菲律宾反气旋受到热带太平洋和印度洋以及北大西洋海温异常的协同作用。不过，初夏 EU 指数仅与前期春季 NAT 指数之间存在显著相关（相关系数 0.45），而与前期冬季 Niño3.4 指数以及春季 TIO 指数之间的相关均较弱，表明与初夏 SCD 模态相关联的中高纬度环流异常主要受北大西洋海温调制。

由于热带印度洋海盆一致模和北大西洋海温三极子模均与前期冬季的 ENSO 信号存在一定的线性关系，图 4.34c，图 4.34e 给出了线性移除 ENSO 信号后春季 TIO 指数和春季 NAT 指数与初夏 500 hPa 高度场及风场距平的回归分布。由于春季 TIO 指数与前期冬季 Niño3.4 指数存在高度相关，因此在线性移除了 ENSO 信号后，西北太平洋的高度场正距平也相应减弱，特别是低层的菲律宾海异常反气旋基本消失。春季和初夏 TIO 指数与初夏 PSAC 指数的相关系数也明显减弱至 0.25（0.19），置信水平未能达到 90%。不过，在线性移除 ENSO信号之后，与春季 NAT 指数相关联的 500 hPa 高度距平场上仍然可见显著的欧亚波列（图 4.34e），只是西北太平洋地区的高度正距平以及菲律宾异常反气旋有所减弱。而且，春季（初夏）NAT 指数与初夏 PSAC 指数的偏相关系数仍然达到 0.48（0.50），置信度达到 99%。

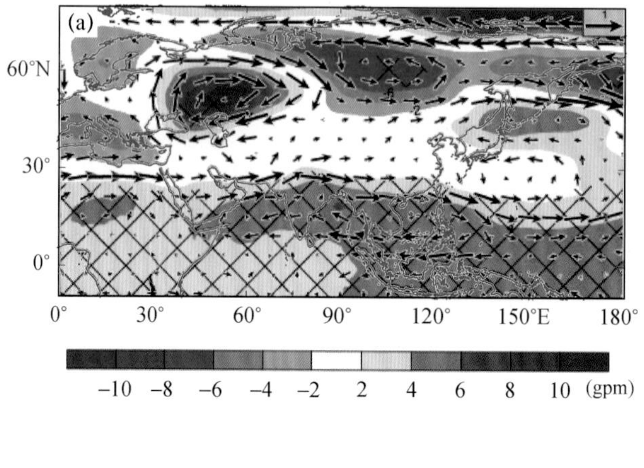

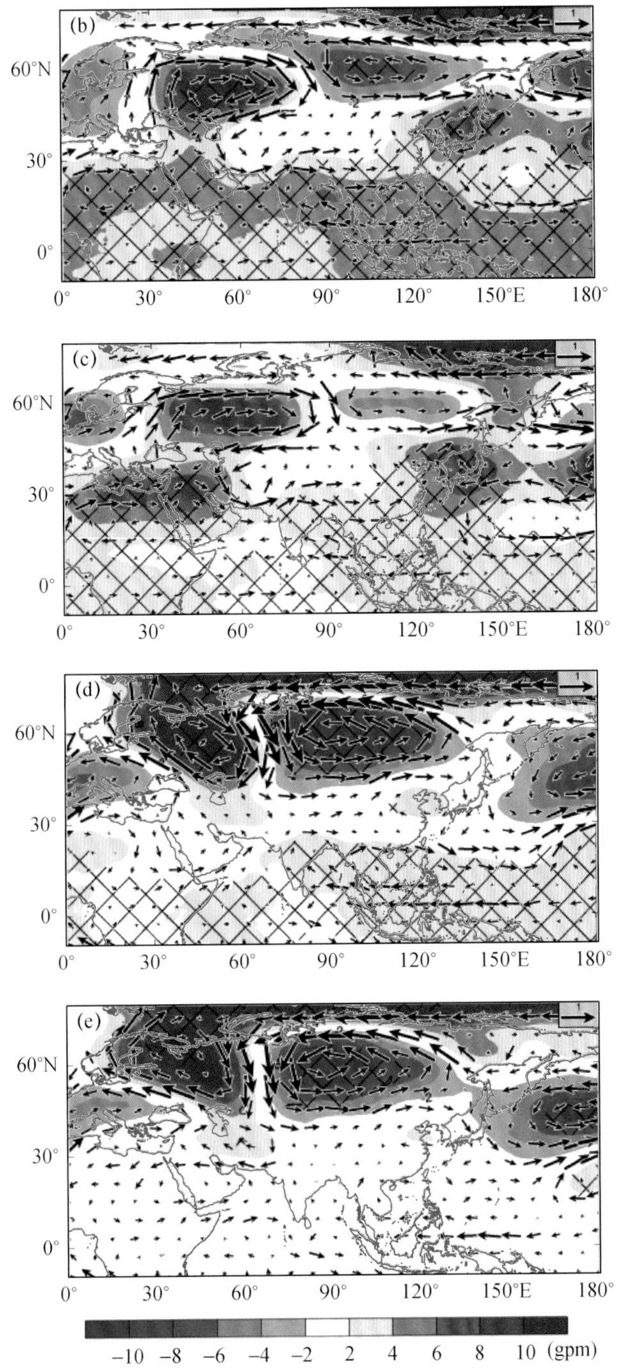

图 4.34 冬季 Niño3.4 指数(a)、春季 TIO 指数(b)、春季 NAT 指数(d)回归的 500 hPa 高度场距平(阴影)以及风场距平(矢量,单位:m/s)(c)和(e)分别同(b)和(d),但去除冬季 Niño3.4 信号

(图中方格代表位势高度异常的置信度达到 90%)

上述结果表明,初夏中国南方降水 SCD 模态及其大尺度环流异常受到前期热带太平洋、热带印度洋以及北大西洋海温的协同作用。其中,热带太平洋和热带印度洋海温异常可能主

要通过影响西太平洋副热带高压以及菲律宾反气旋来影响中国南方 SCD 型降水。北大西洋海温则主要通过激发横跨欧亚大陆的中高纬波列来影响 SCD 型降水异常，同时对菲律宾反气旋也存在一定的调制作用。

为了验证不同区域海温外强迫对初夏中国南方降水 SCD 模态的影响作用，利用 CAM5.3 大气环流模式开展了四组敏感性试验和一组控制试验。其中，热带印度洋、热带太平洋和北大西洋海温强迫试验分别记为 TIO、TPO 和 NAT 试验，三大洋海温强迫协同影响试验则记为 PIA 试验。试验结果表明，在三大洋海温异常共同作用下（PIA 试验），500 hPa 位势高度和 850 hPa 风场异常响应（图 4.35～图 4.36a）与根据初夏 SCD 指数回归得到的观测结果非常相似。其中，模拟得到的西太平洋副热带高压显著偏强、偏西（图 4.35a），菲律宾及其邻近区域为异常反气旋性环流（图 4.36a）。同时，欧亚中高纬度存在一支自北大西洋向欧亚大陆传播的波列（图 4.35a）。因此，PIA 试验较好地重现了与初夏中国南方降水 SCD 模态所关联的主要环流特征。

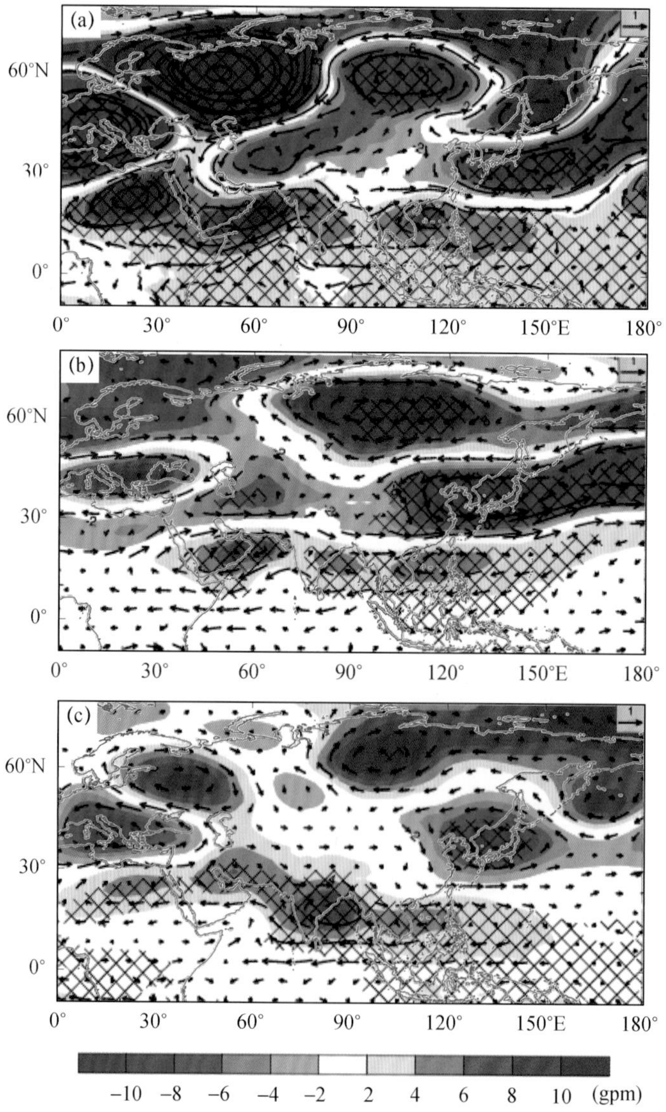

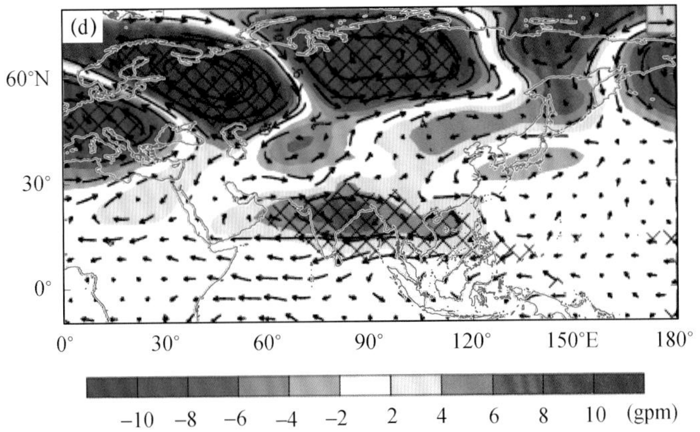

图 4.35 PIA(a)、TPO(b)、TIO(c)及 NAT(d)试验中 500 hPa 高度场(填色)和风场(矢量,单位:m/s)异常响应

(方格代表高度场距平的置信度达到 90%)

当仅利用热带太平洋海温异常(TPO 试验)或热带印度洋海温异常(TIO 试验)作为外强迫驱动模式时,模拟得到的西太平洋副热带高压也显著加强并西伸,菲律宾附近海域为显著的反气旋性环流异常(图 4.35 和图 4.36b,c)。尽管 TPO 和 TIO 试验中菲律宾地区均呈现异常反气旋响应,但两者的形成和维持机理不同。在 TIO 试验中,印度洋海盆一致增暖可以激发出东传的 Kelvin 波响应,其东侧的东风异常能够传播至热带西太平洋,导致西太平洋低层反气旋性环流的出现(Xie et al.,2009,2010)。在 TPO 试验中,菲律宾反气旋则主要是西太平洋局地海温以及中东太平洋海温异常通过大气 Rossby 波以及风—蒸发反馈机制共同作用的结果(Wang et al.,2000)。

在 NAT 试验中,500 hPa 高度异常响应场上自北大西洋至欧亚大陆中高纬度上空存在着一支显著的遥相关波列(图 4.35d),与观测结果(图 4.34e)基本一致。这支波列的形成和维持不但依赖于热带北大西洋海温异常所引起的非绝热加热,而且还依赖于与北大西洋风暴路径相关联的瞬变涡动强迫(Zuo et al.,2013)。此外,NAT 试验中西太平洋亦呈现显著的反气旋性环流异常响应,只是其振幅偏弱于 TPO 和 TIO 试验,这进一步证实了北大西洋海温对菲律宾反气旋的调制作用。北大西洋海温对菲律宾反气旋的影响,可能与副热带大气遥响应的西传有关(Chang et al.,2016)。当热带北大西洋海温偏暖时,有利于其上空对流活动的增强,使得对流层低层产生异常辐合、高层异常辐散,并在热带中西太平洋地区产生下沉运行,进而在中—西太平洋地区激发出反气旋性环流异常;反之亦然。

相对于 NAT 试验而言,在 TPO 和 TIO 试验中东亚和西北太平洋地区大气环流异常响应的振幅偏强,而欧亚中高纬度地区大气环流异常响应的振幅偏弱,这与观测结果一致。此外,上述四组敏感性试验均能够较好地再现初夏中国东南降水偏多、西南降水偏少的偶极型模态(图 4.37)。其中,在三者的共同影响下,中国南方东多西少型降水异常最为显著(图 4.38)。

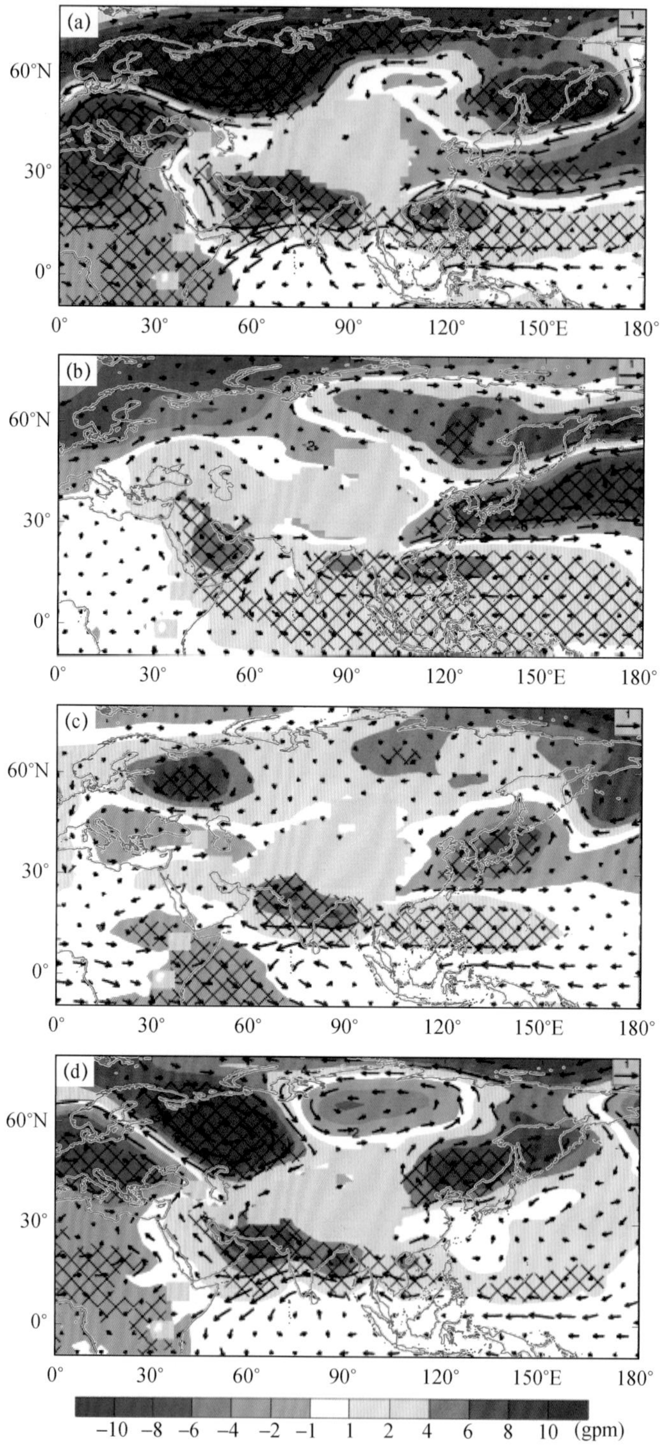

图 4.36　PIA(a)、TPO(b)、TIO(c)及 NAT(d)试验中 850 hPa 高度和风场异常响应(图中说明同图 4.35)

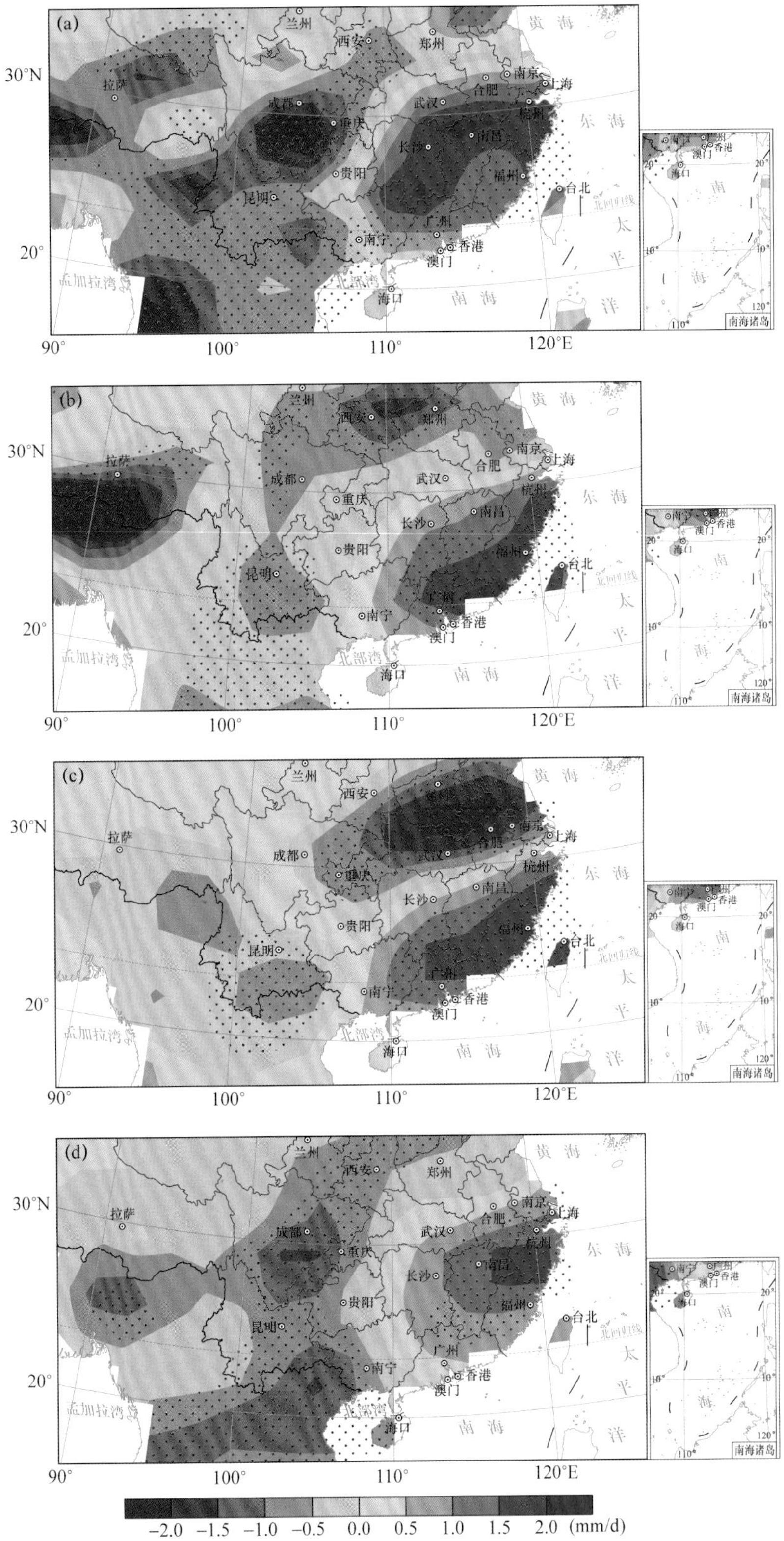

图 4.37 PIA(a)、TPO(b)、TIO(c)及 NAT(d)试验中降水异常响应

(点状阴影代表置信度达到 90%)

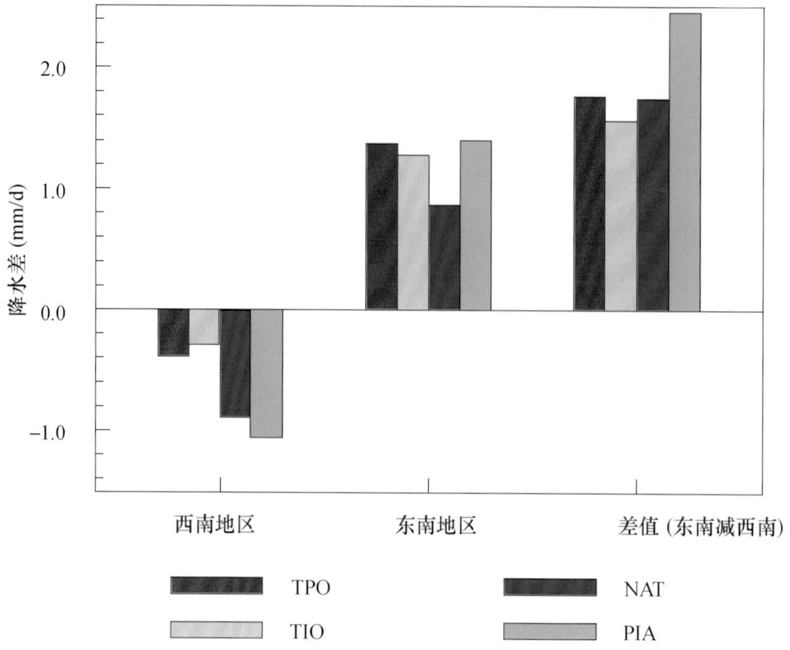

图 4.38 敏感性试验与控制试验降水差的区域平均

(其中西南地区取 20°—30°N,98°—110°E。东南地区取 20°—30°N,110°—112°E)

综上所述,数值模拟和观测分析的结果基本一致,证实了热带太平洋、热带印度洋以及北大西洋海温异常对初夏中国南方 SCD 型降水异常的协同作用。其中,北大西洋海温对欧亚中高纬度环流异常起关键作用,而热带太平洋和热带印度洋海温异常对菲律宾反气旋起决定性作用。图 4.39 给出了不同区域海温异常对初夏中国南方降水 SCD 模态协同作用的物理概念图。

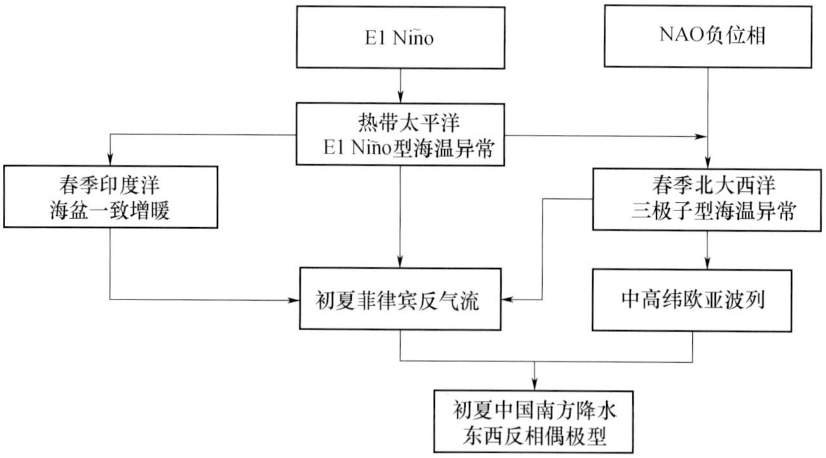

图 4.39 前期冬春季热带太平洋、热带印度洋以及北大西洋海温异常对初夏南方降水东—西反相偶极型模态的影响机理示意图

4.2.3 青藏高原积雪与 ENSO 对初夏菲律宾反气旋和南方旱涝的协同影响

前文研究已表明,菲律宾异常反气旋(PSAC)是影响中国南方旱涝的重要环流因子之一。PSAC 西侧的偏南风异常有利于源自低纬度洋面上的暖湿气流向中国长江中下游流域及其以

南地区输送，使得该地区降水偏多。菲律宾反气旋与热带太平洋和印度洋海温异常关系紧密。然而，在1960—2012年出现的12次强度最强的PSAC事件中，仅有半数是伴随着El Niño事件的消亡(1983年、1988年、1995年、1998年、2003年、2010年)或者印度洋海盆一致增暖(1969年、1983年、1988年、1998年、2003年、2010年)。这表明，PSAC可能还受到其他外部强迫因子的调制作用。除了热带海温外，冬季青藏高原积雪对东亚夏季风和西北太平洋环流异常也存在重要影响(Wu et al.，2003；Zhang et al.，2004；Si et al.，2013)。当冬季青藏高原积雪偏多时，有利于后期东亚夏季风偏弱，导致长江中下游流域和日本南部降水偏多。那么，冬季青藏高原积雪对后期夏季PSAC是否存在影响？其影响关系是否依赖于ENSO？本节将通过观测分析和数值模拟研究，重点回答上述问题。

利用中国气象局国家气象信息中心提供的青海、西藏地区逐日积雪深度观测资料来构建青藏高原积雪指数，并对积雪资料进行了质量控制。在综合考虑了观测站建站数量达到一定水平(1960年以后)、缺测值较少(缺测值少于20%)，以及积雪具有较大影响(气候态及变率均较大)等条件的基础上，选择积雪观测序列较长、方差较大的25个具有代表意义的站点(图4.40)建立积雪深度异常指数，分析时段为1960—2012年。

表4.1 菲律宾反气旋(PSAC)指数与冬季青藏高原积雪(TPSD)指数、冬季Niño3.4海温指数、春季热带印度洋(TIO)海温指数之间的相关系数

	PSAC			
	5月	6月	7月	8月
冬季TPSD	0.16	0.39***	0.02	0.17
冬季Niño3.4	0.54***	0.30**	0.50***	0.29**
春季TIO	0.55***	0.27**	0.34**	0.41***

注：**代表通过置信度达到95%，***代表置信度达到99%。

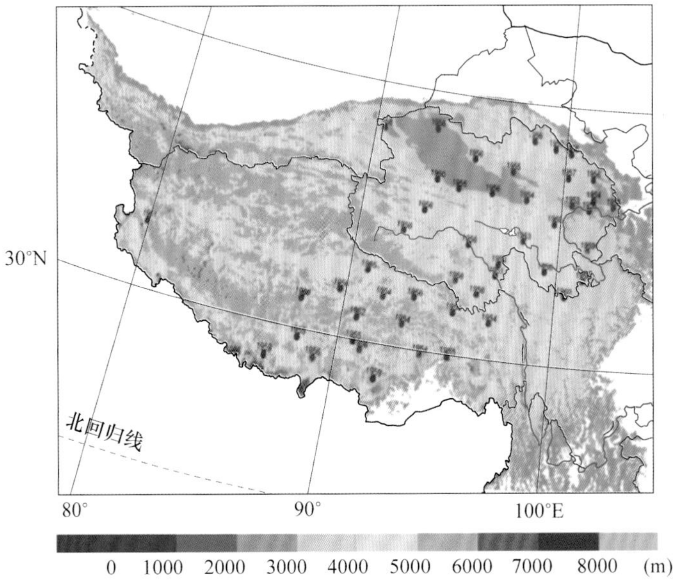

图4.40 青藏高原地区积雪观测站点分布
(红色点为所采用的站点)

首先，计算了1960—2012年冬季青藏高原积雪深度(TPSD)指数与夏季(5—8月)PSAC指数之间的相关关系(表4.1)。结果表明，冬季TPSD指数与6月PSAC指数的相关系数高达0.39(通过了置信度为99%的显著性检验)。对比分析冬季TPSD指数与6月PSAC指数的时间演变(图4.41a)可以发现，冬季青藏高原积雪与6月菲律宾反气旋之间存在显著的同位相变化关系。进一步计算了6月PSAC指数与冬季TPSD指数之间的21 a滑动相关(图4.41b)，发现两者之间的同位相变化关系较为稳定。而且，6月PSAC指数与冬季TPSD指数之间的相关关系(0.39)略强于其与冬季Niño3.4指数之间的相关关系(0.30，仅通过置信度为90%的显著性检验)，也强于其与春季TIO指数之间的相关关系(0.27，仅通过置信度为90%的显著性检验)。综上所述，相对于热带海温而言，6月菲律宾反气旋可能与前期冬季青藏高原积雪之间的联系最为紧密。

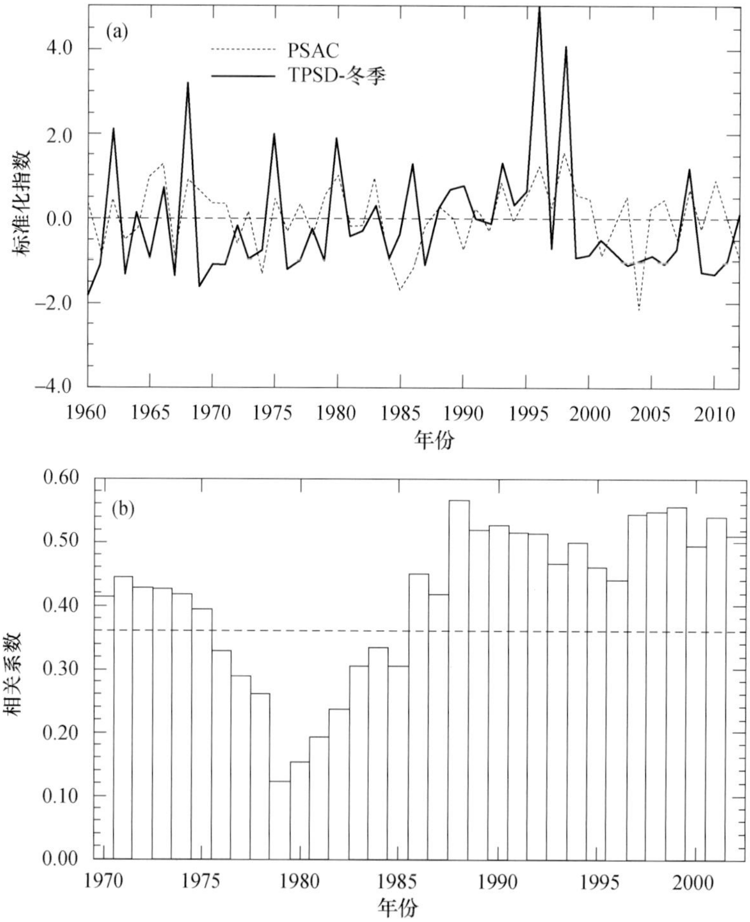

图4.41 冬季青藏高原积雪深度指数(TPSD)与6月菲律宾反气旋指数(PSAC)的时间序列(a)以及冬季青藏高原积雪指数与6月菲律宾反气旋指数的21 a滑动相关系数(虚线代表置信度达到99%)(b)

一般认为，ENSO作为热带太平洋地区年际气候变率的最强信号，对冬季青藏高原积雪也存在显著影响。那么，6月菲律宾反气旋与冬季青藏高原积雪异常之间的显著相关，是否依赖于ENSO信号？为了回答这一问题，我们线性地去除了ENSO信号，然后计算了6月PSAC

指数与冬季 TPSD 指数之间的偏相关系数(图 4.42)。结果显示,在线性移除了冬季 Niño3.4 或春季 TIO 海温信号之后,6 月 PSAC 指数与冬季 TPSD 指数之间的相关系数变化较小,置信度仍然达到 99%。这表明,冬季青藏高原积雪与 6 月菲律宾反气旋之间的显著相关可能线性独立于 ENSO 的影响。

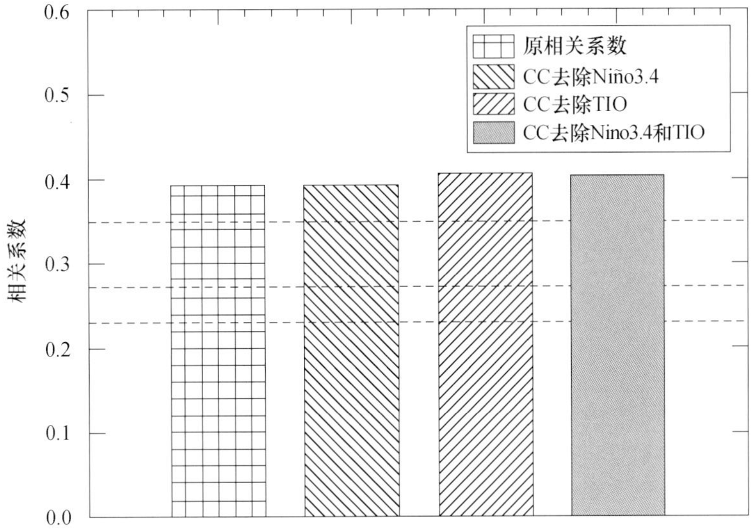

图 4.42 冬季青藏高原积雪指数与 6 月菲律宾反气旋指数的相关系数(CC),以及去除 Niño 3.4 指数/TIO 指数线性影响后两者之间的偏相关系数

为了进一步探索冬季青藏高原积雪对 6 月菲律宾反气旋的影响及其与 ENSO 影响的差异,分别利用前期冬季 Niño3.4 指数和 TPSD 指数对 6 月 850 hPa 风场距平进行回归分析(图 4.43)。由图可见,当冬季高原积雪偏多(偏少)时,6 月菲律宾及其附近海域为显著的反气旋(气旋性)环流异常(图 4.43a),这与前文的相关分析结果一致。此外,还对冬季青藏高原积雪偏多年(标准化的 TPSD 指数大于 0.5 个标准差)以及积雪偏少年(标准化的 TPSD 指数小于−0.5 个标准差)的环流异常进行了合成。结果表明,在冬季青藏高原积雪偏多年,6 月菲律宾及其附近海域上空为反气旋性环流异常(图 4.43b);相反,在冬季高原积雪偏少年,6 月菲律宾海附近海域为气旋性环流异常(图 4.43c),这与回归分析的结果一致。类似地,对冬季 Niño3.4 指数与 6 月环流异常也进行了回归以及合成。当冬季 Niño3.4 指数偏高时,6 月菲律宾及其附近海域亦为反气旋性环流异常(图 4.43d)。不过,对比图 4.43a 与图 4.43d 可以发现,与冬季 TPSD 和 Niño3.4 相关联的菲律宾异常反气旋在空间位置方面存在显著差异,前者中心位置主要位于 20°N 附近的菲律宾海以北地区,而后者的中心位置则主要位于 15°N 左右。

为了探讨冬季青藏高原积雪和 ENSO 对 6 月菲律宾反气旋的协同影响,根据两者的不同位相组合对 6 月大气环流异常进行了合成分析(图 4.44)。结果表明,在中性 ENSO 条件下,若冬季青藏高原积雪偏深,6 月菲律宾海及其附近地区主要为异常反气旋性环流(图 4.44c);相反,若冬季青藏高原积雪偏浅,6 月菲律宾海及其附近地区则主要为异常气旋性环流(图 4.44b),这与前文所揭示的冬季青藏高原积雪与菲律宾反气旋之间的影响关系相一致。在冬季青藏高原积雪异常振幅较弱的条件下,La Niña 事件次年 6 月菲律宾海及其邻近区域为异常气旋性环流(图 4.44g);不过,在 El Niño 事件次年 6 月,菲律宾海附近异常反气旋性环流并不典型(图 4.44d),这是由于用于合成该图的 El Niño 事件主要为中部型 El Niño 事件,其环流影响明显不同于东部型 El Niño 事件(Yuan et al.,2012a)。总体而言,当冬季青藏高原积雪和 ENSO 事件中仅有一个因子发生异常时,那么 6 月菲律宾反气旋的位相则受该异常因子控制。

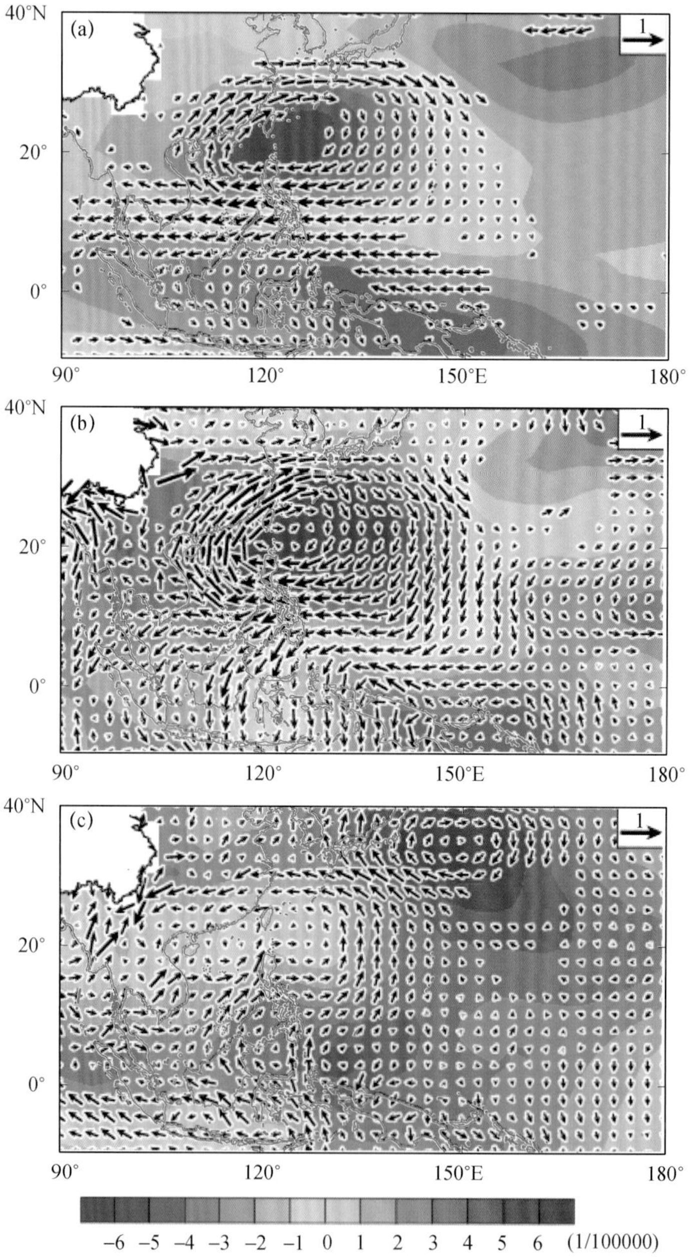

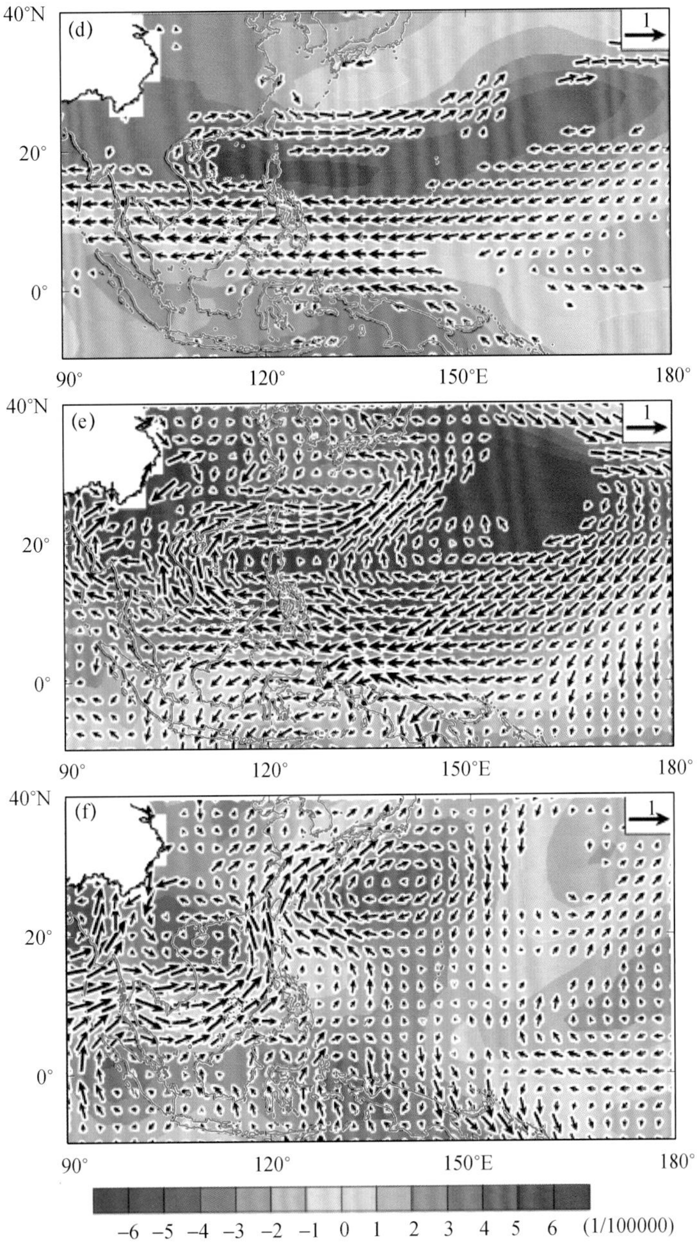

图 4.43 冬季青藏高原积雪指数(TPSD)(a)、Niño3.4 指数(d)与 6 月 850hPa 风场(矢量,单位:m/s)以及流函数距平(阴影;单位:m^2/s)的回归分布图;(b)—(c)和(e)—(f)同(a),但为风场和流函数距平的合成分布图;(b)冬季积雪偏深年;(c)冬季积雪偏浅年;(e)El Niño 年;(f)La Niña 年

当冬季 ENSO 与青藏高原积雪均发生异常,而且两者对 6 月菲律宾反气旋的影响作用相反时,6 月菲律宾反气旋的位相与二者中处于正位相的影响因子相一致(图 4.44e,图 4.44i)。即当冬季 El Niño 事件与青藏高原积雪偏浅同时出现时,6 月菲律宾海出现异常反气旋性环流(图 4.44e);当冬季 La Niña 事件与青藏高原积雪偏深同时出现时,6 月菲律宾海也出现异常反气旋性环流(图 4.44i),不过反气旋的位置和形态存在较大差异。图 4.42e 的反气旋与 ENSO事件的影响更为接近(图 4.44d),而图 4.44i 的反气旋则更类似于青藏高原积雪的影响

结果(图 4.44a)。当两者的影响相协调时,即在冬季 El Niño(La Niña)事件与青藏高原积雪偏深(偏浅)的位相配置下,6 月菲律宾海将出现典型反气旋(气旋)型环流异常(图 4.44f、图 4.44h)。

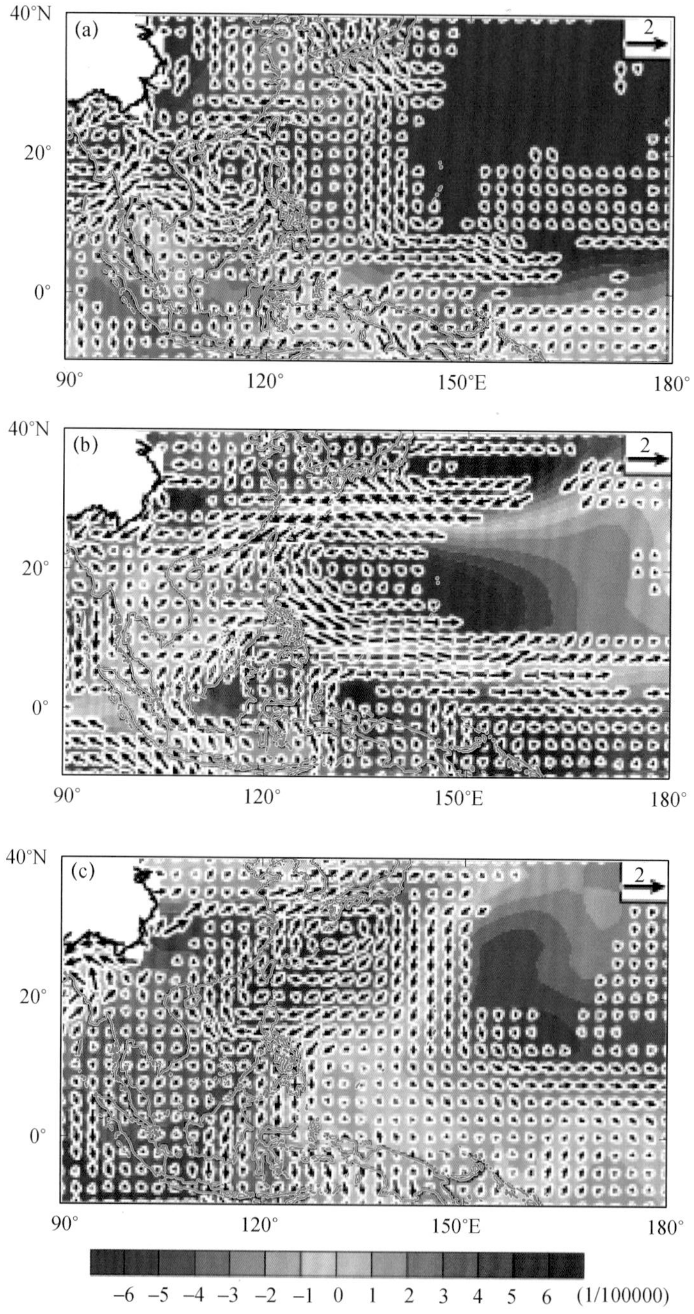

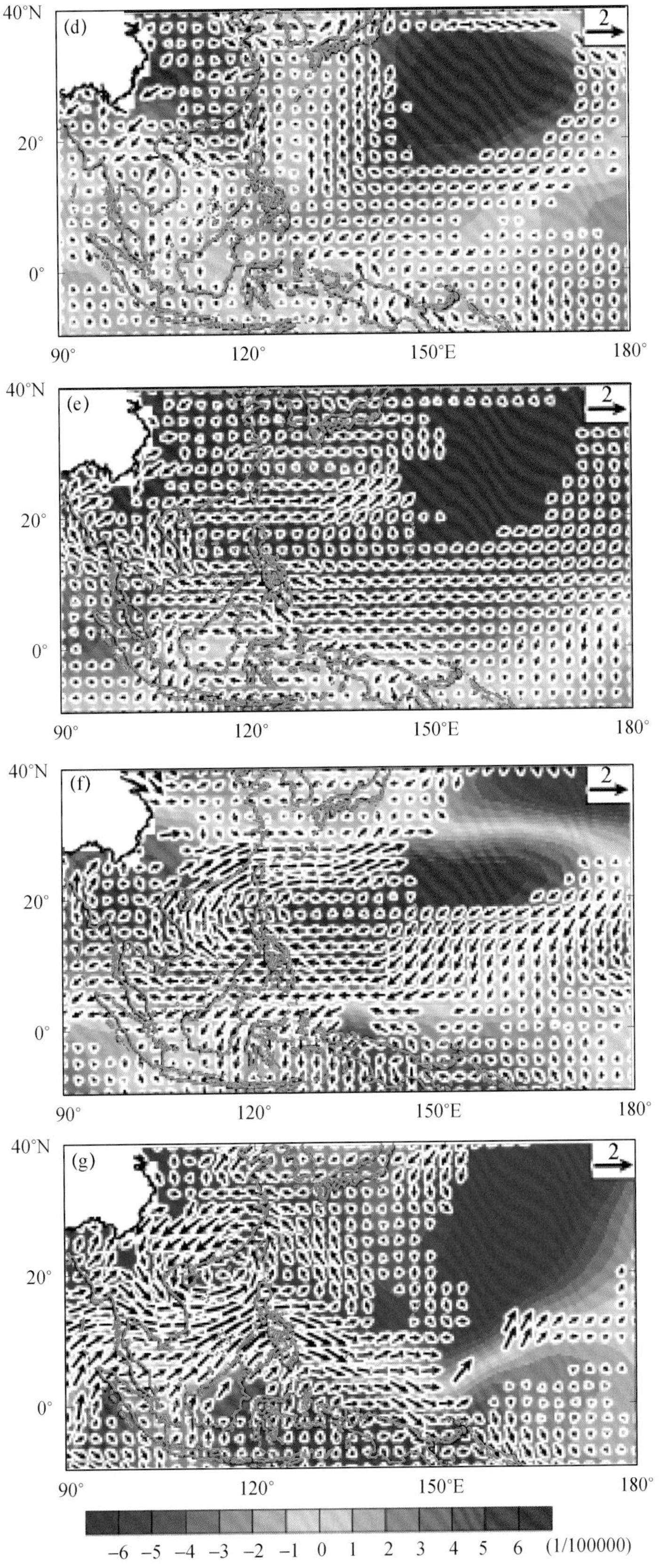
(d)
(e)
(f)
(g)
40°N
20°
0°
90°
120°
150°E
180°
2
-6 -5 -4 -3 -2 -1 0 1 2 3 4 5 6 (1/100000)

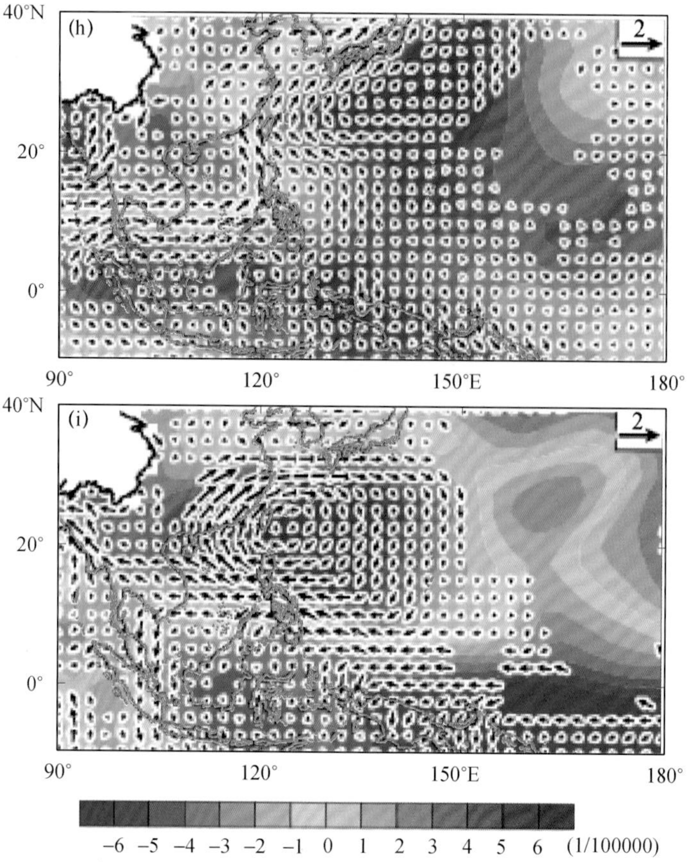

图 4.44 不同位相下的青藏高原冬季积雪(偏深、偏浅、正常)以及 ENSO (El Niño 年、La Niña 年、中性 ENSO 年)年合成的 850 hPa 风场(矢量,单位:m/s)及流函数距平(填色,单位:m^2/s)(a,d,g 为积雪正常年,b,e,h 为偏浅年,c,f,i 为偏深年;a—c 为中性 ENSO 年,d—f 为 El Niño 年、g—i 为 La Niña 年)

(图中仅显示置信度达到 90%的异常风矢量)

对比图 4.43a 和图 4.43d 可以看到,冬季青藏高原积雪异常激发形成的菲律宾反气旋的位置更为偏北,其西北侧的西南风也更为异常强盛,这有利于更多的水汽向长江流域和日本南部输送。从冬季 ENSO 与青藏高原积雪不同位相组合下环流异常的合成分布图中亦可得到类似结果(图 4.44c,图 4.44f,图 4.44i)。因此,当冬季青藏高压积雪偏浅与 La Niña 事件同时发生时,后者对 6 月菲律宾反气旋的影响作用可能更为突出。这种影响的不对称关系对于我们理解东亚初夏气候变率有着重要的启发。

冬季青藏高原积雪异常对 6 月菲律宾反气旋的影响,可能与前者所引起的热力作用有关。大量研究表明,青藏高原积雪异常对地面反射率以及水文过程均起到重要的调制作用(Yamazaki,1989;Yasunari et al.,1991)。青藏高原积雪偏多可能会引起其上空热源效应的减弱,并伴随着高原附近热汇的减弱,从而导致青藏高原与其周围区域热力差异的减弱,最终使得西太副高偏南、东亚夏季风偏弱(张顺利 等,2001),并有利于菲律宾及其附近海域出现反气旋性环流异常。此外,基于 CAM5.3 大气环流模式进行了积雪偏深和偏浅两组敏感性试验和一组控制试验，结果显示该模式可以较好地重现冬季青藏高原积雪与 6 月菲律宾反气旋之间的关系（图 4.45）。当积雪偏深（偏浅）时，模式能够很好模拟出菲律宾附近为异常反气旋（气旋），但其中深入的物理过程仍需进一步研究。

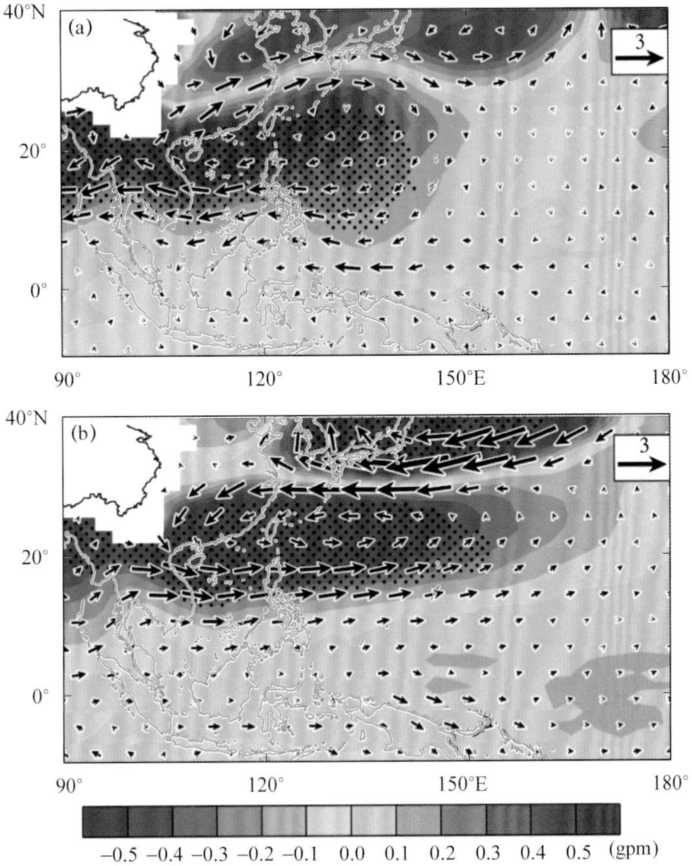

图 4.45 CAM5.3 模式模拟的冬春青藏高原积雪偏深试验(a)和偏浅试验(b)中 850 hPa 风场（矢量，单位：m/s）及位势高度场异常（填色）响应（图点代表置信度达到 90%）

值得注意的是，冬季青藏高原积雪异常对菲律宾反气旋的影响仅在 6 月显著（表 4.1）。已有研究表明，春夏季青藏高原均表现为一个强大的热源，并且这种热源效应在 6 月达到最大（叶笃正 等，1979；Wu et al.，1998）。同时，青藏高原积雪由春至夏逐渐融化，其融雪量在 6 月达到最大，之后的 7—8 月高原积雪非常少（图 4.46）。根据研究，积雪对大气环流的影响主要通过水文和反照率效应来实现，并且这两种效应在积雪融化期最为显著（Xu et al.，2011）。因此，青藏高原积雪在 6 月融化最为显著，此时大气环流异常响应可能也最为显著。此外，南亚高压一般在 5—6 月北移并到达高原上空（Krishnamurti，1985；He et al.，1987；Yanai et al.，1992），并在联系高原热力异常与低纬环流中起到重要的桥梁作用（Mason et al.，1963；Krishnamurti et al.，1973）。基于上述原因，冬季青藏高原积雪与菲律宾反气旋相关在 6 月最强，而在气候平均积雪较少的后夏两者关系变得不显著。

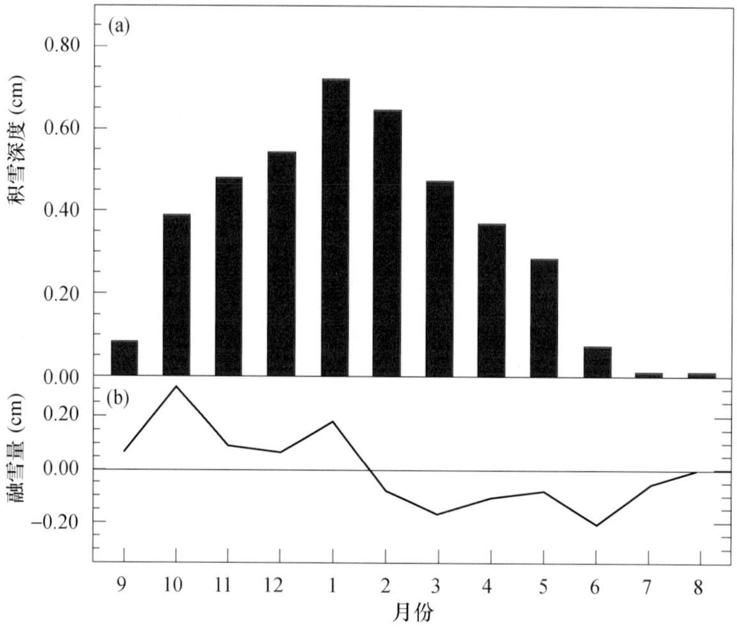

图 4.46 青藏高原气候平均月积雪深度(a)和月融雪量(b)
(当月与前月平均积雪深度之差)

4.2.4 青藏高原与伊朗高原热力异常对南方旱涝的协同影响

青藏高原是世界上平均海拔最高的高原,被誉为地球的“第三极”,对东亚乃至全球的气候及气候变化有重要影响。位于青藏高原上游的伊朗高原,其热力异常与中国尤其是西北地区的气候异常也密切相关。伊朗高原与青藏高原作为一个整体热源,是亚洲夏季风产生的重要原因之一,两高原的热力作用共同调节着亚洲夏季风各子系统的变化(吴国雄 等,2004)。并且,当两高原共同影响一些大气环流系统(如南亚高压)时,两个高原热力作用相互叠加,可造成大气环流异常信号增强或减弱,使环流系统的位置、强度发生改变(Qian et al.,2002;吴国雄 等,2004)。因此,深入分析青藏高原和伊朗高原热力异常对南方旱涝的协同影响及其机理具有重要意义(张浩鑫 等,2017)。本节所用资料为欧洲中期天气预报中心(ECMWF)的ERA-interim 月平均再分析资料,水平分辨率为 1.5°×1.5°,垂直分辨率为 37 层。

青藏高原地表感热通量一般在春季迅速增大,这是由于从冬季到春季太阳辐射的增加以及积雪的融化使得地表反照率减小、地气温差增大。与此同时,青藏高原地表风速迅速增大且最大值出现在 3—4 月,因此,其地表感热通量最大值出现在 4 月左右。而到了夏季,雨季的来临使高原上空云量增多,减少了地面吸收的太阳辐射,导致地气温差减小,进而地表感热通量减小,但地面水分的增多使地表潜热通量加大,所以潜热通量最大值出现在 7 月(图 4.47a),5—9 月青藏高原潜热通量在总的地表热通量中占比超过 50%(图 4.47b)。伊朗高原与青藏高原气候类型不同,全年尤其是夏季干旱少雨。相对于青藏高原,伊朗高原各月的潜热通量均小于地表感热通量,尤其是春末到秋初,感热比地表潜热大 20~60 W/m^2。夏季,受伊朗副热带高压控制,伊朗高原上空有强烈的下沉气流,天气晴朗,有利于地面吸收大量的太阳辐射,地表感热通量达到最强,而潜热通量占总通量的比例不足 30%。

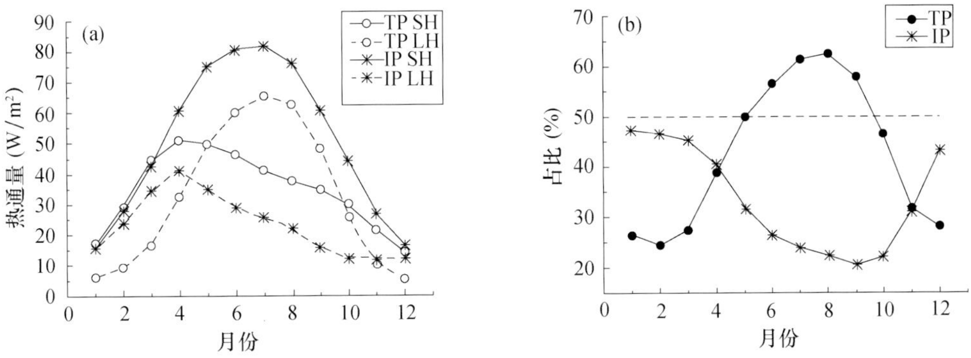

图 4.47 青藏高原和伊朗高原气候平均地表感热潜热通量(a)及潜热通量占地表热通量百分比(b)的季节变化

从空间分布来看，由于青藏高原东部的降水和植被分布要比西部丰富，因此，地表感热呈西大东小、地表潜热呈西小东大的分布特征。而伊朗高原下垫面性质较均一，植被稀少，有利于地面的增温，其整体地表感热通量比青藏高原地表感热通量大。从春季至夏季，伊朗高原中部地表感热增强最迅速，这是由于夏季地表风速增强引起的。伊朗高原地表潜热主要集中于靠近里海的高原北部地区，而春季至夏季降水的减小使得这一区域地表潜热也迅速减小。

进一步通过最大协方差分析方法来研究青藏高原与伊朗高原春季(夏季)感热(潜热)场的关系。将最大协方差空间场中相关系数值较高区域的平均值 I_{SH}(I_{LH})作为表征两高原热状况的指数。因此选取 30°—36°N，49.5°—58.5°E 区域内的 I_{SH}(I_{LH})平均值代表伊朗高原的地表热状况。以 90°E 为界将青藏高原划分为东、西两部分，地表热状况由青藏高原东部、西部 I_{SH}(I_{LH})平均值表示。下面主要讨论春季同期两个高原地表感热/潜热通量的关系以及伊朗高原春季感热与随后夏季青藏高原感热的关系。

春季两高原感热场最大协方差分析的第 1 模态的方差贡献高达 55%，可以代表两高原春季感热场的关系(图 4.48a_1～a_3)。左右场时间系数的相关系数为 0.81，且通过 0.01 显著性水平的蒙特卡洛检验，说明两个高原春季感热场整体具有高相关性。最大协方差分析第 1 模态空间分布显示伊朗高原尤其是扎格罗斯山脉东侧地区与喜马拉雅山脉地区春季感热为正相关，而与青藏高原中东部感热为负相关。对应的时间系数在 2000 年前后由正位相转至负位相，说明伊朗高原扎格罗斯山脉东侧、喜马拉雅山脉感热逐渐增强而青藏高原中东部感热逐渐减弱。

从春季伊朗高原 I_{SH} 与青藏高原东部、西部 I_{SH} 的时间序列(图 4.49a)可以看出，伊朗高原 I_{SH} 与青藏高原西部 I_{SH} 均为增强趋势，在 21 世纪初均存在由负异常至正异常的年代际转折，并且两者的相关系数为 0.44，通过 99% 水平的信度检验，说明春季伊朗高原感热与青藏高原西部感热有较好的正相关关系。而青藏高原东部 I_{SH} 为减弱趋势(图 4.49b)，20 世纪末至 21 世纪初存在由正异常转至负异常的年代际变化，与伊朗高原 I_{SH} 的相关系数为 −0.36，通过了 95% 水平的信度检验，说明春季伊朗高原感热与青藏高原东部感热有较好的负相关关系。

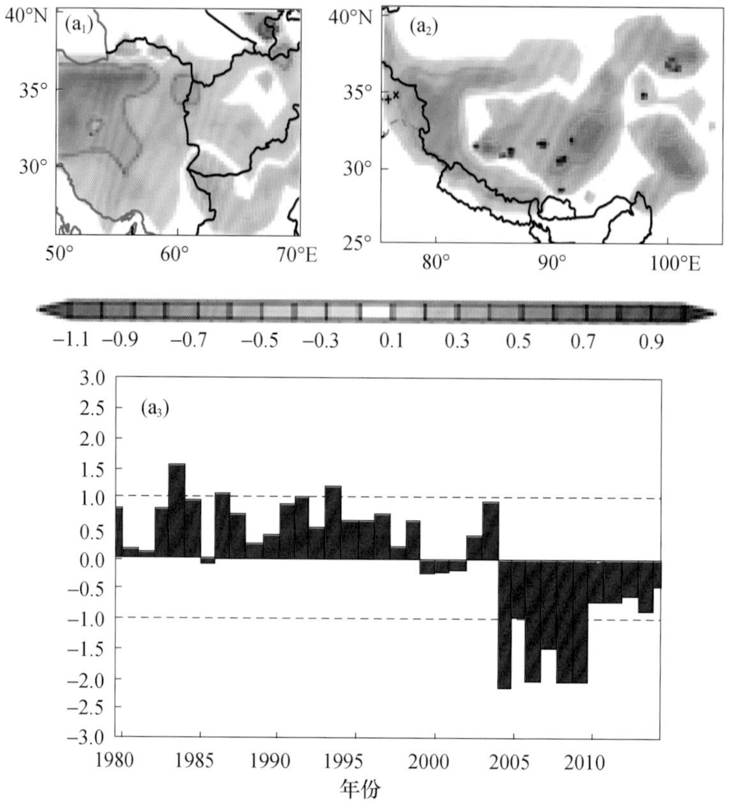
(a1)
40°N
35°
30°
50°
60°
70°E
(a2)
40°N
35°
30°
25°
80°
90°
100°E
-1.1 -0.9 -0.7 -0.5 -0.3 0.1 0.3 0.5 0.7 0.9
(a3)
3.0
2.5
2.0
1.5
1.0
0.5
0.0
-0.5
-1.0
-1.5
-2.0
-2.5
-3.0
1980
1985
1990
1995
2000
2005
2010
年份

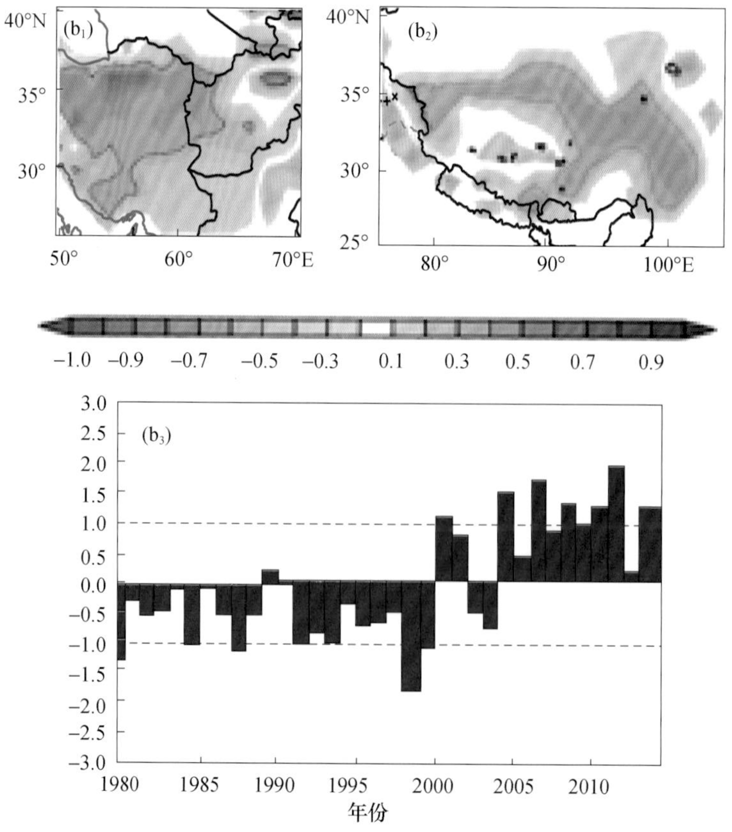
(b1)
40°N
35°
30°
50°
60°
70°E
(b2)
40°N
35°
30°
25°
80°
90°
100°E
-1.0 -0.9 -0.7 -0.5 -0.3 0.1 0.3 0.5 0.7 0.9
(b3)
3.0
2.5
2.0
1.5
1.0
0.5
0.0
-0.5
-1.0
-1.5
-2.0
-2.5
-3.0
1980
1985
1990
1995
2000
2005
2010
年份

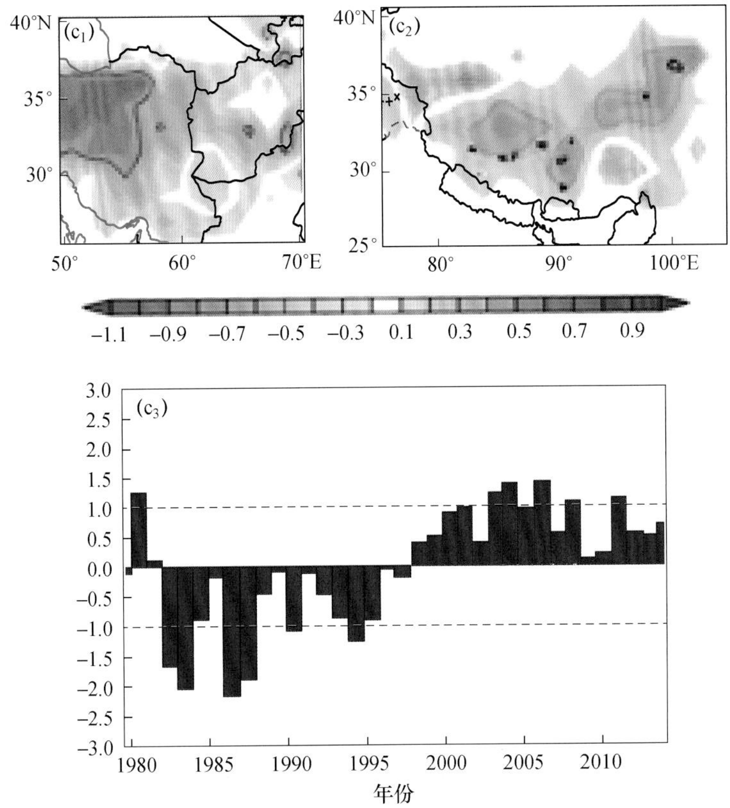

图 4.48 伊朗高原(a_1,b_1,c_1)与青藏高原(a_2,b_2,c_2)地表热通量最大协方差分析第 1 模态及时间系数(a_3,b_3,c_3)

(a_1—a_3. 春季感热,b_1—b_3. 春季潜热,c_1—d_3. 伊朗高原春季感热和青藏高原夏季感热;实线包围区域为通过 0.01 显著性检验)

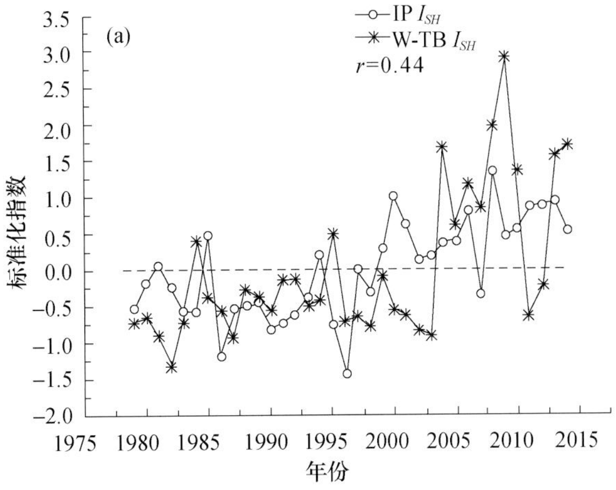

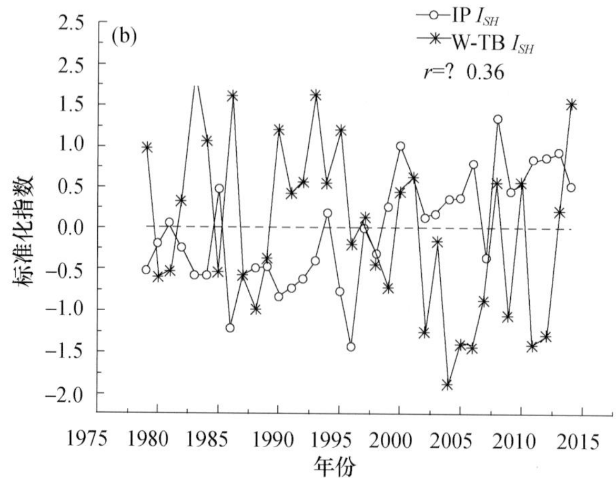

图 4.49　1979—2014 年地表感热通量指数(I_{SH})的时间序列
(a. 春季伊朗高原与青藏高原西部 I_{SH}，b. 春季伊朗高原与青藏高原东部 I_{SH}；r 为青藏高原与伊朗高原的 I_{SH} 相关系数)

春季两高原地表潜热场最大协方差分析的第 1 模态(图 4.48b_1—b_3)的左右场时间系数的相关系数为 0.78，解释方差贡献高达 60%，且通过 0.01 显著性水平的蒙特卡洛检验，说明两个高原地区春季地表潜热场也具有高相关性。最大协方差分析第 1 模态空间分布显示伊朗高原整体与青藏高原东部地表潜热有较强的正相关关系。第 1 模态高达 60%的解释方差说明伊朗高原与青藏高原春季同期地表潜热通量以同相变化为主，2000 年前以正异常为主，此后则大多为负异常，近 20 年有逐渐减弱的趋势。

如春季伊朗高原与青藏高原东部 I_{LH} 的时间序列(图 4.50)所示，两者随时间的变化比较吻合，均呈减弱趋势并有相似的年代际变化特征，相关系数达到 0.45，通过了 99%水平的信度检验，因此春季伊朗高原地表潜热与青藏高原东部地表潜热有较强的正相关关系。而春季伊朗高原与青藏高原西部的 I_{LH} 相关系数仅为 0.23，未能通过显著性检验。

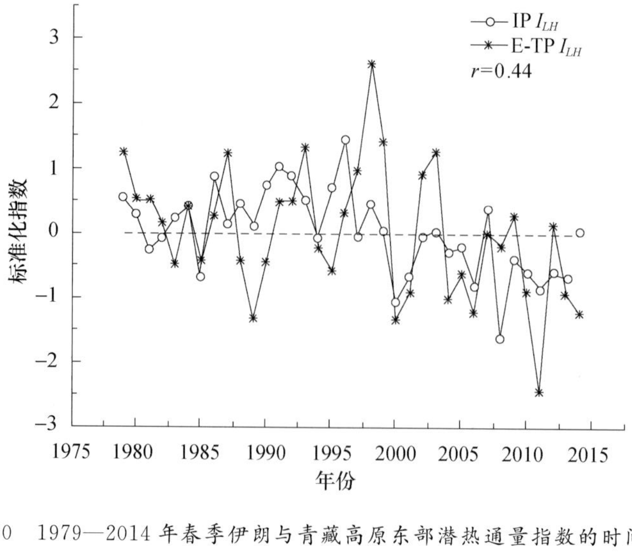

图 4.50　1979—2014 年春季伊朗与青藏高原东部潜热通量指数的时间序列
(r 为春季伊朗高原与青藏高原东部的 I_{LH} 相关系数)

前面讨论了两个高原地区春季同期地表感热、潜热通量之间的协同变化关系，春季与夏季地表热通量的滞后关系也值得讨论。根据青藏高原与伊朗高原春夏季地表热通量春季与夏季滞后关系的最大协方差各模态蒙特卡洛显著性检验结果，针对春季伊朗高原地表感热与夏季青藏高原地表感热的关系进行分析。

春季伊朗高原地表感热与夏季青藏高原地表感热最大协方差分析结果显示（图 4.48c_1—c_3），第 1 模态左右场时间系数的相关系数为 0.74，方差贡献为 49%，且通过 0.01 显著性水平的蒙特卡洛检验。第 1 模态为两个高原整体感热的反相关。当春季扎格罗斯山脉东侧伊朗高原大部感热较强时，夏季青藏高原主体感热较弱。两个高原地区地表感热通量之间这种季节滞后相关在 1998 年前后发生年代际位相变化，1998 年之前伊朗高原春季感热偏弱而青藏高原夏季感热偏强，1998 年之后则情形相反。

春季伊朗高原与夏季青藏高原东部的 I_{SH}时间序列（图 4.51）呈相反趋势，但两者在 20 世纪末均存在年代际转折，相关系数为－0.44，置信水平达到 99%，因此春季伊朗高原感热与夏季青藏高原东部感热有较强的负相关。而春季伊朗高原与夏季青藏高原西部的相关系数仅为－0.13，未能通过信度检验。

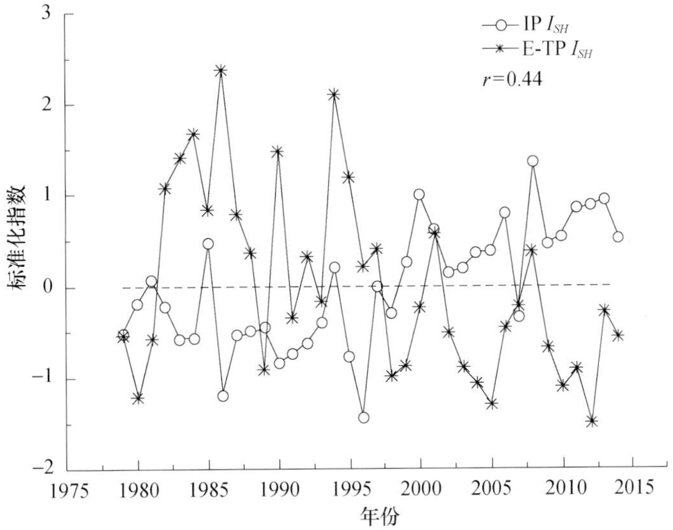

图 4.51　1979—2014 年伊朗高原春季与青藏高原东部夏季的感热通量指数的时间序列
（r 为春季伊朗高原与夏季青藏高原东部的 I_{SH} 相关系数）

夏季南亚高压位于青藏高原－伊朗高原上空，两高原地表热力变化能否通过其上空的南亚高压进而影响中国南方降水，这是一个值得研究的问题。6—7 月，南亚高压气候平均态的脊线位于 18°—30°N，中心位置大致在喜马拉雅山脉南侧（图 4.52）。依照南亚高压气候平均态脊线和中心位置所在经线将南亚高压区域进行划分，其空间分布的异常变化主要有两种形态：整个南亚高压范围内位势高度的同相变化和南亚高压西北部与东南部位势高度的反相变化（8 月除外）。已有研究指出，夏季南亚高压位置的西北－东南振荡会引起印度季风降水与东亚季风降水总量的反相变化（Wei et al.，2015），因此重点关注南亚高压 EOF 第二模态与亚洲夏季风及中国降水的联系。

根据南亚高压 EOF 第二模态空间型定义南亚高压西北－东南反相变化指数，该指数为南亚高压西北部平均位势高度标准化值与东南部平均位势高度标准化值的差值(见图 4.52 中的方框)。由于南亚高压的位置、范围会随时间的推移而不断变化,6—7 月,南亚高压面积增大、强度加强,脊线北移并且高压中心由孟加拉湾上空移至青藏高原西南侧的印度东北部上空(图 4.52a_1,图 4.52b_1)。因此,根据南亚高压脊线和中心所在经线定义的西北—东南反相变化指数在 6 月、7 月有所不同。其中,6 月、7 月南亚高压西北—东南反相变化指数分别为:

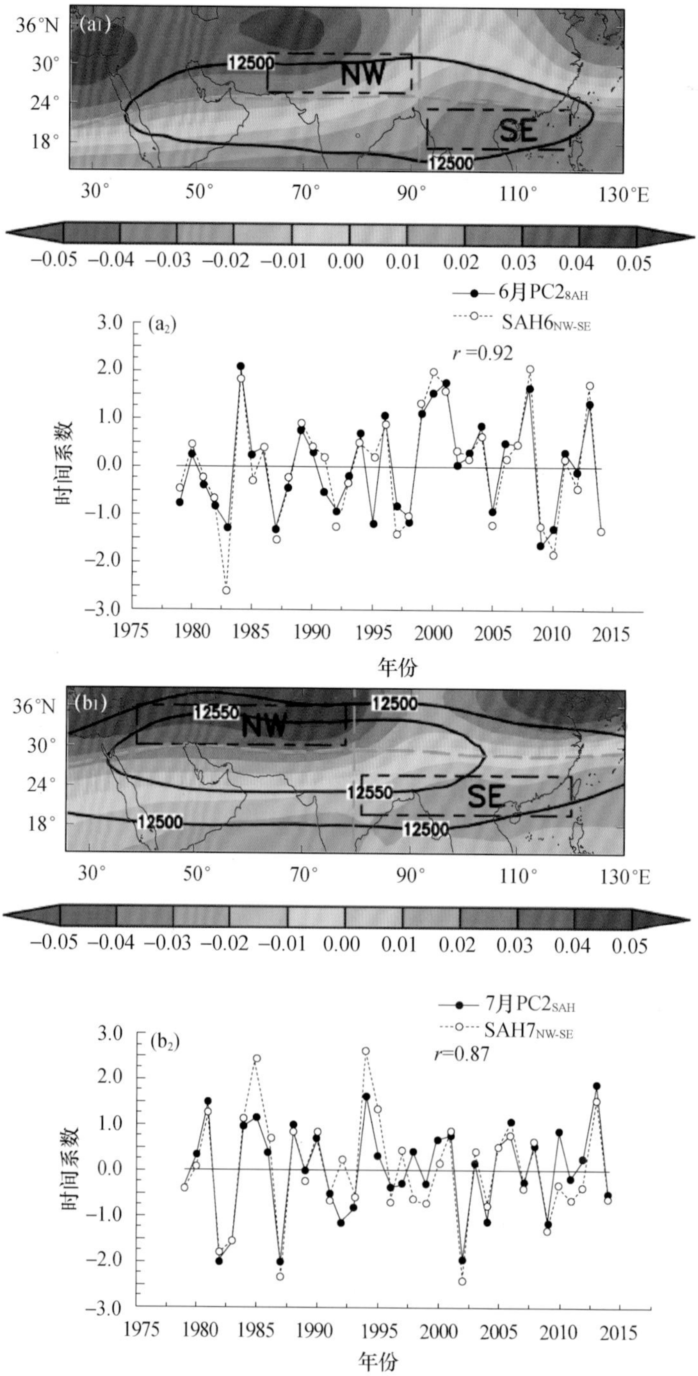

图 4.52　6 月(a_1,a_2)和 7 月(b_1,b_2)200 hPa 位势高度距平 EOF 第二模态(a_1,b_1)和相应的时间系数(a_2,b_2)(黑线表示南亚高压气候态范围,a2 和 b2 中的虚线分别为 $SAH6_{NW\text{-}SE}$ 和 $SAH7_{NW\text{-}SE}$)

$$SAH6_{NW\text{-}SE}=Nor(Z200_{(60°—90°E,25.5°N—31.5°N)})-Nor(Z200_{(93°—120°E,17°—23°N)}) \tag{4.1}$$

$$SAH7_{NW\text{-}SE}=Nor(Z200_{(39°—78°E,30°—36°N)})-Nor(Z200_{(81°—120°E,19.5°—25.5°N)}) \tag{4.2}$$

$SAH6_{NW\text{-}SE}$、$SAH7_{NW\text{-}SE}$均与其对应月南亚高压 EOF 标准化后的 PC2 基本吻合，相关系数高达 0.92、0.87，可以代表 6 月、7 月南亚高压西北—东南反相变化的特征（图 4.52a_2，图 4.52b_2）。

青藏高原与伊朗高原地表感热通量存在显著季节变化，并且两高原地表感热通量的异常变化关系密切（张浩鑫 等，2017）。3—7 月青藏高原与伊朗高原地表感热 SVD 前两个模态解释方差之和均超过 55%，其中，两高原感热 SVD 第一模态与南亚高压 EOF 第二模态关系较密切，相关系数有明显的季节变化，并且 5 月两高原地表感热 SVD 第一模态时间系数与 6 月、7 月南亚高压 EOF 第二模态时间系数的相关系数都超过了 0.05 显著性检验（表 4.2），而两高原感热 SVD 第二模态与南亚高压 EOF 第二模态关系较弱。考虑到 5 月青藏高原与伊朗高原地表感热 SVD 第一模态的解释方差为 48%，远高于其他模态，下面重点讨论 5 月两高原 SVD 第一模态对 6 月、7 月南亚高压位置西北—东南反相变化模态的影响。

表 4.2 青藏高原与伊朗高原感热 SVD 第一模态(3—7 月)与南亚高压 EOF 第二模态时间系数(6 月、7 月)的相关系数(黑体为通过 0.05 显著性水平检验)

	3 月 $SVD1_{IPTP\text{-}SH}$	4 月 $SVD1_{IPTP\text{-}SH}$	5 月 $SVD1_{IPTP\text{-}SH}$	6 月 $SVD1_{IPTP\text{-}SH}$	7 月 $SVD1_{IPTP\text{-}SH}$
6 月 $PC2_{SAH}$	0.13	0.30	**0.58**	**0.66**	—
7 月 $PC2_{SAH}$	0.07	**0.39**	**0.35**	0.22	0.29

注："—"为无数据。

在分析 5 月两高原感热协同作用对南亚高压的影响前，利用一阶偏相关分析计算 5 月青藏（伊朗）高原与 6 月南亚高压的相关系数可剔除另一高原影响南亚高压的信号，有利于得出青藏（伊朗）高原感热分别与南亚高压的关系。表 4.3 显示，在去除掉另一高原的感热异常信号后，青藏高原 5 月感热 EOF 的 PC2，伊朗高原 5 月感热 EOF 的 PC2 与 $SAH6_{NW\text{-}SE}$指数的相关系数都通过 0.01 显著性检验（青藏高原 EOF 的 PC1 与南亚高压关系较弱，故不讨论），但均小于 $SVD1_{IPTP\text{-}SH}$（特指 5 月）与 $SAH6_{NW\text{-}SE}$指数相关系数 0.55，且两者同号率为 69%。因此南亚高压的位置异常变化更依赖于两高原感热的共同影响。进一步分析发现，$SVD1_{IPTP\text{-}SH}$与 $SAH7_{NW\text{-}SE}$指数相关系数仅为 0.18，未能通过显著性检验。

表 4.3 5 月青藏高原感热 EOF 的 PC2、伊朗高原感热 EOF 的 PC1、PC2 与 SAH6NW-SE 的偏相关系数(括号内为一阶偏相关的控制变量，黑体为通过 0.05 显著性水平检验)

	$SVD1_{IPTP-SH}$	$PC2_{TP}$($PC1_{IP}$)	$PC2_{TP}$($PC2_{IP}$)	$PC1_{IP}$($PC2_{TP}$)	$PC2_{IP}$($PC2_{TP}$)
$SAH6_{NW-SE}$	**0.55**	**0.44**	**0.53**	0.19	**0.43**

5 月青藏高原地表感热与伊朗高原地表感热异常大致呈反相变化的关系（图 4.53），其中青藏高原感热高相关区位于 32°N 以南区域，伊朗高原感热高相关区域主要位于 32°N 以北。选取 $SVD1_{IPTP\text{-}SH}$中超过 0.5 个标准差的正异常年（1999 年、2000 年、2001 年、2004 年、2006 年、2008 年、2011 年、2013 年）、负异常年（1979 年、1983 年、1984 年、1986 年、1987 年、1991 年、1992 年、1993 年、1996 年、1997 年、1998 年、2009 年、2014 年）合成 6 月、7 月的南亚高压。当 $SVD1_{IPTP\text{-}SH}$为正异常年时，伊朗高原大部分地区尤其是高原北部地表感热为正异常，青藏高原除了昆仑山脉北侧以外都为感热负异常（图 4.53），6 月南亚高压相对于其气候态平均位置

明显向西北方向偏移(图 4.54a)。然而 7 月南亚高压并没出现西北向的偏移,仅仅是东伸脊点略微偏西(图 4.54b)。$SVD1_{IPTP-SH}$ 负异常年的合成结果与正异常年份相反,5 月伊朗高原感热大部分为负异常、青藏高原感热为正异常,6 月南亚高压位置偏东南,7 月南亚高压东伸脊点偏东。因此 6 月南亚高压位置的西北—东南向摆动与前期 5 月伊朗高原和青藏高原地表感热的差异有着很好的对应关系,当伊朗高原感热异常偏强(弱)而青藏高原感热异常偏弱(强)时,南亚高压位置偏西北(东南)。

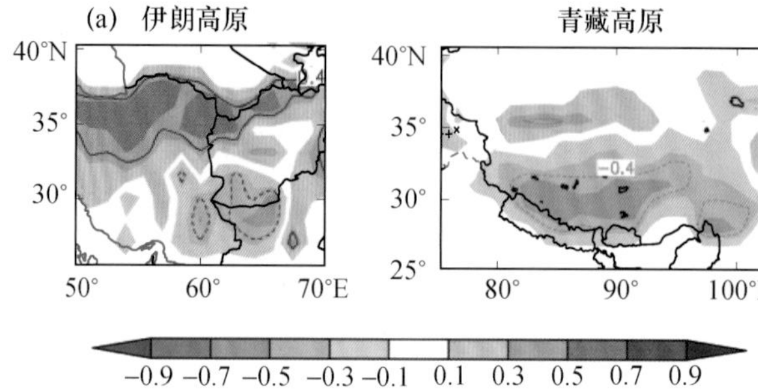

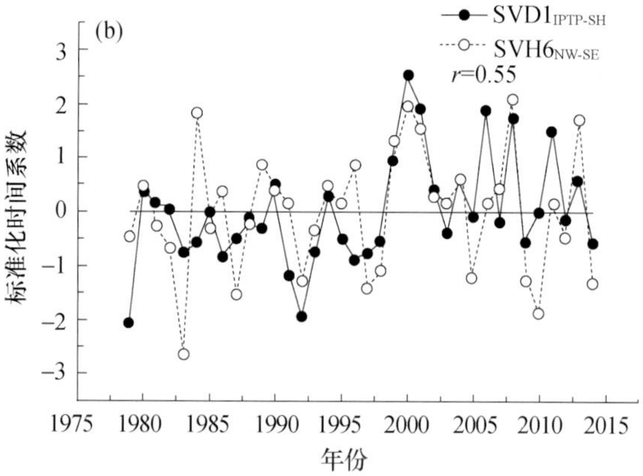

图 4.53　5 月青藏高原与伊朗高原 SVD 第一模态空间场(a)及其标准化时间系数、$SAH6_{NW-SE}$ 指数(b)

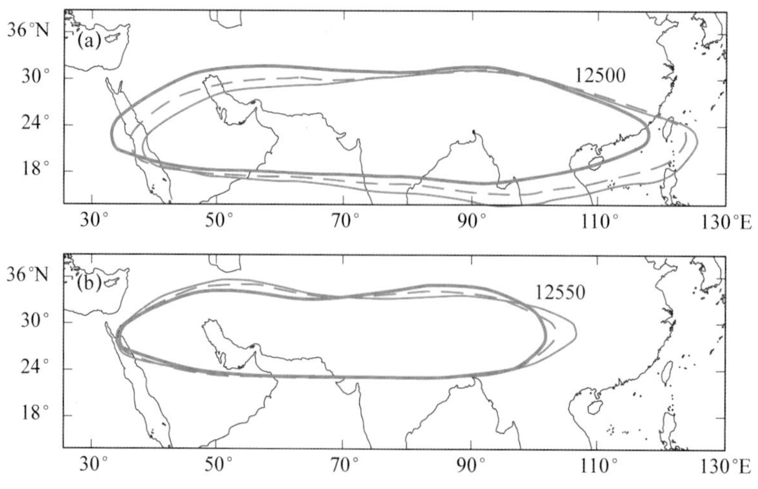

图 4.54　5 月 $SVD1_{IPTP-SH}$ 指数正/负异常年合成的 6 月(a)和 7 月(b)南亚高压位置
(粗/细实线为正/负异常年合成值;虚线为南亚高压气候态,单位:gpm)

在 5 月 $SVD1_{IPTP-SH}$ 正异常年，即伊朗高原感热偏强而青藏高原感热偏弱的年中，6 月 850 hPa 水平风场显示，伊朗高原与阿拉伯半岛上空的气旋式环流异常和印度半岛西南部上空的反气旋式环流异常共同造成印度夏季风异常偏强。当西南风进入印度东北部上空后呈气旋式环流异常，有利于此处水平风场辐合，并且有整层水汽通量的净输入，为凝结潜热的释放提供了充分的水汽。同时，东亚季风也较强，在中国江淮地区有整层水汽通量的净输入（图 4.55a_1）。沿 30°N 的纬向垂直风场中，6 月伊朗高原东西部海拔较高的区域以及两个高原之间的印度东北部上空大气有异常偏强的垂直上升运动，而青藏高原东部上空大气上升运动偏弱（图 4.55b_1）。相反地，5 月 $SVD1_{IPTP-SH}$ 负异常年对应着 6 月偏弱的印度夏季风，印度东北部上空为反气旋式异常、有整层水汽通量的净流出（图 4.55a_2），伊朗高原与印度东北部上空大气垂直上升运动偏弱（图 4.55b_2）。通过合成结果的对比可以看出，印度夏季风的强度在 $SVD1_{IPTP-SH}$ 指数正负异常年正好相反。

关于季风指数的定义有很多，为了反映东亚大范围夏季风的年际变化，采用 Lau 等(2000)定义的东亚夏季风指数，它代表了 110°—150°E、40°—50°N 与 110°—150°E，25°—35°N 两个不同区域内 200 hPa 纬向风的切变。印度夏季风指数为 Goswami 等(1999)定义的 70°—110°E，10°—30°N 区域内 850 hPa 与 200 hPa 的经向风切变，该指数较好地反映了印度夏季风的年际变化，并且与包括孟加拉湾在内的印度夏季风区域降水关系很好。

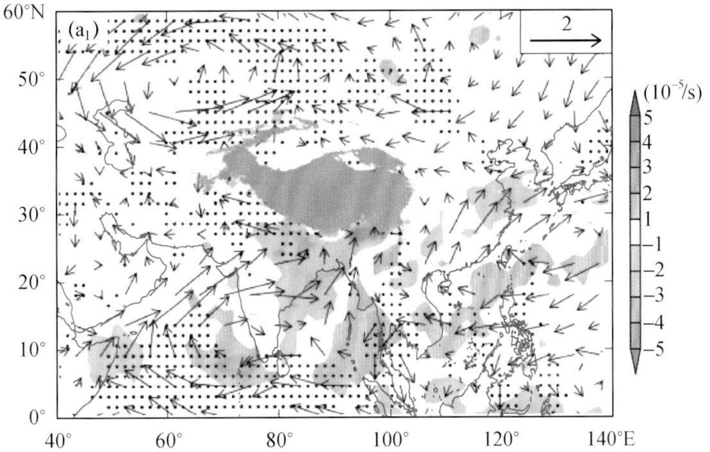

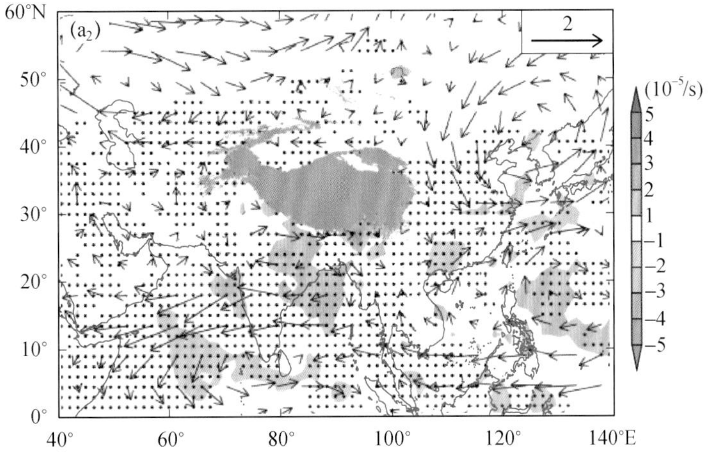

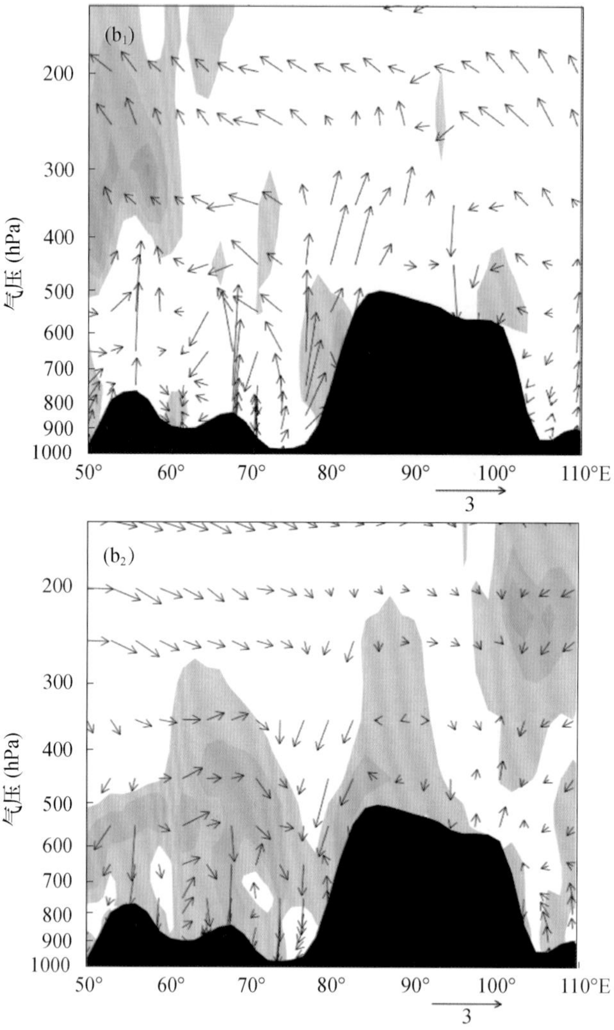

图 4.55　根据 5 月 $SVD1_{IPTP\text{-}SH}$ 合成的 6 月 850 hPa 水平风场距平（矢量场打点区域为通过 0.1 显著性水平的风场，单位：m/s）和整层水汽通量散度（填色）：（a_1 为正异常年，a_2 为负异常年）。b_1—b_2 同 a_1—a_2，但为沿 30°N 平均的垂直风场距平（填色区域通过信度为 0.1 的显著性检验，单位：10^{-2} m/s）

进一步计算 5 月 $SVD1_{IPTP\text{-}SH}$ 指数与印度夏季风、东亚夏季风指数的相关系数发现，5 月两高原地表感热差异与 6 月印度夏季风强度关系最密切，相关系数达到 0.49，通过 0.01 显著性检验；而与 7 月印度夏季风强度关系就不显著，这说明 5 月伊朗与青藏高原地表感热差异主要影响初夏 6 月印度季风，而潜热可能是影响盛夏 7 月、8 月印度季风强度的重要原因。5 月两高原地表感热差异与 6 月、7 月东亚夏季风指数的相关系数都未通过检验，说明对 6 月、7 月东亚夏季风影响不显著。

图 4.56 计算了 5 月伊朗与青藏高原地表感热 $SVD1_{IPTP\text{-}SH}$ 与 6 月大气显热源＜Q1＞、水汽汇＜Q2＞（Yanai et al.，1973）的相关系数，从图可以看出，与＜Q1＞、＜Q2＞相关的空间分布较一致，且在印度东北部都为相关正值区，说明 5 月 $SVD1_{IPTP\text{-}SH}$ 异常是影响印度东北部凝结潜热释放偏强的主要来源。总体而言，5 月伊朗高原感热偏强（弱）、青藏高原感热偏弱（强）

时，6 月印度夏季风偏强（弱）、印度东北部对流活动偏强（弱）。强烈的对流活动会造成大量凝结潜热释放，增强了大气热源从而使气柱位势高度增加。

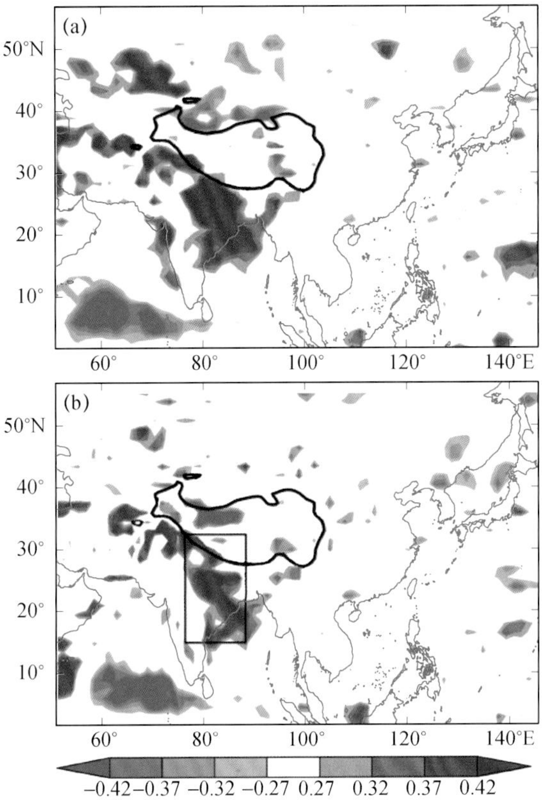

图 4.56 5 月 $SVD1_{IPTP-SH}$ 与 6 月大气显热源<Q1>(a)和水汽汇<Q2>(b)的相关场

（填色区域通过信度为 0.1 的统计检验）

为了讨论印度东北部上空大气的凝结潜热与 200 hPa 位势高度的关系，选取 75°—90°E，21°—27°N 区域内 6 月<Q2>的平均值作为凝结潜热指数－<Q2>指数。<Q2>指数与同期 $SAH6_{NW-SE}$ 以及随后的 $SAH7_{NW-SE}$ 指数关系都很密切，相关系数分别达到 0.71、0.36，均通过信度为 0.05 的统计检验。根据<Q2>指数回归出的 6 月、7 月 200 hPa 高度场（图 4.57）与 6 月、7 月 200 hPa 位势高度 EOF2 所表现出的位势高度异常空间分布型非常类似，体现出了南亚高压位置西北－东南反相变化的特点，当印度东北部凝结潜热偏强（弱）时，6 月同期和随后 7 月的南亚高压西北偏强、东南偏弱（西北偏弱、东南偏强）。

因此可以得出一个陆面强迫影响高层大气的机制。在春末 5 月，伊朗高原地表感热和青藏高原地表感热往往呈整体反相变化的关系。若伊朗高原感热偏强（弱）时，青藏高原往往感热偏弱（强），这样的地表热力配置有（不）利于 6 月份印度夏季风的加强以及印度东北部对流活动的旺盛（衰弱），使得印度东北部降水增多（减少）、凝结潜热释放增强（减少）。大气热源的增加（减少）抬升（降低）了气柱、增大（减小）了 200 hPa 位势高度从而造成 6 月、7 月南亚高压西北偏强、东南偏弱（西北偏弱、东南偏强）。

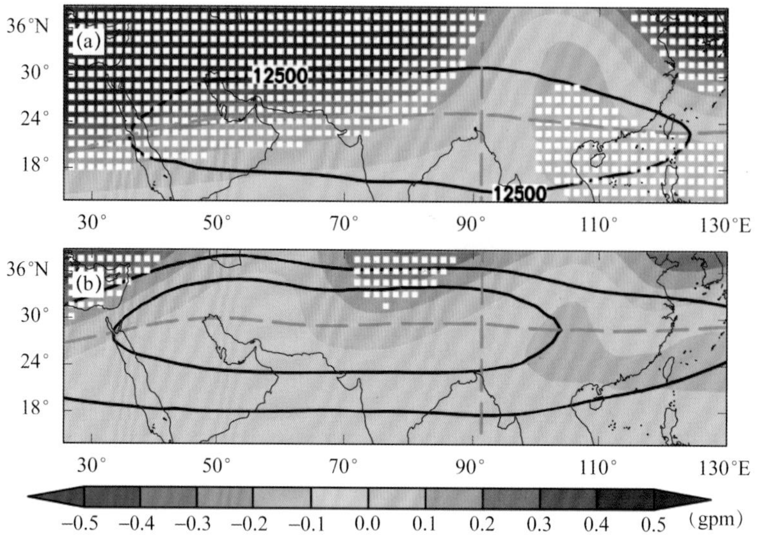

图 4.57 根据 6 月＜Q2＞指数回归的 6 月(a)和 7 月(b)200 hPa 位势高度场距平
(打点区域为信度通过 0.1 统计检验;黑色等值线为南亚高压气候态)

南亚高压作为北半球夏季对流层上空最强大的系统,覆盖了印度季风区和东亚季风区的大部分区域,将两个亚洲夏季风子系统联系起来。同时印度夏季风与东亚夏季风降水区域的凝结潜热又共同调节着南亚高压位置、强度的变化。在表 4.4 中,SAH6$_{NW-SE}$、SAH7$_{NW-SE}$指数与同期的印度夏季风指数(Goswami et al,1999)为显著的正相关、相关系数分别为 0.74、0.39,与同期的东亚夏季风指数(Lau,2000)也为显著的正相关关系,分别为 0.45、0.53。而在非同期关系中,SAH6$_{NW-SE}$、SAH7$_{NW-SE}$指数与印度夏季风指数、东亚夏季风指数的关系并不显著。在 6 月,南亚高压脊线位于 24°N 附近。当南亚高压位置偏西北时会造成同期印度夏季风和东亚夏季风增强,使得 6 月印度降水增多、中国东部的华北南部、黄淮地区降水偏多、而日本以南的西北太平洋降水量减少(图 4.58a)。到了 7 月,随着南亚高压脊线北移至 29°N 附近以及东亚夏季风的北进,南亚高压位置偏西北,意味着印度西北部 7 月份降水偏多,东亚季风偏强,中国长江中下游降水偏少(图 4.58b)。而印度降水量的增多又通过凝结潜热释放,进一步使南亚高压位置偏西北,形成正反馈。当南亚高压偏东南时,情况正好相反,会造成 7 月中国长江中下游降水偏多;具体见春季伊朗高原和青藏高原地表感热协同影响中国南方夏季降水的物理概念图图 4.64。

表 4.4 SAH6$_{NW-SE}$指数、SAH7$_{NW-SE}$指数与 6 月、7 月印度夏季风、东亚夏季风指数的相关系数

	ISM(6 月)	ISM(7 月)	EASM(6 月)	EASM(7 月)
SAH6$_{NW-SE}$	**0.74**	0.26	**0.45**	−0.1
SAH7$_{NW-SE}$	0.26	**0.39**	0	**0.53**

注:黑体为通过 0.01 显著性检验。

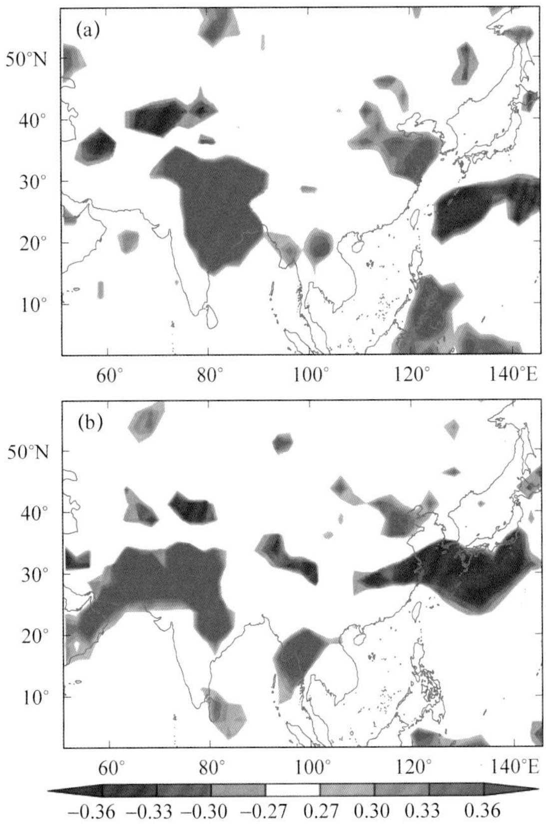

图 4.58 $SAH6_{NW\text{-}SE}$指数(a)、$SAH7_{NW\text{-}SE}$指数(b)与同期降水距平的相关场（填色区域为信度通过 0.1 统计检验）

4.2.5 北极极冰和欧亚积雪对南方旱涝的影响

研究指出，当夏季乌拉尔山阻塞高压活跃时，来自高纬度的冷空气与来自热带海洋的暖湿气流汇合，容易引发南方地区洪涝的发生(张庆云 等，1998)。此外，夏季欧亚遥相关型也可以通过影响西太平洋副热带高压和东亚大槽，进而对中国旱涝分布产生重要影响(Shi et al.，1993；Wu B Y，et al.，2009)。近几十年，北极海冰急剧减少，其年际—年代际变率对极地以外地区的大气环流异常具有很强的指示意义。研究表明，北极海冰变化可以通过夏季乌拉尔山阻塞高压以及欧亚遥相关型对中国南方气候产生重要影响(张若楠 等，2017；Zhang et al.，2017)。

夏季乌拉尔山地区阻塞高压指数具有显著的年际变化(图 4.59a)，当乌拉尔山阻高指数偏高时，北大西洋中高纬度地区和乌拉尔山地区表现为显著的位势高度场正异常(图 4.59b)，且在垂直方向上呈现准正压结构(图 4.59c)，对应格陵兰海—巴伦支海一带区域海冰从前期春季至夏季持续偏多(图 4.60)。当北极海冰偏多时，在动力过程影响下，格陵兰海—巴伦支海以北地区的低层大气斜压性减弱、以南地区的低层大气斜压性增强，导致北大西洋—欧洲地区天气尺度瞬变涡旋的形成。这种天气尺度瞬变涡旋对阻塞高压的长时间维持起着重要作用。乌拉尔山地区天气尺度瞬变涡旋与风暴轴的相互作用，增强了局地位势高度倾向，从而有利于夏季乌拉尔山阻塞高压的出现。另一方面，当格陵兰海—巴伦支海从春季至夏季持续多冰时，欧亚高纬度地区的经向温度梯度逐步增强，使得副极地急流北移以及中纬度西风减速。

在这些动力过程的共同作用下，夏季欧亚中高纬地区遥相关波列增强，有利于乌拉尔山阻塞高压的生成。从热动力过程来讲，秋、冬季北极海冰的减少可以通过增加极地—高纬度地区的水汽含量，从而在欧亚大陆中纬度地区产生大量降雪（Liu et al.. 2015; Li et al., 2012）。春季格陵兰海—巴伦支海一带区域的多冰，在春末的西西伯利亚平原地区产生较少的降水，导致土壤湿度偏低（图 4.61）。而较干的土壤又可以反过来反馈大气，其通过增加表层大气热通量以及减弱对流活动来增厚局地中低层大气厚度场，进而激发中高层大气反气旋环流的产生（Ferranti et al., 2006; Zampieri et al., 2009）。这些大气环流过程的改变进一步加强了欧亚中高纬遥相关型，乌拉尔山地区的高压脊也随之加强，有利于乌拉尔山阻塞高压的形成和维持。当北极海冰偏少时，以上结论反之（Zhang et al., 2017）。

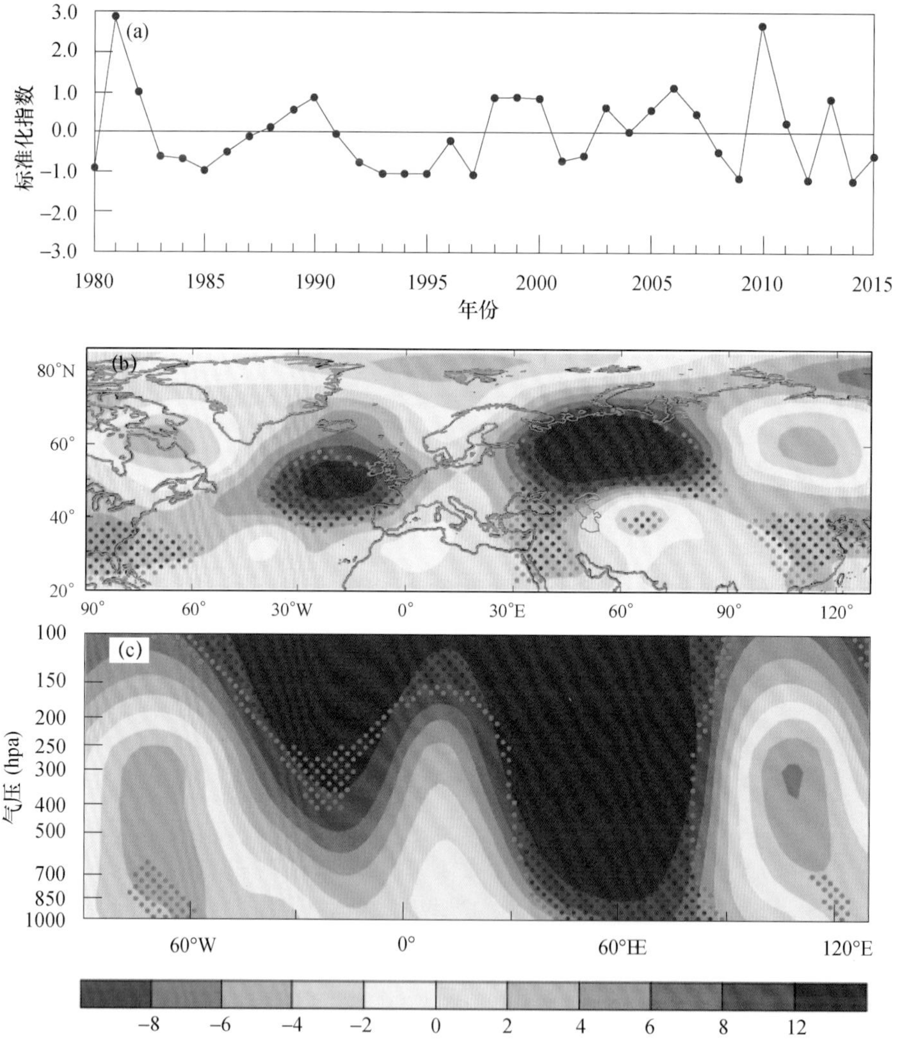

图 4.59 标准化的夏季乌拉尔山阻塞高压指数(a)、夏季 500 hPa 位势高度场(单位:gpm)(b)和沿着 60°N 剖面的位势高度场对乌拉尔山阻塞高压指数的回归(c)

(图(b)和(c)中绿色和紫色点代表异常值的置信水平达到 90%和 95%)

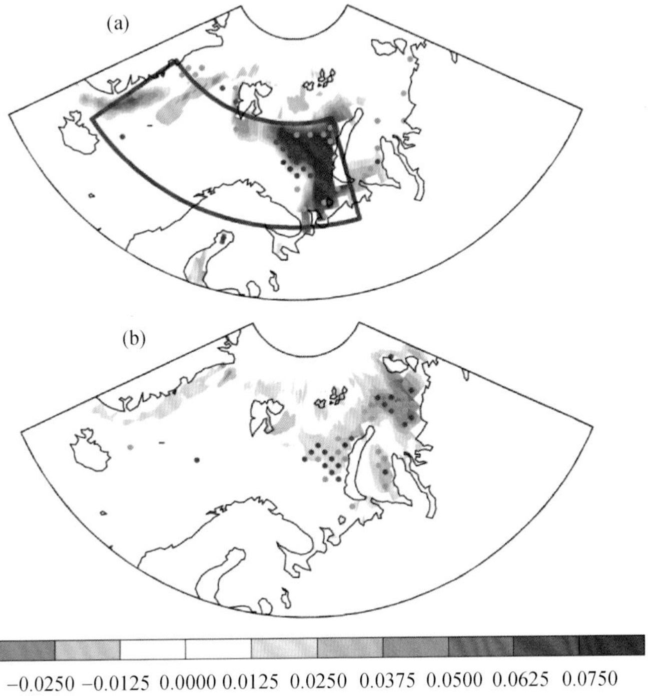

图 4.60 北极海冰密集度对夏季乌拉尔山阻塞高压指数的回归分布(a. 春季;b. 夏季)
(图(a)中方框区域用来定义春季海冰指数;图中绿色和紫色点代表异常值的置信水平达到 90%和 95%)

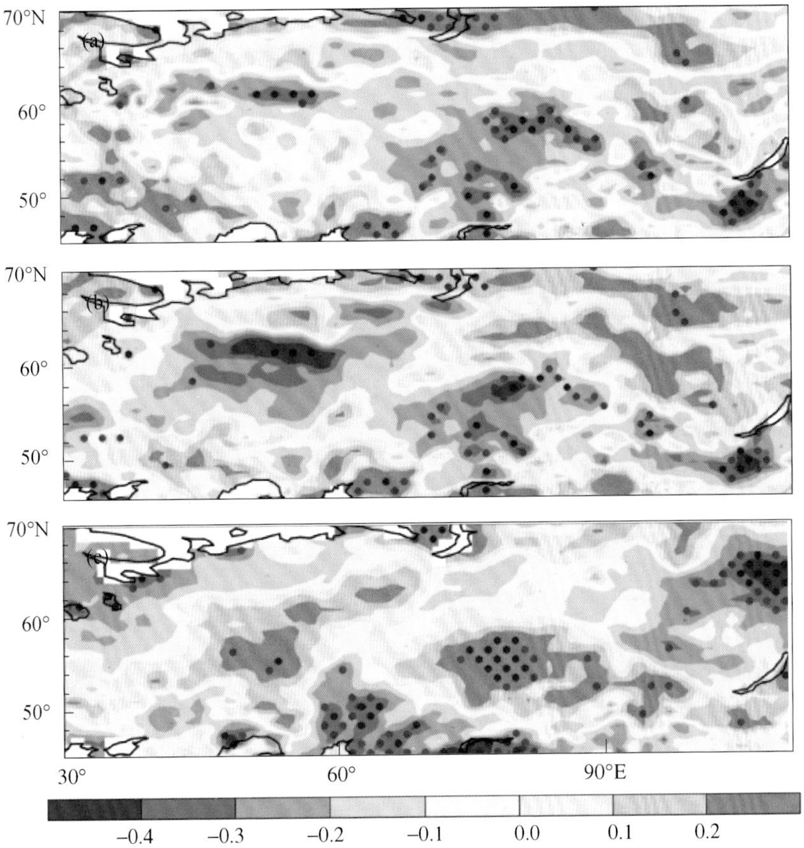

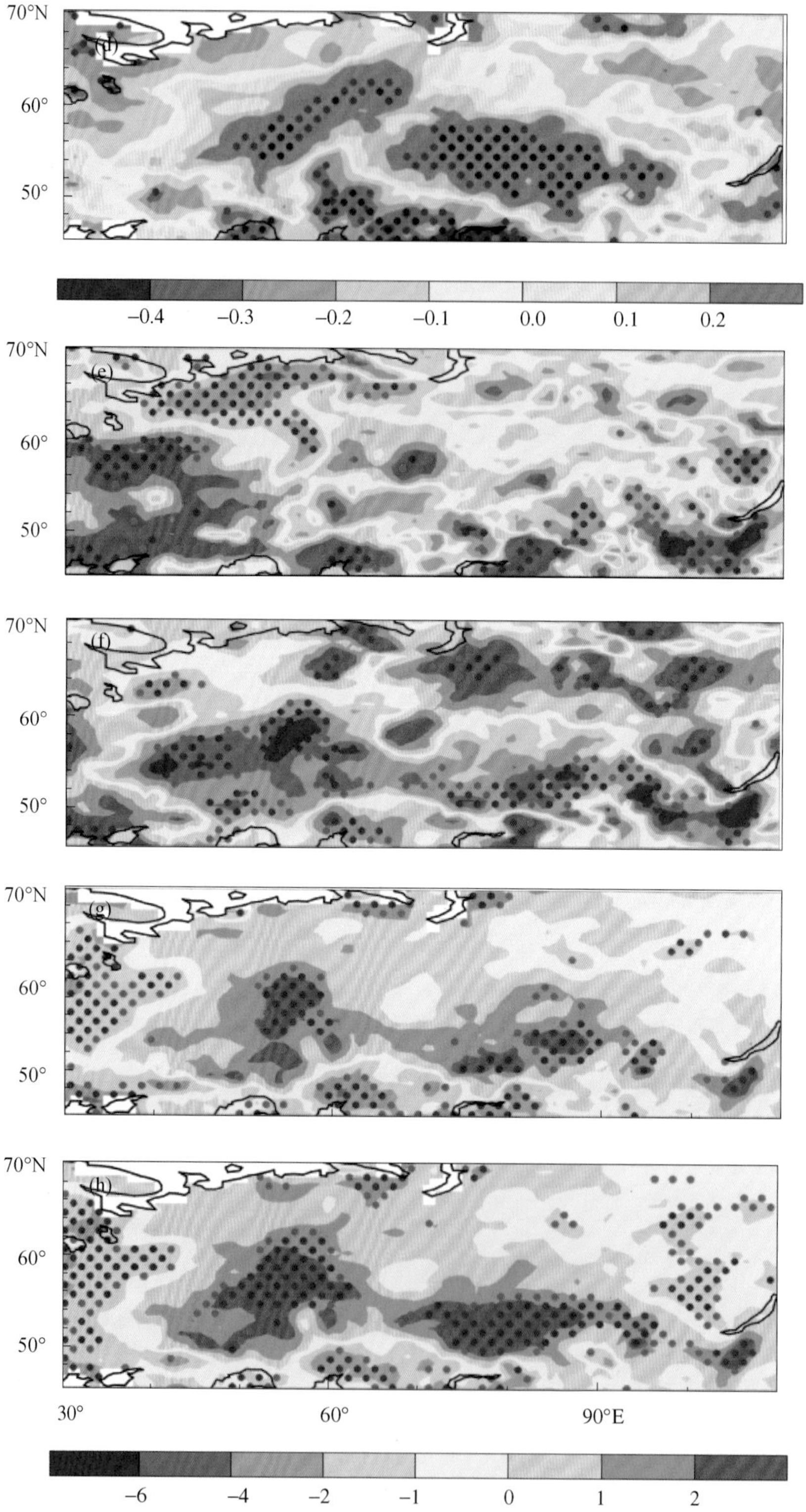

图 4.61　4—6 月土壤湿度(a)、夏季土壤湿度(单位:m^3/m^3)(b)、4—6 月下垫面热通量(c)、夏季下垫面热通量(单位:W/m^2)(d)对夏季乌拉尔山阻塞高压指数的回归，(e—h)与(a—d)类似，但为对春季北极海冰指数的回归

(图中绿色和紫色点代表异常值的置信水平达到 90%和 95%)

夏季北大西洋-欧亚中高纬地区 500 hPa 位势高度场自然正交分解第二模态表现为明显的"－＋－＋"遥相关波列，异常高空槽区分别位于格陵兰岛—北大西洋和乌拉尔山地区，不利于乌拉尔山阻高的建立，而异常高压脊区则分别位于欧洲和贝加尔湖附近地区，这个遥相关波列与夏季欧亚中高纬遥相关型(EU)分布非常相似。当该遥相关波列为"－＋－＋"型分布时，前期春季巴伦支海北部区域和巴芬湾区域海冰明显偏少，夏季巴伦支海北部区域海冰持续偏少。机理分析表明，前期春季-夏季北极海冰偏少后，在动力过程影响方面会激发异常罗斯贝波源，使准定常罗斯贝波活动通量向东亚地区传播(图 4.62)，促使夏季欧亚中高纬地区"－＋－＋"型出现。另一方面，在热动力过程影响方面，春季北极海冰异常偏少后，4—5 月欧亚大陆乌拉尔山-贝加尔湖以北地区积雪分布出现"西少东多"偶极子型异常，其中东欧平原地区积雪偏少，西伯利亚地区积雪偏多(图 4.63a)。而积雪的消融会改变土壤湿度及其相联系的热通量，进一步增强夏季欧亚中高纬遥相关型。伴随着欧亚中高纬遥相关型的增强，贝加尔湖以南地区出现反气旋性环流，东亚槽偏浅，同期夏季中国长江流域及其以北大部分地区降水显著偏少，尤其是在东北北部地区、长江和黄河之间的地区，而长江流域以南地区降水偏多(图 4.63b)。当北极海冰偏多时，以上动力过程和热动力过程及其对中国夏季旱涝的影响则相反(张若楠 等，2017)。相关物理过程概念流程图如图 4.64 所示。

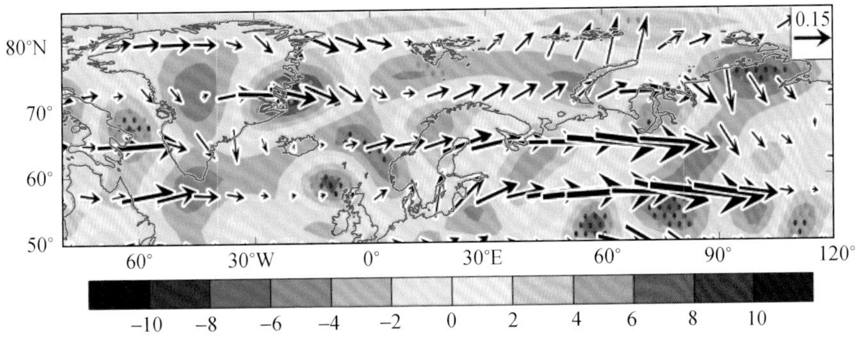

图 4.62 春季巴伦支海-巴芬湾海冰偏少与偏多年合成的夏季 300 hPa 波源(阴影；单位：10^{-11}/s)和波活动通量(矢量；单位：m^2/s^2)差值

(图中绿色和紫色点代表差值的置信水平达到 90%和 95%)

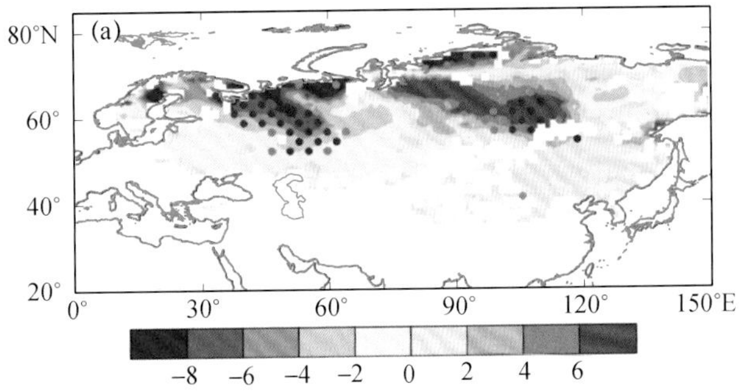

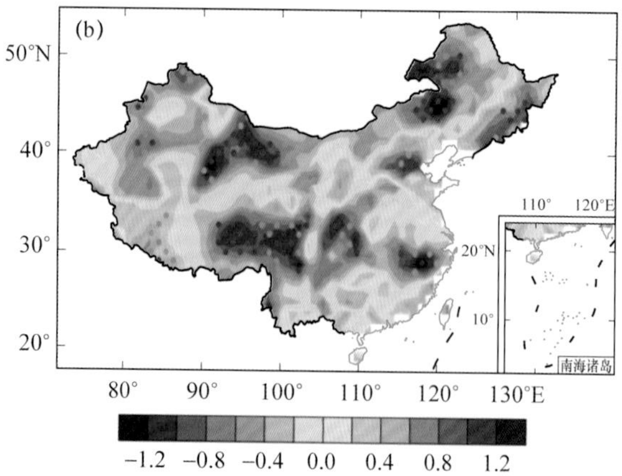

图 4.63　4—5 月欧亚雪水当量对巴伦支海(70°—82°N,0°—55°E)区域平均海冰的回归场(a)和春季北极海冰偏少年与偏多年合成的中国夏季降水量差值(单位:mm)(b)

(图中绿色和紫色点代表异常和差值的置信水平达到 90%和 95%)

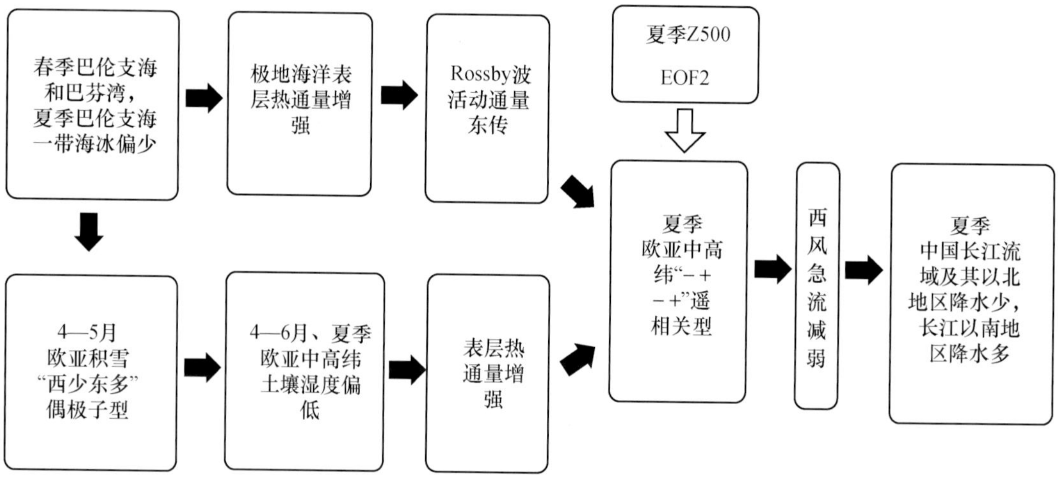

图 4.64　春—夏季北极海冰影响中国南方夏季降水的物理概念图

虽然上述诊断分析发现北极海冰偏少或偏多是影响夏季欧亚中高纬地区大气环流系统的一个重要因子,但是还有两个问题值得进一步考虑。第一,北极海冰与欧亚积雪对夏季欧亚中高纬地区大气环流的协同影响还值得深入研究。为了回答这个问题,考察了二者在不同位相配置下的夏季大气环流异常。结果表明,在海冰偏少年或(且)积雪“西少东多”年,北大西洋—欧亚大陆中高纬地区均表现出显著的“－＋－＋”型,在海冰偏多年或(且)积雪“西多东少”年,表现出“＋－＋－”型,但型态略有减弱。这意味着北极海冰偏少、欧亚地区积雪出现“西少东多”的协同分布时,可以加强夏季欧亚中高纬“－＋－＋”型,反之亦然。上述结果进一步表明了协同影响的重要性(张若楠 等,2017)。第二,有部分研究指出,极地外大气环流对北极海冰异常响应的信噪比偏低,因此大气环流的变化可能部分或者全部来自于大气内部变率,而不是北极海冰的影响。识别大气内部变率和外强迫对大气环流变异的相对贡献也是非常值得考虑的问题。

4.2.6 南半球环状模对南方气候的影响

南半球环状模(Southern Hemisphere Annular Mode,简称 SAM)是南半球热带外地区环流变率的主模态。由于 SAM 在空间上的大尺度特征,全球多个范围的气候均响应于 SAM 的变率和变化。关于 SAM 对北半球尤其是对中国气候的影响问题,已取得了很多有意义的成果(Zheng et al.,2014;Zheng et al.,2015a)。海气耦合过程在 SAM 对北半球的气候影响中扮演着重要角色,与 SAM 信号的跨季节存储及信号由南半球向北半球的传播均有密切关系。

中国华南地区降水量的季节分布呈双峰型,即峰值分别出现在春季和盛夏,这两个阶段的降水量占全年总降水量的 70%以上,其中春季(3—5 月)的降水量可占全年总降水量的 35%以上(图 4.65a)。华南春雨(3—5 月)在空间上主要集中在 110°—120°E,20°—30°N 的范围内(图 4.65a)。研究发现,前期冬季(12 月—次年 2 月)SAM 可以影响到华南春雨的变率,两者为显著的负相关关系(郑菲 等,2012)。计算扣除 ENSO 信号后的偏相关系数,前冬 SAM 与华南春雨的相关依然是显著的(图 4.65b)。为了从整体上衡量该区域的降水,挑选区域中的 11 个代表台站,分别是衢州、浦城、南昌、吉安、赣州、零陵、梅县、汕头、河源、广州、梧州(图 4.65c),将春季台站平均降水量经标准化处理后的时间序列定义为华南春雨指数(SCRI)。由图 4.65d 可见,前冬 SAM 与华南春雨指数呈反向变化,相关系数为 −0.46(置信水平达到 99%)。

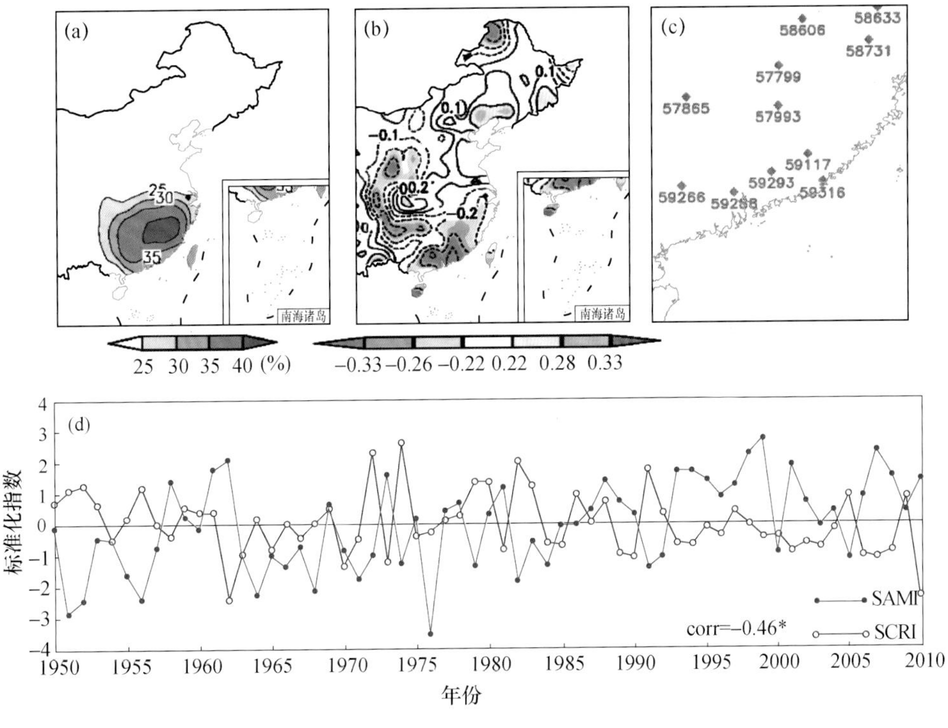

图 4.65 春季(3—5 月)降水占全年降水的比例(a)、前冬 SAM 与春季降水在扣除前冬 ENSO 信号后的偏相关系数(b)和华南地区(110°—120°E,20°—30°N)相关系数显著的 11 个台站分布(c)以及前冬 SAM 指数和华南春雨指数的时间序列(d)

超前一个季节的南半球信号 SAM 怎样影响到华南春雨的变率？由于大气自身的记忆性

较差,因此考虑下垫面海洋对异常信号的存储并释放影响大气的过程。SAM 的活动伴随着南半球热带外西风急流位置的南北移动。当 SAM 处于正(负)位相时,南极极涡增强,热带外西风急流向南极(赤道)方向移动,高纬度西风增强(减弱),中纬度西风减弱(增强)。SAM 活动导致的纬向风异常在垂直方向上具有准正压结构,海表风速也随 SAM 的位相不同而呈现南北移动,而海表风速的变化可以影响海表热力收支及海洋 Ekman 输送,从而引起海温异常。图 4.66 是冬季 SAM 与各月纬向平均近地面纬向风、纬向平均海温的超前滞后相关。由图可见,冬季 SAM 与高纬度纬向风为正相关,与海温为负相关;相反,冬季 SAM 与中纬度纬向风为负相关,与海温为正相关。这说明冬季 SAM 正(负)位相时,高纬度海温偏冷(暖),中纬度海温偏暖(冷)。SAM 造成的南半球中、高纬度反向变化的海温偶极子型异常称为南大洋偶极子(Southern Ocean Dipole,简称 SOD)(Zheng et al.,2015b;2015c)(Liu et al.,2015;2016)。由于海洋强大的热惯性,冬季 SAM 造成的 SOD 型海温异常可以持续到次年春季。

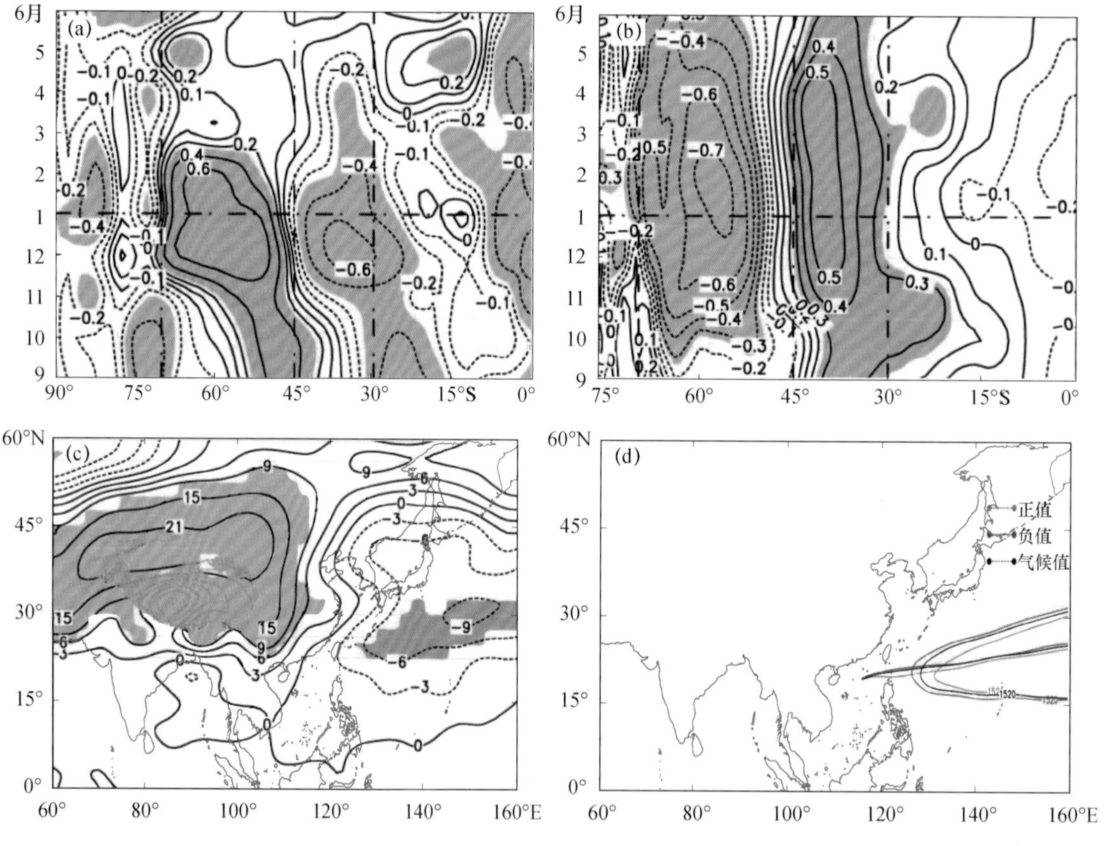

图 4.66　冬季 SAMI 与各月纬向平均近地面纬向风(a)和纬向平均海温(b)的超前滞后相关系数(阴影区代表相关系数的置信水平达到 95%)、基于春季 SOD 合成的同期春季 850 hPa 位势高度场合成差(单位:gpm)(c)及西北太平洋副热带高压脊线位置(黑、红、蓝线分别代表气候态、正、负位相年合成)(d)

(图(c)中合成差所指为正位相减负位相的结果,灰色阴影代表青藏高原,彩色阴影代表合成差的置信水平达到 90%)

为了定量衡量 SOD 型海温异常,定义经过标准化处理的 30°—45°S 和 45°—70°S 这两个区域平均的海温之差为 SOD 指数。由上述分析可知,冬季 SAM 正(负)位相对应同期冬季及次年春季 SOD 的正(负)位相。合成分析表明,春季 SOD 正位相时,在北半球亚洲大陆的大部分地区(60°N 以南、60°E 以东),对流层低层(850 hPa)位势高度场表现出反气旋式环流异常,而西太平洋上则为气旋式环流异常(图 4.66c)。位势高度异常场的这种配置,对应中国华南地区有异常东北风;同时,西北太平洋副热带高压西伸脊点较气候平均明显偏东,不利于华南春雨增多(图 4.66d)。春季 SOD 负位相时情况相反,西北太平洋副热带高压西伸脊点较气候平均明显偏西(图 4.66d),中国华南地区有异常西南风,有利于华南春雨偏多。此外,春季 SOD 引起的从南半球热带外至北半球副热带的全球经圈环流异常(Zheng et al.,2015b),也为前冬 SAM 影响中国华南春雨提供了有利的大尺度环流背景。

前冬 SAM 影响华南春雨的物理机制概括在图 4.67 中。"海气耦合桥"(李建平 等,2013)在前冬 SAM 影响华南春雨的过程中起到了重要作用。前冬 SAM 异常,导致南半球热带外 SOD 型海温异常,海温异常信号持续到春季,在春季释放进一步影响大气环流,并导致华南春季降水的异常。

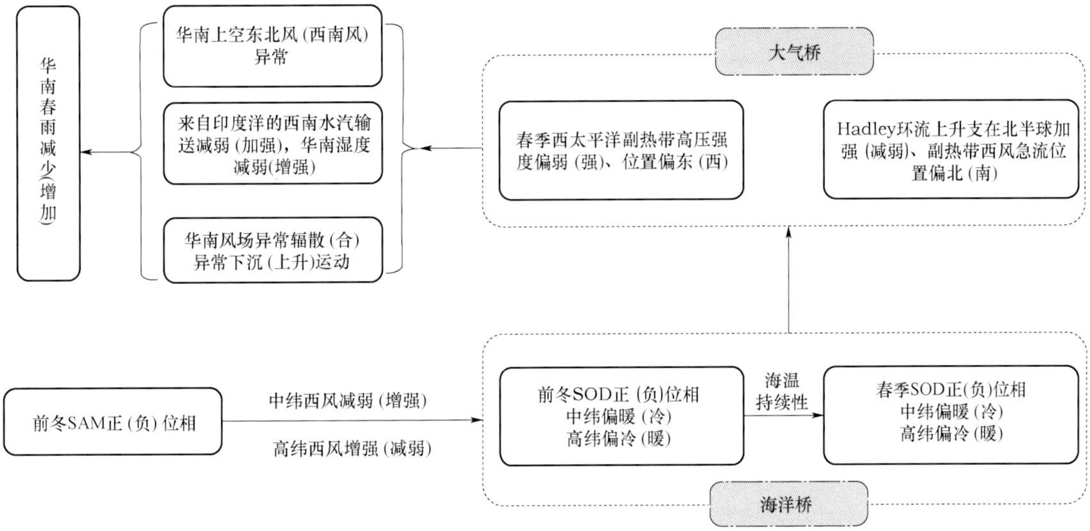

图 4.67 前冬 SAM 影响华南地区春雨物理过程的概念示意图

4.3 南方旱涝预测物理概念模型在实际气候预测中的应用

由前述研究成果可知,多因子协同影响是造成中国南方旱涝灾害的重要原因。其中,影响中国南方夏季旱涝的主要因子包括:东(太平洋海温和对流状况)、西(青藏高原热状况等)、南(印度洋海温、热带对流和南半球大气环流异常等)、北(北大西洋海温、北极海冰、欧亚积雪、北极涛动、欧亚阻塞高压等)、中(西太平洋副热带高压、亚洲陆面热力异常等)五个方面,这五大因子不同的组合方式影响中国夏季旱涝的概念模型可以概括为:在 El Niño 年,赤道东太平洋和印度洋海温异常偏高,西太平洋暖池区域海温异常偏低,北大西洋海温三极子为负指数,青藏高原冬春季积雪异常偏多、热源异常偏弱,这些有利于东亚夏季风偏弱,对流层低层菲律宾异常反气旋偏强,西太平洋副高偏强、位置偏南。在这种多因子组合影响下,易造成夏季中国东部多雨带位置偏南,华北易出现干旱,而长江流域及其以南则易出现洪涝;在 La Nina 年则相反(图 4.68)。然而在实际预测中遇到的各种信号并不是完全协调的,存在一致和不一致的特征,同时各因子还有多时间尺度的变化特征,因此在实时预测中难度更大。尽管如此,基于该物理概念模型以及年际关系的年代际变化等特征,成功预测 2015 年华北干旱而南方洪涝、2016 年长江洪涝、2018 年南北两条雨带的特征。我国夏季旱涝预测物理概念模型具有重要的科学基础和应用价值。本节以 2015 年、2016 年、2018 年、2020 年汛期实时预测为代表,检验在业务中的应用情况。

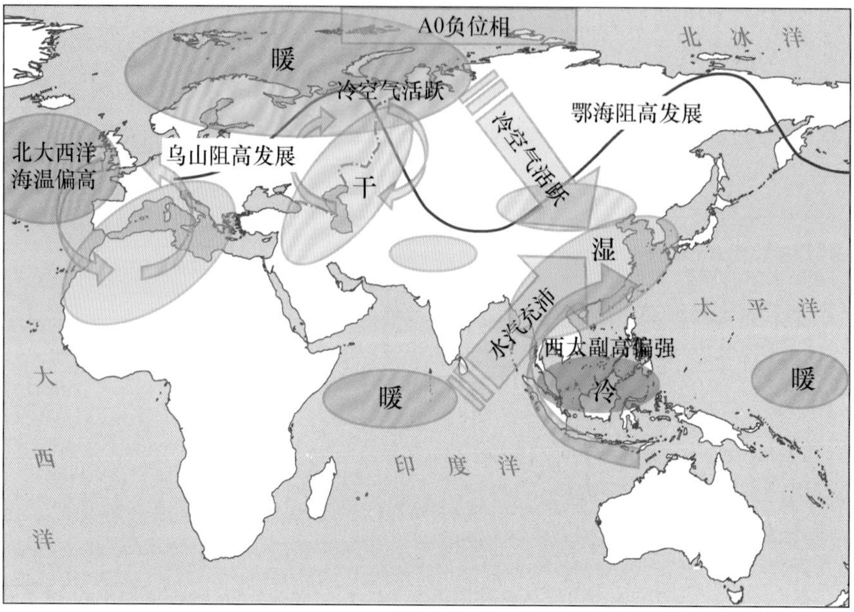

图 4.68　旱涝预测物理概念模型示意图

2014 年 9 月—2016 年 4 月,热带中东太平洋发生一次超强 El Niño 事件,该次事件经历了发展—维持—再次发展—盛期—衰亡的过程,持续时间、峰值强度和累计海温距平强度等指标均超过了 1982 年/1983 年以及 1997 年/1998 年两次超强厄尔尼诺事件(邵勰 等,2016)。本次超强厄尔尼诺事件对全球和中国气候造成了显著影响(陈丽娟 等,2016;袁媛 等;2016;翟盘茂 等,2016)。处于厄尔尼诺事件发展时期的 2015 年汛期,中国北方阶段性干旱突出,南方暴雨频发,总体表现为北旱南涝的特征。而处于厄尔尼诺事件衰减时期的 2016 年夏季,长江中下游和太湖流域全线超警,尤其长江流域发生 1998 年以来最大洪水。据不完全统计,2016 年夏季暴雨洪涝造成中国近 1.2 亿人受灾,922 人死亡,293 人失踪,直接经济损失达 2256.6 亿元。那么,2015 年汛期和 2016 年汛期是否受到厄尔尼诺事件的显著影响?尤其是 2016 年汛期降水特征与 1998 年汛期有何异同点?

在此次超强 El Niño 事件之后,2017 年 10 月—2018 年 3 月发生一次弱的东部型 La Niña事件,2018 年 9 月—2019 年 6 月以及 2019 年 11 月—2020 年 3 月分别发生两次弱的中部型 El Niño 事件,配合其他外强迫源,进一步对 2017—2020 年汛期气候造成不同程度的影响。

下面围绕项目研究成果,分别以 2015 年、2016 年、2018 年和 2020 年汛期南方降水异常及其影响系统为代表进行分析。

4.3.1 2015 年南方降水异常及其影响系统

2015 年的汛期气候预测总体比较成功，4 月初发布预报，预测东亚夏季风偏弱、夏季中国中东部降水呈“北少南多”分布型，主要多雨区位于长江流域及以南地区，西北地区东部至华北地区降水偏少(图 4.69a)。5 月下旬，根据 4 月以来的气候系统演变特征以及多种动力、统计预测结果对夏季降水预测进行了订正(图 4.69b)，将主要多雨中心南移，西南南部和华南西部降水改为接近常年到偏少。订正预测与实况(图 4.69c)更加吻合，预测评分达到近年来最好成绩。

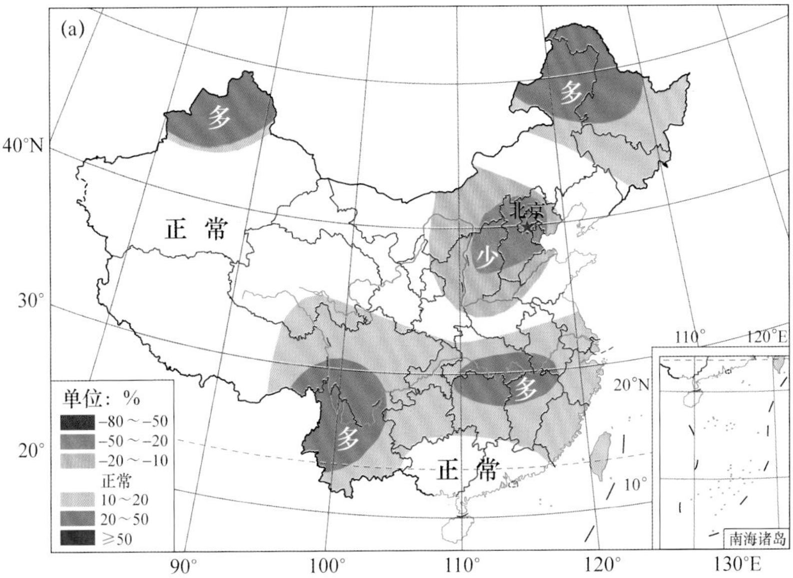

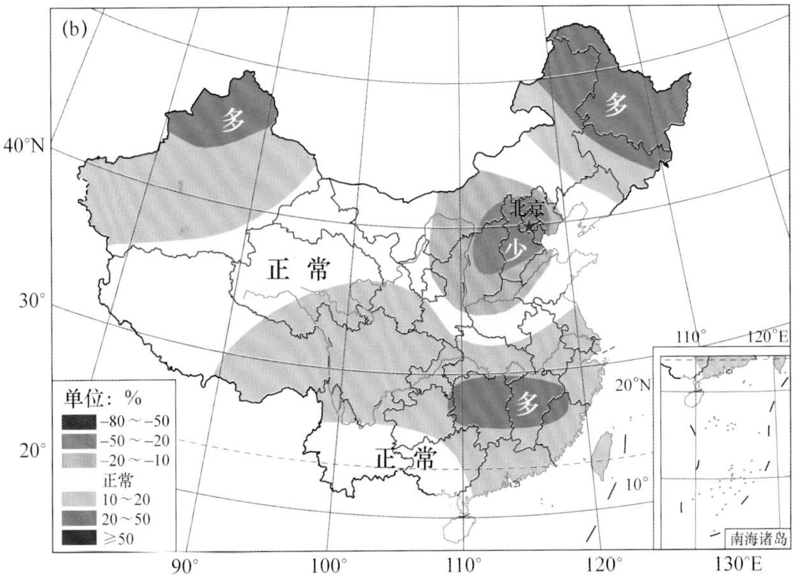

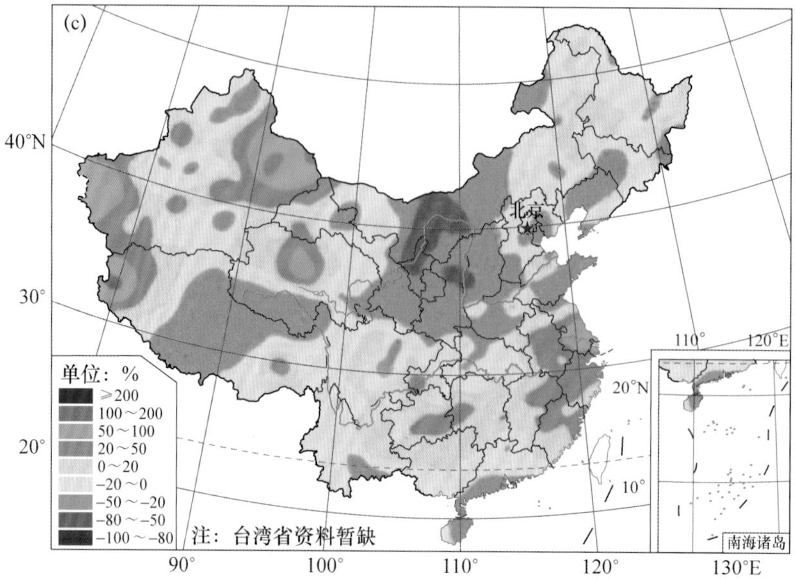

图 4.69　2015 年夏季降水量距平百分率预报(a:4 月初发布;b:5 月底发布)和实况(c)

2015 年的汛期预测及服务能够取得比较好的成绩，与发布预测前对气候系统先兆信号的全面分析以及科研成果的应用有关。这主要是由于加强了对预报对象和预报因子的多时间尺度特征分析及其二者的可能联系，从年代际尺度、年际尺度和次季节尺度等多方面进行诊断分析。

在年代际时间尺度上，自 2014 年 1 月以来太平洋年代际振荡(PDO)指数持续为正值(指数定义和数据见 http://jisao.washington.edu/pdo/PDO.latest)，北大西洋年代际振荡(AMO)指数基本维持正值(指数定义和数据见 http://www.esrl.noaa.gov/psd/data/timeseries/AMO/)，即这两个年代际信号对 2015 年东亚夏季风可能存在不一致的调制作用。因此，不能将 PDO 和 AMO 作为 2015 年汛期预测的主导信号，应该更多关注年际和次季节时间尺度上外强迫因子的变化特征。

在年际时间尺度上，主要的下垫面外强迫信号有海温、极冰和积雪等异常影响。有关这些信号对东亚夏季风的影响机理已经取得很大进展，在业务应用中如何抓住主导影响因子是关键。在 2015 年 3 月发布汛期预报前，能够获取的年际异常信号主要包括以下几个方面：①自 2014 年 9 月以来，热带中东太平洋海温迅速上升，导致 ENSO 中性状态结束，并进入暖水状态，一次新的厄尔尼诺事件即将形成；②前期秋—冬季北大西洋海温异常三极子为正位相，冬季赤道印度洋为较弱的一致偏暖型(即 IOBW 正位相)，冬季赤道印度洋偶极子(IOD)为负位相；③前期冬季欧亚积雪略偏少，高原积雪略偏多；④北极海冰略偏少，南极海冰偏多；⑤主要的环流特征表现为前期冬季东亚冬季风偏弱，北极涛动处于正位相，南极涛动处于偏强的正位相。结合项目研究成果进行综合分析，尤其是通过考察环太平洋地区前期秋—冬季的气候异常特征及其对各种外强迫信号的响应，认为 2014 年/2015 年东亚冬季风明显受到中部型厄尔尼诺事件的影响；而冬季欧亚积雪、北极极冰异常量级偏小，信号相对较弱，对未来东亚夏季气候的影响存在较大的不确定性。此外，在最近几年中，前冬南极涛动对东亚夏季风的影响并不稳定。经综合诊断分析，在 2015 年汛期预测中重点考虑厄尔尼诺事件、印度洋海温和青藏高原积雪对热带与副热带环流的影响，以及北大西洋海温三极子正位相对欧亚中高纬度环流的影响。

然而，厄尔尼诺事件对中国汛期气候的影响具有复杂性。处于厄尔尼诺事件发展阶段和衰减阶段的夏季，东亚季风环流不同，中国降水会出现截然不同的异常特征（陈文，2002；Song et al.，2014）。而在厄尔尼诺事件次年夏季降水的过程中，印度洋海温起到重要的作用（Yuan et al.，2008；晏红明 等，2012）。印度洋海温与热带中东太平洋海温关系密切，其发展明显滞后于中东太平洋海温。一般在厄尔尼诺事件发展年的夏季，印度洋海温还没有增暖，中东太平洋海温会通过海气相互作用、激发大气中的遥相关性影响到东亚气候。而在厄尔尼诺事件次年夏季，印度洋海温偏暖明显，导致西太副高偏强、偏西且偏南。在2014—2015年，热带太平洋—印度洋海温距平的发展及演变具有特殊性。根据国家气候中心的监测和第二代气候系统模式BCC_CSM1.1 m的预测（图4.70），自2015年4月以来，中东太平洋海温快速增暖，厄尔尼诺事件发展加强，于2015年夏季继续维持厄尔尼诺状态，从空间上由冬春季暖池型（中部型）向夏季冷舌型（东部型）转变。同时，印度洋海温也自2015年3月开始迅速增暖。因此，2015年春夏季热带中东太平洋海温演变与厄尔尼诺发展年类似，而热带印度洋海温演变特征则与厄尔尼诺衰减年类似，从而使得太平洋—印度洋热带海温变化对东亚气候的影响更具复杂性。

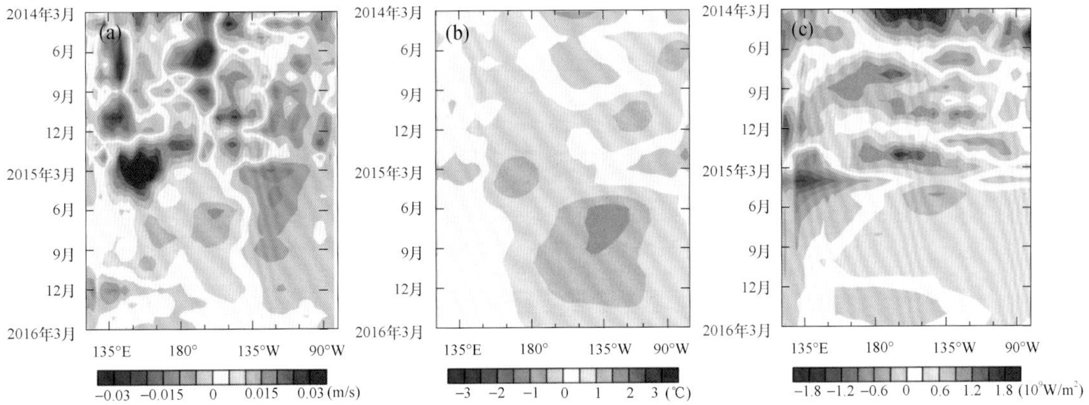

图4.70 监测（2015年3月以前）和BCC_CSM1.1 m模式预测（2015年3月以后）的2°S—2°N平均纬向风应力距平(a)、海温距平(b)和海洋热容量距平(c)

进一步选取了1980年之后的10个厄尔尼诺年次年（1983年、1987年、1988年、1992年、1995年、1998年、2003年、2005年、2007年和2010年），对夏季850 hPa距平风场进行合成分析（图4.71）。由图可见，东亚地区夏季为显著的北风距平控制，表明东亚夏季风明显偏弱，不利于水汽向北方输送，易造成中国南方降水偏多。此外，厄尔尼诺事件空间型的变化及其气候影响也是值得关注的问题。图4.72为冬季、次年春季、次年夏季海表温度距平和850 hPa风场距平分别与冬季Niño3指数和冬季EMI指数的偏相关。可以看出，对于东部型厄尔尼诺事件，菲律宾以东的反气旋在冬—春—夏季稳定维持，有利于多雨区在中国南方。中部型厄尔尼诺事件年，菲律宾异常反气旋的位置从冬至夏呈明显变化，强度也有所减弱，位置从冬到夏逐渐北抬，进而导致中国主要多雨区的北移（Yuan et al.，2012a；2012b）。

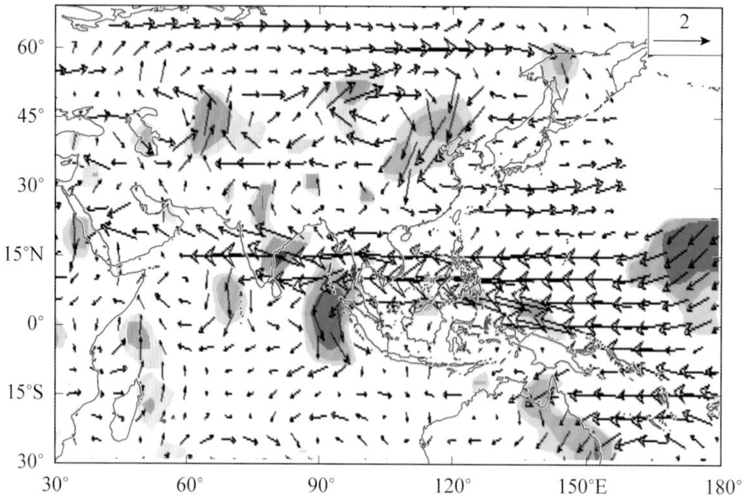

图 4.71 厄尔尼诺次年夏季 850 hPa 距平风场合成(单位:m/s)

(深、中、浅色阴影分别表示超过 99%、95%和 90% 显著水平的区域)

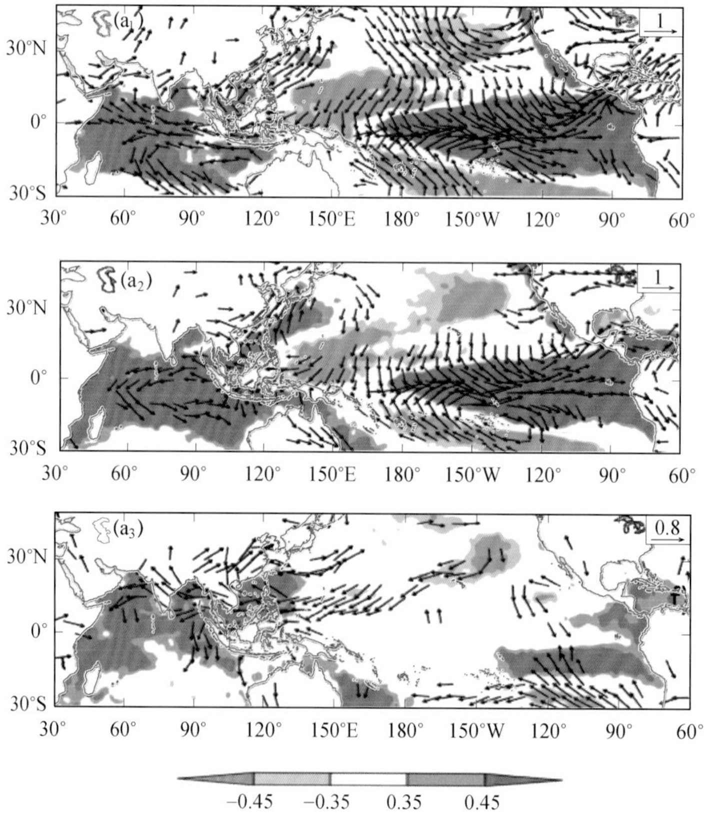

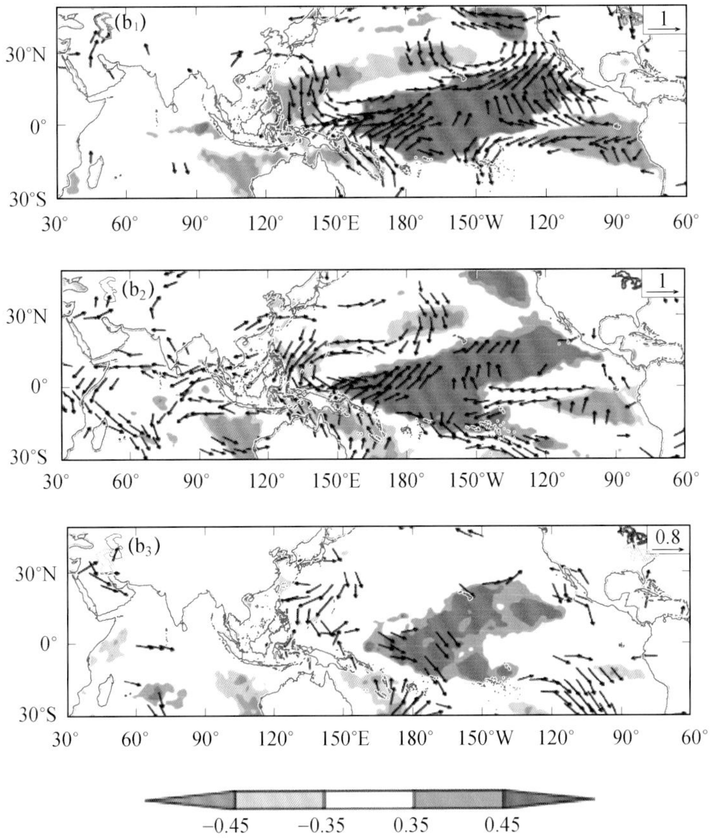

图 4.72 冬(a_1,b_1)、次年春(a_2,b_2)、次年夏(a_3,b_3)海表温度距平(阴影区;单位:℃)和 850 hPa 风场距平(矢量;单位:m/s)分别与冬季 Niño3(a)和冬季 EMI(b)指数的偏相关
(阴影区由浅到深表示海温相关通过 95%和 99%的显著性检验;矢量为纬向风或经向风通过 95%显著性检验的风场)

此外,印度洋海温偏暖可以通过影响菲律宾反气旋进而影响中国夏季雨带分布,因此其偏暖的程度和影响值得深入讨论。1980 年之后的厄尔尼诺事件次年,中国东部主要雨带中心有两种类型,一类是主要多雨带位于长江—江南地区(长江型),如 1983 年、1987 年、1992 年、1995 年、1998 年、2010 年;另一类的多雨带主要位于长江以北的江淮地区(江淮型),如 2003 年、2005 年、2007 年。对这两组年冬—春—夏季的海温距平进行合成,结果显示(图 4.73),长江型一般对应较强的东部型厄尔尼诺事件,同时印度洋海温持续的显著偏暖;而江淮型一般对应较弱的中部型厄尔尼诺事件,同时印度洋偏暖程度也偏弱。因此,需要密切关注印度洋海温的演变及其对菲律宾反气旋的影响,并进一步确定未来夏季的主要多雨区。

最新的研究还发现,青藏高原积雪的影响对初夏菲律宾反气旋的维持起到重要作用(Ren et al., 2015)。2014 年/2015 年冬季青藏高原积雪偏多,这可能会加强菲律宾异常反气旋的强度,进而有利于中国夏季多雨带偏南。此外,前期冬—春季北大西洋三极子(NAT)对后期夏季欧亚中高纬度环流可能存在重要影响(Wu Z W, et al., 2009; 左金清 等, 2012; Zuo et al., 2013)。通过合成冬季 NAT 正/负位相年夏季 500 hPa 高度场及其差值发现,在 NAT 正位相年，贝加尔湖地区和乌拉尔山地区的高度场均偏低，阻塞形势不明显，中高纬环流以纬向型为主(图 4.74)。在 2015 年 5 月进行订正预报时，获得的监测信息是春季 NAT 维持正位相，通过合成春季 NAT 正位相年的 500 hPa 高度场，欧亚中纬度地区为“两槽一脊”型，仍然以纬向环流型为主，预示着影响中国的冷空气活动将偏弱。

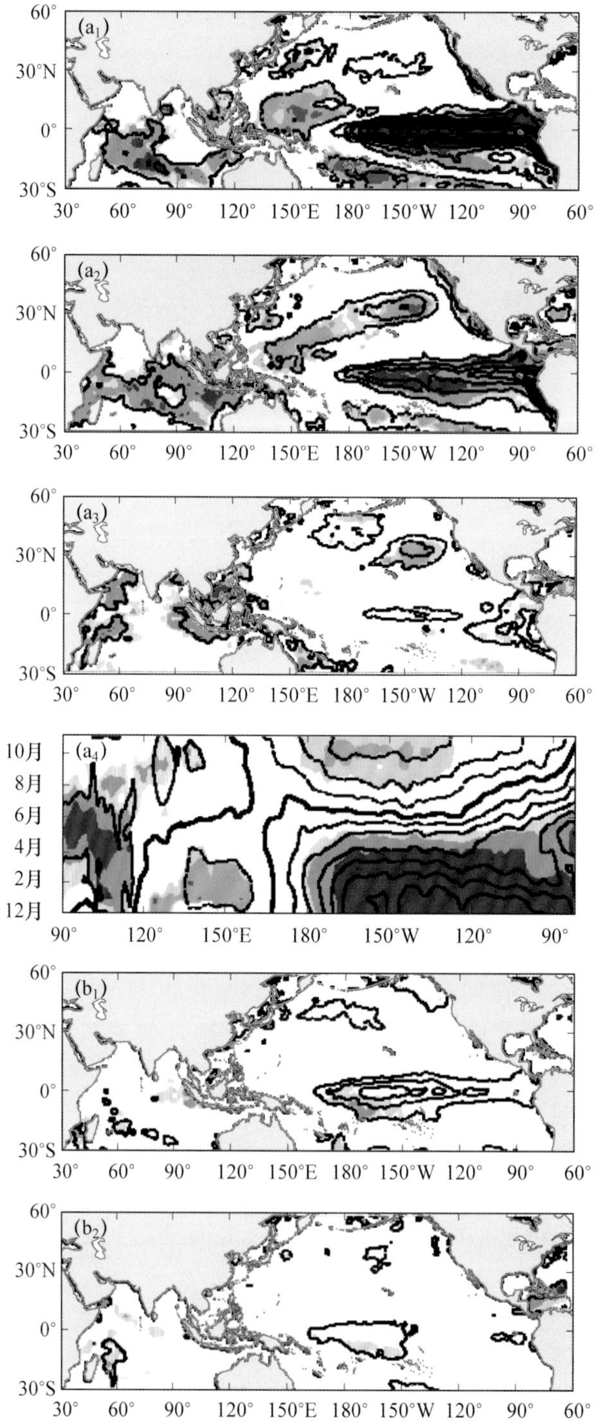

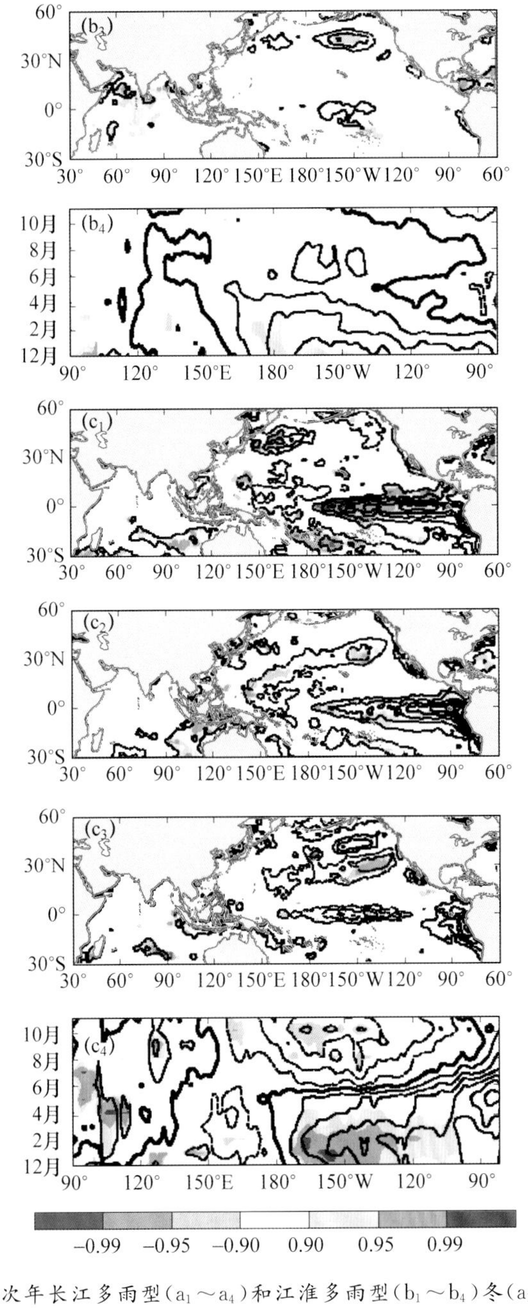

图 4.73 El Niño 次年长江多雨型(a_1～a_4)和江淮多雨型(b_1～b_4)冬(a_1～c_1)、春(a_2～c_2)、夏(a_3～c_3)季和逐月海温距平(a_4～c_4)合成图及二者差值(c_1～c_4)

(深、中、浅色阴影分别表示置信水平达到99%、95%和90%的区域,单位:℃)

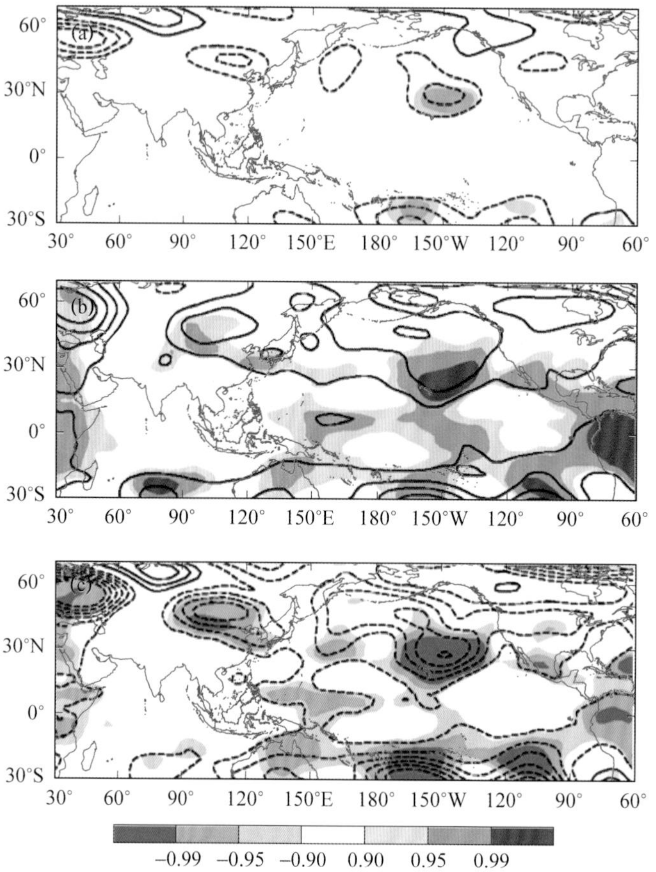

图 4.74 冬季 NAT 正位相年(a)和负位相年(b)夏季 500 hPa 高度场距平合成及其差值(c)
(深、中、浅色阴影分别表示超过 99%、95%和 90% 显著水平的区域,单位:gpm)

分析 2015 年夏季大气环流特点发现,东亚夏季风明显偏弱,西太平洋副高偏强偏西,脊线较常年略偏南,但季节内变化大,中高纬度环流为“两槽一脊”型(王东阡 等,2016)。总体而言,对 2015 年夏季总体趋势的预测比较好,但需要加强对环流的季节内变化预测能力。自 2015 年春季以来,热带中东太平洋及热带印度洋海温发展迅速,较常年异常偏暖。由于 2014 年 9 月开始的厄尔尼诺事件演变及影响的特殊性,不能简单将 2015 年看作厄尔尼诺发展年。研究显示,海温特征对东亚地区大气环流和季风降水的影响显示出厄尔尼诺次年的特征,即有利于西太平洋副热带高压偏强偏西偏南、东亚夏季风偏弱。2015 年夏季东亚环流及降水总体表现出上述特征,但在大气季节内尺度变化的影响下,也出现了副高偏东、季风偏强的阶段性特征(沈晓琳 等,2015)。这种阶段性特征在一定程度上削弱了热带海温影响下东亚大气环流和降水的典型特征,使得预报与实况存在一定偏差(预测的长江流域及其附近多雨区较实况范围偏大)。在 6 月下旬至 7 月上旬,大气季节内振荡(MJO)的对流活跃位相传播到西太平洋,台风出现对应的阶段性活跃特征,在西北太平洋形成“三台共舞”长达 6 d 的局面,历史少见(沈晓琳 等,2015)。台风活跃使得西太平洋副热带高压东退,其西伸脊点位置在 7 月上旬和中旬持续较常年同期明显偏东。因此,6 月副高偏强偏西、多雨区位于江南至江淮,7 月主要降水异常表现为强台风降水的特点,多雨区主要位于江南及华南东部,范围较小。在大气季节内尺度变化的影响下,夏季长江流域附近的多雨区比预测范围要小。对季节气候预测而言,季节内大气低频变化的特征及其影响是气候科学的难点之一。

总之，2015 年夏季气候受到赤道中东太平洋海温偏暖和印度洋海温偏暖的共同影响。汛期预测面对的海温外强迫特征与历史个例的研究结果不完全一致，表现出本次厄尔尼诺事件自身演变的复杂性及影响的不确定性。在海温、积雪、北大西洋涛动等领域的研究成果对 2015 年汛期预测提供了有力的技术支撑，为气象防灾减灾服务做出一定贡献。

4.3.2 2016 年与 1998 年汛期南方地区降水特征及物理机制对比分析

在 2016 年夏季旱涝气候趋势预测过程中较好把握了“全国气候状况总体差，降水偏多，涝重于旱，洪涝灾害比 1983 年重，但比 1998 年轻”的总趋势，准确预测了长江流域降水异常偏多和严重的汛情。预测长江中下游 6 月中旬后期入梅，接近常年略偏晚，出梅偏晚，梅雨量明显偏多，与实况基本一致。

2014—2016 年的超强 El Nino 事件于 2015 年 11 月达到峰值后开始衰减，并于 2016 年 4 月结束。通常，ENSO 事件对其衰减年夏季东亚地区气候的影响较其发展年更为显著。在 El Nino 衰减年，东亚夏季风易偏弱，西太平洋副热带高压偏强、偏西，脊线位置易偏南，由此导致中国长江流域降水偏多，尤其鄱阳湖、洞庭湖流域，以及东北松花江、嫩江流域会发生严重洪涝。另一方面，2015 年/2016 年冬季和 2016 年春季热带印度洋海温持续增暖达到 1950 年以来最强（袁媛 等，2016），而热带印度洋全区一致偏暖模态多表现为对 El Nino 事件的滞后响应，其在维持 El Nino 事件对东亚气候的影响中起到了重要的“接力”作用（Yang et al.，2007；Xie et al.，2009；Yuan et al.，2008，2012a）。

因此，在 2016 年汛期预测中，除参考国内外模式及客观化预测结果外，重点考虑了超强厄尔尼诺事件对夏季风环流的可能影响，以及在春季厄尔尼诺事件衰减后，热带印度洋海温的接力影响。正是在这两个因子的共同作用下，夏季尤其是初夏 6—7 月，西太平洋副热带高压强度异常偏强，位置明显偏西，东亚副热带夏季风强度弱，都造成长江中下游地区降水明显偏多。此外，2014 年 9 月以来 PDO 指数稳定维持正位相，有利于东亚夏季风偏弱，主要多雨带在长江中下游地区。2016 年汛期对中国北方的预测存在较大偏差，未能正确预测华北降水异常偏多以及内蒙古东北部至东北地区西部的少雨趋势。但是，基于北大西洋海温三极子模态的位相和东亚—太平洋遥相关波列较好预测了乌拉尔山阻塞不活跃、鄂霍茨克海阻塞高压偏强的总趋势。

下面，详细对比分析 2016 年和 1998 年汛期降水特征和可能的物理机制。

2016 年汛期（以下指 5—8 月），中国大部地区降水以偏多为主（图 4.75a），中国平均降水量较常年同期偏多 8%，为 1951 年以来第 4 高值，但明显弱于 1998 年（22%）和 1954 年（26%）。南方地区的旱涝分布型与 1998 年较为相似（图 4.75b），最明显的多雨区都位于长江中下游，但无论是偏多 2～5 成的区域还是 5 成至 1 倍的区域都比 1998 年小。1998 年汛期长江流域发生了全流域的大洪水，而 2016 年汛期长江流域的洪涝灾害主要在长江中下游地区，不如 1998 年强。无论是 2016 年还是 1998 年汛期降水都有明显的月际差异。2016 年汛期降水季节内变化最突出表现在 8 月，5—7 月多雨区基本都是在长江中下游和华北，但 8 月长江流域转为显著的少雨，主要雨带北移到西北大部地区和华北北部地区。而 1998 年汛期季节内转变主要在 6 月，降水由 5 月以长江及以北地区降水偏多为主转为 6—8 月长江流域和东北地区两条主要多雨带。尤其是 1998 年 8 月与 2016 年 8 月降水异常特征完全不同，1998 年 8 月主要降水异常依然出现在长江流域。

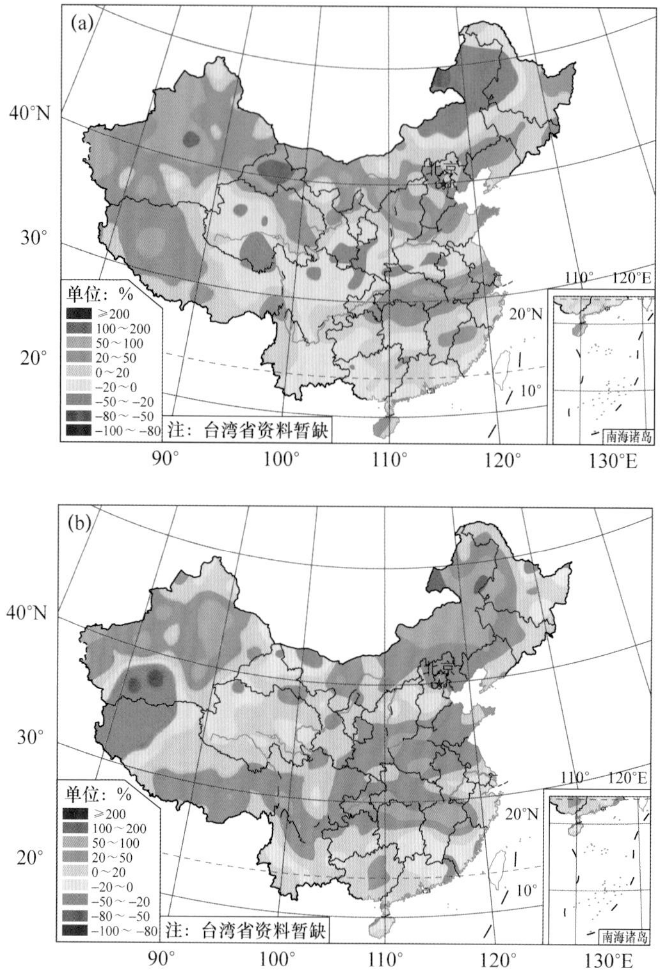

图 4.75　2016 年(a)和 1998 年(b)汛期(5—8 月)降水量距平百分率

2016 年 5—7 月，欧亚中高纬度大气环流主要呈“西低东高”型，乌拉尔山高压脊偏弱，鄂霍茨克海阻塞持续且偏强(图 4.76a)。这与 1998 年 5—7 月的中高纬度环流(“两脊一槽”型)有较大差异(图 4.76d)，经向度明显不如 1998 年同期强。但是在热带和副热带地区，这两年东亚夏季风都以偏弱为主，这段时期两者不仅强弱变化较为一致，而且季节内振荡的位相变化也基本重合；西太平洋副高都表现出偏强、偏西的特征，对流层低层也都为异常反气旋环流控制(图 4.76b 和 4.76e)；来自西太平洋的水汽通量异常辐合中心也都位于长江中下游(图 4.76c 和 4.76f)。相似的热带和副热带环流异常导致这两年 5—7 月长江中下游降水均表现出异常偏多的特征。但从 7 月底—8 月初开始，这两年夏季风环流转为相反的变化(图略)，2016 年转为偏强的夏季风特征，雨带北移，在大陆高压持续控制下，长江流域出现高温干旱；而 1998 年 8 月夏季风则持续偏弱，且较 5—7 月更加偏弱，西太平洋副高持续偏强、偏西，主雨带仍维持在长江流域。

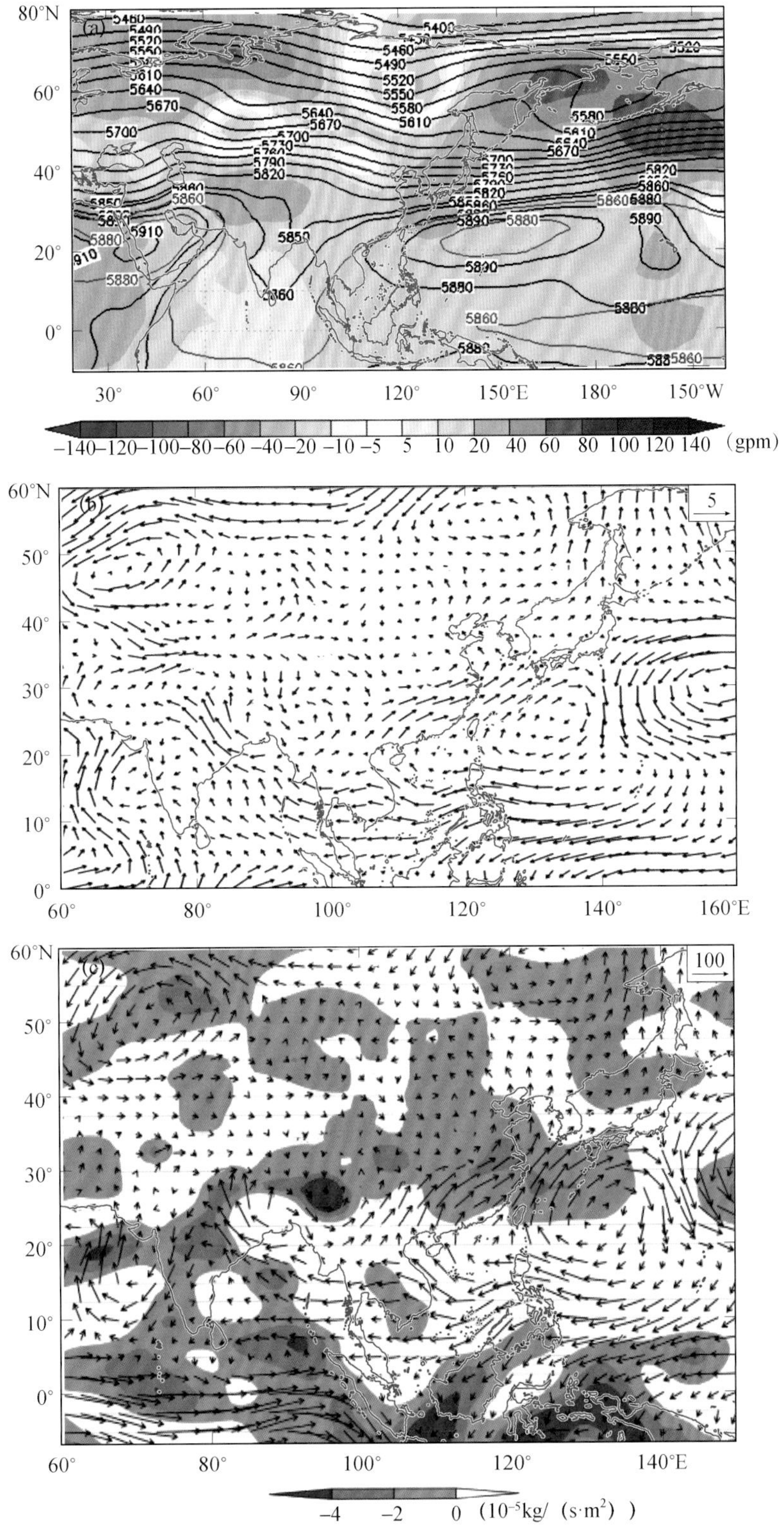
(a)
80°N
60°
40°
20°
0°
30°
60°
90°
120°
150°E
180°
150°W
−140 −120 −100 −80 −60 −40 −20 −10 −5 5 10 20 40 60 80 100 120 140 (gpm)
(b)
5
60°N
50°
40°
30°
20°
10°
0°
60°
80°
100°
120°
140°
160°E
(c)
100
60°N
50°
40°
30°
20°
10°
0°
60°
80°
100°
120°
140°E
−4 −2 0 (10⁻⁵kg/ (s·m²))

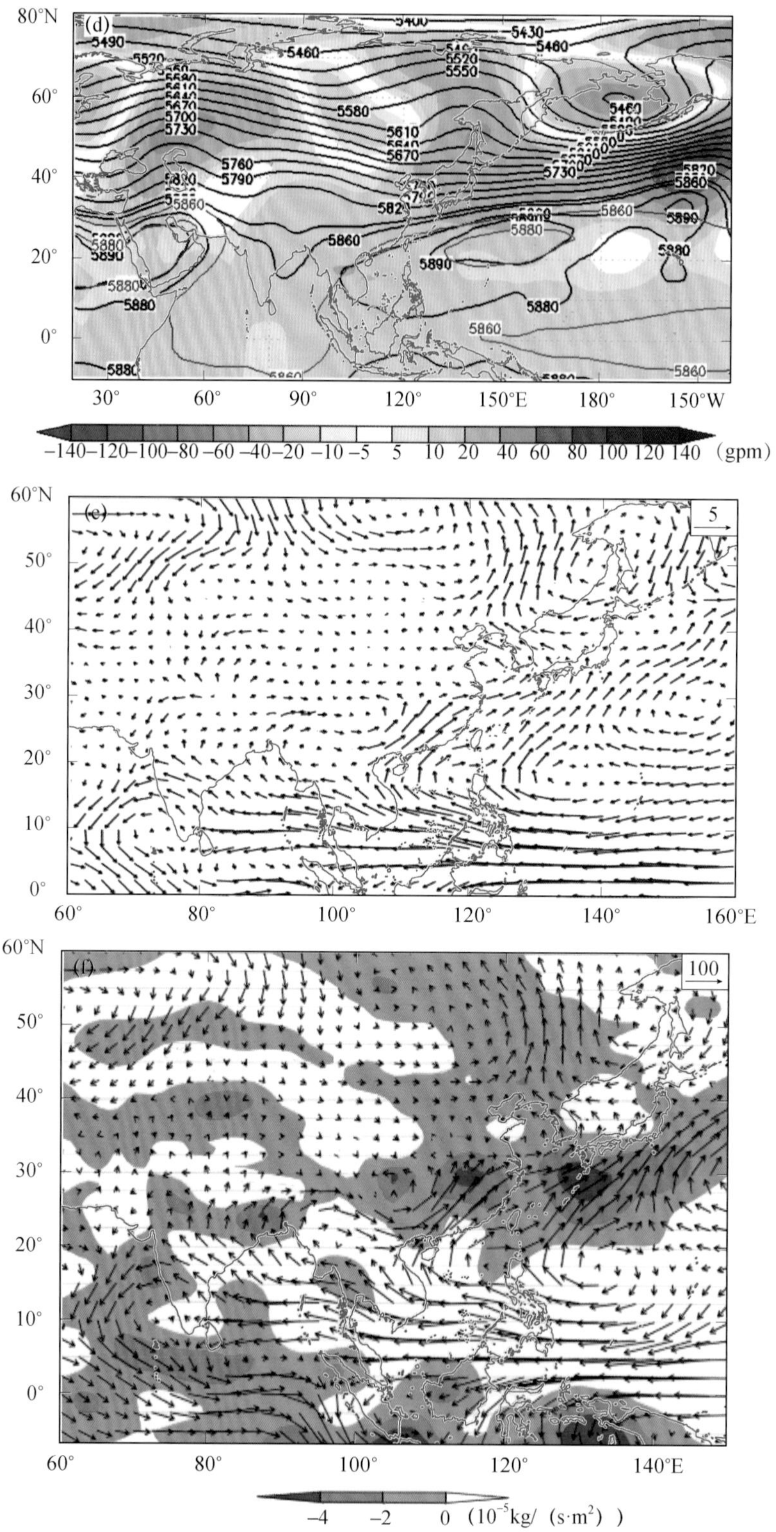

图 4.76 2016 年(a～c)和 1998 年(d～f)5—7 月平均大气环流场

(a)、(d)500 hPa 位势高度场(等值线)及距平场(阴影区)(红色等值线表示气候平均 5880 gpm 和 5860 gpm,单位:gpm);(b)、(e)850 hPa 距平风场("A"表示异常反气旋环流,单位:m/s);(c)、(f)对流层整层积分水汽通量(矢量,单位:kg/(m·s))及水汽通量散度距平场(阴影区)

2016年和1998年热带海温演变最显著的一致特征就是赤道中东太平洋的超强El Niño事件(图4.77)。2016年和1998年汛期均处于超强厄尔尼诺事件的衰减期,正因如此,2016年汛期之前副高异常偏强、偏西的特征(袁媛 等,2016)与1998年同期极为相似。2016年5—7月,东亚副热带地区的环流异常(包括副高偏强、偏西,东亚夏季风偏弱,菲律宾异常反气旋环流,以及热带水汽输送等)也与1998年同期类似,这同样是因为受到了热带地区相似的海温异常型的影响。除了赤道中东太平洋,热带印度洋海温的演变也较为相似。这两年的前冬至春季,热带印度洋海温都表现为全区一致偏暖的模态特征。并且,2016年前冬的印度洋一致偏暖模态指数(IOBW)较1998年同期更大,为历史第一强(袁媛 等,2016)。5—8月IOBW指数和Niño3.4指数分别与同期副高强度指数的相关系数显示,印度洋海温对于副高强度的显著影响是持续的,而赤道中东太平洋海温的影响却是减弱的,且从5月开始低于95%的置信水平,8月转为负相关关系。这更进一步证明了在El Niño次年,当赤道中东太平洋暖海温开始衰减时,印度洋海温的持续偏暖是维持西太平洋副高继续偏强、偏西的重要因素。因此,2016年5—7月副热带大气环流的异常特征主要是热带印度洋持续偏暖的海温异常影响的结果,这点和1998年同期是非常类似的(袁媛 等,2017a,2017b)。

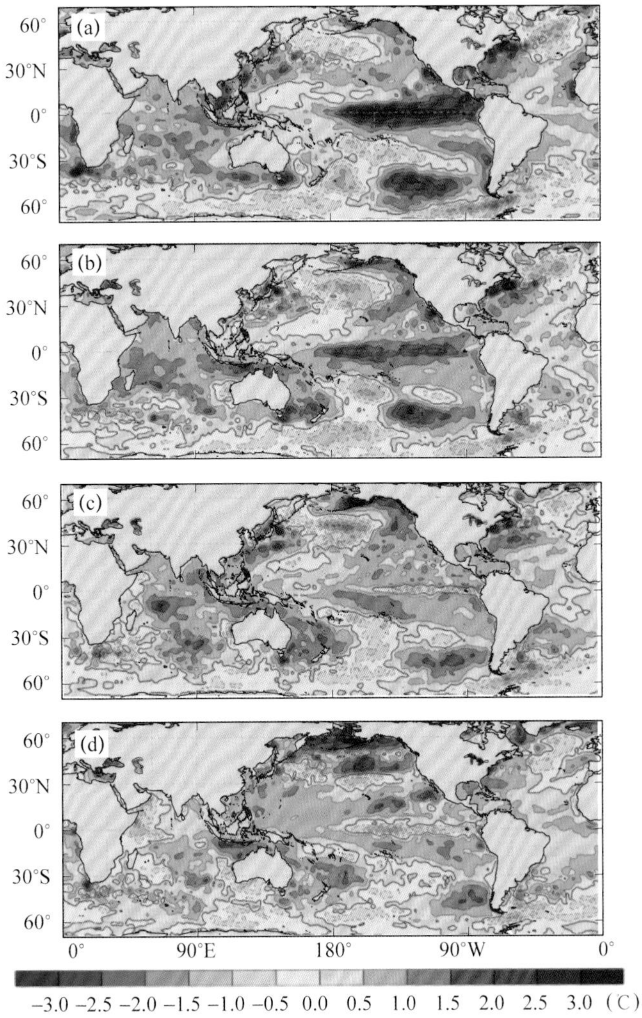

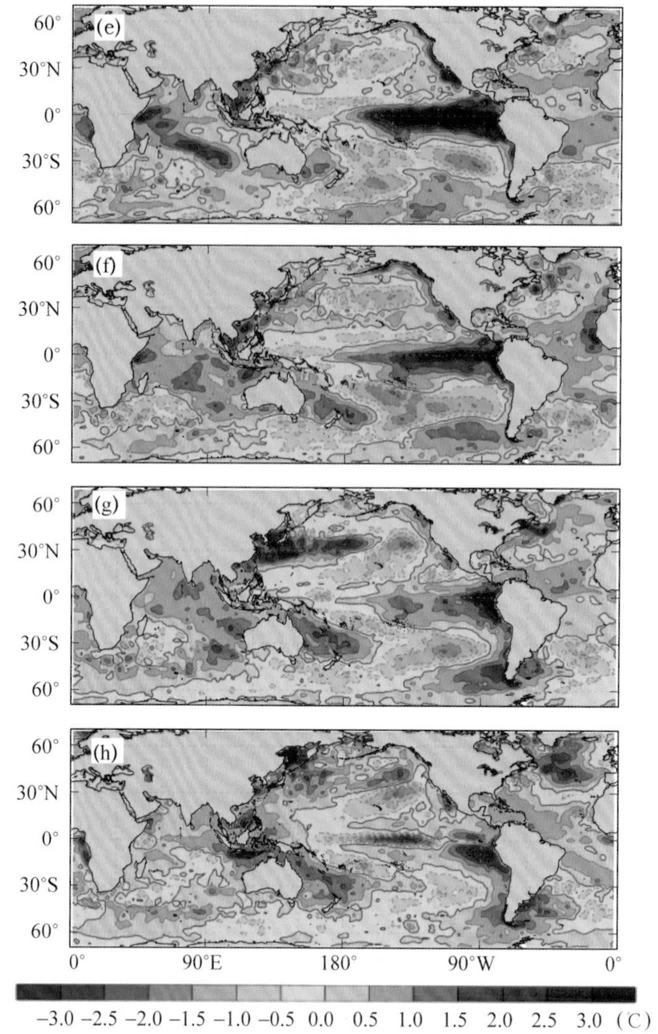

图 4.77　2016(a～d)和 1998 年(e～h)海温月距平演变

(a)、(e)1 月;(b)、(f)3 月;(c)、(g)5 月;(d)、(h)7 月

2016 年和 1998 年欧亚中高纬度环流的差异可能与北大西洋海温三极型模态的影响有关。2016 年前冬—春季北大西洋海温三极子呈持续正位相,由此激发欧亚遥相关波列导致乌拉尔山附近高度场为负距平控制,乌拉尔山高压脊偏弱。相反,1998 年前冬—春季北大西洋海温三极子呈显著的负位相,从而导致乌拉尔山高压脊偏强,形成典型的“两脊一槽”形势。2015 年/2016 年冬季,青藏高原积雪面积偏大,但深度偏浅,并且从前冬至春季积雪面积由偏大逐渐转为偏小,这与 1998 年表现出显著的差异。1997 年/1998 年冬季青藏高原大部地区降雪异常偏多,出现了历史上罕见的大雪灾,积雪面积偏大且深度偏深,1998 年春季青藏高原积雪依然偏多。因此,2016 年汛期前期青藏高原的冷源热力效应明显不如 1998 年强,由此可能影响 2016 年东亚夏季风偏弱的程度不及 1998 年,长江流域降水偏多的程度也不如 1998 年。这也可能是导致 2016 年汛期中国北方大部地区降水较 1998 年偏多的原因之一(袁媛 等,2017a,2017b)。

2016 年 8 月,环流形势发生明显转折,500 hPa 欧亚中高纬度转为“两脊一槽”的形势,乌拉尔山高压脊和鄂霍茨克海高压脊均偏强,环流经向度明显偏大,中国大陆上空持续受到大陆高压控制；副高断裂成两部分，东段偏弱偏东，西段与大陆高压结合，而西北太平洋为高度场负距平控制（图 4.78a）。相对应，西北太平洋对流层低层也转为异常气旋性环流（图 4.78b），整层水汽输送明显偏弱，中国东部为偏北的水汽输送，长江中下游也转为水汽异常辐散区（图 4.78c）。1998 年 8 月，500 hPa 欧亚中高纬度也呈“两脊一槽”的环流型，但与 2016 年 8 月不同的是贝加尔湖高压脊偏强。副热带地区的环流异常与 2016 年 8 月有显著差异：1998 年 8 月副高仍维持前期偏强、偏西的特征（图 4.78d），对流层低层仍为菲律宾异常反气旋控制（图 4.78e），反气旋带来的水汽输送异常辐合区仍位于长江中游至华北大部（图 4.78f），这些特征都与前期 5—7 月的情况类似。

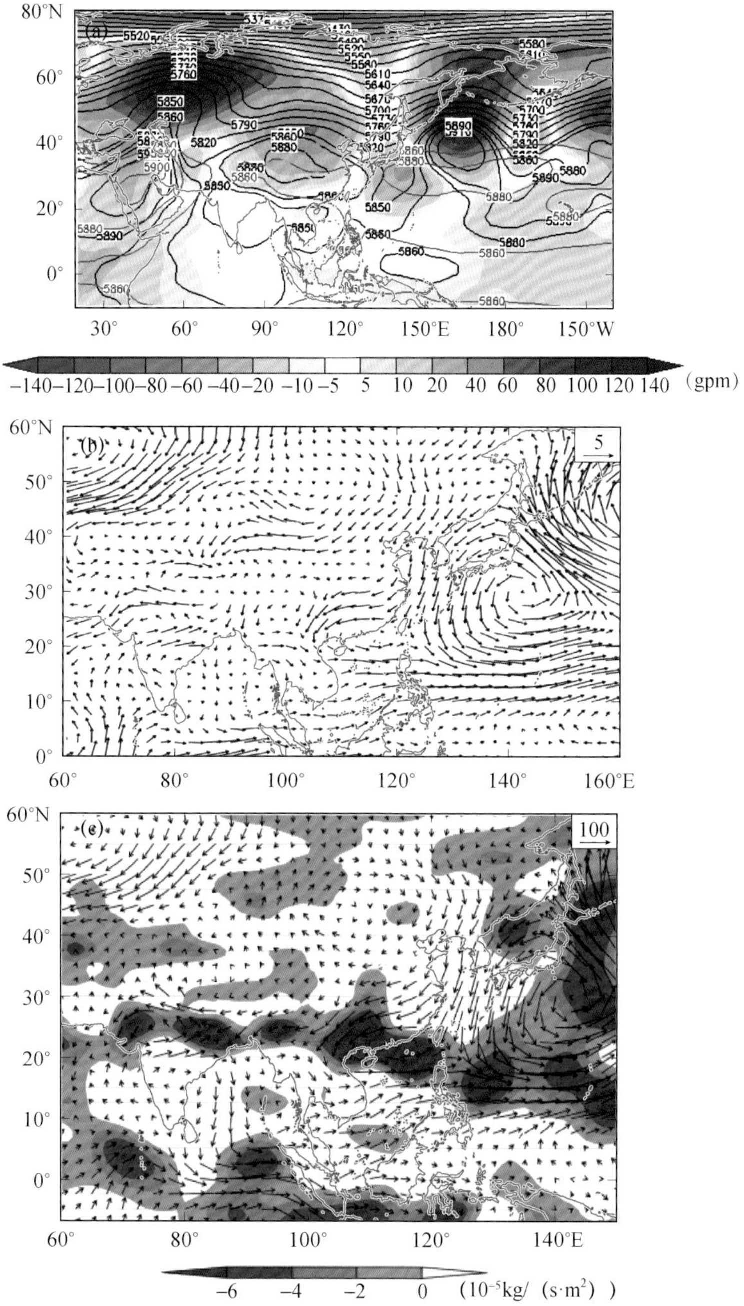

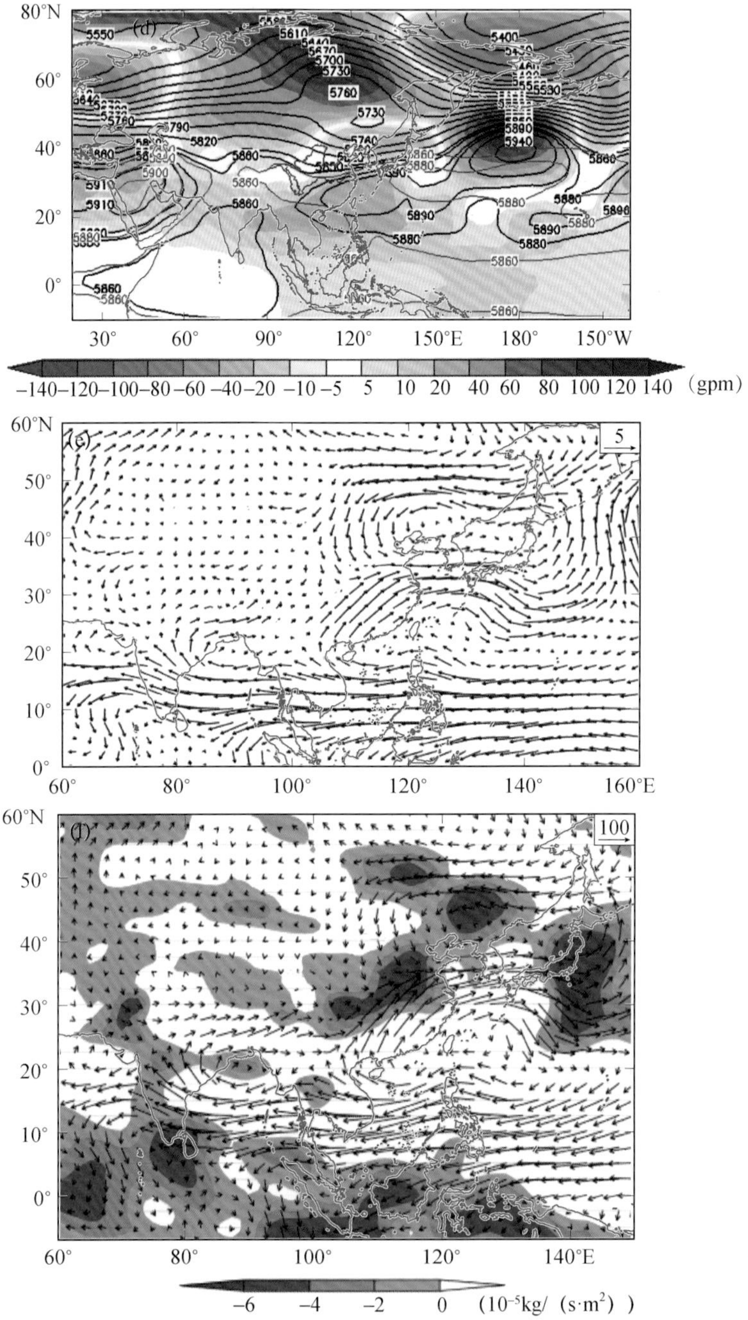

图 4.78　2016 年和 1998 年 8 月平均大气环流场(各图说明同图 4.76)

2016 年 8 月热带—副热带大气环流的转折可能与异常活跃的 MJO 活动有关。2016 年 8 月,MJO 持续偏强并在西太平洋(6～7 位相)维持长达 25 d,是 1979 年以来的第二多。而 1998 年 8 月 MJO 处于 6～7 位相仅有 2 d,且强度显著偏弱。历史上中等以上强度厄尔尼诺事件的次年 8 月,多数年 MJO 处于 6～7 位相的天数也少于气候平均值,且强度均偏弱。2016 年 8 月西太平洋较强的 MJO 活动激发了频繁的热带气旋活动,导致西北太平洋有 7 个台风生成,其中 2 个登陆华南地区。频繁的台风活动进一步影响了副高的强度和形态,使得副高发生断裂,西北太平洋转为 500 hPa 高度场负距平控制。因此,2016 年 8 月 MJO 活动的异常是导致汛期热带－副热带大气环流发生显著转折的重要原因之一。而 2016 年春季至初夏热带印度洋全区一致暖海温快速衰减,并迅速转为 1980 年以来最强的偶极子负位相,这可能是导致 8 月 MJO 异常活跃并长时间维持在西太平洋的主要原因。

需要强调的是,热带太平洋和印度洋海温、北大西洋海温、高原积雪等这些外强迫因子异常都是影响中国夏季降水的重要因素,这些影响因子与夏季降水的统计关系在 2016 年汛期表现得比较显著,主要是因为它们在这一年比较异常,能够作为影响的主导因子。但这并不意味上述因子在其他年依旧影响显著,因为其对当年气候异常的影响是否起主导作用取决于这些外强迫信号本身之异常。另外,多因子相互作用的非线性作用很复杂。外强迫和大气内部综合作用制约着中国夏季气候尤其是主雨带的位置和雨量强度。例如,一些研究发现,大气内部运动变化所决定的大气异常持续信息导致东亚季风气候的部分可预测性,其纽带就是与东亚季风变动相联系的全球范围内环流因子的变化(王会军,2005)。张庆云等(2007)指出,不同于东部地区降水主要受海洋外强迫影响,中国西北地区夏季降水年代际变化与大气环流内部动力过程即亚洲中纬度西风带扰动动能关系更为密切。近 10 a 来,大量的研究还揭示了南半球环流的前期异常信号在东亚夏季风和中国汛期降水预测中的重要贡献,这同样说明了大气内部动力学不容忽视的主导作用,尤其是对于中高纬度大气环流来说,外强迫因子的影响可能很有限,绝大部分降水变化是内部动力学驱动的气候噪声(Si et al.,2016)。本节主要内容侧重于和 1998 年对比,突出同在强厄尔尼诺年次年,东亚夏季风和中国夏季降水异常的异同点。关于大气内部过程的作用和前兆预测信息均未在此做深入分析。另一方面,本研究主要针对南方降水异常做了详细的分析和讨论,对于 2016 年汛期中国北方旱涝分布的机理认识还有待提高。2016 年和 1998 年汛期东北地区降水异常也表现出显著的不同,2016 年东北降水呈现出明显的月际差异,其中 5—6 月降水多,7—8 月迅速转为干旱少雨状态。但 1998 年 5—8 月各月降水均偏多,尤其是内蒙古东部地区。这一方面可能主要与鄂霍茨克海阻塞西侧的低压槽密切相关,另一方面,东北冷涡活动在这两年的显著差异也起到了重要作用。关于东北地区降水异常的诊断分析还需要进一步深入研究。此外,华北地区 7 月中旬末发生的极端暴雨最终导致整个汛期华北地区降水异常多,但在去掉该次过程后,华北降水明显偏少。因此,极端性天气尺度环流造成的强降水对短期气候可预测性的影响也需深入研究。

4.3.3 2016 年和 1998 年的数值模拟及影响机理分析

上节分析已指出,2016 年和 1998 年前冬至夏季,赤道中东太平洋厄尔尼诺型暖海温异常逐渐衰减,与之相对应热带印度洋海温异常呈现海盆一致增暖型(图 4.79)。而在这两年春—夏季,北大西洋海温变化差异显著:2016 年呈相对弱的三极子型正位相,而 1998 年呈显著的三极子型负位相(图 4.80)。北大西洋海温变化的这种显著差异,可能是导致 2016 年和 1998 年欧亚中高纬度环流特征呈现明显差异的主要原因(袁媛 等,2017a,2017b)。

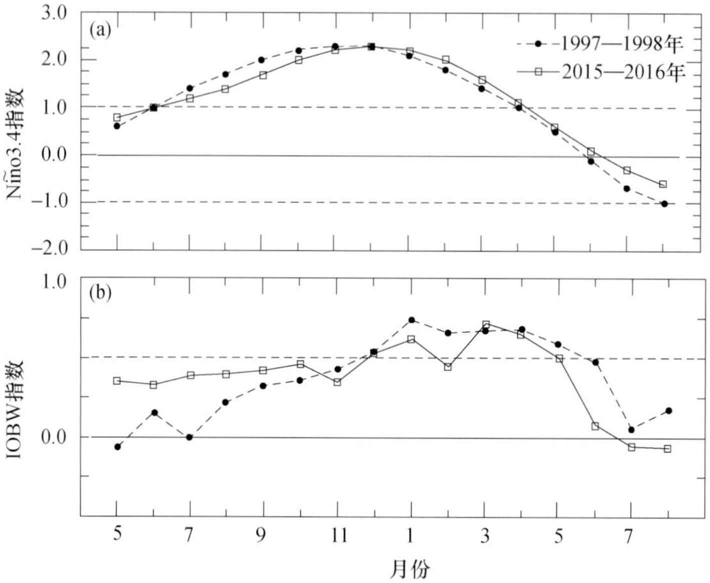

图 4.79　2015—2016 年(实线)和 1997—1998 年(虚线)3 个月滑动平均的 Niño3.4 指数(a)和热带印度洋海盆一致模态指数(b)

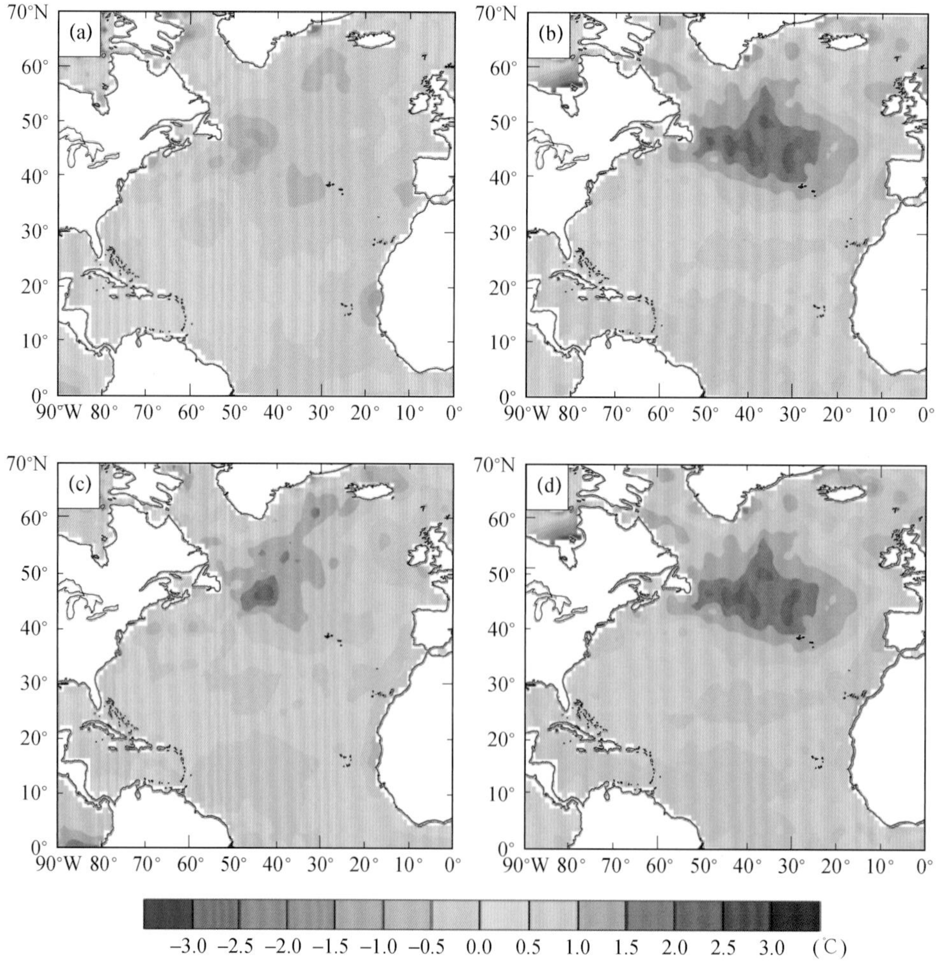

图 4.80　2016 年(a,b)和 1998 年(c,d)大西洋海温距平分布

(a)、(c)6—7 月平均;(b)、(d)8 月

基于观测的个例分析并不能区分不同区域下垫面热力异常对大气环流的强迫作用,上述分析结果仍需要数值模拟验证。此外,2016 年和 1998 年北大西洋海温异常对夏季副热带西北太平洋环流变化是否存在影响,也是值得深入研究的问题。由于 1998 年和 2016 年汛期中国降水异常分布存在显著的季节内差异,这两年 6—7 月降水特征近似,多雨带均位于长江流域,而 8 月降水特征则呈现基本相反的分布特征,同时伴随着环流形势的显著差异。因此,后续研究中将夏季(6—8 月平均)划分为前夏(6—7 月平均)和后夏(8 月)分析。

表 4.5 控制试验和敏感性试验设计

名称	下边界强迫	强迫区域
控制实验	气候平均海温和海冰	全球
2016NA	2016 年观测海温	北大西洋
1998NA	1998 年观测海温	
2016PIA	2016 年观测海温	北大西洋以及热带太平洋与印度洋
1998PIA	1998 年观测海温	

注:北大西洋包括 0°—70°N,90°W—0°;热带太平洋包括 15°S—15°N,110°E—70°W;热带印度洋包括 20°S—20°N,40°—110°E。

所采用的模式为美国通用大气环流模式(Community Atmosphere Model version 5.3,CAM5.3),该模式与通用陆面模式 CLM4.0 相耦合。采用有限体积核心,模式水平分辨率为 1.9°×2.5°,纬向由西向东均匀分布 96 个格点,经向由南往北均匀分布 166 个格点。共设计了一组控制试验和四组敏感性试验(表 4.5),每组试验包含 20 个集合样本,以考察北大西洋海温及其与热带印度洋—太平洋海温协同作用对大气环流的影响。控制实验的下边界强迫为气候平均(1981—2010 年)海温和海冰,共运行 30 a,其中取第 11~30 a 的样本进行分析,并作为敏感性试验的初始场。敏感性试验的下边界强迫均为实际观测海温,积分时段为每年 5 月至 8 月。2016 年和 1998 年北大西洋海温单独强迫的敏感性试验分别记为 2016NA 和 1998NA,北大西洋与热带太平洋—印度洋共同强迫的敏感性试验分别记为 2016PIA 与 1998PIA。环流异常响应定义为敏感性试验与控制试验的差值。

观测结果表明(图 4.81~图 4.82),在 2016 和 1998 年前夏,西太副高强度均偏强、位置偏西,对流层低层受反气旋式环流异常控制,导致长江中下游流域降水偏多。1998 年前夏西北太平洋异常反气旋的强度强于 2016 年,这为 1998 年长江中下游及其以南地区降水整体偏多提供了更为丰沛的水汽条件。此外,1998 年前夏欧亚中高纬度环流异常呈典型的双阻型分布,为长江中下游流域降水偏多提供了有利的冷空气条件。相反,2016 年前夏乌拉尔山西侧位势高度场偏高。东侧偏低,表明乌拉尔山阻塞活动偏弱。这种中高纬环流差异可能是导致 2016 年和 1998 年前夏中国东部降水异常存在强度差异的另一个重要原因。在 2016 年后夏,西太副高断裂,长江中下游流域以北大部分地区受高压控制,导致长江流域 8 月降水显著偏少,出现高温伏旱;我国西北地区到华北北部地区降水异常偏多。而在 1998 年后夏,西太副高则进一步加强和持续,控制南方大部分地区,引导水汽输送到江淮地区,从而导致降水正异常中心依然维持在江淮地区,2016 年和 1998 年的 8 月,中国东部降水异常呈现相反的分布特征。

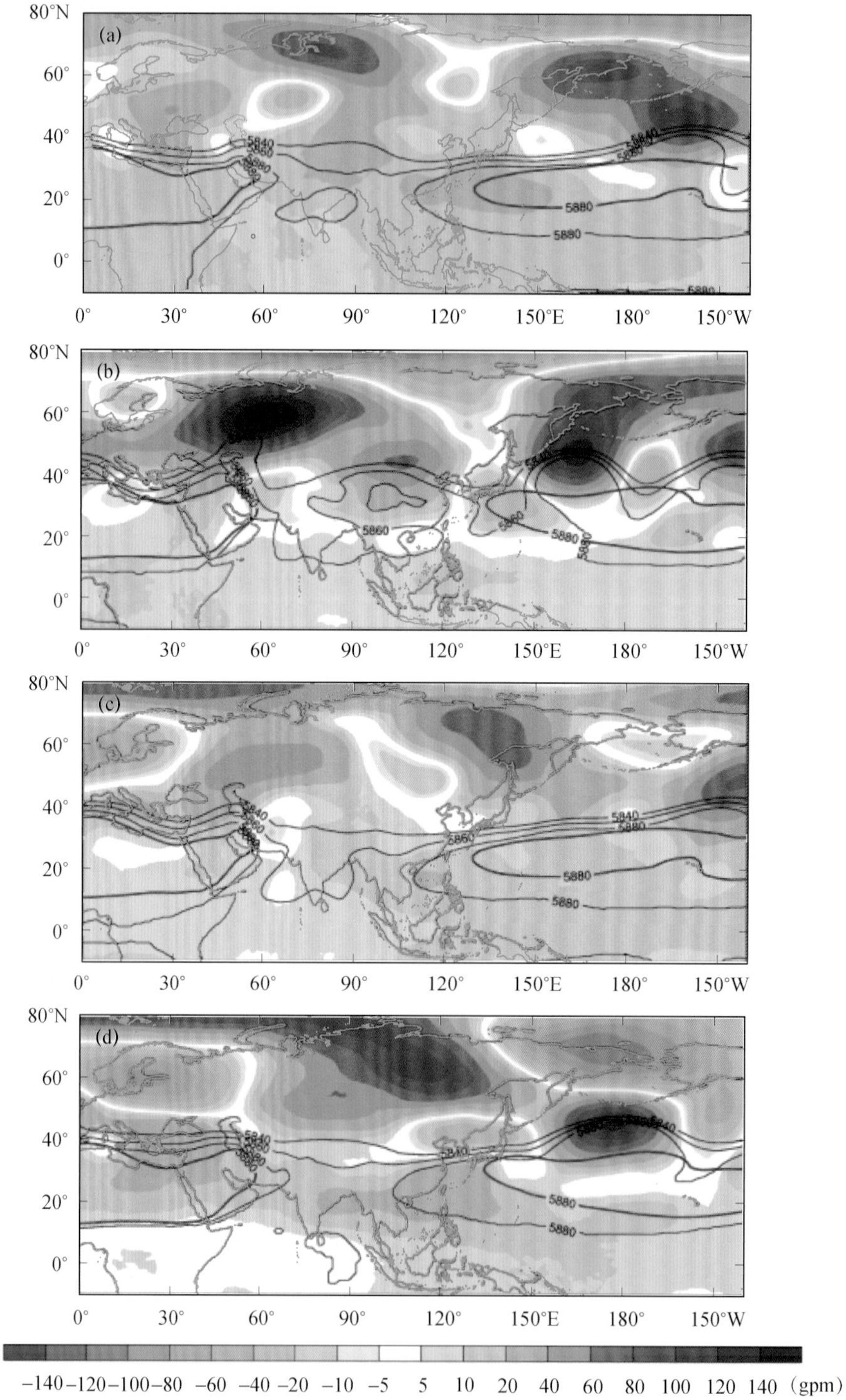

图 4.81　2016 年(a,b)和 1998 年(c,d)500 hPa 位势高度场(黑色等值线)及距平场(阴影)(红色等值线表示气候平均的 5880 线)

(a)、(c)6—7 月平均;(b)、(d)8 月

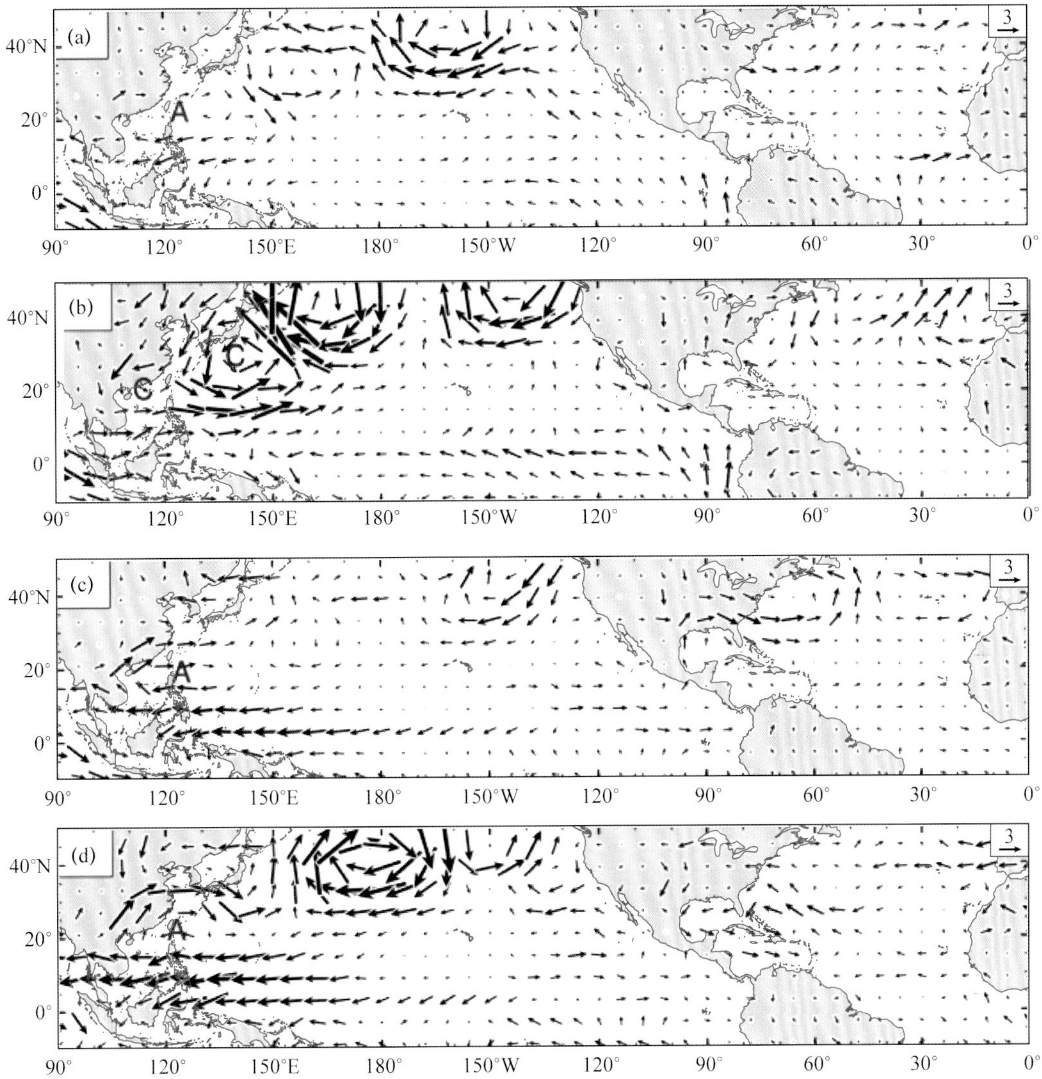

图 4.82 2016 年和 1998 年 850 hPa 风场距平(单位:m/s;A 和 C 分别表示气旋和反气旋)
(各图说明同图 4.81)

为进一步考察 2016 年和 1998 年夏季北大西洋海温变化对欧亚中高纬度环流的可能影响,分别以这两年观测的北大西洋海温驱动 CAM5.3 模式,进行了两组敏感性试验(NA 试验)。此外,为了与热带印度洋—太平洋海温强迫进行对比,还进行了另外两组敏感性试验(即 PIA 试验)。在 PIA 试验中,下垫面强迫分别为 2016 年和 1998 年观测的北大西洋以及热带印度洋和太平洋海温。

图 4.83 给出了 NA 试验中 500 hPa 位势高度异常对下垫面海温强迫的响应。当以 2016 年的北大西洋海温驱动 CAM5.3 模式时(2016NA 试验),6—7 月平均以及 8 月乌拉尔山地区和鄂霍茨克海地区位势高度场偏低,西欧和贝加尔湖地区位势高度场偏高,但北大西洋以及欧亚中高纬度环流异常响应总体偏弱(图 4.83a～图 4.83b)。而以 1998 年的北大西洋海温驱动 CAM5.3 模式时(1998NA 试验),6—7 月北大西洋一欧亚中高纬度地区上空的环流异常响应呈显著波列结构,其中乌拉尔山和鄂霍茨克海地区位势高度场显著偏高、贝加尔湖高度场偏低

(图 4.83c),中高纬度以经向环流为主,为典型的两脊一槽环流形势;1998 年 8 月,模式模拟的欧亚中高纬度地区环流异常响应(图 4.83d)依然以经向环流为主,为两脊一槽型,但是和 7 月的环流异常中心分布有些差异,鄂霍茨克海地区位势高度场加强并西扩至贝加尔湖以东,而乌拉尔山地区的高度场减弱,欧洲上空的高度场增强。综合比较 2016 年(2016PIA 试验)和 1998 年(1998PIA 试验)北大西洋以及热带印度洋—太平洋海温的协同强迫作用(图 4.83a 和图 4.83c),2016 年和 1998 年 6—7 月平均 500 hPa 位势高度异常响应在东亚地区的模拟结果类似,从热带到中高纬度为"+−+"的东亚−太平洋型波列分布,这种环流异常分布有利于长江流域降水异常偏多。而从图 4.83b 和图 4.83d 可以看出,2016 年和 1998 年的 8 月平均 500 hPa位势高度异常响应特征在东亚地区的模拟结果完全相反。2016 年 8 月东亚地区热带

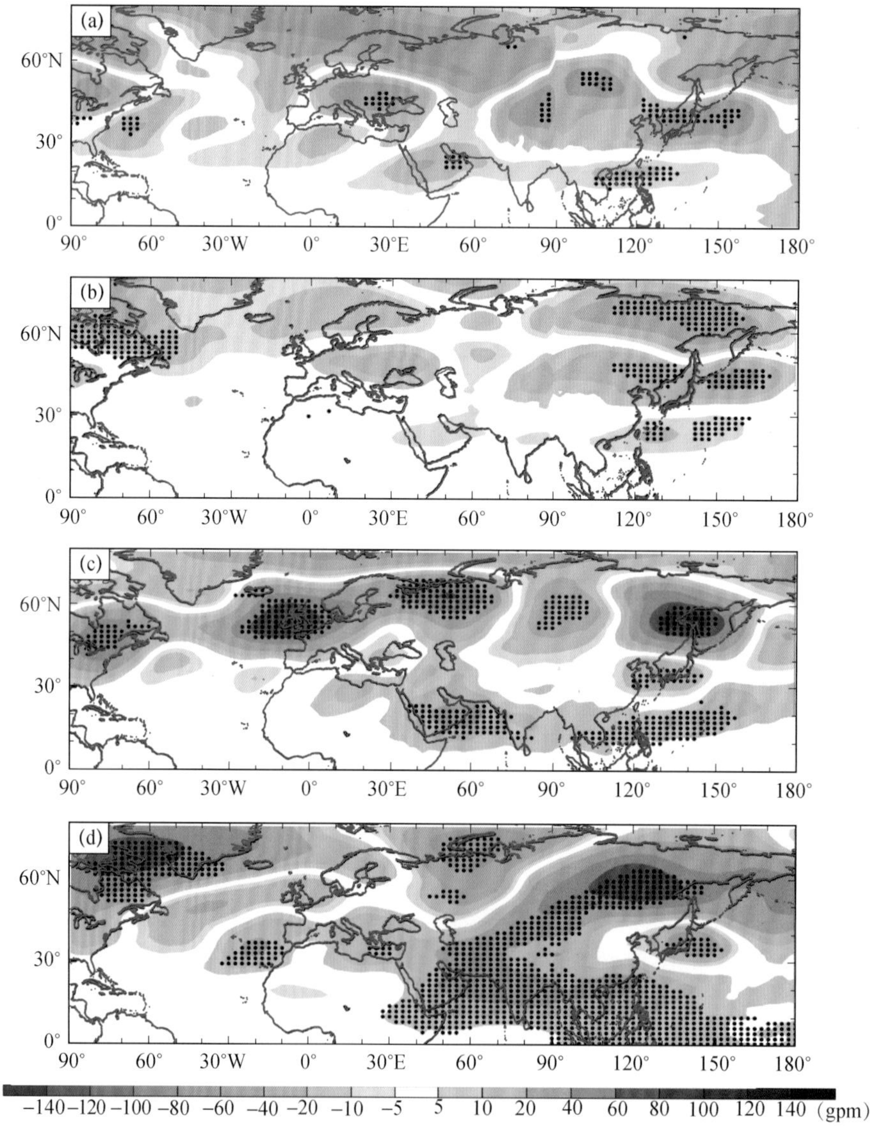

图 4.83　2016 年(a、b)和 1998 年(c、d)500 hPa 位势高度距平对北大西洋海温强迫(NA 试验)的响应(圆点表示置信水平达到 95%的区域)

(a)、(c)6—7 月平均;(b)、(d)8 月

到中高纬度为"－＋－"的东亚－太平洋型波列分布，这种环流异常分布有利于长江流域高温少雨。1998 年 8 月(图 4.83d)和 6—7 月(图 4.83c)非常类似，东亚地区热带到中高纬度仍然为"＋－＋"的东亚－太平洋型波列分布，在这种环流异常分布影响下，1998 年 8 月主要降水雨带依然维持在长江流域。基于 2016PIA 和 1998PIA 模拟试验结果的对比分析说明，相较于热带印度洋—太平洋海温强迫而言，北大西洋海温异常对 2016 年和 1998 年夏季欧亚中高纬度环流变化起主导作用。对比图 4.83 与图 4.81 可以看到，在 2016 年和 1998 年前夏欧亚中高纬度环流异常对北大西洋海温强迫的响应与观测结果基本一致，从而证实了北大西洋海温变化的显著差异是导致这两年前夏欧亚中高纬度环流异常分布存在显著差异的主要原因。

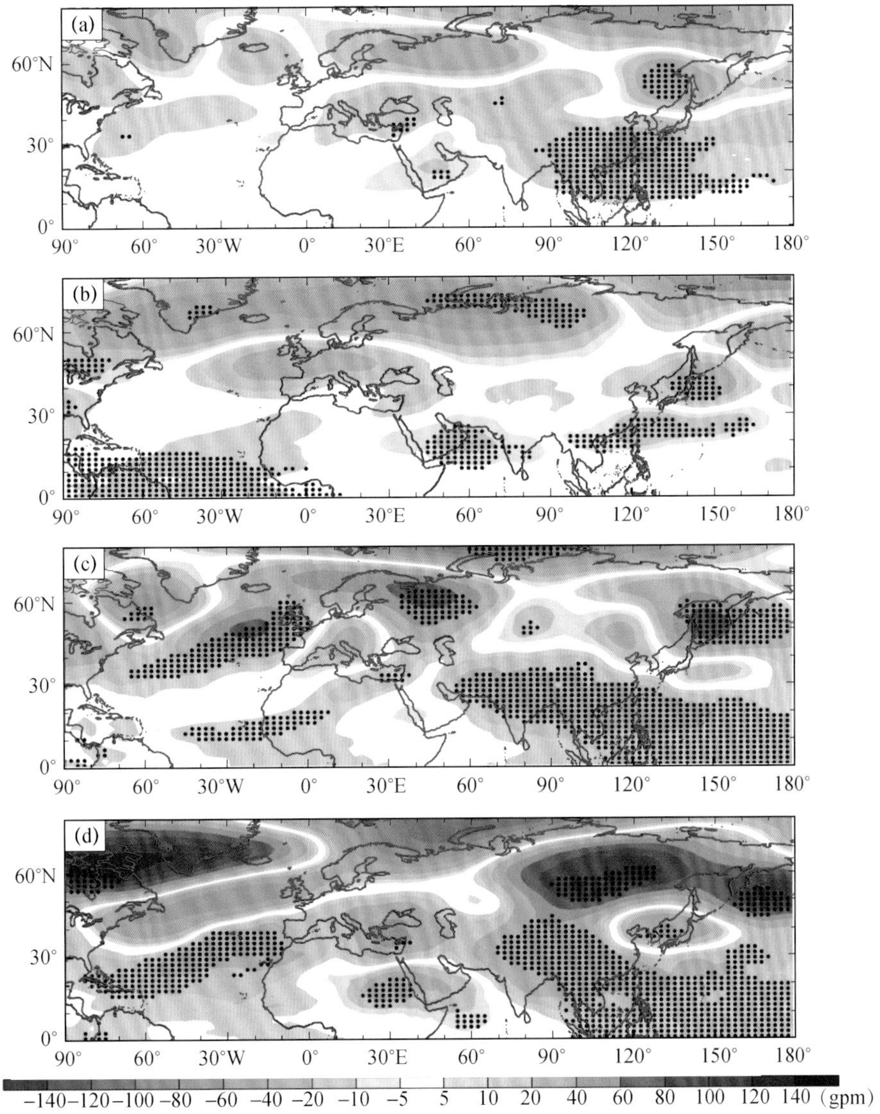

图 4.84 2016 年和 1998 年 500 hPa 位势高度距平对热带海温强迫(PIA 试验)的响应
(各图说明同图 4.83)

从图 4.84 中还可以看到，在 2016NA 试验中，前夏和后夏中国南海至菲律宾地区上空 500 hPa 存在显著的负高度异常响应，表明西太副高显著偏弱；相反，在 1998NA 试验中，前夏和后夏西太副高均显著偏强。进一步地分析发现，在前夏和后夏副热带西北太平洋 850 hPa 风场异常对 2016 年北大西洋海温强迫的响应均呈显著的气旋式分布，而对 1998 年北大西洋海温强迫的响应则呈显著的反气旋式分布(图 4.85)。以上模拟结果表明，在 2016 年和 1998 年夏季北大西洋海温异常对西太副高和西北太平洋反气旋亦存在一定影响，即 2016 年(1998 年)北大西洋海温异常有利于西太副高偏弱(偏强)，对应西北太平洋低层气旋(反气旋)性环流异常。观测分析和数值模拟结果一致表明，2016 年与 1998 年北大西洋海温异常分布对副热带西北太平洋环流存在完全不同的调制作用。

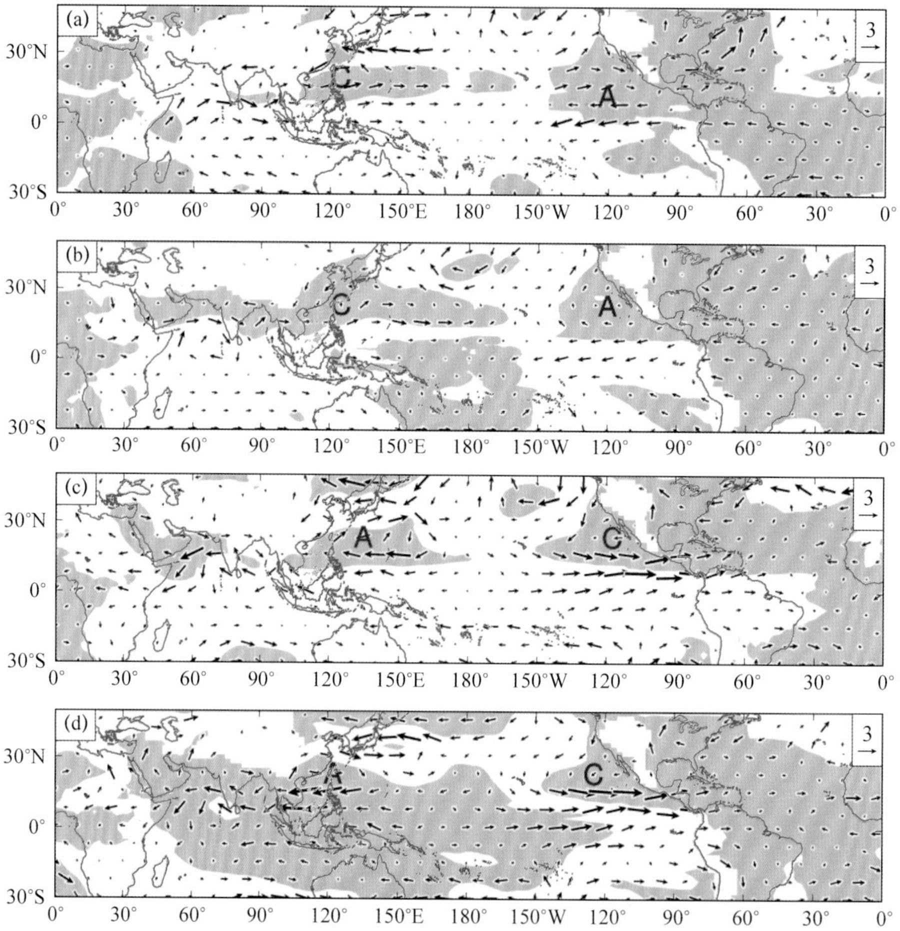

图 4.85　2016 年和 1998 年 850 hPa 位势高度风场对北大西洋海温的异常响应
(单位：m/s；阴影表示通过 95％的置信水平)(各图说明同图 4.83)

此外，对比模拟结果与观测结果可以发现，在北大西洋以及热带印度洋—太平洋海温的协同强迫的 PIA 试验中，副热带西北太平洋环流异常响应与观测结果基本一致。在 1998 年从春季到夏季，热带太平洋厄尔尼诺型海温异常逐渐减弱(图 4.79a)，热带印度洋海温呈一致型增暖(图 4.79b)，三大洋海温异常对副热带西北太平洋环流的影响作用是相互协调的，均对西太副高和西北太平洋反气旋起增强作用，所以模拟的 1998 年 6—7 月和 8 月菲律宾附近850 hPa风场异常响应(图 4.86c，图 4.86d)均为反气旋环流异常，模拟与观测完全一致。在 2016 年从春季到夏季，虽然赤道中东太平洋海温异常的演变与 1998 年相似，但北大西洋海温异常分布型与 1998 年完全相反，在 2016 年 6—7 月 PIA 模拟试验结果发现(图 4.86a)，菲律宾附近850 hPa风场异常相应为反气旋异常环流；随着热带印度洋一致型在盛夏进一步衰减，而北大西洋海温异常更有利于西太副高偏弱，模拟的 2016 年 8 月菲律宾附近 850 hPa 风场异常响应为气旋环流异常(图 4.86b)，模拟和观测是一致的。这充分说明在 2016 年 6—7 月，副热带西北太平洋对流层低层主要受反气旋式环流异常控制，说明热带印度洋—太平洋海温强迫起主导作用；相反，8 月副热带西北太平洋对流层低层主要受气旋式环流异常控制，表明北大西洋海温强迫起到了主导作用。

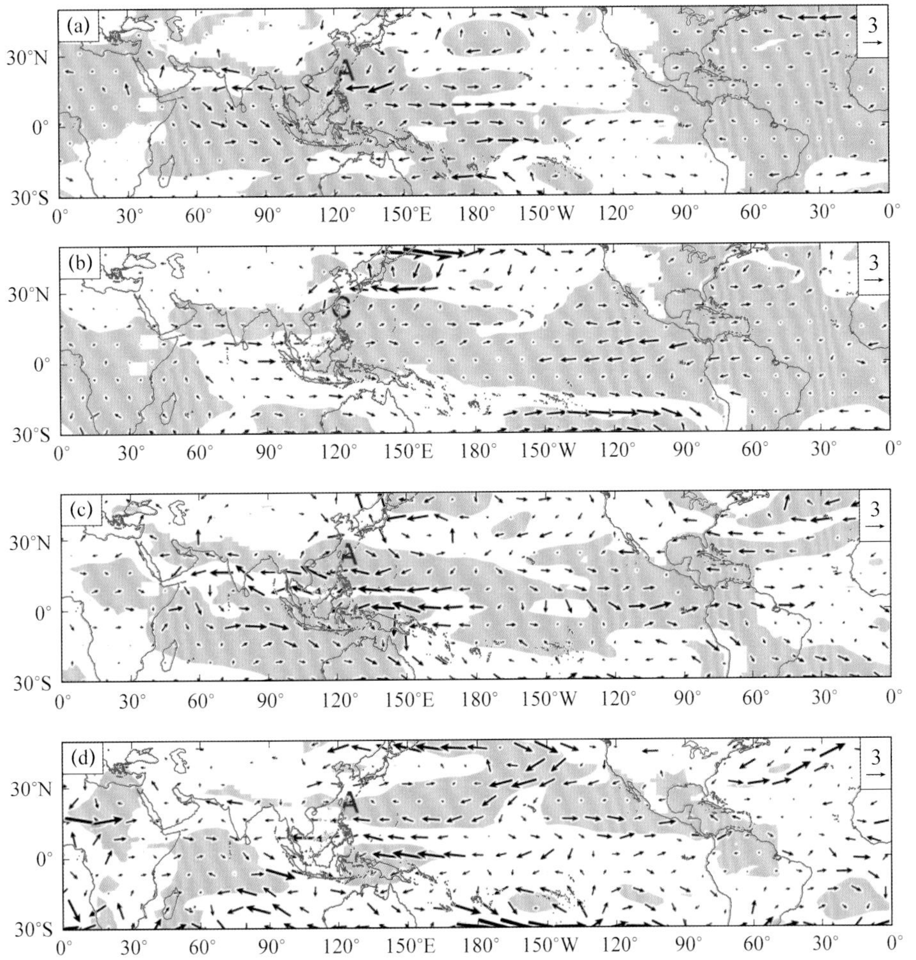

图 4.86 2016 年(a,b)和 1998 年(c,d)850 hPa 风场异常对热带海温强迫(PIA 试验)响应(图中说明同图 4.83)

夏季北大西洋海温对西北太平洋大气环流变率的影响可能与西传的低纬度大气遥相关有关(Ham et al.,2013;Hong,2014)。在 2016 夏季，热带北大西洋主要受冷海温异常控制(图 4.80a,图 4.80b)，该冷海温异常抑制了叠加在北大西洋热带辐合带上的对流活动，使得热带大西洋—东太平洋对流层低层产生异常辐散(图 4.87a,图 4.87b)，对流层高层则为异常辐合，进而加强了热带中西太平洋对流层高层的异常辐散与整层的上升运动。因此，副热带东太平洋和西太平洋对流层低层分别形成反气旋和气旋式环流异常响应(图 4.85a,图 4.85b)。相反，在 1998 年夏季，热带北大西洋主要受暖海温异常控制(图 4.80c,d)，使得热带大西洋—东太平洋上空形成异常辐合与上升运动(图 4.87c,图 4.87d)，并在热带中西太平洋形成异常辐合与下沉运动，导致副热带东太平洋和西太平洋对流层低层分别呈现气旋和反气旋式环流异常响应(图 4.85c,图 4.85d)。另有研究认为,热带北大西洋的海温异常可以通过激发东传的暖性 Kelvin,进而对西北太平洋反气旋产生影响(容新尧 等,2010;Ham et al.,2013)。然而,在 2016NA 试验中,经非洲至赤道印度洋上空并无显著的西风异常响应(图 4.85a,图 4.85b)。在 1998NA 试验中,也无明显的东风异常响应由赤道北大西洋向东传播至赤道印度洋和西太平洋地区(图 4.85c,图 4.85d)。这说明,在 2016 年和 1998 年夏季北大西洋热带海温异常所激发的 Kelvin 波并不显著。

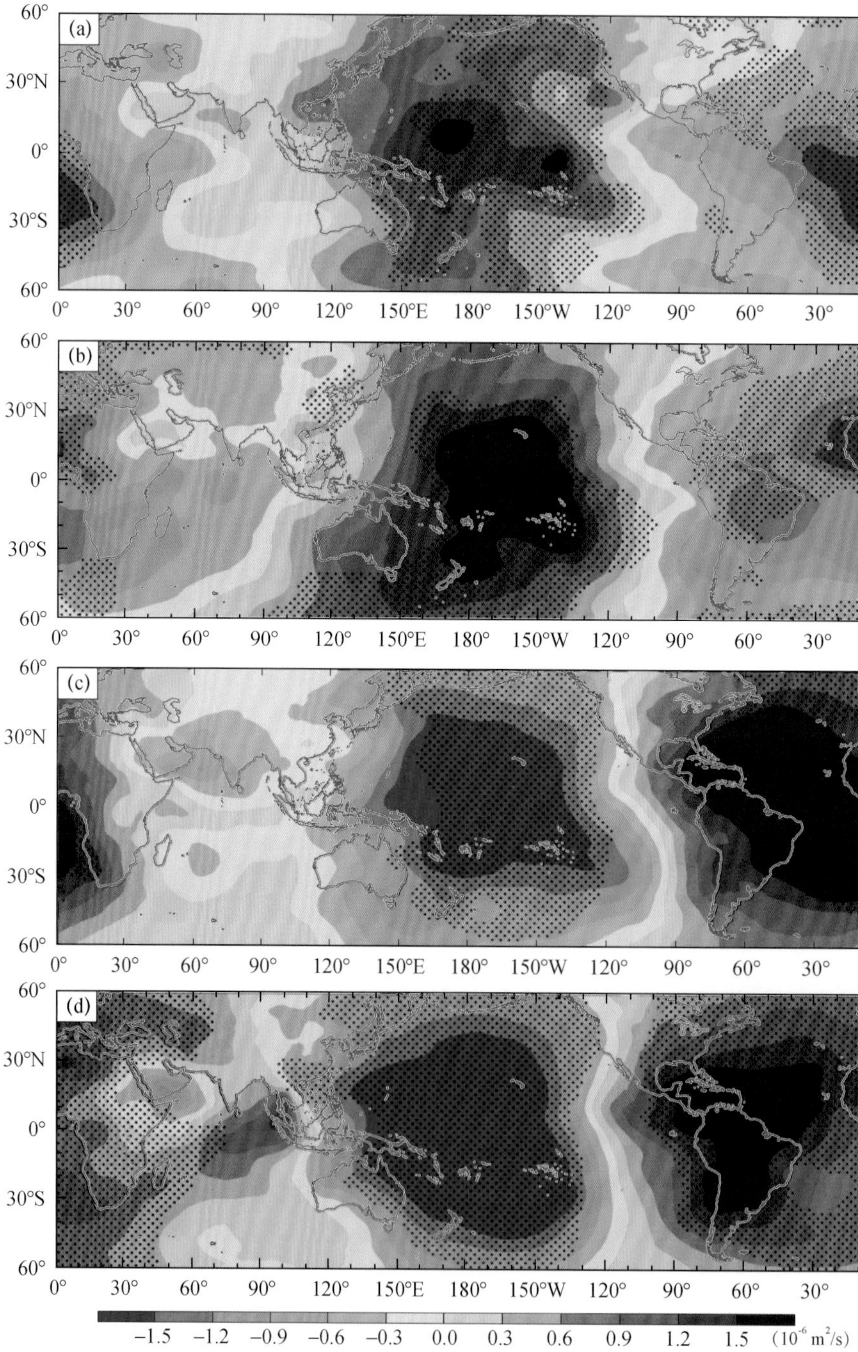

图 4.87　2016 年(a,b)和 1998 年(c,d)850 hPa 速度势异常对北大西洋海温强迫(NA 试验)的响应(图中说明同图 4.83)

综上所述，通过 CAM5.3 模式进行敏感性试验，验证了 2016 年和 1998 年北大西洋海温异常对欧亚中高纬度环流变化的显著影响，揭示了其对西北太平洋副热带环流变率的重要调制作用。夏季北大西洋海温异常对欧亚中高纬度环流的影响机制，一方面与海温异常所激发的非绝热加热以及 Rossby 波响应的北传有关，另一方面与北大西洋风暴轴活动所引起的天气尺度涡旋反馈密切联系(Zuo et al.，2013)。北大西洋海温对副热带西北太平洋环流变率的影响，主要与 Rossby 波响应的西传以及太平洋局地海气相互作用有关，这与已有研究(Ham et al.，2013；Hong，2014)的结果类似。不过，1998 年春—夏季北大西洋海温异常分布相似，但前夏和后夏欧亚中高纬度环流异常响应特征却存在一定差异，这可能与环流异常响应对背景环流的依赖性有关(Peng et al.，1995)。夏季北大西洋海温异常所引起的 Rossby 波响应能够向北传播至北大西洋风暴轴上，这种低频环流异常与风暴轴活动之间存在显著的正反馈作用，进而使得北大西洋海温异常所激发的 Rossby 波响应得以进一步增强并向欧亚中高纬度地区传播(Zuo et al.，2013)。有关 CAM5.3 模式中北大西洋海温强迫对背景环流的依赖性仍需进一步分析。

4.3.4 2018 年南方降水异常及其影响系统

2018 年准确预测了我国汛期“降水南北多、中间少、以北方多雨区为主”的总体特征(图 4.88)。3 月底的发布预报对内蒙古、西北、华北、黄淮、西南地区北部和华南南部降水偏多以及江淮、江汉、江南北部、西南东部降水偏少的预测与实况一致；尤其是准确预测了黄河流域降水明显偏多、有较重汛情，而长江流域上游偏涝、中下游明显偏旱的特征；准确预测了华南前汛期开始时间偏晚，江南、长江中下游和江淮梅雨开始时间偏晚，华北雨季开始偏早等汛期各主要雨季进程早晚的总体特征。3 月底发布降水预报为有记录以来最高分。

2018 年的汛期预测及服务能取得好效果，与发布预测前对气候系统先兆信号的全面分析以及对动力气候模式有效信息的提取密不可分。面对众多信号，如何提取主导信号并把握各主导信号间的协同作用很重要。首先对预报对象和预报因子的多时间尺度特征进行了分析，从年代际尺度和年际尺度分别对各先兆信号的可能影响进行深入的诊断分析，并在评估国内外动力模式预报结果的基础上，依据各主导先兆信号的协同影响对模式预报结果进行订正，最终得到 2018 年的汛期预测结论。

我国汛期主雨带有明显的年代际变化特征(陈丽娟 等，2013b)，这和北太平洋年代际涛动(Pacific Decadal Oscillation，PDO)冷暖位相的变化有密切的联系。监测显示，进入 2018 年以来 PDO 指数表现出明显减小的特征，并在 3 月开展汛期预测分析的关键时间节点转为负值，这种变化提示 PDO 暖位相的影响将减弱，不能作为主导信号，应更多地关注年际和次季节尺度变化信号的影响。后期 PDO 指数的监测显示，至 2018 年 9 月，PDO 指数一直较弱，在 0 附近波动，证明当初的判断是正确的。

在年际时间尺度上，2018 年 3 月发布汛期预报前，能够获取的年际异常信号主要包括以下几个方面：①2017 年 10 月—2018 年 4 月，赤道中东太平洋发生一次弱的东部型拉尼娜事件，该事件于 2018 年 1 月达到峰值；②2017 年/2018 年冬季以来印度洋海温持续偏冷；③ 2017 年/2018 年冬季的青藏高原积雪较常年异常偏少；④北大西洋海温三极子模态在 2018 年 2 月以来持续正位相。结合对多因子协同作用的研究成果进行综合分析，在 2018 年汛期预测中重点考虑厄尔尼诺事件、印度洋海温和青藏高原积雪对热带与副热带环流的影响，以及北大西洋海温三极子正位相对欧亚中高纬度环流的影响。

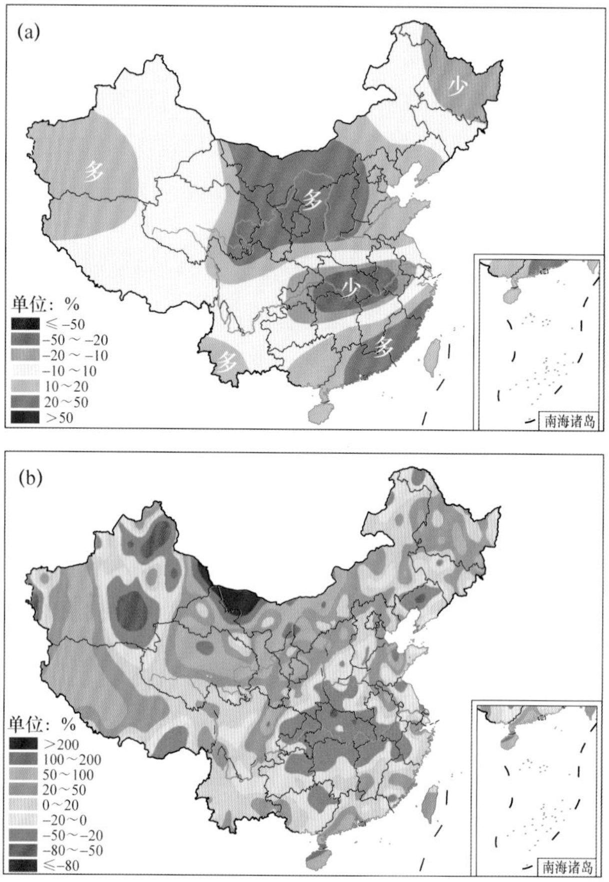

图 4.88　2018 年夏季降水量距平百分率(a;3 月底预报)和实况(b)对比

ENSO 事件对中国汛期气候的影响具有复杂性。本次拉尼娜事件较弱，对我国 2017 年/2018 年冬季和 2018 年春季气候的影响不显著(章大全 等，2018；王遵娅 等，2018)。在 2018 年 3 月国内外多数动力模式预测赤道中东太平洋海温在夏季为中性状态。此外，已有研究认为厄尔尼诺与拉尼娜事件对我国气候的影响具有明显的不对称性(Huang et al.，1989；薛峰 等，2007)，而拉尼娜事件、尤其是弱拉尼娜事件对我国气候影响的不确定性更大、需要深入诊断。

进一步分析了热带和副热带大气和热带印度洋海温的特征，结果显示，2017 年/2018 年冬季和 2018 年 3 月的 Walker 环流显示出对拉尼娜事件的响应，冬季在热带西太平洋区域(120°—160°E)上升气流增强，170°E—120°W 区域下沉气流也有所增强(图 4.89a)；2018 年 3 月，Walker 环流进一步增强，西太平洋上升气流区西扩至 100°E，170°E 以东的下沉支也明显增强。在 850 hPa 风场距平上，菲律宾附近为异常气旋式环流(图 4.89b)，显示了对拉尼娜事件的显著响应(Wang et al.，2002)。在菲律宾附近异常气旋式环流的影响下，冬季长江以南地区受到偏东北风距平的控制，降水明显偏少。此外，热带印度洋全区一致海温模态(IOBW)指数在 2014 年春季—2017 年秋季总体表现出较强的正值，说明热带印度洋以偏暖特征为主。而进入 2017—2018 年冬季之后，IOBW 指数明显减弱，表现出海温偏低的特征(图 4.90)，说明印度洋海温对这次弱拉尼娜事件表现出明显的滞后响应。在 2018 年 3 月分析评估了国内外动力气候模式对全球海温 2018 年春夏季的预测，多数模式预测热带印度洋海温持续偏低，即预计春夏季热带印度洋对拉尼娜事件的滞后响应依然显著。印度洋海温偏低将有利于东亚夏季风偏强，从而起到对 ENSO 事件影响的"接力"作用(Xie et al.，2009)。实况显示，动力模式对春夏季印度洋海温的预测是正确的，而根据印度洋海温在春夏季的发展趋势来预测拉尼娜事件对东亚气候的影响显著也是成功的。近些年的研究工作深入揭示了印度洋海温对东亚夏季风的显著影响和机制(Xie et al.，2009；2016)，因此在汛期预测业务中，印度洋海温都被当作东亚夏季风的关键影响因子加以重点考虑，如 2015 年和 2016 年的汛期都正确预测了东亚夏季风偏弱的特征，当时对春夏季印度洋偏暖及其影响的分析是预测正确的重要原因之一(陈丽娟 等，2016)(袁媛 等，2016，2017a，2017b；高辉 等，2017)。

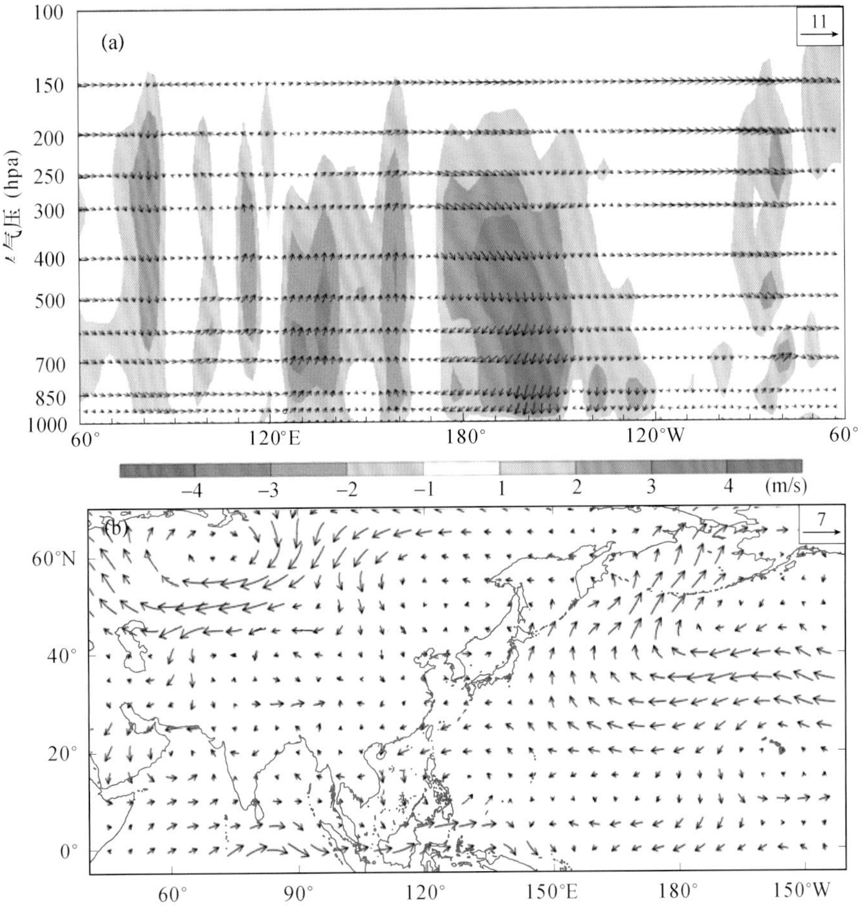

图 4.89　2017—2018 年冬季 Walker 环流距平(a)和 850 hPa 风场距平(单位：m/s)(b)(气候值：1981—2010 年)

2017 年/2018 年冬季以来印度洋冷海温的发展趋势及其对 ENSO 事件的"接力作用"说明夏季东亚地区环流和降水对冬季拉尼娜事件/状态较典型的滞后响应。因此根据 2017 年/2018 年冬季以来赤道中东太平洋海温演变特征，选取 1990 年以来 Nino3.4 指数在冬季达到最低值(低于−0.5 ℃)，并于春夏季升温至中性状态附近的 8 个相似年(图 4.91a；1996 年、1997 年、2001 年、2006 年、2008 年、2009 年、2012 年和 2017 年)对夏季环流和降水进行合成。结果显示，冬季拉尼娜状态有利于夏季菲律宾附近出现气旋性距平环流、副高偏弱偏北、东亚夏季风偏强(图 4.91b)，我国东部地区有南北两条多雨带，北方多雨带中心位于河套地区，南方多雨带中心位于江南南部至华南；长江 、江汉地区降水明显偏少(图 4.91c)。

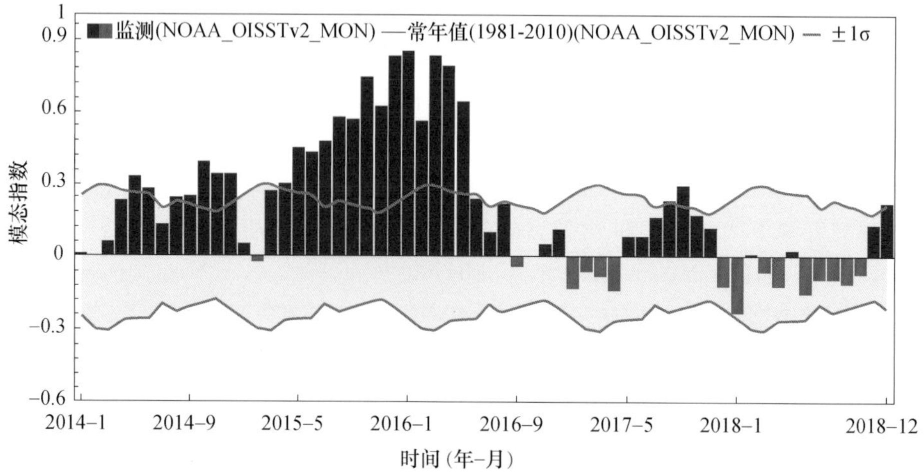

图 4.90　2014—2018 年热带印度洋全区一致海温模态(IOBW)指数的逐月演变

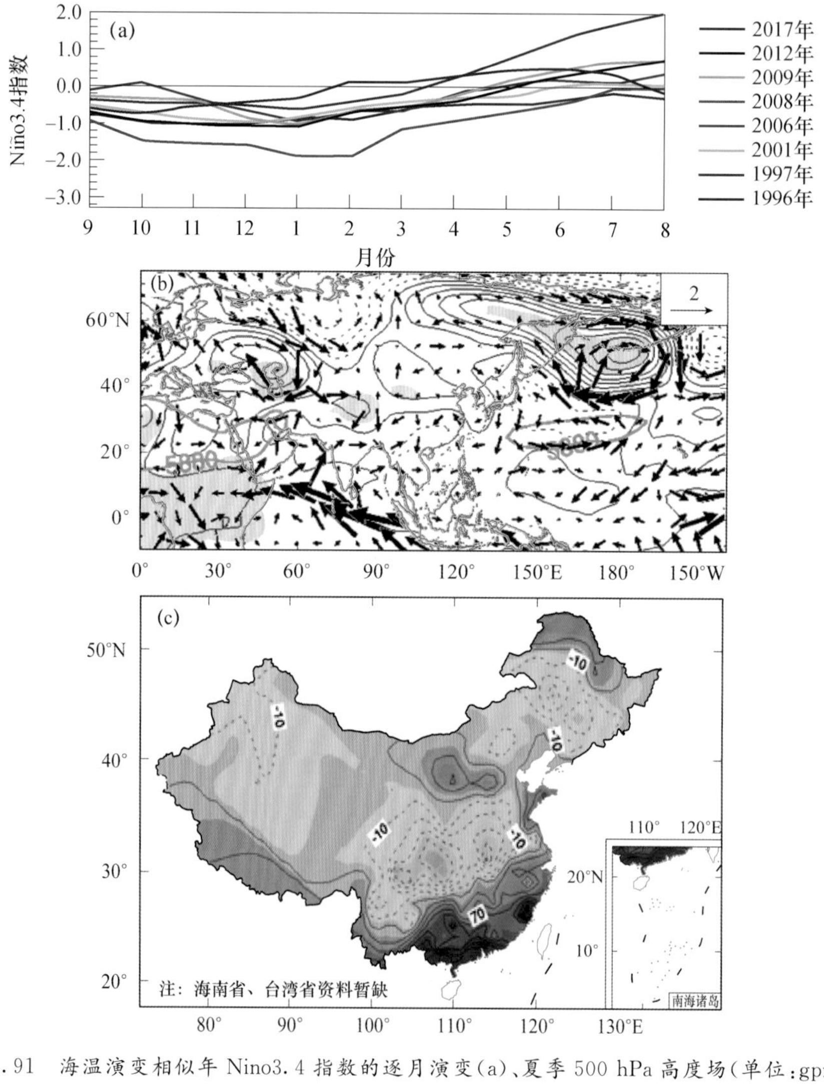

图 4.91　海温演变相似年 Nino3.4 指数的逐月演变(a)、夏季 500 hPa 高度场(单位:gpm)和 850 hPa 风场距平(单位:m/s)合成图(b)、降水距平合成图(单位:mm)(c)
(图(b)中阴影表示信度超过 90%的区域,绿色实线表示气候平均 500 hPa 上 5880 gpm 等值线)

除海温异常信号外，国家气候中心监测显示2017年/2018年冬季的青藏高原积雪较常年偏少0.7个标准差，且BCC_CSM1.1(m)模式预测春季积雪持续偏少。根据已有研究（陈兴芳 等，2000；张顺利 等，2001；竺夏英 等，2013），高原积雪偏少，经过热力异常和动力异常的作用，有利于东亚夏季风偏强，长江流域易旱。高原积雪对东亚夏季风和我国降水的这种影响与拉尼娜事件的影响是一致的。监测还显示北大西洋海温三极子模态在2018年2月以来持续正位相，可能影响到春末—夏初的欧亚中纬度环流，不利于乌拉尔山和鄂霍茨克海出现阻塞形势（Zuo et al.，2013），从而不利于长江流域和江淮地区降水偏多。北大西洋三极子对东亚夏季风和我国降水的影响也与拉尼娜事件的影响是一致的。

除物理诊断外，在2018年的汛期预测当中，还分析评估了大量国内外动力气候模式的预测结果。以国家气候中心BCC_CSm1.1(m)的500 hPa环流场预测（图4.92）为例，模式预测北半球中纬度欧亚大陆地区以纬向环流为主，在60°E以西的欧洲地区为正距平，60°E至贝加尔湖为负距平，贝加尔湖以东至鄂霍茨克海地区为正距平；东亚地区从高纬度到低纬度为北高南低型。其他国外主要业务中心（如NCEP_CFCv2、ECMWF、TCC等）的动力模式对欧亚环流型的预测与国家气候中心类似，最一致的特征都是预测东亚地区为北高南低的形势。由于西太副高和菲律宾反气旋对东亚夏季风和我国汛期气候有直接的影响，也对比各模式预测的副高指数（刘芸芸 等，2012）和菲律宾反气旋指数（Wang et al.，2000）。结果显示，ECMWF（欧洲中期天气预报中心）模式预测夏季副高显著偏强偏西偏北，BCC_CSM1.1(m)和CFS V2预测夏季副高强度接近常年、位置偏东偏北。此外，3个模式均预测菲律宾反气旋指数为负值，即菲律宾附近为气旋性环流距平。3个模式集合平均的结果预测副高强度略偏强，位置偏东偏北（图4.93）。由于国内外动力气候模式对东亚夏季降水的预测差异很大，预测技巧偏低。因此主要采纳了动力模式对大尺度环流的预测信息，结合物理诊断结果，确定了东亚夏季风偏强和我国汛期降水“南北多、中间少”的布局。

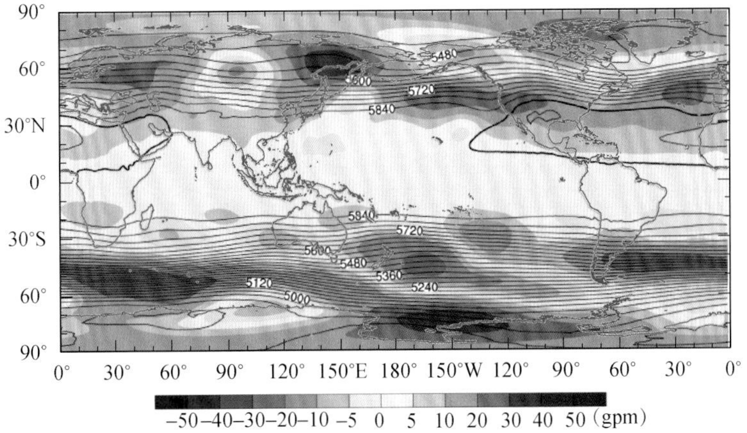

图4.92 BCC_CSM1.1(m) 2018年3月起报的2018年夏季500 hPa高度场预测（阴影为距平）

总之，2018年强东亚夏季风及相应的降水异常特征是拉尼娜事件、高原积雪和北大西洋海温三极子等多因子协同作用的结果（Chen et al.，2019）。尽管外强迫因子对汛期降水的影响复杂多变，但还是对2018年充分诊断并正确预测了海温、积雪等外强迫因子的自身特征及可能影响，对动力模式的预测结果进行了有效订正，从而取得了很好的预测服务效果。

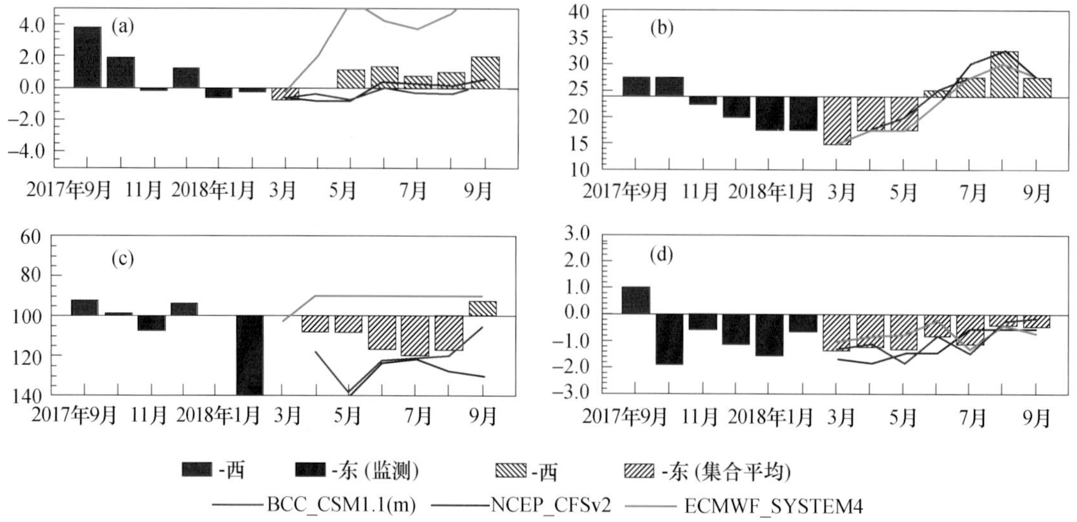

图 4.93　多模式 2018 年 3 月起报的逐月副高强度(a)、
副高脊线南北位置(b)、副高西伸脊点位置指数(c)和菲律宾反气旋指数(d)

4.3.5　2020 年南方降水异常及其影响系统

2020 年夏季全国平均降水量为 373.0 mm，为 1961 年以来历史同期次多，仅次于 1998 年；其中东部大部地区均降水偏多，长江和黄河流域降水量分别较常年同期偏多 38%和 39%，均为 1961 年以来最多，淮河和太湖分别偏多 45%和 64%，均为次多年；松花江和海河流域分别偏多 15%和 10%；仅辽河和珠江流域降水分别较常年同期偏少 7%和 15%(刘芸芸 等，2021a)。

对比实况和 3 月底及 4 月底发布的预报可见，2020 年汛期预测准确把握了汛期“涝重于旱”的总体特征(图 4.94)。3 月底发布的预测(图 4.94b)指出，2020 年夏季我国南北方都有多雨区，南方多雨区主要位于江南大部、华南北部和西南地区东部，北方多雨区位于东北地区北部、华北大部、黄淮，上述地区可能出现较重的洪涝灾害，长江中下游、黄河中上游和海河流域以及松花江流域降水较常年同期偏多，暴雨过程和日数较多，可能有较重汛情；辽河流域降水接近常年同期偏少。与实况(图 4.94a)相比，对以上区域的降水异常分布特征及旱涝趋势都与实况较为一致。不足之处是低估了长江中下游降水偏多的异常程度，对江淮西部、汉水降水明显偏多预测不准确，对四川盆地降水异常偏多估计不足。2020 年夏季长江中下游沿江地区降水较常年偏多 5 成以上，局部地区偏多 1 倍。而预测的南方主要多雨带中心位置偏南，预测长江中下游地区降水偏多 2～5 成，低估了其偏多的异常程度；预测江淮西部、汉水地区降水偏少 2 成左右，与实况相反。

在 4 月底滚动订正预报中(图 4.94c)，根据最新的海洋、积雪、大气等影响因子演变特征以及国内外动力模式的最新预测，维持南北都有多雨区、涝重于旱的总体意见不变，对局部有订正，将江汉—西北地区东南部的少雨区减小，安徽中部、河南东南部和湖北东北部由偏少订正为正常。这次订正使长江—江淮流域的预测更接近实况，但异常程度仍然与实况有较大偏差。

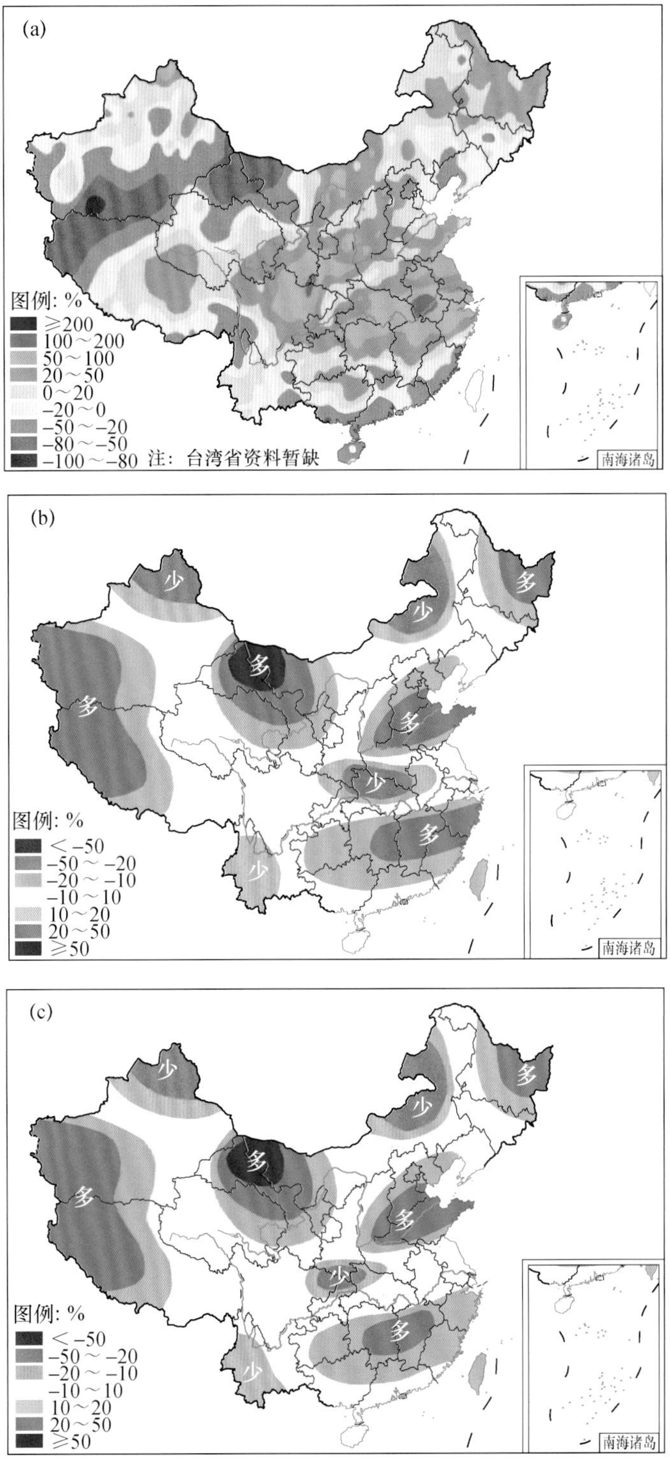

图 4.94　2020 年汛期(6—8 月)降水量距平百分率实况(a)
与 3 月底(b)、4 月底(c)发布的季节降水距平百分率预报对比

2020 年的汛期预测及服务能取得较好效果，也是提前基于对多因子协同作用进行综合分析的，在 2020 年汛期预测中重点考虑厄尔尼诺事件、印度洋海温和青藏高原积雪对热带与副

热带环流的影响。

2019 年 10 月至 2020 年 5 月，赤道中东太平洋经历了一次弱 El Niño 事件，受其影响，西太副高自 2019 年/2020 年冬季就表现出持续偏强、偏西的特征（赵俊虎 等，2020）。在 El Niño 发展年的秋冬季，东亚副热带地区会通过 Rossby 波遥相关作用在菲律宾附近激发异常反气旋环流，该反气旋环流也被认为是 El Niño 影响东亚气候异常的重要纽带（Wang et al.，2000，2002；Liu et al.，2019，2021）。

由于此次暖事件强度弱，因此在做预测时考虑更多的是赤道中东太平洋海温的季节演变对我国夏季降水的可能影响。首先选择有 1981 年以来具有相似演变特征的历史年，并去除了超强 El Niño 年，得到 7 个相似年：1995 年、2003 年、2004 年、2005 年、2007 年、2010 年、2019 年（图 4.95a）。夏季降水的合成结果显示，在 El Niño 弱暖水衰减状态下，我国容易出现南北均有多雨区，其中长江以北的大部地区降水明显偏多，而长江下游降水偏少（图 4.95b）。与 2020 年夏季降水实况对比发现，在长江中下游地区存在较大差异，这说明赤道中东太平洋的弱暖水衰减状态可能并不是 2020 年夏季降水异常的主要贡献因子。

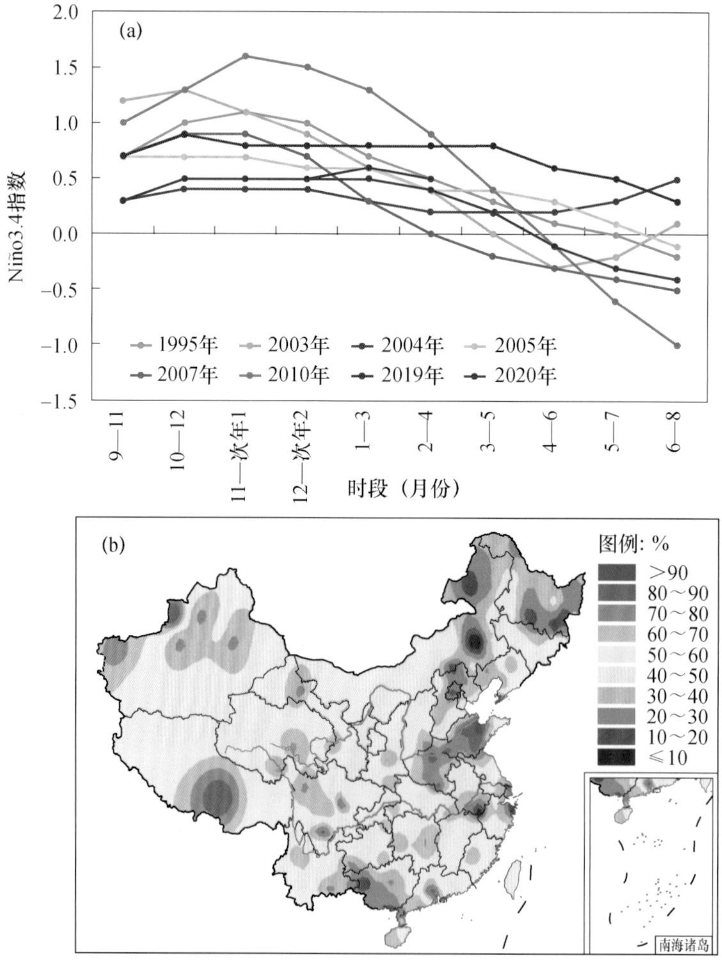

图 4.95　2019 年秋季至 2020 年夏季及相似年同期的 Niño3.4 指数演变(a)和 7 个 Niño3.4 演变相似年的夏季降水合成场(b)

前期除了赤道中东太平洋地区海温异常外，热带印度洋海温也于2020年1月开始明显偏暖，并且一直持续到夏季(刘芸芸 等，2021a)。其中2020年夏季热带印度洋一致模(IOBM)指数为1961年以来同期最高值(0.60 ℃)，标准差为2.15(图4.96a)。先前的研究指出，热带印度洋海温整体增暖多表现为对El Niño事件的滞后响应，它在维持El Niño事件对东亚气候的影响中起到重要的"接力"作用(Wu et al.，2004；Yang et al.，2007；Xie et al.，2009)。从2020年IOBM夏季监测实况来看，其显著异常的演变特征在一定程度上说明它除了对前期弱El Niño事件的响应外，同时热带印度洋局地的海气相互作用也加强了它的异常程度。

预测中利用偏相关的方法，考虑了在排除ENSO影响下的前冬—春季印度洋暖海温对夏季环流的影响，发现其有利于西太副高偏强、偏西以及菲律宾附近异常反气旋环流的维持(Xie et al.，2009；Yuan et al.，2012a；刘芸芸 等，2019)。在印度洋暖海温异常的相似年的降水合成则反映出有利于夏季江淮流域显著偏多(图4.96b)，这与2020年夏季的环流和降水实况更为接近。而从最新的夏季降水成因分析中也发现，2020年热带印度洋显著偏暖的先兆信号是我国乃至东亚地区夏季降水显著偏多的主要原因之一(Ding et al.，2021；Takaya et al.，2020)。

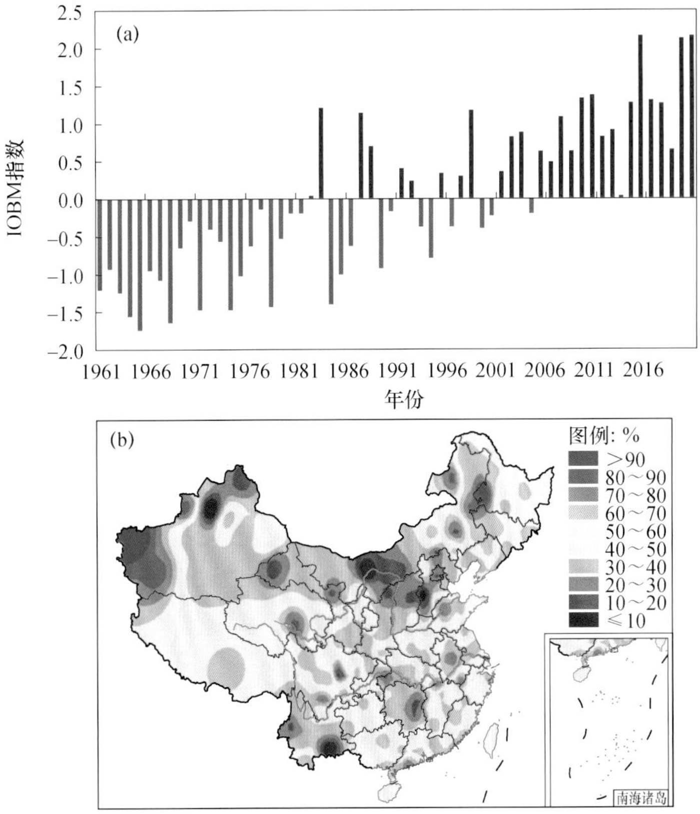

图4.96 1961—2020年夏季标准化的热带印度洋一致模(IOBM)指数(a)和1981年以来6个IOBM正指数相似年的夏季降水正距平频次合成场(b)

除海温异常信号外，国家气候中心监测显示2019年/2020年冬季的青藏高原积雪面积较常年显著偏多168.8×10^6 km^2，为1980年/1981年冬季以来次多，仅少于2018年/2019年冬季(图4.97a)。根据已有研究成果，高原积雪偏多，经过热力异常和动力异常的作用，有利于东亚夏季风偏弱，初夏长江流域降水偏多(张顺利 等，2001；陈兴芳 等，2000；竺夏英 等，

2013)。在做汛期预测分析时,一方面关注到了高原积雪异常偏多的信号,有利于初夏江淮梅雨偏多;另一方面还注意到冬季高原积雪与夏季降水的关系有年代际尺度的变化,两者在1981—2019年的相关系数可达到0.4,通过0.05的显著性水平(图4.97b),但2000—2019年的相关关系明显减弱(图4.97c)。从冬季青藏高原积雪面积距平的历史序列可知(图4.97a),1982年/1983年、1997年/1998年、2007年/2008年、2018年/2019年冬季高原积雪也显著偏多,其中前两个冬季的后期夏季长江中下游地区发生了严重汛情,2008年长江中下游降水也

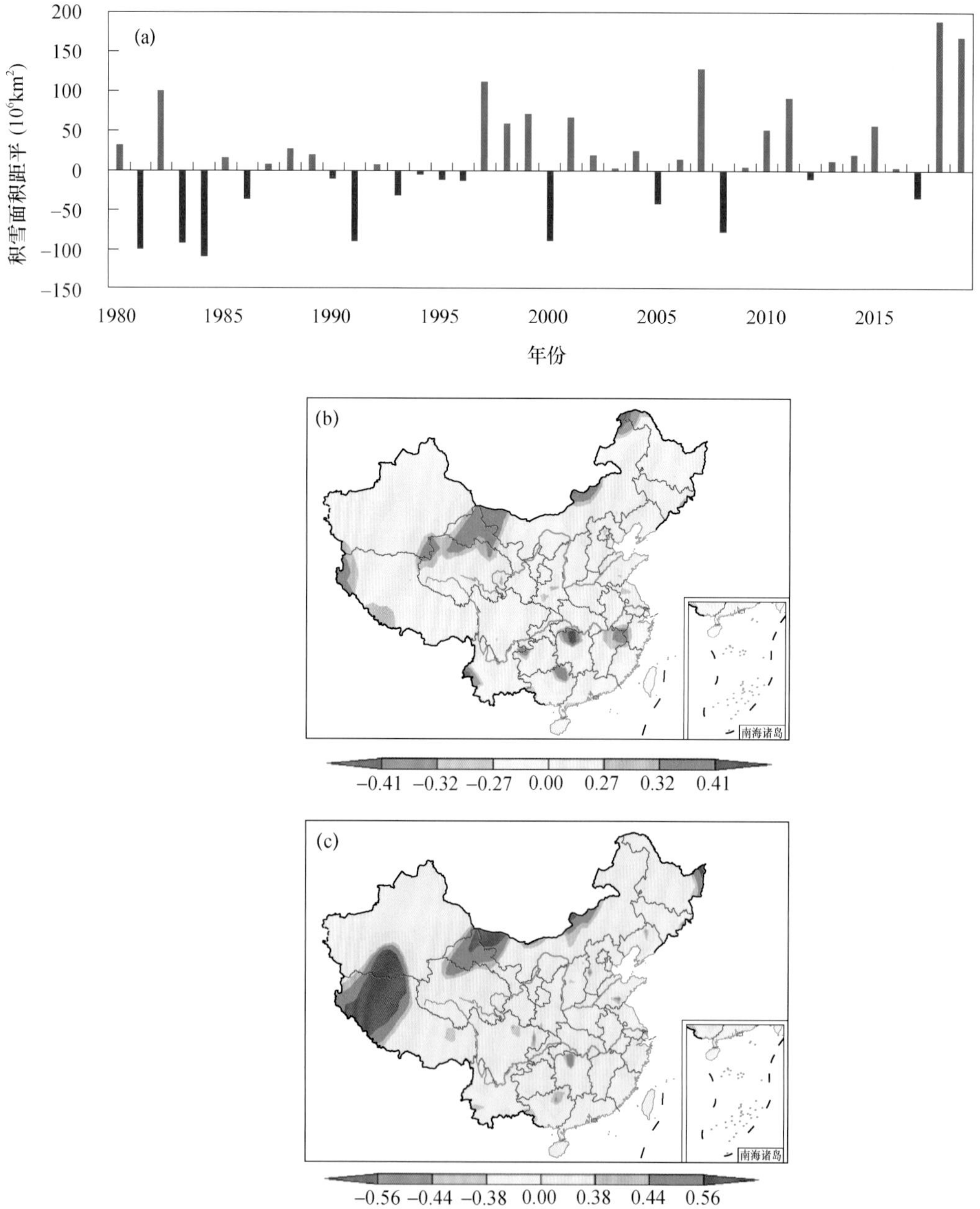

图4.97 1980年/1981年至2019年/2020年冬季青藏高原积雪面积距平(a),及其分别与1981—2019年(b)和2000—2019年(c)夏季降水的相关系数分布

整体偏多。但2019年夏季南方主要多雨区位于江南至华南地区，而长江中下游沿江地区及江淮降水明显偏少（丁婷 等，2020）。统计相关资料和个例分析发现在2020年汛期夏季预测时对青藏高原积雪面积异常偏多这个陆面信号考虑不够全面。但从2020年夏季降水实况来看，前冬的高原积雪异常偏多可能也会对夏季江淮流域洪涝有一定贡献。

除物理诊断外，还分析评估了国内外动力气候模式的预测结果。国家气候中心BCC_CSM1.1(m)模式预测2020年夏季北半球极涡较常年同期偏强，中高纬欧亚大陆地区以纬向环流为主，包括我国东北地区在内的贝加尔湖以东的东北亚大部分区域均为显著正高度距平区；副热带西北太平洋地区高度场也为正距平分布，有利于西太副高偏强西伸（图4.98a）。其他动力气候模式（如NCEP、ECMWF、TCC等）对欧亚环流型的预测与国家气候中心模式类似（图略）。考虑到东亚夏季风、西太副高和菲律宾反气旋的强弱对我国汛期气候及主要多雨带空间分布有直接的影响，重点对比了各模式对西太副高各特征指数（刘芸芸 等，2012）与菲律宾反气旋指数（Wang et al.，2000）的预测（图4.99）。结果显示，3月下旬起报的多模式集合

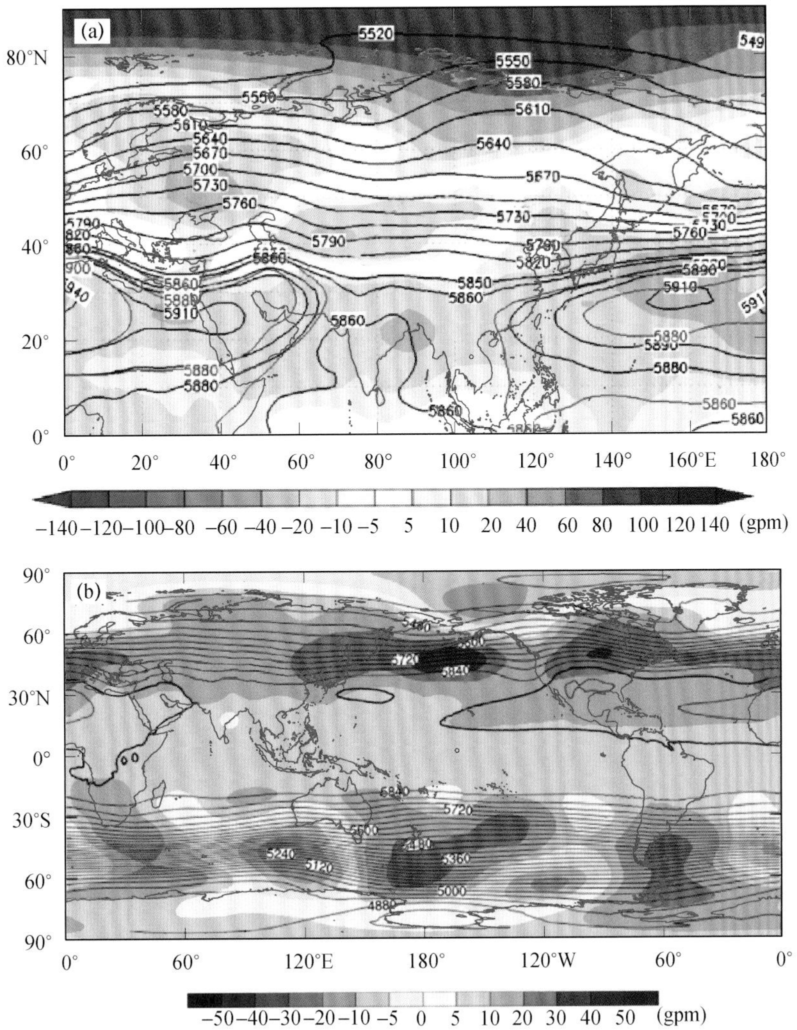

图4.98 观测的2020年夏季500 hPa高度场（阴影为距平）(a)以及BCC_CSM1.1(m)模式2020年3月起报的结果(b)对比

预测夏季副高显著偏强偏西,6 月脊线位置接近常年同期,7—8 月偏北,菲律宾反气旋偏强,这样的环流形势有利于我国长江及其以北地区降水偏多。与实况(图 4.98b)对比可知,上述各动力模式对夏季平均热带和副热带主要环流系统的空间分布型预测效果较好,但对季节内尺度的环流变化特征预测技巧低,没有正确预测中高纬欧亚地区在 6—7 月的“两脊一槽”双阻型环流,以及 7 月副高脊线位置持续偏南。实际情况是 7 月底副高才进行第 2 次北跳,季节进程较常年明显偏晚(刘芸芸 等,2021a)。由于模式在主要多雨带季节进程上的预测失误,从而导致主要多雨区较实况偏北,预测高估了华北区域的降水,而低估了长江及其以南区域的降水。Liu 等(2019,2021)专门针对目前国内外主要气候模式的季节和季节内尺度的预报能力进行了详细评估,发现气候模式普遍存在对夏季主要多雨带强度预报偏弱和北抬时间偏早的系统性偏差。这为将来的汛期气候预测中如何准确应用模式预测信息提供了参考。

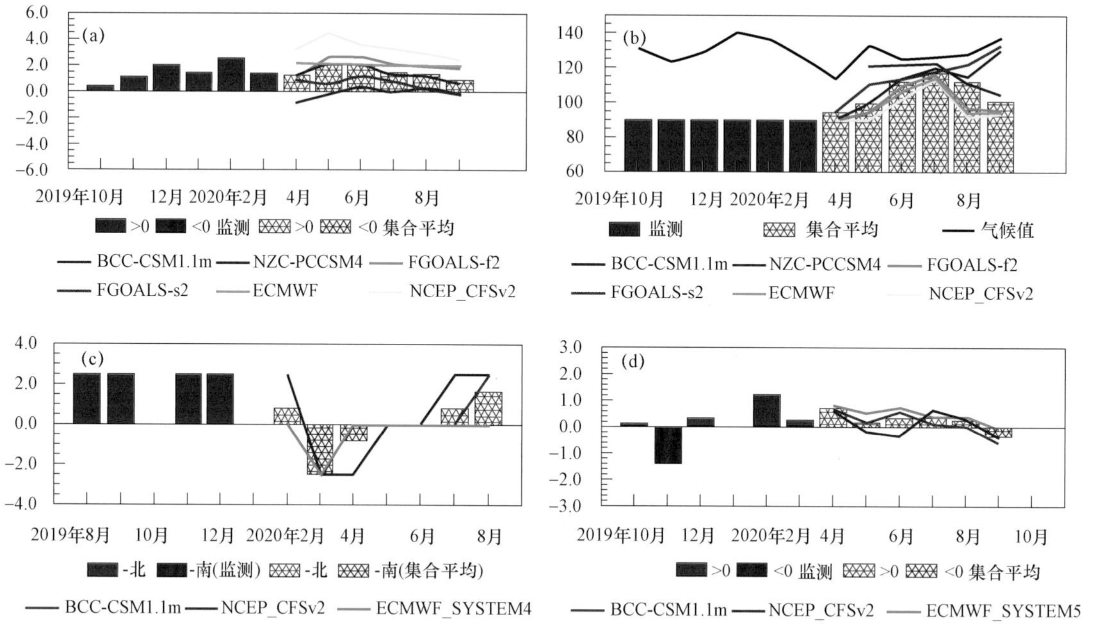

图 4.99　2020 年 3 月起报的逐月西太副高强度(a)、脊线(b)和西伸脊点(c)指数(Liu et al.,2012),及菲律宾异常反气旋指数(d)(wang et al.,2000)的多模式集合预测

通过对 2020 年汛期气候异常特征及其先兆信号的分析可知这是热带和中高纬多因子多时间尺度叠加作用的结果(刘芸芸 等,2021b)。从年际尺度看,2020 年汛期西太副高异常偏强,其强度超过了 1998 年和 2016 年,在弱厄尔尼诺背景下,印度洋持续暖海温和青藏高原积雪异常偏多可能都对 2020 年西太副高异常偏强及长江流域严重洪涝有重要贡献。在季节内尺度上,2020 年西太副高第一次季节性北跳偏早,第二次季节性北跳明显偏晚,导致主要多雨带长时间在长江流域维持。其中青藏高原积雪的作用,以及影响西太副高季节性北进的主要因素都值得进一步深入分析。另外,2020 年夏季季节内中高纬环流经向度大,冷空气过程频繁,使得南方暖湿气流与北方冷空气长时间在长江流域交汇(刘芸芸 等,2020)。但国内外气候模式从 3 月至 5 月均预测夏季中高纬地区以纬向环流为主,与实况相反。加强对中高纬度环流系统演变规律、影响机制及可预报性的科学认识尤为迫切。

4.4 本章小结

近几十年来，随着全球气候变暖，中国南方地区旱涝灾害时空格局发生了变化，这对社会经济发展和人民生活造成了非常严重的影响。因此，中国南方旱涝变化及其成因已经成为新的研究热点，并取得很多研究进展。本章主要总结了在气候变暖背景下中国南方旱涝年际变率主要模态和年代际时空变化特征，揭示了南方旱涝与大气环流和下垫面（海温、积雪，海冰等）异常的关系，特别指出了南方旱涝与关键影响因子关系的年代际变化及其成因，针对多因子协同作用以及影响因子与南方旱涝关系年代际变化的事实，提出多因子协同作用影响中国南方旱涝灾害的机理，建立了气候变暖背景下南方旱涝形成机理的物理概念模型。主要结论如下：

① ENSO 与中国气候异常之间的关系发生了显著的年代际变化。20 世纪 90 年代以来厄尔尼诺事件发生了显著的空间型变化，中部型厄尔尼诺事件有增多的趋势。由于热源强迫中心的不同，中部型和东部型厄尔尼诺事件的气候影响也明显不同。在东亚东部尤其是中国南方至日本南部存在一条明显的雨带，该雨带基本可以从厄尔尼诺爆发年的秋季持续到衰减年夏季。而当中部型厄尔尼诺事件发生时，中国南海－西北太平洋降水偏少，也不利于华南夏季降水偏多。拉尼娜对中国南方冬季降水的影响也表现出明显的年代际变化特征：1980 年之前的拉尼娜年冬季，中国南方气温偏低，降水偏少，多表现为“冷干”特征，而 1980 年之后的拉尼娜年冬季，中国南方气温偏低，降水偏多，表现出“冷湿”特征。拉尼娜成熟期海温异常空间分布型和北半球大气环流的年代际变化以及东印度洋海温年代际升高，可能是导致拉尼娜年对东亚冬季气候的影响在 1980 年之后发生变化的重要原因。

② AO/NAO 对东亚中国南方冬季和夏季气候的影响也存在显著的年代际变化，这与前者空间型的年代际变化直接相关。其中，冬季 AO/NAO 与中国南方气温在 1970 年代初之前两者为同相变化关系，而之后为反相变化关系，这种反相变化关系在 1980 年代达到最强，在 1990 年代之后又存在减弱趋势。此外，东亚夏季风与前期春季 NAO 之间的关系在 1970 年代发生了由负相关到正相关的转变。此外，西太平洋副高等大气环流关键因子与中国东部夏季降水的关系在最近 20 a 也发生了显著变化。一般来说，长江流域多雨往往对应于夏季副高偏强偏西偏南，夏季风强度偏弱。但长江中下游夏季降水与副高强度的显著正相关在最近 20 a 迅速衰减，而华北夏季降水与副高强度的关系却由负相关转为正相关，这一结果不同于传统的认识，并给基于传统物理统计预测模型的季节预测带来了新的挑战。

③ 多因子协同作用是影响南方夏季降水异常的重要原因。在初夏，南方降水年际变率主导模态表现为东西反相型（SCD），即东南与西南降水呈反相变化。当西太副高显著偏强、对流层低层菲律宾地区受异常反气旋控制、欧亚中高纬地区环流异常呈准正压的双阻型分布时，这种环流形势有利于中国东南地区降水偏多，西南地区降水偏少；反之亦然。SCD 模态受热带太平洋、热带印度洋和北大西洋海温异常的协同影响。其中，北大西洋海温异常在中高纬度欧亚大陆波列的形成中起到重要的强迫作用，而热带太平洋、热带印度洋海温异常则对西太平洋副热带高压的增强以及低层反气旋性环流异常起到重要强迫作用。此外，冬季青藏高原积雪对初夏菲律宾反气旋也存在显著的影响，而且这种影响可能是线性独立于 ENSO 的。

研究还表明，春季青藏高原和伊朗高原地表热力异常的协同变化对南亚高压和长江中下游夏季降水存在显著影响。其中，高原地表感热异常主要影响春季到初夏东亚大气环流的异常，而盛夏东亚大气环流异常主要受高原潜热通量异常的影响。当5月伊朗高原感热异常偏强（弱）、青藏高原感热异常偏弱（强）时，6月南亚高压位置偏西北（东南），导致印度夏季风和东亚夏季风增强；7月，随着气候平均环流的变化，印度西北部降水偏多，中国长江中下游降水偏少。而印度降水量的增多又通过凝结潜热释放，进一步使南亚高压位置偏西北，形成正反馈。当南亚高压偏东南时，情况正好相反，导致7月中国长江中下游降水偏多。

此外，中高纬度下垫面外强迫（包括北极海冰和欧亚积雪）也能够通过影响中高纬度环流进而对南方旱涝产生影响。当春季北极海冰偏多时，格陵兰海—巴伦支海以北地区的低层大气斜压性减弱、以南地区的低层大气斜压性增强，导致北大西洋—欧洲地区天气尺度瞬变涡旋的形成，乌拉尔山地区天气尺度瞬变涡旋与风暴轴的相互作用，从而有利于夏季乌拉尔山阻塞高压的出现。另一方面，春季北极海冰偏少同时伴随着欧亚大陆乌拉尔山—贝加尔湖以北地区积雪分布出现"西少东多"偶极子型异常，积雪的消融则会改变土壤湿度及其相联系的热通量，进一步增强夏季欧亚中高纬遥相关型，有利于中国长江流域以南地区夏季降水偏多。

④ 根据影响南方旱涝的外强迫和大气环流异常因子，构建了中国南方旱涝形成机理的概念模型，提出最有利于中国南方旱涝灾害形成的各个因子的配置关系。针对多因子协同作用对南方旱涝的影响以及其影响因子的关系发生了显著年代际变化的事实，应该采用不同的方法和策略来提高预测技巧。其一是考虑多因子协同作影响南方旱涝的机理，建立包含多因子的客观统计模型；其二是在同样的年代际背景下，利用预测对象与多因子协同作用的关系建立预测模型，以确保预测技巧的稳定性和有效性；其三是利用历史资料序列采用滑动建模方法以使预测对象与预测因子的关系尽可能保持在显著状态，达到提高预测技巧目的。南方旱涝形成机理的物理概念模型在2015年以来的夏季旱涝预测业务中发挥了重要作用，获得较高的预测技巧和较好的决策服务效果。

参考文献

陈丽娟，袁媛，杨明珠，等，2013a. 海温异常对东亚夏季风影响机理的研究进展[J]. 应用气象学报，24(5)：521-532.

陈丽娟，高辉，龚振淞，等，2013b. 2012年汛期气候预测的先兆信号和应用[J]. 气象，39(9)：1103-1110.

陈丽娟，顾薇，丁婷，等，2016. 2015年汛期气候预测先兆信号的综合分析[J]. 气象，42(4)：496-506.

陈文，2002. El Nino和La Nina事件对东亚冬、夏季风循环的影响[J]. 大气科学，26：595-610.

陈兴芳，宋文玲，2000. 欧亚和青藏高原冬春积雪与我国夏季降水关系的分析和预测应用[J]. 高原气象，19(2)：215-223.

丁婷，高辉，2020. 2019年夏季东亚大气环流异常及对我国气候的影响[J]. 气象，46(1)：129-137.

高辉，袁媛，洪洁莉，等，2017. 2016年汛期气候预测效果评述及主要先兆信号与应用[J]. 气象，43(4)：486-494.

李建平，任荣彩，齐义泉，等，2013. 亚洲区域海—陆—气相互作用对全球和亚洲气候变化的作用研究进展[J]. 大气科学，37(2)：518-538.

刘芸芸，李维京，艾孑兑秀，等，2012. 月尺度西太平洋副热带高压指数的重建与应用[J]. 应用气象学报，23(4)：414-423.

刘芸芸，陈丽娟，2019. 2019 年春季我国主要气候异常特征及可能成因分析[J]. 气象，45(10)：1483-1493.
刘芸芸，丁一汇，2020. 2020 年超强梅雨特征及其成因分析[J]. 气象，46(11)：1393-1404.
刘芸芸，王永光，柯宗建，2021a. 2020 年夏季我国气候异常特征及成因分析[J]. 气象，47(1)：117-127.
刘芸芸，王永光，龚振淞，等，2021b. 2020 年汛期气候预测效果评述及先兆信号分析[J]. 气象，47(4)：488-498.
容新尧，张人禾，Li T，2010. 大西洋海温异常在 ENSO 影响印度东亚夏季风中的作用[J]. 科学通报，55(14)：1397-1408.
邵勰，周兵，2016. 2015/2016 年超强厄尔尼诺事件气候监测及诊断分析[J]. 气象，42(5)：540-547.
沈晓琳，张芳华，周博坤，2015. 2015 年 7 月大气环流和天气分析[J]. 气象，41(10)：1298-1304.
王东阡，王艳娇，崔童，等，2016. 2015 年夏季气候异常特征及其成因简析[J]. 气象，42(1)：159-166.
王会军，2005. 来自大气内部的季节气候可预测性初探[J]. 大气科学，29(1)：64-70.
王遵娅，柳艳菊，丁婷，等，2018. 2018 年春季气候异常及可能成因分析[J]. 气象，44(10)：1360-1369.
吴国雄，毛江玉，段安民，等，2004. 青藏高原影响亚洲夏季气候研究的最新进展[J]. 气象学报，62(5)：528-540.
薛峰，刘长征，2007. 中等强度 ENSO 对中国东部夏季降水的影响及其与强 ENSO 的对比分析[J]. 科学通报，52(23)：2798-2805.
晏红明，袁媛. 2012. 印度洋海温异常的特征及其影响[M]. 北京：气象出版社，198.
叶笃正，高由禧. 1979. 青藏高原气象学[M]. 北京：科学出版社.
袁媛，高辉，贾小龙，等，2016. 2014—2016 年超强厄尔尼诺事件的气候影响[J]. 气象，42(5)：532-539.
袁媛，高辉，李维京，等，2017a. 2016 年和 1998 年汛期降水特征及物理机制对比分析[J]. 气象学报，75(1)：19-38.
袁媛，高辉，柳艳菊，2017b. 2016 年夏季我国东部降水异常特征及成因简析[J]. 气象，43(1)：115-121.
翟盘茂，余荣，郭艳君，等. 2016. 2015/2016 年强厄尔尼诺过程及其对全球和中国气候的主要影响[J]. 气象学报，74(3)：309-321.
张浩鑫，李维京，李伟平，2017. 春夏季青藏高原与伊朗高原地表热通量的时空分布特征及相互联系[J]. 气象学报，2017(2)：260-274.
张庆云，陶诗言，1998. 亚洲中高纬度环流对东亚夏季降水的影响[J]. 气象学报，56(2)：199-211.
张庆云，吕俊梅，杨莲梅，等，2007. 夏季中国降水型的年代际变化与大气内部动力过程及外强迫因子关系[J]. 大气科学，31(6)：1290-1300.
张若楠，孙丞虎，李维京，2017. 北极海冰与夏季欧亚遥相关型年际变化的联系及对我国夏季降水的影响[J]. 地球物理学报，61(1)：91-105.
张顺利，陶诗言，2001. 青藏高原积雪对亚洲夏季风影响的诊断及数值研究[J]. 大气科学，25(3)：372-390.
章大全，宋文玲，2018. 2017/2018 年冬季北半球大气环流特征及对我国天气气候的影响[J]. 气象，44(7)：969-976.
赵俊虎，宋文玲，柯宗建，2020. 2019/2020 年冬季我国暖湿气候特征及成因分析[J]. 气象，46(7)：982-993.
郑菲，李建平，2012. 前冬南半球环状模对春季华南降水的影响及其机理[J]. 地球物理学报，55(11)：3542-3557.
竺夏英，陈丽娟，李想，2013. 2012 年冬春季高原积雪异常对亚洲夏季风的影响[J]. 气象，39(9)：1111-1118.
左金清，李维京，任宏利，等，2012. 春季北大西洋涛动与东亚夏季风年际关系的转变及其可能成因分析[J]. 地球物理学报，55()：384-395.
ASHOK K，BEHERA S K，RAO S A，et al.，2007. El Nino Modoki and its possible teleconnection[J]. J Geophys Res，112：C11007，doi：10.1029/2006JC003798.
CHANG T C，HSU H，HONG C C，2016. Enhanced influences of tropical Atlantic SST on WNP-NIO Atmosphere-Ocean Coupling since the early 1980s[J]. J Climate，29：6509-6525.
CHEN L J，GU W，LI W J，2019. Why is the East Asian summer monsoon extremely strong in 2018? —Col-

laborative effects of SST and snow cover anomalies[J]. J. Meteor. Res. doi: 10. 1007/s13351-019-8200-4.

CZAJA A,FRANKIGNOUL C, 2002. Observed impact of Atlantic SST anomalies on the North Atlantic oscillation[J]. J Climate, 15, 606-623.

DING Y H, LIU Y Y, HU Z Z, 2021. The record-breaking Meiyu in 2020 and associated atmospheric circulation and tropical SST anomalies[J]. Adv Atmos Sci. , 38(12): 1-14.

FERRANTI L, VITERBO P,2006. The European summer of 2003: Sensitivity to soil water initial conditions [J]. J Climate, 19: 3659-3680.

GAO H, JIANG W, LI W, 2014. Changed relationships between the East Asian summer monsoon circulations and the summer rainfall in eastern China[J]. J Meteor Res, 28(6):1075-1084.

GOSWAMI B N, KRISHNAMURTHY V, ANNMALAI H,1999. A broad-scale circulation index for the interannual variability of the Indian summer monsoon[J]. Quarterly Journal of the Royal Meteorological Society, 125(554): 611-633.

GU W, LI C Y, LI W J, et al. ,2009. Interdecadal unstationary relationship between NAO and east China's summer precipitation patterns[J]. Geophys Res Lett, 36, L13702, doi:10. 1029/ 2009GL038843.

GU W,WANG L,LI W, et al. , 2014. Influence of the tropical Pacific east-west thermal contrast on the autumn precipitation in South China[J]. Int J Climatol, DOI:10. 1002/joc. 4075.

GU W,WANG L,HU Z Z, et al. , 2018, Interannual variations of the first rainy season precipitation over South China[J]. J Climate, 31: 623-640. DOI: https://doi. org/10. 1175/JCLI-D-17-0284. 1

HAM Y G, KUG J S, PARK J Y, et al. , 2013. Sea surface temperature in the north tropical Atlantic as a trigger for El Niño/Southern Oscillation events[J]. Nature Geoscience, 6(2):112-116.

HE H, MCGINNIS J W, SONG Z,et al. , 1987. Onset of the Asian summer monsoon in 1979 and the effect of the Tibetan Plateau[J]. Monthly Weather Review, 115: 1966-1995.

HONG C C, 2014. Enhanced relationship between the tropical Atlantic SST and the summertime western North Pacific subtropical high after the early 1980s[J]. J Geophys Res, 119(7):3715-3722.

HUANG R H, WU Y F, 1989. The influence of ENSO on the summer climate change in China and its mechanisms[J]. Adv Atmos Sci. , 6 (1): 21-32.

KAO H Y, YU J Y,2009. Contrasting Eastern-Pacific and Central-Pacific types of ENSO[J]. J Climate, 22: 615-632.

KRISHNAMURTI T N, DAGGUPATY S M, FEIN J,. et al. , 1973, Tibetan high and upper tropospheric tropical circulations during northern summer[J]. Bulletin of the American Meteorological Society, 54: 1234-1249.

KRISHNAMURTI T N, 1985. Summer monsoon experiment-A review[J]. Monthly Weather Review. 113:1590-1626.

LAU K M, 2000. Dynamical and boundary forcing characteristics of regional components of the Asian summer monsoon[J]. Journal of Climate,13(14):2461-2482.

LI C, MA H, 2012. Relationship between ENSO and winter rainfall over Southeast China and its decadal variability[J]. Adv Atmos Sci, 29(6): 1129-1141.

LIU T, LI J P,ZHENG F, 2015. Influence of the Boreal Autumn SAM on Winter Precipitation over Land in the Northern Hemisphere[J]. J Climate 28:8825-8839.

LIU T, LI J P, FENG J,et al. , 2016. Cross-seasonal relationship between the boreal autumn SAM and winter precipitation in the Northern Hemisphere in CMIP5[J]. J Climate, 29:6617-6636.

LIU Y, KE Z, DING Y, 2019. Predictability of East Asian summer monsoon in seasonal climate forecast models[J]. Int J Climatol 39: 5688-5701.

LIU Y, HU Z -Z, WU R, et al. , 2021. Subseasonal prediction and predictability of summer rainfall over eastern China in BCC_AGCM2. 2[J]. Clim Dyn,56(7):2057-2069.

MASON R B, ANDERSON C E, 1963. The development and decay of the 100mb summertime anticyclone over southern Asia[J]. Monthly Weather Review 91:3-12.

PENG S, MYSAK LA, RITCHIE H, et al., 1995. The differences between midwinter atmospheric respons-essurface temperature anomalies in the northwest Atlantic[J]. J Climate, 8: 137-157

QIAN Y F, ZHANG Q, YAO Y, et al., 2002. Seasonal variation and heat preference of the south Asia high [J]. Advances in Atmospheric Sciences, 19(5):821-836.

REN H C, LI W J, REN H L, et al., 2015. Distinct linkage between winter tibetan plateau snow depth and early summer Philippine Sea anomalous anticyclone[J]. Atmos Sci Let, 17:223-229.

SHI N, ZHU Q G, 1993. Studies on the northern early summer teleconnection patterns, their interannual variations and relation to drought/flood in China[J]. Adv Atmos Sci, 10(2): 155-168.

SI D, DING Y, 2013. Decadal change in the correlation pattern between the Tibetan Plateau winter snow and the East Asian summer precipitation during 1979-2011[J]. Journal of Climate, 26: 7622-7634.

SI D, HU Z Z, KUMAR A, et al., 2016. Is the interdecadal variation of the summer rainfall over eastern China associated with SST? [J]. Climate Dyn, 46(1-2): 135-146.

SONG F, ZHOU T, 2014. Interannual variability of East Asian summer monsoon simulated by CMIP3 and CMIP5 AGCMs: Skill dependence on Indian Ocean-Western Pacific Anticyclone Teleconnection[J]. J Climate, 27:1679-1697.

TAKAYA Y, ISHIKAWA I, KOBAYASHI C, et al., 2020. Enhanced Meiyu-Baiu rainfall in early summer 2020: Aftermath of the 2019 super IOD event[J]. Geophys Res Lett, 47(22), doi: 10.1029/2020GL090671.

WANG B, WU R, FU X, 2000. Pacific-East Asia teleconnection: How does ENSO affect East Asian climate? [J]. J Climate, 13:1517-1536.

WANG B, ZHANG Q, 2002. Pacific-East Asian teleconnection. Part Ⅱ: How the Philippine Sea anomalous anticyclone is established during El Niño development [J]. J Climate, 15:3252-3265.

WEI W, ZHANG R, WEN M, et al., 2015. Interannual variation of the South Asian High and its relation with Indian and East Asian summer monsoon rainfall[J]. Journal of Climate, 28(7):2623-2634.

WU G, ZHANG Y, 1998. Tibetan Plateau forcing and the timing of the monsoon onset over South Asia and the South China Sea[J]. Monthly weather review, 126: 913-927.

WU T W, QIAN Z A, 2003. The relation between the Tibetan winter snow and the Asian summer monsoon and rainfall: An observational investigation[J]. Journal of Climate 16: 2038-2051.

WU R G, KIRTMAN B P, 2004. Understanding the impacts of the Indian Ocean on ENSO variability in a coupled GCM[J]. J Climate, 17(20): 4019-4031.

WU B Y, ZHANG R H, WANG B, 2009. On the association between spring Arctic Sea Ice concentration and Chinese summer rainfall: A further study[J]. Adv Atmos Sci, 26: 666-678.

WU Z W, WANG B, LI J P, et al., 2009. An empirical seasonal prediction model of the east Asian summer monsoon using ENSO and NAO[J]. J Geophys Res, 114, D18120.

XIE S P, CARTON J A, 2004. Tropical Atlantic variability: Patterns, mechanisms, and impacts. Earth Climate: The Ocean-Atmosphere Interaction[J]. Geophys Monogr, 121-142.

XIE S P, HU K M, HAFNER J, et al., 2009. Indian Ocean capacitor effect on Indo-western Pacific climate during the summer following El Niño[J]. J Climate, 22(3): 730-747.

XIE S P, DU Y, HUANG G, et al., 2010. Decadal shift in El Niño influences on Indo-Western Pacific and East Asian climate in the 1970s[J]. J Climate, 23, 3352-3368.

XIE S P, KOSAKA Y, DU Y, et al., 2016. Indo-western Pacific ocean capacitor and coherent climate anomalies in post-ENSO summer: A review[J]. Advances in Atmospheric Sciences, 33(4): 411-432.

XU L, DIRMEYER P, 2011. Snow-atmosphere coupling strength in a global atmospheric model[J]. Geophysical Research Letters,38:13.

YAMAZAKI K,1989. A study of the impact of soil moisture and surface albedo changes on global climate using the MRI-GCM-I[J]. Journal of the Meteorological Society of Japan, 67: 123-146.

YANAI M, LI C, SONG Z, 1992. Seasonal heating of the Tibetan Plateau and its effects on the evolution of the Asian summer monsoon[J]. Journal of the Meteorological Society of Japan, 70:319-351.

YANG J L, LIU Q Y, XIE S P, et al. , 2007. Impact of the Indian Ocean SST basin mode on the Asian summer monsoon[J]. Geophys Res Lett, 34(2): L02708, doi: 10. 1029/2006GL028571.

YASUNARI T, KITOH A, TOKIOKA T,1991. Local and remote responses to excessive snow mass over Eurasia appearing in the northern spring and summer climate—A study with the MRI GCM[J]. Journal of the Meteorological Society of Japan, 69: 473-487.

YUAN Y, LI C, YANG S, 2014. Characteristics of winter precipitation over southern China and East Asian winter monsoon associated with El Niño and La Niña[J]. Journal of Meteorological Research, 28 (1): 91-110.

YUAN Y, ZHOU W, CHAN J C L, et al. ,2008. Impacts of the basin-wide Indian Ocean SSTA on the South China Sea summer monsoon onset[J]. Int J Climatol , 28: 1579-1587.

YUAN Y, YANG S, ZHANG Z Q,2012a. Different evolutions of the Philippine Sea anticyclone between Eastern and Central Pacific El Niño: Effects of Indian Ocean SST[J]. J Climate, 25: 7867-7883.

YUAN Y, YANG S,2012b. Impacts of different types of El Niño on the East Asian climate: Focus on ENSO cycles[J]. J Climate, 25: 7702-7722.

ZAMPIERI M, D'ANDREA F, VAUTARD R, et al. ,2009. Hot European summers and the role of soil moisture in the propagation of Mediterranean drought[J]. J Climate 22: 4747-4758.

ZHANG Y, LI T, WANG B, 2004. Decadal change of the spring snow depth over the Tibetan Plateau: the associated circulation and influence on the east Asian summer monsoon[J]. Journal of Climate 17: 2780-2793.

ZHANG R N, SUN C H, JIA L W, et al. ,2017. The impact of Arctic Sea ice on interannual variations of summer ural blocking[J]. International Journal of Climatology: 4632-4650.

ZHENG F, LI J P, LIU T,2014. Some advances in studies of the climatic impacts of the Southern Hemisphere annular mode[J]. J Meteor Res, 28:820-835.

ZHENG F, LI J P,CLARK R T, et al. ,2015a. Influence of the boreal spring Southern annular mode on summer surface air temperature over northeast China[J]. Atmos Sci Lett, 16:155-161.

ZHENG F, LI J P, WANG L,et al. , 2015b. Cross-seasonal influence of the December-February Southern Hemisphere Annular Mode on March-May meridional circulation and precipitation[J]. J Climate, 28: 6859-6881.

ZHENG F, LI J P, FENG J,et al,, 2015c. Relative importance of the austral summer and autumn SAM in modulating Southern Hemisphere extratropical autumn SST[J]. J Climate, 28: 8003-8020.

ZHOU L T, TAM CY, ZHOU W, et al. , 2010. Influence of South China Sea SST and the ENSO on winter rainfall over South China[J]. Adv AtmosSci, 27(4): 832-844.

ZUO J Q, LI W J, SUN C H, et al. , 2013. The impact of North Atlantic sea surface temperature tripole on the East Asian summer monsoon[J]. Adv Atmos Sci ,doi:10. 1007/s00376-012-2125-5.

ZUO J, REN H,LI W, 2015. Contrasting impacts of the Arctic oscillation on surface air temperature anomalies in Southern China between early and mid-late Winter[J]. J Climate, 28: 4015-4026.

ZUO J, REN H, LI W, et al. , 2016. Interdecadal variations in the relationship between the winter North Atlantic oscillation and temperature in South-Central China[J]. J Climate, 29: 7477-7493.

第 5 章 气候变暖背景下我国南方旱涝预测的新理论与新方法研究

目前旱涝预测主要采用动力模式和物理统计两种方法,二者各有优势和缺陷。为了博采众长,需要将动力和统计相结合进行季节预测的科研和业务实践。虽然我国已在旱涝气候灾害的可预测性理论和预测方法方面取得了一定的成就,但针对我国南方旱涝灾害预测的不确定性,以及如何结合气候背景场进行预测的问题,研究较少且缺乏有效的手段。针对气候动力预测模式,如何利用大量的历史资料对其预报误差进行预报,这在国内外也才刚刚起步。

本章从气候变暖背景下我国南方旱涝预测存在不确定性的角度出发,首先讨论南方旱涝预测最重要的年际变化信号——ENSO 的不确定性,分析东亚夏季环流对热带海洋信号响应的不确定性。在此基础上,分析南方旱涝预测误差特征,研究针对南方旱涝的多模式集成预测方案;从华南暴雨"积成效应"和长江中下游地区旱涝两个有代表性的旱涝特征入手,提出针对南方旱涝的动力一统计相结合的客观定量化预测新方法。

5.1 气候变暖背景下南方旱涝的模式预测与不确定性研究

5.1.1 ENSO 演变预测的可预报分量

ENSO 作为热带太平洋地区一种海洋和大气相互作用的耦合现象,是目前已知的季节到年际尺度最强的可预报源。1980 年代以来,ENSO 预报得到了持续的关注。得益于热带海洋观测系统(如 TAO)的布设和对热带海—气相互作用的深入理解,以及资料同化系统、物理参数化过程的改进和模式分辨率的提升(Guilyardi et al.,2009; Goddard et al.,2001),使得人们对 ENSO 的预报能力在过去 30 a 中取得了显著的进步(Chen et al.,2008; Latif et al.,1994; Jin et al.,2008,2009; Xue et al.,2013; Zhu et al.,2015)。目前,世界上一些主要的天气和气候业务中心均实时开展 ENSO 预报。2002 年初开始,IRI(International Research Institute for Climate and Society,国际气候与社会研究所)收集了大量动力和统计模式对 Niño3.4 区 (5°S—5°N, 120°—170°W) 海表温度的实时预报结果(Luo et al.,2008; Zhang et al.,2005; Wittenberg et al.,2006; Barnston et al.,1992,1993; Chen et al.,1995; Hsieh et al.,1998)。这些多模式的实时集合预测已成为国内外各业务机构开展 ENSO 预测的关键工具。尽管模式和观测系统有了很大的发展,但是由于模式误差和 ENSO 的预报技巧依赖于季节、年代际背景和 ENSO 的不同位相(Jin et al.,2008; Tippett et al.,2012; Flügel et al.,1998),ENSO 演变的预报依然面临巨大的挑战(Zhu et al.,2016)。气候变率中既包含可预报信号,也包含不可预报的噪声。因此,分离和改进 ENSO 变率中可预报的部分,这有利于提高模式的预报技巧。

集合预报(如多模式预测结果的等权重平均)通过抑制不可预报的噪声和分离可预报信号,是减少单个模式所产生的误差增长的方法之一(Kumar et al.,2014; Barnston et al.,2015)。在本章研究中,提出了一种分离 ENSO 最可预报分量的新方法:基于 IRI 收集的多模式 ENSO 实时预测结果，计算最大信噪比的经验正交函数(MSN EOF)，进而识别得到实时 ENSO 预报的可预报分量。由于观测资料只有一个序列，不能估计其信噪比(Kumar et al.，1995)，所以这里的可预报分量是相对于模式自身的而不是实际观测。MSN EOF 模态能够为最可预报分量提供最好的估计，并进一步比较了动力模式和统计模式的可预报分量。

IRI 从 2002 年 2 月开始每月实时发布多模式 Niño3.4 指数的预报，这里利用了 20 个模式的预报结果，其中包括 11 个动力模式和 9 个统计模式(表 5.1)。每个模式的预报资料和对应的观测均是基于 3 个月滑动平均的 Niño3.4 区的 SST 距平。每个起报时间将预报 9 个连续 3 个月的滑动季节平均，比如，初始化于 12 月底的预报，第一个预报目标季节是 1—3 月，最后一个预报目标季节为 9—11 月。为了避免模式间不同振幅和方差的影响，利用标准化的 Niño3.4 指数来分离可预报分量。

表 5.1　模式名称和类别

动力模式	模式类型
COLA Anomaly	距平耦合
COLA CCSM3	全耦合
Univ. Maryland ESSIC	中等程度耦合
GFDL CM2.1	全耦合
GFDL FLOR	全耦合
Japan Frontier FRCGC	全耦合
Korea Met. Agency SNU	中等程度耦合
Lamont-Doherty Australia	中等程度耦合
Scripps Hybrid Coupled Model (HCM)	综合海洋和大气
Japan Frontier SINTEX	中等程度耦合
CMC CANSIP	中等程度耦合
统计模式	**统计方法和预报因子**
NOAA/NCEP/CPC Markov	马尔科夫：优选海温和海平面高度场的持续和转折
NOAA/ESRL Linear Inverse Model (LIM)	优选海温的持续和转折；优化增长结构
NOAA/NCEP/CPC Constructed Analogue (CA)	当前全球海温的构造相似
NOAA/NCEP/CPC Canonical Correlation Analysis (CCA)	使用 SLP、热带太平洋海温和地下温度(从 2010 年开始不使用地下温度)
NOAA/AOML CLIPER	热带太平洋海温的多元回归
UBC Neural Network (NN)	使用海平面气压和太平洋海温
Florida State Univ. multiple regression	使用热带太平洋海温，热含量，风
UCLA TDC multilevel regression	使用 60°N—30°S 太平洋海温
Univ. Brasilia Columbia water center	基于非线性降维方法和正则化最小二乘回归

采用最大信噪比 EOF 方法(MSN EOF)(Allen et al.,1997;Venzke et al.,1999)分离所有集合成员中具有最大信噪比的分量。该方法通过最大化集合平均(信号)的方差和集合成员离散度(噪音)之间的方差比,从而达到最小化误差影响的目的。多模式集合平均被认为是信号,而单个模式和集合平均的差为离散度(噪音)。MSN EOF 已被成功用于可预报分量的识别(Liang et al.,2008; Zheng et al.,2012,2013; Gao et al.,2011)。

图 5.1 分别给出了初始条件为 1 月(a)、4 月(b)、7 月(c)和 10 月(d)的多模式 ENSO(标准化的 Niño3.4 指数)演变集合平均的第一个 MSN EOF 模态(EOF1)和对应主分量(PC1)。对 1 月的初值来说,MSN EOF1(图 5.1a 中的柱状图)显示从 1—3 月到 9—11 月不断下降,对应着 El Niño 或 La Niña 的衰减。通过和对应的观测合成(图 5.1a 中的红色曲线)对比发现(观测合成定义为 PC1 最高正值的 3 个年的平均减去最低负值的 3 个年的差),MSN EOF1 的下降与暖事件和冷事件的衰减有关,尽管衰减的速度并不相同,特别是在更长的预报时效。11 月和 12 月起报的 MSN EOF1 也与 ENSO 的衰减型类似。

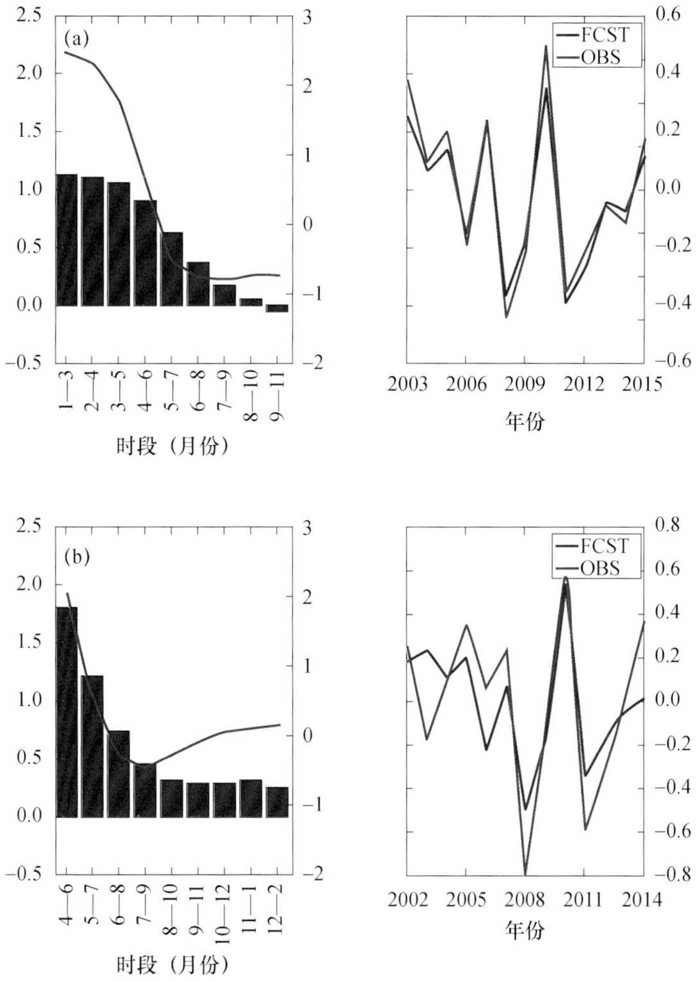

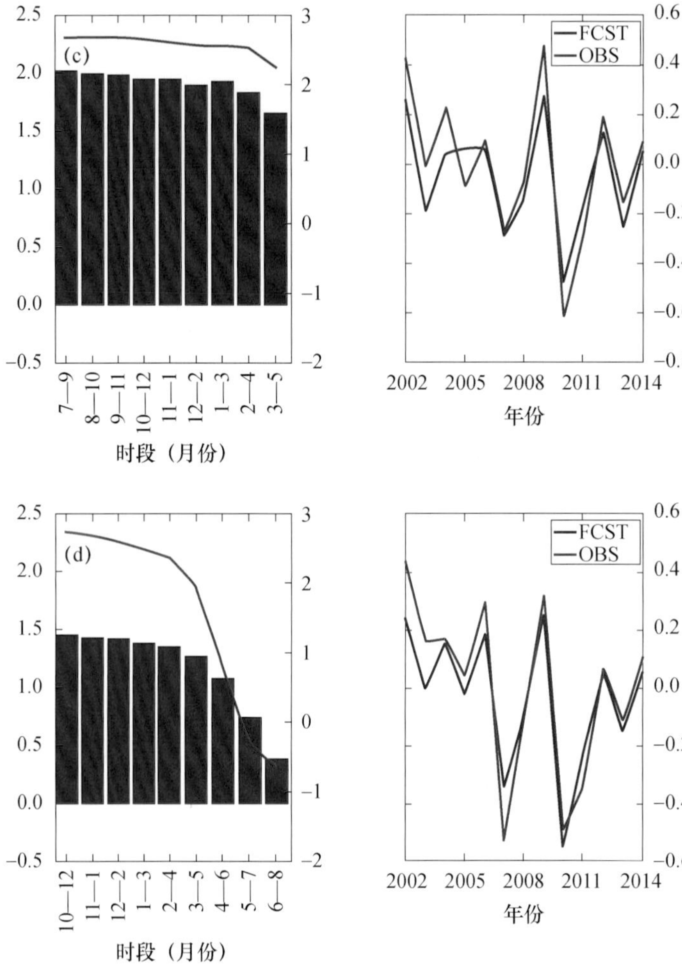

图 5.1　初始条件为 1 月(a)、4 月(b)、7 月(c)和 10 月(d)的多模式 ENSO（标准化的 Niño3.4 指数）演变集合平均的第一个 MSN EOF 模态和对应主分量

（左边的柱状图代表 MSN EOF1，红线为观测中最大的 3 个正 PC1 年减去最小负值的 3 个 PC1 年的差。柱状图的右侧 y 轴为红线的数值。右边图中的红线和蓝线分别为与 MSN EOF1 对应的模式平均预报和观测的 PC1）

对 4 月起报预报结果而言，MSN EOF1 表现为在目标季节为 7—9 月前快速下降，而在秋季和冬季基本持续的特征，2 月和 3 月起报的 MSN EOF1 也有类似的变化特征。5 月、6 月和 7 月起报的 MSN EOF1 更多反映的是持续性，尽管进入春季有缓慢的下降。8 月、9 月和 10 月起报的 MSN EOF1 显示在秋季和冬季距平主要表现为持续，而在接下来的春季和夏季表现为快速下降。因此，Niño3.4 距平的最可预报的演变为对预报季节在春季和夏季表现为下降，而在预报季节为秋季到接下来的春季表现为持续的特点。

由于实时预报开展的时间较短（不足 5 个 El Niño 或 La Niña 事件），很难对其预报进行显著性检验。为了交叉验证 Niño3.4 演变的最可预报分量是否真实存在于实际演变中，检验了模式 MSN EOF1 对应的时间序列（PC1）和将观测投影到 MSN EOF1 对应的时间序列（图 5.1中右图的红线）之间的相似性，在 1 月、4 月、7 月和 10 月两个 PC 时间序列的相关系数均超过了 0.8，证实了 ENSO 演变中 MSN EOF1 的显著性。此外，通过计算观测的 Niño3.4

指数演变的PC1中最大的3个正值年平均和3个最大的负值年平均的合成差值(图5.1左图中的红线),该合成差值代表了PC1极端年份的Niño3.4指数演变。结果表明,合成差很好地遵循了MSN EOF1的演变轨迹(蓝色柱状图),更进一步证实了MSN EOF1的稳定性。表5.2最右边的列给出了所有起报月观测和预报的PC之间的相关系数,可以看出,相关系数介于0.8～0.98,在4月和5月起报的相关性最低。春季起报的较低的相关性可能与春季预报障碍有关(Samelson et al.,2001;Wu et al.,2009;Duan et al.,2013)。

表5.2也分别给出了模式和观测中最可预报分量相对于Niño3.4指数变率的解释方差。类似于Venzke等(1999)和Hu等(2007)的研究,与MSN EOF模态相联系的集合平均的解释方差由集合平均资料投影到标准化的MSN EOF上计算得到。和预期一样,相对于观测,模式集合平均的MSN EOF1解释了更多的方差,可能是由于EOF是由模式资料得到的,也可能是由于模式的集合平均在一定程度上抑制了噪声。MSN EOF1解释了大约50%～90%的集合平均的总方差,且在秋季和冬季解释方差更大,春季和夏季解释方差最小。

表5.2 不同起报月份的MSN EOF1和MSN EOF2在观测和模式中的解释方差及观测和模式对应的PC的相关系数

起报月	模式解释方差(%)		观测解释方差(%)		相关系数	
	EOF1	EOF2	EOF1	EOF2	PC1	PC2
12月	90.2	5.2	40.0	1.4	0.98	−0.30
1月	89.3	4.9	49.6	2.1	0.98	0.25
2月	81.2	9.5	35.6	2.3	0.95	−0.30
3月	77.2	9.6	46.2	6.6	0.96	0.22
4月	61.1	17.3	43.7	6.4	0.84	0.49
5月	49.1	17.9	27.1	13.6	0.80	0.61
6月	60.9	13.6	28.2	6.3	0.92	−0.04
7月	72.2	11.1	31.6	5.4	0.93	0.56
8月	76.0	8.7	27.8	6.3	0.91	0.28
9月	80.0	8.2	26.3	4.6	0.97	0.14
10月	88.0	5.7	35.3	6.8	0.96	−0.17
11月	87.8	4.2	33.4	8.2	0.97	0.12

如图5.1所示,MSN EOF1在春季快速下降,而在秋季和冬季持续。这种现象可能是由于春季持续性差所导致的。为了评估可预报性和持续性的关系,图5.2给出了冬季(12月—次年2月)、春季(3—5月)、夏季(6—8月)和秋季(9—11月)的Niño3.4指数的滞后自相关系数。总体来看,Niño3.4指数滞后自相关系数在春季最低,在夏季和秋季最高。自相关系数和MSN EOF1演变的相似性可能暗示ENSO可预报性和它自身的持续性存在联系。

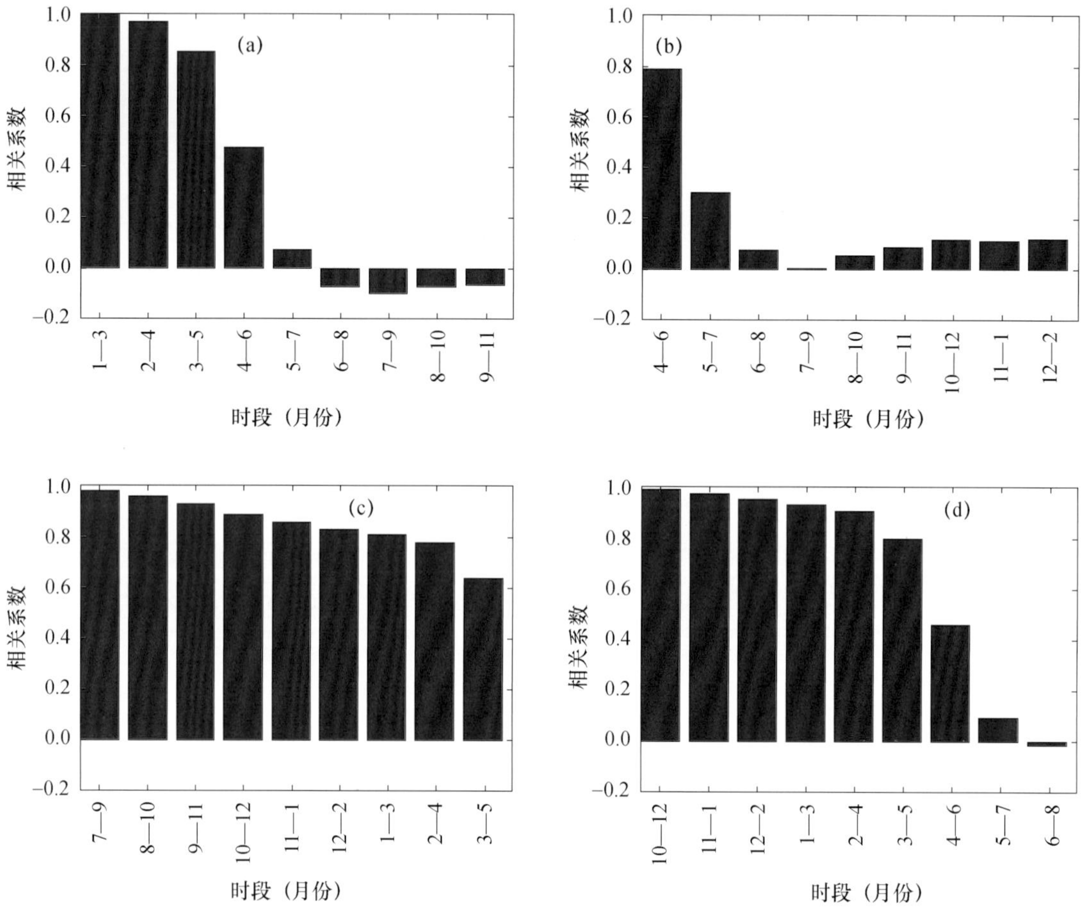

图 5.2　2002—2015 年 Nino3.4 指数的滞后自相关系数

(a) 冬季；(b) 春季；(c) 夏季；(d) 秋季

ENSO 演变的第二个可预报模态(MSN EOF2)的显著特征是在春季增长，然后在夏季和秋季持续(图 5.3)。与 MSN EOF1 相比，与 MSN EOF2 有关的相关系数较低(表 5.2 的右列)。MSN EOF1 的相关系数在 4 月、5 月和 7 月起报时大约在 0.5 左右，而 MSN EOF2 在 12 月、2 月、6 月和 10 月起报的相关系数甚至小于 0。有意思的是，PC2 在初始条件在春季(4 月和 5 月)时相关系数达到最大，而此时 PC1 为最小。此外，MSN EOF2 的解释方差要远小于 MSN EOF1(模式中的解释方差约为 5% ～20%，观测中约为 1%～14%)。MSN EOF2 较低的相关系数和较小的解释方差表明该模态的稳定性可能小于 MSN EOF1。上述结果表明，ENSO 衰减比 ENSO 发展更可预报，该现象可能是由于 ENSO 发展经常由大气噪声激发(比如西风和东风暴发)，而 ENSO 衰减可能与大尺度的海气相互作用相联系，海气相互作用相对更可预报。尽管不确定它的驱动力，这些结果将推动将来进一步分离和研究可预报性差异的信息源。

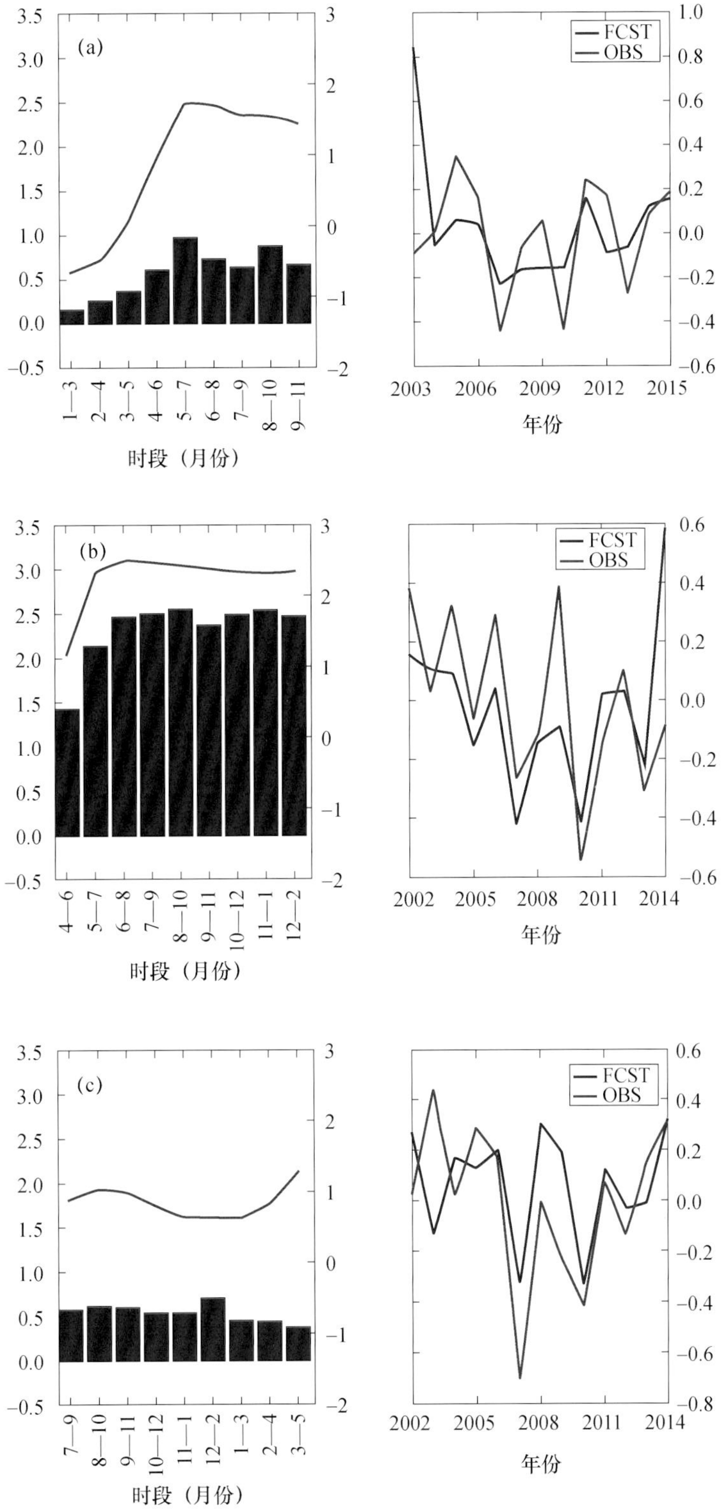
(a)
1—3
2—4
3—5
4—6
5—7
6—8
7—9
8—10
9—11
时段（月份）
FCST
OBS
2003
2006
2009
2012
2015
年份
(b)
4—6
5—7
6—8
7—9
8—10
9—11
10—12
11—1
12—2
时段（月份）
FCST
OBS
2002
2005
2008
2011
2014
年份
(c)
7—9
8—10
9—11
10—12
11—1
12—2
1—3
2—4
3—5
时段（月份）
FCST
OBS
2002
2005
2008
2011
2014
年份

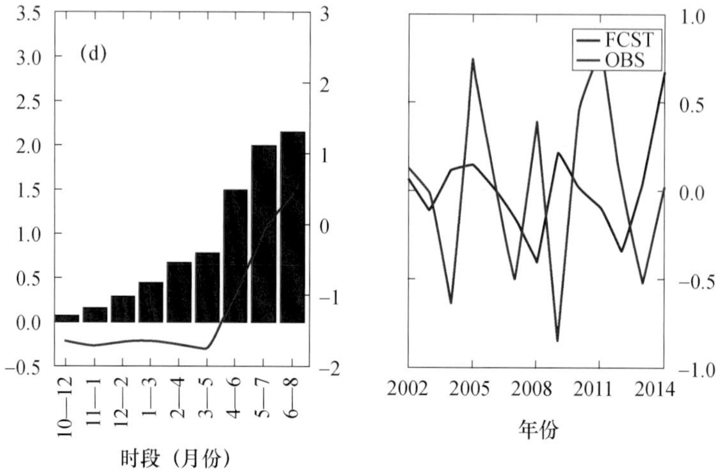

图 5.3　初始条件为 1 月(a)、4 月(b)、7 月(c)和 10 月(d)的
多模式 ENSO 演变集合平均的 MSN EOF2 模态和对应主分量(图中说明同图 5.1)

因为 ENSO 预报中对统计模式的预报技巧通常与动力模式相比较(Barnston et al.，2012;1999)，这里比较了两组模式在 ENSO 演变预报的 MSN EOF1 的预报能力。Barnston 等(2012)用那些同样的模式预报发现，动力模式在起报时间为 3 月和 5 月时的预报技巧超过了统计模式。除了春季外，统计模式和动力模式的技巧相当。图 5.4 显示，动力模式和统计模式的可预报分量具有很强的相似性。然而，两组模式在春季起报的结果存在一些差异，比如，动力模式可预报性的衰减比统计模式快，统计模式倾向于在夏季后持续，然而动力模式在夏末秋初倾向于位相转换。另外一个显著不同是，对 7 月起报而言，动力模式 PC1 与观测 PC1 之间的相关性高于统计模式。进一步比较了所有模式、动力模式和统计模式的离散度，整体上看，尽管动力模式和统计模式有相似的演变，但动力模式的离散度要大于统计模式，模式间的离散度强烈依赖于起报时间。离散度在预报季节为秋季和冬季倾向于持续，而在预报季节为春季和夏季则快速增加。

5.1.2　基于 ENSO 演变可预报性的误差订正

为了比较 ENSO 演变预报技巧，这里通过对 MSN EOF1 和 MSN EOF2 进行投影得到重构预报，该预报很大程度上滤掉了不可预报的噪声(Jia et al.，2014; Zheng et al.，2009; Huang et al.，1993; Guan et al.，2015)。因为关注的是 ENSO 演变，因此将其定义为两个相邻季节的差，比如 2—4 月平均 减去 1—3 月平均。采用均方根误差技巧得分(SESS)来评估预报技巧，即

$$\text{SESS}=1-\frac{\sum(f-o)^2}{\sum o^2} \tag{5.1}$$

f 和 o 分别代表预报(模式平均或基于 MSN EOF 模态重构)和观测距平。对完美预报而言，SESS 等于 1;如果 SESS 小于 0，表示预报的误差大于观测方差。SESS 的差定义为重构预报的 SESS 减去原始预报的 SESS。

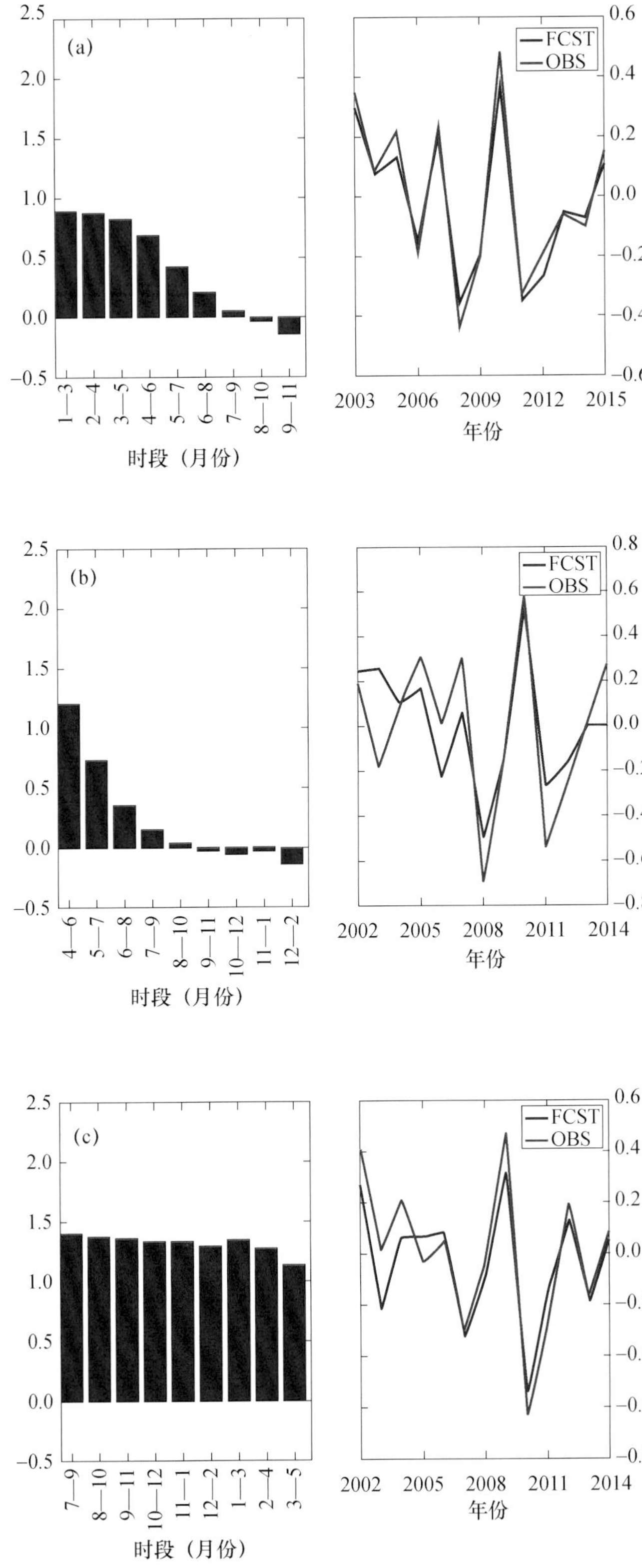
(a)
FCST
OBS
1—3
2—4
3—5
4—6
5—7
6—8
7—9
8—10
9—11
时段（月份）
2003
2006
2009
2012
2015
年份
(b)
FCST
OBS
4—6
5—7
6—8
7—9
8—10
9—11
10—12
11—1
12—2
时段（月份）
2002
2005
2008
2011
2014
年份
(c)
FCST
OBS
7—9
8—10
9—11
10—12
11—1
12—2
1—3
2—4
3—5
时段（月份）
2002
2005
2008
2011
2014
年份

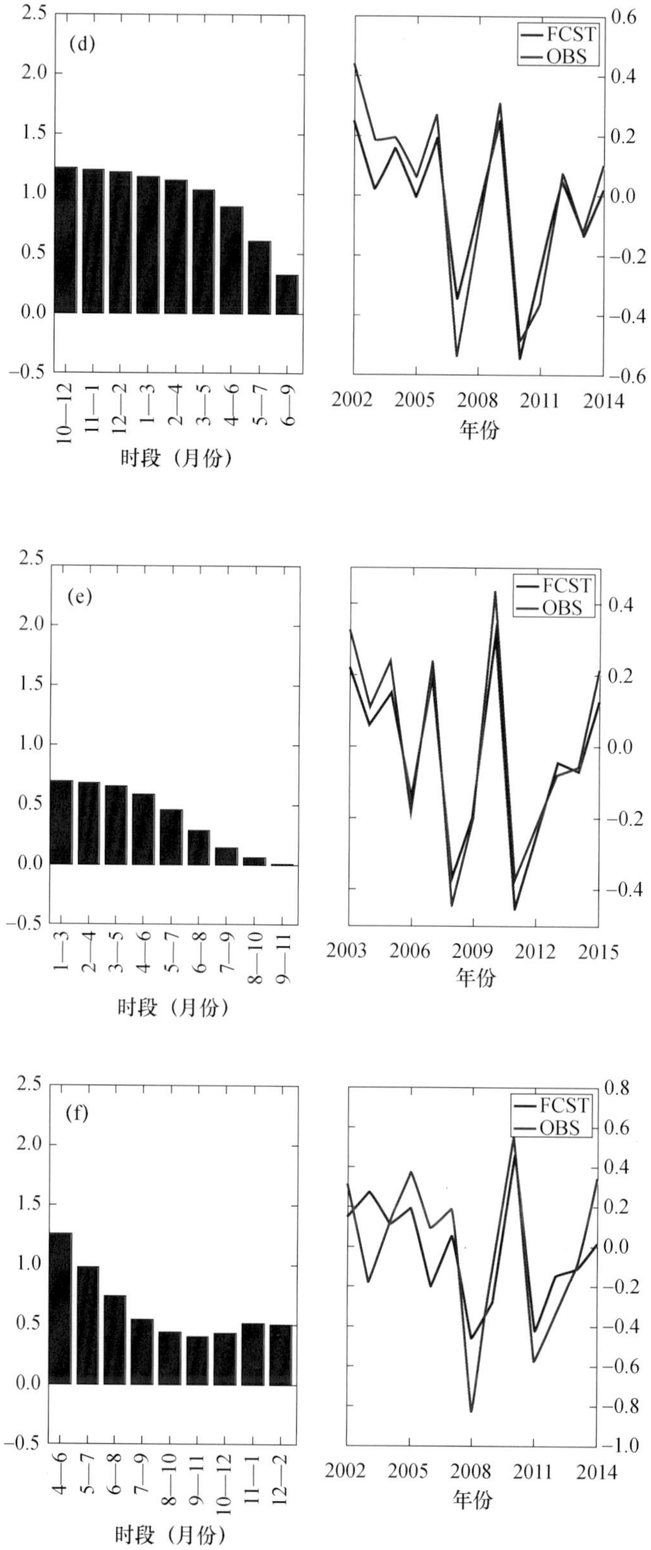
(d)
2.5
2.0
1.5
1.0
0.5
0.0
−0.5
10—12
11—1
12—2
1—3
2—4
3—5
4—6
5—7
6—9
时段（月份）
FCST
OBS
0.6
0.4
0.2
0.0
−0.2
−0.4
−0.6
2002
2005
2008
2011
2014
年份
(e)
1—3
2—4
3—5
4—6
5—7
6—8
7—9
8—10
9—11
时段（月份）
2003
2006
2009
2012
2015
年份
(f)
4—6
5—7
6—8
7—9
8—10
9—11
10—12
11—1
12—2
时段（月份）
0.8
−0.8
−1.0
2002
2005
2008
2011
2014
年份

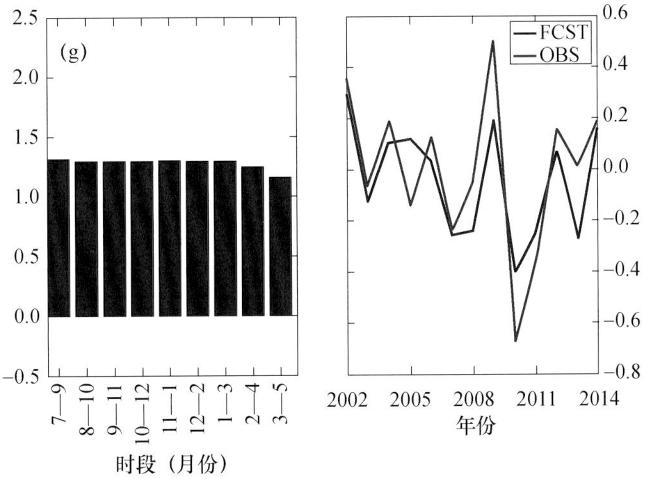

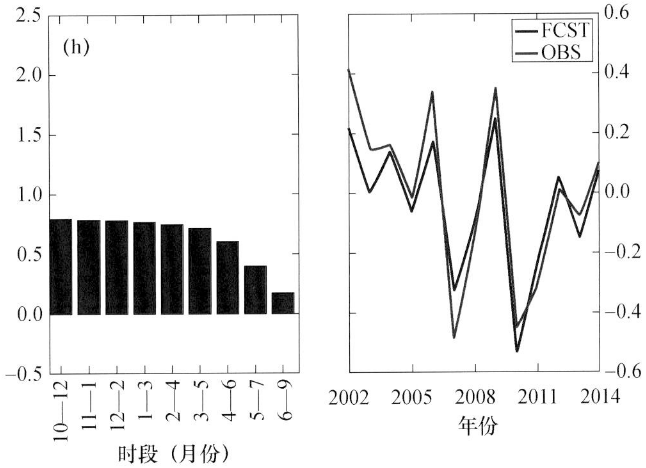

图 5.4 初始条件为 1 月(a,e)、4 月(b,f)、7 月(c,g)、10 月(d,h)起报的动力模式(a～d)和统计模式(e～h)的 MSN EOF1 和 PC1 对应主分量

结果显示，除了在较短的预报时效外，SESS 的差在所有预报月几乎都为正值，表明基于可预报分量重构的预报在长预报时效增加了倾向的预报技巧(图 5.5a)。因此，该方法能预报可预报分量并且提高模式预报技巧。此外，当预报季节为冬季时改进最显著，而在预报季节为春季时改进最小。图 5.5b 和 5.5c 显示，基于动力模式和统计模式可预报分量重构的预报在长预报时效有类似的技巧改进。然而，在较短预报时效内，改进后动力模式的预报技巧稍微低于原始预报，而统计模式的预报技巧降低得更少。总之，不论是动力模式还是统计模式，重构预报均优于原始集合预报，在长预报时效动力模式的改进比统计模式更显著。不论是对所有模式还是统计模式，仅基于 MSN EOF1 和基于前两个 MSN 分量重构的预报技巧差异不大，表明 MSN EOF2 对预报技巧的贡献相对较小。

上述利用最大信噪比 EOF 方法识别了实时多模式 ENSO 演变预报的可预报分量。第一个可预报分量很大程度上与 Niño3.4 指数的滞后自相关相似，该分量显示最可预报的特征类似于 ENSO 位相在春季衰减，而在秋季和冬季持续。动力模式和统计模式最显著的差异出现在春季起报的结果中。第二个可预报分量，其预报技巧和解释方差相对较低，与 ENSO 在春季增长，而后在夏季和秋季持续有关。结果还表明，ENSO 衰减比 ENSO 发展更可预报，预报的可信度更高。通过分离可预报信号，最大信噪比 EOF 方法为分离 ENSO 预报的可预报分量提供了一种途径，且能够用于比较和改进预报技巧，特别是在不可预报噪声较大的长预报时效。应该指出的是，可预报分量由模式计算得到，与观测是独立的。因为观测不能被用于估计离散度或噪音。尽管模式存在误差，但模式是目前可用于估计可预报性的唯一工具。

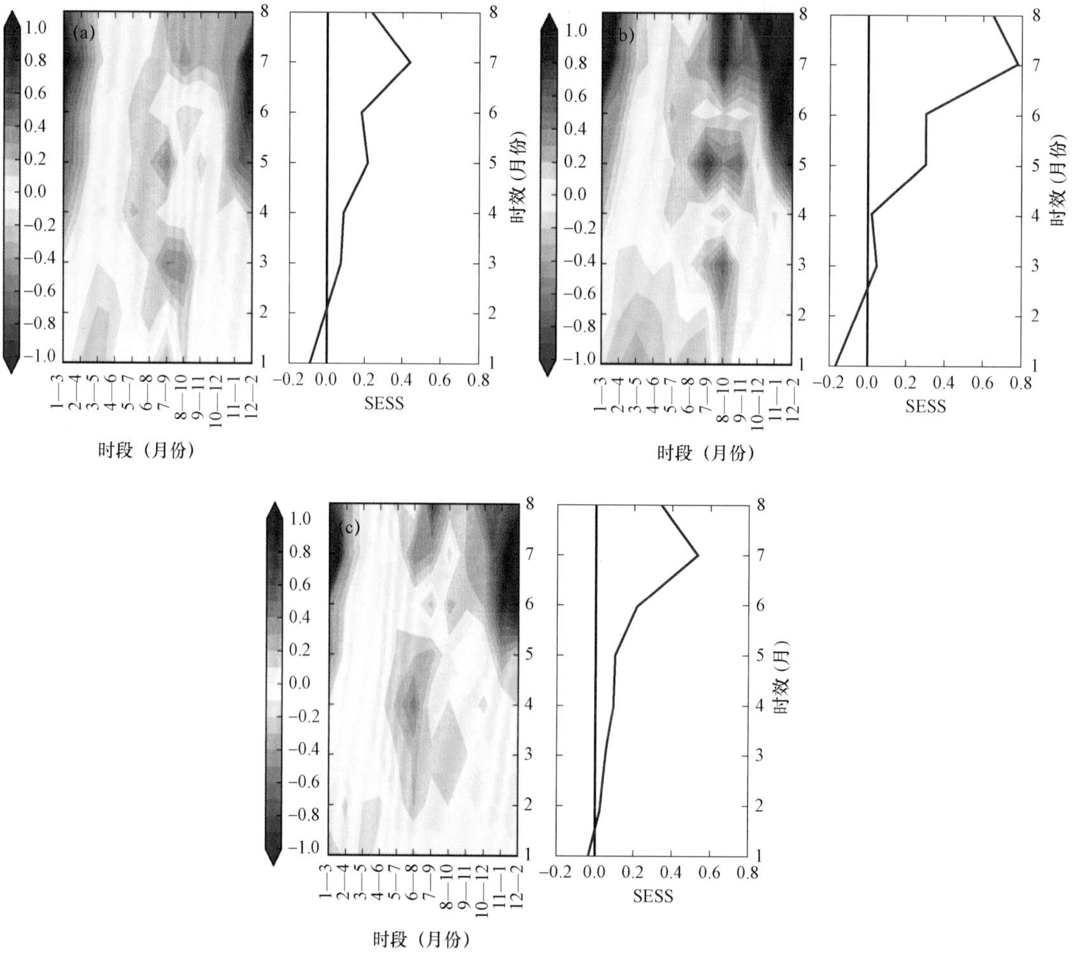

图 5.5　利用前两个 MSN EOF 模态重构的相邻两个季节的演变倾向相对于原始预报的 SESS 评分
(a)所有模式；(b) 仅动力模式；(c) 仅统计模式

不过，所用的多模式资料为实时的 ENSO 预报，其长度相对较短，只有 14 a(2002—2015)。这可能影响 MSN EOF 模态的稳定性，特别是 MSN EOF2，其仅能抓住较少的变率。ENSO 预报技巧随年代际变化存在差异，该资料时段不包括 ENSO 变率在 1999—2000 年附近发生的显著转换。因此，值得将来利用更长的回报数据检验结果是否变化。此外，IRI 的烟羽图对应的多模式的初始化方案并不相同，且采用的是不同的分析或再分析产品，可能对模式间的离散度有较大的影响，比如，NCEP CFSv2 用的是气候预测再分析，而 ECMWF 用的它自身的资料同化系统。因此，将来可进一步检验可预报分量对不同模式系统的初始化方案的依赖性问题。

5.1.3 动力季节气候预测模式对东亚夏季环流的预测能力

东亚夏季环流异常引起的旱涝灾害给我国造成重大的经济损失，因此东亚夏季风降水年际变化的预测对防灾减灾有重要意义。然而，最新的动力模式对东亚夏季降水的预测能力仍然有限。东亚夏季环流对中国夏季降水的年际变化有重要的影响，且东亚夏季环流的可预测性明显高于东亚夏季降水，模式对东亚夏季环流的预测技巧也更高（施洪波 等，2008；邹立维 等，2009；郑志海 等，2009；Kim et al.，2012）。东亚夏季风（East Asian summer monsoon，简称 EASM）和西太平洋副热带高压（Western Pacific subtropical high，简称 WPSH）是东亚夏季环流系统的重要成员，夏季风成员间的相互作用及它们的强度变化对中国的气候变化有着重要的影响（张庆云 等，1998）。因此，认识季节预测模式对东亚夏季环流，尤其是对 EASM 和 WPSH 的预测能力具有重要意义。

5.1.3.1 东亚夏季环流对热带海温异常的响应

影响东亚夏季大气环流异常的因子众多，海温、陆面过程和土壤湿度对东亚夏季环流异常都有重要的影响，尤其是热带太平洋和热带印度洋的海温异常更为重要（Huang et al.，2007；Li et al.，2010）。WPSH 是连接热带海温异常与东亚夏季环流变化的桥梁，从 El Niño 成熟期冬季一直维持到衰减年夏季的西北太平洋异常反气旋（anomalous anticyclone over the western North Pacific，简称 WNPAC）在 El Niño-EASM 遥相关中起着至关重要的作用（Wang et al.，2000；Xie et al.，2009；Wu et al.，2009）。前人已有研究表明（Huang et al.，1989；Lu，2001；Zhou et al.，2009；赵俊虎 等，2011；汪栩加 等，2015），热带印度洋和西太平洋的热力状态和菲律宾附近的对流活动显著影响着 WPSH 的北跳西伸。Wu 等（2009）进一步研究发现，热带印度洋对 WPSH 的影响具有季节依赖性，对 WPSH 的影响主要体现在 El Niño 衰减年夏季，而在 El Niño 发展期的冬季以及随后的春季影响并不显著。Wu 等（2010）随后通过数值试验证明了西北太平洋冷海温异常和热带印度洋海盆模态分别在早夏和晚夏对 WNPAC 维持起主要作用。此外，Zhou 等（2009）还研究了热带海温异常对 WPSH 西伸的影响，提出 1970 年代后期热带印度洋—西太平洋的增暖通过改变热带海区热源分布和 Sverdrup（斯维尔德鲁普）涡度守恒两种机制，引起 WPSH 西伸，从而间接地对东亚夏季降水产生重要的影响。

5.1.3.2 模式和方法

所采用的模式资料来自于 NCEP（美国国家环境预报中心）的 CFS V2（Climate Forecast System Version 2）、中国气象局国家气候中心（National Climate Center，简称 NCC）的 BCC_CSM V2（Beijing Climate Center_Climate System Model Version 2）和日本东京气候中心（Tokyo Climate Center，简称 TCC）的 MRI-CGCM（Meteorological Research Institute-Coupled Ocean-Atmosphere General Circulation Model）。CFS V2 模式是由 NCEP 研发并在 2011 年 3 月投入季节气候预测业务（Saha et al.，2014），它包括大气、海洋、陆地和海冰 4 个分量模式，大气模式在水平分辨率为 T126，垂直方向采用 $\sigma-p$ 混合坐标，分为 64 层。MRI-CGCM 是由日本气候研究所研发的，包括大气和海洋两个分量模式，大气模式水平分辨率为 TL95，垂直方向也采用 $\sigma-p$ 混合坐标，分为 40 层。BCC_CSM V2 是由 NCC 基于国家气候中心 BCC_CSM1.1(m)模式研发的第 2 代季节气候预测模式系统，同样也是包括大气、海洋、陆地和海冰 4 个分量模式，其中大气分量模式水平分辨率为 T106，垂直方向为 26 层（吴统文 等，2013）。CFS V2 和 BCC_CSM V2 都是通过各自的分量模式数据同化系统提供初边值驱动模式，而

MRI-CGCM 的大气初值和海洋边值是经过数据同化系统得到，海冰和陆地边值则是它们的气候态平均值。CFS V2 预测时间长度为 9 个月，回报试验时段为 1982—2013 年，MRI-CGCM 预测时间长度为 6 个月，回报试验时段为 1991—2013 年，BCC_CSM V2 预测时间长度为 11 个月，回报试验时段为 1979—2013 年，3 个模式资料（NECP、NCC 和 TCC，下同）预测起报时间均为每年 3 月。需要指出的是，MRI-CGCM 缺少了 200 hPa 位势高度场模式资料。

由于以上资料的水平分辨率和回报试验时段不尽相同，为了便于比较，这里利用双线性插值法将所有数据插值到 2.5°(经度)×2.5°(纬度)格点上，并统一选取研究的时段为 1991—2013 年。为了定量评估模式对 EASM 和 WPSH 的预测能力，采用张庆云等(2003a，2003b)提出的将东亚热带季风槽区(10°—20°N，100°—150°E)与东亚副热带地区(25°—35°N，100°—150°E) 6—8 月平均的 850 hPa 风场的纬向风距平差，定义为东亚夏季风指数(East Asian Summer Monsoon Index，简称 EASMI)，用以表征 EASM 强度，该指数能很好地反映东亚风场和中国东部降水场的年际变化特征(张庆云 等，1998，2003b)。夏季西太平洋副热带高压指数(Western Pacific Subtropical High Index，简称 WPSHI)定义为夏季 500 hPa 位势高度场(15°—30°N，120°—140°E)区域平均值(Sui et al.，2007)，表征夏季 WPSH 强度。WPSH 的年际变率对我国夏季降水的影响很大，使用该指数的好处在于指数定义所在的关键区是 WPSH 的 5880 gpm 等高线西侧年际变化最大的区域，因此可以合理地反映 WPSH 西伸脊点的年际变化情况。

5.1.3.3 模式对气候态和年际变率的模拟性能

动力气候预测模式的性能主要表现在两方面：气候态和气候变率。对气候态的模拟能力在一定程度上表征了模式在一定时间尺度下对气候背景的刻画能力，而合理地模拟出年际变率才能对未来的气候进行有效的预测。因此，对气候态和年际变率的模拟能力，是衡量模式对东亚夏季环流预测能力的两个重要指标。

因此，首先分析了动力季节预测模式在低层(850 hPa)、中层(500 hPa)和高层(200 hPa)大气的气候偏差和年际变率。在低层大气上(图 5.6)，3 个模式预测的 850 hPa 纬向风差值场整体而言呈带状分布，相关系数在热带以外地区基本不显著，而在热带地区通过显著性检验的区域呈西北—东南向的分布。3 个模式预测的 850 hPa 纬向风场方差比在整个区域基本都小于 1，说明预测的 EASM 年际变率都比观测值小。在东亚夏季风指数定义所在的两个区域，NCEP 和 TCC 模式预测的夏季 850 hPa 气候态风场的风向和大小与观测值比较一致，而 NCC 模式中的风向和大小均与观测值的差别较大(图略)。进一步分析 3 个模式的 850 hPa 风场差值场(图 5.6j～图 5.6l)，发现在西北太平洋地区都存在一个明显的异常气旋式环流，尤其是 NCC 模式，使得 WPSH 强度偏弱，而 EASM 强度偏强，这是导致模式中长江流域降水较观测偏少的直接原因(施能 等，1996；张庆云 等，2003a)。在中层大气上(图 5.7)，3 个模式预测的 500 hPa位势高度场整体而言比观测低(图 5.7a～图 5.7c)，对热带地区的 500 hPa 位势高度场预测技巧较高，特别是 NCC 模式，而对热带以外地区的 500 hPa 位势高度场预测技巧较低(图 5.7d～图 5.7f)，这与前人研究得到的结论一致(李建平 等，2008；施洪波 等，2008)。NCEP 模式预测的热带地区 500 hPa 位势高度场年际变率比观测大，其他地区比观测小；而对于 NCC 模式和 TCC 模式，大部分地区都比观测小(图 5.7g～图 5.7i)。因此，3 个模式预测的 WPSH 强度偏弱，NCC 模式和 TCC 模式预测的 WPSH 年际变率偏小，而 NCEP 模式则偏大。在高层大气上(图略)，NCEP 模式和 NCC 模式模拟的 200 hPa 位势高度场整体偏低，NCEP 模式预测的200 hPa位势高度场与观测值的相关系数只在非洲地区和东南亚地区超过

0.05 显著性水平;而 NCC 模式在低纬地区的相关系数超过 0.05 显著性水平,在中纬地区则基本不显著。NCEP 模式在低纬地区年际变率偏大,在中纬地区偏小,而 NCC 模式则是一致偏小。

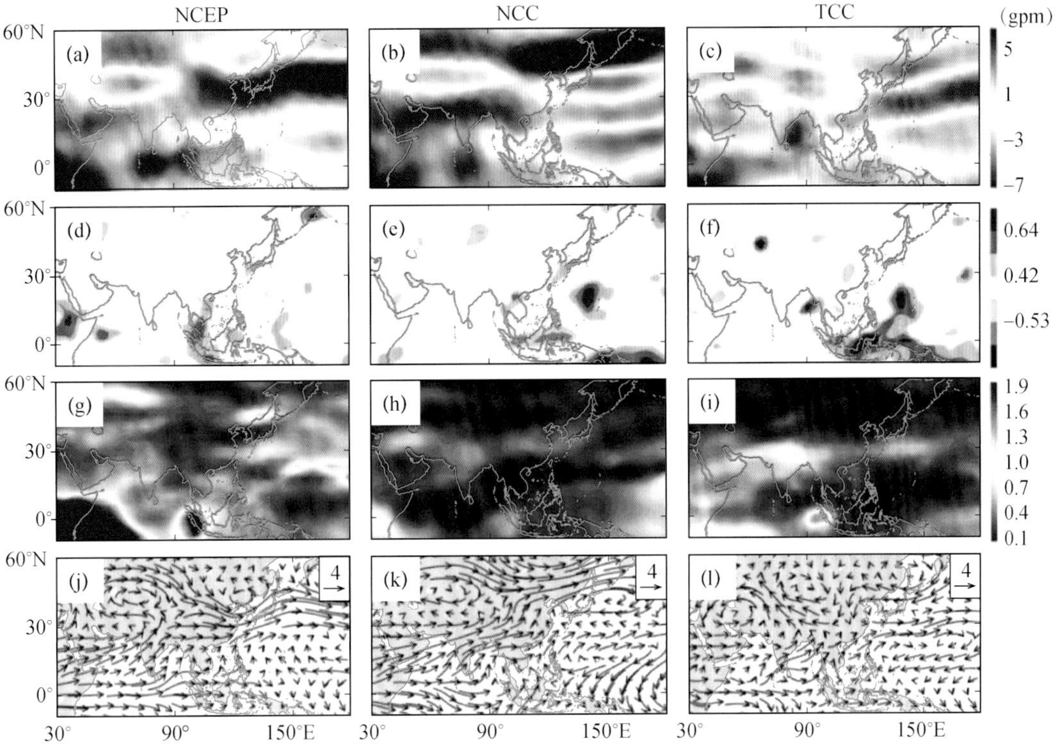

图 5.6 3 个模式(NCEP、NCC 和 TCC)预测的夏季 850hPa 纬向风与观测值的气候态差值(a～c)、相关系数(d～f)和方差比(g～i)、3 个模式预测的夏季 850 hPa 风场与观测的气候态差值的空间分布(j～l)
(差值场由模式结果减去观测值;方差比是模式格点方差与观测值之比,方差比大(小)于 1 代表模式预测的该区域夏季环流场的年际变率比观测大(小);相关分布阴影部分超过 0.05 显著性水平;下同)

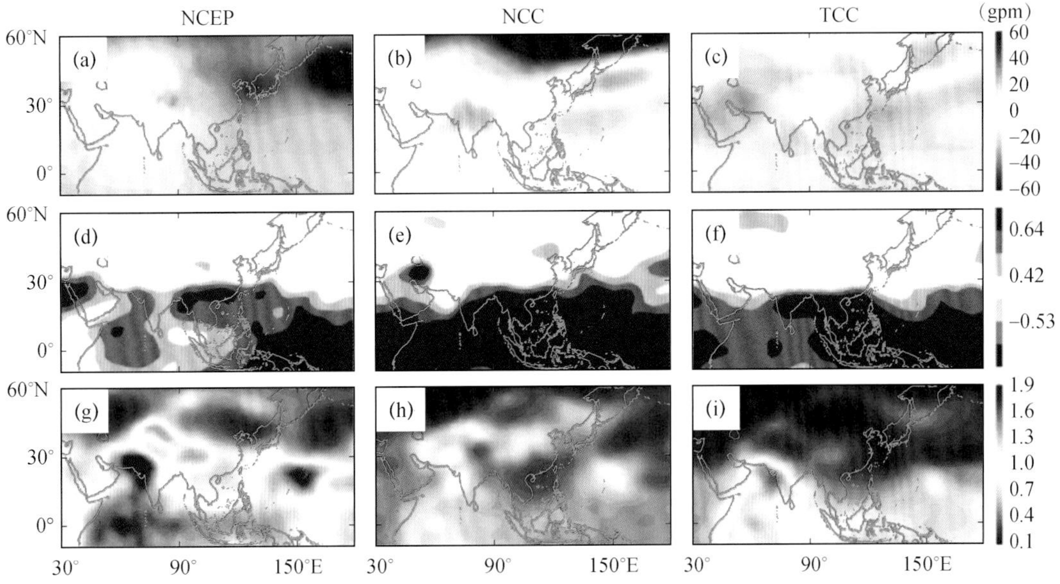

图 5.7 3 个模式预测的夏季 500 hPa 位势高度场与观测值的气候态差值(a～b)、相关系数(c～d)以及方差比(e～f)

动力气候模式预测的中高层大气上东亚夏季环流气候态偏弱可能与预测的热带海温偏低有关，分析模式预测的春、夏季海表温度与观测的气候态差值场，发现3个模式在赤道太平洋、西太暖池和北半球热带印度洋地区的前期和同期海表温度基本都偏低（图5.8a，图5.8c，图5.8e），这在一定程度上会抑制模式中Hadley环流和Walker环流的上升运动。此外，预测的前期海温比观测低，模式中海-气相互作用的强度比观测低，这可能是导致预测的东亚夏季环流气候态偏弱的重要原因。

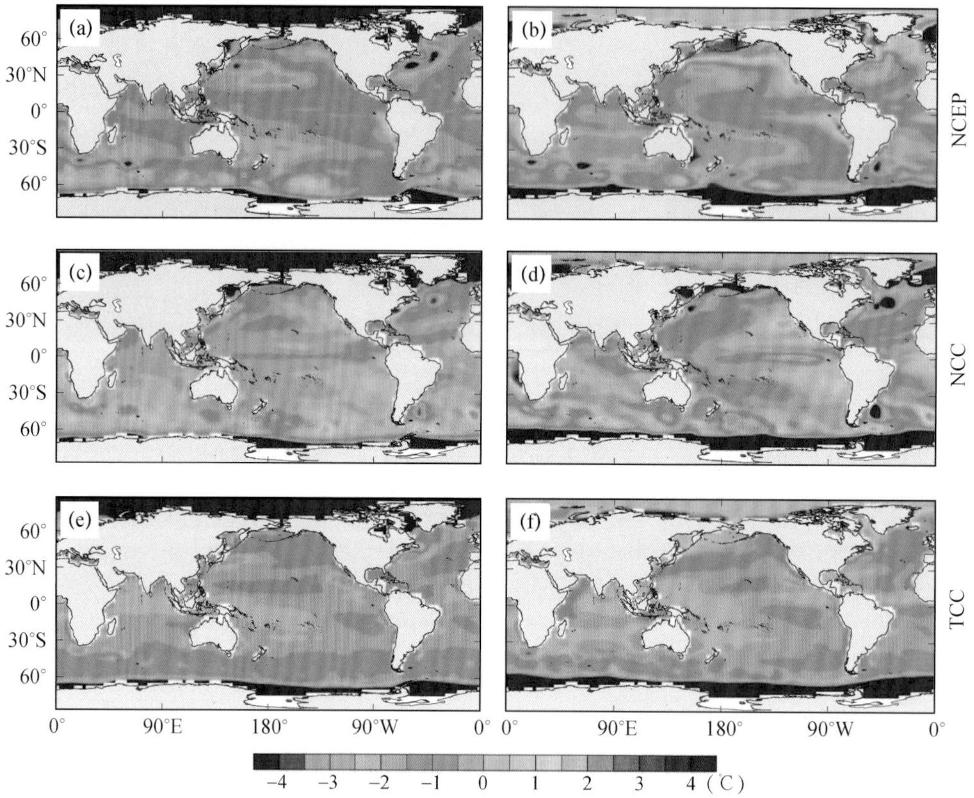

图5.8 3个模式预测的春季(a,c,e)、夏季(b,d,f)海表温度与观测的气候态差值
(a,b:NCEP模式;c,d:NCC模式;e,f:TCC模式)

5.1.3.4 模式对EASM和WPSH的预测技巧评估

为了定量评估模式对EASM和WPSH强度的预测技巧，图5.9给出了模式预测的环流指数与观测指数的标准化偏差。可以看出，3个模式对EASM和WPSH的预测偏差有明显的年际变化，且变化特征整体上比较一致，但在部分年偏差差异较大（如1999年和2000年）。观测的EASM和WPSH具有明显的反相关关系（相关系数为−0.8），动力模式预测的EASM和WPSH的关系基本反映了该特征（NCEP模式的相关系数为−0.84，NCC模式的为−0.77，TCC模式的为−0.57）。此外，不同模式对同一环流系统强度的预测偏差显著的年不尽相同，3个模式对EASM强度的预测偏差显著的共同年有1994年、2002年、2003年、2004年和2013年，而对WPSH强度的预测偏差显著的共同年则有1994年、2002年、2003年和2004年。1994年、2002年、2004年和2013年的前一年秋季或冬季均未发生ENSO事件，因此模式对环流系统强度的预测偏差与ENSO事件有着密切的关系。

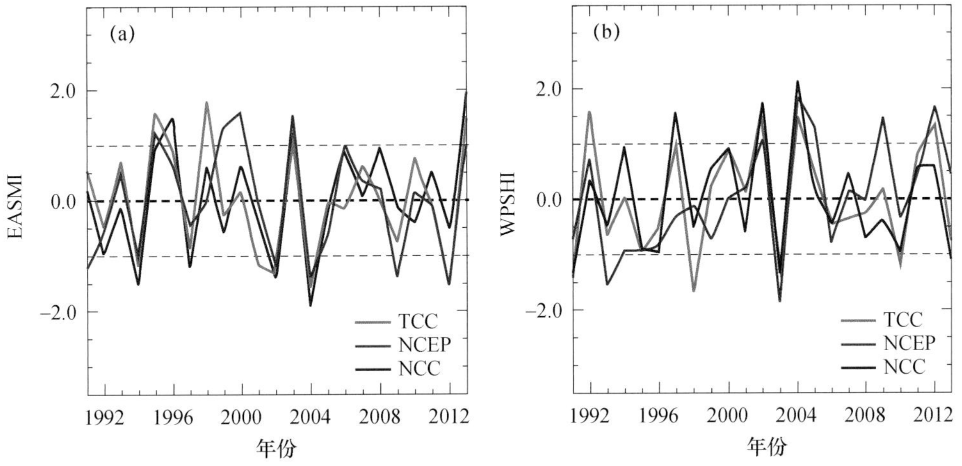

图 5.9 3个模式预测的东亚夏季风指数(EASMI)(a)、西太平洋副高指数(WPSHI)(b)与观测指数的标准化偏差。虚线代表绝对值为1个单位的标准差,绝对值大于1定义为偏差显著

表5.3进一步比较了模式预测的环流指数与观测值的相关系数、均方根误差、标准差比和线性趋势系数。结果表明,对EASM而言,NCEP模式、NCC模式和TCC模式预测的EASMI与观测值的相关系数分别是0.56、0.62和0.63,相关系数都超过0.05显著性水平。NCC模式和TCC模式对EASM指数的预测技巧相当;而NCEP模式预测技巧相对较低,其原因可能与该模式在菲律宾海东侧区域的850 hPa纬向风预测能力较差有关(图5.6d)。3个模式预测的指数均方根误差大小比较接近,NCC模式的最小。3个模式预测的EASM年际变率都比观测小,其中TCC模式的变率显著偏小,指数标准差比只有0.28。3个模式预测的EASM与观测都是线性增强,但NCC模式预测的指数趋势系数达到0.077,并超过0.05显著性水平,远大于观测指数的线性趋势系数(0.026),而TCC模式预测的指数线性趋势几乎可忽略不计。此外,NCEP模式预测的指数线性趋势与观测最接近。

表5.3 模式预测与观测的东亚夏季风指数(EASMI)、西太平洋副高指数(WPSHI)的相关系数(CC)、均方根误差(RMSE)、标准差比(STDR)和线性趋势系数(LTC)

	EASMI				WPSHI			
	CC	RMSE	STDR	LTC	CC	RMSE	STDR	LTC
NCEP	**0.56** *	1.60	0.83	0.022	**0.7** *	5.86	1.03	**0.51** *
NCC	**0.62** *	1.49	0.70	**0.077** *	**0.73** *	4.67	0.67	0.08
TCC	**0.63** *	1.58	0.28	0.003	**0.48** *	6.00	0.50	0.18
OBS	**1.00** *	0.00	1.00	0.026	**1.00** *	0.00	1.00	0.08

注:加粗并带有"*"的数字表示超过0.05显著性水平。

对WPSH而言,NCEP、NCC和TCC模式预测的WPSHI与观测值的相关系数分别是0.7、0.73和0.48,相关系数也都超过0.05显著性水平。NCEP和NCC模式对WPSH的预测技巧相当,TCC模式对WPSH预测技巧相对较低,可能与TCC模式对热带地区以外的

WPSH 区域的 500 hPa 位势高度场预测能力较低有关(图 5.6f)。3 个模式预测的指数均方根误差大小比较接近,NCC 模式的最小。NCC 模式和 TCC 模式预测的 WPSH 年际变率都比观测小,而 NCEP 模式的年际变率基本与观测一致。3 个模式预测的 WPSH 与观测都线性增强,但 NCEP 模式预测的 WPSH 线性趋势系数明显比观测大,线性趋势系数达到 0.51,超过 0.05 显著性水平,NCC 模式预测的 WPSH 增强趋势与观测一致。

上面的分析表明,3 个模式对 EASM 和 WPSH 的预测能力都比较高,而 NCC 模式相对更好。除了 NCEP 模式预测的 WPSH 的年际变率比观测大,3 个模式预测的 EASM 以及 NCC 和 TCC 模式预测的 WPSH 的年际变率都偏小,这与上面得到的结论一致。各个模式预测的环流指数均方根误差大小与相关系数大小类似,NCC 模式对 EASM 和 WPSH 预测最好。此外,三个模式预测的 EASM 和 WPSH 和观测都呈线性增强趋势。虽然 3 个模式预测的 EASM 和 WPSH 在很多方面都比较一致,但是不同模式预测的同一环流系统的年际变率和线性变化趋势差异相对较大,因此有必要选取对环流系统在这些方面预测能力较好的模式进行集合预测。

5.1.4 东亚夏季风对热带海温异常响应的不确定性

短期气候预测的可预报性来源于地球系统的缓变信号,尤其是热带太平洋和热带印度洋的海温异常(丁一汇,2011)。动力模式能否反映出东亚夏季环流与下垫面异常信号的联系,是检验动力模式可预测性的一个重要方面。数值试验和诊断分析表明,东亚夏季环流异常依赖于下边界物理过程的影响,尤其是热带地区的海表温度。大气是一个非线性耗散的混沌系统,初始条件或模式方程中的任何误差都会导致模式在积分一定时间后误差非线性增长,失去可预报性(封国林 等,2001;Li et al.,2011;王阔 等,2012)。耦合模式的误差来源非常复杂,除了不同分量模式的误差外,耦合过程也存在着误差,并且误差之间存在着复杂的非线性相互作用(黄建平 等,1991;Huang et al.,1993;郑志海 等,2010,2013)。为了避开误差非线性作用的影响,很多研究通过给定下垫面条件(如海温、海冰、陆面等),利用大气环流模式来考察下垫面条件对东亚夏季环流的影响。Wang 等(2005)利用观测海平面温度作为边值条件分别强迫大气环流模式和海—气耦合模式,发现海—气耦合过程对于亚洲—太平洋夏季季风的模拟存在至关重要的作用。数值试验表明下垫面尤其是热带海洋以及耦合过程对东亚夏季环流存在重要影响,但这些试验都是在一定的假定条件下进行的。在实际应用的耦合季节预测模式中,东亚夏季环流能否再现类似的响应过程,其预测能力不高是否与大气环流对热带海温异常的响应不足有关,这些问题都需要进一步地研究和解答,进而为诊断分析预测误差来源和改进季节预测模式性能提供科学依据。为此,下面将进一步评估气候模式中 EASM 和 WPSH 对前期和同期海温外强迫的响应能力。

5.1.4.1 东亚夏季风对热带海温异常的响应能力

热带海洋对东亚夏季环流存在重要的影响,其中 ENSO 对全球气候系统年际变率的影响最为重要,一般在前一年秋季或冬季发展起来的 ENSO 事件显著地影响着次年 EASM 的强度变化(Webster et al.,1998;Wang et al.,2000)。

通过对比观测和模式预测的 EASMI 与实况海温的相关分布场随季节的演变(图 5.10)发现,在观测中 EASMI 与前冬赤道中东太平洋海温为负相关,呈现类似于 ENSO 型的空间分布,而在春季该负相关区不再显著,到了夏季,在西太暖池和赤道中太平洋分别出现了负相关区和正相关区，但通过显著性检验的范围较小。3个模式预测的EASMI与前冬赤道中东太平洋海温的相关分布和观测类似，但负相关强度明显偏强，且与热带西太平洋海温的正相关关系也更显著。在春季，3个模式中上述的正相关区和负相关区依然存在，但相关减弱，到了夏季，3个模式在西太暖池有偏弱的负相关区，而在赤道东太平洋地区的相关区基本消失。总体而言，模式预测的EASMI与前期热带西太平洋和赤道中东太平洋海温异常的相关性比观测强。

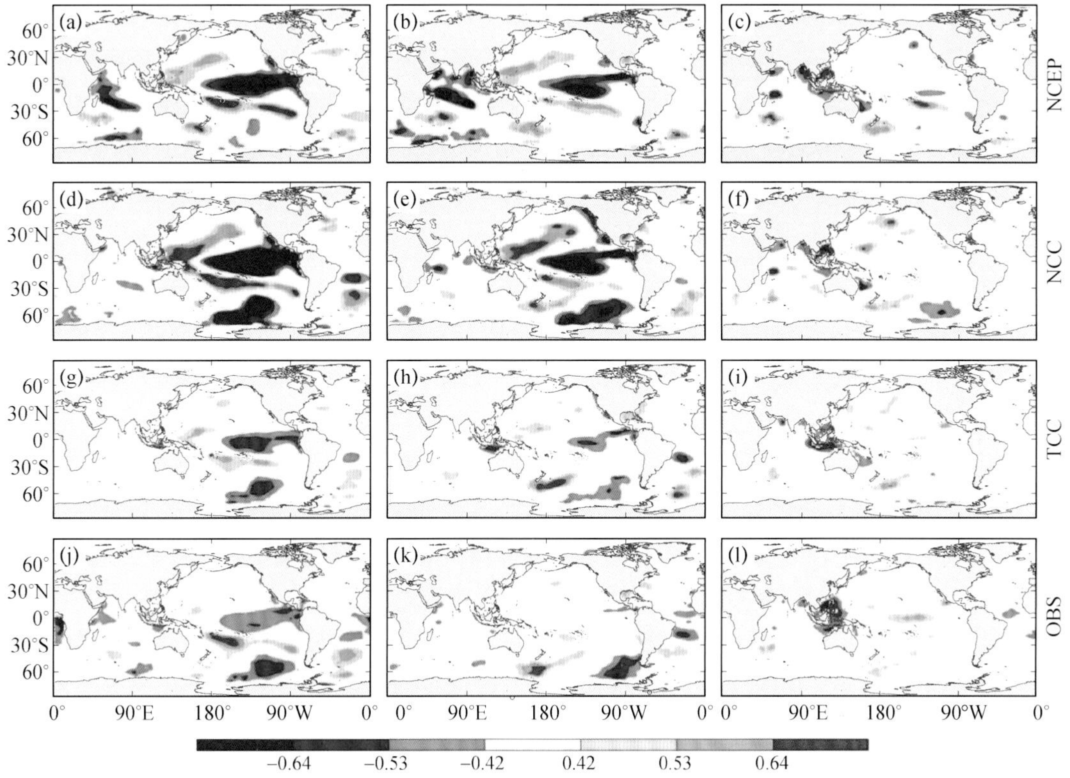

图5.10 3个模式预测的EASMI和观测指数分别与实况前冬(左列)、春季(中列)和夏季(右列)海温的相关分布场

(a—c:NCEP模式;d—f:NCC模式;g—i:TCC模式;j—l:观测)

(阴影部分表示超过0.05显著性水平,下同)

由于3个模式预测的EASMI和实况海温的相关关系与观测有较大的偏差，因此需要进一步分析造成这种偏差的模式误差来源。耦合模式的误差来源非常复杂，除了不同分量模式的误差外，耦合过程也存在着误差，并且误差之间存在着非线性相互作用。气候模式中的海洋分量模式和各分量模式耦合模块并不完美，但如果动力模式中海洋和大气的相关关系与观测类似，则表明误差主要源自海洋分量模式的不准确。如果模式内部的海—气相互作用存在明显的偏差，除了需要改进海洋分量模式外，模式内部与海-气相互作用相关的物理过程也需要继续改进，因此需要进一步分析季节预测模式的误差来源。模式预测的EASMI指数与模式预测海温的相关分布(图5.11)表明，3个模式不仅在春季的热带太平洋存在与观测中类似的相关区，而且NCEP模式和TCC模式在热带印度洋均有负相关区。在夏季热带印度洋负相关区增强，NCC模式在赤道太平洋出现正相关区，而NCEP模式和TCC模式在赤道太平洋的相关区基本消失。采用Niño3.4指数表征ENSO事件强度，进一步定量

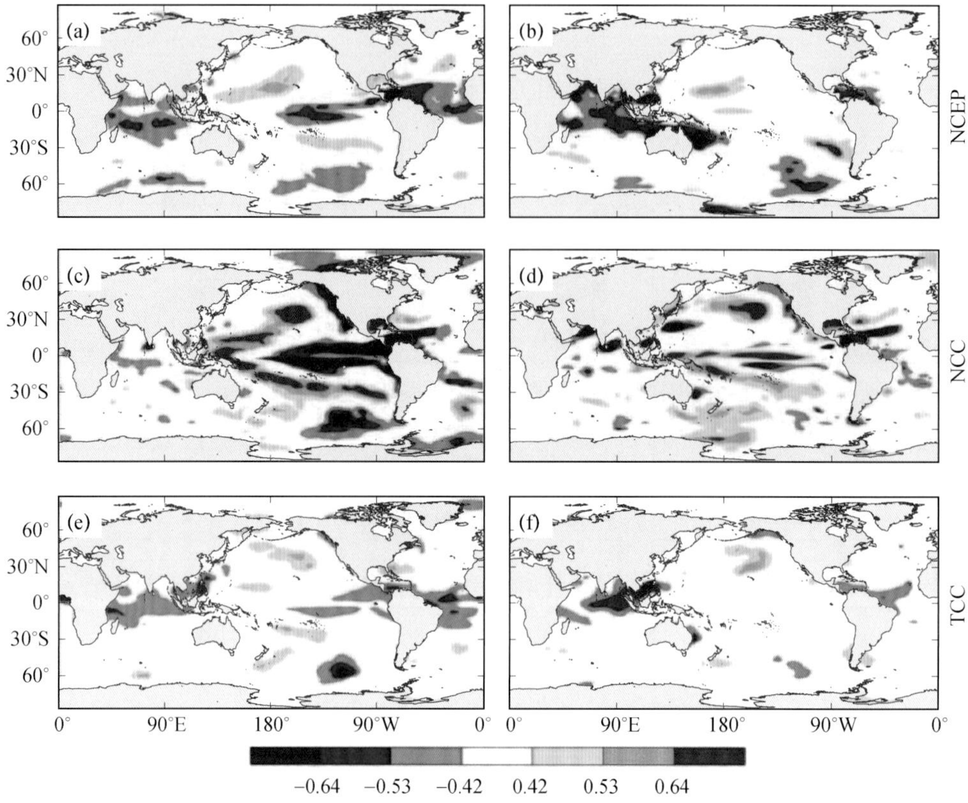

图 5.11　3 个模式预测的 EASMI 分别与预测的春季、夏季海温的相关分布场
(a,b:NCEP 模式;c,d:NCC 模式;e,f:TCC 模式)
(阴影部分超过 0.05 显著性水平)

研究模式中 EASM 对 ENSO 外强迫的响应能力(表 5.4),发现 TCC 模式预测的 EASM 和前期 Niño3.4 指数的相关系数与观测的最为接近,表明 TCC 模式较为真实地反映了 EASM 对 ENSO 事件的响应。因此,NCEP 模式和 TCC 模式预测的 EASM 对前期和同期热带印度洋海温异常的响应偏强,而对前期赤道中东太平洋海温异常的响应偏弱。相对于另外两个模式,NCC 模式预测的 EASM 对前期和同期热带太平洋海温异常的响应都显著偏强。由于 3 个季节预测模式预测的 EASMI 和春季、夏季海温的相关分布与观测有明显的偏差,说明模式(尤其是 NCC 模式)的海洋分量模块和模式内部与 EASM 有关的海—气相互物理过程可能都存在较大缺陷。

表 5.4　模式预测的 EASMI 和观测指数分别与 Niño3.4 指数的相关系数

	观测 Niño3.4 指数			模式预测 Niño3.4 指数	
	冬季	春季	夏季	夏季	春季
NCEP	—0.74 *	—0.688 *	0.022	—0.612 *	0.261
NCC	—0.83 *	—0.672 *	0.37	—0.642 *	0.713 *
TCC	—0.56 *	—0.46 *	0.402	—0.376	0.264
OBS	—0.48 *	—0.229	0.56 *	/	/

注:冬季为前一年 12 月至当年 2 月;有“ * ”数字表示超过 0.05 显著性水平。

春季可预报性障碍是ENSO预测的一个显著特点，主要是指模式和持续性预报对ENSO的预报技巧在4月、5月快速下降，导致ENSO预报结果产生较大不确定性的现象（Webster et al.，1992；Webster，1995）。3个模式预测的EASMI无论与实况春季海温还是与预测的春季海温算相关，在赤道中东太平洋都有负相关区，NCC模式负相关区的偏强尤其明显，而模式对ENSO预测的春季可预报性障碍会增加EASM预测结果的不确定性，从而使得EASM的预测误差增大（图5.11）。

5.1.4.2 西太平洋副热带高压对热带海温异常的响应能力

前一年秋季或冬季发展起来的ENSO暖（冷）事件会在冬季达到极值，此时ENSO对WPSH影响最大，赤道东太平洋暖（冷）海温异常通过类Walker环流增强（减弱）WPSH。前冬热带印度洋暖（冷）海温异常通过形成上升下沉的环流圈，也可以增强（减弱）WPSH（Chung et al.，2011）。在春季，当ENSO暖（冷）事件处于衰减期时，在ENSO发展期由于电容器效应不断增温（降温）的热带印度洋会成为增强（减弱）WPSH的主要外强迫因子（Xie et al.，2009）。在夏季，由于气流的上升支会从前一年秋季海温正异常的热带印度洋移到当前年夏季的海洋大陆上空，此时西太暖池是增强WPSH的主要海温外强迫源（Sui et al.，2007；Chung et al.，2011）。

相应地分析模式预测的WPSH对海温外强迫的响应能力，计算了模式预测的夏季WPSHI与实况海温的相关分布随季节演变（图5.12），结果表明，在观测中，前冬的赤道中东太平洋以及热带印度洋有正相关区，呈现类似于ENSO型的空间分布，体现了夏季WPSH对

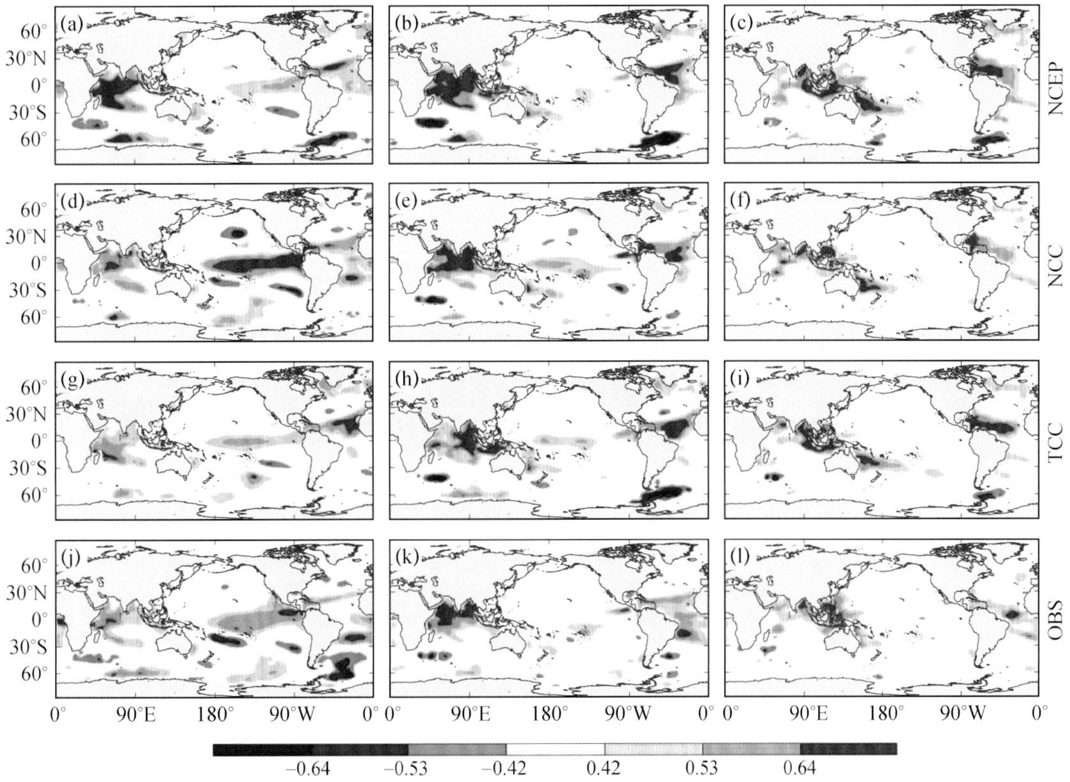

图5.12 3种模式预测的WPSHI和观测指数分别与实况前冬（左列）、春季（中列）、夏季（右列）海温的相关分布场（图中说明同图5.10）

ENSO事件的响应(Chung et al.,2011)。在春季赤道中东太平洋上的正相关区消失,而热带印度洋的正相关区则扩大增强,反映了春季的印度洋海温对夏季 WPSH 有显著的影响(Xie et al.,2009)。到了夏季热带印度洋的正相关区缩小减弱,而在西太暖池出现一个正相关区,说明了影响 WPSH 的热带海洋从前期的赤道中东太平洋和热带印度洋变为同期的西太暖池(Sui et al.,2007;Chung et al.,2011)。模式中这种正相关区的分布及季节演变基本与观测一致,主要的不同点在于 NCEP 模式和 TCC 模式在冬季赤道中东太平洋上的正相关区偏弱,而 NCC 模式则偏强且持续到春季。

图 5.13 是模式预测的 WPSHI 和模式海温的相关分布场,发现 3 个模式在春季的赤道太平洋和热带印度洋有显著偏强的正相关区,而在夏季,赤道中东太平洋的正相关区基本消失,热带印度洋的正相关区依然显著偏强,而西太暖池的正相关区则扩大增强。相对于观测,3 个模式预测的 WPSH 对春季赤道太平洋和夏季热带印度洋与热带西太平洋海温异常响应强度显著偏强,相关分布与观测有明显差异,说明这 3 个动力预测模式内部与 WPSH 有关的海-气相互物理过程可能也存在缺陷。

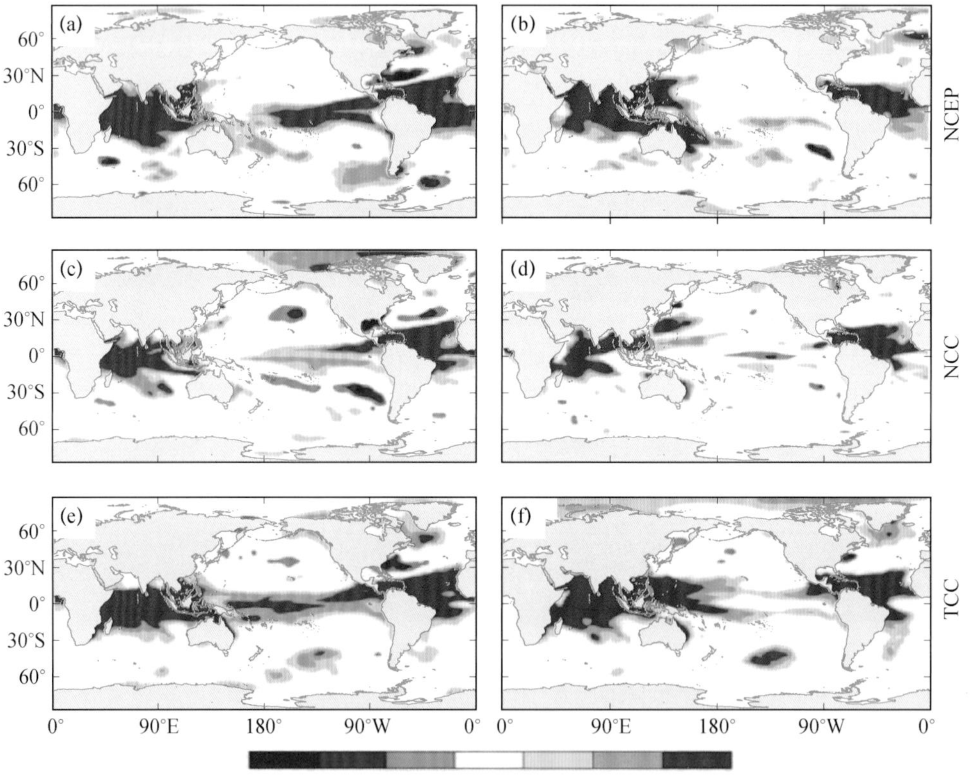

图 5.13 三个模式预测的 WPSHI 分别与预测的春季(左列)、夏季(右列)海温的相关分布场(图中说明同图 5.11)

3 个动力模式预测的 WPSH 与预测的春季海温相关在赤道中东太平洋存在显著偏强的正相关区,因此 ENSO 预测的春季可预报性障碍有可能增加了 WPSH 的预测误差。此外,通过定量研究模式预测的 WPSH 对 ENSO 事件的响应能力(表 5.5),还发现模式预测的 WPSH 对春季 Niño3.4 海区海温外强迫作用响应显著偏强,NCC 模式预测的 WPSH 对 ENSO 事件的响应能力整体而言与观测最接近。

表 5.5 模式预测的 WPSHI 和观测指数分别与 Niño3.4 指数的相关系数

	观测 Niño3.4 指数			模式预测 Niño3.4 指数	
	前冬	春季	夏季	春季	夏季
NCEP	0.75 *	0.681 *	−0.063	0.737 *	−0.08
NCC	0.77 *	0.614 *	−0.147	0.707 *	−0.413 *
TCC	0.74 *	0.752 *	0.024	0.857 *	0.191
OBS	0.66 *	0.439 *	−0.322	/	/

注:加有“*”数字表示超过 0.05 显著性水平。

综上所述,3 个动力模式预测的 EASM 和 WPSH 对热带海洋海温异常的响应随季节演变特征与观测比较一致,但 NCEP 模式和 TCC 模式预测的 EASM 对前期热带太平洋和前期、同期热带印度洋海温异常的响应比观测强,NCC 模式预测的 EASM 对前期和同期热带太平洋海温异常的响应明显比观测强。同时,3 个模式预测的 WPSH 对前期和同期热带太平洋、热带印度洋和热带大西洋海温异常的响应明显强于观测。3 个动力季节预测模式的海洋分量模块和模式内部与 EASM 和 WPSH 有关的海-气相互物理过程可能都存在较大缺陷。

5.1.4.3 ENSO 对东亚夏季环流预测的影响

ENSO 事件对全球气候异常有非常重要的影响,Wang 等(2000)研究表明,前一年秋季或冬季发展的 ENSO 暖(冷)事件会影响 EASM 强度。考虑前冬 Niño3.4 海区海温异常对夏季东亚环流系统有显著的外强迫作用,如果前一年秋季或者冬季有 El Niño 事件发生,则定义当前年为 El Niño 年,类似地定义了 La Niña 年,如果前一年的秋季或者冬季没有 ENSO 事件发生,定义当前年为正常(Normal)年。参考 NCEP/NOAA 季节冷暖事件的海洋 Niño3.4 指数,选取 1991—2013 年的 El Niño 年(1992 年、1995 年、1998 年、2003 年、2005 年、2007 年、2010 年)、La Niña 年(1996 年、1999 年、2000 年、2001 年、2006 年、2008 年、2009 年、2011 年、2012 年)以及正常年(1993 年、1994 年、1997 年、2002 年、2004 年、2013 年)。

对 3 个动力模式而言,同一模式预测的 850 hPa 纬向风在三种年的 EASM 副热带区域(25°—35°N,100°—150°E)(简称副热带区域)和热带区域(10°—20°N,100°—150°E)(简称热带区域)平均绝对误差(MAE,mean absolute error)分布特征都比较一致(图 5.14)。对于 NCEP 模式,在正常年的热带区域的 MAE 比另外两种年的小;对于 NCC 模式,在 La Niña 年的副热带区域的 MAE 比另外两种年的小;对于 TCC 模式,在 La Niña 年的副热带区域和热带区域的 MAE 都比另外两种年的小。在 WPSH 区域(15°—30°N,120°—140°E),对 3 个动力模式而言,同一模式预测的 500 hPa 位势高度分别在 El Niño 年和 La Niña 年的 MAE 分布特征都比较类似,且正常年的 MAE 要比 ENSO 年的大。此外,3 个模式在同一种年的 MAE 分布特征也比较一致(图 5.15)。为了定量分析 ENSO 对环流系统预测误差的影响,计算了模式预测的环流指数 MAE(图 5.16),发现 3 个模式预测的 EASM 和 WPSH 在 ENSO 年的 MAE 整体而言要比正常年的小很多,NCEP 模式和 NCC 模式预测的 EASM 和 WPSH 强度的 MAE 在 La Niña 年和 El Niño 年差别不大,而 TCC 模式预测的两个环流系统的 MAE 在 El Niño 年比在 La Niña 年大很多。因此,相比另外两个模式,TCC 模式对 EASM 和 WPSH 的预测能力在 El Niño 年较差。

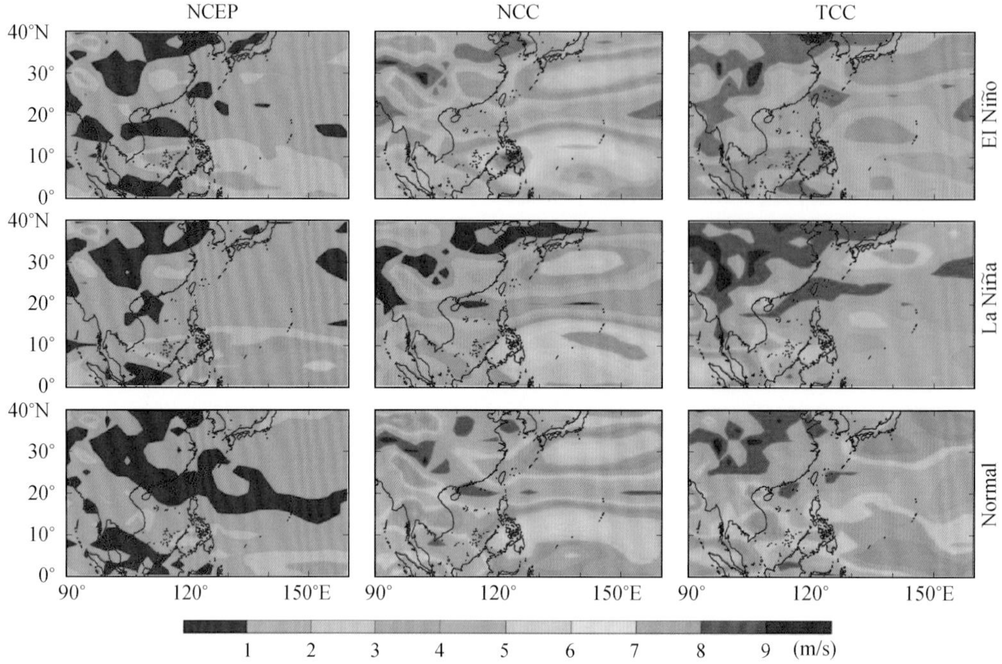

图 5.14　模式预测的 850 hPa 纬向风在三种年(左列:NCEP 模式;中列:NCC 模式;右列:TCC 模式)的格点 MAE(平均绝对误差)分布

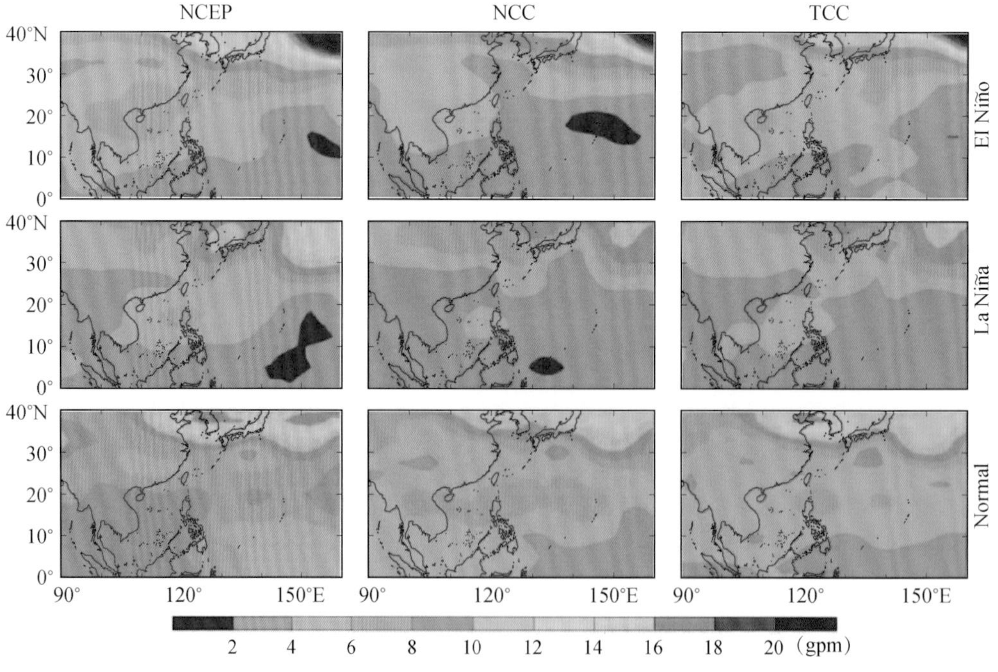

图 5.15　模式预测的 500 hPa 位势高度场在三种年的格点 MAE 分布
(图中说明同图 5.14)

前面的研究已经指出，TCC 模式对夏季 WPSH 的预测技巧低于另外两个模式，预测的 WPSH 指数与观测值的相关系数仅为 0.48。此外，TCC 模式预测的 WPSH 的 MAE 在 El Niño 年比在 La Niña 大很多，甚至比在正常年的大（图 5.16）。图 5.16b 显示出 TCC 模式对 WPSH 的预测偏差在 1992 年和 1998 年这两个 El Niño 年显著，另外两个模式对 WPSH 的预测偏差则不显著。1992 年前秋或前冬有发展起来的 El Niño 事件，但当前年的秋季或者冬季没有 ENSO 事件发生，而 1997 年/1998 年是前所未有强的 ENSO 暖事件，它对全球气候产生了重要的影响（McPhaden，1999）。TCC 模式对 WPSH 在这两个异常的 El Niño 年预测技巧偏低，可能是 TCC 模式对 WPSH 的预测技巧远低于另外两个模式的重要原因之一。因此，ENSO 事件对东亚夏季环流的预测有重要的影响，也是其重要的可预报源。

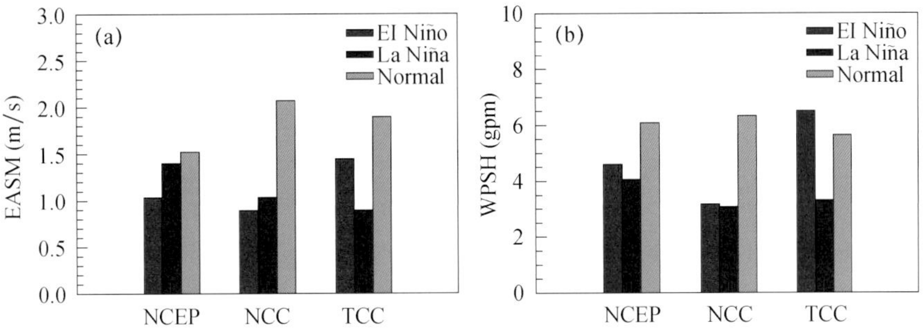

图 5.16 模式预测的两个环流指数 MAE

(a)东亚夏季风指数；(b)西太平洋副高指数

5.2 南方旱涝预测误差分析及多模式集成预测试验

目前的气候模式预测技巧主要体现在热带低纬度地区比较高，而对于其他区域，尤其是亚洲季风区的预测技巧还很低。对短期气候预测的策略和方法而言，目前的共识是将动力模式与数理统计两种方法进行有机结合，取长补短，融合发展。在这种思想策略的指导下，我国学者开展了大量动力—统计相结合的季节预测方法研究，并进行了预测试验，研究结果表明动力—统计相结合的方法能有效提高热带降水和环流的预报技巧。本节基于动力—统计相结合的方法，首先开展南方地区夏季旱涝分布频次特征及模式预报误差特征分析，在此基础上，构建南方旱涝预测的多模式动力-统计集成预测方案。

南方地区气候条件复杂，旱涝年际变率大、分布很不均匀、区域差异十分明显。根据需要，把南方分为西南、华东和华南 3 个区，如图 5.17 所示。

5.2.1 动力模式对南方夏季降水的预报误差特征

这里选取了 BCC_CSM、ECMWF_SYSTEM4、NCEP_CFS2 3 个气候模式，以这 3 个模式为基础构建南方旱涝动力-统计预测方法。首先，通过统计 1991—2015 年 3 个模式的预测误差分布特征，对其南方夏季降水预测性能进行定性评估，如图 5.18 所示。图 5.18 中 a，b，c 分别给出了 3 个动力模式原始预报对南方夏季降水预测误差的多年平均，即模式预报的系统误差，图中正值表示实况大于模式预报，负值表示实况小于模式预报。由图 5.18a 可见，BCC_

CSM 模式预测的降水值在云南大部以及四川西部大于实况值，南方其他大部分区域都是预测值要远小于实况。图 5.18b 显示，ECMWF_SYSTEM4 模式的系统误差分布特征与 BCC_CSM 类似，同样也是呈现西部地区降水预测值高于实况、而东部降水预测小于实况的分布特征。图 5.18c 中，NCEP_CFS2 模式在西部（云南、四川）地区与其他两个模式具有同样的特征，对该区域的降水预测值要大于实况，在东部地区则呈现＋－＋的纬向分布特征。总体而言，3 个模式对我国南方降水的模拟具有较相似的特征，系统误差大都呈现在东部地区为预测值偏小、而西部地区为预报值偏大的分布特征，说明模式对于我国南方地区东部的降水模拟不足，而对南方地区西部降水模拟过多。从误差量级上来看，BCC_CSM 的系统误差量级要明显高于其他两个模式，其他两个模式量级较为接近，模拟的降水量值更接近实况降水。

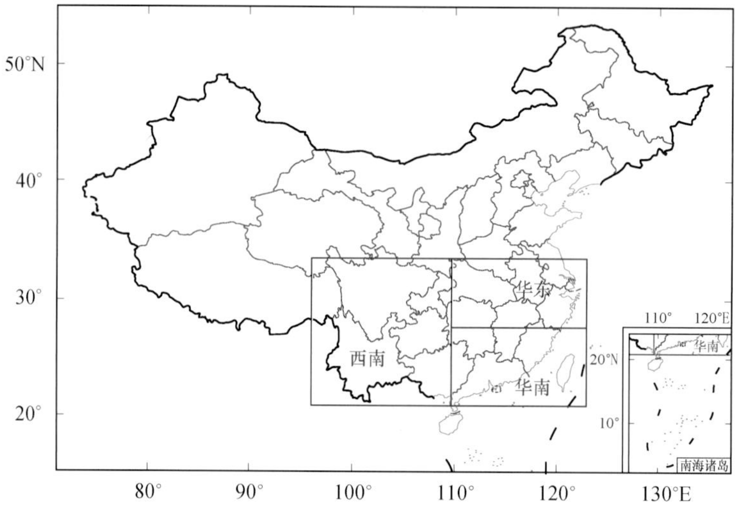

图 5.17　南方旱涝动力统计预测区域划分示意图

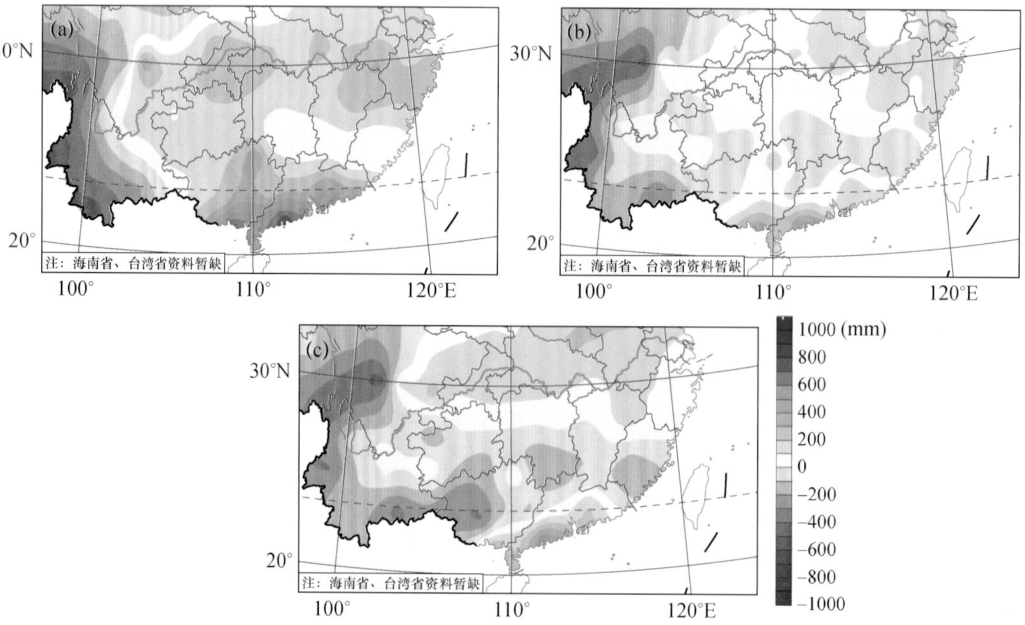

图 5.18　BCC_CSM (a)、ECMWF_SYSTEM4(b)、NCEP_CFS2(c)模式预测的 1991—2015 年夏季平均降水与观测的差值（观测减模式）

从图 5.18 的模式预报误差空间分布特征可以看出,南方降水偏差存在着较大的区域差异。因此,为更好地获取模式预报误差统计特征,以便更好地开展有针对性的动力—统计修正,分析不同模式预报这三个区域的季降水误差的统计特征。

图 5.19 给出了华南、华东以及西南地区的模式预报误差频次分布图。从图中可以看出,各个区域的预报误差频次分布特征满足正态分布,从总体的预报误差来看,误差的变化范围在 −400～400 mm,各个区域的变化范围有所不同。由于华南区域夏季降水量较大,因此该地区的误差变化范围也相应较大,为 −400～400 mm;华东地区、西南地区的误差变化范围为 −300～300 mm。各区域的误差变化范围有着一定的差异,这与该区域的实际降水量和模式对于该区域降水的模拟能力有关。而从各个分区来看,其发生频次最高的误差值并不都是 0。其中,华南地区的各个模式的误差频次分布相对于 0 值明显地左偏,误差的最概然值小于 0,说明模式对于该区域的降水量预报不足,大部分情况下预报值小于实况观测,存在预报偏少的系统性偏差;而西南地区的模式预报误差分布相对 0 值右偏,说明模式在该区域存在降水预报偏多的系统性偏差。总之,模式预报误差的频次分布特征可以从一定程度上体现出模式对于该区域降水的预报性能,通过其误差分布形式可以直观地了解模式对于各个区域的降水模拟能力及其存在的不足。

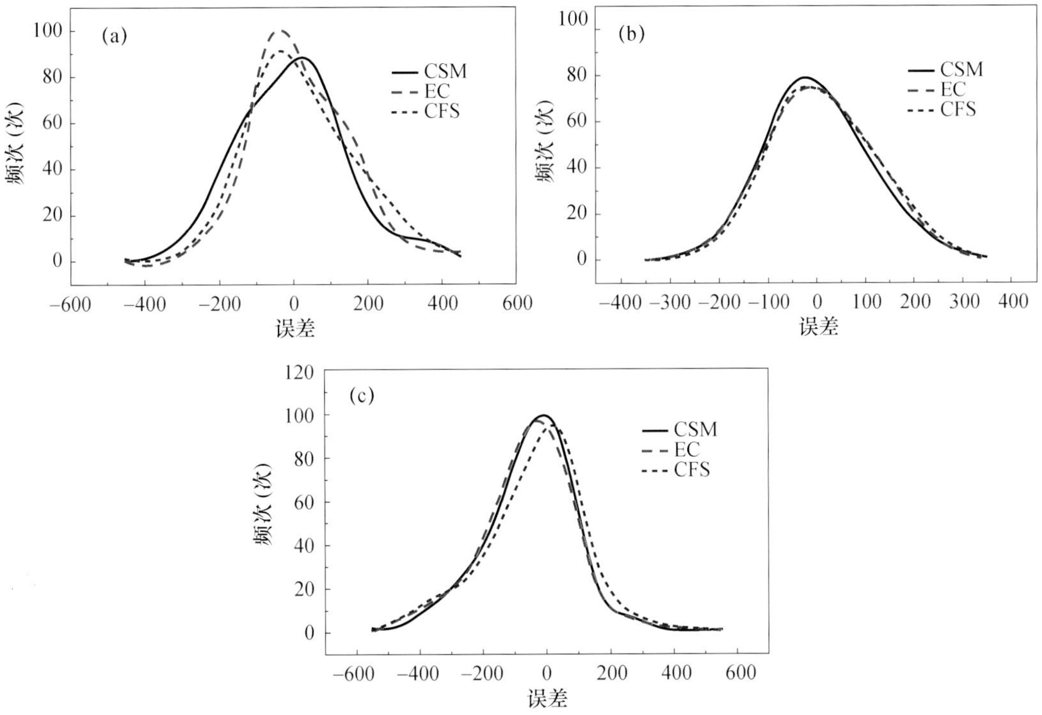

图 5.19 1991—2015 年不同区域模式夏季降水预测误差频次分布特征

(a)华南地区;(b)华东地区;(c)西南地区

从分布曲线的形态来看,其形态越细长,表明预报误差的离散方差越小,预报误差的频次分布中接近于 0 的发生频次越多,预报准确率越高。而有的误差分布形态虽然较为细长,但是其最大值位置偏离 0 值较远,说明预报的最概然值与实况之间存在较大的偏差。因此,对于预报性能的评估不仅要看概率密度函数的形态,还要看中心位置。中心位置越接近于 0,表示模式对该区域的预报最可能发生的误差值就越接近于 0,预报越准确,模式的预报技巧越高。

5.2.2 模式对南方旱涝预测能力评估

图 5.20 给出了由各模式多年回报与实况之间的时间相关系数(TCC)。TCC 反映的是各模式与实况在年际变化上的相关性,因此可以从一定程度上反映各模式对南方夏季旱涝年际变率的预测能力。从图 5.20 可以看出,各模式在南方不同区域的预报技巧存在较大差异。总体而言,NCEP_CFS2 整体效果要略优于其他两个模式,NCEP_CFS2 主要在长江流域、华南大部以及西南地区东部等区域具有较高的预报技巧,而在云南西部、四川南部以及江南地区预测技巧则相对较低;而 BCC_CSM 在西南大部、长江中游有较高的预报技巧,对于华南的大部分地区预测技巧都相对较低,部分区域 TCC 最低值达到了 −0.5 以上,说明在该区域预报与实况在大部分年份中都是相反的;ECMWF_SYSTEM4 则是在整个南方地区的西部具有高的预报技巧,而对于东南沿海一带地区预测技巧较低。综上所述,各个模式对不同区域的预测技巧虽然不尽相同,但对于南方大部分地区而言都能够至少找到一个模式对其降水预测具有相对较高的预测技巧。因此,通过多模式集成预测,针对不同区域选取相应的预测技巧较高的模式进行集成,有望进一步提高我国南方夏季旱涝预测的水平。

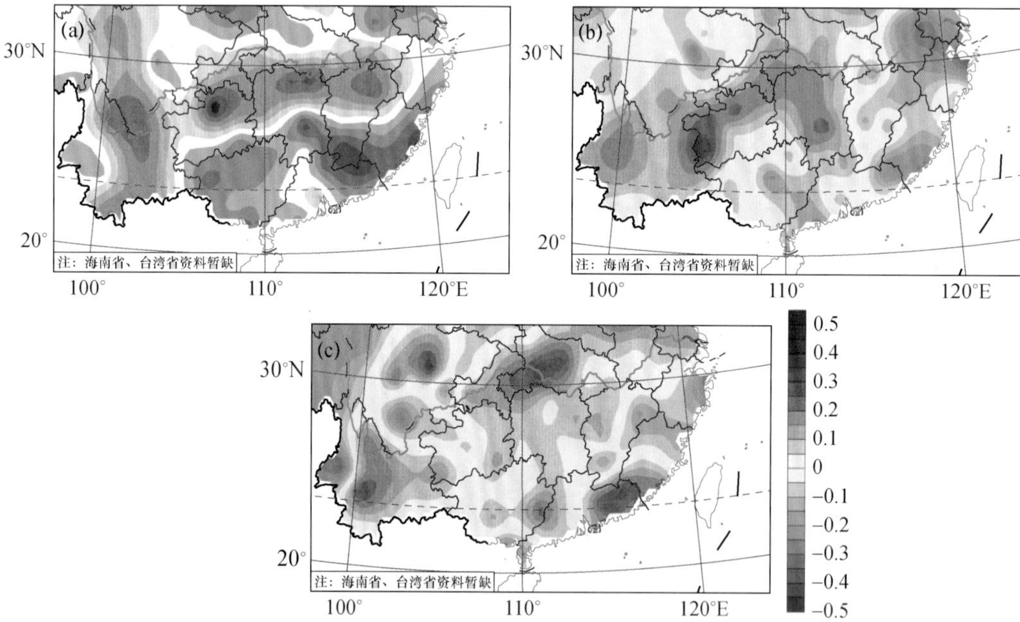

图 5.20 BCC_CSM(a)、ECMWF_SYSTEM4(b)、NCEP_CFS2(c)
模式夏季降水回报与实况之间的时间相关系数

统计了南方地区近 55 a 夏季降水偏多年在所有年中的比例,如图 5.21 所示。从图中可以看出南方大部分地区的偏涝年的比例都小于 50%,大多在 40%~50%,说明在大部分地区偏旱年发生频次要高于偏涝年,其中长江中下游部分区域偏涝年的发生比例不足 40%,在该区域偏旱年占 6 成以上。整个南方地区只有云南东部、广东西部以及福建中部等小部分地区在近 55 a 中偏涝年份多于偏旱年,基本偏涝年占所有年份中 50%~60%。

将南方地区近 55 a 夏季降水以偏旱与偏涝年分别进行统计分析,对所有偏旱年中统计其偏旱 1 成、偏旱 2 成、偏旱 3 成以上的比例,如图 5.22 所示。从图 5.22a 中可以看出,南方地区除了西南部分地区以外的其他大部分地区在所有偏旱年份中70%以上的偏旱年中偏旱程度达到了一成以上，特别是华东地区、长江流域，偏旱一成以上的年份占80%以上中心区域可达90%以上。图5.22b显示，南方地区东部基本上都是偏旱两成以上占所有偏旱年的50%以上，华东部分区域可达70%以上，因此，对于华南和江南地区而言，只要是偏旱年，发生较强的偏旱事件概率较高，很大的可能性是在2成以上的异常级别。从图5.22c中可以看出，在长江流域，湖北、安徽交界一带地区，该区域的发生偏旱3成以上的干旱事件的比例占所有偏旱年的40%以上，中心区域可达50%以上，在该区域只要是偏旱年，就有40%以上的概率是发生偏旱3成以上的异常级别较高的干旱事件。

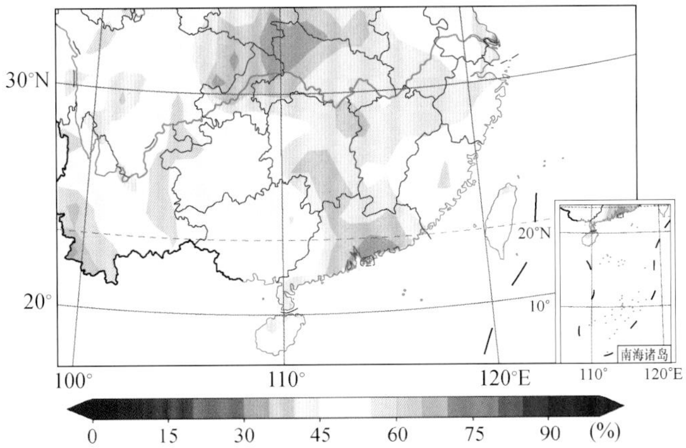

图5.21 1961—2015年南方地区降水偏多发生频次概率

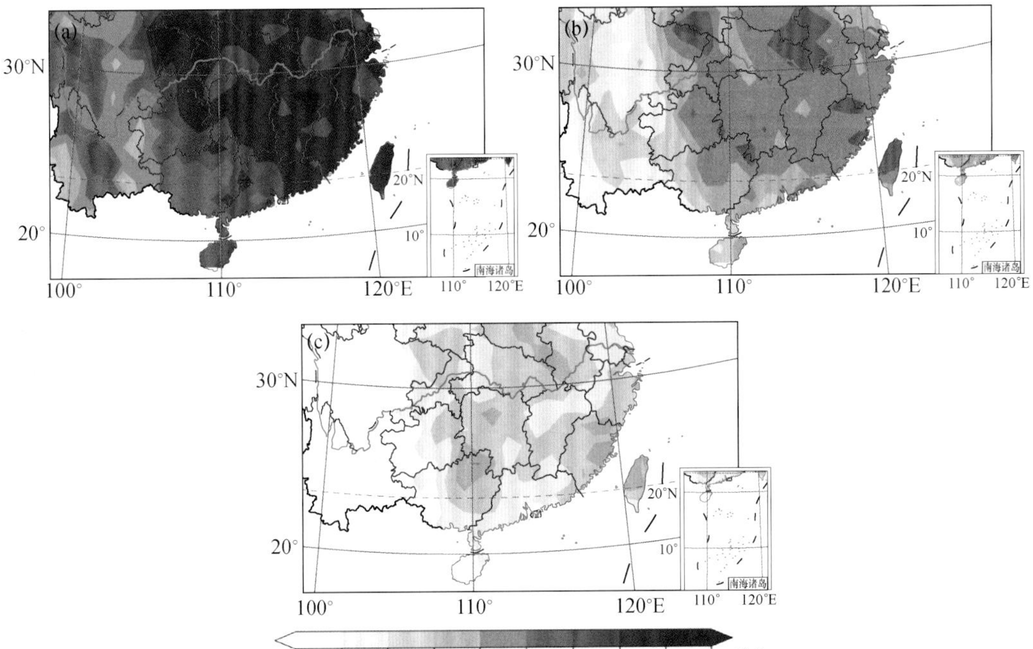

图5.22 南方地区不同等级偏旱年占总偏旱年比例

(a)偏旱1成以上；(b)偏旱2成以上；(c)偏旱3成以上

图 5.23 分别给出了南方地区各等级偏涝年占总偏涝年的比例。从图 5.23a 中可以看出，其分布基本与偏旱年较为类似，除了西南部分地区以外的其他大部分地区在所有偏涝年份中 70%以上的偏涝年中偏涝程度达到了一成以上，江西、湖北交界一带，偏涝一成以上的年份占 80%以上，中心区域可达 90%以上。图 5.23b 显示，南方地区东部长江中下游以及江南地区基本上都是偏涝两成以上，占所有偏涝年的 50%以上，长三角部分区域可达 70%以上。这说明，对于长江中下游地区而言，只要是偏涝年，发生较强的涝事件概率较高，其夏季降水异常级别达到偏涝 2 成以上。从图 5.23c 中可以看出，在江苏南部以及浙江、安徽、江西等部分地区，区域的发生偏涝 3 成以上的干旱事件的比例占所有偏涝年的 40%以上，中心区域可达 60%以上，在该区域只要是偏涝年，就有 40%以上的概率是发生偏涝 3 成以上的异常级别较高的洪涝事件。

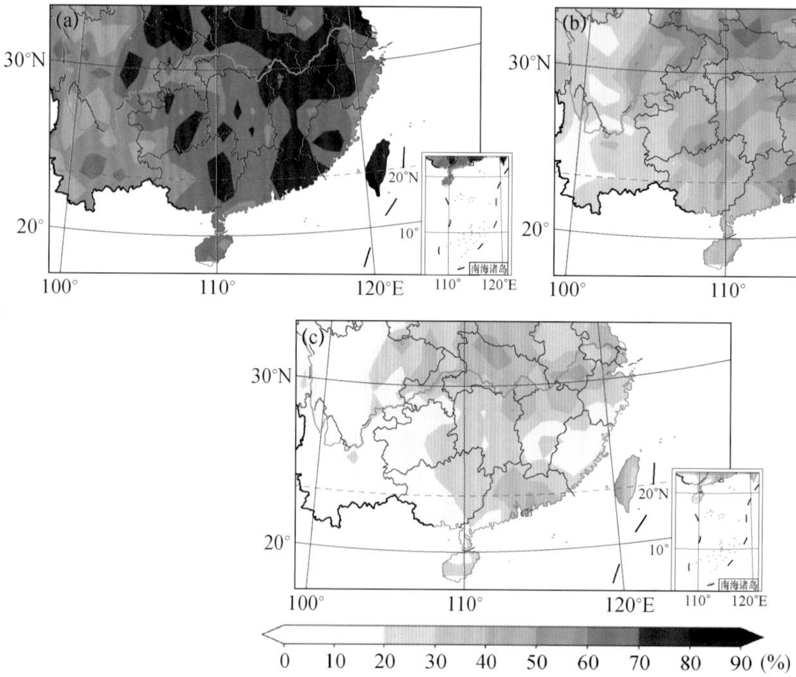

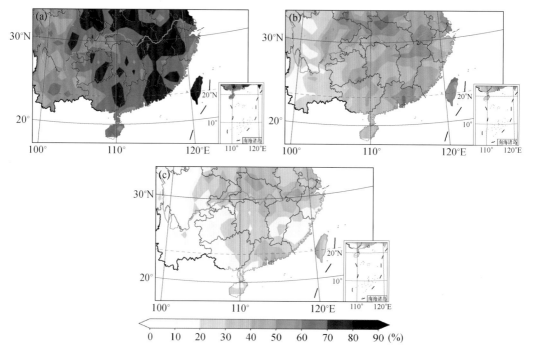

图 5.23　南方地区不同级别偏涝年占总偏涝年比例(%)

(a)偏涝 1 成以上；(b)偏涝 2 成以上；(c)偏涝 3 成以上

通过对不同年旱涝级别的发生频次概率统计可以发现，对于南方地区东部的大部分地区而言，只要发生偏旱或偏涝事件，往往是异常程度较高的旱/涝事件，降水正常级别的年份相对较少，发生异常旱涝事件的频次和概率相对较高，因此，在针对该区域降水做预测时可对其降水的异常级别概率进行加权，以此来提高异常旱涝年份的预测技巧。

由图 5.22、图 5.23 可知，南方大部分地区发生异常旱涝事件的频次和概率是较高的，因此，这里将偏旱年与偏涝年区分开，将实况降水分为 6 类，即正常偏多/少(小于 2 成)、1 级异常偏多/少(大于 2 成小于 4 成)以及 2 级异常偏多/少(4 成以上)，分别统计其预测的准确率。通过统计各个模式南方地区异常降水的预测准确率可以发现，各个模式对于异常降水基本没有预报能力，近 30 a 南方夏季降水中的异常旱涝基本没有预测技巧，准确率基本为 0(图略)，模式对南方降水的预测基本上还是在正常范围内的降水偏多或偏少。图 5.24 给出了近 30 a

模式对于南方正常级别旱涝预报的准确率，由图 5.24a，图 5.24b 可以看出，BCC_CSM 模式对于偏旱年预测准确率要优于偏涝年的预测准确率，尤其在南方地区中部，湖南、湖北、江西部分地区偏旱的预测准确率可达 80%以上，偏涝年预测准确率相对而言较低，尤其在华南地区，福建及两广一带的部分地区，预测准确率不足 30%，其中广东北部以及广西南部的部分地区更是低于 20%。图 5.24c，d 给出的是 EC 模式的近 30 a 的偏旱和偏涝年的预测准确率，对比可以发现，EC 模式对于南方地区偏旱年的预测准确率基本与 BCC_CSM 模式相当，对于中部地区的预测准确率最高，其中最高的区域可达 70%以上，对于偏涝年的预测 EC 模式在华南地区的预测准确率要明显高于 BCC_CSM 模式，而在北部华东地区则准确率稍低于 BCC_CSM 模式。总体而言，EC 模式对于偏涝年的预测技巧要高于 BCC_CSM 模式。图 5.24e，图 5.24f 给出了 CFS 模式对于偏旱和偏涝年份的预测准确率，整体而言，CFS 对于偏旱年的预测准确率要低于 BCC_CSM 和 EC 模式，而对于偏涝年的预测则要优于 BCC_CSM 模式但稍逊于 EC 模式。通过对比可以发现，对于偏旱年的预测，BCC_CSM 和 EC 模式相对而言可信度较高；对于偏涝年的预测，EC 和 CFS 模式相对而言可信度较高。因此，在对南方夏季降水通过多模式集成预测时，可依据各模式对旱涝预测的准确率作为判别基准来对各模式的预测结果进行优选集成。

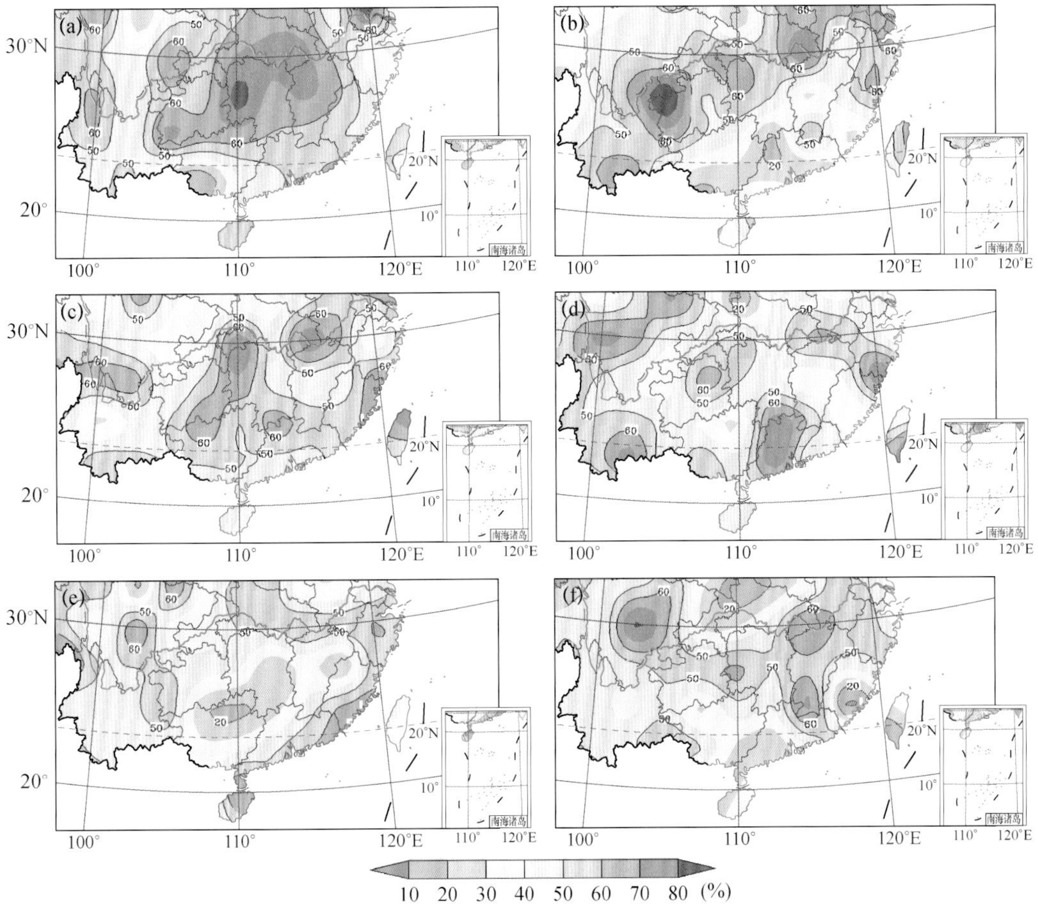

图 5.24 模式对南方旱涝预报准确率

（a，c，e 分别为 CSM、EC 及 CFS 预报正常偏旱准确率；b，d，f 分别为 CSM、EC 及 CFS 预报正常偏涝准确率）

5.2.3 动力统计方法对南方旱涝预测有效性检验

为验证动力统计预测方法的有效性，对近 30 a 进行交叉检验理想试验。以历史年为基准进行相似年的 ACC 计算，同样可以找到降水类型较为相似的年份，这里以华东地区为例，通过计算华东地区模式预测误差场与历史资料中其他年份误差场之间的 ACC，发现动力季节预测模式预测误差在历史资料中存在较多的相似信息量。图 5.25 采用交叉检验的方式计算了 2000—2009 年模式预测误差场与历史资料中其他年份误差场之间的 ACC，并按照从大到小进行了排序。可以发现在近 30 a 的误差场历史资料中，2000—2009 年都能找到 ACC 较高的动力模式预测误差场相似年，相似年 ACC 最大值都在 0.5 以上，有的年份与其他误差场间的 ACC 甚至接近 0.9（如 2000 年）。在 2000—2009 年，与其误差场 ACC 能达到 0 以上的历史资料中的年份都在 10 个以上，其中 2007 年误差场可以找到 17 个 ACC 大于 0 的相似场，2000 年以前交叉检验的结果类似。这些计算结果表明，对于华东地区汛期降水模式预测误差场而言，历史资料中相似误差场的信息量是相当充足的，这是进行相似误差订正的理论基础。其他区域结果与华东区域结果类似，不再赘述。

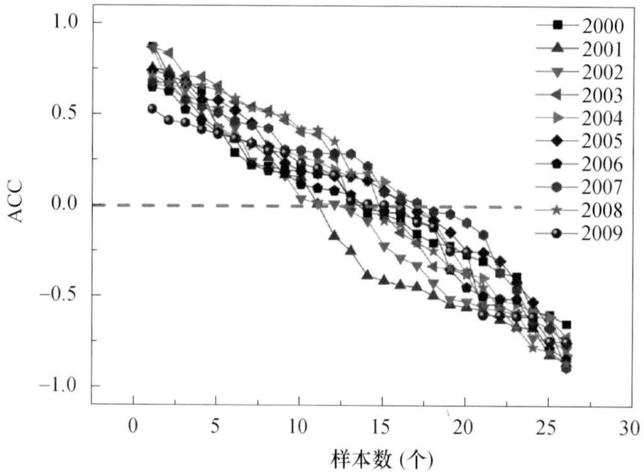

图 5.25　2000—2009 年华东地区模式预测误差场与其他年模式预测误差场的 ACC

相似误差订正方法就是假设在预测时可以准确地选取出历史相似年，将其对应的动力模式预报误差看作为预报年的误差，并叠加到模式结果上得到最终预测结果，其检验预测效果如图 5.26 所示。图 5.26a，b，c 分别给出的是华南、华东、西南 3 个区域近 30 a 交叉检验回报的平均 ACC 以及 RMSE 随选取的相似年个数的变化趋势。图中横坐标为相似年的个数，当相似年个数为 1 时，只选取相似程度最高（ACC 最高）的年作为最佳相似年进行模式误差估计；当相似年个数为 2 时，则按照 ACC 的高低选取最高的两个年作为最佳相似年，并通过算术平均进行模式误差估计，以此类推，不断地增加相似年的个数研究其预报效果的变化。当相似年个数增加到最大时，即将所有年份都看作相似年进行模式误差估计，这就是前面提到的系统性误差订正。这里将南方地区划分的 3 个区域来分别进行处理。从 ACC 的变化趋势来看，各分区的预报效果随最佳相似年个数增加其变化规律是一致的，当只选取一个最佳相似年进行动力统计预测时，其各个区域的预测结果 ACC 都能够达到 0.4 以上，华南和华东区域可达到 0.6 左右，已经达到了很高的预测水平，当相似年个数不断增加时，ACC 先是有小幅的提高并达到最大值后保持稳定，此时也基本上是现有条件下各个区域 ACC 预报能够达到的最高水平，即理论上限。而当相似年增大 4 个以上时，ACC 开始下降，但是下降趋势并不明显；当相似年个数进一步增大到 10 个以上时，ACC 开始迅速下降；当相似样本增大到与总体样本数一致时，模式相似误差订正就是系统误差订正，其效果也是最差的，ACC 在−0.1 左右。

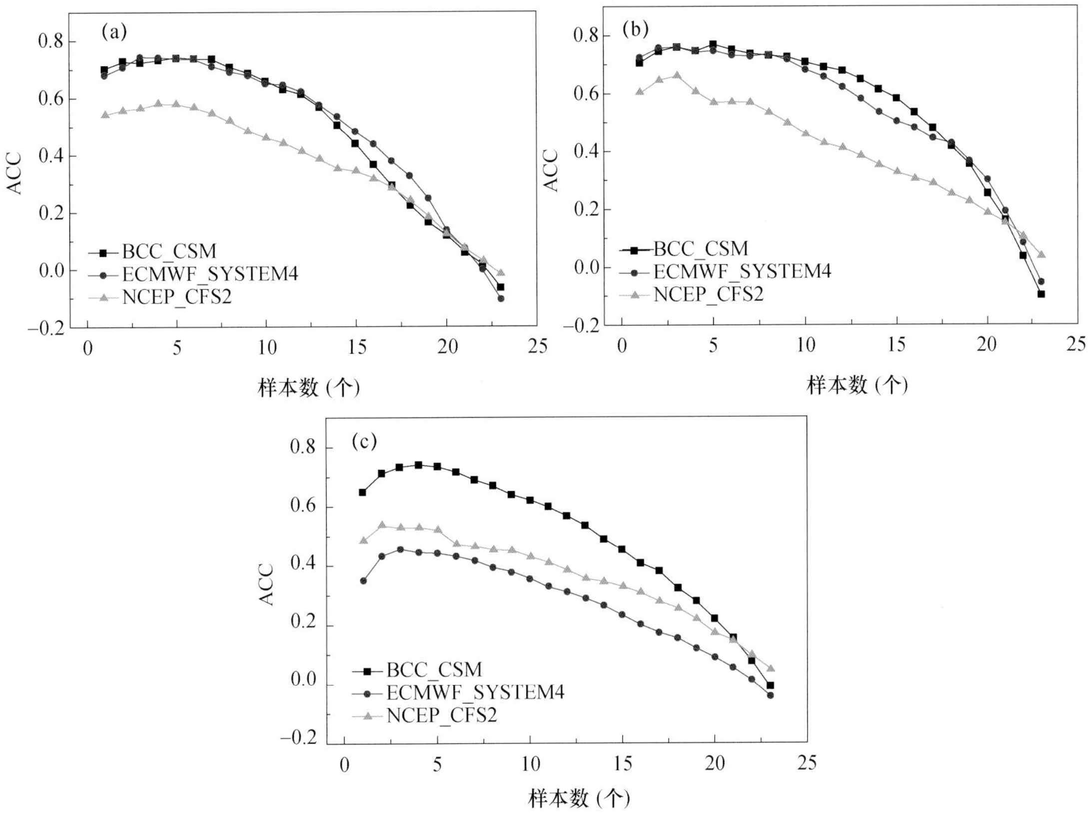

图 5.26　3 个模式相似样本个数与旱涝预测 ACC 之间的变化关系
(a)华南地区；(b)华东地区；(c)西南地区

通过对比图中 3 个模式的动力统计相似误差订正最佳预测效果来看，在华南和华东区域 BCC_CSM 和 EC 模式的理论最佳预测效果要优于 CFS 模式，其理论 ACC 上限可达到 0.7 以上，而 CFS 理论 ACC 上限仅在 0.6 左右；对于西南区域 BCC_CSM 模式的 ACC 上限明显高于 EC 和 CFS 模式，可达到 0.7 左右。综上所述，每个区域每个年的夏季降水及模式误差都存在着具有较高相似度的历史相似样本，在预测时如能够准确地选取出预测年的最佳相似年，那么便可以对预测年的降水分布做出很好的预测。

ACC 呈现出随样本数增加而先增后减的变化趋势，其可能原因为：前几个相似年份与预报年的相似程度较高，能够较好地反映出预报年的主要降水特征；而当相似年增大到 5 个或 5 个以上时，后面的相似年与预报年之间的相似程度已经明显减小甚至是反位相，因此在误差估计时起到了负面的作用，使预测效果降低。从图 5.27 中可以看到，RMSE 的变化情况与 ACC 类似，预报效果随着相似年个数的增加呈现先增后减的变化趋势，不同的是 RMSE 的变化没有 ACC 的变化剧烈，后期相似年个数增大时并没有使得 RMSE 的预报效果显著的减小。对比 5.27a，b 可以看出，相似年个数在 3～5 个时预报效果达到最佳，预报技巧达到理论上限。

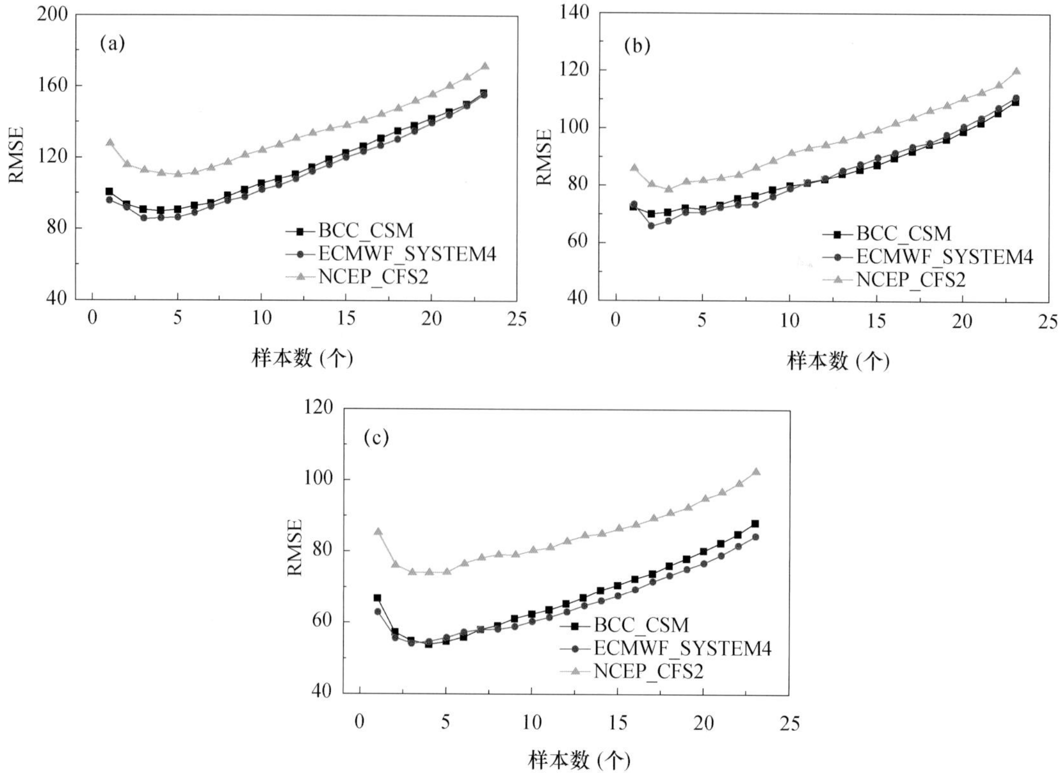

图 5.27　3 个模式相似样本个数与旱涝预测均方根误差之间的变化关系

(a)华南地区;(b)华东地区;(c)西南地区

5.3　动力-统计相结合的南方旱涝客观定量化预测的新方法

5.3.1　华南持续性暴雨的"积成效应"

暴雨是指 24 h 降水量为 50 mm 或以上的强降雨过程,在华南地区多发于 4—6 月(前汛期)与 7—8 月(后汛期)。由于暴雨而导致的洪涝灾害时有发生,因此对于暴雨问题的研究成为大气科学研究的热点和重要课题,引起了世界各地学者的广泛关注。华南地区是我国降水量最为充沛的地区之一,因此也是暴雨的集中多发区域,汛期平均暴雨日数在 3 d 以上,且在前、后汛期暴雨降水量均可达到汛期总降水量的 50%以上。可以说,华南地区暴雨降水对当地汛期降水的时空分布具有十分重要的影响。从华南地区降水异常年的分析可以发现,该地区前(后)汛期降水量的多寡与汛期内的暴雨有着密切关系。事实上,暴雨是一个天气尺度系统,但类似于这样的天气尺度系统频繁活动时,其在时间和空间上会造成一定的持续性,多次过程的累积或叠加,会产生一种"积成效应",进而对夏季降水多寡和分布产生决定性作用。

暴雨"积成效应"由满足以下两个方面性质的暴雨所决定:一是空间上暴雨发生的范围要达到一定的尺度;二是在时间上暴雨过程具有一定的持续性。结合前、后汛期的两个方面的讨论,将在某天出现 3 个或 3 个以上站点发生暴雨,作为评判华南地区暴雨"积成效应"发生的空间范围条件。与此同时，满足空间尺度条件的几场暴雨的时间间隔若不超过一次天气过程的持续时间时，则可以认为几场暴雨过程具有一定的连续性，这种性质的几次暴雨过程累积，其时间尺度可表现出天气过程持续性的特点，因而认为它在时间上也具有一定的持续性。暴雨“积成效应”也可以认为是由满足上述时—空尺度特征的几次暴雨过程的累计或叠加所产生。综上所述，使用如下标准进行华南地区暴雨“积成效应”的判断：当该区某天暴雨站点数达到3站以上（≥3）时，以这一天开始每3 d滑动求平均值，如果连续8 d或8 d以上暴雨站点数的滑动平均值都满足上述标准，则记录作为一次暴雨降水过程。然后，分别统计前、后汛期满足条件的所有暴雨过程，这些暴雨过程的累计或者叠加的降水量占汛期降水总量比例较高，对汛期降水所产生重要影响和主导作用，即为华南地区暴雨“积成效应”。

根据上述的定义，要对暴雨“积成效应”这一事件进行刻画，需要从持续时间（L_{d}）、控制面积（A_{r}）和降水贡献率（Q_{s}）这三个方面入手。针对以上三个方面，分别进行如下定义（式5.2）：

$$L_{\mathrm{d}}=\sum_i L_i(i=1,2,\cdots,m);$$

$$A_{\mathrm{r}}=\sum_i A_r(i=1,2,\cdots,m_p);$$

$$Q_{\mathrm{s}}=\left(\frac{\sum_{ij} R_{ij}}{R_s}\right)\times 100\%(i=1,2,\cdots,m;j=1,2,\cdots,n_p); \tag{5.2}$$

其中，当满足上文所述暴雨“积成效应”判断标准时 $L_i=1$，反之则 $L_i=0$，i 为汛期内的序数日。持续时间 L_{d} 为所有满足 $L_i=1$ 的总天数，m 为华南前汛期（后汛期）的总持续时间。A_{r} 为上述时间段内中心区域空间范围大小，按照0.5°×0.5°分辨率对站点网格化，然后计算面积，A_i 是每个网格对应的面积大小，m_p 是满足条件网格的总数。R_{ij} 表示第 i 天第 j 站点上满足暴雨“积成效应”条件的降水量，其求和即表示暴雨“积成效应”所产生的总降水，n_p 为满足条件的站点总数，R_{s} 表示该年对应汛期降水总量，Q_{s} 为暴雨“积成效应”时段内满足条件的所有站点降水总量占该汛期总降水量的比例，其值越大，说明暴雨“积成效应”对该汛期降水的贡献率越大。

由图5.28所示，前汛期三项指数与华南前汛期平均降水量之间有着很好的对应关系，并且四者之间有着较为相似的年际变化趋势与年代际变化趋势。通过相关性检验与显著性检验，持续时间、控制面积、降水贡献率三者与前汛期平均降水量直接的相关系数分别为0.59、0.31、0.47（前者与后者通过显著水平为0.01的显著性检验，控制面积通过显著水平为0.05的显著性检验），说明暴雨“积成效应”对华南前汛期降水具有较为显著的影响。同时，可以发现，在1963年、1985年、1991年和2004年前汛期降水量显著偏少排名前4位的年中（图5.28d），1963年没有出现满足条件的暴雨过程，因此3项指数皆为0，降水量为53 a的最低值；1985年与2004年的3项指数亦是显著偏低，在所有降水偏少年中占据前列位置；而1991年的3项指数中除了降水贡献率之外同样显著偏低，在满足条件降水过程减少的同时，总体降水有了更明显的减少，说明前汛期暴雨“积成效应”显著偏弱时，华南地区前汛期降水将会明显偏少。

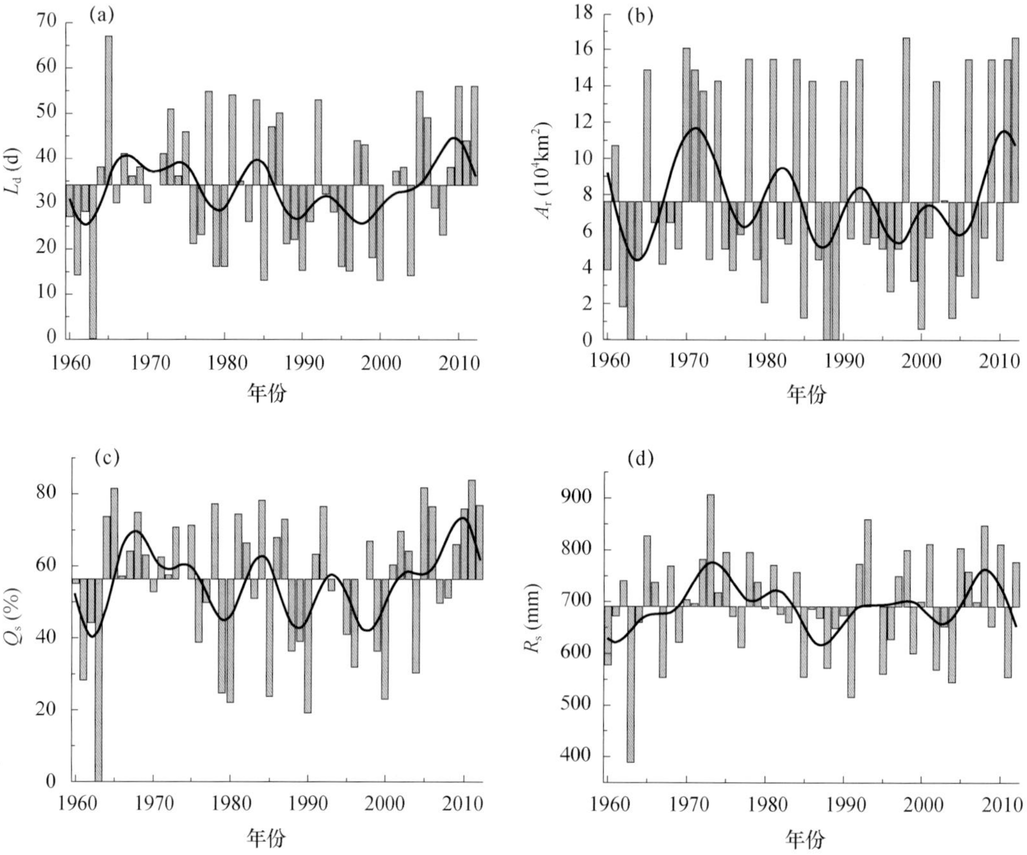

图 5.28　华南地区前汛期暴雨"积成效应"指数

(a)持续时间;(b)控制面积;(c)降水贡献率及前汛期平均降水量;(d)随时间演变特征

如图 5.29 所示,后汛期 3 项指数与华南后汛期平均降水量之间有着很好的对应关系,并且四者之间有着较为相似的年际变化趋势与年代际变化趋势。通过相关性检验与显著性检验,持续时间、控制面积、降水贡献率三者与后汛期平均降水量直接的相关系数分别为 0.73、0.48、0.65(三者都通过了显著性为 0.01 的显著性检验)。说明暴雨"积成效应"对华南后汛期降水具有较大的影响,且明显大于前汛期。同样可以发现,在 1962 年,1965 年,1989 年和 2011 年后汛期降水量显著偏少排名前四位的年中(图 5.29d),1989 年没有出现满足条件的暴雨过程,因此 3 项指数皆为 0,降水量也为 53 a 的最低值;其余三年的 3 项指数同样是显著偏低,在所有降水偏少年份中占据前列位置。而 1973 年,1994 年,1997 年,2002 年这 4 个后汛期居降水显著偏多年前 4 位的年份(图 5.29d)对应的 3 项指数则显著偏高,在所有降水偏多年中占据前列位置。说明后汛期暴雨"积成效应"与后汛期降水有着显著的相关关系。

5.3.2　华南暴雨"积成效应"的特征分析

对华南地区而言,暴雨"积成效应"事件频繁,对该地区的前汛期总降水的影响也十分重要。其中前汛期的暴雨"积成效应"时段主要集中于 5—6 月,即在前汛期盛期达到峰值,并对前汛期总降水的多寡与分布产生决定性的作用。由于华南降水的性质和空间分布的复杂性,特别是夏季风爆发前后降水性质和空间分布存在显著不同,针对整个华南前汛期降水量进行的研究已经不能满足业务需求。而通过对前汛期总降水多寡与分布产生决定性作用的暴雨“积成效应”事件的研究，尤其根据其发生的时段与分布情况来侧面探究华南前汛期的特征与机理，有助于简化前汛期的影响系统，确定影响前汛期降水的关键区域。同时，鉴于暴雨“积成效应”强年能够在较短时间内带来大量降水造成严重的洪涝灾害，选取 1979 年以来的华南前汛期暴雨“积成效应”显著偏强的年，对该区域降水偏强的类型进行划分，并就其形成可能机理展开初步探究。

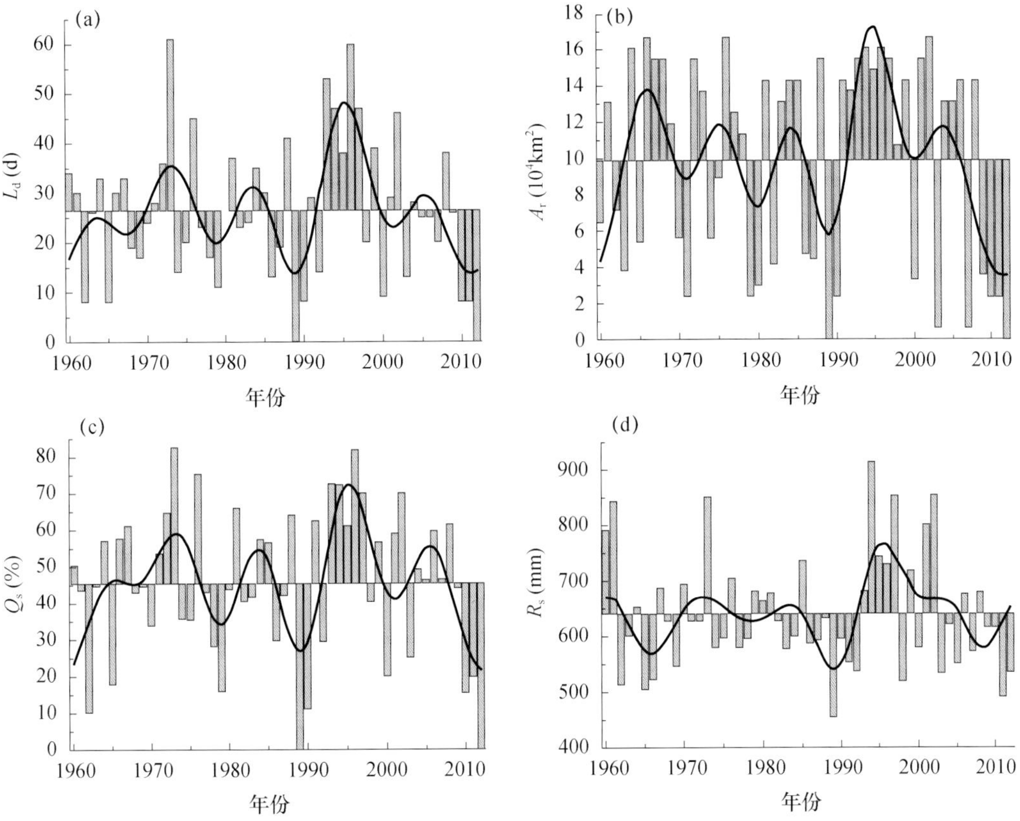

图 5.29 华南地区后汛期暴雨“积成效应”指数

(a)持续时间；(b)控制面积；(c)降水贡献率及后汛期平均降水量；(d)随时间演变特征

5.3.2.1 华南前汛期两种暴雨类型

图 5.30 给出了 1979—2014 年华南前汛期暴雨“积成效应”强度指数(BQDI)以及非暴雨“积成效应”时段降水量(在第 i 年除 S_i 以外的降水量)的标准化时间序列(虚线为华南前汛期平均总降水量的标准化时间序列)。由图 5.30a 可以看到暴雨“积成效应”强弱年与对应时段汛期平均降水多寡年之间具有很好的对应关系，两者之间具有十分相似的年际变化特征，相关系数达到 0.669，通过信度为 0.01 的显著性检验。而图 5.30b 中非暴雨“积成效应”时段的降水量与平均总降水量之间的年际变化图，相关系数仅为－0.047。因此，我们定义的暴雨“积成效应”这一指标不仅能很好地反映华南前汛期的暴雨情况，而且也能较好地反映华南前汛期降水多寡的变化特征。值得注意的是，暴雨“积成效应”的强度指数在年代际尺度上有比较弱的上升趋势，这说明持续性暴雨事件发生更加频繁，相应地对汛期降水的贡献率也有增加的趋势。

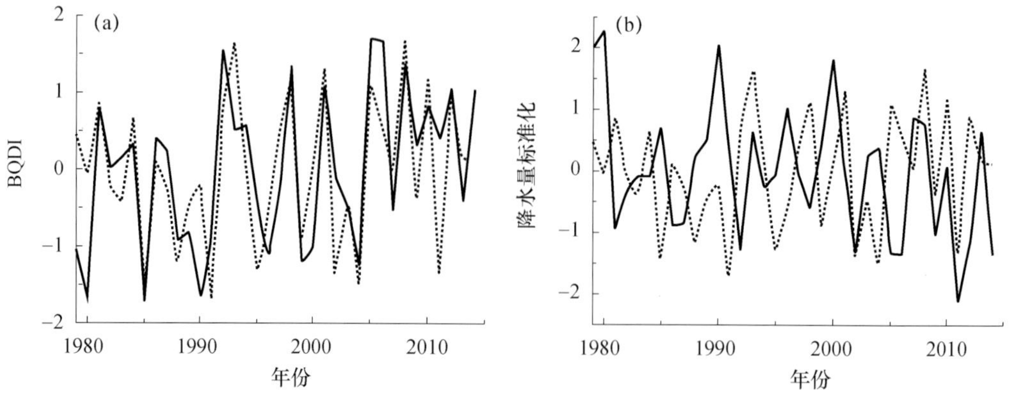

图 5.30　1979—2014 年华南前汛期 BQDI 指数时间序列(a)和
非暴雨“积成效应”时段降水量标准化时间序列(b)
(虚线为华南前汛期逐年平均降水量)

为了得到暴雨“积成效应”在华南前汛期的空间分布特征，统计了 1979—2014 年 36 a 华南前汛期暴雨“积成效应”时段内区域各站点的暴雨发生频次，然后对其进行 EOF 分解。结果显示，前两个模态解释方差达 43%，按照 North 等的准则，这两个主分量彼此可分，并且可以和其他主分量区分开，因此可以表征华南地区前汛期暴雨“积成效应”的主要分布型。

从图 5.31a 的 EOF 分解第一模态可知，第一模态表现为全区一致变化，变化强度最大的区域位于广东中部，结合图 5.31b 可以发现第一模态正位相代表华南前汛期暴雨“积成效应”全区偏弱，此时显著偏弱区域位于广东中部，负位相则相反。与 BQDI 指数的变化相对应，21 世纪以来 PC_1 主要表现为负位相，对应中部偏强型(中部型)年偏多。结合图 5.31c，图 5.31d 可以发现，第二模态表现为以珠江为分界线的东西部暴雨“积成效应”强度呈反相变化，西部变化强度最大的区域为广东西部以及海南地区，东部则位于广东东部以及福建南部地区。正位相代表东部“积成效应”偏强，西部“积成效应”偏弱，即为东部偏强的东部型，而负位相相反，即为西部偏强的西部型。

根据两个模态的标准化时间系数，具体到每个特定年进行分类，挑选出第一模态(第二模态)的正、负位相典型年。通过与图 5.30 中的 BQDI 指数时间序列的比较发现，12 个 BQDI 显著偏强年(BQDI≥0.5)中有 10 a 能够与前两个模态的空间分布型进行对应，其中 6 a 属于第一模态负位相的中部型典型年，3 a 属于第二模态负位相的西部型典型年，1 a 属于第二模态正位相的东部型典型年，且其他的西部型典型年也对应着 BQDI 指数的偏强年。因此，说明华南暴雨“积成效应”偏强年主要表现为中部型与西部型。

表 5.6 进一步给出了 1979—2014 年华南前汛期暴雨“积成效应”空间分布与两种偏强类型分布的对应关系。其中，中部型暴雨“积成效应”年 $PC_1 \leqslant -1$ 且 $PC_1 \leqslant PC_2$，西部型暴雨“积成效应”年 $PC_2 \leqslant -1$ 且 $PC_2 < PC_1$，同时距平相关系数(ACC)通过信度为 0.01 的显著性检验。从表中可以看出，所有典型年基本对应了 BQDI 指数的偏强年(BQDI>0)，其中 6 个中部型典型年全部对应了 BQDI 指数的显著偏强年，而 8 个西部型典型年中有 3 a 对应了 BQDI 指数的显著偏强年，其余年则对应 BQDI 指数的偏强年。因此，下文分别针对所有中部型典型年与西部型典型年进行合成，对两类华南前汛期暴雨“积成效应”强年进行全面地比较与分析。

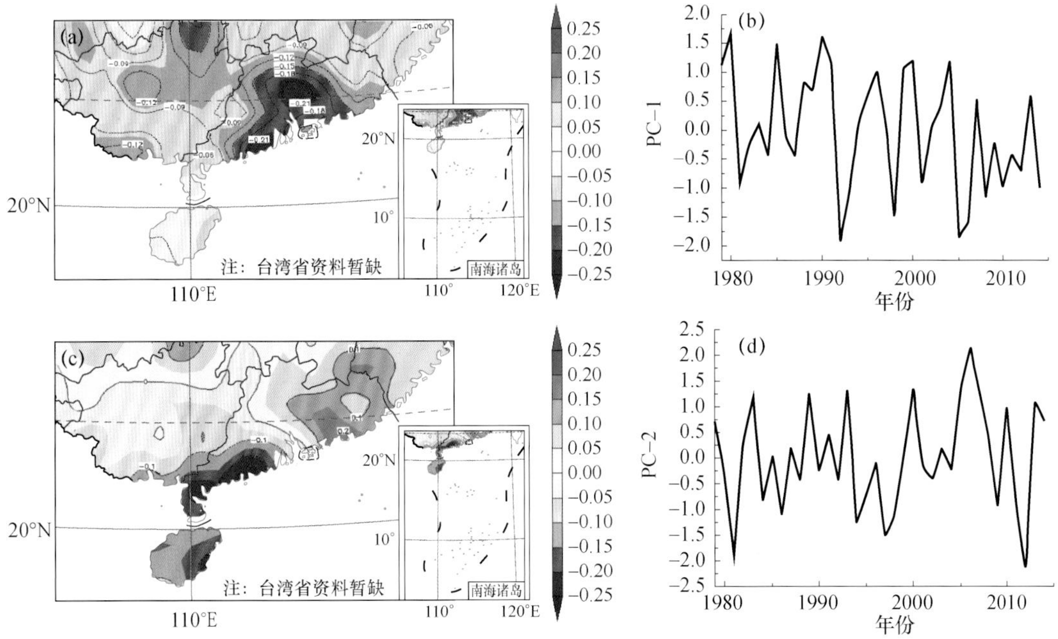

图 5.31　华南前汛期暴雨频次的 EOF 的前两个主模态

(a)、(b)分别为 EOF 第一模态的空间分布型和对应标准化时间系数；(c)、(d)同(a)、(b)，但为第二模态

表 5.6　1979—2014 年暴雨“积成效应”分布与两种偏强类型的对应情况

类型	年
中部型	1992,1993,1998,2005,2010,2014
西部型	1981,1984,1986,1994,1997,2009,2011,2012

5.3.2.2　华南地区两类暴雨“积成效应”的环流场特征

暴雨“积成效应”降水异常往往与大气环流异常密切相关，图 5.32 分别给出了中部型与西部型暴雨“积成效应”时段内的环流距平场合成分布。对于中部型暴雨“积成效应”，在对流层中层的 500 hPa 距平场上赤道太平洋上空为显著正距平，导致西太平洋副热带高压偏强、位置偏西，同时印度洋地区也为正距平，显著正异常中心位于印度半岛上空；在对流层低层的 850 hPa 距平风场上可以观察到显著的菲律宾反气旋，反气旋西侧偏南风从赤道太平洋经南海到达华南地区(图 5.32a)；在海平面气压场上，华南地区存在一个显著负异常中心，孟加拉湾存在显著正异常中心(图 5.32c)，此时孟加拉湾北部海平面气压场正异常其南侧存在显著的异常东风，西南风显著偏弱。因此，对于中部型暴雨“积成效应”，菲律宾异常反气旋的存在、维持及其对应西太副高的偏强偏西是关键的环流影响系统。而对于西部型暴雨“积成效应”，在对流层中层的 500 hPa 距平场上太平洋与印度洋上空均存在显著负异常，负异常中心位于中南半岛以及华南地区，对应西太平洋副热带高压偏东、偏弱；在对流层低层的 850 hPa 距平风场上，孟加拉湾、中南半岛、南海上空存在显著西风异常，华南上空存在异常气旋式环流；在海平面气压场上，热带南印度洋存在显著正异常，而华南地区以及西太平洋地区则为显著的负异常(图 5.32d)，这种“南高北低”的海平面气压分布对应越赤道气流偏强，以及从孟加拉湾至南海

上空的异常西风。因此,越赤道气流偏强及其对应孟加拉湾上空西风的偏强,以及华南上空异常气旋式环流是西部型暴雨“积成效应”的关键影响系统。

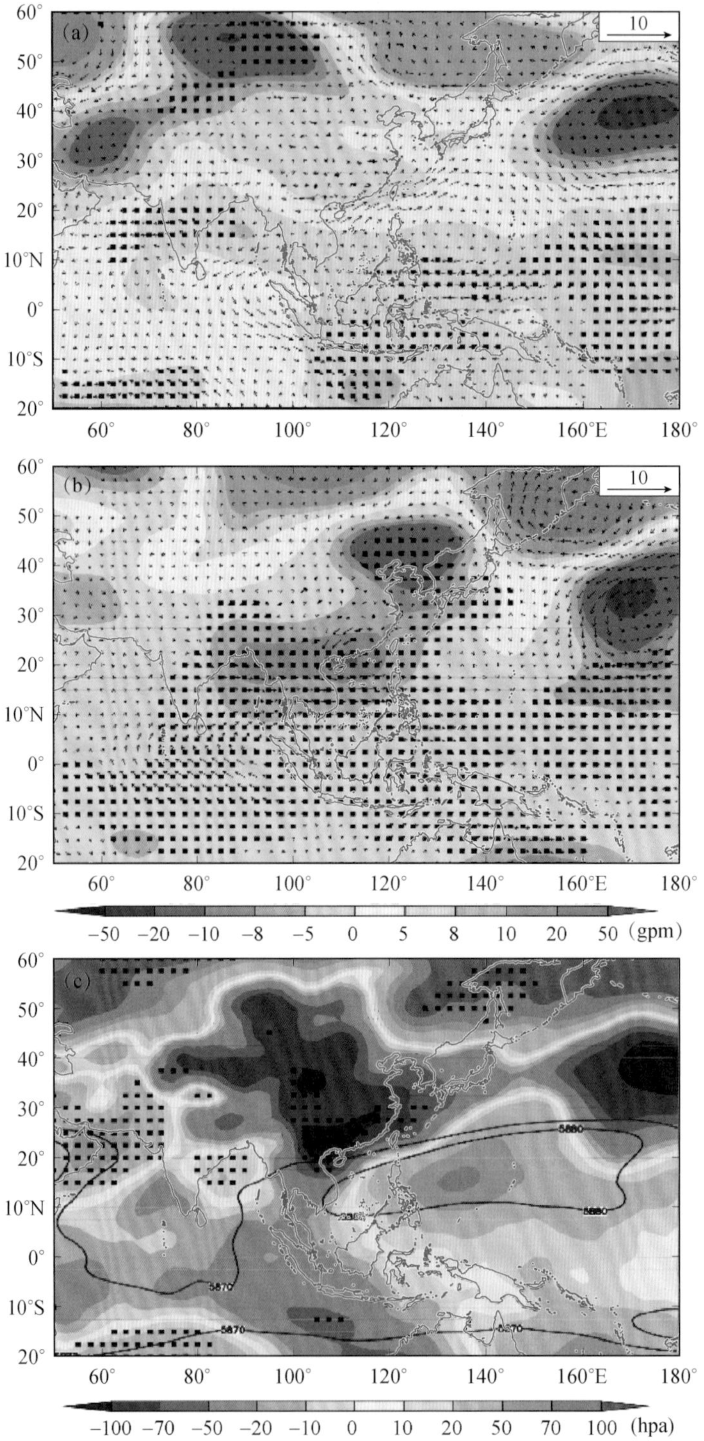

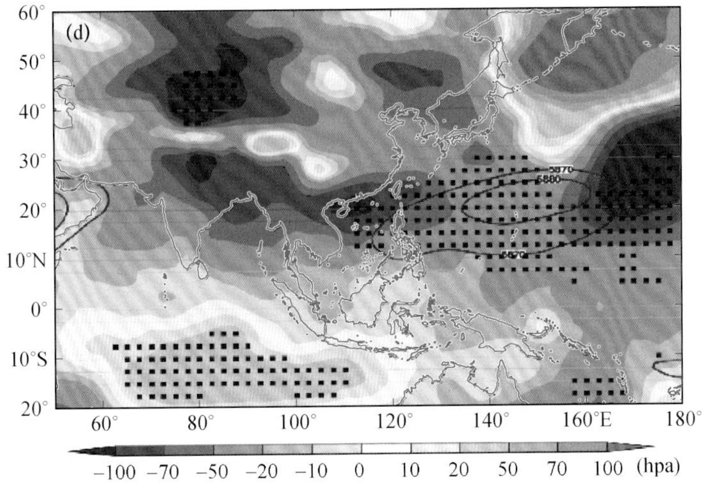

图 5.32 中部型暴雨"积成效应"时间段内环流距平场合成分布

(a)500 hPa 高度场与 850 hPa 风场(m/s);(c)海平面气压场

与西太副高(500 hPa 高度场上的 5870 gpm 和 5880 gpm);(b)、(d)同(a)、(c),但为西部型

(黑点表示超过信度为 0.05 的显著水平)

图 5.33 给出了中部型与西部型暴雨"积成效应"时段内的水汽输送距平场的合成分布。华南地区汛期降水的主要水汽来源是通过水汽输送完成的,从水汽输送源地的变化能够更直接地表示两种暴雨"积成效应"偏强年的关键影响区域。由图 5.33a 可以发现,中部型暴雨"积成效应"时段内显著负异常散度中心(辐合区)位于华南地区,且存在两个显著正异常散度中心(辐散区),分别位于热带西太平洋(120°—160°E,5°—10°N)以及中南半岛(95°—100°E,10°—20°N),来自西太平洋的水汽在菲律宾反气旋的作用下经南海输送到达华南,同时由于孟加拉湾上空西南风的偏弱,来自印度洋的水汽输送对华南影响较弱。因此,中部型暴雨"积成效应"强年的关键水汽源地位于热带西太平洋,这也导致了华南降水的中部型分布。通过图 5.33b 可知,西部型暴雨"积成效应"时段内有两个显著负异常散度中心(幅合区)分别位于华南、南海南部地区以及孟加拉湾东南部,同时在热带南印度洋(60°—90°E,5°—15°S)存在一个显著正异常辐散区,对应来自热带南印度洋的水汽输送在西南风的作用下经中南半岛与南海在华南地区辐合。因此,西部型暴雨"积成效应"强年的关键水汽源地位于热带南印度洋,这也导致了华南降水的西部型分布。

5.3.2.3 华南地区两类暴雨"积成效应"的海温场特征

作为大气系统最主要的外强迫之一,海温异常的影响一直是气象学家关注的重点,而且华南前汛期暴雨"积成效应"时段主要为 5—6 月。"积成效应"强年的异常水汽主要来自于热带西太平洋或者热带南印度洋。因此,研究两类暴雨"积成效应"强年形成的可能机理,首先需要从海温异常变化的角度出发。图 5.34 分别给出了中部型暴雨"积成效应"年对应前汛期的前期 12 月—次年 3 月与同期 4—6 月海温距平场合成分布。从图中可见,中部型暴雨"积成效应"年前期中东太平洋海温出现显著正异常,对应强 El Niño 事件,同时热带东印度洋 SST 也出现显著的正异常(图 5.34a)。El Niño 事件一直持续维持到前汛期,此时印度洋表现为显著的全区一致海温正异常(图 5.34b)。热带印度洋全区一致海温模态在春季最强,并且响应滞后于赤道东太平洋 ENSO 事件大约 1～2 个季节,当热带印度洋海温偏高时,南亚高压强度偏强、位置偏东，西北太平洋副热带高压强度偏强、位置偏西。此时的强 El Niño 事件与印度洋海温正异常的配置有利于菲律宾反气旋的产生、增强与维持，在东西湿度和温度的水平不对称驱动下，印度洋生成的底层异常反气旋环流东移发展，于秋末在菲律宾海地区成为菲律宾异常反气旋，并维持 2～3 季。由于同期印度洋孟加拉湾以南地区海温显著正异常，导致海平面气压偏低、西南风强度偏弱。同时，由于 ENSO 事件影响，南海大气季节内振荡减弱，但是与一般年相比表现为西传减弱、北传显著增强，从而导致了华南持续性暴雨降水的增强。因此，在华南前汛期，受到中东太平洋 SST 显著正异常的影响，西太平洋副热带高压偏强、位置偏西，热带西太平洋水汽通过菲律宾反气旋的影响由南海向华南地区输送水汽，导致了中部型华南暴雨"积成效应"事件的形成，使得前汛期降水显著偏多。

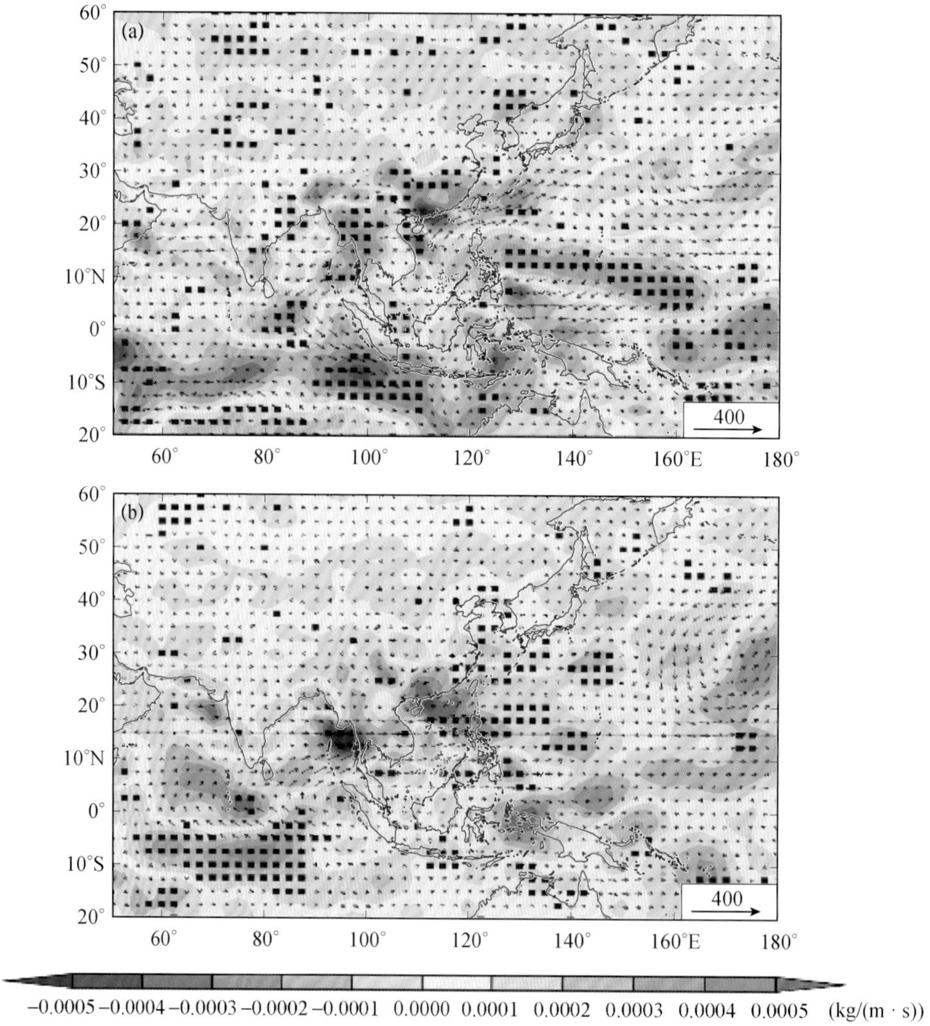

图 5.33 中部型(a)、西部型(b)暴雨"积成效应"时段
整层水汽通量与整层水汽通量散度(单位:kg/(m² · s))
(黑点表示超过信度为 0.05 的显著水平)

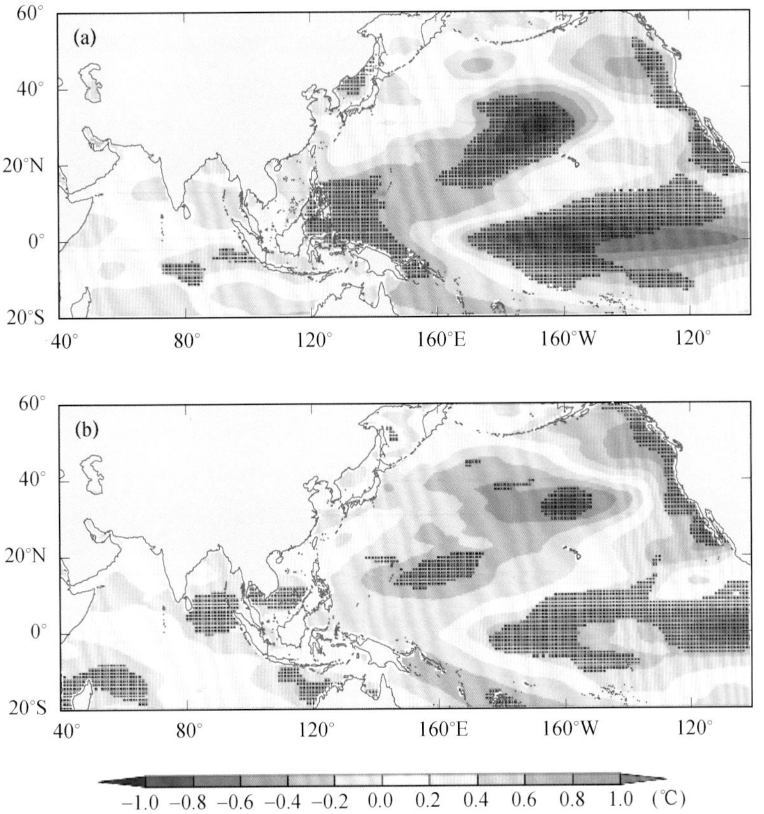

图 5.34 中部型暴雨“积成效应”年 12 月—次年 3 月 SST 距平场合成分布(a)和 4—6 月 SST 距平场合成分布(b)

(黑点表示超过信度为 0.05 的显著水平)

图 5.35 分别给出了西部型暴雨“积成效应”年对应前汛期的前期 12 月—次年 3 月与同期 4—6 月海温距平场合成分布。由图中可见，中部型暴雨“积成效应”年前期热带印度洋海温出现了全区一致的显著负异常，同时中东太平洋海温出现显著负异常且负异常较弱，对应弱 La Niña 事件(图 5.35a)。同期 La Niña 事件发生衰减，赤道东太平洋海温负异常不再显著，太平洋海温正异常区位于热带西太平洋，而海温负异常区域位于西北太平洋、热带东印度洋及南海南部地区(图 5.35b)。同期热带印度洋海温全区一致偏低，导致海平面气压显著偏高、低层风场辐散并于热带印度洋中部地区形成异常的反气旋，从而导致越赤道气流减弱。又由于此时孟加拉湾东南部海温显著负异常中心的存在，在海陆热力差异的影响下，导致孟加拉湾南部地区纬向西风显著偏强，而经向南风相对偏弱，水汽主要通过西南风经中南半岛与南海向华南输送。此外，热带印度洋与南海的海温负异常通过海气相互作用激发纬向加强的印度洋—西太平洋异常 walker 环流圈，减弱西太平洋副热带高压强度，进而有利于南海夏季风爆发的提早。同时，南海大气季节内振荡增强，且与一般年相比表现为西传减弱、北传显著增加，从而将会导致了华南持续性暴雨降水的增强。受此影响，西部型华南暴雨“积成效应”的水汽主要来自于热带印度洋以及南海地区，这也导致了其西部型的降水分布特征。

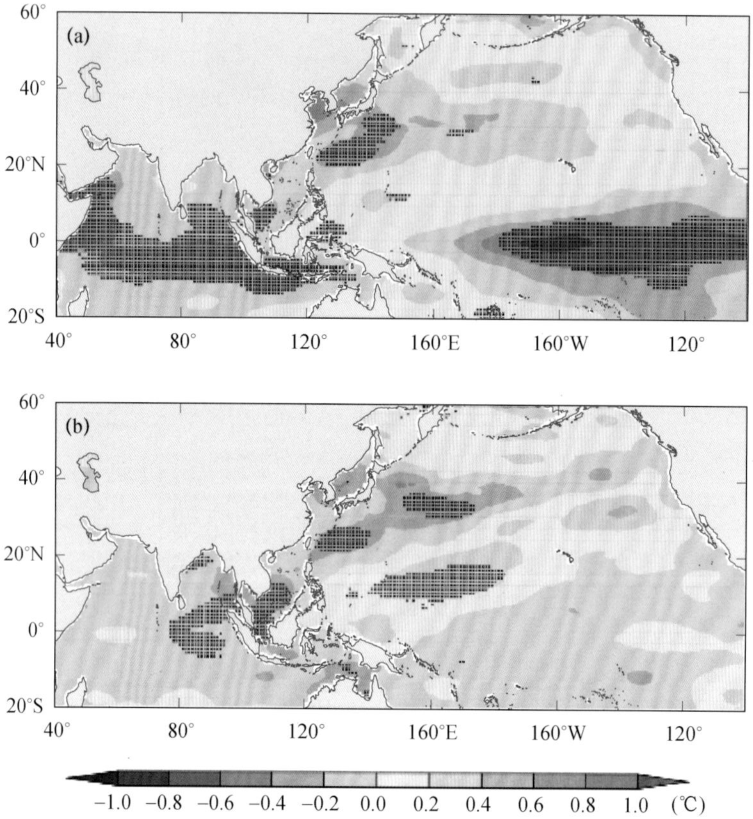

图 5.35 西部型暴雨“积成效应”年 12 月—次年 3 月 SST 距平场合成分布(a)和 4—6 月 SST 距平场合成分布(b)

(黑点表示超过信度为 0.05 的显著水平)

为了进一步区分前期热带南印度洋及赤道东太平洋海温负异常对华南前汛期西部型华南暴雨“积成效应”的作用，使用 DJFM 的 Niño3.4 区异常 SST 指数通过线性回归的方法去除原始场中 ENSO 的影响，分别给出了去除 ENSO 影响前后的前期热带南印度洋(0°—10°S;50°—100°E)平均海温时间序列回归同期海温场以及风场的结果(图 5.36)。由图 5.36 可以看出，热带南印度洋前期的 SST 负异常时，将会导致同期南海至日本以南的西太平洋 SST 的显著负异常以及孟加拉湾海区 SST 的负异常，进而引起 850 hPa 上的印度洋上空越赤道气流以及孟加拉湾上空西南风显著偏强，华南上空出现异常气旋式环流，从而增强了热带印度洋以及南海地区向华南的水汽输送(图 5.36a)；而在去除 ENSO 影响后发现，其对于南海至日本以南西太平洋 SST 的影响仍然显著，且对应越赤道气流和孟加拉湾上空西南风的增强，以及华南上空出现异常气旋式环流(图 5.36b)。因此，可以认为前期热带南印度洋 SST 负异常是导致华南暴雨“积成效应”西部型分布的关键影响要素。

基于华南地区两种类型暴雨“积成效应”年的海温异常合成分析针对的只是一个统计结果，并不能完全代表其中的所有个例年份。因此，需要具体到两种暴雨“积成效应”年中的每一年来对合成分析的结果进行验证。

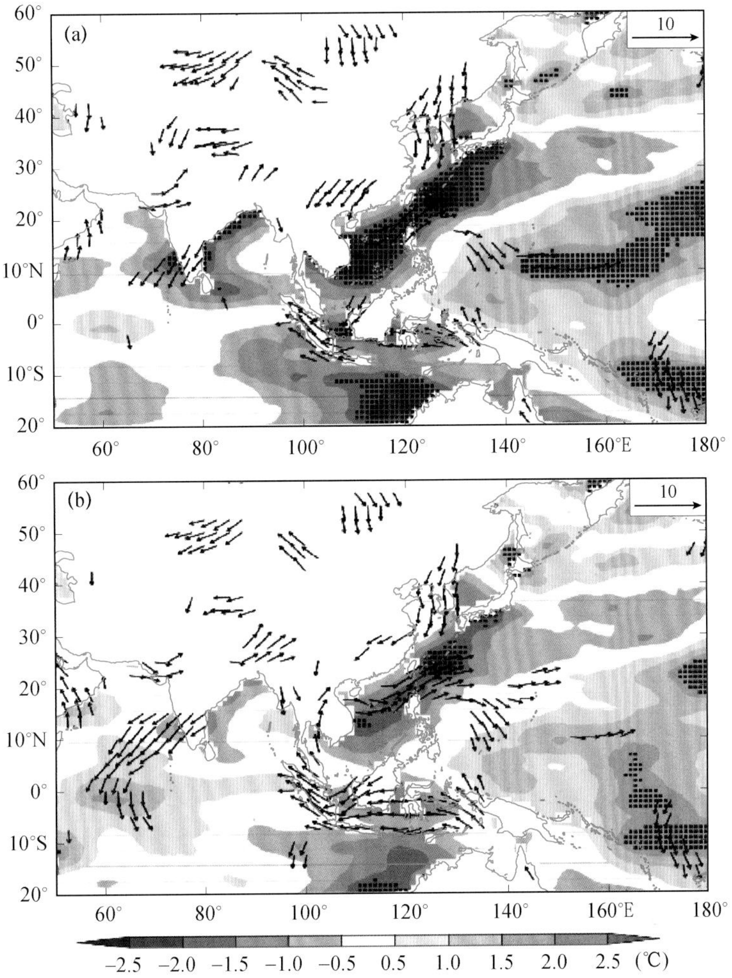

图 5.36 前期热带南印度洋平均海温时间序列回归的同期海温场以及 850 hPa 风场(a)；(b)同(a)，但为去除 ENSO 影响之后的回归
(黑点与矢量箭头分别表示海温场与风场超过信度为 0.05 的显著水平)

表 5.7 给出了中部型暴雨“积成效应”12 月—次年 6 月 Niño3.4 区 SST 异常指数(滑动 3 个月平均)并与 1979—2014 年对应时段的指数平均值进行显著性检验，结合图 5.37 给出的中部型暴雨“积成效应”年前期 SST 分布特征。可以发现，除 2014 年(图 5.37f)以外的 5 个中部型暴雨“积成效应”年在前期对应有明显的 El Niño 海温异常。而从 SST 异常指数均值的变化来看，El Niño 事件偏强、维持的时间长，El Niño 海温的正异常在冬季(DJF)时达到最强，且强度随时间的衰退速度较慢，至少一直持续维持到 4 月才逐渐衰退。显著性检验则显示两者之间的显著性差异能够一直维持到前汛期(AMJ)。而 2014 年的海温异常类型更类似于西部型暴雨“积成效应”年的海温分布，根据 2014 年前汛期的水汽输送分布，可以发现该年的关键水汽源地位于印度洋，降水偏多主要是受到孟加拉湾上空西南气流的影响，可能由于纬向西风的偏强导致降水中心发生了向东的偏移，从而产生了类似于中部型暴雨“积成效应”的降水分布。因此，偏强、持续时间偏长的 El Niño 事件能够导致华南降水的偏多以及中部型分布特征。

表 5.7　中部型暴雨“积成效应”年 niño3.4 区异常指数季节滑动平均变化

时间(年份)	冬季**	1—3 月*	2—4 月**	3—5 月**	前汛期*
1992	1.6	1.5	1.4	1.2	1.0
1993	0.2	0.3	0.5	0.7	0.8
1998	2.1	1.8	1.4	1.0	0.5
2005	0.6	0.6	0.5	0.5	0.4
2010	1.3	1.1	0.8	0.5	0.0
2014	−0.5	−0.6	−0.4	−0.2	0.0
平均值	0.88	0.78	0.7	0.62	0.45

注：*、**、***分别表示超过信度为 0.10、0.05、0.01 的显著水平。

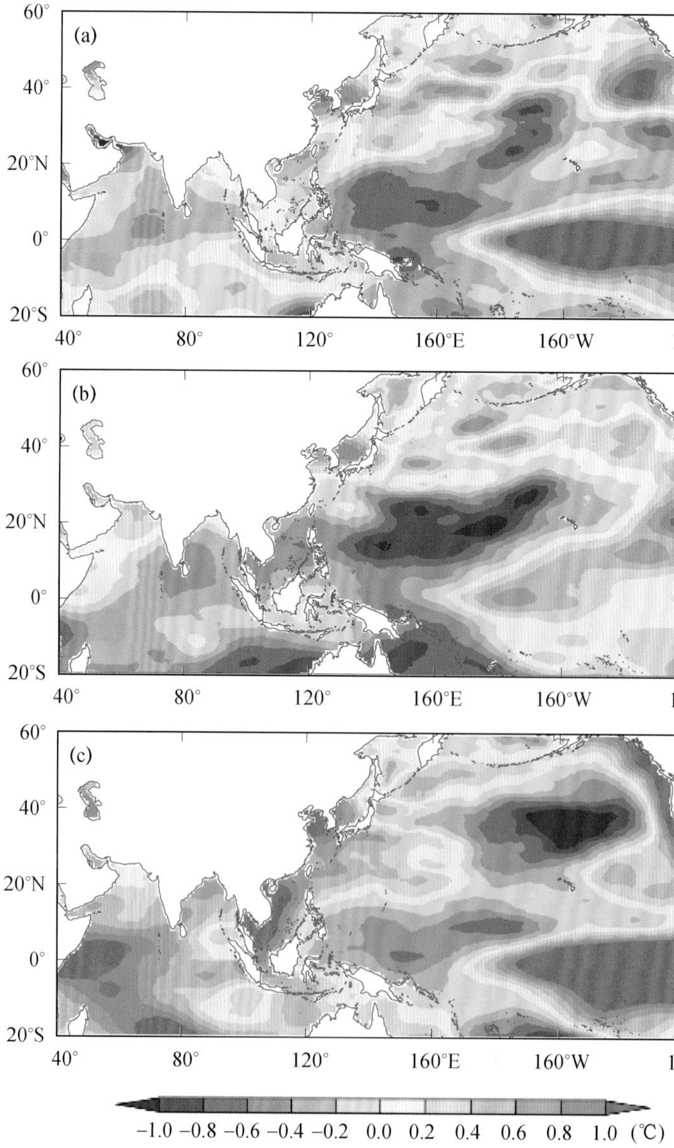

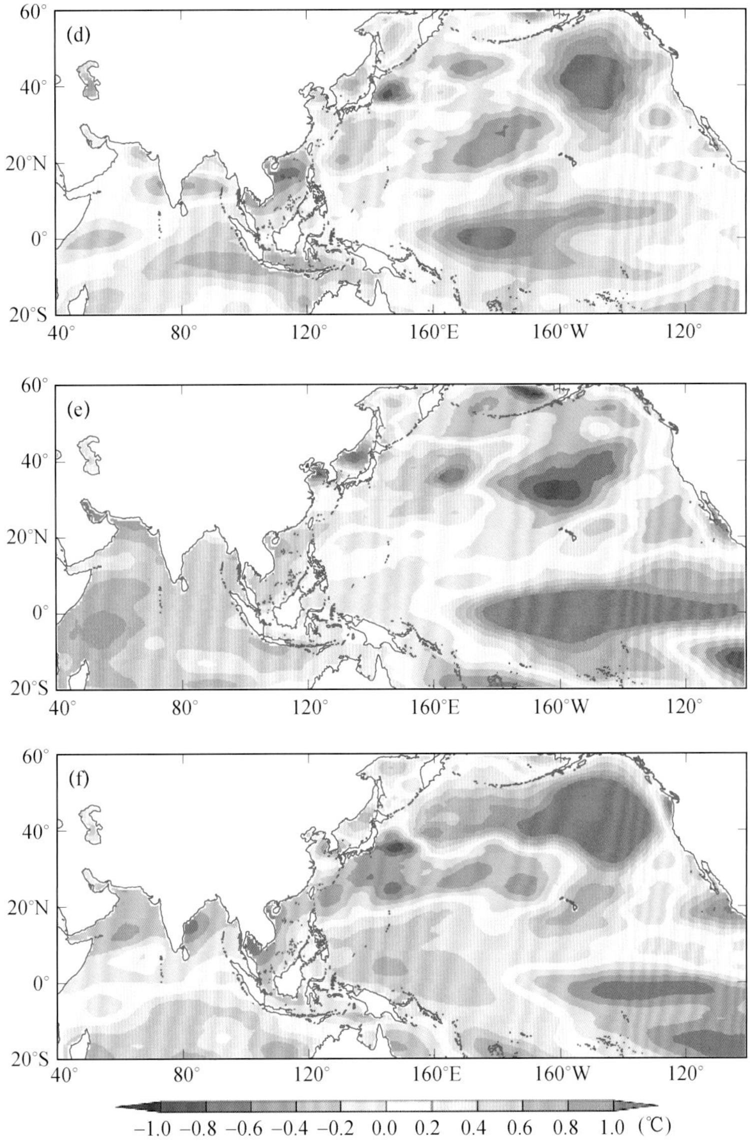

图 5.37 中部型暴雨“积成效应”年前期(12 月—次年 3 月)SST 分布

(a)1992 年;(b)1993 年;(c)1998 年;(d)2005 年;(e)2010 年;(f)2014 年

表 5.8 给出了西部型暴雨“积成效应”12 月—次年 6 月 Niño3.4 区 SST 异常指数(滑动 3 个月平均)并进行了与 1979—2014 年对应时段指数平均值的显著性检验。结合图 5.38 给出的西部型暴雨“积成效应”年前期 SST 分布特征,可以发现除 1994 年(图 5.38d)以外的 7 个西部型暴雨“积成效应”年在前期都对应有明显的热带南印度洋 SST 负异常且伴随有类似 La Niña 海温异常。同时,从均值的变化可以发现 La Niña 事件偏弱、维持的时间较短,La Niña 海温负异常在冬季(DJF)时达到最强,且强度随时间快速衰退,并在 4 月之前就已经完全衰退。显著性检验则显示两者之间的显著性差异不断减弱,并在前汛期(AMJ)时不再显著。而其中的 1994 年,Niño3.4 区指数处于正常状态,但是该年印度洋全区海温出现了明显的负异常,从而导致前汛期后期孟加拉湾上空西南风的偏强。因此,热带南印度洋 SST 负异常的作用是导致华南降水的偏多且呈西部型分布的主要因素。

表 5.8　西部型暴雨“积成效应”年 niño3.4 区异常指数季节滑动平均变化

年份	冬季***	1—3 月***	2—4 月**	3—5 月*	前汛期
1981	−0.2	−0.4	−0.4	−0.3	−0.2
1984	−0.5	−0.3	−0.3	−0.4	−0.4
1986	−0.4	−0.4	−0.3	−0.2	−0.1
1994	0.1	0.1	0.2	0.3	0.4
1997	−0.5	−0.4	−0.2	0.1	0.6
2009	−0.8	−0.7	−0.4	−0.1	0.2
2011	−1.3	−1.1	−0.8	−0.6	−0.3
2012	−0.7	−0.6	−0.5	−0.4	−0.3
平均值	−0.54	−0.48	−0.34	−0.2	−0.01

注：*、**、***分别表示超过信度为 0.10、0.05、0.01 的显著水平

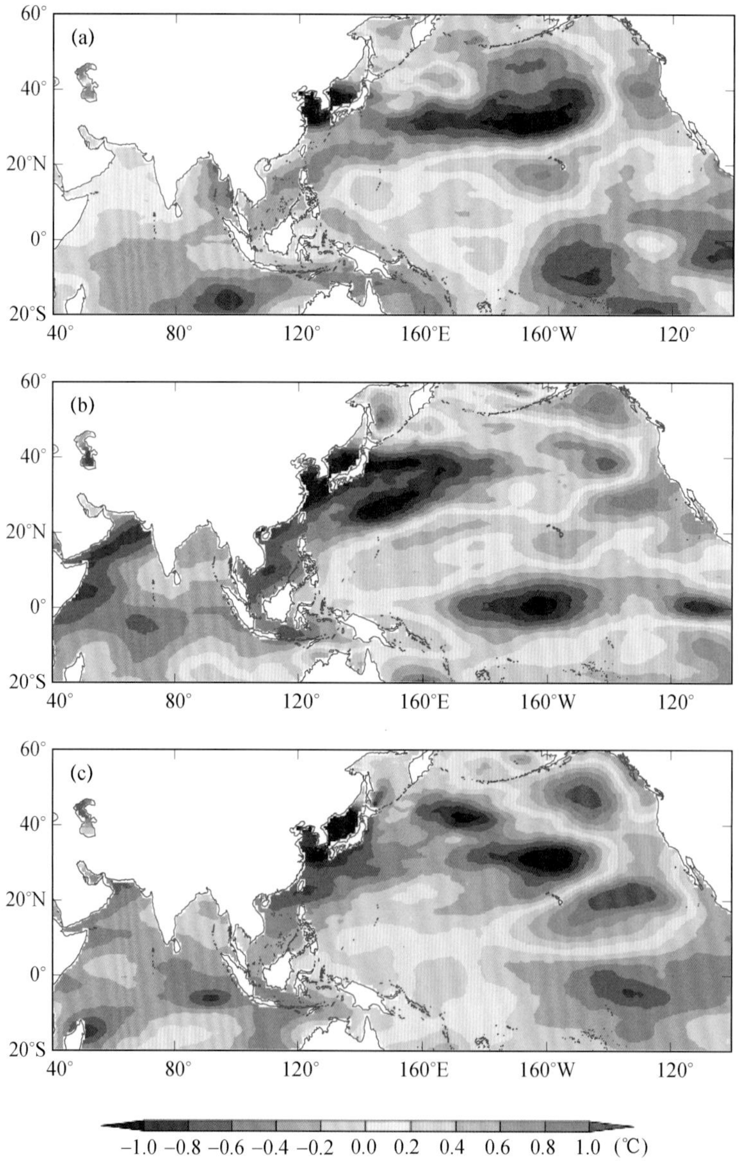

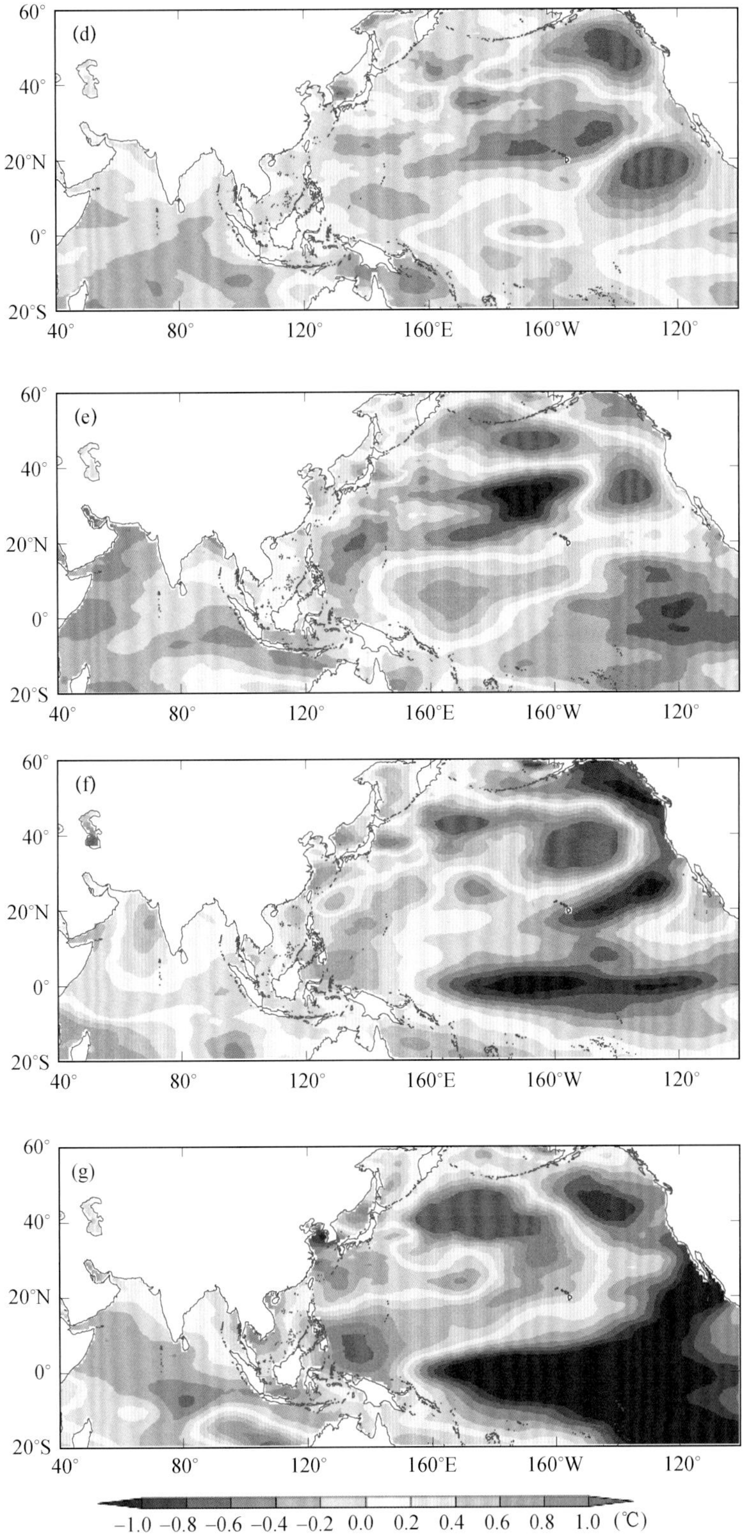
(d)
(e)
(f)
(g)
60°
40°
20°N
0°
20°S
40°
80°
120°
160°E
160°W
120°
−1.0 −0.8 −0.6 −0.4 −0.2 0.0 0.2 0.4 0.6 0.8 1.0 (℃)

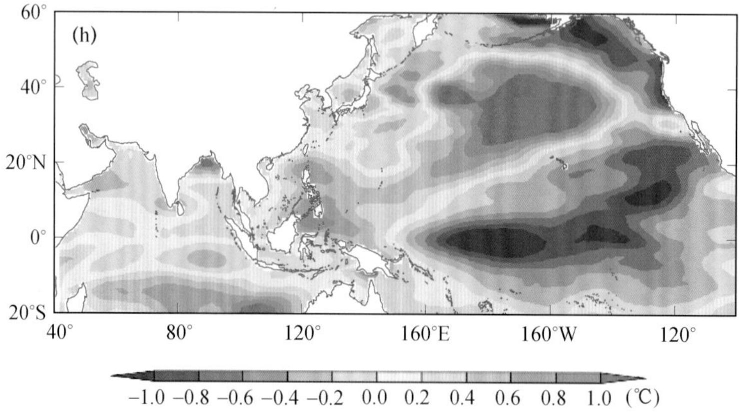

图 5.38 西部型暴雨“积成效应”年前期(12 月—次年 3 月)SST 分布
(a)1981 年;(b)1984 年;(c)1986 年;(d)1994 年;(e)1997 年;(f)2009 年;(g)2011 年;(h)2012 年

5.3.3 华南暴雨“积成效应”的水汽来源

华南地区是中国降水量最多的地区,也是暴雨的频发区域。华南降水与东亚上空的水汽输送紧密相连,水汽输送可以直接影响华南地区上空的大气水分含量,进而对华南地区的降水产生影响。目前,已经有一些研究探讨了我国东部地区的水汽输送特征,其中关于华南地区的水汽来源也有很多论述。在华南前汛期,对华南地区降水产生影响的水汽输送系统有着复杂的机制,主要分为 3 支:第一支为受印度季风环流控制携带着阿拉伯海和孟加拉湾上空的水汽从西南方向进入华南的水汽输送;第二支为受西太平洋副热带高压控制携带着南海和西太平洋上空的水汽进入华南的水汽输送;第三支为中纬度西风带主导的纬向水汽输送,这一支相对较弱,主要影响中国北方地区。上述有关水汽输送及来源的研究大部分采用了欧拉方法,即利用风场和水汽场的格点资料得到水汽输送场并据此分析水汽输送路径及源地。但是,由于大气风场往往具有瞬时变化特征,导致欧拉方法最终只能给出年、月、日平均或者某个特定事件的水汽输送路径,而无法精确刻画从水汽源地出发的水汽随着时间而变化的运动轨迹,也无法区分各水汽源地对目标区域降水贡献的大小。

基于拉格朗日框架下发展的轨迹分析方法为水汽输送过程研究及源一汇研究提供一个很好的技术途径。相比于欧拉方法,拉格朗日方法能够通过计算气块的三维运动轨迹并计算水汽在输送图中由于蒸发、降水所造成量的变化,对于研究大气水循环过程具有明显的优势。因此,中外学者开始应用拉格朗日方法研究区域降水的水汽输送过程。在全球增暖的背景下,华南地区持续性暴雨事件的发生呈现显著增加的趋势。华南前汛期逐日平均暴雨站点数在 3 站以上,持续性暴雨的降水量可达到前汛期总降水量的 50%以上。由于暴雨这一天气尺度系统的频繁活动,空间和时间上具有一定持续性的多次暴雨过程累积或叠加,会形成多次天气过程持续性的暴雨“积成效应”事件,进而对汛期降水的多寡和分布产生决定性的影响。为了针对能够对华南降水产生决定性影响的水汽进行水汽来源分析,利用华南地区 78 个气象台站的日降水记录筛选出暴雨“积成效应”事件来替代整个前汛期水汽输送的气候态进行研究。利用轨迹追踪模式(HYSPLIT)的模拟结果并结合统计方法分析了 1979—2014 年华南前汛期各个暴雨“积成效应”事件发生时的水汽来源,定量化地比较分析印度洋、南海、西太平洋、欧亚大陆作为水汽源区对其的贡献，并进一步分析了各源区水汽输送贡献的变化对暴雨“积成效应”事件分布的影响。

5.3.3.1 华南前汛期暴雨“积成效应”事件的水汽源地分析

利用拉格朗日轨迹追踪模式 HYSPLIT 对 1979—2014 年的 66 次华南前汛期暴雨“积成效应”事件进行气块后向运动轨迹模拟。图 5.39 统计了华南前汛期暴雨“积成效应”事件发生时的空气块到达华南前的空间分布情况。结果显示，在华南前汛期的暴雨“积成效应”事件中到达华南的空气块，在进入华南前 10 d 主要分布在热带印度洋，热带西太平洋以及南海南部地区(图 5.39d)。图 5.39b,c 则显示，热带印度洋以及热带西太平洋的气块在逐渐向南海上空运动，最终在 1 d 前汇聚于华南以及南海北部地区(图 5.39a)。由此可知，由西太平洋副热带高压所支配的来自西太平洋的东南向水汽输送以及从印度洋由印度季风所支配的西南向水汽输送是华南暴雨“积成效应”事件的主要水汽来源，而来自北方欧亚大陆的水汽输送则相对较少。但是，以上仅为进入华南地区的空气块的运动轨迹，虽然对理解水汽的输送路径有帮助，但由于不同经纬度、高度的空气所含有的水汽量具有较大差异，因此轨迹密集的地方并不一定代表较大的水汽输送强度，反之亦然。

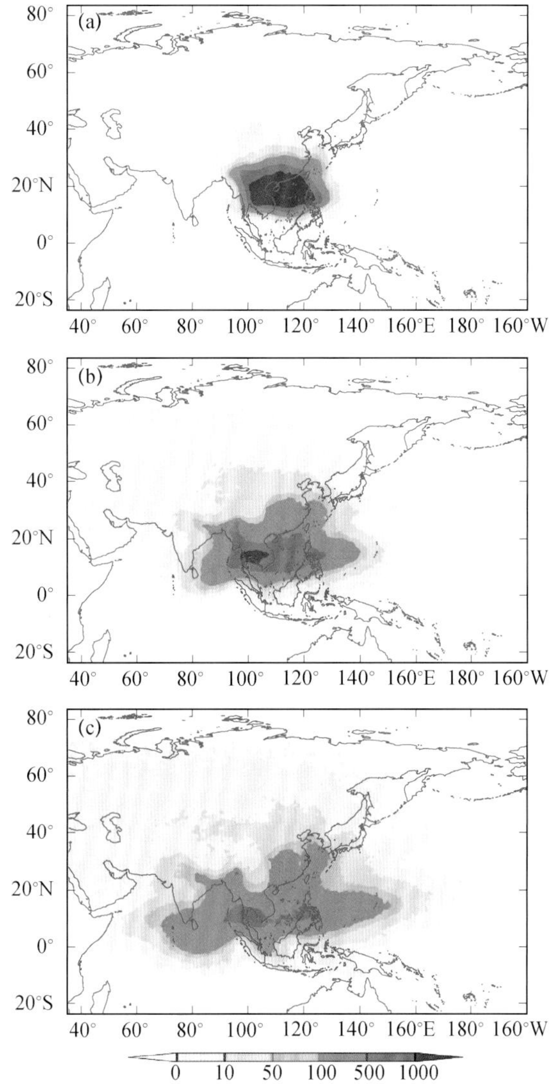

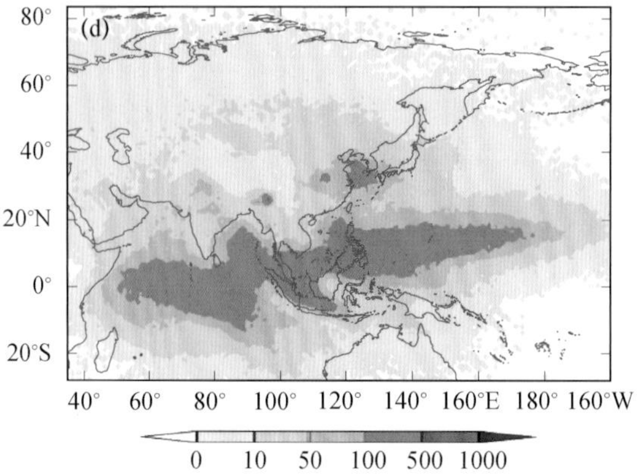

图 5.39　华南地区前汛期暴雨"积成效应"事件发生时的空气块到达华南前的空间分布情况

(a)1 d;(b)3 d;(c)5 d;(d)10 d

结合气块经过各个区域上空时的平均水汽净摄取量，即平均蒸发与降水之差(E—P)的情况(图 5.40)，对华南暴雨"积成效应"事件的主要水汽源地进行了进一步的分析。结合图 5.39 与图 5.40 可以发现，在暴雨"积成效应"事件中，华南地区最显著的水汽源地包括孟加拉湾、阿拉伯海、热带印度洋和西太平洋。中南半岛、喜马拉雅山脉南麓、华南是显著的水汽汇区，这主要是由于这些区域在前汛期对流活动强烈，降水大于蒸发。此外，虽然南海地区为水汽汇区(E—P<0)，但是并不意味着在气块经过其上空时是完全没有水汽摄取的。由于南海地区靠近华南，水汽蒸发量较大且向华南的水汽输送距离较短、运输损耗较小，而印度洋与太平洋的气块向华南进行水汽输送时都会途经南海，并由于降水而在此损耗部分水汽。因此，南海也可以作为华南降水的主要水汽源地之一。同理，由于来自北方欧亚大陆的气块较少，平均水汽摄取量较少且水汽输送距离较长，由北方欧亚大陆由中纬度西风带主导的纬向水汽输送对华南降水产生的影响相对较小，但并不意味着在气块经过其上空时是完全没有水汽摄取的。另外，华南当地的蒸发对降水的贡献也需要进行进一步的分析。因此，按照气块运动途中的平均水汽摄取情况与气块运动轨迹的分布情况，将华南暴雨"积成效应"事件的水汽源区划分为如图 5.40 所示的 5 个源区：大陆源区(LD)、印度洋源区(IO)、南海源区(SCS)、太平洋源区(PO)以及华南源区(SC)。

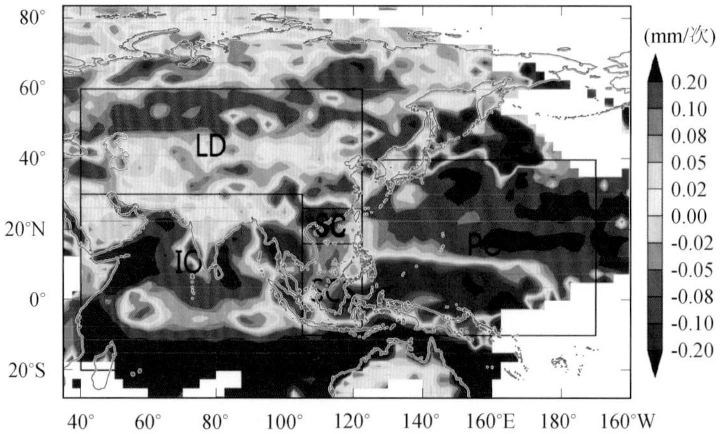

图 5.40　气块在经过各个水汽源地上空时的平均水汽摄取量

(平均蒸发与降水之差 E—P)

5.3.3.2 各水汽源地对华南前汛期暴雨“积成效应”事件的贡献比较

如图 5.40 所示，华南前汛期暴雨“积成效应”事件的水汽源地有中纬度西风带主导大陆源区(LD)，受印度季风环流影响的印度洋源区(IO)，受西太平洋副热带高压所支配的南海源区(SCS)与太平洋源区(PO)，以及华南源区(SC)。到达华南的气块在水汽源区 P_i 上空摄取的水汽(Δq_i)在输送至最终位置的过程中分为了 3 个部分：(1)在到达华南地区之前的输送过程中由降水而造成的水汽损耗(l_i)；(2)到达了最终位置但并未形成降水的部分(v_i)；(3)到达了华南地区之后形成了降水的部分(r_i)。因此，有式(5.3)：

$$\Delta q_i = l_i + v_i + r_i \tag{5.3}$$

利用“面源贡献定量估计方法”可以计算得到来自水汽源区 P_i 的水汽总和。同时，可以通过计算出华南地区上空每次暴雨“积成效应”事件的水分总释放量，记为 r，可以将其认为是这一时段内华南地区的降水量。由此，可以计算来自水汽源区 P_i 的水汽对华南前汛期暴雨“积成效应”事件的贡献率 C_i。

图 5.41～图 5.45 为各水汽源地对华南的水汽输送情况，共分为 3 个部分：到达华南且形成降水的部分 $\left(\frac{r_i}{r}\times 100\%，图 5.41a\right)$；到达华南但并未形成降水的部分 $\left(\frac{v_i}{r}\times 100\%，图 5.41b\right)$，水汽输送途中损耗的部分 $\left(\frac{l_i}{r}\times 100\%，图 5.41c\right)$。从气块在各个水汽源区上空的水汽摄取量来看，进入华南地区的气块在印度洋源区的水汽摄取量最多。虽然由于水汽输送路径较长，在输送途中的水汽损耗达到总量的 50%以上(图 5.41c)，但是对于华

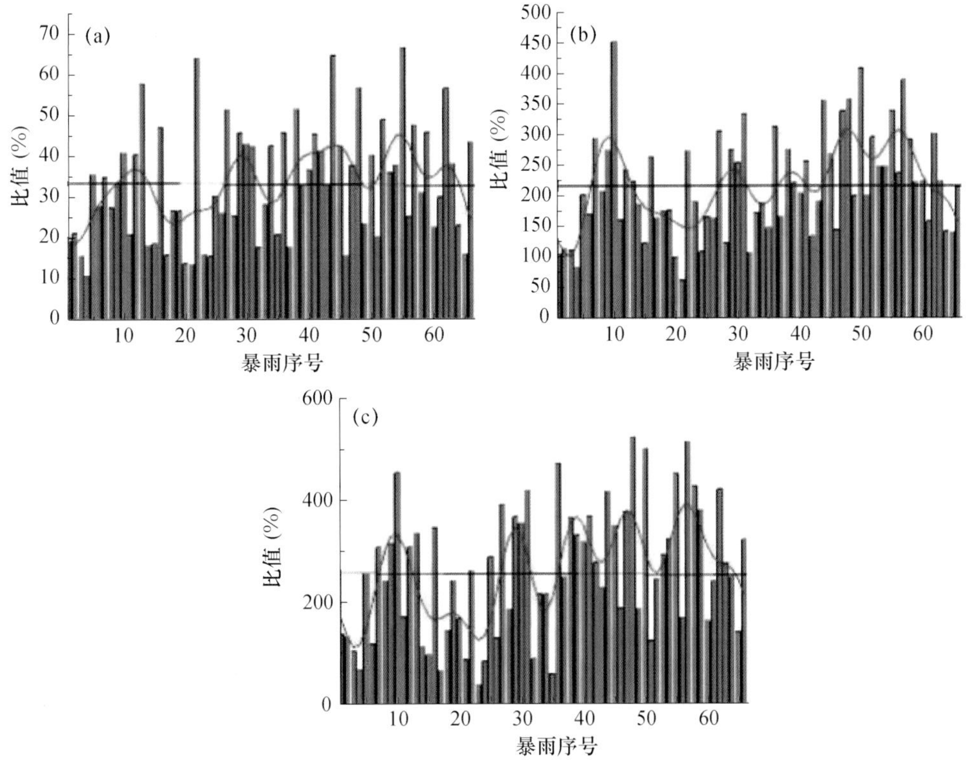

图 5.41 66 次暴雨“积成效应”事件中印度洋源区的水汽与华南上空水分总释放量的比值

(a)到达华南形成降水的水汽；(b)到达华南未形成降水的水汽；(c)水汽运输途中的损耗

南降水的平均贡献比例仍然达到33%，是最主要的水汽源地。而且，印度洋源区的水汽贡献比例随时间有着显著的增加，在20世纪90年代末期存在一个显著的转折，2000年以来的平均降水贡献比例达到了37%(图5.41a)。值得注意的是，来自太平洋的平均水汽贡献略高于17%，且随时间有着显著的减少，2000年以后的平均降水贡献比例只达到了10%(图5.42a)。对比图5.42a,b,可以发现在2000年以后太平洋源区到达华南但并未形成降水的部分变化较小，到达华南且形成降水的部分与到达华南但并未形成降水的部分之比约为1:10，远小于其他水汽源区。这说明，2000年以来从太平洋向华南运动的气块在华南停留的时间较短，由于气块较快地通过华南地区，大部分的水汽被输送到其他区域中，因此对华南降水的贡献相对较小。此外，由于水汽输送损耗很小的关系，华南地区的蒸发对"积成效应"事件的贡献较大，达到25%(图5.43)。同理，来自南海源区的水汽输送损耗较小，其水汽贡献比例略高于18%(图5.44)。来自大陆以及其他地区的水汽对华南降水的贡献较小，水汽贡献比例约为5%(图5.45)。而来自以上区域之外的水汽对华南降水的贡献小于1%，可以忽略。

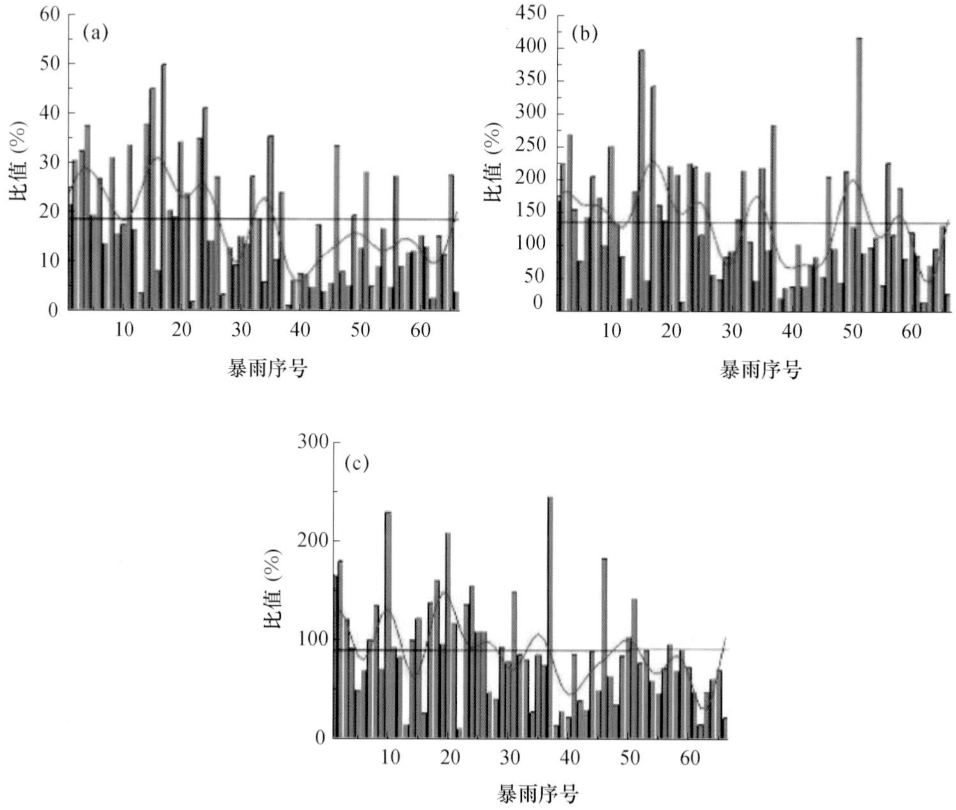

图5.42 66次暴雨"积成效应"事件中太平洋源区的水汽与华南上空水分总释放量的比值

(a)到达华南形成降水的水汽;(b)到达华南未形成降水的水汽;(c)水汽运输途中的损耗

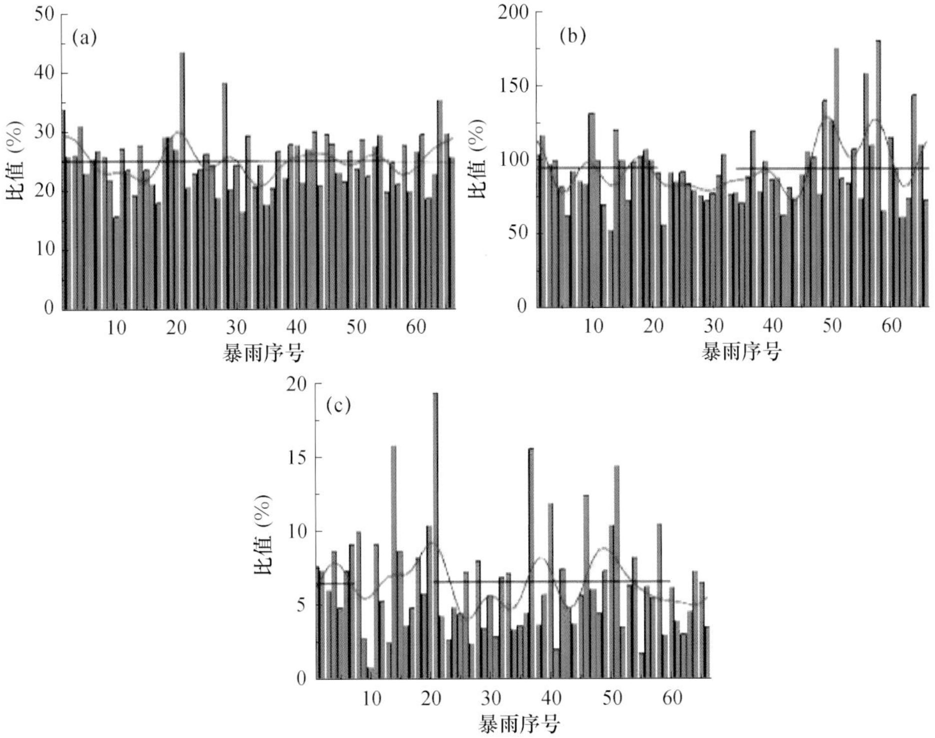

图 5.43 66 次暴雨“积成效应”事件中华南源区的水汽与华南上空水分总释放量的比值

(a)到达华南形成降水的水汽;(b)到达华南未形成降水的水汽;(c)水汽运输途中的损耗

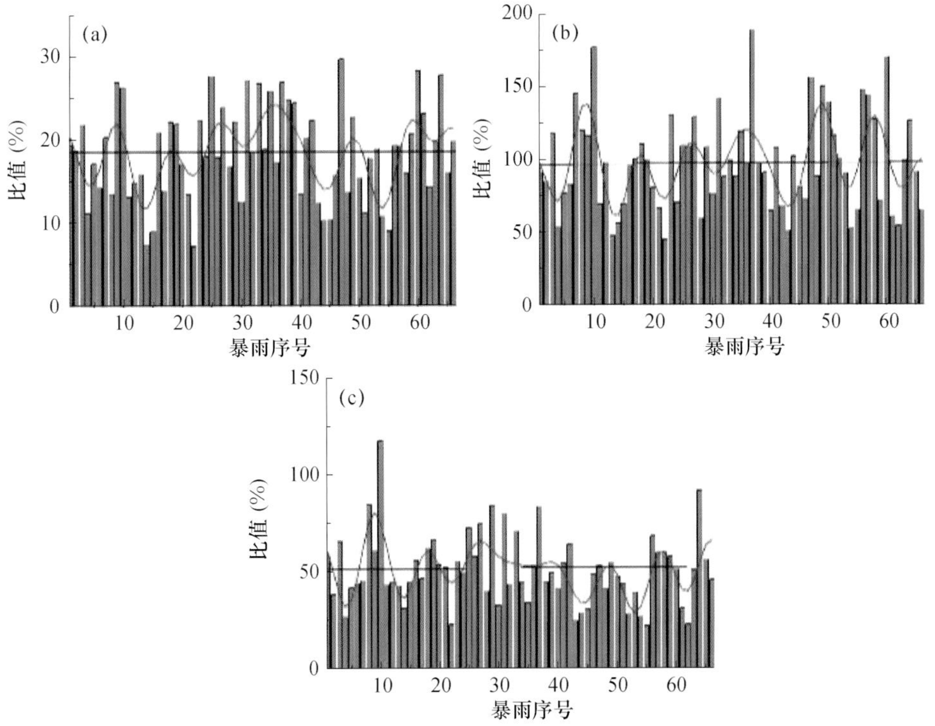

图 5.44 66 次暴雨“积成效应”事件中南海源区的水汽与华南上空水分总释放量的比值

(a)到达华南形成降水的水汽;(b)到达华南未形成降水的水汽;(c)水汽运输途中的损耗

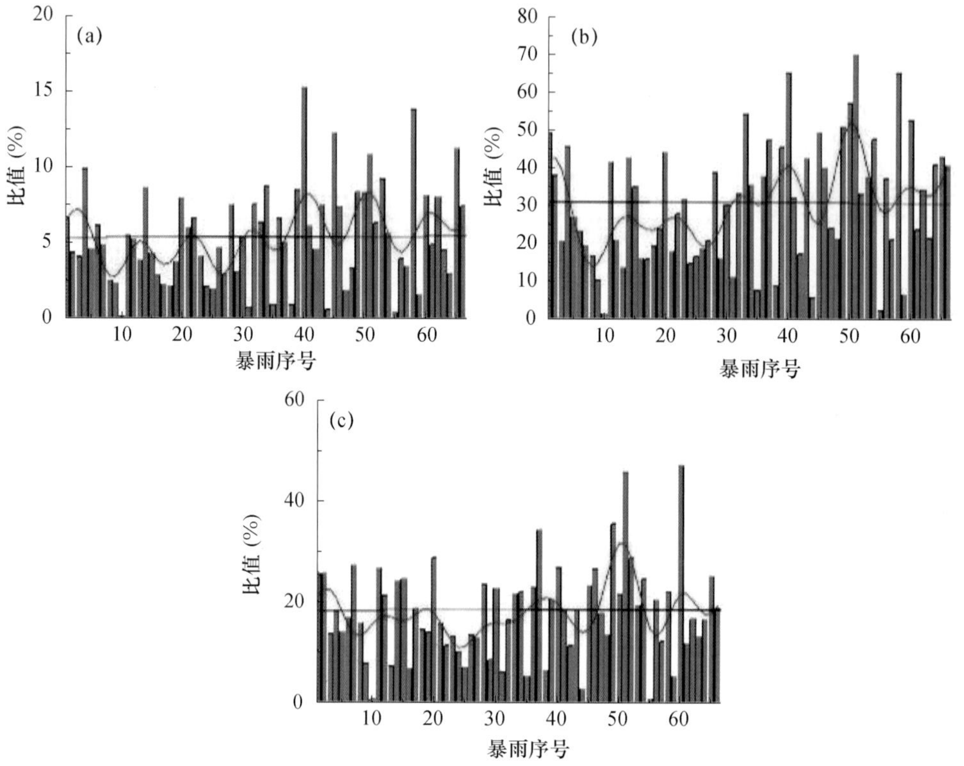

图 5.45　66 次暴雨"积成效应"事件中大陆源区的水汽与华南上空水分总释放量的比值
(a)到达华南形成降水的水汽;(b)到达华南未形成降水的水汽;(c)水汽运输途中的损耗

从以上结果来看,印度季风环流控制下的印度洋源区水汽输送对华南前汛期暴雨"积成效应"事件起着至关重要的影响且这一影响在逐渐增强,同时南海源区与太平洋源区的水汽输送以及华南的蒸发也起着重要的作用,其中东亚季风环流支配的来自太平洋源区的水汽输送影响在逐渐减小。而大陆源区对华南降水的贡献相对较小,可以不作为主要的水汽源区来考虑。

5.3.3.3　不同水汽源地影响下华南前汛期暴雨"积成效应"的空间分布特征

如上所述,印度洋源区、南海源区、太平洋源区和华南源区是华南前汛期暴雨"积成效应"事件的重要水汽源区。其中,华南源区蒸发的水汽影响稳定、分布均匀,对华南降水的空间分布异常影响较小。此外,对于太平洋源区,虽然其平均的水汽输送贡献比例在不断减小,但各次事件的贡献比例变化较大,对华南降水的水汽贡献比例最大时能够超过 30%,因此不能忽视其对"积成效应"事件空间分布的影响。

因此,通过各次事件的异常水汽贡献比例,对这 66 次事件进行了分类。当"积成效应"事件中来自某一源区的水汽对降水的贡献率距平值大于 5%,且异常贡献率最大时,将其归为一类。由此将"积成效应"事件分为 3 类:(1)印度洋水汽输送偏多;(2)南海水汽输送偏多;(3)太平洋水汽输送偏多,并分别对这 3 类事件进行合成分析。

图 5.46～图 5.48 给出了 3 种情况下的暴雨"积成效应"事件中到达华南的空气块在 5 d、10 d 前的空间分布,降水距平场以及环流场。如图 5.46 所示,当南海水汽输送显著偏多时,气块 10 d 前的位置较均匀地分布在热带印度洋,热带西太平洋以及南海北部地区(图 5.46b),并在风场的作用下 5 d 前汇聚在南海上空(图 5.46a),最终到达华南。来自南海的水汽自西南向

东北输送，造成华南东部地区降水的显著偏多，而降水异常中心位于华南东部(图 5.46c)。当印度洋的水汽输送显著偏多时，气块 10 d 前主要位于热带印度洋地区(图 5.47b)，而在 5 d 前气块移动到孟加拉湾以及东印度洋地区(图 5.47a)，印度季风环流系统控制下的水汽经过孟加拉湾与中南半岛向华南输送(图 5.47d)。水汽输送方向自西南向东北，造成整个华南地区降水的偏多，且降水异常中心位于华南西部(图 5.47c)。当太平洋的水汽输送显著偏多时，到达华南的气块 10 d 前主要位于热带西太平洋上空(图 5.48b)，受西太平洋副热带高压控制的气块，在菲律宾反气旋的作用下携带着西太平洋上空的水汽经南海到达华南上空，造成华南中部降水的正异常(图 5.48c)。

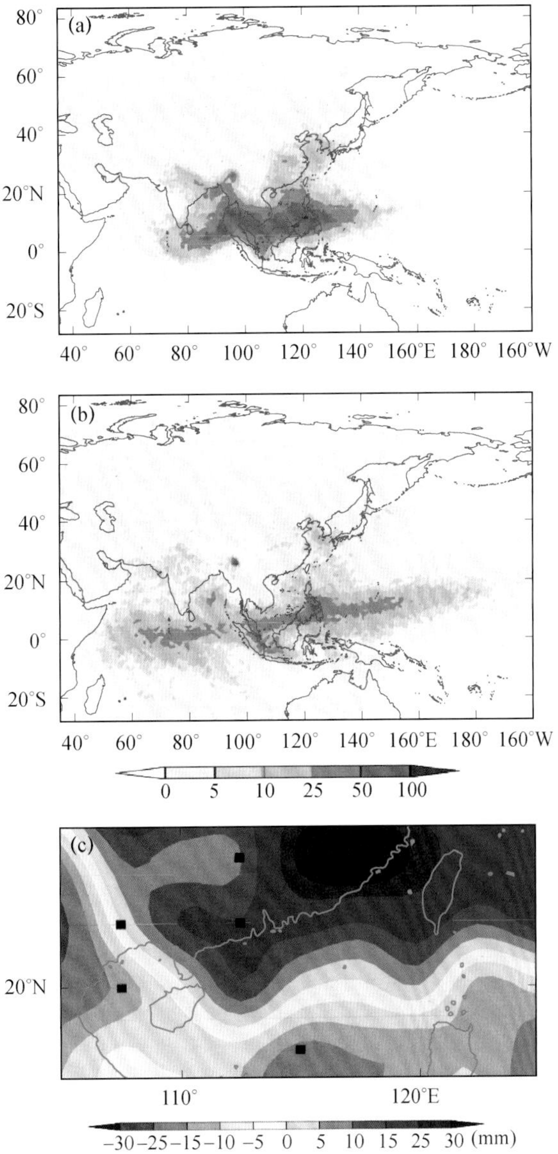

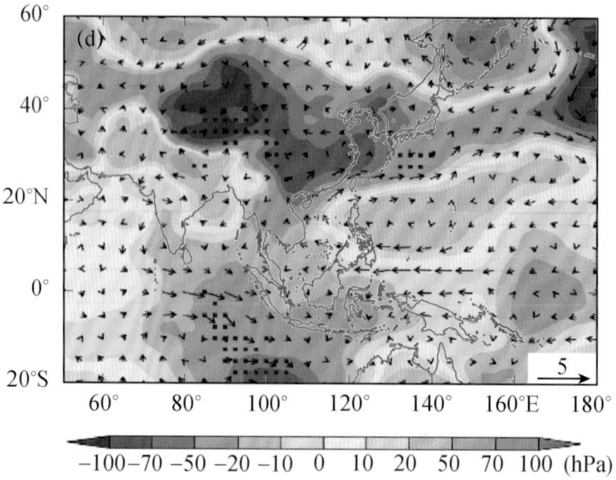

图 5.46　南海水汽输送偏多时气块到达华南前 5 d 空间分布(a)、
气块到达华南前 10 d 空间分布(b)、暴雨“积成效应”事件降水距平合成图(c)
以及水汽输送时的海平面气压场与 850 hPa 风场(m/s)(d)
(黑点表示超过信度为 0.05 的显著水平)

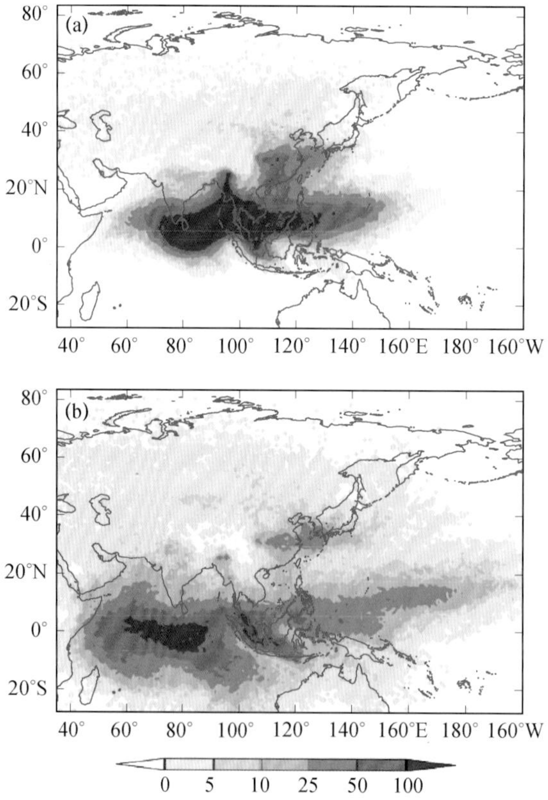

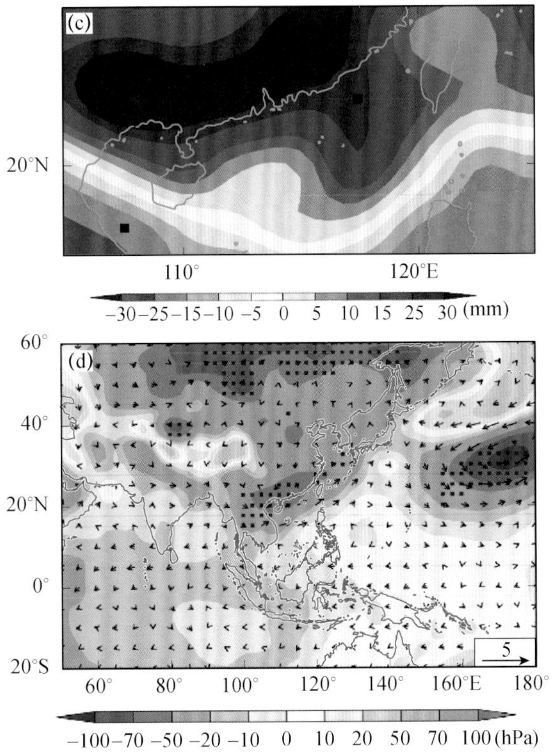

图 5.47 印度洋水汽输送偏多时气块到达华南前 5 d 空间分布(a)、气块到达华南前 10 d 空间分布(b)、暴雨“积成效应”事件降水距平合成图(c)以及水汽输送时的海平面气压场与 850 hPa 风场(m/s)(d)

(黑点表示超过信度为 0.05 的显著水平)

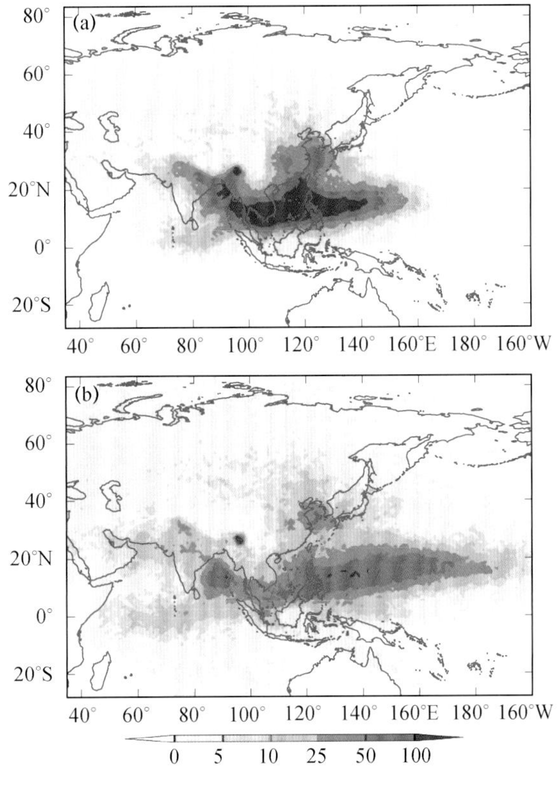

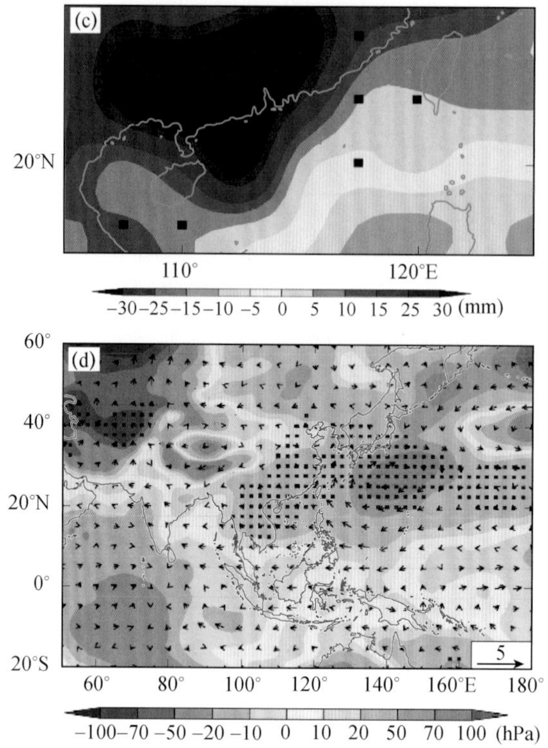

图 5.48　太平洋水汽输送偏多时气块到达华南前 5 d(a)和前 10 d(b)空间分布、暴雨"积成效应"事件降水距平合成图(c)以及水汽输送时的海平面气压场与 850 hPa 风场(m/s)(d)

(黑点表示超过信度为 0.05 的显著水平)

5.3.4　长江中下游地区夏季干湿变化

长江中下游地区,包括湖北、湖南、安徽、江苏、江西、浙江 6 省及上海市,该地区 353 站站点分布如图 5.49。标准化降水指数(Standardized Precipitation Index, SPI)是基于降水的气象干旱指数,可以反映实测降水量相对于降水概率分布函数的标准偏差。降水资料满足偏态分布,根据 Gamma 概率分布计算给定时间尺度的累积概率,将累积概率转换为标准正态分布函数,这样有利于消除降水量的时空分布差异。因此,计算得到的 SPI 能够用于不同时间尺度、不同区域的干旱研究。SPI 是研究干旱的主要指标之一,可以表征短期降水异常和土壤湿度,适用于特定区域干旱监测和季节性预测。

利用长江中下游地区 353 个气象站 1961—2012 年的逐月降水资料,计算夏季降水量的累积概率密度,并将其转化成标准正态分布函数,最后近似求得各站点夏季 SPI(取 1961—2012 年夏季降水量的平均为气候态,计算过程中的参数采用最大似然估计求得)。利用季节时间尺度的 SPI 来表征夏季长江中下游地区各站点的干湿状态,当 SPI 值大于 0,表明降水偏多,处于偏湿状态;SPI 值小于 0,表明降水偏少,处于偏干状态。SPI 旱涝等级划分规则如表 5.9(Mckee et al.,1995)(基于长江中下游地区各站点 1961—2012 年逐年夏季 SPI,根据表 5.9 得到各站点逐年夏季的干湿状态),并统计了整个长江中下游地区逐年夏季中旱及以上等级的站点数目(干旱站点数目),即逐年夏季 SPI 值小于或等于−1.0 的站点数目。

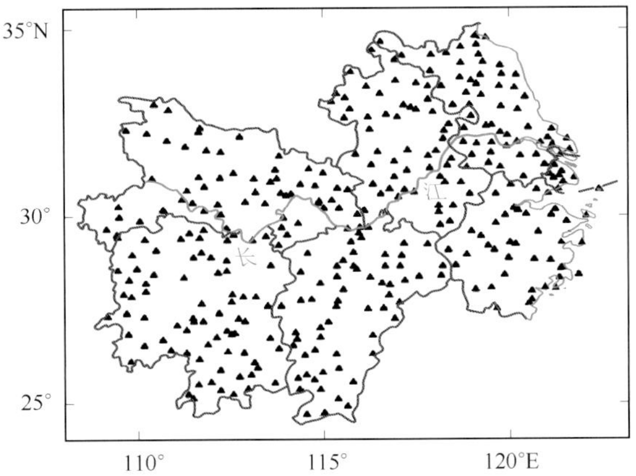

图 5.49 长江中下游地区 353 个气象站站点分布

表 5.9 标准化降水指数(SPI)旱涝等级划分

SPI	旱涝程度
SPI≤－2.0	重旱
－1.5≤SPI＜－2.0	大旱
－1.0≤SPI＜－1.5	中旱
－1.0＜SPI＜0	轻旱
0＜SPI＜1.0	轻涝
1.0≤SPI＜1.5	中涝
1.5≤SPI＜2.0	大涝
SPI≥2.0	重涝

图 5.50 给出了长江中下游地区 1961—2012 年夏季干旱站点数目的逐年变化及其 MK 突变检测结果(Mann,1945;Litchfield et al.,1955)。从图 5.50a 可看出,干旱站点数目具有明显的年代际变化,在 20 世纪 70 年代早期减少、中后期明显增加,90 年代以后干旱站点数目则显著减少。据此,图 5.50b 进行了 MK 突变检测,当统计量 UF/UB 的值大于(小于)0 时,表明序列呈上升(下降)趋势,并且当 UF/UB 曲线超过信度线时,则表明序列有显著上升(下降)趋势(魏凤英,2007)。由图中 UF 曲线可见,UF 值在 20 世纪 70 年代由正转负,表明该地区干旱站点数目有减少的趋势。MK 突变检测中,若 UF 和 UB 曲线相交于信度线之间,则该点为突变点(符淙斌 等,1992)。注意到 UF 和 UB 曲线在 1970 年代中后期至 1980 年代中期一直交叉,同时,有研究(施能 等,1995;Gong et al.,2002;马柱国 等,2007;张人禾 等,2008)表明,在 1970 年代末与 1980 年代中后期长江中下游夏季降水及我国东部夏季气候发生了明显的突变/转折。基于以上分析,将 1961—2012 年长江中下游地区夏季干湿变化划分为 3 个时段:1961—1973 年为第一时段,该时段干旱站点较多;1974—1986 年为第二时段,干旱站点数目呈现不稳定变化,该时段处于过渡阶段,且在时间上也与目前学术界公认的一次全球气候突变/转折的发生时间(1970 年代末至 1980 年代初)相吻合(Graham,1994;Alley et al.,2003;Xiao et al.,2007);1987—2012 年为第三时段,该时段干旱站点较少。图 5.50a 中黑色虚线分别为

3 个时段干旱站点数目的均值，表明干旱站点显著减少。

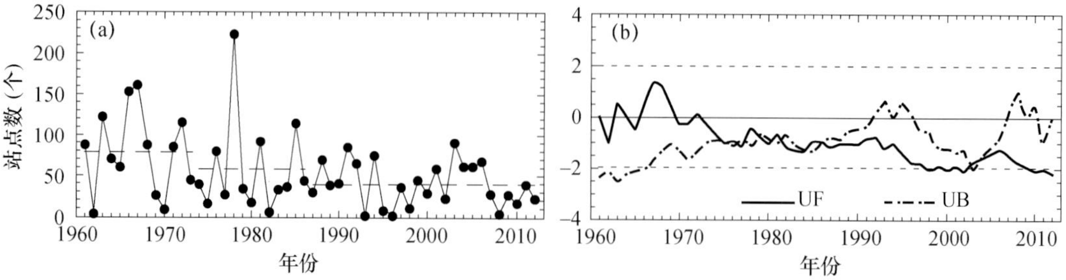

图 5.50　长江中下游地区夏季干旱站点数目逐年变化（虚线为各时段干旱站点数目均值）(a)
及 Mann-Kendall 方法统计量曲线（虚线为 95% 的置信水平）(b)

图 5.51 给出了长江中下游地区夏季 SPI 分布。计算是根据各站点逐年夏季 SPI 合成每一时段各站点的 SPI 值。从图 5.51 中可见，在第一时段（1961—1973 年），长江中下游大部分地区干旱，浙江东部、江苏南部部分地区及上海市干旱比较严重，只有江苏北部及江西南部小部分地区无旱。第二时段（1974—1986 年）相对于第一时段，干旱强度减弱，范围缩小，尤其是浙江东部、江苏南部及上海地区干旱明显减轻。第三时段（1987—2012 年），长江中下游绝大部分地区 SPI 为正值，只有很少且零星分布的局部地区存在干旱。综合图 5.50 和图 5.51 的结果，说明长江中下游地区夏季干旱程度及干旱范围有明显的年代际变化，干旱范围在不断缩小，且干旱程度持续减弱。

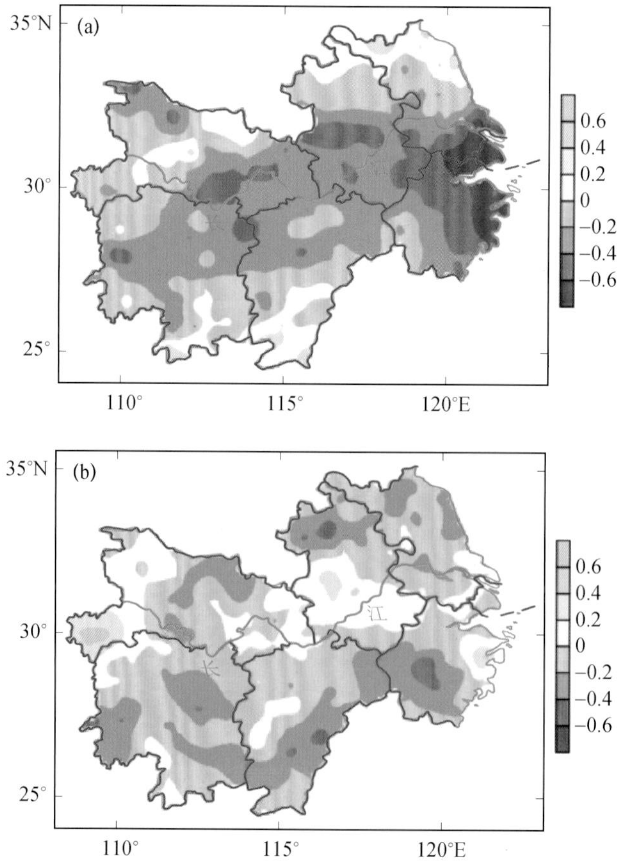

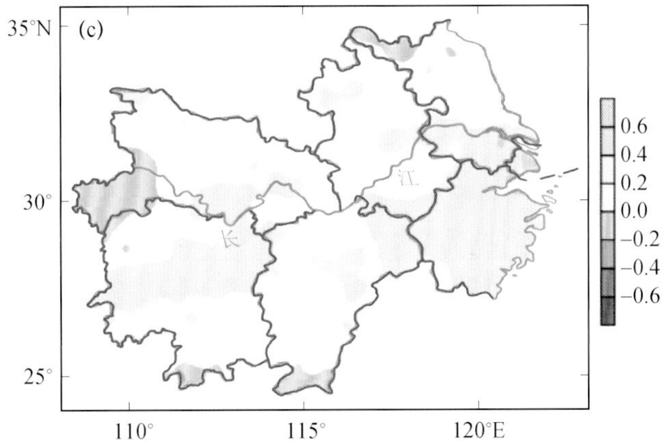

图 5.51 长江中下游地区夏季标准化降水指数(SPI)分布

(a)1961—1973 年;(b)1974—1986 年;(c)1987—2012 年

5.3.5 长江中下游不同时段环流演变及其概念模型

5.3.5.1 不同时段夏季环流背景场异常特征分析

图 5.52 给出了不同时段夏季 500 hPa 高度场及其距平场,第一时段(图 5.52a),欧亚上空主要为显著的负高度距平控制,亚洲中高纬度为平直纬向西风环流,不利于冷空气南下;西太平洋副热带高压偏弱,不利于水汽向我国长江中下游地区输送,导致长江中下游地区偏旱。第二时段(图 5.52b)相对于第一时段,欧亚上空负距平明显减弱,巴尔喀什湖附近出现正距平中心,表明该地区高压脊发展;东亚大槽位置偏东,西太平洋副热带高压增强,但仍弱于气候态。第三时段

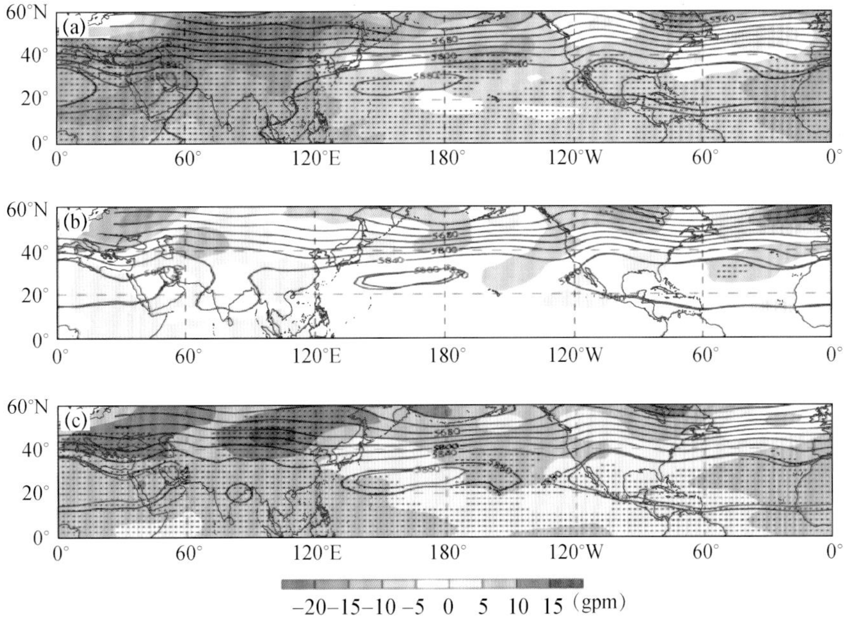

图 5.52 夏季 500 hPa 高度(等值线)及其距平合成场(阴影)

(a)1961—1973 年;(b)1974—1986 年;(c)1987—2012 年

(蓝色实线为气候态 5880 线,圆点区置信水平高于 95%)

(图 5.52c)，乌拉尔山及贝加尔湖附近为显著正距平中心，乌拉尔山与贝加尔湖高压脊发展；西太平洋副热带高压显著偏强，使得沿其西侧向我国东部地区的偏南水汽输送增强，有利于长江中下游地区偏涝。

将 1961—2012 年逐年夏季各站点的 SPI 进行区域平均，得到可以反映长江中下游地区逐年夏季整体干湿状态的 SPI(定义为 Y_SPI)。图 5.53a 给出了夏季海平面气压场与 Y_SPI 的相关系数分布，热带太平洋及东亚地区海平面气压与 Y_SPI 为显著负相关关系。在第一时段(图 5.53b)，欧亚大陆及印度洋海平面气压为显著负距平，负距平中心位于我国及蒙古国。第二时段(图 5.53c)，欧亚大陆基本为弱的正距平控制，正距平中心位于蒙古国。相对于第一时段，第三时段(图 5.53d)欧亚大陆为正距平，正距平中心位于我国和蒙古国。

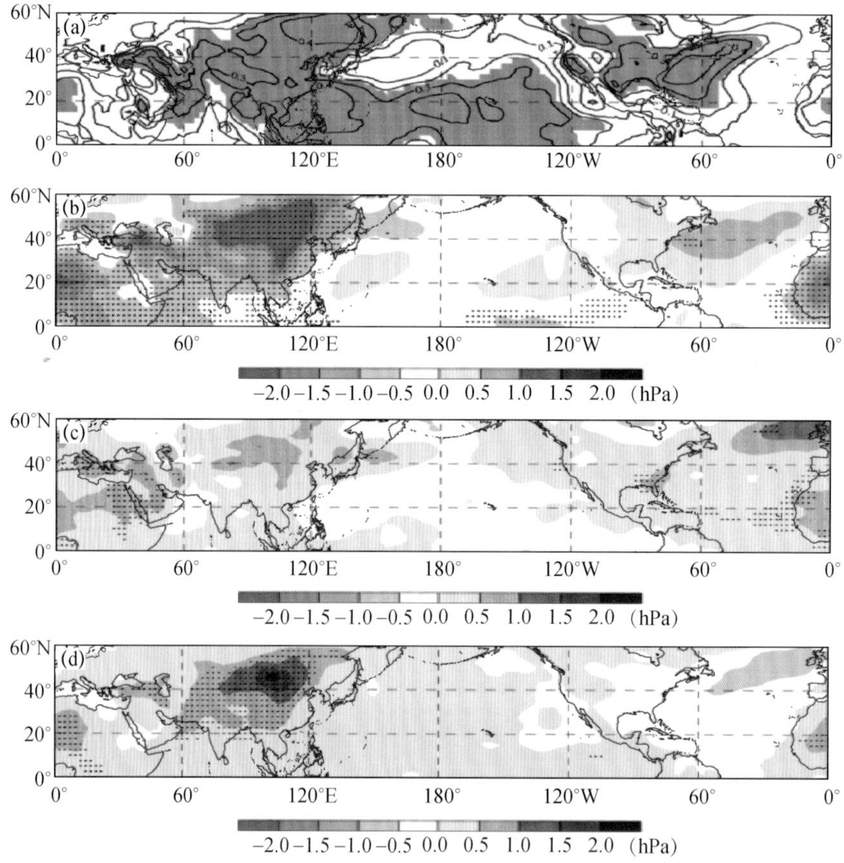

图 5.53 夏季海平面气压与长江中下游区域平均 SPI(Y_SPI)的相关系数(a)以及 1961—1973 年(b)、1974—1986 年(c)、1987—2012 年(d)各时段的合成海平面气压距平场(阴影)

(图 a 中蓝色区域与图 b～d 中圆点区置信水平高于 95%)

图 5.54a 是夏季 200 hPa 高度场与 Y_SPI 的相关系数分布，由图可知，蒙古国以北部分地区及低纬度高空高度场与 Y_SPI 呈显著负相关关系。第一时段(图 5.54b)，欧亚高空高度场负异常，南亚高压较气候态偏弱，意味着长江中下游易处于偏干状态。第二时段(图 5.54c)，200 hPa 高度场负距平减弱甚至出现正距平，且南亚高压比第一时段强，但弱于气候态，说明 Y_SPI 值由负转正，长江中下游处于干旱向湿润转变的阶段。第三时段(图 5.54d)高空高度距平场与第一时段基本相反，欧亚高空为显著正距平控制，南亚高压位置偏东，强度偏强，则长

江中下游处于湿润状态。南亚高压和长江中下游夏季各时段干湿变化的影响关系与已有研究结果相一致(张琼 等,2001)。

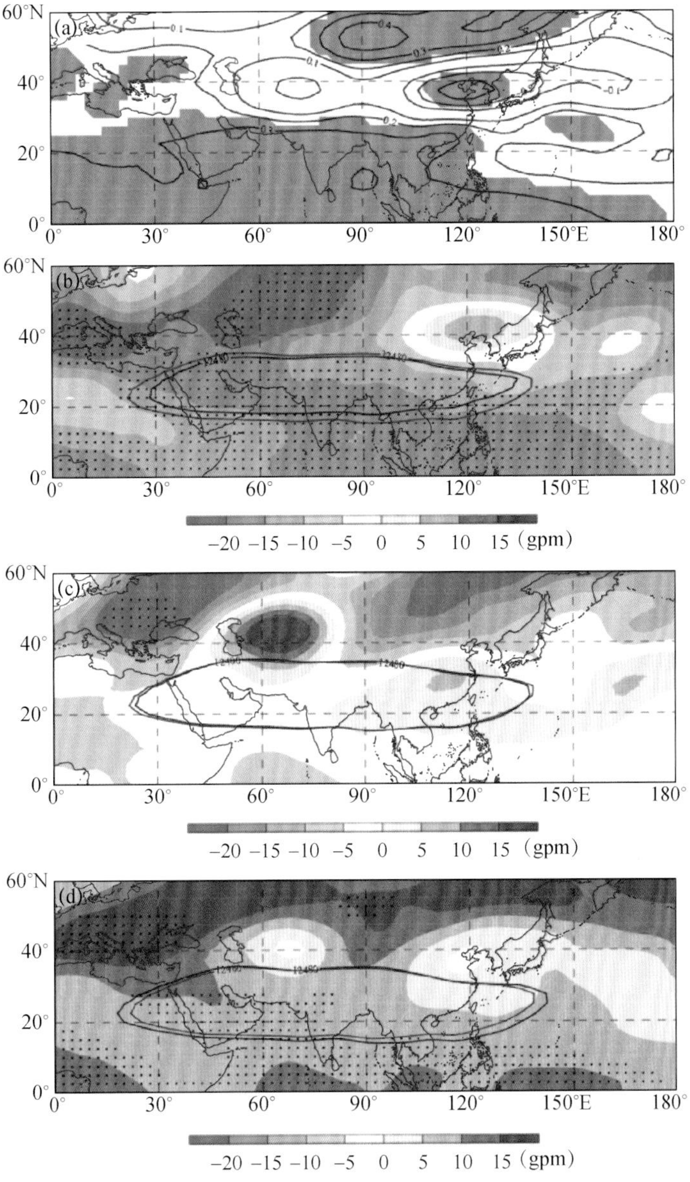

图 5.54 夏季 200 hPa 高度场与夏季 Y_SPI 的相关系数(a)以及 1961—1973 年(b)、1974—1986 年(c)、1987—2012 年(d)时段的合成距平场

(图(a)中蓝色区域与图 b~d 中圆点区置信水平高于 95%;蓝色实线为气候态 12480 线,黑色实线为该时段 12480 gpm 线)

我国东部地区夏季主要水汽来源包括:来自孟加拉湾的西南水汽输送和来自西太平洋副热带高压西南侧的西北太平洋和南海水汽输送,在对流层低层来自印度季风区的水汽输送为最主要水汽来源(陆渝蓉 等,1983;丁一汇 等,2008)。图 5.55 给出了不同时段夏季整层水汽输送通量距平场。在第一时段(图 5.55a),从孟加拉湾沿青藏高原东侧至我国东部地区为显著的西南水汽输送距平,并且在日本海至北太平洋为偏西水汽输送距平,这意味着该时段夏季风水汽输送偏强,水汽随夏季风到达长江流域后继续北上,不利于水汽在长江流域辐合,进而

导致降水偏少。第二时段(图 5.55b),赤道印度洋附近有偏西水汽输送距平,孟加拉湾为气旋式水汽输送距平;同时,从北太平洋经日本至东海为偏东水汽输送距平,我国东部地区为显著偏北水汽输送距平,这说明从孟加拉湾及南海向我国东部地区的偏南水汽输送异常偏少。而第三时段(图 5.55c),从日本海经我国东部地区至中南半岛及孟加拉湾为显著偏东北水汽输送距平,这意味着该时段夏季风水汽向北输送偏弱,水汽滞留在长江流域,有利于长江中下游夏季降水,这与已有研究一致(张庆云 等,2003b;丁一汇 等,2008)。显然,在第一时段,长江流域虽然盛行强的西南暖湿气流,但是没有明显的冷空气配合,冷暖空气交绥受阻,使得长江中下游降水异常偏少;第二时段,长江流域盛行偏北气流,冷空气明显偏强,而南支槽与西太平洋副热带高压同时偏弱,暖湿气流也明显偏弱,仍不利于长江中下游降水;第三时段,北方有强的东北气流南下,与西太平洋副热带高压西南侧向东北输送的暖湿气流交汇于长江流域,该地区上空出现明显气旋性环流,有利于长江中下游降水偏多。

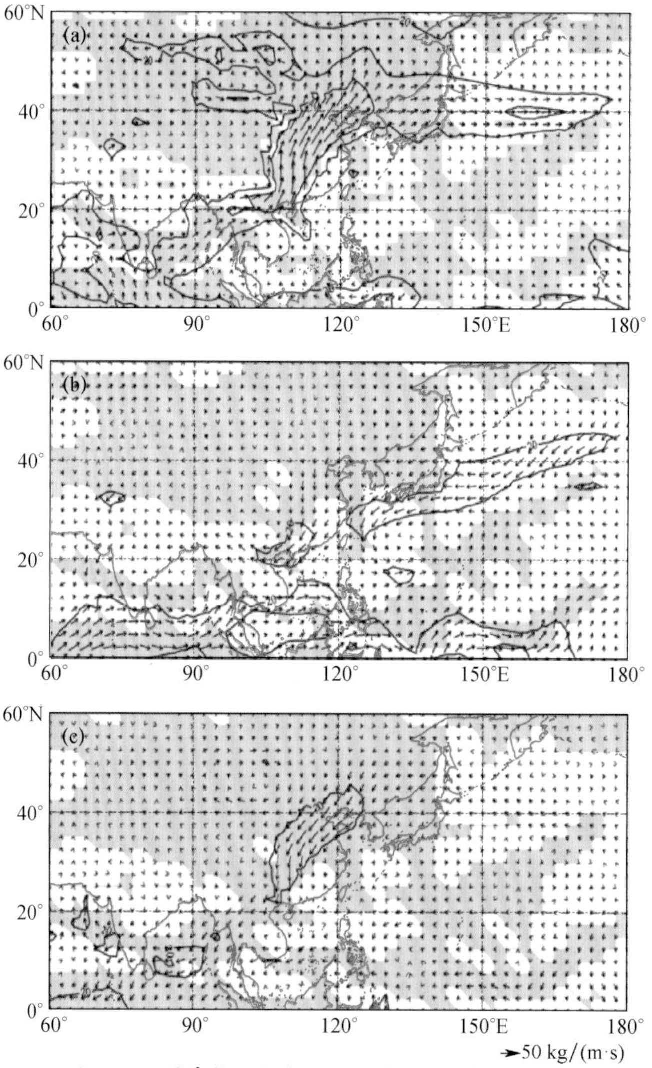

图 5.55 夏季整层水汽输送通量距平合成场(矢量)

(a)1961—1973 年;(b)1974—1986 年;(c)1987—2012 年

(等值线为水汽输送通量距平的量值,阴影区置信水平高于 95%)

海温异常是影响气候异常的一个重要外强迫因子，印度洋海温异常对亚洲天气气候有重要影响(肖子牛 等，2000)，且夏季南海海温偏高时，西太平洋副热带高压西伸发展，长江中下游夏季降水偏多(梁建茵 等，1992)。图 5.56a 给出了夏季海温场与夏季 Y_SPI 之间的相关系数分布，可以看到，20°S 以北的印度洋、孟加拉湾、南海、西太平洋及赤道东太平洋部分海域的海温与 Y_SPI 呈显著负相关，说明当这些关键海区海温异常偏低时，有利于长江中下游夏季干旱的发生。第一时段(图 5.56b)，全球海温冷异常，特别是前面提到的印度洋、暖池等关键区海温显著偏冷，意味着长江中下游夏季易发生干旱。在第二时段(图 5.56c)，全球海温负异常显著减弱，部分关键区海温为正距平，印度洋及赤道东太平洋海温增温尤为明显。第三时段(图 5.56d)相对于第一时段，全球海温场为正距平，关键海区海温明显异常偏暖，则有利于长江中下游夏季降水异常偏多，处于湿润阶段。

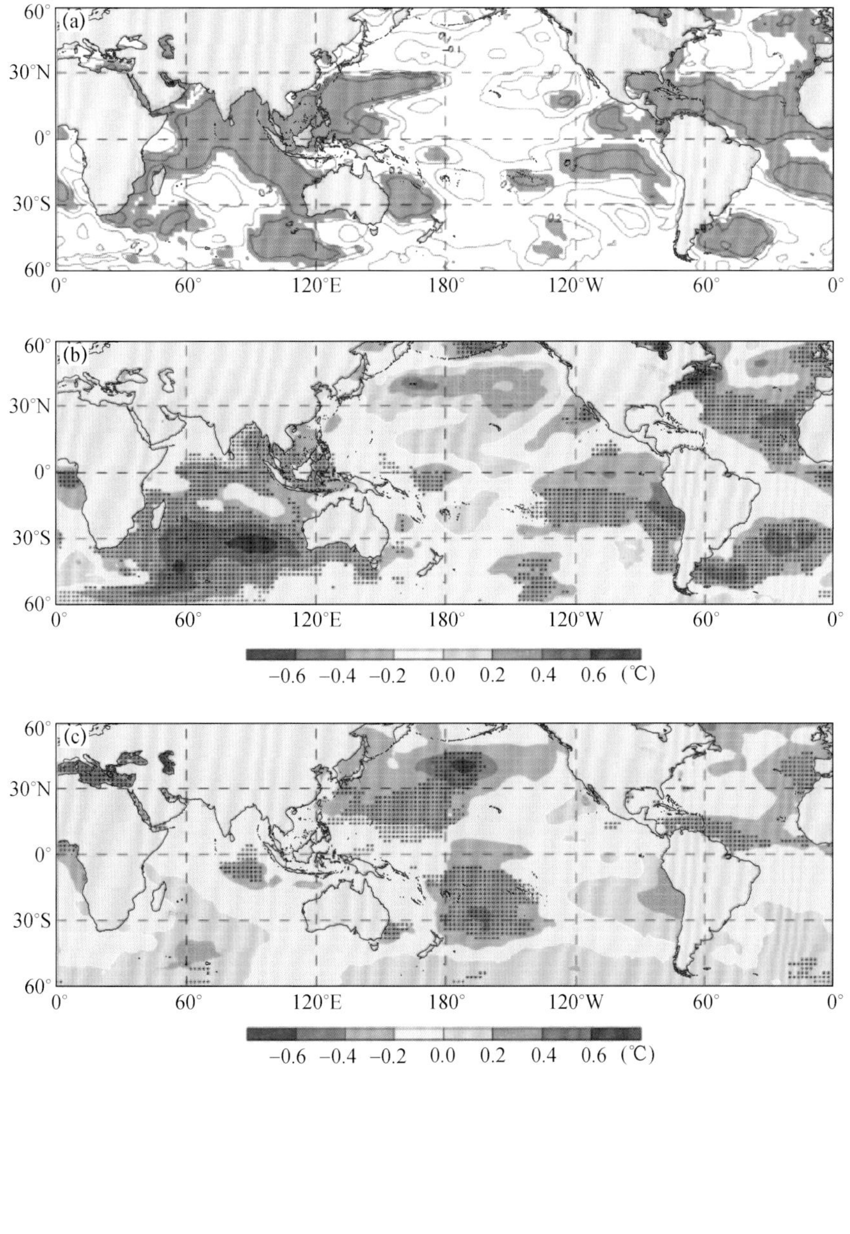

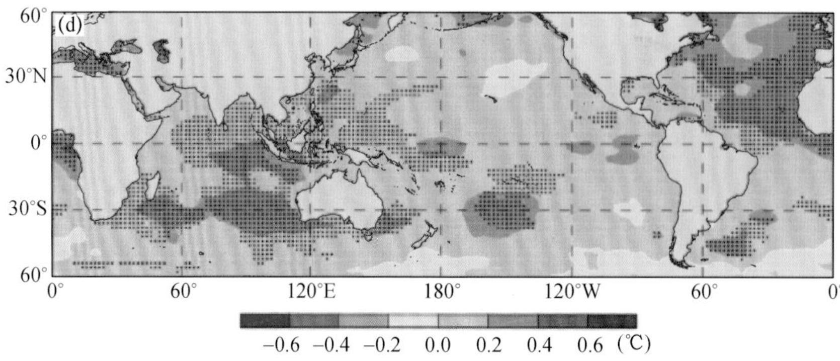

图 5.56 夏季海温场与夏季 Y_SPI 的相关系数分布(a)以及不同时段海温距平合成场(b～c)
(a)1961—1973 年;(b)1974—1986 年;(c)1987—2012 年
(图 a 中蓝色区域、图 b～d 中圆点区置信水平高于 95%)

综上所述,第一时段全球海温冷异常,尤其是印度洋、南海及赤道西太平洋海温显著偏冷,西太平洋副热带高压与南亚高压偏弱,同时海陆气压梯度增大,印度洋及南海对流层低层偏南风增强,有利于东亚夏季风偏强,夏季长江中下游地区处于明显的干旱阶段;第二时段为全球海温距平由负转正的阶段,印度洋海温明显增温,西太平洋副热带高压与南亚高压增强,海陆气压梯度减小,抑制夏季风的加强,但是,由于该时段冷空气相对较弱,依然不利于长江中下游地区降水偏多,仍然处于相对干旱的阶段;第三时段海温距平场与第一时段基本相反,印度洋及南海海温为显著正距平,西太平洋副热带高压与南亚高压偏强,海陆气压梯度较小,印度洋及南海对流低层偏南风较弱,不利于夏季风加强北进,特别是乌拉尔山和鄂霍茨克海地区上空正高度距平异常,有利于阻塞高压形成,使得冷空气南下,并与西太平洋副高西南侧暖湿空气在长江中下游地区相互作用,使得该阶段长江中下游降水偏多,处于湿润阶段。

5.3.5.2 不同时段前期冬—春季环流背景场异常特征

图 5.57 给出了不同时段前冬 500 hPa 高度场及其距平场。在第一时段(图 5.57a),高纬度上空为正负相间(由西至东,下同)的高度距平波列,乌拉尔山与北太平洋上空为正距平中心,东亚大槽偏西偏强,有利于阻塞形势发展;中低纬度上空为显著负距平,青藏高原北部脊偏弱,我国上空为显著负距平。在第二时段(图 5.57b),高纬度上空正负相间的距平波列较弱,乌拉尔山与鄂霍茨克海附近的正距平易形成阻塞形势;东亚大槽减弱,欧亚上空负距平明显减弱。第三时段(图 5.57c)相对于第一时段,高纬度上空亦为正负相间的距平波列,但与第一时段的距平波列相位相反,乌拉尔山及鄂霍茨克海上空的负距平,东亚大槽异常偏弱,阻塞形势发展受抑;中低纬度上空为正距平控制,地中海附近为正距平中心;青藏高原北部脊偏强,我国上空为显著正距平。

图 5.58a 给出了前冬海平面气压场与 Y_SPI 的相关系数分布,欧亚大陆海平面气压与夏季 Y_SPI 呈正相关关系。第一时段(图 5.58b),欧亚中低纬度为显著负距平,蒙古高压明显偏弱;阿留申群岛及北太平洋为正距平中心,阿留申低压偏弱。在第二时段(图 5.58c),欧亚大部分区域为弱的正距平,蒙古高压加强;北太平洋为负距平中心,阿留申低压较强。第三时段(图 5.58d)相对于第一时段,北半球中低纬度海平面气压为正距平,蒙古冷高压偏强,冷空气比较活跃;阿留申群岛附近为负距平,阿留申低压偏强。

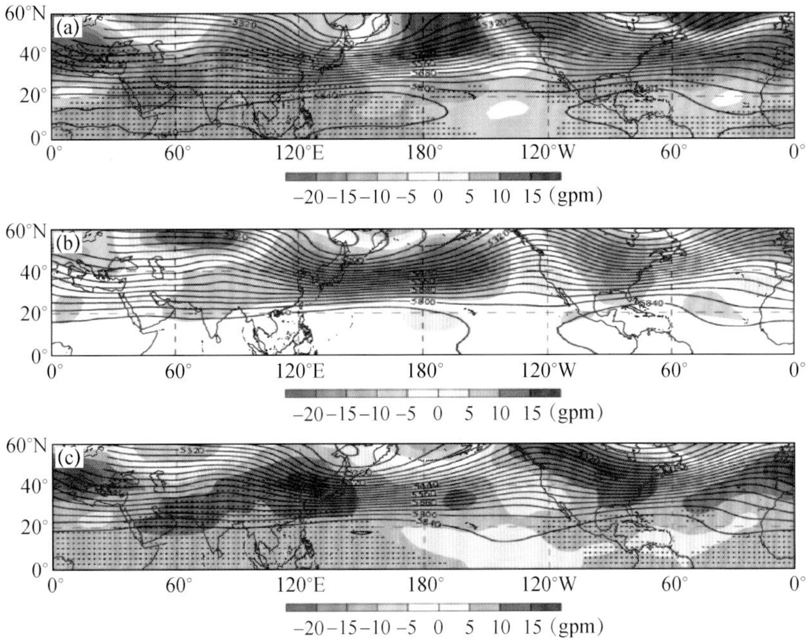

图 5.57 前冬 500 hPa 高度场(等值线)及其距平场(阴影)

(a)1961—1973 年;(b)1974—1986 年;(c)1987—2012 年

(圆点区置信水平高于 95%)

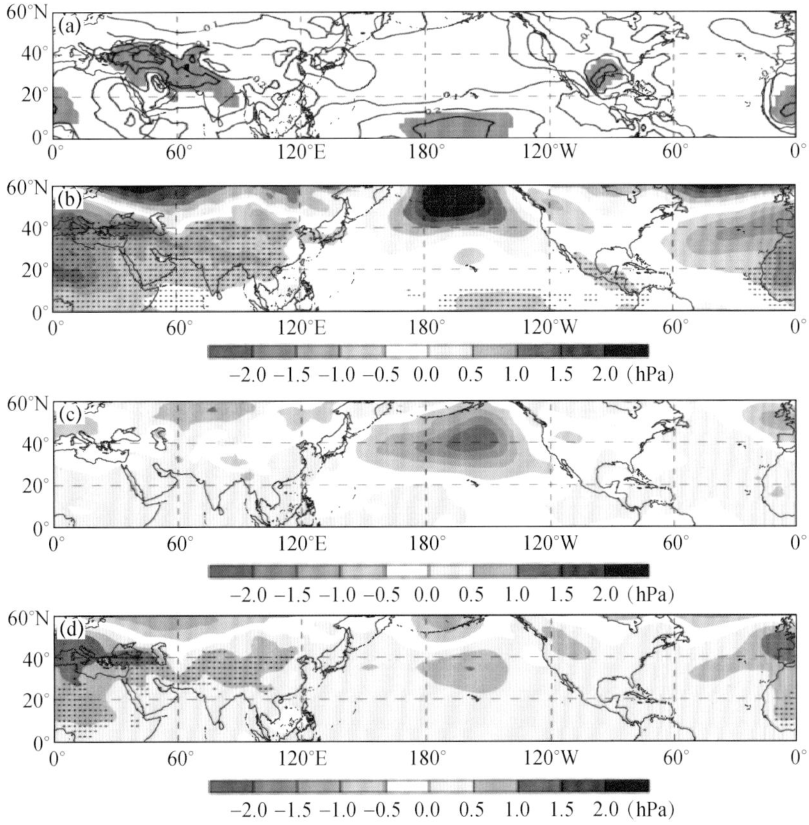

图 5.58 前冬海平面气压与夏季 Y_SPI 的相关系数(a)以及 1961—1973 年(b),1974—1986 年(c),1987—2012 年(d)海平面气压距平合成场(阴影)

(图 a 中蓝色区域与图 b—d 中圆点区置信水平高于 95%)

前冬赤道南印度洋、鄂霍茨克海及我国东海海温与夏季 Y_SPI 指数呈显著正相关关系(图 5.59a)。在第一时段(图 5.59b),全球海温异常偏冷,鄂霍茨克海、南印度洋及东海冷异常尤为显著。第二时段(图 5.59c),海温负距平减弱,部分关键区海温为弱的正距平,南印度洋海温增温趋势明显。第三时段(图 5.59d)相对于前两个时段,全球海温整体偏暖,关键影响区海温显著偏暖。

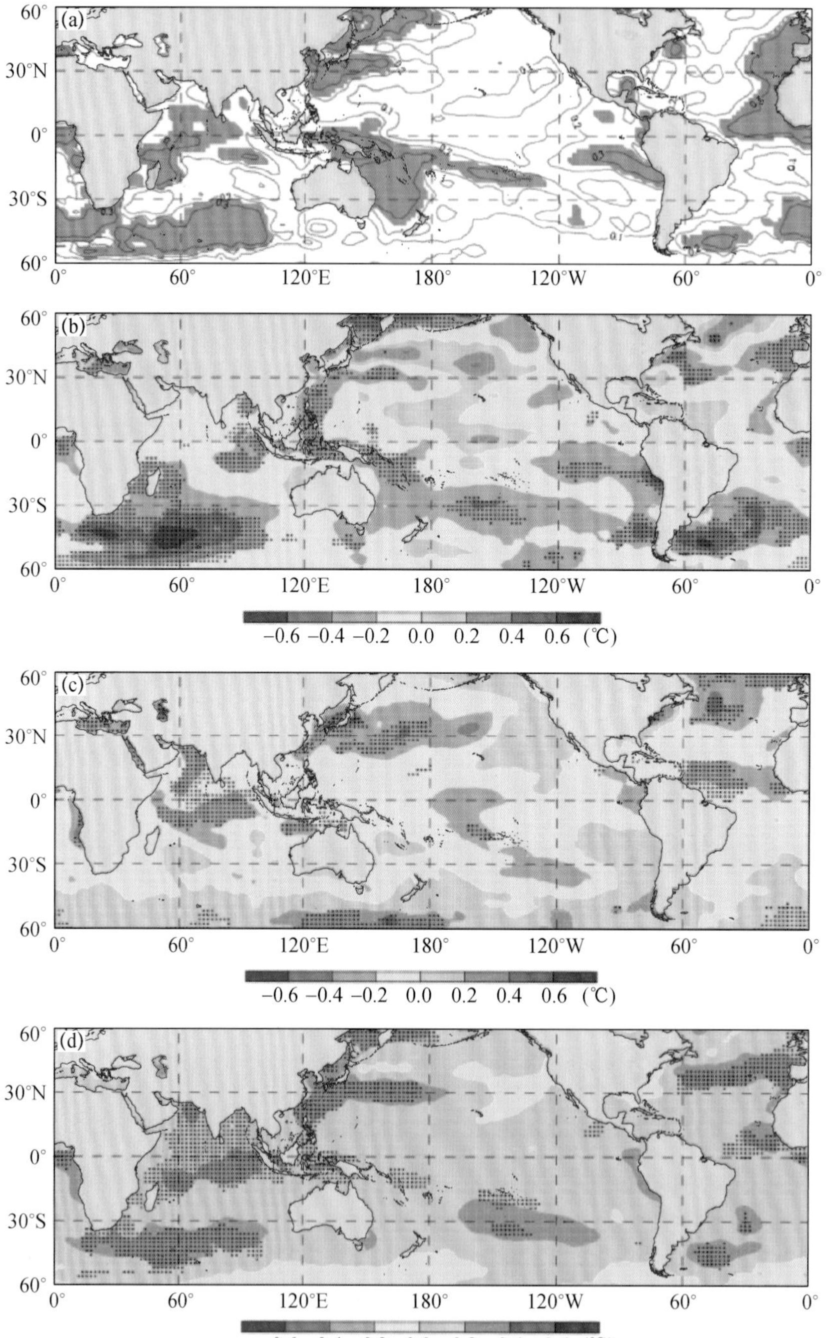

图 5.59 前冬海温场与夏季 Y_SPI 的相关系数分布(a)以及 1961—1973 年(b)、1974—1986 年(c)、1987—2012 年(d)前冬海温距平合成场(阴影)

(图 a 中蓝色区域与图 b~d 中圆点区置信水平高于 95%)

图 5.60 给出了不同时段春季 500 hPa 高度场及其距平场，第一时段(图 5.60a)，中高纬度上空为“负—正—负”的距平波列，欧亚及北美上空为显著负距平控制，北太平洋上空为正距平中心，东亚大槽异常偏西偏强；青藏高原北部脊偏弱，我国上空为显著负距平。在第二时段(图 5.60b)，乌拉尔山至鄂霍茨克海为“正—负—正”距平波列，乌拉尔山与鄂霍茨克海上空为正距平，北太平洋上空为负距平中心，乌拉尔山与鄂霍茨克海高压脊发展，东亚大槽偏东偏强，我国上空为弱的负距平。相对于第一时段，第三时段(图 5.60c)乌拉尔山与北太平洋上空为负距平，东亚大槽北移减弱，阻塞形势发展受抑；青藏高原北部脊偏强，蒙古国及我国上空为显著正距平。

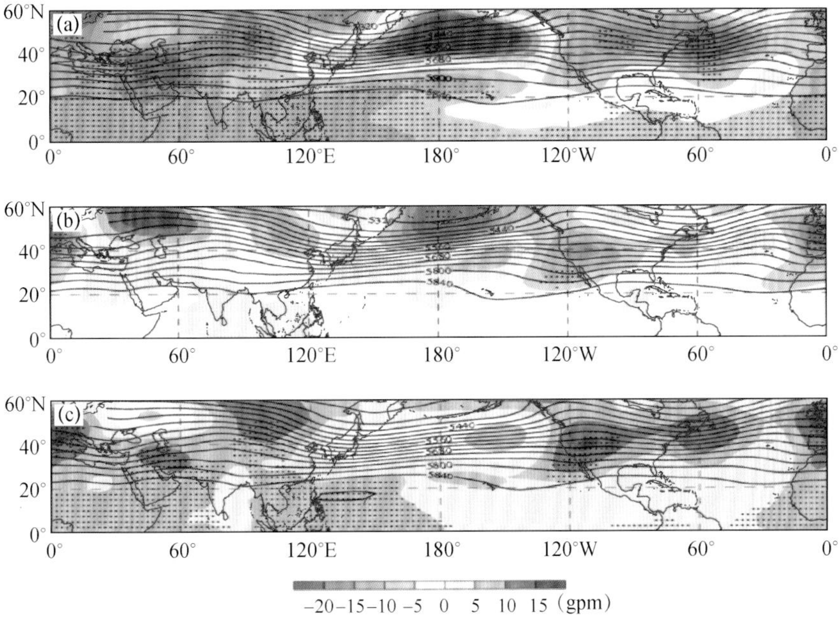

图 5.60 春季 500 hPa 高度场(等值线)及其距平场(阴影)

(a)1961—1973 年；(b)1974—1986 年；(c)1987—2012 年

(圆点区置信水平高于 95%)

图 5.61a 给出了春季海平面气压场与夏季 Y_SPI 相关系数分布，由图可见，阿留申群岛、赤道太平洋及里海附近海平面气压场与 Y_SPI 呈显著正相关关系。第一时段(图 5.61b)，欧亚地区为显著负距平，蒙古高压明显偏弱；赤道太平洋海平面气压显著负异常，北太平洋及阿留申群岛附近为正距平中心，阿留申低压明显偏弱。第二时段(图 5.61c)，欧亚大部分地区海平面气压正异常，蒙古高压增强；阿留申群岛附近为负距平中心，阿留申低压偏强。在第三时段(图 5.61d)，欧亚部分区域为显著正距平，蒙古国及我国大部分地区为显著正异常中心，蒙古高压异常偏强；赤道太平洋及阿留申群岛附近为正距平，阿留申低压填塞减弱。

春季，南印度洋、赤道印度洋及赤道东太平洋海温与夏季 Y_SPI 呈显著正相关关系(图 5.62a)。第一时段(图 5.62b)，全球海温偏冷，关键区海温冷异常尤为显著。在第二时段(图 5.62c)，全球海温冷异常减弱，部分海域海温为正距平，且南印度洋及赤道东太平洋增温明显。第三时段(图 5.62d)相对于前两个阶段，全球海温场异常偏暖，赤道印度洋及赤道东太平洋偏暖尤为显著，使得西太平洋副热带高压与南亚高压的偏强(张琼 等，2003)，有利于长江中下游地区夏季降水异常偏多，为气候偏湿阶段。

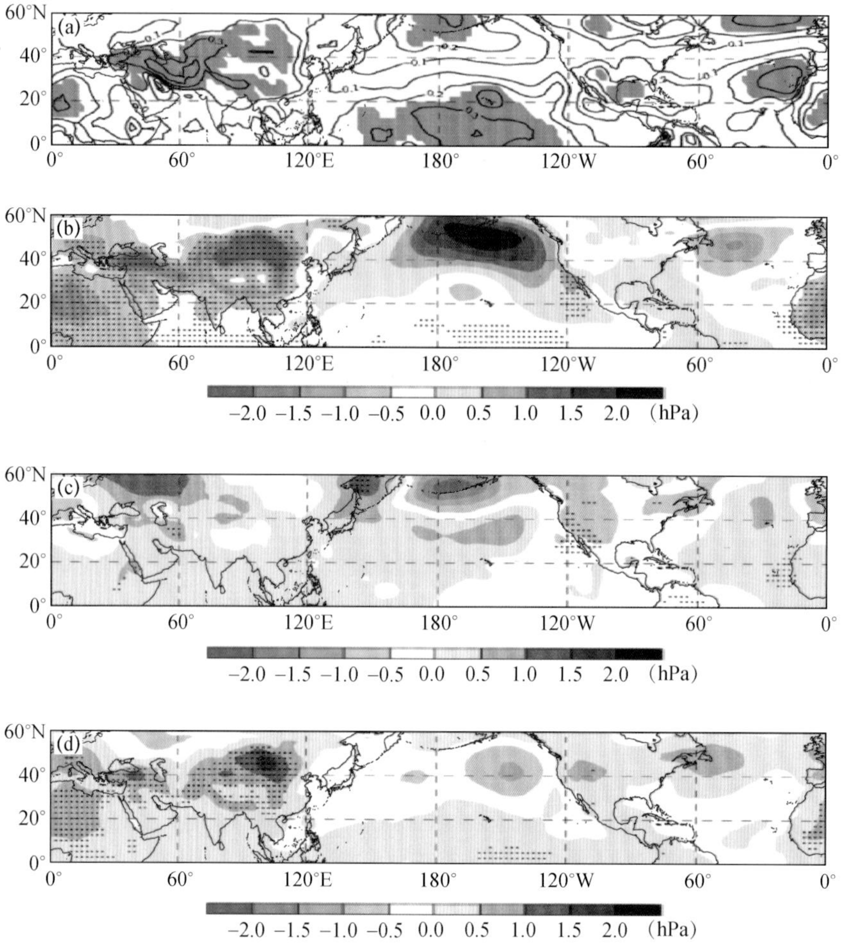

图 5.61 春季海平面气压与夏季 Y_SPI 的相关系数(a)及其 1961—1973 年(b)、1974—1986 年(c)、1987—2012 年(d)距平合成场(阴影)

(图 a 中蓝色区域与图 b~d 中圆点区置信水平高于 95%)

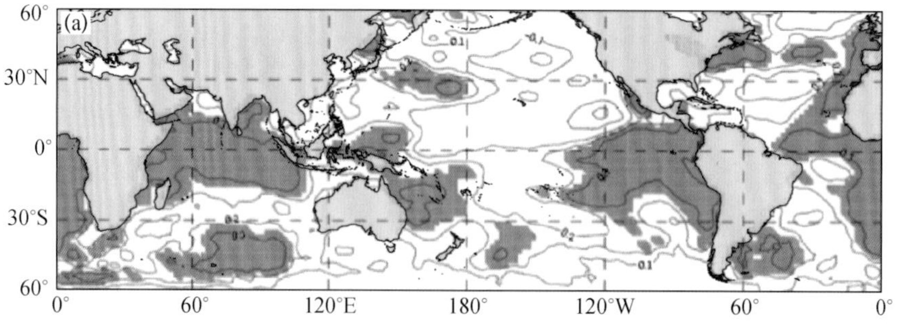

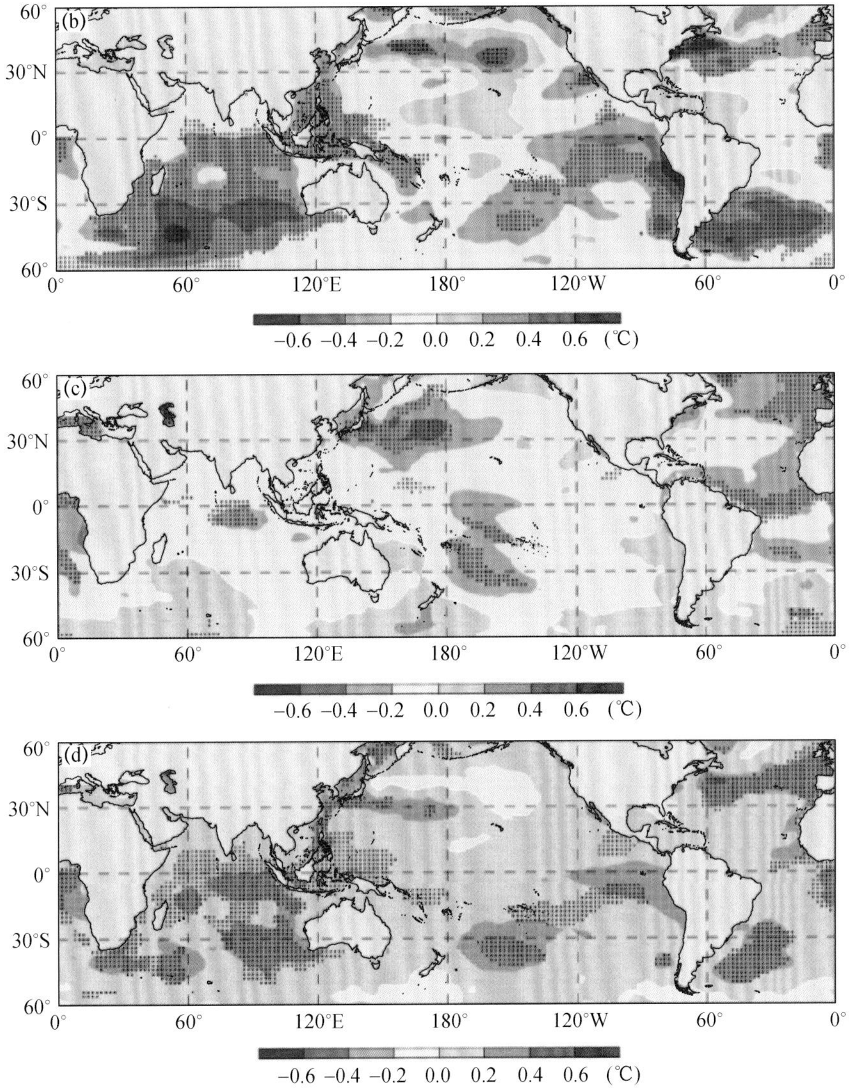

图 5.62 春季海温场与夏季 Y_SPI 的相关系数(a)及其 1961—1973 年(b)、1974—1986 年(c)、1987—2012 年(d)距平合成场(阴影)。

(图 a 中蓝色区域与图 b～d 中圆点区置信水平高于 95%)

5.3.5.3 不同时段前冬至夏季环流演变及其影响

对 500 hPa 高度场及其距平场的分析表明,第一时段,前冬高纬度上空正负相间的高度距平波列在春季调整为"正—负—正"的距平波列,并在夏季消失;中低纬度上空从前冬至夏季维持显著负距平,前冬地中海附近的负距平中心在春季东移至里海附近,该负异常中心在夏季稳定维持在蒙古国上空,且强度加强;夏季,东亚大槽位置偏北,亚洲上空西风环流平直,南支槽发展,西太平洋副热带高压异常偏弱。第二时段,前冬高纬度上空正负相间的距平波列较弱,乌拉尔山与鄂霍茨克海附近的正距平在春季加强,有利于阻塞形势发展,且乌拉尔山附近的正距平中心在夏季减弱并移至巴尔喀什湖附近,而中低纬度上空从前冬至夏季负距平持续减弱;夏季,巴尔喀什湖高压脊偏强,东北上空有一冷槽,西太平洋副热带高压比第一时段偏强。在第三时段,前冬高纬度上空正负相间的距平波列与第一时段相位相反,这一波列在春季转变为"负—正—负"的距平波列,乌拉尔山与北太平洋上空为负距平，而蒙古国及我国上空前冬至夏季维持显著正距平；前冬乌拉尔山与鄂霍茨克海高压脊偏弱，东亚大槽偏弱，阻塞形势发展受抑；而夏季乌拉尔山与贝加尔湖高压脊偏强，南支槽异常偏弱，西太平洋副热带高压显著偏强。由此可见，500 hPa 高度场没有呈现出一致性的变化趋势，而表现为明显的年代际变化，即第一时段与第三时段所对应季节的高度距平场相位明显相反，说明在第二时段 500 hPa 高度场发生明显的转折，即由负（正）相位转为正（负）相位，这与已有的研究相一致（施能 等，1996；颜鹏程 等，2014）。

前冬赤道中太平洋及里海附近海平面气压与夏季 Y_SPI 为显著正相关关系，在春季与夏季显著正相关区域进一步扩大至阿留申群岛附近及东亚地区，且北半球低纬度太平洋海平面气压与夏季 Y_SPI 的正相关关系随季节变得越来越显著。第一时段，前冬欧亚大陆为显著负距平、蒙古冷高压偏弱，阿留申群岛附近为正距平中心、阿留申低压异常偏弱，里海附近的显著负距平中心在春季移至蒙古国，同时阿留申群岛附近的正距平中心在春季减弱；夏季，欧亚大陆显著负距平加强，蒙古国负距平中心尤为显著，印度低压偏强，则长江中下游夏季易发生干旱。第二时段，前冬至夏季欧亚大部分地区海平面气压维持弱的正距平，前冬至春季阿留申群岛附近为负距平中心，蒙古高压加强、阿留申低压偏强；夏季阿留申群岛附近为弱的正距平，阿留申低压与印度低压同时偏弱，有利于长江中下游夏季干旱减弱。第三时段，前冬欧亚大陆为正距平，里海附近为显著正距平中心，蒙古高压偏强，阿留申群岛附近为负距平，阿留申低压偏强；春季里海附近的正距平中心移至蒙古国并且强度加强，阿留申群岛为弱的正距平，阿留申低压填塞减弱；夏季蒙古国的正距平中心持续加强，我国及周边地区海平面气压显著正异常，印度低压偏弱，这意味着长江中下游地区夏季易处于偏湿状态。由此可见，与第二时段长江中下游夏季干湿转变相对应，北半球海平面气压场在第二时段发生了明显的转折，使得第一时段与第三时段所对应季节的海平面气压距平场相位相反。

前冬至夏季，赤道南印度洋海温与夏季 Y_SPI 显著相关，并且赤道印度洋显著相关区随季节范围扩大，而南印度洋显著相关区范围缩小。第一时段，海温场从前冬至夏季整体持续偏冷，20°S 以北印度洋偏冷异常显著，南印度洋冷中心持续向北移动，西太平洋副热带高压偏弱，这意味着该时段长江中下游夏季易发生干旱。第二时段，全球海温负异常显著减弱，甚至出现正海温异常，海温距平由负转正，使得长江中下游夏季干湿状态发生转变。而第三时段，前冬至夏季全球海温场整体持续偏暖，印度洋海温偏暖尤为显著，南印度洋暖中心持续向北移动，且范围扩大；南亚高压与西太平洋副热带高压偏强，长江中下游夏季易处于湿润状态。全球海温场在第二时段发生了转折，即在第一时段全球海温为冷异常，表现为负距平；第三时段全球海温为暖异常，表现为正距平。

5.3.5.4 长江中下游夏季不同时段降水异常的概念模型

结合前冬至夏季大气环流形势及海温场的异常特征及其演变过程，初步建立了长江中下游地区各个时段的概念模型：

① 第一时段，前冬至夏季全球海温持续偏冷，南印度洋与南海海温冷异常在春季显著增强，使得西太平洋副热带高压与南亚高压偏弱。前冬青藏高原北部脊偏弱，蒙古高压偏弱，冷空气活动较弱；东亚大槽位置偏西，阿留申低压异常偏弱。春季槽脊系统东移减弱，有利于经向环流转变为纬向环流；蒙古国海平面气压负异常中心在夏季维持并加强。夏季印度低压偏强，南支槽加深发展，夏季风水汽输送明显偏强；同时乌拉尔山高压脊偏西偏弱，东亚大槽偏北，亚洲中高纬度为平直西风气流，冷空气南下受阻。在以上环流配置下，长江中下游夏季暖湿气流偏强，中高纬

度冷空气异常偏弱,不利于冷暖空气在长江中下游交绥,导致该地区易于发生干旱。

② 第二时段,前冬至夏季全球海温冷异常减弱,部分海域出现弱的正距平,南印度洋海温增温趋势明显,西太平洋副热带高压与南亚高压增强。前冬欧亚海平面气压为正距平、蒙古冷高压增强,乌拉尔山与鄂霍茨克海上空的正距平在春季加强,有利于高压脊发展,且前冬与春季阿留申低压偏强。夏季巴尔喀什湖高压脊发展,且我国东北上空有一浅槽,北方冷空气活跃;相对于第一时段,印度低压偏弱,南支槽西移减弱,槽前从孟加拉湾向我国东部地区的西南水汽输送减弱,同时西太平洋副热带高压仍弱于气候态,其西北侧来自南海的偏南水汽输送较弱。在这样的环流演变与配置下,我国长江中下游地区夏季盛行偏北冷空气,暖湿空气明显不足,导致长江中下游部分地区发生干旱。

③ 第三时段,前冬至夏季全球大部分海域出现暖异常,印度洋与南海海温偏暖尤为显著,西太平洋副热带高压与南亚高压偏强,同时欧亚上空维持显著正距平。前冬乌拉尔山与鄂霍茨克海高压脊偏弱,东亚大槽偏弱,不利于阻塞形势发展;青藏高原北部脊发展,蒙古冷高压强盛,冷空气活跃。春季印度洋海温暖异常明显增强,贝加尔湖高压脊发展,蒙古国及我国上空为显著正距平。夏季印度低压异常偏弱,南支槽异常偏西偏弱,且夏季风水汽输送偏弱,水汽滞留在长江流域;同时贝加尔湖高压脊偏强,脊前中高纬度冷空气南下。在以上环流的演变与配置下,冷暖空气交绥于长江流域,有利于长江中下游夏季降水偏多。

5.4 南方旱涝的集成预测平台和应用

5.4.1 南方旱涝的集成预测平台

随着社会的发展,国家和社会对短期气候预测的需求越来越高,中国夏季旱涝预测是短期气候预测的核心内容。动力—统计客观定量化预测是在充分吸收动力学和统计学方法优点的基础上,进而形成的一种提高短期气候预测准确率的新思路,是目前短期气候预测公认的可行之路。2008 年以来,围绕如何提高短期气候预测准确率这一核心问题,我国学者提出了如何将动力气候模式预测转化为利用历史资料有用信息来预测动力气候模式预报误差的预报新理论。基于国家气候中心的海—气耦合气候模式,研发了预报模式误差的汛期降水动力—统计客观定量化预测业务平台,该平台以气候模式作为动力核心,分析模式误差的特征,将其作为预报对象;以历史相似作为统计核心,进行有针对性的预报,并将动力和统计方法的优点有机结合。在对国家气候中心季节气候模式月一季尺度降水预报误差进行分析的基础上,结合多种海气系统的影响因子,诊断模式存在误差的主要原因,确定既有物理意义、又与模式预报误差存在联系的关键因子;基于关键因子选取历史相似年的模式预报误差,并与当前模式预报结果进行叠加以得到新的预报结果。该平台为集数据实时接收、历史实况和模式结果检索、全国/区域降水和温度的动力统计客观化预测以及检验评分于一体的动力—统计相结合的季节气候预测系统(FODAS)。该气候预测业务平台已经在 2009—2015 年的汛期降水预测中实现业务应用,连续 7 a 准确把握了中国夏季的主雨带位置,尤其是近年来预测难度较大,2012 年和 2013 年连续两年出现十多年来罕见的一类雨型,而 2014 年和 2015 年又连续两年出现“北少南多”的雨型,FODAS 系统均表现出很好的预测性能。7 年预测 PS 评分每年都在 70 分以上，7 a 均分达到了 74 分，显示了该业务系统具有较高的预测技巧。

2011—2015 年，以国家气候中心为牵头单位，联合北京、沈阳、上海、广州、武汉、甘肃、等 32 个省(市)气候中心等，开展了动力—统计集成的季节气候预测系统试点推广应用工作，试点推广应用的省份完成了 FODAS 的本地化和回报试验，并且分别给出了 2011—2015 年夏季的降水预测结果。FODAS 系统向全国的成功推广和应用，促进了各省季节降水客观化预测水平的提高，加快了省级气候业务现代化建设的步伐，形成了国家气候中心在现代化气候业务建设过程中实现边研究、边应用、边检验的典型案例，同时也开辟了科研成果向业务应用转化的现代气候工作的创新模式。

近年来，进一步利用国家气候中心气候系统模式(BCC_CSM)、欧洲中期数值预报中心季节气候预测模式(ECMWF_SYSTEM4)、美国环境预报中心气候预测模式(NCEP_CFS2)，以这 3 个模式为基础构建了南方旱涝动力—统计预测方法。发展了适用于动力季节预测的相似误差订正方法，并进行了预测试验，构建了利用相似年的模式误差信息进而实现对预报年气候模式预报误差预报的汛期降水动力—统计预测方案，方案详细流程这里不再赘述。为进一步提高南方夏季旱涝预测水平，开展多模式的动力统计集成预测试验，构建了多模式集成预测方案。多模式的动力-统计集成预测分为两个部分，在训练阶段，针对每个区域建立预测和观测的统计模型，这里采用加权集成方案，对不同方案通过统计关系赋予不同的权重(图 5.63)，在此基础上，发展形成了动力-统计相结合的季节气候预测新系统(FODAS2.0)。

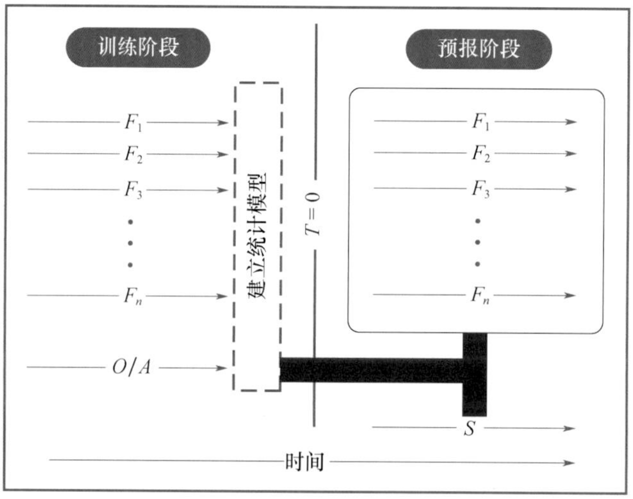

图 5.63　多模式集成预测流程

多模式动力统计集成预测流程为：首先，针对南方地区 3 个模式的预测结果，根据前期构建的动力统计方案开展动力统计修正，得到各个模式的动力统计预测及多年回报结果。然后，在此基础上，以回报近 5 a 的夏季降水 ACC 以及误差分布曲线的改进效果以及各模式对南方地区偏旱年和偏涝年的预测准确率为判别基准，对于效果有明显改进的区域，选取对改进效果最好的两个方案进行集成作为预测结果；对于效果改进并不明显的区域则采用全部方案进行集合平均作为最终的预测结果；对于效果没有改进反而下降的区域则采用模式系统误差订正结果作为预测结果，在对误差进行动力统计修正后，依据实况降水统计得到的中南方地区旱涝异常的频次概率分布，对预报结果进行异常级加权订正，得到最终的预报结果。

基于以上工作，针对 2010—2016 年开展了多模式动力统计集成预测独立样本回报检验，以此来检验该方案的预测效果。由于 EC 模式在 2011 年、2012 年以及 2014 年没有模式结果，无法开展多模式集成回报，因此，在实际操作中只开展了 4 a 的独立样本回报。图 5.64 给出了 2013 年、2015 年和 2016 年的南方夏季旱涝的实况及多模式集成预测回报分布图。可以看出，2013 年南方降水整体偏少，除了华南地区及云南西南部地区降水偏多以外，其他大部分区域都是降水偏少，其中贵州、湖南、江西等地区偏旱 2 成以上，预测结果较好地把握住了整体偏旱的形式，并且量级也与实况较为接近。2015 年南方地区降水实况分布与 2013 年相反，华南地区偏旱，而长江流域、江南以及东南沿海地区降水偏多，预报结果也能够对这样的分布形势有较好的把握。2016 年南方地区降水实况呈现长江流域偏多、华南地区降水偏少的分布形势，预测结果对长江流域降水偏多把握较为准确，在量级上也较为接近，对华南地区降水预测效果不够准确。总而言之，多模式动力统计集成预测结果在上述 3 a 中都能够较好地把握南方地区的降水分布形势，对雨带的把握也较为准确，并且在量级上也与实况较为接近，不管是对旱涝分布形势的把握还是在旱涝量级上的把握都较模式系统订正预测有显著的提升。图 5.65 给出了 2010—2016 年的多模式动态集成预测方案与模式系统误差订正的独立样本回报效果对比，可以看出，单个模式预报的结果在不同年差异很大，预测评分时高时低并不稳定，而多模式集成预测的 ACC 以及 PS 评分都稳定地保持在较高的预测水平，能够有效地提高南方地区的旱涝预测技巧。

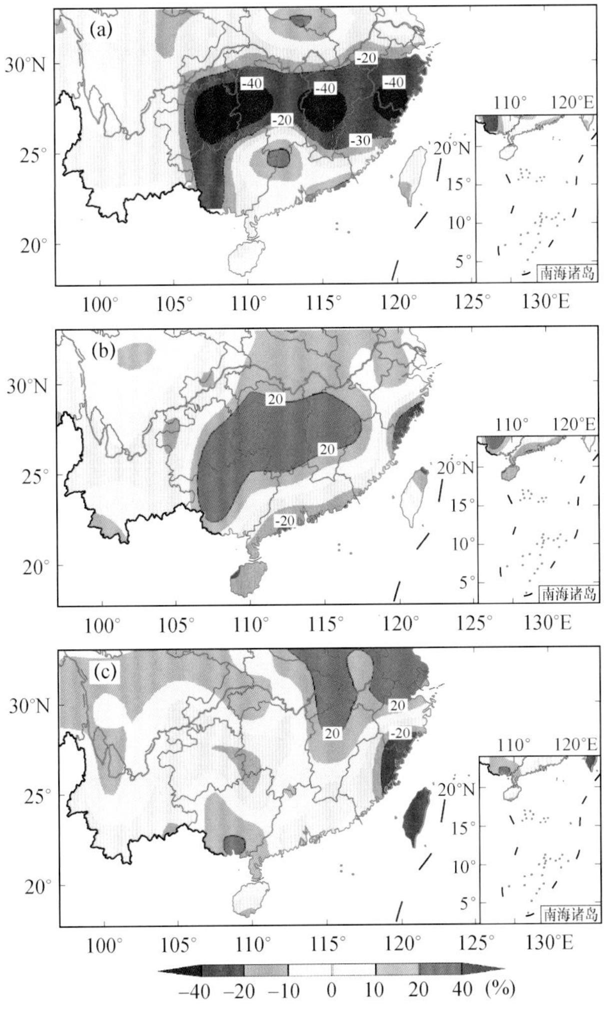

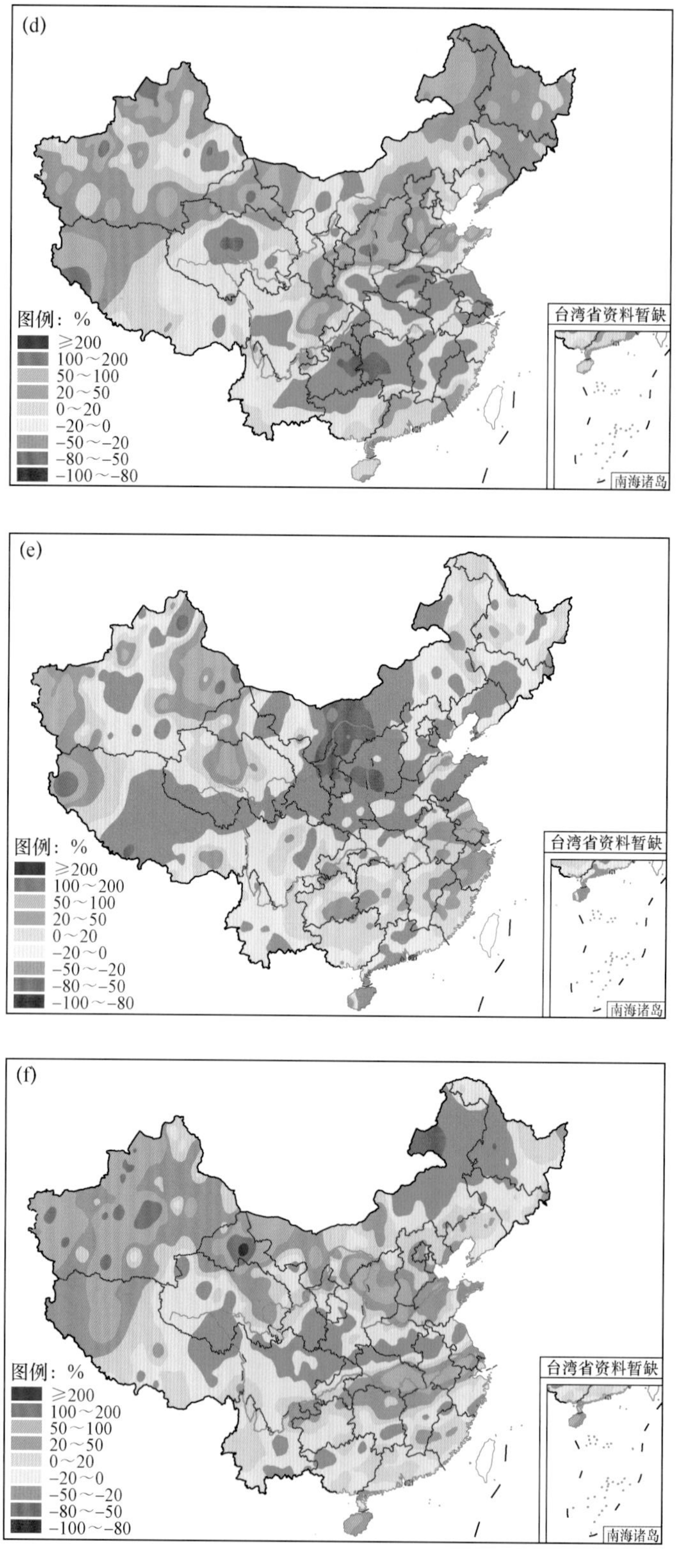

图 5.64　南方地区夏季降水多模式动力统计集成预测与实况

（a～c 为 2013 年、2015 年、2016 年夏季降水距平预测，d～f 为相应的夏季降水距平实况）

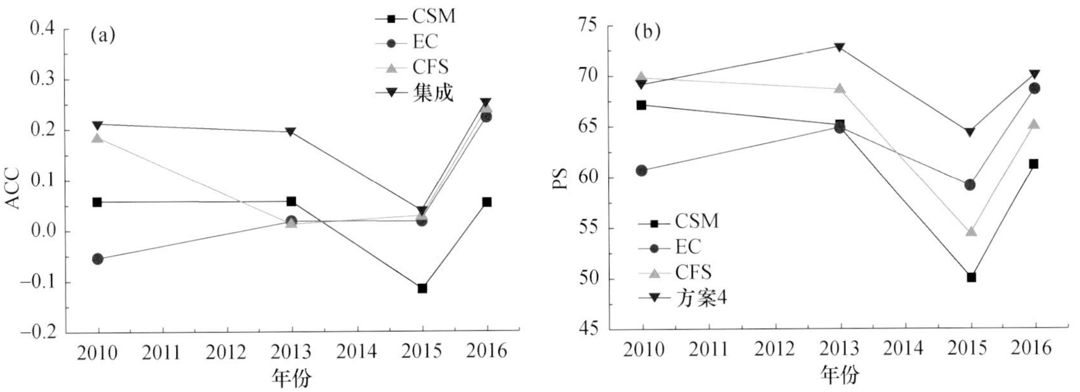

图 5.65 2010—2016 年多模式动态优选集成预测与系统误差订正回报效果对比

(a)ACC;(b)PS 评分

5.4.2 华南暴雨"积成效应"气候预测方法与应用

持续性暴雨是华南前汛期降水的主要降水形式。在暴雨这一天气尺度系统频繁活动的情况下,会形成一次类似于中长期天气过程的暴雨"积成效应"事件,进而对汛期降水的多寡和分布情况产生决定性影响。基于暴雨"积成效应"这一概念,采用 1960—2012 年中国 740 站逐日降水观测数据,将暴雨这一天气尺度强降水过程拓展为类似中长期天气尺度过程来考虑,研究前期环流因子对它的影响。

使用多元线性回归的方法,利用前冬(如 1960—2015 年冬季)影响因子回归汛期(如 1961—2016 年夏季)的暴雨积成效应指数,然后利用预测的暴雨积成效应指数选取出历史相似年(与预测指数最为接近的年),最后将相似年的暴雨降水距平百分率合成得到当年降水距平百分率预测结果。这里所谓的暴雨指的是汛期站点日降水量达到 45 mm 及以上,暴雨总量是所有满足此条件的汛期总日数的暴雨降水累计值。

回归方程中的回归系数 $\beta_1,\beta_2,\cdots,\beta_k$ 是由最小二乘估计所得。对于 n 年的暴雨积成效应指数,可以由 m 个影响因子组成的线性回归方程:

$$
\begin{aligned}
y_1 &= \beta_0+\beta_1 x_{11}+\beta_2 x_{12}+\cdots+\beta_m x_{1m}+\epsilon_1\\
y_2 &= \beta_0+\beta_1 x_{21}+\beta_2 x_{22}+\cdots+\beta_m x_{2m}+\epsilon_2\\
&\cdots\\
y_i &= \beta_0+\beta_1 x_{i1}+\beta_2 x_{i2}+\cdots+\beta_m x_{im}+\epsilon_i\\
&\cdots\\
y_n &= \beta_0+\beta_1 x_{n1}+\beta_2 x_{n2}+\cdots+\beta_m x_{nm}+\epsilon_n
\end{aligned}
\tag{5.4}
$$

上式写成矩阵形式为:

$$y=X\beta+\epsilon$$

$$y=\begin{bmatrix} y_1\\ y_2\\ \vdots\\ y_n \end{bmatrix}$$

$$X=\begin{bmatrix}1 & \cdots & x_{1m}\\ 1 & \cdots & x_{2m}\\ \vdots & \ddots & \vdots\\ 1 & \cdots & x_{nm}\end{bmatrix}$$

$$\beta=\begin{bmatrix}\beta_1\\ \beta_2\\ \vdots\\ \beta_n\end{bmatrix}\qquad \epsilon=\begin{bmatrix}\epsilon_1\\ \epsilon_2\\ \vdots\\ \epsilon_n\end{bmatrix} \tag{5.5}$$

以 2016 年的预测为例，采用国家气候中心新的 130 项指数后，前 1～22 项因子加入后会出现结果不合理的现象，因此将前 1～22 项因子首先剔除。对剩余的 108 项指数，计算 1959—2014 年冬季(即 1960—2015 年前冬)各项影响因子平均(12 月，1 月，2 月)与 1960—2015 年长江中下游夏季暴雨积成效应指数的相关性，将相关值大于 0.3(95%以上显著性)的因子保留下来，共得到 12 个因子(西太平洋副高面积指数、西太平洋副高强度指数、西太平洋副高西伸脊点指数、北大西洋涛动指数、北半球极涡面积指数、北极涛动指数、太平洋—北美遥相关型指数、斯堪的纳维亚遥相关型指数、印度洋暖池强度指数、西太平洋暖池强度指数、黑潮区海温指数以及大西洋海温三极子指数)。利用挑选出的 12 个因子建立回归方程，用 1960—2015 年前冬影响因子回归 1960—2015 年长江中下游夏季暴雨积成效应指数，得到所需的 12 项回归系数 β_1，β_2，…，β_{12}，以及回归常数 β_0。利用上述回归系数，以及 2016 年前冬(2015 年冬季)12 项因子的季节平均值 β_1，β_2，…，β_{12}，计算得到 2016 年暴雨积成效应指数。分析发现，回报检验降水量与暴雨空间分布上都具有很好的对应关系，从 2014—2016 年的实际应用来看，较好地预测了南方的旱涝分布(图 5.66～图 5.68)。总体而言，通过前期影响因子预测暴雨“积成效应”指数，从而对华南区域汛期降水进行预测是具有可行性的。

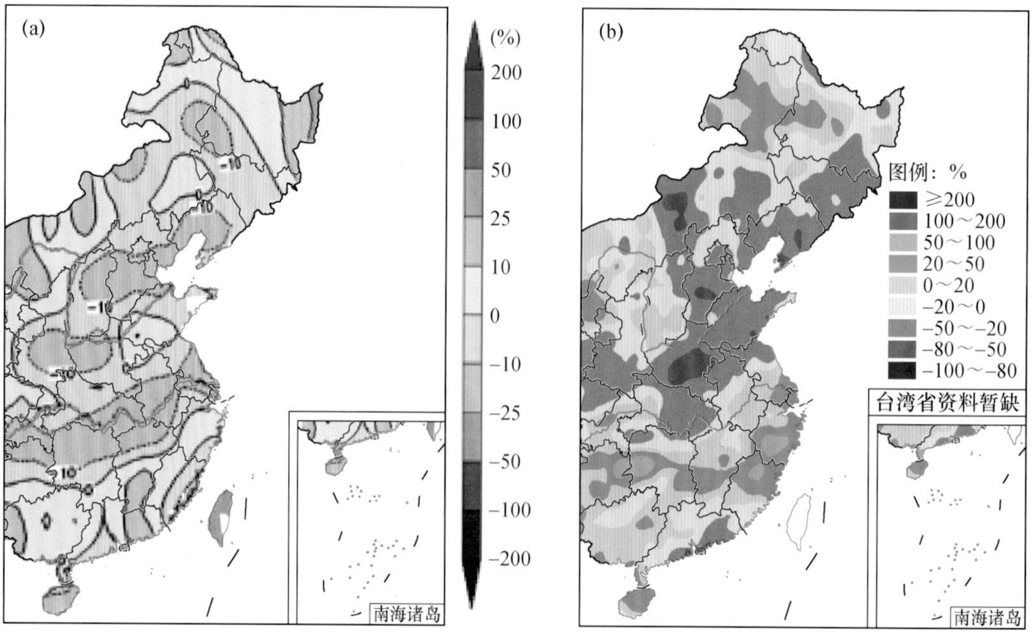

图 5.66　2014 年降水距平百分率

(a)预测图；(b)实况图

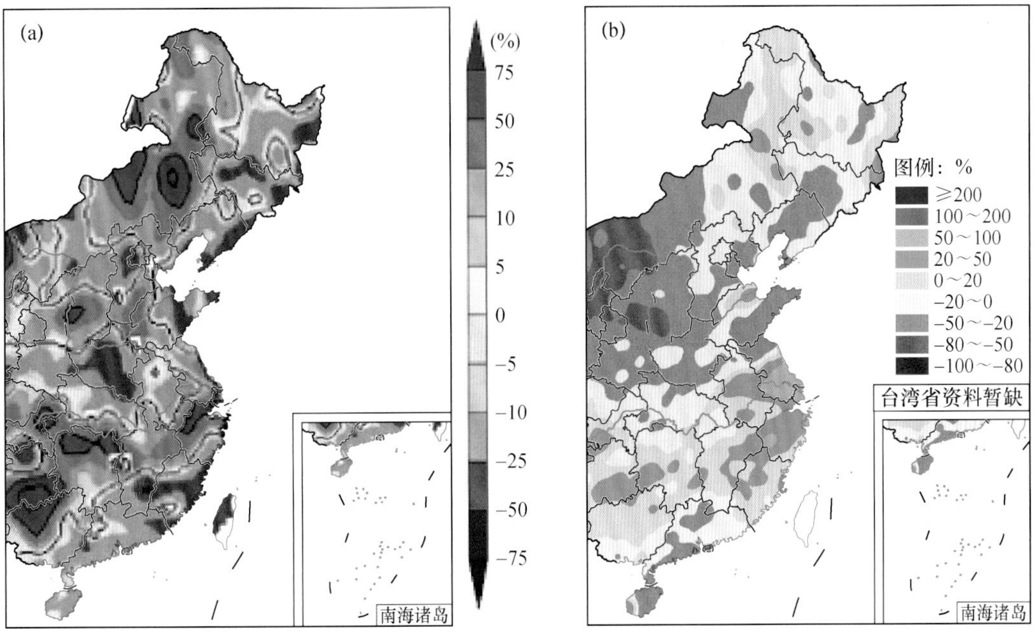

图 5.67 2015 年降水距平百分率

(a)预测图；(b)实况图

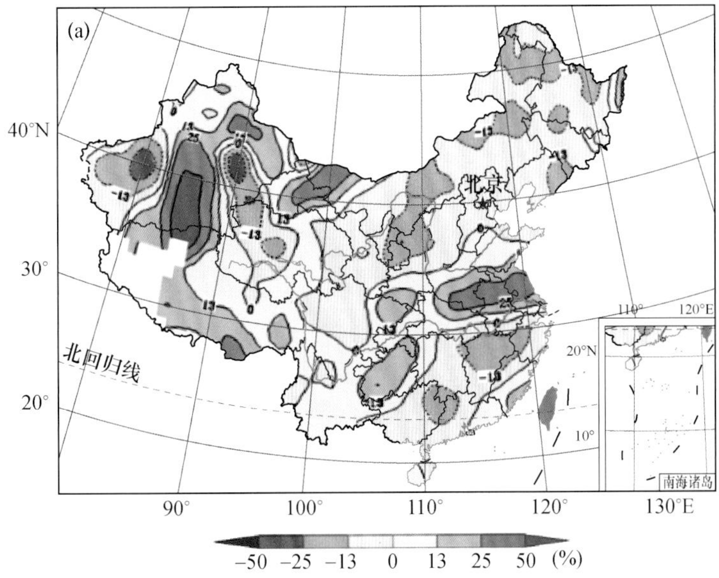

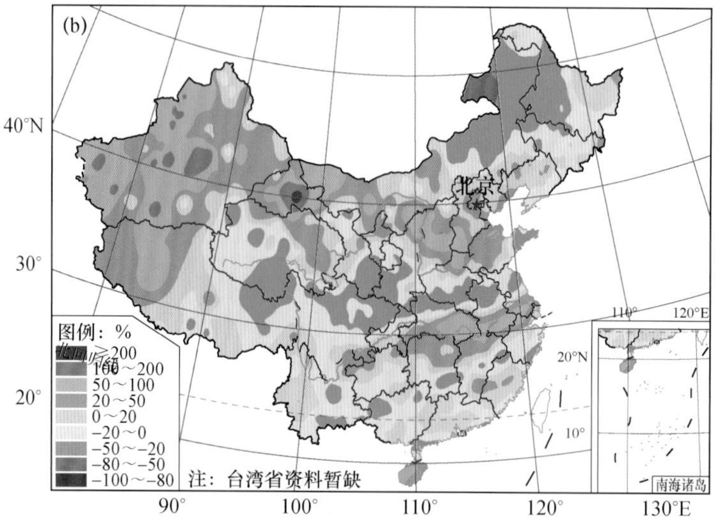

图 5.68　2016 年降水距平百分率

(a)预测图；(b)实况图

5.4.3　长江中下游夏季旱涝气候预测

基于 3 个时段长江中下游夏季干湿变化及其对应的前冬至夏季海温和环流演变，建立了不同时段长江中下游夏季干湿变化对应的概念模型，在一定程度上，可以通过前冬海温在春季与夏季演变，预测长江中下游夏季旱涝。根据预测当年前冬海温与大气环流选取相似年，再分析前冬海温在春季及夏季的可能演变，进一步筛选典型年。空间相似系数与变量的空间分布有关，能够更好地反映两个变量场之间的相似程度，因此，利用空间相似系数选取相似年，并通过相似年前冬海温及大气环流场演变对夏季长江中下游旱涝进行预测。

由前文已知，前冬鄂霍茨克海、我国东海及印度洋海温与长江中下游地区夏季 SPI 有明显的正相关。2014 年前冬印度洋、鄂海海温异常偏高，且东亚大槽位于日本海及日本以东洋面，欧亚地区高度距平场呈“负－正－负”的波列结构，我国大部分地区为正高度距平控制(图 5.69)。前冬海温与大气环流在春季与夏季的演变与第三时段(1987—2012 年)海温及大气环流相似，因此，2014 年夏季降水预测结论：长江中下游夏季降水整体降水偏多。

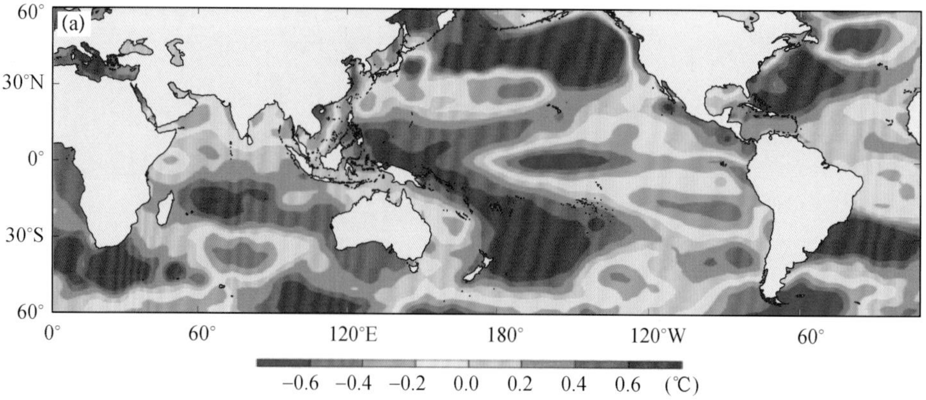

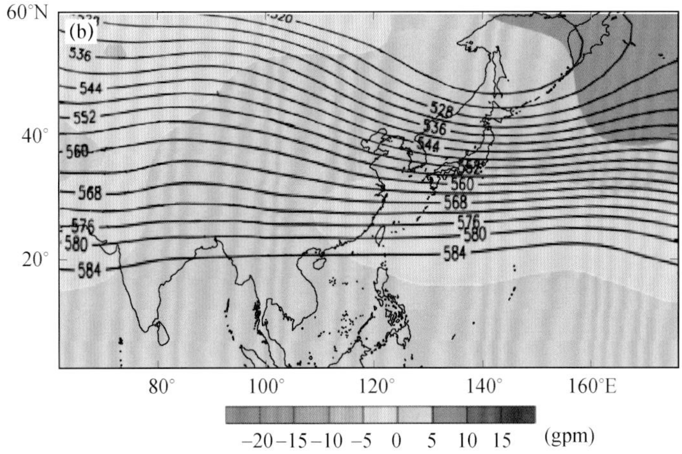

图 5.69 2014 年前冬海温(a)及 500 hPa 高度距平场(b)

2015 年前冬欧亚中高纬度环流平直，东亚大槽偏弱，副高出现异常，这种环流型不利于冷空气南下。北太平洋年代际涛动(PDO)处于正位相，2015 年前冬赤道中太平洋海温明显偏暖；同时，赤道太平洋表面为西风距平，这有利于西部暖海水向赤道中东太平洋移动，使得赤道中东太平洋海温持续偏暖，春季与夏季海温可能维持厄尔尼诺型，并且暖中心位于赤道中太平洋(图 5.70)。因此，2015 年夏季降水预测结论：长江中下游地区基本以长江为界，长江以北地区轻度偏旱，而长江以南地区轻度偏涝。

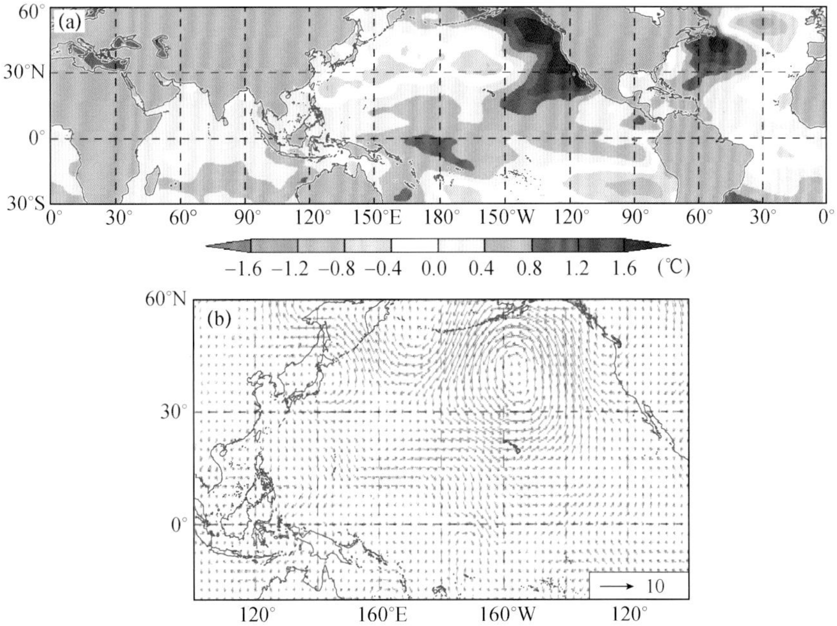

图 5.70 2015 年前冬海温(a)及 850 hPa 风场距平(b)

2016 年前冬乌拉尔山高压脊发展，东亚大槽偏强，有利于中高纬度阻塞形势发展。同时，2016 年前冬印度洋及南海海温偏暖，有利于夏季副高发展，同时，赤道中东太平洋海温明显偏暖(厄尔尼诺型)(图 5.71)，且副热带地区信风偏强，海洋表面蒸发加强，使得春季与夏季赤道中东太平洋的暖异常减弱，前冬的厄尔尼诺事件可能在春季与夏季减弱。根据海温演变及相似年冬季环流型，2016 年夏季降水预测结论：长江中下游地区整体降水基本正常，相对而言，长江以北地区轻度偏旱，而长江以南地区降水接近正常值。

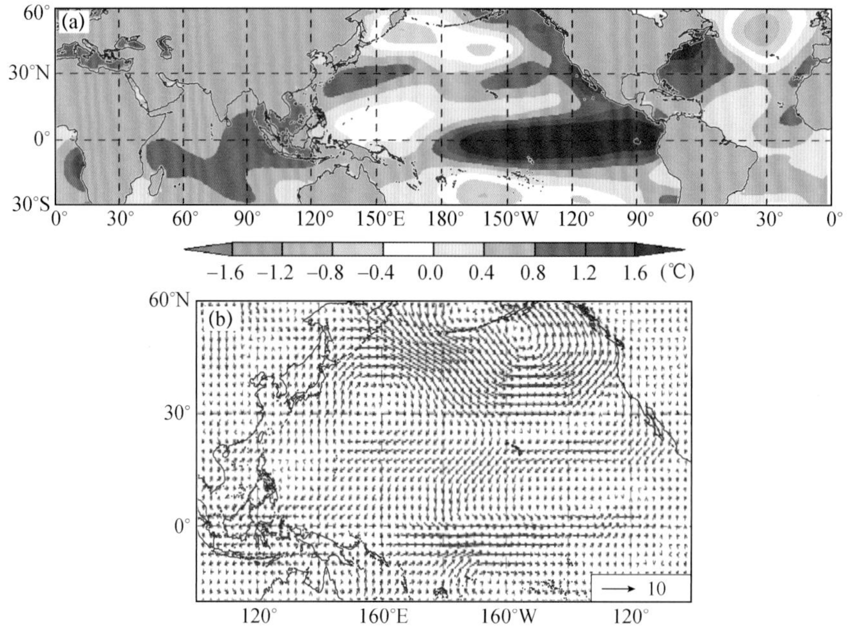

图 5.71 2016 年前冬海温(a)及 850 hPa 风场距平(b)

综上所述，对 2014 年，2015 年，2016 年长江中下游夏季旱涝程度与实况进行对比(图略)，由图可以看出，2014 年与 2015 年夏季预测结果与实况降水相似程度高，这主要是由于对 2014 年与 2015 年前冬海温在春季及夏季演变预测比较准确；2016 年长江中下游预测降水与实况差异较大，主要是由于对 2016 年前冬海温在春季与夏季的演变预测不准确导致的。

5.5 本章小结

利用最大信噪比 EOF 方法识别了实时多模式 ENSO 演变预报的可预报分量。第一个可预报分量很大程度上与 Niño3.4 指数的滞后自相关相似，该分量显示最可预报的特征类似于 ENSO 位相在春季衰减，而在秋季和冬季持续。动力模式和统计模式最显著的差异出现在春季起报的结果中。第二个最可预报分量，其预报技巧和解释方差相对较低，与 ENSO 在春季增长，而后在夏季和秋季持续有关。结果表明 ENSO 衰减比 ENSO 发展更可预报，预报的可信度更高。通过分离可预报信号，该方法为分离 ENSO 预报的最可预报分量提供了一种途径，且能用于比较和改进预报，特别是在不可预报噪声较大的长预报时效。应该指出的是，可预报分量由模式计算得到，与观测是独立的。

中国南方夏季旱涝变化与东亚夏季环流变化密切相关。利用 1991—2013 年美国国家环境预测中心(NCEP)CFSv2、中国气象局国家气候中心(NCC)BCC_CSM 和日本东京气候中心(TCC MRI-CGCM)3 个季节预测模式的回报数据，定量评估了模式对东亚夏季风(EASM)和夏季西太平洋副热带高压(WPSH)强度的预测能力。在此基础上，分析了模式预测的EASM和WPSH对热带海温异常的响应能力，以及ENSO事件对EASM和WPSH预测的影响，阐述了预测误差产生的原因。结果表明：整体而言，3个模式对EASM和WPSH的预测技巧较高，但TCC模式对WPSH的预测技巧相对较低。3个模式预测的850 hPa风场在西北太平洋存在一个异常气旋，使得预测的EASM偏强和WPSH偏弱。同时，二者的年际变率整体比观测小。3个模式预测的EASM和WPSH对热带海洋海温异常的响应随季节演变特征与观测比较接近，但NCEP模式和TCC模式预测的EASM对前期热带太平洋和前期、同期热带印度洋的海温异常响应要强于观测，NCC模式预测的EASM对前期和同期的热带太平洋的海温异常响应明显比观测强。此外，3个模式预测的WPSH对前期和同期的热带太平洋、热带印度洋和热带大西洋的海温异常响应明显强于观测。3个模式预测的EASM和WPSH在ENSO年的平均绝对误差(MAE)整体而言都比正常年的小很多，NCEP模式和TCC模式预测的WPSH强度的MAE在El Niño年比在La Niña年大很多，而NCC模式预测的两个环流系统的MAE在El Niño年与在La Niña年基本一样，表明ENSO事件是东亚夏季环流重要的可预报源。

持续性暴雨是华南前汛期降水的主要降水形式。在暴雨这一天气尺度系统频繁活动的情况下，会形成一次类似于中长期天气过程的暴雨"积成效应"事件，进而对汛期降水的多寡和分布情况产生决定性影响。基于暴雨"积成效应"这一概念，以华南地区为研究对象，探究了暴雨"积成效应"对汛期降水的贡献与影响。通过统计分析，发现暴雨"积成效应"各指数与华南前、后汛期降水有着一致的年际、年代际变化；而通过构建EOF分解模态的时间尺度分布，发现前、后汛期暴雨"积成效应"对应模态在时间尺度上的分布状况与华南汛期降水的时间尺度具有相似的年代际变化。因此，进一步研究暴雨"积成效应"在预测中的作用，从前期环流因子中筛选对于这一过程影响显著的因子，运用逐步回归分析的方法构建了其与暴雨"积成效应"之间的回归方程，进行了回报检验并且通过选取具有与回报值接近的暴雨"积成效应"指数的年进行合成，发现回报检验的结果与实际结果之间在降水量与暴雨空间分布上都具有很好的对应关系。之后，利用NCEP再分析资料，引入基于拉格朗日方法的气流轨迹模式HYSPLIT，结合统计方法定量分析了华南前汛期1979—2014年66次暴雨"积成效应"事件的水汽输送特征。结果表明，华南前汛期暴雨"积成效应"事件的水汽源区主要包括大陆源区(LD)、印度洋源区(IO)、南海源区(SCS)、太平洋源区(PO)以及华南源区(SC)。其中，印度洋源区水汽输送(35%)对华南前汛期暴雨"积成效应"事件起着至关重要的影响。在暴雨"积成效应"事件中，当印度洋输送水汽偏多时，整个华南地区降水偏多，降水异常中心位于华南西部；当南海与太平洋输送水汽偏多时，水汽经由广西上空较快通过华南地区，造成华南东部地区降水的显著正异常。

长江中下游夏季干湿程度具有明显的年代际特征，主要表现为1961—1973年长江中下游整体呈明显干旱状态，在1974—1986年为长江中下游由干旱向湿润转变的阶段，在1987—2012年长江中下游基本转为湿润状态；第二时段为第一时段与第三时段的过渡期，环流背景场在该时段发生明显变化，使得第一时段与第三时段所对应季节的环流距平场位相相反。夏季长江中下游干旱主要有三种分布型：全区一致干旱型，南旱北涝和南涝北旱型。在1980年之前，长江中下游地区多发生全区一致干旱型；在1970年代末至1990年代初，长江中下游地区以南旱北涝型为主，在1990年代前期至21世纪初，长江中下游地区以南涝北旱型为主。根据长江中下游夏季干湿变化规律的揭示，研制了长江中下游夏季旱涝的预测模型，明确地指出了 2014 年和 2015 年不可能出现类似 1998 年长江中下游的洪涝灾害。

围绕利用历史资料改进动力季节预测来提高我国南方旱涝预测准确率这一核心问题，基于 BCC_CSM 模式，针对我国南方降水模式预报误差的时空特征研发了最优多因子动态配置、多预报因子演变相似、模式误差主分量演变相似以及动力一统计相结合的集合概率预报等多种动力一统计客观定量化预测方案和方法的季节预测新技术。为进一步稳定提升南方异常旱涝的预测能力，将动力统计方法与国际上先进模式预测结果相结合，开展了多模式动力统计集成预测试验。将南方旱涝分为正常级与异常级，统计了不同级别旱涝的出现频次分布，开展了不同级别旱涝的模式预测技巧评估，明确不同模式预测南方旱涝的优缺点，重点分析了不同模式对南方旱涝异常的预测能力，在充分吸收各个模式优点的基础上，发展了多模式最优集成预测的新方法。基于以上研究，研发了动力与统计集成的季节气候预测系统升级版 FODAS2.0，为我国南方旱涝预测技巧尤其是旱涝异常预测的改进与提高提供了方法与技术支撑。

参考文献

丁一汇，2011. 季节气候预测的进展和前景［J］. 气象科技进展，1(3)：14-27.

丁一汇，刘芸芸，2008. 亚洲—太平洋季风区的遥相关研究［J］. 气象学报，66(5)：670-682.

封国林，戴新刚，王爱慧，等，2001. 混沌系统中可预报性的研究［J］. 物理学报，50 (4)：606-611.

符淙斌，王强，1992. 气候突变的定义和检测方法［J］. 大气科学，16(4)：482-493.

黄建平，王绍武，1991. 相似—动力模式的季节预报试验［J］. 中国科学 B 辑：化学，21(2)：216-224.

李建平，丁瑞强，2008. 短期气候可预报期限的时空分布［J］. 大气科学，32(4)：975-986.

梁建茵，林元弼，1992. 南海海温异常对七月份中国气候的影响及数值试验［J］. 热带气象，8(2)：134-141.

陆渝蓉；高国栋，1983. 中国大气中的水汽平均输送［J］. 高原气象，2(4)：34-48.

马柱国，任小波，2007. 1951—2006 年中国区域干旱化特征［J］. 气候变化研究进展，3(4)：195-201.

施洪波，周天军，万慧，等，2008. SMIP2 试验对亚洲夏季风的模拟能力及其可预报性的分析［J］. 大气科学，32(1)：36-52.

施能，陈家其，屠其璞，1995. 中国近 100 年来 4 个年代际的气候变化特征［J］. 气象学报，53(4)：431-439.

施能，朱乾根，吴彬贵，1996. 近 40 年东亚夏季风及我国夏季大尺度天气气候异常［J］. 大气科学，20(5)：575-583.

汪栩加，郑志海，封国林，等，2015. BCC_CSM 模式夏季关键区海温回报评估［J］. 大气科学，39(2)：271-288.

王阔，封国林，孙树鹏，等，2012. 基于 2008 年 1 月中国南方低温雨雪冰冻事件 10—30 天延伸期稳定分量的研究［J］. 物理学报，61(10)：109201.

魏凤英，2007. 现代气候统计诊断与预测技术［M］. 北京：气象出版社，63-66.

吴统文，宋连春，刘向文，等，2013. 国家气候中心短期气候预测模式系统业务化进展［J］. 应用气象学报，24(5)：533-543.

肖子牛，孙绩华，李崇银，2000. El Niño 期间印度洋海温异常对亚洲气候的影响［J］. 大气科学，24(4)：461-469.

颜鹏程，封国林，侯威，等，2014. 500 hPa 温度场时间序列的年代际突变过程统计特征［J］. 大气科学，38(5)：861-873.

张庆云，陶诗言，1998. 夏季东亚热带和副热带季风与中国东部汛期降水［J］. 应用气象学报，9 (增刊)：

17-23.

张庆云，陶诗言，2003a. 夏季西太平洋副热带高压异常时的东亚大气环流特征［J］. 大气科学，27(3)：369-380.

张庆云，陶诗言，陈烈庭，2003b. 东亚夏季风指数的年际变化与东亚大气环流［J］. 气象学报，61(5)：559-569.

张琼，吴国雄，2001. 长江流域大范围旱涝与南亚高压的关系［J］. 气象学报，9(5)：569-577.

张琼，刘平，吴国雄，2003. 印度洋和南海海温与长江中下游旱涝［J］. 大气科学，27(6)：992-1006.

张人禾，武炳义，赵平，等，2008. 中国东部夏季气候20世纪80年代后期的年代际转型及其可能成因［J］. 气象学报，66(5)：697-706.

赵俊虎，封国林，王启光，等，2011. 2010年我国夏季降水异常气候成因分析及预测［J］. 大气科学，35(6)：1069-1078.

郑志海，任宏利，黄建平，2009. 基于季节气候可预报分量的相似误差订正方法和数值实验［J］. 物理学报，58(10)：7359-7367.

郑志海，封国林，丑纪范，等，2010. 数值预报中自由度的压缩及误差相似性规律［J］. 应用气象学报，21(2)：139-148.

郑志海，黄建平，封国林，等，2013. 延伸期可预报分量的预报方案和策略［J］. 中国科学：地球科学，43(4)：594-605.

邹立维，周天军，吴波，等，2009. GAMIL CliPAS试验对夏季西太平洋副高的预测［J］. 大气科学，33(5)：959-970.

ALLEN M，1997. Optimal filtering in singular spectrum analysis [J]. Phys Lett A，234，419-428.

ALLEY R B，MAROTZKE J，NORDHAUS W D，et al.，2003. Abrupt climate change [J]. Science，299(5615)：2005-2010.

BARNSTON A G，ROPELEWSKI C F，1992. Prediction of ENSO episodes using canonical correlation analysis [J]. J Clim，5：1316-1345.

BARNSTON A G，VAN DEN DOOL H A，1993. degeneracy in cross-validated skill in regression-based forecasts [J]. J Clim，6：963-977.

BARNSTON A G，GLANTZ M H，HE Y，1999. Predictive skill of statistical and dynamical climate models in SST forecasts during the 1997—1998 El Niño episode and the 1998 La Niña onset [J]. Bull Am Meteorol Soc，80：217-243.

BARNSTON A G，TIPPETT M K，L'HEUREUX M L，et al.，2012. Skill of real-time seasonal ENSO model predictions during 2002-2011 Is our capability increasing? [J]. Bull Am Meteorol Soc，93：631-651.

BARNSTON A G，TIPPETT M K，VAN DEN DOOL H M，et al. 2015. Toward an improved multimodel ENSO prediction [J]. J Appl Meteorol Climatol，54：1579-1595.

CHEN D，ZEBIAK S E，BUSALACCHI J，et al.，1995. An improved procedure for EI Niño Forecasting：Implications for predictability [J]. Science，269(5231)：1699-1702.

CHEN D，CANE M A，2008. El Niño prediction and predictability [J]. J Computational Physics，227 (7)：3625-3640 .

CHUNG P H，SUI C H，LI T，2011. Interannual relationships between the tropical sea surface temperature and summertime subtropical anticyclone over the western North Pacific [J]. J Geophys Res：Atmos (1984-2012)，116(D13)，doi：10. 1029/2010JD015554.

DUAN W，WEI C，2013. The 'spring predictability barrier' for ENSO predictions and its possible mechanism：Results from a fully coupled model [J]. Int J Climatol，33：1280-1292.

FLÜGEL M，CHANG P，1998. Does the predictability of ENSO depend on the seasonal cycle? [J]. J Atmos

Sci, 55: 3230-3243.

GAO H, YANG S, KUMAR A, et al. , 2011. Variations of the East Asian mei-yu and simulation and prediction by the NCEP climate forecast system [J]. J Clim, 24:94-108.

GODDARD L, MASON S J, ZEBIAK S E, et al. , 2001. Current approaches to seasonal to interannual climate predictions [J]. Int J Climatol, 21:1111-1152.

GONG D Y, HO C H, 2002. Shift in the summer rainfall over the Yangtze River valley in the late 1970s [J]. Geophys Res Lett, 29(10): 781-784.

GRAHAM N E, 1994. Decadal-scale climate variability in the tropical and North Pacific during the 1970s and 1980s: Observations and model results [J]. Climate Dyn, 10(3): 135-162.

GUAN X, HUANG J, GUO R, et al. , 2015. The role of dynamically induced variability in the recent warming trend slowdown over the Northern Hemisphere [J]. Sci Rep, 5: 12669.

GUILYARDI E, WITTENBERG A, FEDOROV A, et al. , 2009. Understanding El Niño in ocean-atmosphere general circulation models: Progress and challenges [J]. Bull AmMeteorol Soc, 90:325-340.

HSIEH W W, TANG B, 1998. Applying neural network models to prediction and data analysis in Meteorology and Oceanography [J]. Bull Am Meteorol Soc, 79:1855-1870.

HU Z Z, HUANG B, 2007. The predictive skill and the most predictable pattern in the Tropical Atlantic: The effect of ENSO [J]. Mon Weather Rev, 135:1786-1806.

HUANG J, YI Y, WANG S, JIFAN C, 1993. An analogue-dynamical long-range numerical weather prediction system incorporating historical evolution [J]. Q J R Meteorol Soc, 119:547-565.

HUANG R H, CHEN J L, HUANG G, 2007. Characteristics and variations of the East Asian monsoon system and its impacts on climate disasters in China [J]. Adv Atmos Sci, 24(6): 993-1023.

HUANG R H, WU Y F, 1989. The influence of ENSO on the summer climate change in China and its mechanism [J]. Adv Atmos Sci, 6(1): 21-32.

JIA L, DELSOLE T, TIPPETT M K, 2014. Can optimal projection improve dynamical model forecasts? [J]. J Clim, 27: 2643-2655.

JIN E K, KINTER III J L, WANG B, et al, 2008. Current status of ENSO prediction skill in coupled ocean-atmosphere models [J]. Clim Dyn, 31: 647-664.

JIN E K, KINTER J L, 2009. Characteristics of tropical Pacific SST predictability in coupled GCM forecasts using the NCEP CFS [J]. Clim Dyn, 32: 675-691.

KIM H M, WEBSTER P J, CURRY J A, et al. 2012. Asian summer monsoon prediction in ECMWF System 4 and NCEP CFSv2 retrospective seasonal forecasts [J]. Climate Dyn, 39(12): 2975-2991.

KUMAR A, HOERLING M P, 1995. Prospects and limitations of seasonal atmospheric GCM predictions [J]. Bull Am Meteorol Soc, 76:335-345.

KUMAR A, HU Z Z, 2014. How variable is the uncertainty in ENSO sea surface temperature prediction? [J]. J Climate, 27 (7): 2779-2788.

LATIF M, BARNETT T P, CANE M A, et al. , 1994. A review of ENSO prediction studies [J]. Clim. Dyn. , 9:167-179.

LI H M, DAI A G, ZHOU T J, et al. , 2010. Responses of East Asian summer monsoon to historical SST and atmospheric forcing during 1950—2000 [J]. Climate Dyn, 34(4): 501-514.

LI J P, DING R Q, 2011. Temporal-spatial distribution of atmospheric predictability limit by local dynamical analogs [J]. Mon Wea Rev, 139(10): 3265-3283.

LIANG J, YANG S, HU Z Z, et al. , 2008. Predictable patterns of the Asian and Indo-Pacific summer precipitation in the NCEP CFS [J]. Clim Dyn, 32: 989-1001.

LITCHFIELD J T JR, WILCOXON F, 1955. Rank correlation method [J]. Analytic Chemistry, 27(2): 299-300.

LU R Y, 2001. Interannual variability of the summertime North Pacific subtropical high and its relation to atmospheric convection over the warm pool [J]. J Meteor Soc Japan Ser Ⅱ, 79(3): 771-783.

LUO J J, MASSON S, BEHERA S, et al., 2008. Extended ENSO predictions using a fully coupled ocean-atmosphere model [J]. J Climate, 21: 84-93.

MANN H B. 1945. Nonparametric tests against trend [J]. Econometrica, 13: 245-259.

MCKEE T B, DOESKEN N J, KLEIST J, 1995. Drought monitoring with multiple time scales [C]. 9th Conference on Applied Climatology. American Meteorological Society, 233-236.

MCPHADEN M J, 1999. Genesis and evolution of the 1997-1998 El Niño [J]. Science, 283(5404): 950-954.

SAHA S, MOORTHI S, WU X R, et al., 2014. The NCEP climate forecast system version 2 [J]. J Climate, 27(6): 2185-2208.

SAMELSON R M. TZIPERMAN E, 2001. Instability of the chaotic ENSO: The growth-phase predictability barrier [J]. J Atmos Sci, 58: 3613-3625.

SUI C H, CHUNG P H, LI T, 2007. Interannual and interdecadal variability of the summertime western North Pacific subtropical high [J]. Geophys Res Lett, 34(11), doi: 10.1029/2006GL029204.

TIPPETT M K, BARNSTON A G, LI S, 2012. Performance of recent multimodel ENSO forecasts [J]. J Appl Meteorol Climatol, 51: 637-654.

VENZKE S, ALLEN M R, SUTTON R T, et al., 1999. The atmospheric response over the North Atlantic to decadal changes in sea surface temperature [J]. J Clim, 12: 2562-2584.

WANG B, WU R G, FU X H, 2000. Pacific-East Asian teleconnection: How does ENSO affect East Asian climate? [J]. J Climate, 13(9): 1517-1536.

WANG B, DING Q H, FU X H, et al., 2005. Fundamental challenge in simulation and prediction of summer monsoon rainfall [J]. Geophys Res Lett, 32(15), doi: 10.1029/2005GL022734.

WEBSTER P J, YANG S, 1992. Monsoon and ENSO: Selectively interactive systems [J]. Quart J Roy Meteor. Soc, 118(50): 877-926.

WEBSTER P J, 1995. The annual cycle and the predictability of the tropical coupled ocean-atmosphere system [J]. Meteor Atmos Phys, 56(1-2): 33-55.

WEBSTER P J, MAGAÑA V O, PALMER T N, et al., 1998. Monsoons: Processes, predictability, and the prospects for prediction [J]. J Geophys Res: Oceans (1978—2012), 103(C7): 14451-14510.

WITTENBERG A T, ROSATI A, LAU N C, et al., 2006. GFDL's CM2 global coupled climate models. Part Ⅲ: Tropical Pacific climate and ENSO [J]. J Clim, 19: 698-722.

WU B, ZHOU T J, LI T, 2009. Seasonally evolving dominant interannual variability modes of East Asian climate [J]. J Climate, 22(11): 2992-3005.

WU B, LI T, ZHOU T J, 2010. Relative contributions of the Indian Ocean and local SST anomalies to the Maintenance of the Western North Pacific anomalous anticyclone during the El Niño decaying summer [J]. J Climate, 23(11): 2974-2986.

WU R, KIRTMAN B P, VAN DEN DOOL H, 2009. An analysis of ENSO prediction skill in the CFS retrospective forecasts [J]. J Clim, 22: 1801-1818.

XIAO D, LI J P, 2007. Spatial and temporal characteristics of the decadal abrupt changes of global atmosphere-ocean system in the 1970s [J]. J Geophys Res: Atmos, 112: D24S22, doi: 10.1029/2007JD008956.

XIE S P, HU K M, HAFNER J, et al., 2009. Indian Ocean capacitor effect on Indo-western Pacific climate during the summer following El Niño [J]. J Climate, 22(3): 730-747.

XUE Y, CHEN M, KUMAR A, et al. , 2013. Prediction skill and bias of tropical pacific sea surface temperatures in the NCEP climate forecast system version 2 [J]. J Clim, 26:5358-5378.

ZHANG R H, ZEBIAK S E, KLEEMAN R, et al. , 2005. Retrospective El Niño forecasts using an improved intermediate coupled model [J]. Mon Weather Rev, 133: 2777-2802.

ZHENG Z, REN H, HUANG J, 2009. Analogue correction of errors based on seasonal climatic predictable components and numerical experiments [J]. Acta Phys Sin, 58: 7359-7367.

ZHENG Z, FENG G, HUANG J, et al. , 2012. Predictability-based extended-range ensemble prediction method and numerical experiments [J]. Acta Phys Sin, 61:199203.

ZHENG Z, HUANG J, FENG G, et al. , 2013. Forecast scheme and strategy for extended-range predictable components [J]. Sci. China Earth Sci. , 56:878-889.

ZHOU T J, YU R Q, ZHANG J, et al. ,2009. Why the Western Pacific subtropical high has extended westward since the late 1970s [J]. J Climate, 22(8): 2199-2215.

ZHU J. HUANG B, CASH B, et al. ,2015. ENSO Prediction in project Minerva: sensitivity to atmospheric horizontal resolution and ensemble size [J]. J Clim, 28:2080-2095.

ZHU J. KUMAR A, HUANG B, et al. ,2016. The role of off-equatorial surface temperature anomalies in the 2014 El Niño prediction [J]. Sci Rep, 6:19677.

第 6 章 总结与展望

前面系统地分析了气候变暖背景下我国南方旱涝灾害的时空分布特征和年际—年代际变化规律，揭示了气候变暖背景下亚洲季风系统格局、外强迫因子变异对我国南方旱涝灾害的影响及其机理；评估了气候系统模式对我国南方旱涝及其关键环流系统的模拟性能和预报水平，发展了将预报问题转化为模式预报误差估计问题的研究思路，揭示了气候变暖背景下，南方气候异常与主要影响因子关系发生了年代际变化的事实，提出了多因子影响南方旱涝的优化组合配置的预测方法；发展了动力与统计相结合的新理论和新方法，并在2015—2021年的夏季旱涝气候预测实践中得到应用，效果良好，为国家防灾减灾决策提供了科学依据。

6.1 总　　结

6.1.1 发现在气候变暖背景下南方旱涝变化的新事实和新规律

在气候变暖背景下，南方夏季洪涝、春秋季干旱和各季节极端强降水事件的发生概率有增加趋势；极端强降水、洪涝和干旱等复合型极端事件发生概率均有增加趋势。从不同区域来看，在江南东部和华南沿海地区发生洪涝、西南中东部地区至江南西部发生干旱灾害的概率有增加趋势。南方不同等级的降水呈现两极分化的特征：以小雨和中雨为主的弱降水日数明显减弱，而以大雨和暴雨为主的强降水频次有增加趋势，年降水量中弱降水的贡献率在减弱，总降水量取决于暴雨的贡献。南方的干旱变化主要表现为在21世纪初之后长江以南干旱发生频率明显增加，特别是西南地区夏季和秋季干旱频发，甚至出现季节性连旱，以及长江中下游的春旱，而且干旱的强度呈增加趋势，大规模区域性干旱事件多发。

在气候变暖背景下，中国南方夏季旱涝格局发生3次年代际转型的变化特点，以3个时间突变节点(1979年、1993年、2003年)为界。在1958—1978年，主导模态是南方夏季旱涝格局从南到北的“＋ －”经向偶极型分布，即华南地区偏涝，而江淮流域和江南地区偏旱；在1979—1992年，与1958—1978年第一时段的空间分布反相主导模态是中国南方夏季旱涝格局从南到北的“－ ＋”经向偶极型分布，即华南地区偏旱，而江淮流域和江南地区偏涝；在1993—2002年，主导模态是南方夏季旱涝格局的全区一致型分布，即华南、江南和长江流域整体偏涝；在2003—2013年，南方夏季旱涝格局呈现三极子型分布，即华南和淮河流域偏涝，而长江流域偏旱。

6.1.2 揭示亚洲季风格局及其环流系统和水分循环的变化与南方旱涝的关联

在气候变暖过程有3个明显转折点，1976年经历了一次由冷到暖的转变，至1990年代初又发生第2次变暖。至21世纪初，变暖的幅度有所减弱。比较气候变暖前后南海夏季风建立和结束日期的变化，发现在气候变暖之后有利于南海夏季风建立日期偏早，结束日期偏晚，持续时间延长，强度偏弱。副热带夏季风在1980年之前暴发较早，1980年之后，暴发时间有所变晚，且年际波动较小。2000年后，副热带夏季风爆发时间的年际波动明显增大。青藏高原季风强度与北半球温度在年代际尺度上具有较好的相关性，在20世纪70年代中期，两者由反相变化转为同相变化，即当气候变暖时，高原季风强度增强；2000年后，北半球温度升高趋缓，对应青藏高原季风逐渐减弱。

亚洲夏季风由低纬地区北上到达我国南方的水汽输送异常是导致华南以及长江流域地区经向水汽收支以及总收支变异的主要原因。此外，在1990年代初年代际变化前后，由于受南海—西太平洋一带以及孟加拉湾地区相同的异常水汽输送环流型控制和影响，华南地区夏季降水由偏少转偏多。相反，在1990年代末年代际变化前后，南海—西太平洋一带以及孟加拉湾地区分别为相反的异常水汽输送环流型控制和影响，我国长江流域夏季降水转为偏少趋势。

在气候变暖背景下，夏季热带西太平洋潜热通量的年代际增强对华南夏季20世纪90年代初以后的年代际湿润有显著影响。当该区夏季潜热通量增强，一方面能够在华南地区激发出气旋性环流异常，在菲律宾一带激发反气旋性环流异常，华南地区偏南气流加强，有利于华南夏季降水偏多；同时由于华南局地 Hadley 环流加强，上升运动增强，也有利于华南降水，从而使得华南更加湿润。

6.1.3 揭示我国南方旱涝与关键因子影响关系的年代际变化及其成因

随着气候变暖，影响我国南方旱涝变化的一些关键因子呈现出了新的时空演变特征，大气环流平均状态也发生了显著变化，而在不同气候态条件下大气环流对下垫面外强迫响应不同。揭示了我国南方旱涝与ENSO、热带外环流主模态以及副热带关键环流系统之间影响关系的年代际变化特征，指出这种变化与影响因子空间型和振幅的年代际变化以及气候变暖所引起的大气平均态的改变有关。揭示了冬季AO/NAO与中国南方气温在1970年代初之前为同相变化关系，而之后为反相变化关系，这种反相变化关系在1980年代达到最强，在1990年代之后又存在减弱趋势。东亚夏季风与前期春季NAO之间的关系在1970年代发生了由负相关到正相关的转变。研究发现西太平洋副高等大气环流关键因子与中国东部夏季降水的关系在最近20 a也发生了显著变化，长江中下游夏季降水与副高强度的显著正相关在最近20 a迅速衰减，而华北夏季降水与副高强度的关系由负相关转为正相关，这一结果不同于传统预测模型，并给基于传统物理统计预测模型的季节预测带来了新的挑战。由于我国南方旱涝与关键影响因子之间的关系不稳定，为了应对这种变化，提出了新的预报策略，基于相同年代际背景下的预测对象与影响因子建立统计预测模型，或者利用长时间序列资料以滚动建立统计模型的方式确保其影响关系的稳定性，进而保持相对较高的预测水平。基于这些认识，在实时气候预测中加强了对影响因子自身时空演变特征及其环流和气候影响的综合诊断，这也是近几年来能够较好地预测出我国南方汛期旱涝分布形势的重要原因之一。

6.1.4 气候变暖背景下多因子协同影响我国南方汛期旱涝的形成机理

旱涝异常往往是多个影响因子相互作用的结果，影响因子之间往往存在相互联系，如何区分及判断不同因子对于南方旱涝变化的贡献及其协同作用，一直是短期气候预测中的难点。在初夏，南方降水年际变率主导模态表现为东西反相型(SCD)，即我国的东南与西南降水呈反相变化。当西太副高显著偏强、对流层低层菲律宾地区受异常反气旋控制、欧亚中高纬地区环流异常呈准正压的双阻型分布时，这种环流形势有利于中国东南地区降水偏多，西南地区降水偏少;反之亦然。SCD模态受热带太平洋、热带印度洋和北大西洋海温异常的协同影响。在El Niño年,从冬到春季赤道东太平洋和印度洋海温异常偏暖,暖池区域海温相对偏低,北大西洋热带海温偏高,中高纬度海温“三极子”指数为负,同时冬春季青藏高原积雪偏多时,在多影响因子的协同作用下,有利于初夏菲律宾反气旋加强,西太平洋副热带高压强度偏强,位置偏南,南海夏季风相对偏弱,同时中高纬度欧亚大陆波列有利于乌拉尔山阻高的形成,热带环流与中高纬度环流异常的协同影响,有利于南方初夏形成东多西少的降水模态。针对这一问题,在深入诊断观测资料和机理分析的基础上,利用数值模拟试验,多因子协同影响南方旱涝气候异常的过程进一步得到证实,对其协同影响的机理有了深入的认识。揭示了热带太平洋、热带印度洋和北大西洋海温异常对南方汛期降水的协同影响,指出不同区域海温强迫对关键环流系统以及南方降水影响的相对贡献。同时,揭示了北极海冰与欧亚积雪通过影响中高纬度冷空气活动,青藏高原积雪与ENSO通过影响低纬度水汽输送路径与强度进而协同影响我国南方旱涝的物理机制。特别指出了在气候变暖背景下,北大西洋海温和青藏高原积雪等外强迫因子对东亚夏季风和我国南方旱涝年际变率的影响在显著增强。基于此,构建了气候变暖背景下我国南方汛期旱涝预测的物理概念新模型,并应用于指导实时气候预测业务,取得很好效果。

6.1.5 发展基于动力-统计相结合的我国南方旱涝预测新理论

在系统分析气候变暖背景下我国南方旱涝与关键因子影响关系的变化、多因子协同影响的基础上,围绕如何利用历史资料改进模式预测结果进而提高我国南方旱涝预测水平这一核心问题,提出了从气候学的角度来研究长江中下游、华南暴雨“积成效应”的理论和方法,构建了华南暴雨积成效应指数,利用预测的暴雨积成效应指数选取出历史相似年,建立了华南暴雨积成效应指数相似统计预测方法,提高了华南汛期旱涝预测技巧。以动力气候模式初值相似、其模式预测系统性误差也基本相似为依据,采用动力与统计“内结合”,利用历史资料相似生成模式误差项,将数值预报提为预报模式误差的我国南方汛期季节预测新理论,利用BCC_CSM、CFSv2、ECMWF等国内外动力气候模式,发展了多种动力-统计客观定量化的预报方法,包括最优多因子动态配置、多预报因子演变相似、模式误差主分量演变相似以及动力-统计相结合的集合概率预报等8种预测新方案和新技术,完善了我国南方旱涝预测业务系统。实践表明,该预测系统能够显著地提高月—季节降水预测准确率。在2015—2020年6 a夏季气候预测业务中,汛期降水预测距平符号一致率(PS)得分稳定在70分及以上,预测效果稳定,为国家级气候预测业务提供技术支撑。

6.2 展　望

当前旱涝气候预测业务在国际大气科学界普遍认为是具有挑战性的世界难题。同时,我国旱涝灾害气候预测业务在国家经济发展与防灾减灾应对战略中占有重要地位,是我国气象事业发展的中心任务之一,是现代气候业务体系的重要组成部分。如何提高气候预测能力和服务效益是现代气候业务的重要任务。必须充分认识差距和不足,从国家的需求和国际气候业务发展的趋势,正确认识当前气候预测业务发展存在的问题、差距和挑战,客观地分析形成这些差距的原因是什么？哪些问题属于运行流程与机制的原因？哪些属于气候预测科学与技术问题？知道了原因和关键科学问题所在，就应该明确了未来发展的方向与途径问题。下面对未来气候预测业务应该重点关注的一些问题谈点认识，但可能是挂一漏万，难以深究，仅此以飨读者。

6.2.1 建立先进的复合型极端气候事件的监测诊断业务体系

“复合型”极端气候事件包括极端旱涝、极端高温热浪、极端低温寒潮等事件。对复合型极端气候事件事实的监测和成因诊断是进行预测的基础。从1998年以来，国家气候中心就开始极端气候事件监测业务的建设，目前已经初步实现了旱涝等极端气候事件实时监测能力，构建我国极端气候事件指标库，研发了区域性极端气候事件客观识别方法，建立了“极端气候事件监测业务系统”。研发了极端气候事件监测技术，发展了区域性极端气候事件时空演变特征的客观识别方法，可对区域性极端气候事件的强度、面积、影响范围和持续时间、综合强度等特征进行全面监测。分析极端气候事件与灾害影响的关联，建立了我国极端气候阈值数据集和监测指标库，包括上百种极端气候事件监测指标，为气候预测和服务奠定了坚实的基础。但是，现在的极端气候事件监测业务系统是以极端气候阈值数据集和监测指标为基础的对已发生的实况进行监测，而未来的复合型极端气候事件的监测诊断是在现有的基础上，以极端气候事件过程和成因监测诊断为主的业务体系。从方法来说，是以指标监测为基础，智能识别和图像模拟与数值模拟相结合的极端气候事件成因监测诊断。当极端气候事件发生时，利用高时空分辨率资料通过智能自动识别形成极端气候事件的环流型和主要影响因子的前兆信号，通过图像模拟与数值模拟相结合的方法诊断影响过程和机理，能够更细致地理解和认识前兆外强迫因子是如何影响大气环流的异常，进而影响极端气候事件发生、发展过程的机理。

6.2.2 构建多因子协同影响极端气候事件的智能集合预测平台

任何一种极端气候事件的形成都是多因子协同影响的结果，其影响过程和机理是极其复杂的，如何针对多因子非线性协同作用影响极端气候事件的预测理论与方法将是未来研究的重点之一。在当前的气候预测中，首先通过对影响气候异常的因子进行监测诊断，分别分析各个因子可能造成的影响和机制，利用已有的历史资料建立统计预测模型，考虑不同的前兆影响因子和不同的影响机理，可以构建若干不同的统计预测模型，而这些不同的统计预测模型的预测结果可能是有差异的。同时，当前动力气候模式也被广泛应用于气候预测中，2012年国家气候中心已经建立了多模式集合预测系统(MODES)，所用数据主要包含模式数据和台站观测数据两种。利用ECMWF，NCEP，东京气候中心（TCC）和中国气象局国家气候中心（NCC）4个气候业务单位的季节气候动力预测模式开展多模式集合实时预测。2020年，以中国国内当前不同业务科研和高校研发的8个不同气候动力模式为基础，建立了新的中国多模式集合预测系统(CMME)，实现系统业务运行。这两个系统在不同时期对我国气候预测业务发挥了重要支撑作用。但是，无论是单个动力模式还是多模式集合系统的预测结果都具有很大的不确定性，不同的模式预测结果和不同的统计预测模型一样都有很大的差别，因此如何对不同的预测方法进行科学集成是目前气候预测的难点和热点。在当前的气候预测业务中主要是发挥预测专家的经验和智慧，对不同部门、不同模式和方法的预测结果通过会商方式进行经验综合集成，给出预测结果，这种特定的气候预测集成方式应该向客观化集成发展。

需要建设智能化、集约化、多因子协同影响极端气候事件的人工智能集合预测平台。美国国家海洋和大气管理局(NOAA)2020 年上半年发布的人工智能战略、无人系统战略和云战略中,无一例外地都提到了“通过建立地球预测创新中心(EPIC),重新获得在全球天气模拟领域的世界领导地位”。基于多源观测资料和多种类、多尺度数值预报模式产品,采用动力、统计、人工智能等方法开展模式解释应用,并开展多源预报融合生成最优客观预报,已经成为美、英等国开展无缝隙全覆盖天气气候预报的主流技术路线。所以,充分应用人工智能和深度学习等先进技术,利用海量历史基础数据以及统计模型与多种气候动力模式历史回报和实时预测资料,构建多因子协同影响极端气候事件的多种模式客观智能集成预测平台。其核心技术问题是将影响极端旱涝事件的高相关因子与动力学模式历史回报技巧高的因子相一致的区域,作为关键影响因子和约束条件,作为应用人工智能和深度学习的重要基础,不仅能够得到多因子和多种预测方法客观科学的集成预测结果,而且使多因子协同影响极端气候事件人工智能集合预测系统包含和体现影响因子与旱涝等极端事件之间的物理关联与机理。

6.2.3 以需求和旱涝气候可预报性为依据,需要适时调整我国汛期旱涝气候趋势预测传统流程

我国从 1958 年开始发布全国汛期(6—8 月)气候趋势预测,已经有 60 多年的历史。就全国来说,传统的汛期是指每年夏季 6—8 月降水集中期,国家气候中心一般在每年 3 月下旬举办全国汛期(6—8 月)气候趋势预测会商。但是对于华南来说,汛期是指 4—9 月,前汛期主要指这些地方一年中 4—6 月第一个多雨的时段。而在 7—9 月,受台风等热带天气系统影响,华南还会出现后汛期,是第二个多雨的时段。在本书第 4 章就指出,对于华南地区前汛期(初夏)与后汛期(后夏)降水特点明显不同,不仅前汛期降水占年总降水的比率高,降水变率的时空分布不同,更为重要的是形成降水异常的大气环流异常特征不同,而且其影响大气环流异常的因子及其成因也可能不同。也可以说,分别预测前汛期和后汛期降水可预报性应该高于整个汛期降水的可预报性。因此,应该分别将前汛期和后汛期降水异常作为预测对象,研究其不同的影响因子和机理及其预测方法。从国家防汛减灾的需求来说,也需要将华南前汛期旱涝气候预测作为国家气候业务的重要内容之一。

在我国东北区域夏季也有类似的问题。东北初夏(5—6 月)和盛夏(7—8 月)降水变率的时空分布不同,而且形成降水异常的大气环流特征不同。东北初夏降水异常主要和冷涡活动有关,东北冷涡活动越频繁,对应的东北地区西北侧出现气旋性环流异常,导致降水偏多;盛夏东北降水主要受高空西风急流北移和西太平洋副高北进西伸影响,有利于副高西北侧西南气流增强将更多水汽向东北地区输送,导致降水增多。可见,东北初夏和盛夏降水异常的特点及其形成的环流异常不同,影响环流异常的成因也是不同的。因此,对东北地区而言,也应该分别将初夏和盛夏降水异常作为预测对象,研究其不同的影响因子和机理及其预测方法。

由此可见,我国汛期旱涝气候趋势预测传统预测对象及流程需要适时调整。一是应该将汛期根据不同区域的时间定义进行调整,如华南汛期定义为 4—9 月,其中前汛期为 4—6 月,后汛期为 7—9 月;而对于东北地区而言,初夏为 5—6 月,盛夏则为 7—8 月。二是应该将华南前汛期和后汛期,东北初夏和盛夏分别进行气候预测,以满足国家对旱涝气候预测服务的需求,同时,加强动态监测海温、陆面过程等外强迫因子随季节的变化特征及其对季节内气候异常的影响,注重季节内气候异常可预报性研究,以提高区域气候预测技巧。

6.2.4 构建复合型极端气候事件监测、预测、风险评估和服务为一体的业务系统

在气候变暖背景下，复合型极端气候事件的增加是不争的事实，而复合型极端气候事件是形成气象灾害的主要原因。随着气候变暖，旱涝灾害的致灾因子发生了新的变异，孕灾环境的敏感性增大，承灾体的暴露度和脆弱性增加。如何开展气候变暖背景下旱涝灾害链分析，特别是研究极端旱涝灾害可能引发的粮食与水资源风险，旨在增进对旱涝灾害风险的认识，提出应对风险的对策，特别是对持续性极端旱涝灾害的风险评估及构建有效的影响评估模型，从而建立旱涝灾害风险预警模型，有利于增强防御旱涝灾害的能力。更为重要的是，将极端气候事件及重大气象灾害的影响评估模型与极端气候事件监测和预测相结合，建立极端气候事件监测、预测和风险评估与服务为一体的综合业务系统。将包含气象灾害致灾因子危险性、孕灾环境稳定性、承灾体的脆弱性、防灾减灾能力等信息的影响评估模型与极端气候事件监测、预测结果相结合，构建极端气候事件及重大气象灾害风险评估业务系统，利用该系统能够进行灾前和灾中预评估、灾后评估功能，为政府决策提供农业、水利、交通等社会经济的风险评估信息，为国家防灾减灾发挥重要作用。